刘一正 著

中国商业出版社

图书在版编目（CIP）数据

仰缶庐谈吃.第三集/刘一正著.-- 北京：中国商业出版社，2022.9
ISBN 978-7-5208-2163-6

Ⅰ.①仰… Ⅱ.①刘… Ⅲ.①饮食—文化—中国②汉字—法书—作品集—中国—现代③中国画—作品集—中国—现代 Ⅳ.① TS971.2 ② J222.7

中国版本图书馆 CIP 数据核字 (2022) 第 140982 号

责任编辑：刘毕林

中国商业出版社出版发行
（www.zgsycb.com 100053 北京广安门内报国寺 1 号）
总编室：010-63180647　编辑室：010-83123562
发行部：010-83120835/8286
新华书店经销
三河市天润建兴印务有限公司印刷
＊
710 毫米 ×1000 毫米　16 开　44.5 印张　518 千字
2022 年 9 月第 1 版　2022 年 9 月第 1 次印刷
定价：196.00 元
＊＊＊＊
（如有印装质量问题可更换）

雕蟲鑄蛤

一正存念

士淵敬題

《仰缶庐谈吃·第三集》扉页照片说明

扉1照片说明：
著名书画艺术家、中国大写意文人画巨匠、中国书画艺术品鉴定家、文化学者吴悦石恩师为作者美食著作题签："仰缶庐谈吃。悦石。"

著名表演艺术家、画家李绪良先生为作者绘制小像

扉2照片说明：
中国书法家协会第七届主席、第八届名誉主席苏士澍先生为作者美食著作题词："雕虫镂蛤。一正存念。士澍敬题。"

前言

2020年10月，我曾在中国商业出版社出版过《仰缶庐谈吃·兰州牛肉面与兰州浆水面》一书。

到现在过去了近两年的时间。这期间，我把当初出版《仰缶庐谈吃·兰州牛肉面与兰州浆水面》时的其他书稿找出集成这本《仰缶庐谈吃·第三集》。

这本书中的大多数文章是在2015—2016年前后完成的。出版前我又对文稿作了些删改和完善。书中有两篇文章是2021年写的。一是醋熘木樨，二是三文鱼。

吃是民生头等大事。中国人现在早已告别了"吃饱"的年代，进入了"吃好"的时代。

习近平总书记在2022年3月6日看望参加全国政协十三届五次会议的农业界及社会福利界和社会保障界委员时说："悠悠万事，吃饭为大。"十四亿中国人能够"吃得好"是对世界作出的最大贡献。我以前给餐馆题字或送好吃的朋友书法作品时爱写"能吃是福"四个字。这四个字我也请过不少的书画家为我题过。那个年代能天天把自己吃成"肚儿歪"，是标志着已进入吃饱的行列了。但到2010年以后，我将"能吃是福"四个字改成"会吃是福"或是"懂吃是福"四个字。这是已进入"吃好""会吃""懂吃"的中国国民的现实状况。

现在中国人在民生问题上最为关注的是"食品安全""食品健康"等问题。这是现在中国人要"吃好"的具体体现。我不知道我算不算是"会吃的?"但我可以肯定的是我是个"爱吃的"。不知读者读完我这本书后,以为如何?

著名漫画家林森先生为作者画像

目录

前言 / **001**

醋熘木樨 / 001	甲鱼 / 557
三文鱼 / 109	豆角粘卷子 / 566
松露 / 240	羊肉垫卷子 / 576
阿卡包子 / 277	武宁棍子鱼 / 598
金枪鱼 / 291	桑坡牛肉丸子 / 605
鹰嘴豆 / 356	烟台焖子 / 613
长江刀鱼 / 404	口蘑 / 632
盘锦河刀鱼 / 470	延庆火勺 / 648
纳仁 / 477	慈菇 / 659
安徽臭鳜鱼 / 503	江阴美食之旅 / 668
祁连黄蘑菇 / 540	**后记** / **703**

著名书画篆刻家曹心源先生为作者绘制小像。款识曰:"食色生鲜。美食书法艺术家刘一正小像。辛丑中秋前日于鸟巢南岸,梅斋心源。"

醋熘木樨

——兼谈马连良先生与老北京清真菜

醋熘木樨也写作"醋熘木犀""醋溜木须(木须是'木樨'的讹写)",简称"醋木",是风靡京城回族穆斯林群众中的一道风味菜品。

应当说北京的回族清真饭馆并不算多,老字号像鸿宾楼、烤肉宛、烤肉季、又一顺、南来顺、西来顺、老西安饭庄、紫光园以及后来的天客来、宝月楼、鸿云楼等,还有就是主要以经营西北风味为主的吐鲁番、阿西娅、兵团大厦、新疆大厦、石河子驻京办、巴州驻京办、中发源等餐厅,都可以吃到醋熘木樨这道菜。

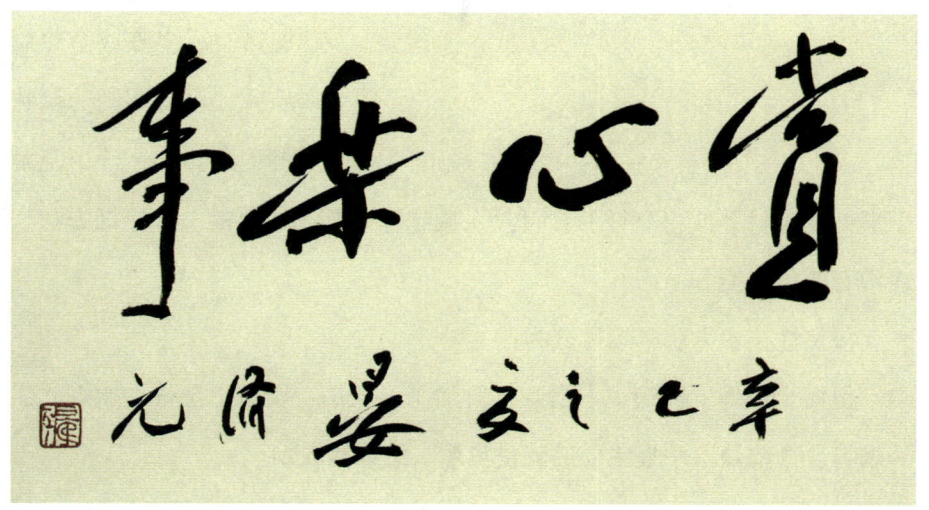

著名书画家晏济元先生(1901—2011年)为作者美食著作题词:"赏心乐事。辛巳之夏,晏济元。"

仰缶庐谈吃
第三集

如今老北京回族人的这款传统菜肴醋熘木樨，几乎到了家喻户晓的地步了。而且，不光北京清真餐厅有这道菜，汉族人开的饭馆也卖这款菜。

醋熘木樨的"熘"是一种烹饪方法。

熘这一烹饪方法始于南北朝时期。熘是指将切配、加工好的食材用调味料腌制入味，经油（滑油、过油）、水（焯水、汆水）或蒸汽加热制成半熟或全熟制品后，再将调制的调味料（卤汁、熘汁）浇淋

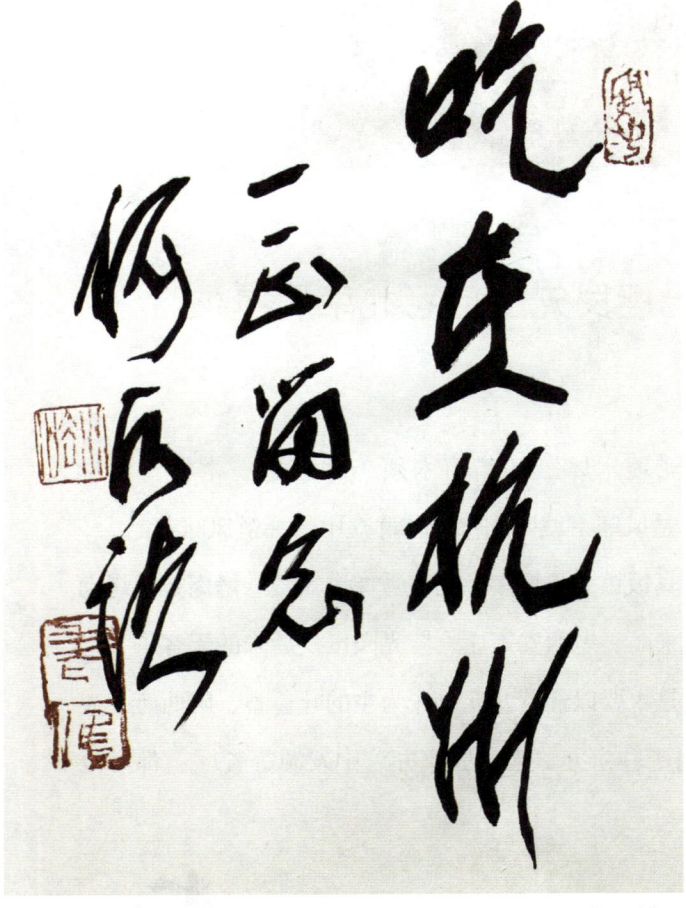

著名书画家何水法先生为作者美食著作题词："吃在杭州。一正留念。何水法。"

于烹饪的食材上或将烹饪的食材投入调味汁中翻制成菜的一种烹饪方法。通常有四种分类。

按烹饪技术方法，熘可分为：

焦熘（炸熘、脆熘）、滑熘（鲜熘）、软熘、清熘、煎熘、水熘、烘汁熘等。这些熘法中最主要的就是焦熘、滑熘和软熘。

醋熘木樨

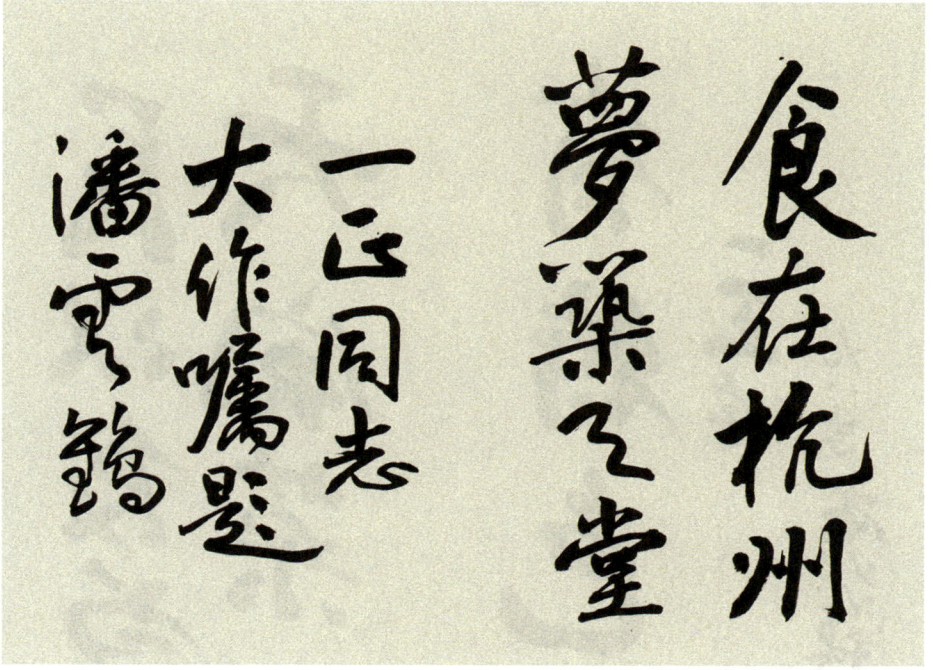

中国工程院院士、浙江大学原校长、著名书法家潘云鹤先生为作者美食著作题词："食在杭州，梦筑天堂。一正同志大作嘱题。潘云鹤。"

按调味料的使用方法，熘可分为：

醋熘、糖熘、糖醋熘、糟熘、南熘、武熘等。

按烹饪色泽，熘又可分为：

白熘、红熘、黄熘等。

按芡汁技术法，熘可分为：

包芡熘（抱芡、抱汁、吸汁、立芡）、糊芡熘、流芡熘、奶芡熘等。

按勾芡使用方法，熘又可分为：

卧汁熘（拌汁、滚汁）、浇汁熘、兑汁熘、淋汁熘（走马汁）等。

后两种以"用芡定熘"的方法，应属烹饪过程中的用芡技术方法。

仰缶庐谈吃
第三集

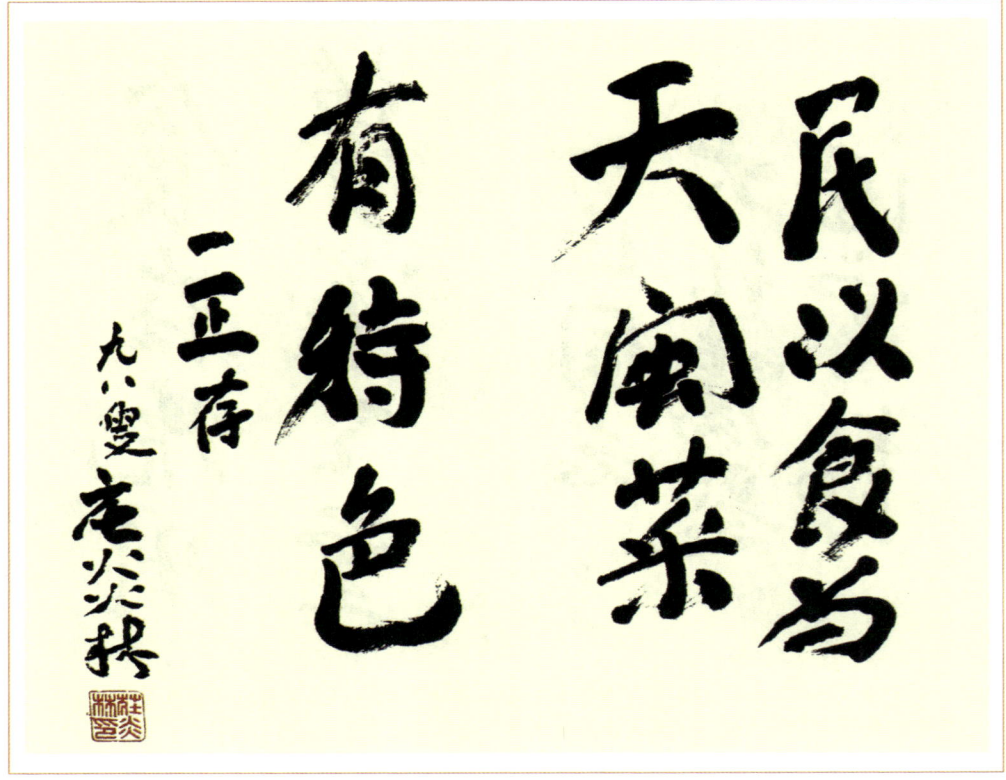

著名爱国华侨领袖庄希泉先生之子、全国侨联原主席庄炎林先生（1921—2020年）为作者美食著作题词："民以食为天。闽菜有特色。一正存。九八叟，庄炎林。"

醋熘木樨这道菜，主要食材就是鸡蛋、羊肉（也有用牛肉的）和醋。

为什么把这道菜中的鸡蛋叫"木樨"呢？木樨（xī）即木犀（xī），是桂花的别称。

桂花为我国传统十大名花之一，品种繁多，代表性的有丹桂、金桂、银桂、月桂、四季桂等。

一说起桂花，我就马上会联想到杭州。

我喜欢杭州，特别是在秋季，漫步在三秋桂子、十里荷塘的西湖，氤

醋熘木樨

氤在湖光山色之中,空气中裹挟着沁人心脾的阵阵桂花香气,仿佛这比想象中的天堂还要美丽。

杭州的桂花有名,因此桂花也就成了杭州市的市花。

在西湖南面一点儿,有个叫"满觉陇"的地方,以盛产桂花著名。刘海粟先生曾为其题写"满陇桂雨"四字。郁达夫先生在杭州居住时,写过一篇小说,名为《迟桂花》,说的也是满觉陇的桂花,而且也说到了桂花茶、桂花炒饭、桂花蒸饭等。

用桂花制作的食品有很多,如"桂花酒""桂花糕""桂花糖""桂花藕""桂花元宵""藕粉"等等。

因"桂花香十里",气味浓烈,又呈金黄色,故而将醋熘木樨中的鸡蛋称之为"木樨",以示金黄绚丽、灿若丹桂、香味浓郁。

用木樨即桂花代指鸡蛋的菜肴,不仅只是北京有,其他地方也有。

著名书画家王利军先生为作者美食著作插图《惠风》

福建泉州有道名馔,叫"桂花蟹"。螃蟹是泉州的名特产之一,用拆出的蟹肉与五花碎肉、荸荠块、鸡蛋液、葱末、盐等拌匀,放油锅中炒熟而成。桂花飘香时也正是蟹肉肥美之时,加上桂花蟹中炒出的鸡蛋形似桂花,香馥浓郁,故名之"桂花蟹"。

另外,广东顺德有桂花炒瑶柱一菜。古法桂花炒瑶柱是将蒸熟的瑶柱肉用手撕成碎丝后放入鸡蛋液中,再加盐、调味汤及麻油将蛋液打匀备用。炒勺放清水加热,将豆芽(掐菜。去头、尾的豆芽)过水,在炒勺内加入少许食盐,焯过水的豆芽滤出备用。热炒勺内放食用油滑锅后倒出,炒勺内重新倒入食用油,把调和好的蛋液倒入炒勺内炒散、炒碎后,放入焯好水的豆芽快速翻炒,淋入少许汤汁和水淀粉后出锅,撒点儿葱花,再点缀点儿香菜叶即可。因成菜后的鸡蛋碎星星点点,酷似桂花而得名"桂花炒瑶柱"。

非古法烹制的桂花炒瑶柱,因还配有粉丝、火腿、鲜蚬肉、韭黄、彩椒等食材,亦有人称之"炒桂花翅"。

木樨肉这道菜早在清乾隆时期就有。乾隆的《膳底档》上有"炒木樨肉"一馔。

鲁菜亦有"木樨肉"一馔,一般常写作"木须肉"及"苜蓿肉"。"木须肉""苜蓿肉"为"木樨肉"的讹写。

做木樨肉的主要食材是猪肉、鸡蛋、玉兰片、木耳等。

木樨肉的做法简单。即先把鸡蛋在热油锅中摊熟切碎后盛出备用;将原锅注油加热后,放入用葱姜水、料酒、胡椒粉、生抽、盐、鸡蛋清和植物油抓好的里脊肉片在锅中滑油,肉片变白后控油盛出备用;原锅中留底油放入葱末、姜片及蒜蓉煸炒后放入肉片,注入一点儿老抽,加料酒、生

醋熘木樨

抽翻炒；锅中放入事先发好的并焯过水的木耳、玉兰片、胡萝卜块，加少许盐、鸡精翻炒，最后放入黄瓜片及鸡蛋翻炒，出锅前淋少许香油即可。

清人梁章钜之子梁恭辰在其所著的《北东园笔录三编》卷三《讳不知》中写道："……尝闻有一南客，不食鸡卵，初至北地，早尖，下舆入店，呼店伙甚急，其状似甚饥，开口便问：'有好菜乎？'答曰：'有木樨肉（北方店中以鸡子炒肉，名木樨肉，盖取其碎黄色也）。'客曰：'好好，速取来。'"

清真饭馆也有"木樨肉"（或叫"炒木樨肉"）。二者的区别一是用肉的不同；二是汉民做的木樨肉切片，回民做的木樨肉切丝。

以"木樨"一词入菜名的还有一道家常美味，大江南北通吃，即"木须（樨）柿子"。它的坊间称谓是"鸡蛋炒西红柿"或叫"西红柿炒鸡蛋"，也叫"西红柿炒鸡子"。这道菜几乎每个家庭都会做，都常吃，是一道非常接地气的家常菜。

为什么管鸡蛋又叫"鸡子""黄菜"呢？

过去北京皇城中生活有许多太监，他们忌讳"蛋"字，买卖人、官宦人家就都管鸡蛋叫"鸡子""黄菜"了。

从前，北京城里还流传一个跟鸡蛋有关的笑话。

说有一个不爱吃鸡蛋的人（太监）下馆子吃饭，他问饭店的伙计："你们家有什么好吃的？"伙计说："我们家有炒鸡子。"食客说："来一盘。"待店伙计端上来一看，是炒鸡蛋。他又问伙计："你们家还有什么好吃的菜？"伙计答道："熘黄菜。"他又说："上一盘。"伙计端上桌他一看，又是鸡蛋。他又问伙计："你家还有什么好吃的？"伙计又说："醋熘木樨。"他又说："再上一盘。"菜端上桌一看，又有鸡蛋。

仰缶庐谈吃
第三集

与又一顺饭庄行政总厨马志成先生

食客有点儿不耐烦了，又问店伙计："你家还有什么菜？"伙计答曰："三不粘（桂花蛋）。"食客又要了一盘。结果菜一上桌，他一看，三不粘里面还是有鸡蛋。食客气急败坏地对伙计又说："你们家到底还有什么菜？"伙计哆了哆嗦地答道："高汤卧果儿（水泼鸡蛋）。"食客急扯白脸地说："快上！"当菜再一次上桌时，客人一看傻了眼。他对店伙计质问道："你们家是养母鸡的吧？"随后，拂袖而去。

醋熘木樨这道菜，在北京任何一家清真饭馆都能吃到，但各家的做法和味道则稍有不同。

据传醋熘木樨这道菜是由著名京剧大师马连良先生在又一顺吃饭时偶然与厨师共创的。

醋熘木樨

时至今日,又一顺的镇店名菜之一依然有醋熘木樨。

当进入又一顺饭庄就餐时,不管你是在一楼的墙壁及二楼的走廊墙壁上,抑或是在点菜的菜谱上,都可以看到有关醋熘木须(醋熘木樨)这道菜的介绍。

悬挂在又一顺饭庄二楼走廊墙壁上的宣传画是这样介绍的。

醋熘木须由来:京剧"四大须生"之一的马连良先生是回民,非常喜欢到又一顺用餐,有时演戏时间紧张就点一个摊鸡蛋和熘肉片。一次他把两菜拌在一起吃,觉得味道不错,就招大厨,同他讲今后可以把摊鸡蛋和熘肉片放在一起做。大师傅根据马先生的口味特点制作了这道菜。在制作时加入香醋,起到去腥膻、解油腻、促进消化等作用。于是"醋熘木须"就在又一顺产生了。马连良戏称这是"京城独一份儿"。后来这种做法在北京城广为流传,成为一道清真名菜,也成了又一顺每桌必点的当家菜。

在介绍醋熘木樨一菜时,又一顺的菜单中写道:京剧"四大须生"之一的马连良先生是回民,当然就经常到清真饭馆就餐。马先生非常喜欢到又一顺用餐,有时演戏时间比较紧张就点一个摊鸡蛋和葱爆羊肉。有一次他把两菜拌在一起吃,觉得味道不

又一顺饭庄制作的"醋熘木樨"

仰缶庐谈吃 第三集

错,就招呼大厨杨永和师傅,同他讲今后可以把摊鸡蛋和葱爆羊肉放在一起做。杨师傅根据马先生的口味特点创新了这道菜,在制作时加入香醋,起到去腥膻、解油腻、促进消化等作用。于是"醋熘木须"就在又一顺产生了,马连良戏称这是"京城独一份儿"。后来这种做法在北京城广为流传,成为一道清真名菜,也成了又一顺每桌必点的当家菜。又一顺的醋熘木须特点:清香滑嫩、酸咸适口,肉片颜色红亮,鸡蛋黄白交织如木樨开花。

又一顺菜谱上有关醋熘木樨的介绍,点明了这道菜是由摊鸡蛋和葱爆羊肉两菜改版而成的,是杨永和师傅根据马连良先生的口味创制的。

西来顺饭庄制作的"醋熘木樨"

杨永和(1911—1980年),系清真菜大师。

杨永和于1924年学徒,是从烙烧饼开始的,后到北京当时唯一一家的清真西餐厅同益轩从厨。1930年受一代清真菜宗师、时任西来顺经理褚连祥(褚祥、储祥。1889—1947年)之邀到刚成立的西来顺掌勺。杨永和之所以到西来顺,主要是为西来顺引进西式清真菜的做法,同时,杨永和也为了向褚大师学习传统清真菜的做法。

关于西来顺的来历,说法不一。有说是早年北平市公安局内二区警察署署长殷焕然开的。但更多的文字记载是说民国年间即1930年,在北京西长安街的"食馆一条街"(新街口至宣武门)上,仅有一家清真馆子西德

醋熘木樨

与西来顺饭庄厨师长李月伟（李雷）先生合影

胜羊肉馆（在西四牌楼路西），缺少清真馆子，北平商会会长冷家骥觉得这是一个商机，遂与恒丽号绸缎庄经理潘佩华，新街口庆丰钱铺、新街口庆丰南纸店主人李左之，西单牌楼同懋增南纸店经理程林波，南园澡堂主人蓝某（蓝七爷）共同出资4000两大银，聘请清真菜大师褚连祥担任经理兼主厨，利用西长安街路南南园澡堂旧址，开办了西来顺饭庄。

另据唐鲁孙先生在《老字号——再说吃在北京》一文中讲：西来顺是"由清真教名厨师褚祥，跟回教富商穆子渊倒过来开的，开张正赶上腊月，门口左右两边，挂着红字白底'烤涮'两个磨盘般大字，周围缀满了小电灯，既豁亮又醒眼。一进门是长条院子，正房跟两边东西厢房，都隔成雅座，高大的铅铁罩棚底下，摆了一排烤肉支子。只要是饭口，您打从西来顺门口一过,一股子烤肉香味,由不得您就要往里迈腿进去去解馋"。

西来顺从1930年成立到1948年歇业期间(1938年曾两度关闭),这期间殷焕然、冷家骥和潘佩华及褚连祥的命运都发生了变化。

1935年3月在《全国禁烟宣传小册》上,刊有一则"知法犯法官吏殷焕然被枪决"的消息。当时身为北平市公安局内二区警察署署长的殷焕然,因勾通阜内南顺城街牛八宝住宅的定户(绰号"活阎王"),将该署历次抄获之烈性毒品私自调换贩卖。此事震怒了北平市长袁良,他电请蒋介石将殷焕然枪决。

冷家骥字展麒,任北平商会会长(有说任中国农工银行经理,人称"冷八爷"),后兼任北平市参议会副议长。1937年7月,日本特务扶植江朝宗、冷家骥、潘毓桂等人成立了"北平市地方维持会",冷任伪华北政务委员会委员。1945年冷家骥以汉奸罪被逮捕。

位于西单北大街4号(老门牌号)的恒丽号绸缎庄是同仁堂家族大房老六乐钧(乐达庄)与其四个儿子乐夔、乐洪、乐孚、乐让和三个女儿乐钟瑗、乐钟瑄、乐钟璞,以及侄子乐佑申和其三个弟弟乐西园、乐笃周、乐益卿共同出资合办的。外聘经理为潘佩华(人称"潘七爷")。

1936年铺东乐佑申将经理潘佩华、副理王岳五、司账孙沄告到北平市公安局内二区警察署,说这三人有营私舞弊、侵吞铺款等行为,后潘佩华在取得义聚金珠店、同懋增南纸店、中央理发馆的担保后才被假释。

1947年7月29日(阴历六月二日),马鸿逵(回族)要回请傅作义吃饭,他叫清华浴池的大管家马四爷和褚连祥商谈宴席之事。他俩在谈话时,褚连祥忽然歪倒在地,待送到蒲伯扬医院(在石驸马大街,今宣内新文化街)救治时,不幸去世。

醋熘木樨

关于褚连祥的死因还有两种说法。其一是马鸿逵要给其母办周年（回族为故去的亡人举办的纪念活动），让褚连祥做三桌"全羊席"，褚开价后马鸿逵嫌其要价太高转由他人去做，褚情急之下突发脑溢血，死在医院。其二是褚连祥因其子褚慈良倒卖黄金赔了钱，褚连祥又气又恨，在浴池洗澡时去世。

这里需要说明的是，大多数有关介绍西来顺饭庄的历史文献，并没有提到殷焕然是西来顺的出资人之一，只说是冷家骥及潘佩华、李左之、程林波及蓝某等人合股开的。刊登在《纵横》杂志1985年第3期，署名崔瞻的《漫话解放前的北京饭馆》一文曾有这样的一段记载。

30年代，西长安街又出现了一家西来顺回民饭馆，是国民党内二区署长殷焕然开的。那时候西长安街有饭馆街之称，饭馆鳞次栉比，要在这条繁华街道上，挤进一家新的饭馆来，是不容易的。殷焕然凭借权势，不但把西来顺开设起来，还网罗了一批名厨师来掌勺，其中最有名的是褚祥。褚祥用菠菜汁制作的翡翠鸭子，是西来顺的一绝。著名京剧演员马连良就是最欣赏褚祥的烹调技术的，所以常到西来顺光顾，后来索性把褚祥请到家里来当厨师。褚祥早已去世，他的两个得意弟子，解放后分别在又一顺和瑞珍厚掌勺，也都很受顾客的称赞。

关于殷焕然，著名作家唐鲁孙在其文章中曾多次提到过。

据《从梁寿谈到北京的盒子菜》载：

……

当年北平内二区警察署长殷焕然，是道地北平土著，也是小吃名家。据他说："我家从前就是开酱肘子铺的，盒子菜是

清朝定鼎中原才开始的。满洲人在东北到了秋末冬初,都喜欢行围射猎活动活动筋骨。为了狩猎方便,多半是烙几张饼卷上一些熏卤熟食,揣在怀里走进深山挖参打猎了。自从清兵进关奠都北京,在饮食方面,仍保留一些旧日习惯,几经演变就成为现在的盒子菜了。

又《续"酪"》:

说到"酪",……

有一次笔者跟警察局内二区署长殷焕然,谈到沿街叫卖小贩带签筒子(笔者注:抽签的赌具)事,殷说,北平城里带签筒子小贩,除了卖酪的,还有卖烫面饺的,卖冰糖葫芦的,卖烧鸡的,都是带签筒子的。警察碰上就抓,内二区每天都要抓个三两档子,可是就没有抓到过卖酪的,据说卖酪的带签筒向例不抓,大家相沿成习,究竟是什么原因,他也摸不清是怎么档子事。

另崔瞻先生在文中提到的褚祥在又一顺和瑞珍厚掌勺的两位得意弟子指的是杨永和和马德起。

据杨永和的徒弟、著名清真菜烹饪大师艾广富先生对我讲,杨永和与褚连祥并没有师徒关系。当年褚连祥任西来顺经理时邀杨永和来西来顺掌勺,是希望杨永和把他在同益番学到的西式清真菜移植到西来顺,而杨永和也想到西来顺掌勺时可以学习到褚所做的传统清真菜。

由于杨永和到西来顺掌勺,创制了不少的西番(式)清真菜,故西来顺在餐饮界又有"西派"之称。西派清真菜以烧扒为主,讲究白汁小芡,

醋熘木樨

与著名烹饪大师艾广富先生合影

菜式华贵、精于小炒、杂糅西菜,它与东派(如东来顺、又一顺)以炒见长、大汁大芡的风格及以炮烤涮为代表的烹饪方法共同构成了北京清真餐饮界的整体格局。

据杨永和大师对徒弟艾广富先生讲,在20世纪三四十年代,褚连祥大师主政西来顺期间,西来顺对菜品的质量要求很严。如进货时的对虾要求进货员用尺子量,三对(6个)500克;进水发的海参也要进行验货。怎么个验货方法呢?就是由进货员拿着水发好的海参,站在离地一米的高度往下扔,海参掉地后不破不碎才算合格,这种海参用的是500克干海参能水发3000克的海参(笔者注:如果将这样的海参继续涨发也可以,但发出来的海参易碎易烂,烹饪时,海参也不易入味。现在叫得最响的海参菜是丰泽园的葱烧海参。丰泽园行政总厨尹振江大师就亲口对我说,丰泽园的海参是自己采购自己发,500克干海参只发3250~3500克就不再发了。这样的海参炒起来不出水,易入味。现在有的馆子为了追求经济效益,可将500克干海参发到5500克左右,发出来的海参看着个儿大,炒出来后一会儿就会自然脱水,吃在嘴里的海参也没滋没味);进羊肉也是一样,必须要进羊腔外包裹着一层肥油的白颜色羊,不能软不拉耷。当然了,用这样的食材烹饪出的菜品价格也不便宜,就连当时汉民的大饭庄子无论从菜品质量、服务态度及价格都比不过西来顺。

褚连祥大师有六位得意弟子,分别是金世光、高义、马德洪、马德起、宋恩志、卢殿元。

除六位大弟子外,还有胡少儒、马文月、马宝兴、穆启荣、马启子、马振远、马四魂等徒弟。

有很多文献及媒体报道称杨永和是褚连祥的弟子,我特在此一赘说明。

瑞珍厚清真菜馆的前身是古玩店,于1917年在中山公园内开业,1950年店主马佑安(回族)转行开了菜馆,请名厨马德起掌灶。马德起以烹制"煨牛肉"著称,涮羊肉、全羊席、鱼肚席、鱼翅席亦是瑞珍厚的餐饮特色。它与同在中山公园的"来今雨轩饭庄"成为京城食家的常聚地。

1948年西来顺关闭后,杨永和就来到新开张的又一顺掌勺,后任又一顺大组长(即厨

为拍摄《行走的餐桌》纪录片,由丰泽园饭庄厨师长尹振江先生亲手烹制的"葱烧海参"

醋熘木樨

师长,当时没有"厨师长"一说,只叫"大组长"),一直到杨去世。

又一顺是于1948年8月8日在西单路口开业的,它集东、西两顺之长(东来顺、西来顺),故有文人题联曰:"东来西去又一顺,南行北往只二家"之说。

又一顺的老板就是东来顺的东家丁德山(号子清),所以说又一顺也可算是东来顺的分支(外号)。丁子清在京城的商业繁华之地,也就是人们所说的"西单、东四、鼓楼前",看上西单这块风水宝地,西单当时也是通往南城及出城走卢沟桥官道的必经之路。开业后的又一顺,菜式集"两顺"之长(东来顺的炮、烤、涮及小吃,西来顺的西派清真炒菜),同时经营炮、烤、涮和清真炒菜。

杨永和大师在长期从事清真菜品的实践中,不断摸索并创新了许多菜品,如扒海羊、牛肉扒、芝麻羊肉、如意白菜卷、白露鸡、桂花羊肉、菊花羊肉、东坡羊肉、和平西瓜、炸卧虎饼等,并口述编著了《中国名菜谱·清真菜》《北京清真菜谱》等书籍。

1957年由城市服务部饮食业管理局编著、食品工业出版社出版的《中国名菜谱》第二辑《北京名菜名点之一》介绍了又一顺饭庄的34道菜品(仿膳只有24道)。这些菜肴都是当时由杨永和大师团队创制的名点名肴,既代表了当时又一顺的清真菜肴水平,也体现了当时京城清真菜的最高水准。

这34道清真菜品为:

1. 扒海羊　　　2. 烧四宝　　　3. 如意白菜卷　　4. 荷叶鸭子
5. 鸭泥面包　　6. 如意鸭肝卷　7. 珍珠三鲜　　　8. 扒三白

在著名烹饪大师王义均先生家中

9. 星月鸡	10. 滑羊四宝	11. 白露鸡	12. 菊花鱼球
13. 鱼蓉白奶羹	14. 番茄香菇盒	15. 炸卷果	16. 袈裟牛肉
17. 它似蜜	18. 桂花羊肉	19. 东坡羊肉	20. 生扒羊肉
21. 手抓羊肉	22. 炖二筋	23. 奶汤散丹	24. 都三样
25. 羊肝排岔	26. 盐爆肚仁	27. 酸辣银丝	28. 油爆肚仁
29. 烩全样	30. 云罗大虾	31. 酸砂子蟹	32. 八宝酿西红柿
33. 什锦菠萝饭	34. 炸羊尾		

现在又一顺饭庄的代表菜品为醋熘木樨、焦熘肉片、它似蜜、炸羊

醋熘木樨

尾、炸卧虎饼等。

20世纪50年代，杨永和大师在又一顺培养了八位徒弟，这八位徒弟及杨永和大师的再传弟子都是北京清真餐饮界的翘楚。可以说，现今在北京清真餐饮界各大饭店、饭庄掌勺的厨师，都与杨永和大师有着千丝万缕的关系。

杨永和大师的八位高徒，号称"八大金刚"，他们是：海涛、靳连玉、王恩明、白凤清、马景海（1930年2月—2010年7月）、孟宪彬、郭永槐（音）、艾广富。

这八个人，现在唯一还健在的就是年逾八旬的艾广富大师了。

艾广富先生1939年生，1956年到又一顺工作，师从胡宝珍大师学习清真烤鸭，师从杨永和大师学习清真炒菜的制作。后艾老任又一顺饭庄经理，并任中国驻联合国代表团处厨师，1990年担任第11届亚运会运动员餐厅副总经理兼清真餐厅的行政总厨。

可以说，艾大师是当今健在的对醋熘木樨这道菜最具有话语权的人物了。

2020年11月，我为写《醋熘木樨》这篇文章，专门两次到艾老家请教有关醋熘木樨这道菜前前后后的故事。

艾老亲自下厨，为

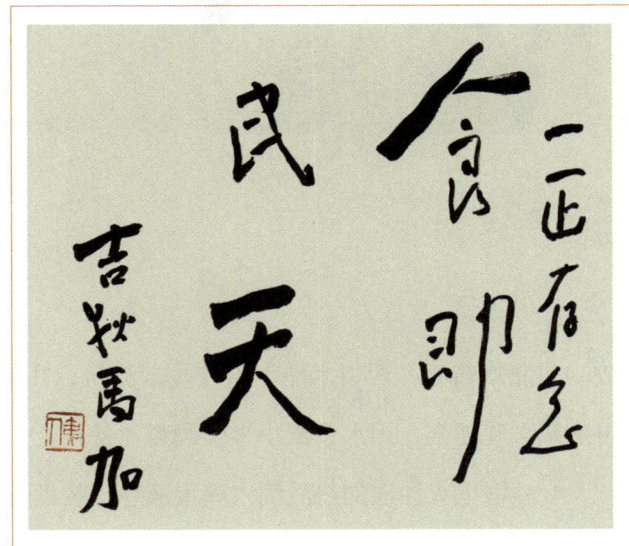

中国作家协会第八届、第九届副主席，著名诗人吉狄马加先生为作者美食著作题词："食即民天。一正存念。吉狄马加。"

我讲解并演示了传统醋熘木樨清真菜的做法。

艾老制作醋熘木樨的方法是:

1. 把4两羊后腿肉切片,放点儿盐、淀粉和一个鸡蛋清,用手抓匀备用。

2. 用剩下的一个鸡蛋黄,再加三个鸡蛋打成鸡蛋液备用。

著名画家、美术教育家刘存惠先生为作者美食著作出版赠绘《香远图》

3. 兑调料汁。碗中放一勺北京酱油,两勺米醋,少许盐,淀粉,几粒味精,拍两瓣蒜剁碎,再加葱末和姜末,用水调成小半碗调料汁备用。

4. 炒锅上火注油加热后倒入鸡蛋液炒碎装盘备用。

5. 用炒鸡蛋的原锅再加入少许油,下抓好的羊肉片煸炒(不要过油),见羊肉片一变色,把炒好的鸡蛋碎倒入锅中,并将兑好的调料汁下锅,慢慢和(huò)弄儿一下,淋点儿香油出锅。

醋熘木樨

艾老告诉我说，传统清真醋熘木樨的做法要注意以下几点。

一、只用羊肉，用羊后腿肉，多少选一点儿带肥膘的肉（瓜条）为好。

二、酱油和醋均用北京产的。酱油用北京酱油（牌子就叫"北京酱油"。当年艾老他们做此菜时没有生抽、老抽等这种粤式酱油）；醋也只用北京产的米醋。烹饪此菜时，只用一次醋，没有二次、三次用醋一说，更谈不上香醋和老陈醋的使用。那个年代厨师在烹饪此菜时不具备使用这些食材的条件。

三、蒜的使用很重要。这道菜不放蒜，整体味道会少一个层次。

四、这道菜的出彩点在醋和蒜上。

五、传统清真醋熘木樨不放玉兰片、黄瓜片、胡萝卜片等配菜。

六、炒这道菜时色泽不能重了。

七、传统清真醋熘木樨这道菜做法其实很简单，没那么复杂。

如今的又一顺在烹饪醋熘木樨时添加了香醋（香醋是在该菜临出锅时沿锅边淋一点儿，系第二次用醋；第一次用的是米醋，在调料汁中加），据说这样可以去掉羊肉的腥膻味；炒这道菜时，还添加了玉兰片（笋片）。

又一顺烹制的醋熘木樨，鸡蛋会比羊肉多一些，这非常符合这道菜的名称"醋熘木樨"。鸡蛋是主角，羊肉是配角。如果羊肉片多就成了"醋

著名烹饪大师艾广富先生制作的"醋熘木樨"

仰缶庐谈吃
第三集

与中国烹饪协会副会长、北京鸿云楼饭庄董事长兼行政总厨马志和先生合影

熘木樨加肉片"或"醋熘羊肉片"了。

又一顺的镇店名菜醋熘木樨当数马志成厨师长做得最地道。

在醋熘木樨中添加玉兰片的做法,在京城老字号烤肉季中也盛行。我曾经问过烤肉季烤羊肉制作技艺第八代传承人马帅先生,烤肉季的醋熘木樨是用杜泊羊的磨裆肉做的。

醋熘木樨这道菜,现在已是每个饭馆每个家庭都会做的一道菜,做法各有千秋。如果非要吃到用传统清真方法烹制的这道菜,恐怕不太容易了,不改良的醋熘木樨做法几乎没有。还是那句话吧,"好吃就行!"

京城还有一位既师承杨永和又师承杨国桐、马景海的大厨。他就是中国烹饪协会副会长、北京鸿云楼饭庄董事长兼行政总厨马志和大师。

醋熘木樨

与南来顺饭庄经理兼吐鲁番餐厅经理常宏先生合影

马志和除师承上述三人外,他在朝阳区东顺兴饭庄工作时,还师承白殿奎,随后又师承马永海和乔春生等人。其中白殿奎与杨永和两位大师是奠定当今北京清真菜的基础之人。

鸿云楼饭庄的前身是东顺兴饭庄,在北京城一度开有鸿云楼许多分店,生意异常火爆。他们家的醋熘木樨、精炒牛肉丝、罐焖羊肉、三羊开泰、红煨牛尾及马志和后来创制的炒肉片、大拐枣罐焖鹿筋、马大爷鸡丁、白扒鸡肚羊、滑熘里脊加木樨、醋熘肉片加笋片等都是叫座菜。

做醋熘木樨可以说是每一个做清真菜厨师的基础课,醋熘木樨做得好不好也是衡量做清真菜厨师水平的一个试金石,所以说,醋熘木樨是清真菜中的"国菜"。因此,在厨师们的手中就诞生了许多醋熘木樨的创新

南来顺饭庄制作的"醋熘肉片木樨"

菜。如吐鲁番餐厅的"醋熘木樨加面片",将醋熘木樨这道菜演变成一款半主食半炒菜的主副食菜品。又比如鸿云楼马志和大师的"醋熘肉片加笋片",依然是一道饭菜,但把"木樨"蜕变成"笋片"了,仍然受到食客的追捧。

马志和先生做的"醋熘肉片加笋片",操作如下。

主料:羊后腿肉(磨裆儿);

配料:笋片(最好选冬笋或春笋);

调料:绿豆淀粉、葱、姜、蒜、酱油、米醋、花生油、香油、高汤(清真菜用)、鸡蛋清;

操作:把羊后腿肉切成长7厘米、宽2.5厘米、厚0.3厘米的柳叶片(不

醋熘木樨

切柳叶片就切桃核片,不能切三角片、方片、圆片),笋片切成长6.5厘米、宽2厘米、厚0.3厘米的梳子片;

切好的羊肉片放盐、鸡蛋清、淀粉反复用手抓均匀使其上浆后备用;

取一小碗放水淀粉、姜葱蒜末、酱油、醋、盐、高汤等调成碗芡;

锅中放油烧成四成热(150℃左右)时,把浆好的羊肉片放入油锅中滑熟取出,滤油;

锅中再放余油,放入滤过油的羊肉片、笋片翻炒,倒入碗芡,快速再翻炒,淋上香油,出锅。

吐鲁番餐厅制作的"醋熘木樨"

这道菜是马志和大师的拿手菜。做这道菜关键要掌握"醋熘"的方法,也就是在调料中使用醋的比例要恰当,要使菜肴略带酸味儿,食客吃时才能起到开胃解腻的作用。

成菜的醋熘肉片加笋片,肉片鲜嫩滑软,笋片脆香爽口,酸腴味美。

马志和大师的另一道看家菜滑熘里脊加木樨，用的是羊里脊肉（亦可用羊后腿黄瓜条部位代替），肉片也要切成柳叶片形状。切好的羊肉片要浸泡在水里，把肉片中的血水泡出来，这样炒出的羊肉片颜色发白。还有炒冬笋里脊丝，用的也是这一方法。要滑熘（鲜熘）的肉片多半儿要用水浸泡后再用，而做醋熘的肉片则不用清水浸泡。

改良版的醋熘木樨做法很多，兹例如下：

1. 选250克左右的羊后腿肉去筋膜、顶刀断丝切成薄片，用葱姜水、胡椒粉、盐、黄酒（烹制清真菜肴时以前不放酒）、老抽拌匀，用手朝一个方向使劲抓，让羊肉片吃进各种调味料，再加一个鸡蛋清和少许玉米淀粉、一点儿清油（为羊肉片滑油不粘锅），用手还朝一个方向继续抓，让羊肉片挂上一层薄浆汁后腌制备用；

2. 调料汁：碗中放姜末、葱末、蒜末及老抽（上色用）、黄酒、胡椒粉、盐、白糖、鸡精、米醋、香油、清汤、芡粉兑成调料汁备用；

3. 切小葱段、姜末、蒜片备用；

4. 玉兰片清洗切好焯水备用；

5. 磕三个鸡蛋，加上一个蛋黄（抓羊肉片时剩下的）打成蛋液，在油锅中摊碎（摊得嫩一些）盛入盘中备用；

6. 四成热油锅下腌好的羊肉片、玉兰片滑油，将滑好油的羊肉片、玉兰片控油；

7. 锅中留控羊肉片、玉兰片的底油下葱段、姜末、蒜片炒香，下羊肉片、鸡蛋、玉兰片及调料汁翻炒，往锅中淋点儿镇江香醋和几滴香油后出锅。

有店家在烹制醋熘木樨时，不用羊肉，改用牛里脊肉。抓牛里脊肉片

醋熘木樨

李恩记餐厅制作的"醋熘木樨"

时,除放其他调料外,还要放嫩肉粉(或小苏打),改用全蛋液(不是蛋清);摊鸡蛋时往蛋液中加淀粉,促使摊出的鸡蛋微微有些许嚼劲。选择淀粉上各家也不尽相同,有用玉米淀粉的,有用马铃薯淀粉的,还有用红薯淀粉的,最好的是绿豆淀粉。有人在烹饪此菜时还要放蚝油。出锅时往菜里放香葱末(段),等等。

有一年央视财经频道"回家吃饭"节目播放制作醋熘木樨这道菜,由相声演员何云伟烹制教授制作此菜。

何云伟在腌制羊肉片时,不放清水,用花椒水来使羊肉去腥去膻;滑羊肉片时,锅中用了三种油,即花生油、自制调和油(或放橄榄油)及香油。

在烹饪肉制品中放花椒水是回族等穆斯林群众常用的方法之一,如在抓腌生肉片、打肉馅、腌鱼等,甚至在炸油香和面时也会往面团中擗捣花椒水。在食物加工过程中放花椒水一是能去除肉类的腥膻味,二是能为食品起到增香的作用。

仰缶庐谈吃
第三集

华云楼清真烧麦饭庄制作的"醋熘木樨"(非传统版)

在京城国营清真老字号吃的醋熘木樨一般均是用羊肉做的,但用牛肉做的醋熘木樨清真饭馆也不少。

北京南城有一家专门做饺子的清真饭馆,叫"李恩记"。到他们家吃饺子,什么时候都是现吃现包,绝不让食客吃速冻饺子,而且饺子品种繁多,薄皮大馅。他们家不光卖饺子,也有清真炒菜,当然少不了醋熘木樨这道菜了。他们家的醋熘木樨做法,可根据食客的要求,做羊肉、牛肉两种醋熘木樨。

在北京北城的沙河,有一家清真饭馆,叫"华云

醋熘木樨

楼",以卖烧麦、肉饼著称。他们家所售的传统清真炒菜也不少。其中醋熘木樨有两个版本,一是传统版本的醋熘木樨,即只用鸡蛋、羊肉等食材做的,第二版本的醋熘木樨,除用鸡蛋、羊肉外,另配有玉兰片(笋片)、木耳、黄瓜片等食材,他们家传统的醋熘木樨要比改良版的醋熘木樨售价贵些。凡来华云楼就餐的食客,醋熘木樨都是每桌必点之菜。

我只要一去昌平,都会到他们家吃顿饭,而且只要一盘醋熘木樨(或扒羊肉条)和一屉羊肉馅烧麦。

华云楼的董事长叫李恩云,是中国回族学会副

清肃忠亲王善耆之孙、著名书画家爱新觉罗·连经先生为作者美食著作题词:"绮肴溢雕俎,美酒盈金觞。一正先生存念。壬寅仲春,爱新觉罗·连经于画院。"

会长刘隆先生给我介绍认识的。李恩云喜欢与回族书画家交朋友,店里挂满了不少回族书画家的作品,像马本斋之子马国超先生、闪世昌先生、阿

仰缶庐谈吃
第三集

里雷公先生等人的书画作品比比皆是。

2019年6月,北京市民族联谊会秘书长张学斌女士对我说,让我为昌平区西贯市村(回族村)写副对联,并最终以书法作品的形式写好后镌刻在西贯市村村口牌楼柱子上。

为了稳妥起见,我请回族老诗人闪世昌先生及西北诗人寒冰(张学真)先生一同为西贯市村撰写了对联。

闪世昌先生为西贯市村写的联句是:

一、古寺映国情金碧辉煌
　　穆民逢盛世精神焕发

横批:梦美心诚

二、京北第一回族村,村民携手圆国梦
　　西山不二旅游景,景色含笑迎亲人

横批:团结进步

三、西贯市尽享天时地利
　　回族村欣逢国泰民安

横批:和谐共建

著名书画家季德祥(石溪)先生为作者美食著作出版绘制《仰缶庐主人度思图》。"己亥退堂石溪。仰缶庐一正以教。"

醋熘木樨

著名紫砂艺术家倪顺生先生与作者合作的紫砂壶

寒冰先生为西贯市村撰写的对联：

一、清归物理同舟共济

　　真主民生极乐云天

二、礼拜方来清地

　　同心共入真门

三、民族和谐共筑中国梦

　　天下太平振兴西贯村

横批：团结进步

我为西贯市村写的联句：

　　社会和谐共筑中国梦

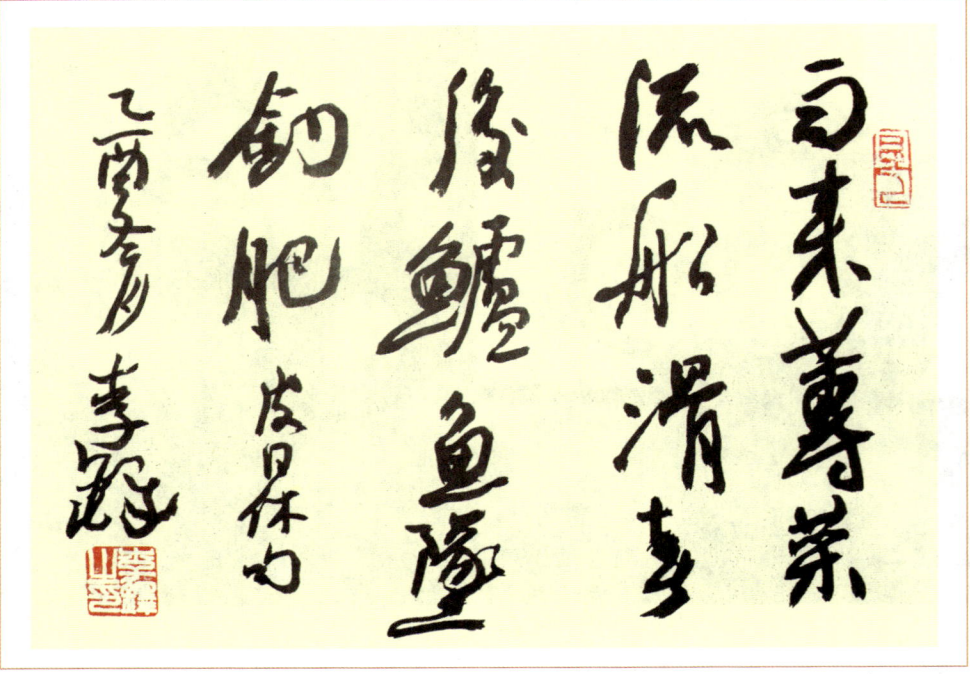

中国书法家协会第三届副主席李铎先生（1930—2020年）为作者美食著作题词："雨来莼菜流船滑，春后鲈鱼坠钓肥。皮日休句。乙酉冬月，李铎。"

民族互助同描锦绣村

横批：团结进步

对联写好后，我以微信的形式发给了学斌秘书长。学斌秘书长告诉我，她要报请有关领导审阅后再定。

过了些日子，学斌秘书长给我来电话说，经过领导研究，最终选定了我写的那副联句，叫我写成书法作品，另写"感恩"二字书法作品，替换西贯市村村口的石碑上的"知感"两字。并说，到时对联嵌刻好及勒石完成后会通知我去出席落成仪式。

挂了电话，我心想，其实我写的对联并没有闪世昌老和寒冰兄的好，

醋熘木樨

只是我写的比较通俗易懂,又加上我是北京市民族联谊会的理事,学斌秘书长自然会对我有些偏爱,所以才选上我写的对联了。

我将作品写好后寄给了学斌秘书长,就一直没有音讯了。

2020年的秋天,闪世昌老打电话给我,说要去昌平清真寺及西贯市清真寺看看,把以前为这两家写的书法作品送去,同时也想去吃李恩云家的醋熘木樨和西贯市清真寺做的糖火烧,顺便再看看我为西贯市村村口牌楼写的对联用上了没有。

车子一进西贯市村村口,我们一行并没有在村口牌楼柱子上见到我写的对联,村口竖起的碑石上也只见把原有的"知感"二字磨去了,并没有镌刻新的内容。

到了清真寺,闪老为寺里赠送了早年受西贯市清真寺之邀为其寺写的对联。

闪老是以龙门对儿形式写成书法作品并装裱好送给了寺里的。内容是:

忆往昔,庚子国难,穆民施义举,扩圣驾,古寺驻跸,贯市传佳话;
抚今朝,丁酉邦兴,学者迎盛世,靓村庠,高师瞩目,阳坊兆吉祥。

烤肉宛
饭庄制作的
"醋熘木樨"

仰缶庐谈吃
第三集

与烤肉宛饭庄行政总厨郑涛先生合影

西贯市清真寺杨清洁阿訇及寺管会李铁路主任还特意为我们准备了寺里烙的糖火烧。中午饭我们是在华云楼吃的，闪老特意让李恩云女士做了两种不同版本的醋熘木樨。吃饭时，昌平清真寺马彦虎阿訇告诉我说，一般昌平回族人家办周年等事都要到华云楼，华云楼的菜肴可以代表昌平地区的清真饭菜水平。

2012年年底，宜兴官林镇做电缆生意的企业家刘欣兄同宜兴聚来福紫砂艺术中心经理裴友春兄来京找我，刘欣兄想请著名书法家李铎先生为其题写几个字，让我帮他引荐李老并给他题字；裴友春兄则受宜兴紫砂名家倪顺生先生之请，带来了十几件倪老爷子做的紫砂壶生坯，让我在壶上画画和题字。

醋熘木樨

与国家级非遗北京烤肉宛饭庄烤牛肉制作技艺第七代传承人万春生先生合影

我遵二人之嘱，两件事全为他俩办妥当了。

刘欣兄和裴友春兄想临回宜兴前，在京城找家好的清真饭馆美美地吃上一顿，好好领略一下清真菜的"真味"。他俩人觉得光我们三人吃没意思，要上一大桌子菜三人也吃不完，不如多请些京城的名流小聚一次，热闹一番。

我按他俩的吩咐，饭馆选的是烤肉宛，请了著名京剧表演艺术家、美食家马增寿先生，著名表演艺术家、书法家卢奇先生，著名相声表演艺术家李国盛先生，著名陶瓷鉴定家毛晓沪先生，著名收藏鉴定家王立军先生（1955—2017年），著名科普作家单守庆先生，《购物导报》社副社长方传明先生等共十余位前来一聚。

仰缶庐谈吃
第三集

著名书画家爱新觉罗·溥佐先生之女、著名画家爱新觉罗·毓峖（紫薇）女士为作者美食著作出版贺画

我定的是烤肉宛二楼最大的包间"竹友园"。

聚餐之前的两三天，我到烤肉宛找领班何维维和董颖把晚宴的菜品提前点好。

制定晚宴的菜品，以回族清真特色菜为主，出席晚宴的来宾除我和马增寿老是回族外，其余均是汉族，纯清真风味特色菜他们不见得怎么吃过。

还有一个因素，因我和马老都是回族，马老又天天做礼拜是乡佬，与其他汉族朋友同在一个盘中夹菜吃不太方便，我让两位领班把当晚的菜品全部换成位菜，

醋熘木樨

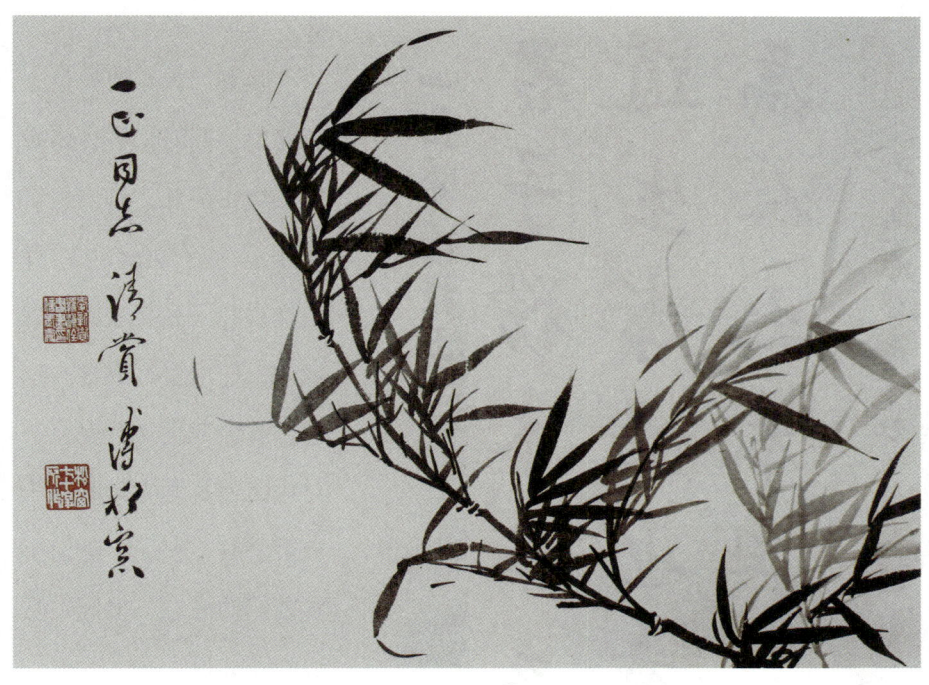

著名书画家爱新觉罗·溥松窗（溥佺）先生（1913—1991年）为作者赠画

实在不好换位菜的菜肴，上桌后在桌上圆盘上转一圈后由服务员再分食给就餐者。

那天我点的位菜有烤牛肉(特级外脊)、羊肉串、炸羊尾、皇室菌菇鹅肝盅、红烧牛尾、香焗鲍仔鸡、烧汁银鳕鱼等，其他菜品还有它似蜜、醋熘木樨等。

我同两位领班说，上醋熘木樨这道菜时，每人配一小碗米饭（量以4~5小号食用勺为准），米饭上放两三勺的醋熘木樨或单盛一小盘醋熘木樨上桌亦可。总之，千万量别大了。否则，晚宴就成了吃醋熘木樨拌大米饭了（醋熘木樨这道菜本身属酸口下饭菜）。

仰缶庐谈吃 第三集

> 一正贤侄雅正
> 君子务本，本立而道生，孝悌也者，其为人之本与。
> 己亥暮春 阿布杜哈钦
> 刘敬一 书
> 于北京牛街

著名书法家刘敬一先生为作者美食著作题词："君子务本，本立而道生，孝悌也者，其为人（仁）之本与。一正贤侄雅正。己亥暮春，阿布杜哈钦·刘敬一书于北京牛街。"

这招果然奏效。

晚宴当天，服务员上完烤肉，同时把佐食烤肉的热烧饼掰开，掏出烧饼芯子，夹上热烤肉，并把烧饼芯子另装盘放在餐桌上，任由食客取食。这时，有服务生身戴麦克，对烤肉宛及烤牛肉的食法进行讲解，一下子吸引了食客们的注意，他们边吃边啧啧称道。

在炸羊尾上桌时，也激起了来宾们的食兴儿，他们中除我和马老常吃这道点心外，其他人均从未吃过。

醋熘木樨是铺在一小碗米饭上上桌的，在座的所有人均没有以这种形式吃过这道菜的。上这道菜时，我请服务员对醋熘木樨这一传统清真美味作一简单介绍，大家吃得兴致很高。

看来，"导吃"的作用还真是很大。

吃过一串烤羊肉、一个烧饼夹烤牛肉、一个炸羊尾和一份醋熘木樨

醋熘木樨

后,其实肚子就基本上已经饱了,更不用说再吃其他菜肴了。

这顿饭,几乎每个人都说了一句话:"吃撑着了!"来宾们没有一个不叫好的。虽然参加这次小聚的都是各行业的精英,但吃传统清真菜又是这么个吃法,大家还是感觉有些不一样。

宴会进行中,烤肉宛老板韩香臣过来与大家打招呼,询问菜品吃得是否可口?所有人都对韩总说:"好!"

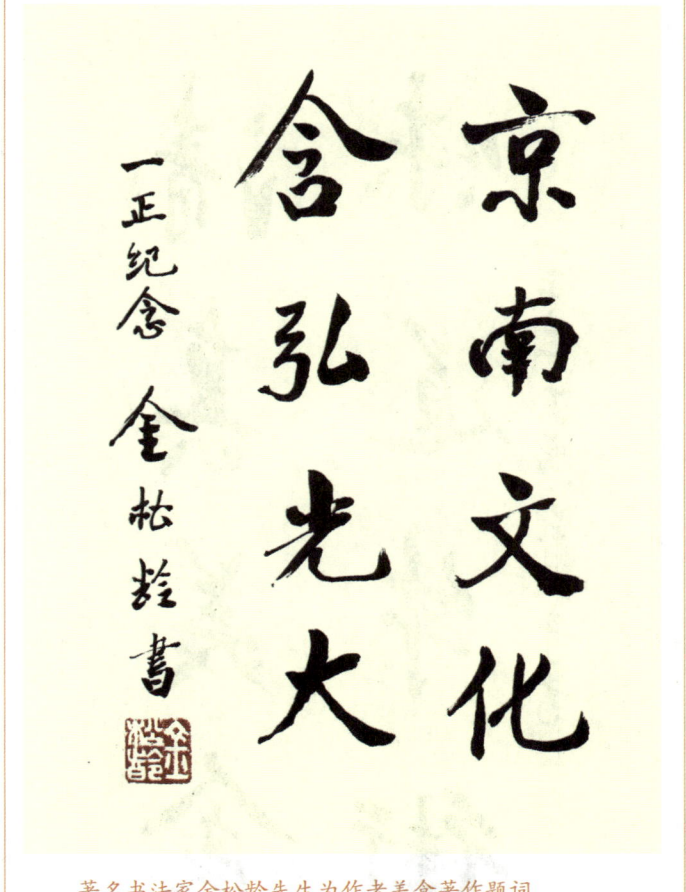

著名书法家金松龄先生为作者美食著作题词

宴会快结束时,我问马增寿老,今晚饭局您对哪个菜满意?马老对我说,一是醋熘木樨,二是皇室菌菇鹅肝盅。我听了二话没说,叫服务员给马老打包4份鹅肝盅回家。

现在的烤肉宛已有精品醋熘木樨的位菜了,还有醋熘肉片木樨、醋熘肉片等菜。

话说马增寿老是位美食家,爱吃醋熘木樨,且年轻时食量又大。他曾亲

仰缶庐谈吃 第三集

北京市西城区美术家协会原主席、书法家郑文奇先生为作者美食著作题词

口对我讲,他一顿最多能吃98个饺子,这也是我知道的最能吃饺子的一位爷了。

我和我爱人都是戏迷,马老有演出,就叫我和我爱人隔三岔五地去戏院听戏。我爱人特别喜欢听青衣的唱。剧场逢有大青衣的戏,他都会为我俩弄票,让我们去过戏瘾。

马增寿老除好吃外,还喜欢玩点儿小麻将。他与"恩元居"疙瘩马传人马振国、"奶酪魏"传人魏广禄及"爆肚冯"掌柜冯广聚每周都要玩两三次小麻将,一锅50元,老哥儿几个以此活动活动大脑。这四个人全是老北京,又都是回族,关键他们四人全是"吃主儿"。马老还有一位"麻友",是津门大画家溥佐之女爱新觉罗·毓崌(紫薇),人称"紫薇格格"。

溥佐(庸斋)是道光皇帝的曾孙,惇勤亲王奕誴的孙子,贝勒载瀛的儿子,溥佐与溥忻(雪斋)、溥僴(毅斋)、溥佺(健斋)同为亲兄弟。

醋熘木樨

我认识紫薇格格是通过马老介绍的。紫薇格格是来往于京津两地的画家，也是位美食家和大玩家，她爱品茗、吃清真菜。我们在烤肉宛吃饭时，也要醋熘木樨这道菜，她亲口对我讲，她也爱吃醋熘木樨。

有一度我在买房时，还看上了她现在住的楼房，她也极力推荐我买，差一点儿我们就做成邻居了。

在北京西南的房山窦店，有一座建筑宏伟又气派的清真大寺——窦店清真寺。窦店清真寺内有一家餐厅，叫"静真轩"。原本这家餐厅以窦店村及寺里的公务接待为主，亦对外营业。

静真轩餐厅的经理叫刘庆利，他与久居牛街的回族著名阿文（阿拉伯文）书法家刘敬一阿訇是亲戚。静真轩及清真寺内装饰有不少的阿文书法作品，全部出自刘阿訇之手。餐厅开业不久，刘庆利兄让我为餐厅也写了不少的书法作品。我写后，庆利兄非给我润笔费。仅此一点，可见庆利兄的办事之道。之后，我再到静真轩吃饭时，见到餐厅内悬挂有许多著名表演艺术家、画家李嘉存大哥的精品力作。

静真轩营业一段时间后，庆利兄曾就如何提高餐厅的菜品品位叫我吃了几次饭，很认真地让我给餐厅的菜品提点儿建议。其中醋熘木樨改成位菜上桌是我给餐厅提的建议。刘经理觉得我说得有道理，后来几试，屡试不爽。

记得有一年春节前，窦店农牧工商总公司仉锁忠董事长做东，邀请中国伊斯兰教协会杨志波和洪长有两位副会长、李嘉存先生、北京伊斯兰教经学院铁国玺副院长，及做清真食品生意的企业家马希起先生和我小聚于静真轩。就餐者均是回族，席间上有位菜醋熘木樨，大家都对这一菜式的改革表示高度的认可。

静真轩的醋熘木樨是用羊肉做的,烹饪时两次用醋。

醋熘木樨这道菜应该是用羊肉做还是牛肉做?

2019年春日,90岁高龄的刘敬一阿訇打电话给我,让我去窦店清真寺静真轩参加"刘敬一李文彩阿文书法班窦店采风活动",并在刘庆利处的静真轩品尝新推出的清真炒菜。

我开车接上刘阿訇,车上就我俩,没有其他人,我们爷俩聊了很多。

我问刘阿訇醋熘木樨到底该用羊肉做还是牛肉做?刘老明确告诉我,醋熘木樨该用牛肉做,并说早年间做醋熘木樨最好的清真馆子是位于前门外的"两益轩"。

京城的清真饭馆老字号,有所谓"一楼(鸿宾楼)、两烤(烤肉宛、烤肉季)、三轩(两益轩、同和轩、同益轩)、四顺(东来顺、西来顺、南来顺、又一顺)。亦有人说是'五顺',即把'北来顺'加上。但北来顺是护国寺小吃的扩充店,与老北京清真饭馆并无多大关系。如果非要说'五顺'的话,应加'南恒顺',即光绪帝在此吃过饭的清真老字号'一条龙')"之说。

刘敬一阿訇告诉我说,早在20世纪40年代两益轩就有"醋熘木樨"这道菜了。刘老的爱人白玉兰女士是内蒙古赤峰人,1978年就在赤峰承包过一家清真饭馆。内蒙古的清真饭馆都有醋熘木樨这道菜,同北京醋熘木樨的做法几乎一样。醋熘木樨和锅包肉是风靡内蒙古清真饭馆的两道名馔。刘老还对我讲,所谓锅包肉就是焦熘里脊(肉片)。锅包肉为东北名菜,赤峰早年归东北辽宁省,所以这道菜在赤峰也很流行。

刘老知道我曾跟欧阳中石先生学过书法。讲着讲着突然话题一转,说:"欧阳先生也喜欢吃清真菜,但他饭量不大,吃得也不多。"

醋熘木樨

西来顺饭庄制作的"扒羊肉条"

刘敬一老还回忆起他早年在北京市文化局演出公司负责办公室工作时,受著名京剧荀派传人吴素秋女士的强烈推荐,说服北京市工人俱乐部领导为欧阳先生在北京市工人俱乐部举办了两场奚派传统剧目《范进中举》的演出。

当年(1983年)欧阳中石先生演出《范进中举》一剧时,北京市文化局并没有同意公演,只是由刘敬一先生与北京市工人俱乐部李耀文副主任协商后采取不对外售票、不登报刊、不发消息宣传的原则,以内部交流观摩的形式演出的。

仰缶庐谈吃
第三集

著名书法家、大厂回族自治县原县长杨连福先生为作者美食著作抄录其为"大厂美食观摩会"写的诗作《清雪真缘》:"窗外瑞雪荡秋千,大师大厂圣手牵。清真脍炙细品评,饮食文化口口传。铛炮羊肉闪亮间,馨香醉脾已生涎。洁净珍馐得康乐,幸福人生五百年。庚子十月初六吉时,巧逢首雪香飘燕山之际,迎来艾广富、闪世昌、戴月琴大师。一正先生存念。连福小诗记之。"

欧阳先生当天的首场演出就大获成功,有关领导也前来观看,并对刘敬一先生说,奚派的京剧艺术要发扬光大!

演出结束后,欧阳先生为酬谢刘敬一、李耀文、吴素秋及助演班底的北京京剧院演员,特在位于三里屯处由何凤仪先生开的穆斯林餐厅宴请了大家。

刘敬一阿訇和李文彩老在牛街清真饭馆的用餐点多为"连客轩"。同样是在街里,还有一家清真馆子叫"穆德楼"。穆德楼常年聘一从又一顺退休下来的师傅掌勺。河北省伊斯兰教协会副会长兼秘书长孔昭刚先生来京办事多住牛街,他在街里吃饭时爱喊上我,地点多选在穆德楼。去穆德楼吃饭前,孔会长会让马希起的大儿子马月打电话给穆德楼的那位做菜师傅,告诉他多少人吃饭,让他看着弄。我觉得他们这种点菜方法不错,客人吃什么交给厨师处理,厨师上什么菜客人吃什么菜。用这种方法做出的菜,大多是厨师的拿手菜。这位厨师每次必上醋熘木

醋熘木樨

与冯幸先生、艾广富大师团队合影（从左至右为靳润起、冯幸、奚志强、艾广富、田成明、刘一正、许长春、满武国）

樨。他做的醋熘木樨是用羊肉。在穆家吃饭还有一特点，客人吃饭时不卖酒，纯按"教门"办事。

穆德楼的老板叫金伟佳，是我在北京六十六中学读书时的同年级同学。伟佳的父亲是原宣武区的老领导金松龄先生。金老也是位书法家，在"老宣武"人的心中，威望甚高。

每年在重阳节时，宣武老人张汝来先生会请上金老及张恕贤、武高山、张文华、郑文奇、谢全林、刘义、许立仁等宣武区老同志相聚在南来顺饭庄，我则纯属例外，恭忝末座。

汝来大哥每次在南来顺点菜时，必叫我在旁参谋，我则必点他们家的醋熘肉片木须（南来顺称醋熘木樨为"醋熘肉片木须"，意思是羊肉片和

鸡蛋是一样的分量)、炮煳、红烧牛尾、炸烹虾、羊肉串、南煎丸子、芫爆散丹、炮羊肉、口蘑烧食信儿等菜品。

写到这儿,您看了没有,其实,京城的清真老字号吃来吃去就这几样传统炒菜,几乎家家都一样,只是每家的做法稍有差别而已。

北京有没有与传统清真菜馆做法不一样的餐厅呢?有。

记得有一年,回族美食家许路先生和资深媒体人韩刚先生两位请我吃饭,聊到京城清真馆子时,韩刚兄问我,褚祥楼您去过吗?那里的清真菜做得不错。

听韩刚兄这么一说,我想褚祥楼一定以继承褚祥大师的衣钵为主,是一家经营传统清真西派炒菜的馆子了。

第二天,我和我爱人就去了褚祥楼。

到了褚祥楼,我一看楼名应为"储祥楼",广告语写着"储祥楼——清真美食创新菜。"但在储祥楼的灯箱介绍上,也写着"储祥楼也寓意'褚祥'字样。"

翻开菜单,我一看他家的菜品有烤鸭、火山岩海参捞饭、黄焖花胶公、青海藜麦煨海参、螺丝椒烧鲍鱼、避风塘炒蟹、三葱爆澳龙、榴梿燕窝等;就连他家的小吃也都是新派做法,如冬瓜海胆水饺、西红柿虾仁水饺、干豆角包子等。

我来时本打算找几样褚大师当年掌勺于西来顺时的拿手菜来尝尝,不承想他家的菜品多用海鲜和高档食材来烹制的。像醋熘木樨这样的传统清真炒菜,他家根本就没有。

没办法,我和我爱人本着"既来之,则安之"的原则,便点了清真福寿全(佛跳墙)/位菜、龙虾麻婆豆腐、芙蓉全蟹及一份香烤牛肉包子。

醋熘木樨

著名歌唱家、美食家、书法家胡松华先生在作者家中为作者美食著作题词

我点的这三道菜都是我在家没条件做的,也是我爱人喜欢吃的海鲜菜。

当天没有吃成褚大师传承的手艺菜,第二天我和我爱人又到西来顺把昨天未完成的"功课"补上。

在西来顺,我点了醋熘木樨、扒羊肉条、龙凤丝、马连良鸭子(半只)。

我在点到扒羊肉条时,服务员告诉我,他们家做的扒肉条比较肥。我回了服务员一句话:"不肥也不好吃。您同灶上打声招呼,最好给用挂一层肥膘的羊腰窝来做。"服务员也补了一句话:"我们家的扒肉条,用的是胸口肉做的。"

所谓羊胸口肉和腰窝肉的区别就在羊的前后腿上,靠近前腿的前胸软

骨两侧的肉是胸口肉，靠近后腿前、肚部肋骨后近腰处的肉是腰窝肉。胸口肉没有筋，肥多瘦少，适合用烧、焖、扒等烹调方法，清蒸羊肉多用胸口来烹制。腰窝肉肥瘦相间，有筋膜，多用炖、扒、酱、烧等烹调方法。

当服务员端上扒肉条时，我一看傻了眼，全是肥肉，一丁丁点儿的瘦肉也没有。我急忙跟服务员说："这扒肉条也太肥了。我不是同您说要一半肥一半瘦的扒羊肉条吗？"服务员二话没说，把扒羊肉条端下去了。

我爱人对我说："你怎么那么多的事呀？你不是要吃肥一点儿的吗？"

我对她讲，扒羊肉条就应该用一半肥一半瘦的羊腰窝或胸口肉来做，而且还要蒸，做的扒肉条要烂糊；吃时不能用筷子夹，一夹肉就碎了，要用筷子挑着吃。

我爱人听后对我说："照你这个吃法，北京城里没有一家回民馆子能做。你事忒多！"

吃西来顺的醋熘木樨时，我还发现一个问题，他们做的醋熘木樨不放蒜。

京城还有一家比较有名的清真饭馆，是粤菜版的清真菜，叫"伊锦园"。

2020年11月21日，北京下了第一场瑞雪。一大早闻宏兄开车先接上我，再接上著名评剧表演艺术家、书法家戴月琴女士，最后又接上闪世昌老，我们来到了大厂回族自治县。

早在这之前，闪老同我去大厂时曾与大厂县政协冯幸主席就提升大厂的文化旅游业、挖掘大厂传统清真菜肴、振兴大厂的民族传统饮食文化一事进行探讨，准备在大厂策划一次高规格的清真传统菜肴品鉴观摩会，以此提振大厂的民族餐饮水平。

品鉴观摩会由三个部分组成：一是展示品鉴大厂回族自治县的传统菜

肴"清真八大碗";二是观摩品鉴会承办方大厂天禧宴餐厅提供的部分冷餐、热菜和小吃;三是由著名清真菜烹饪大师艾广富先生率弟子现场演示烹饪传统清真菜肴技艺。品鉴观摩展示会期间还穿插有书画笔会,以书写弘扬传统餐饮文化的题材内容为主。

参加品鉴会的嘉宾有杨连福、赵德平、冯幸、刘晓波、唐建军、回贵智、薛福生、朱学军、胡明、金文利、赵宏岳、王海涛、黄景仁等当地领导和企业界知名人士。

品鉴观摩会的第一单元是展示大厂回族自治县当地名厨烹调的清真八大碗。

大厂地区回族宴席的别称为"清真八大碗"。当地回族群众,不论贫富贵贱,在结婚、办周年及节日和平日宴请亲朋好友时,每桌只上八碗炖菜,配米饭而食。八大碗均为炖菜,用牛肉、杂碎、丸子、豆腐、白菜、海带、粉条、山药、黄花、胡萝卜等食材灵活搭配,以八碗为限上桌,故名"八大碗"。

1. 炖丸子　　　2. 炖肉(牛胸口肉)　　3. 炖豆泡(豆腐)

4. 炖海带丝　　5. 炖杂碎　　　　　　 6. 炖胡萝卜

7. 炖鸡　　　　8. 炖黄花

品鉴会第二单元为天禧宴餐厅制作的菜肴。

冷盘:

1. 荔枝小番茄　　2. 老汤酱牛肉

3. 洪湖酸辣藕带　4. 老北京熏鸡

仰缶庐谈吃
第三集

热菜：

1. 烧汁兰度扒口蘑　　2. 葱油碧绿淮山药　　3. 新派宫保虾球

4. 蒜子烧鲽鱼　　　　5. 珍笋煲老鸡　　　　6. 烤鸭

小吃：

1. 牛肉馅饼　　　　　2. 烤白薯

第三单元为艾广富大师携靳润起、许长春、满武国、奚志强、田成明、程炳新6位高徒现场表演老北京清真传统菜醋熘木樨、铛炮羊肉、炮煳的制作技艺。

艾广富大师烹饪团队制作的传统清真菜肴有：

1. 一品羊头羹（砂锅羊头）　　2. 芝麻羊肉（用羊后腿烹制）

3. 甜卷果　　　　　　　　　　4. 咸卷果

5. 醋熘木樨　　　　　　　　　6. 铛炮羊肉

7. 炮煳

小楼饭店制作的"醋熘木樨"

当艾老和徒弟们在烹制醋熘木樨、铛炮羊肉和炮煳时，一下子吸引了全场来宾的眼光，大家纷纷拿出手机进行拍照、录像，而来宾们在品尝了这三道老北京传统清真菜后更是

醋熘木樨

赞叹不已,称赞艾老团队烹制的这三道菜是"清真美味之绝飨!"

我回家后,将这次的美食品鉴会的内容发到手机微信朋友圈里,结果向我咨询饭馆地址和打听在哪儿能吃到正宗醋熘木樨、铛炮羊肉、炮糊的电话不断。

著名表演艺术家马书良先生、李绪良先生两位问我天禧宴的具体地址,并让我给他们发天禧宴的位置图;著名歌唱家胡松华先生对我说:"你一到吃好吃的时候就不带我去了!"

事情都过了近一个月,还有朋友打电话,让我找地方带他们吃老北京清真炒菜醋熘木樨和铛炮羊肉及炮糊的。

小楼饭店制作的"精品烧鲇鱼"和"连刀烧鲇鱼"

仰缶庐谈吃
第三集

与小楼饭店副总经理兼行政总厨田胜先生合影

仅这儿一个月,由我找地方带朋友吃醋熘木樨炒菜就不下6次。其中一次是住在通州区的画家朋友要吃醋熘木樨等炒菜。我把住在通州宋庄及梨园、张家湾等处的朋友都"锅"在位于通州南大街的清真小楼饭店,让他们品尝一下小楼饭店的特色名馔"小楼三焦(焦烧鲇鱼、焦炒咯吱、焦熘肉片)"。小楼饭店三焦之一的烧鲇鱼菜共有四款,分别为连刀烧鲇鱼、大蒜烧鲇鱼、烧汁鲇鱼和精品烧鲇鱼(就餐者多选择精品烧鲇鱼),这四种鲇鱼菜的做法均为"焦熘(脆熘)"。

小楼饭店的"三焦"亦是清真东派菜肴的经典代表菜品。焦熘肉片和焦炒咯吱的烹饪方法为"挂糊炸焦",烧鲇鱼的烹饪技法是"干炸焦";焦熘肉片和焦炒咯吱为回族穆斯林群众喜爱的甜酸糖醋汁儿口味,烧鲇鱼为微咸清鲜口味。

著名清真菜大师白殿奎先生(1908—1999年)的焦熘肉片"宗"的就是义和轩通州小楼(俗称"通州小楼")的手法。白大师的代表菜品即是

醋熘木樨

"焦熘肉片"、"焦炒咯吱"和"烧鲇鱼"。其徒弟马志和大师的看家菜焦熘肉片（焦熘里脊）也是来自白殿奎大师的真传。

小楼三焦亦为"东派清真菜"，以选料精良、制作精细著称，尤以炒、熘拿手；菜品高汁红芡（烹芡法）、味道适口，深受食客喜爱。与此同时，我还点了小楼饭店的醋熘木樨、扒海羊（海参和羊肉条）、小楼炙子烤肉、咯吱皮酱牛肉、芙蓉鸡片、小楼烧鸡、干炸丸子等菜品。

小楼饭店的三焦之一"小楼烧鲇鱼"与"大顺斋糖火烧"、"万通酱豆腐"，同为"通州三宝"，而且这通州三宝的创始人都是回族。

这三种名食，再加上通州另一特色风味小吃"炸咯吱"都与大运河有关，可以说是大运河饮食文化的结晶。

来通州没有品尝过这"三宝（或'四宝'）"，就等于白来了通州一趟。

小楼饭店建于1900年，原名"义和轩"，他们家没有铛炮羊肉和炮煳，只有葱爆羊肉。铛炮羊肉和葱爆羊肉有所不同，仅烹饪工具就不一样，一个用铛，一个用锅（炒勺）。

小楼饭店的扒肉条系列比较丰富，不光有用羊肉烹制的扒羊肉条，也有扒牛肉条、扒口条、扒牛胸口、扒双条（羊肉条和牛肉条）、扒海羊等。他们家也有木樨肉、醋熘肉片等菜品。

他们家的醋熘木樨这道菜，鸡蛋占全菜分量的70%，羊肉只占30%。羊肉片吃起来比较滑嫩，并带有一点肥肉，酸度要比其他家做的醋熘木樨稍大一点儿。

之后又某日，画家孟明禅兄让我找地方想吃醋熘木樨，他约上了著名书画篆刻家曹心源兄及教门兄弟白联奎一同小叙。我选牛街吐鲁番餐厅，此时正值南来顺老板常宏兼任吐鲁番餐厅的老总，马忠到点儿退休，常宏

仰缶庐谈吃
第三集

与著名京剧表演艺术家、美食家马增寿先生（1940—2017年）（中）及著名表演艺术家、书画家陈友旺（回族）先生合影

兄上任后刚对吐鲁番的菜品调整完，故而前去一尝。又因心源兄夫人曹嫂子喜吃炸羊尾一味，一般清真馆子嫌利薄费事不愿为之，我同常兄打声招呼，让灶上费心做上一盘。

心源兄一见上桌的醋熘木樨就对我说："去年在此，一正兄让我给一宁夏来的朋友鉴定几幅欧阳先生的书法作品吃饭时，要的就是醋熘木樨，今天又上此菜，一正兄怎么知道我爱吃此味的呢？"

一说醋熘木樨，许多人特别是京城的老回回，都知道这道菜与马连良先生有关。

又一顺将醋熘木樨定为"镇店名菜"，并说此菜的发明是因马连良

醋熘木樨

先生在又一顺用餐时将葱爆羊肉（一说熘肉片）和摊鸡蛋拌在一起吃时，感觉不错，后叫杨永和师傅再做此二菜时合二为一，一同烹炒。由此，在又一顺就诞生了一款新菜——醋熘木樨。

就此事，我曾专门问过艾广富大师。

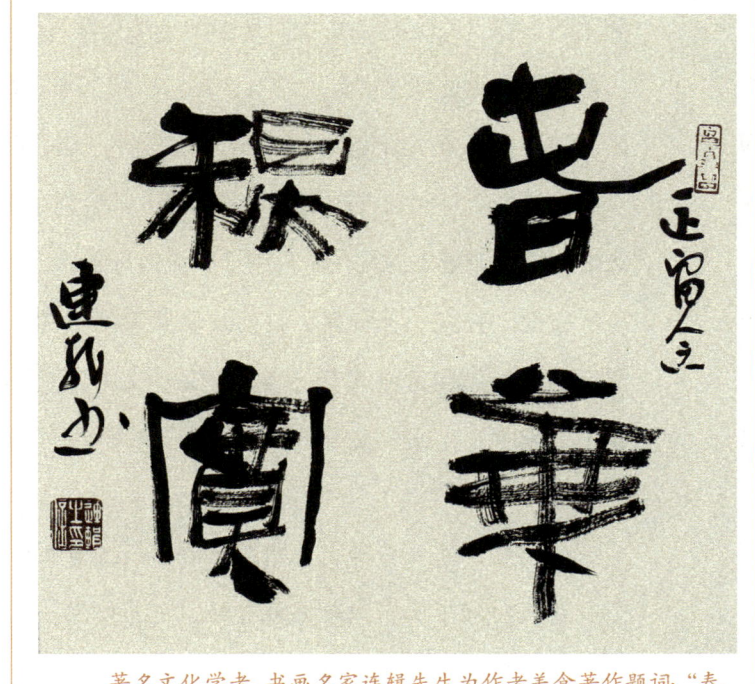

著名文化学者、书画名家连辑先生为作者美食著作题词："春华秋实。一正留念。连辑书。"

艾大师说，醋熘木樨这道菜其实与又一顺没关系。

马连良先生当年在王府井东安市场北端的吉祥戏院演出时，他会提前很早到剧场看一下"装台"，在向工作人员交代完工作后，便会来到隔壁的东来顺吃点儿东西。

早年间的北京清真炒菜没有几样，制作多系简单的家常炒。马连良先生在东来顺就餐时，多会上一个摊鸡蛋和一个醋熘肉片，另有一碗米饭和一个汤。

饭菜上齐了，马先生正要下箸时，布置舞台的一个工人来找马先生，说舞台那边有急事，您得先回去处理一下。没办法，马先生对厨师说，饭

和菜先放在这儿,待会儿我回来加一下热再吃。

待马先生处理完舞台上的事,重新回到东来顺就餐时,厨师将摊鸡蛋与醋熘肉片合二为一加热后端上桌时,马先生一尝,味道比两菜分着吃好吃。于是,马先生每次到吉祥戏院有演出前,都会到东来顺叫厨师做此菜,久而久之,这道醋熘木樨就在清真馆子中流传开了。

在此,补充一下资料,日前我偶然看到了满恒先生《回族与老北京玉器行一·聚焦北京回族老行当》一文。文中记录了马连良先生在吉祥戏院演出空闲时,光顾东安市场一事。兹节录如下。

> ……东安市场,北京著名的综合性商业场所,其玉器市场运营虽时间不长,但却因地势好,交易红火,尤以20世纪三四十年代,回民玉商在此设摊开铺比较多。……
>
> 东安市场内较有名气的古玩玉器店是设在"丹桂商场"的"佩珍厚"。该号还兼营瓷器、字画等。……京剧名角儿马连良来店里闲逛(马经常在东安市场的吉祥戏院演出),马老板看中了一组四幅日本山水画(笔者注:四条屏),问:"多少钱?"刘多祥不假思索地答道:"四十块。"马连良倒也爽快,"回头包好了,送到清华池!"……

艾老又补充讲道,又一顺是1948年开业的,它是由东来顺分出来的一个支店,厨师和服务员大多来自东来顺,故叫"又一顺"。又一顺与东来顺有"血缘关系",它们是"直系亲属"。如果单从"两顺"关系来看,说醋熘木樨是又一顺与马先生共同创制的一道菜肴也不为过。

醋熘木樨

艾老还回忆起他在1965年任又一顺分店经理时，马连良先生经常光顾位于西单商场内的又一顺分店。

艾老说，马先生每次去又一顺分店请客吃饭时，都会坐着他的那辆奔斯（奔驰）私人汽车，他会先到1

烤肉季饭庄制作的"醋熘木樨"

个小时，右手挂着文明棍，左胳膊在马小曼的搀扶下走进餐厅，同大家打完招呼后，他会直奔厨房，走到正在烙烧饼的杨保才师傅跟前说："杨师傅，烧饼啥时得呀？"杨师傅会说："马上得，马上得。"这时候，杨保才师傅会将端铛烧饼从码道（铛下面烤烧饼的地方）中取出（那会儿的烧饼是先烙后烤，一炉20个，故名"烙烧饼"。现在的烧饼，没有烙的环节，均为烤箱中烤出来的）递给马先生。马先生此时会将右手拿着的文明棍挎在左胳膊肘上，用右手的拇指和食指掐住一个热烧饼，带芝麻的那面朝外，烧饼底冲着自己，再将左手掌心抻开，接着右手吃烧饼时落下来的芝麻；当右手拿的烧饼吃完时，再将落在左手掌心内的芝麻轻轻送到嘴边吃掉，然后对杨师傅说："一会儿将烧饼的账一块儿记在一起。"

因艾老也是做清真烤鸭出身的大厨，他在回忆起马连良先生来又一顺吃烤鸭时说到马连良先生一般来店里吃烤鸭只要半只。那会儿要整只烤鸭

与烤肉季饭庄厨师长李海峰先生合影

的顾客很少。

据马连良先生之长子马崇仁先生口述:"父亲与又一顺那里的后厨师傅们关系都十分融洽,经常喜欢在用餐之前到后厨的灶上去看望他们,有时送给他们香烟或者戏票。师傅们对父亲特别尊重,同时也对他十分优待。总会特意预留一些好的原材料,以便让父亲吃着满意。其实父亲吃的东西有时很简单,主要吃的是东西的地道劲儿。一次他在又一顺厨房与师傅们聊天,有人说了句:'烧饼得了。'父亲闻着香飘四溢的空气,情绪就来了,对他们说:'我来一个。'于是,自己从烧饼炉的码道上拿了一个刚刚出炉的热烧饼,咬了一口后十分满意,还回味无穷。"

围绕着醋熘木樨这道菜,我又向马连良先生之孙马龙先生进行咨询。

马龙兄告诉我了有关马连良先生饮食及演出期间的生活规律。第一,马连良先生在演出前和演出当中没有吃东西的习惯,他遵循"饱吹饿唱"的原则。也就是说马先生在吉祥戏院演出前不可能去东来顺吃东西;而演

醋熘木樨

出结束后东来顺也已经关门了，马先生也只是回家后再吃点儿东西。但是有一条，马先生如果在吉祥戏院有演出，东来顺的丁老板会让伙计送些点心到吉祥戏院给马先生。而马先生没有演出时吃东西的习惯，会将点心分与剧团员工食用。第二，马连良先生不怎么吃羊肉（因羊肉食后易上火，对嗓子不利），当年马先生吃的醋熘木樨应为牛肉做的。第三，因马连良的家当时住在西单，离又一顺最近，所以光顾又一顺的频率会比其他清真馆子多一些。

马龙兄系马连良先生之子马崇恩与冯家荣的儿子，他用微信与我互动，将他写他大伯即马连良长子马崇仁从艺八十余年的舞台经历一书《听歌想影话梨园》中关于马崇仁讲述马连良《人称父亲是美食家》一篇文字内容用手机拍照后发给我。该篇讲述的就是马连良与醋熘木樨的渊源。后马龙先生的亲姨、北京市西城区伊斯兰教协会冯嘉美秘书长又将此书转送给了我一本。

现将《听歌想影话梨园》中《人称父亲是美食家》节选录如下。

……一天父亲到又一顺吃饭，点了一道"醋熘肉片"。后厨的海师傅说："没料到您今天来，剩下的好牛肉不多了，不够一卖呀！"这道菜主要用牛肉和醋来烹制，父亲马上联想到了南方菜"赛螃蟹"，是用鸡蛋和醋一起烹制。于是他灵机一动地说，肉不够没关系，你往里加点儿鸡蛋，再稍加点儿醋，也够一个菜了。海师傅不知道这是什么菜，就按照父亲的说法做了这道菜。出锅后果然觉得非常好吃，后来就给这道创新菜起了一个名字——醋熘肉片加木须。这道既经济又实惠的家常菜从此就不经意地流传开来，现

品尝国家级非遗北京烤肉季饭庄烤羊肉制作技艺第八代传承人马帅先生制作的烤羊肉

在的人们给它起了一个简单而可爱的名字,叫"醋木"。……

马龙兄对我讲,关于上述文字的描述,是由他亲舅舅、冯嘉美之弟冯恩援先生转述给他的。冯恩援先生曾任中国烹饪协会常务副会长兼秘书长。马连良先生与醋熘木樨的"故事"是冯恩援先生从曾在又一顺掌勺的海师傅那里听到的。

这位海师傅即杨永和大师的大徒弟海涛。海涛先生曾掌勺于又一顺,其父辈和后代都干"勤行"。海涛先生后晋升为干部,曾任烤肉季饭庄经理、西城区民宗办主任、西城区西长安街道办事处主任、西城区伊斯兰

> 醋熘木樨

教协会副会长兼西城区锦什坊街清真寺民管会主任（退休后）等职。

就海涛先生一事，我曾向北京西城区伊斯兰教协会原秘书长、而今已是鲐背之年的马长志老咨询（马老自1980年北京市西城区伊斯兰教协会成立，到2005年退休，一直担任西城区伊斯兰教协会秘书长一职）。马老是冯嘉美女士的亲舅舅，他与杨永和大师的几位徒弟海涛、马景海、杨国桐等又一顺老人都久居在西城。又一顺总店的工会主席，后任又一顺分店经理（首任分号经理）刘长生也住在锦什坊街，同马长志老先生关系很好。艾广富先生当年从私营德记饭铺被领进又一顺大门，并拜在胡宝珍大师和杨永和大师之门下，是由刘长生操办的。

马老在谈到海涛、马景海和杨国桐时说："如今这三位杨永和大师的

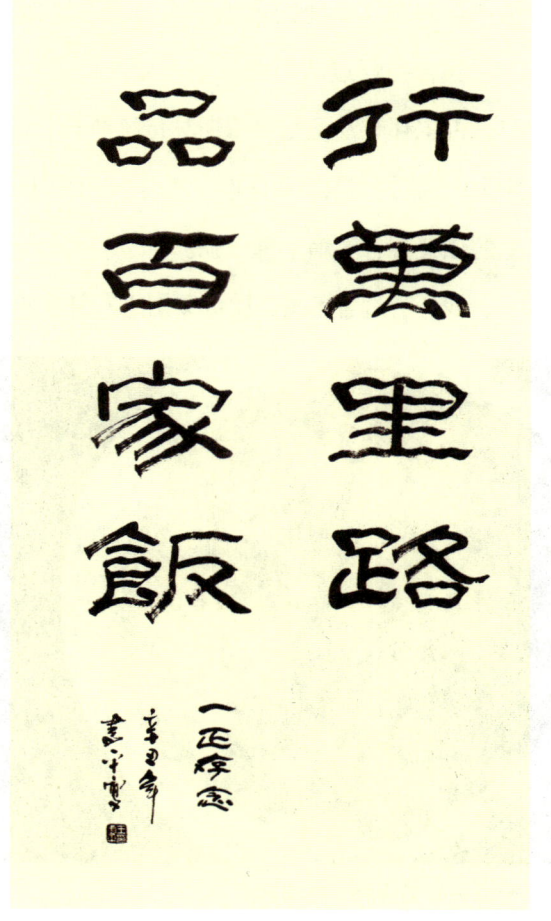

中国美术家协会第九届副主席、天津市美术家协会第五届主席王书平先生为作者美食著作题词："行万里路，品百家饭。一正存念。辛丑年，书平书。"

徒弟都归真了,他们老哥仨儿为北京清真菜做的贡献可真大呀!"

我曾担任过两届北京市西城区伊斯兰教协会的常务理事。每年在开斋节、古尔邦节及圣纪等穆斯林传统节日,都会到西城区伊斯兰教协会座席。席上的菜肴都是由又一顺或烤肉季、烤肉宛等西城清真饭庄提供的,每次席上的佳肴必有醋熘木樨一款。

我还听过著名烹饪饮食文化达人白常继先生讲的有关醋熘木樨的典故。

1618清真公馆制作的"醋熘木樨"

有一天家住民族文化宫附近的马连良老板来到离家门口不远的又一顺吃饭。马老板点了一个平常爱吃的也是杨永和大师的拿手菜醋熘肉片,又点了一个摊鸡蛋。

在马连良先生吃饭时,不少前来就餐的认识还是不认识马先生的食客都过来与马先生寒暄聊天。马先生本身就平和谦逊,一点儿也没有"大牌"的架子,就和食客们聊了起来。在与食客聊着的过程中,马先生点的两盘菜就凉了。马先生吩咐堂倌儿把两盘菜端到后厨加热。杨永和大师无意间就把这两盘菜合在一起加热了,还又给加热的菜补了点儿芡汁。当伙计把回锅加热好的菜端到马先生跟前时,马先生眼睛一亮,发现这道菜怎么这么漂亮呀!琥珀色的肉片夹杂着灿如丹桂的碎鸡蛋,吃在嘴中,

醋熘木樨

鲜嫩无比。于是马先生对杨永和大师说："您照这个样儿再来一盘。"第二盘菜上桌时,马先生叫厨师也过来一起尝一尝。

临走时,马连良先生对杨永和及后厨师傅们说:"以后我来吃饭时,各位就照今天的菜式做。"

打这儿以后,醋熘木樨这道菜就在京城清真馆子中诞生了。

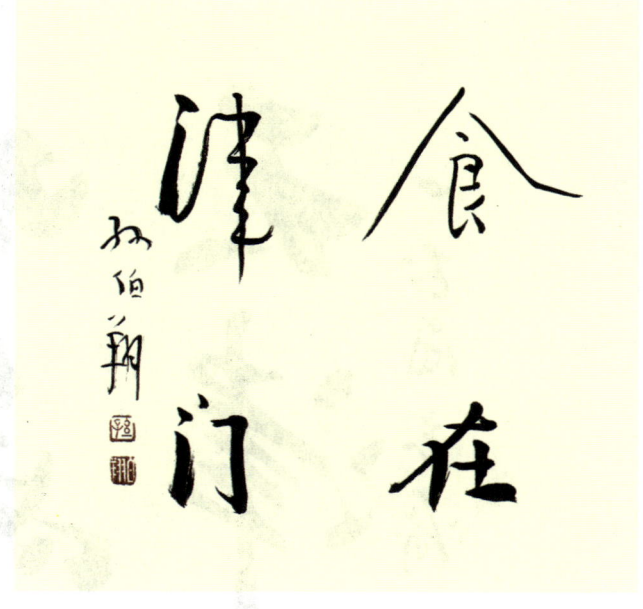

著名书法家孙伯翔先生为作者美食著作题词:"食在津门。孙伯翔。"

天津的清真饭馆有很多,数量应比北京的清真馆子还要多些。醋熘木樨也是天津传统的清真菜之一。

2021年中秋节前夕,我请中国美术家协会副主席、天津市美术家协会主席王书平先生为我即将付梓的美食新书题几个字,王副主席用四尺整张的宣纸题写了"行万里路,品百家饭"的中堂作品后,叫助理安靖兄将作品邮寄给我。

安靖兄也是个美食家,平日我俩在微信中基本只聊京津两地的美食,他给我介绍了不少的天津清真饭馆。而且安靖兄将这些清真饭馆按高档饭

仰缶庐谈吃 第三集

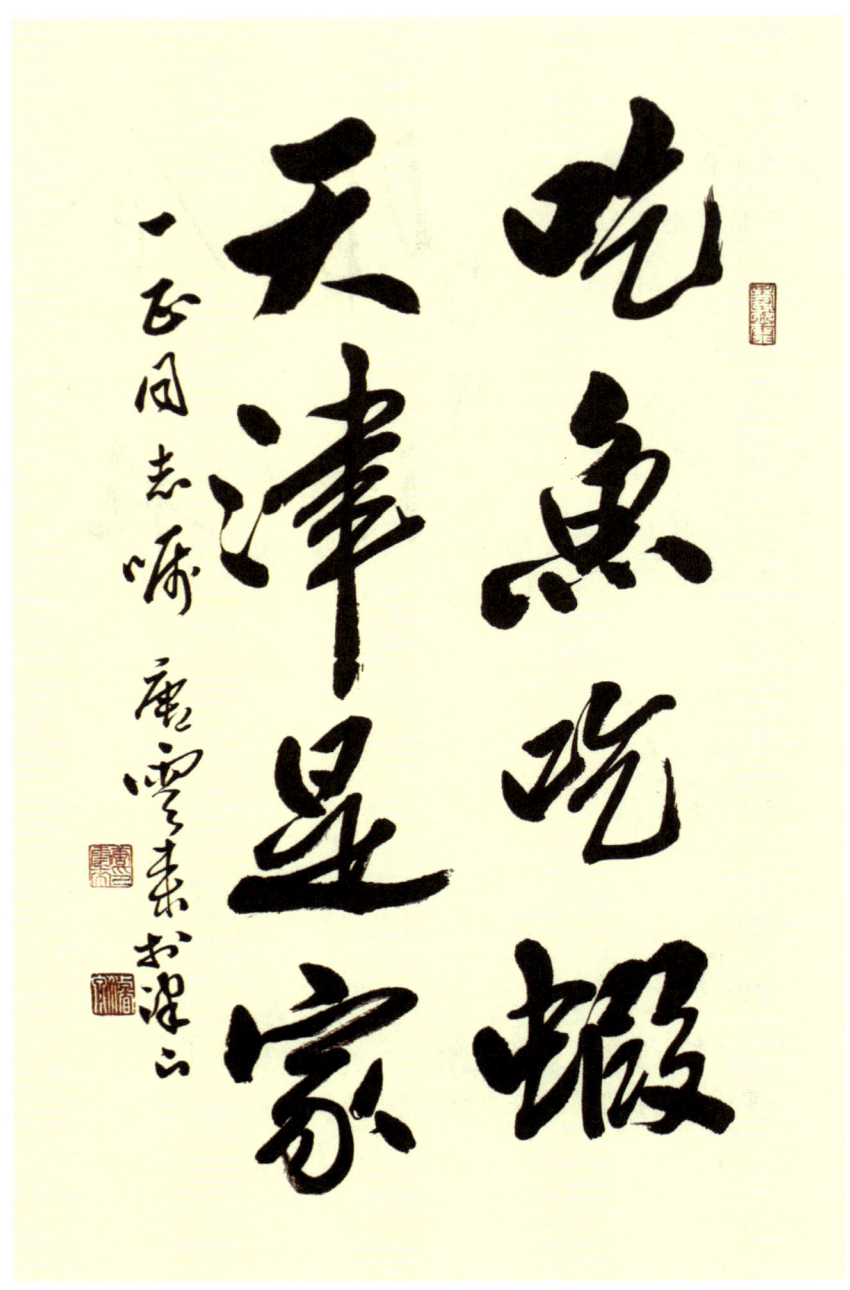

天津市书法家协会第三届主席、著名书法家、美食家唐云来先生为作者美食著作题词:"吃鱼吃虾,天津是家。一正同志嘱。唐云来于津门。"

醋熘木樨

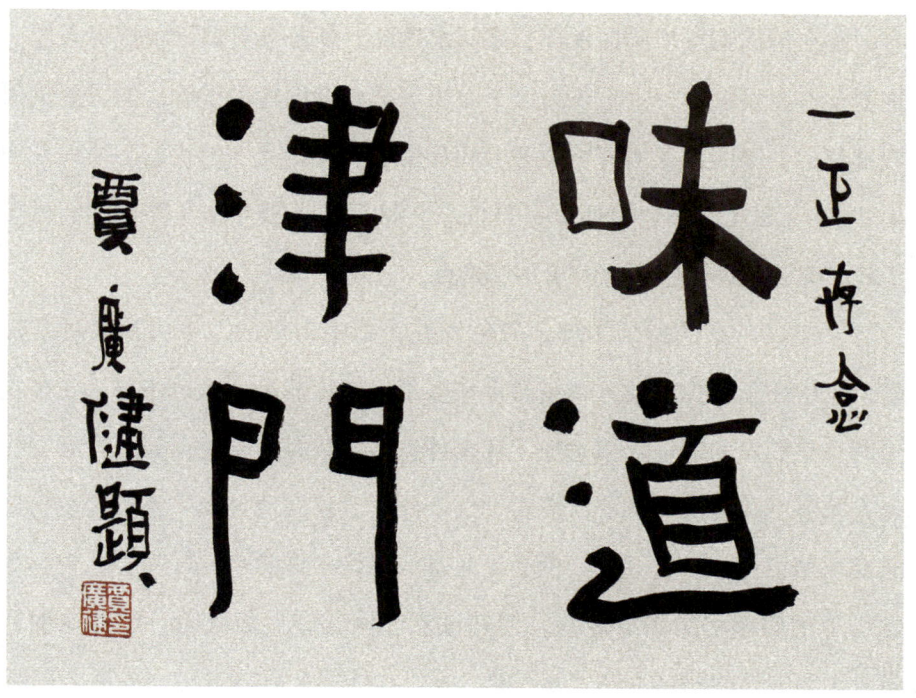

天津美术学院院长、著名书画家贾广健先生为作者美食著作题词："味道津门。一正存念。贾广健题。"

店、普通饭馆和"苍蝇馆子"分门别类地给我作了介绍。

高档饭店中他特别介绍了"1618清真公馆（马场道店）"，说这是一家高规格的清真饭庄，在天津清真菜里价位算是高的。

没过几天，我开车带着家人到"1618清真公馆"吃饭，这家公馆是黑龙江督军吴俊升之子、京城五少之一的吴泰勋旧居。吴泰勋与戴笠、张学良同为结义兄弟。这家公馆当年是这三位要人来津时经常出入的地方。

如果到公馆不吃饭只参观要交25元的门票费，进包间吃人均需消费200元以上。

仰缶庐谈吃
第三集

我在他们家点了醋熘木樨、津门水爆肚、虾酱蒸黄鱼、黄蚬穿心莲、烧麦及红糖发糕后,本来还想点个龙凤双蒸和黑椒汁牛排等,但服务员强烈推荐他们家的盘龙大虾(位菜)和秘制牛肋骨,我一想我们必须得人均消费200元以上才行,就听服务员的吧!接下来,服务生还要让我们再点上几个菜,我说够了,吃时菜不够再点。

"1618"家的醋熘木樨,颜色发红,是牛肉做的。牛肉片是过了油的,盘中汪了不少的油,鸡蛋的量稍多于牛肉片的量,味道还行。我边吃边研究他们家的醋熘木樨里加了什么特殊的调味料,颜色会如此发红呢?家人品尝后觉得菜中加了酱豆腐(红)汁了。我问"1618"家的马总,这醋熘木樨里加了什么调料颜色会比北京的醋熘木樨颜色发红呢?他告诉我是用了他们家秘制酱料做的,但并没有放南乳。后面我听一津门老回回讲,天津人做的醋熘木樨爱放红曲。我这才恍然大悟。

天津传统的清真菜肴大多在牛羊肉中找齐儿,像老爆三、黄焖牛肉(条)、红烧牛窝骨、锅塌三样、红烧牛舌尾、八珍豆腐、(奶)爆两样、白爆里脊、(虾仁或虾子)笃面筋等都非常接地气,价格也亲民。

"借钱吃海货,不算不会过。"在天津不吃水产品那等于不是天津人。天津有蒜薹烧鲙鱼、贴饽饽熬小鱼(麦穗鱼)、噌蹦鲤鱼(七里海鲤鱼)、八大馇、白蹦鱼丁、软熘鱼扇(草鱼)等都很"硬嗑"的菜,不贵又好吃。

北京清真菜中与马连良先生沾边的不仅仅是"醋熘木樨"一味,像"马连良鸭子""炮煳"等菜肴均与马连良先生有关。

有关"马连良鸭子",西来顺是这样介绍的:

醋熘木樨

20世纪20年代，马连良先生在又一村用餐时，京畿卫戍总司令王怀庆（笔者注：1875—1953年。王怀庆于1922年任京畿卫戍总司令）的小舅子也在又一村用餐，他因与一李姓处长争一雅间大打出手，王怀庆的小舅子调集了大队人马将又一村围了起来，并开枪威胁对方。对方也不示弱，扬言要将又一村砸了。正在用餐的马连良先生闻声而出进行调解，并最终化解了两方的矛盾。又一村的掌灶师傅褚连祥为了回报马先生的"救店之恩"，特为马连良先生制作了一道香酥鸭，后来这道佳肴被命名为"马连良鸭子"。时至今日，马连良鸭子仍是西来顺的镇店名菜，就餐者每桌必点。

当年，褚连祥在烹饪这款菜肴时，考虑到马连良先生的祖籍为山东人，就用鲁菜的香酥烹调方法来制作；同时，也考虑到马连良先生的夫人陈慧琏（继配）是广陵人（扬州），用淮扬菜的汤料将鸭身内外充分腌制后，上火蒸制3~4小时使鸭子软烂，食前，再将鸭子用温油炸至外皮金黄酥脆，斩块上桌蘸着作料或夹荷叶饼而食。

就此事，我又查阅了一下马连良先生的生平资料。马连良先生的原配王慧如女士是1919年与马连良先生结婚的，1933年因患破伤风去世。1934年马连良先生又与陈慧琏女士结婚。

如果按照"史实"的话，马连良鸭子这款菜肴应出现在1934年以后，这与发生在1922年前后的"又一村事件"不符。

马龙兄在其《听歌想影话梨园》一书《人称父亲是美食家》中描写道：

仰缶庐谈吃

第三集

西来顺饭庄制作的"马连良鸭子"（半只）

家里的菜式基本分类，即厨师杨德寿做的清真菜、母亲偏好的淮扬菜，还有一些西餐菜肴。杨德寿是西派清真菜大师储祥（褚祥）的徒弟。储祥曾经主理过溥仪时期宫中的清真御膳房，后来在我们家做过一个时期的厨师。他的菜式是在老派北京清真菜基础上创新出来的，融入许多新的理念。他根据父亲的建议，吸收了南方鸭子菜的特色，并参考了香酥鸭的技法，创制了颇有名气的名菜——马连良鸭子。父亲对他的创新精神十分肯定，而且非常喜欢他的菜肴风格。他离开马家后，曾主理京城名店"西来顺"和"大陆春"。因为他是鼎鼎有名的大厨，所以他的徒弟杨德寿的外号就叫"小厨子"。……

2017年11月10日，《湖南日报》刊登朱小军撰写的《摇曳多姿话

醋熘木樨

鸿宾楼饭庄行政总厨周艳宾先生制作的"松鼠桂鱼"

美食》一文,介绍了施亮《吃的风度》一书。内有:"我当年写过清真老字号西来顺,其主理大厨杨德寿即马连良的家厨,创制了名菜'马连良鸭子',而杨又是溥仪清真御膳房的主理褚祥的高徒。"

该文中讲的"马连良鸭子"是由杨德寿大厨创制的,与马龙兄一书所言也不符。

《民国一代名厨褚连祥(二)》载有《和马连良的私交》:"这里为什么要提及马连良和褚连祥的关系呢?因为旧社会做生意要有应付万变的本领,没有社会名流或有权势的靠山支持是站不住脚的。马连良和褚连祥虽是不同阶层的人,但马连良去外地演出,总是邀请褚连祥做他的私人厨师。闲暇时,他们也经常坐在一起研究烹饪技术。马连良曾建议,烤鸭吃腻了,能否做成香酥的东西呢?褚连祥根据他的要求,考虑山东香酥的东

仰缶庐谈吃
第三集

鸿宾楼饭庄制作的"醋熘木樨"

西多,可借鉴它的方法;上海淮汤好,可借助它的汤料。他把鸭子煨制24小时以上,然后先煮后炸或先蒸后炸,做出来就成了香酥鸭,口味不仅香酥可口,还营养丰富,食而不腻。马连良看了很高兴,吃起来也很满意,因为香酥鸭是受了马连良点拨和启发做出来的,因而,解放前一直叫'马连良鸭子'。"

1948年随着西来顺的关张,"马连良鸭子"也淡出了食客的餐桌。直到2001年在又一顺饭庄(总店)原厨师长杨国桐(1927年12月—2010年6月)大师的指导和监制下,才恢复了断档几十年的"马连良鸭子"。

有关"马连良鸭子"的叫法一事,据艾广富大师对我讲,当年北京城的清真饭庄几乎都卖香酥鸭子,各家的做法也都一样。唯一不同的就是用于烹制香酥鸭的香料,各家有各家的配方。陈慧琏是广陵(扬州)人,爱吃鸭子,这也是江苏人特别是南京人、扬州人的饮食风俗。南京人每年要吃掉1亿多只鸭子,故南京还有一句话,叫"没有一只鸭子能活着离开南京的"。而南京及扬州人爱吃的鸭子,多为高邮(扬州)产的。根据陈夫人的饮食习惯,厨师们将香酥鸭加以改良,用北京清真菜的香料和做法制

醋熘木樨

西来顺饭庄厨师长李月伟（李雷）先生制作的"醋熘木樨（牛肉）"

作的改良版的"香酥鸭"，并最终成为马先生家的一道家常菜，但当时并未有"马连良鸭子"这一叫法。

"马连良鸭子"这一称谓始于杨国桐先生。

这里先介绍一下杨国桐大师。据艾广富大师告诉我，杨国桐先生早年是从天津带艺投师到北京西来顺向褚连祥学习清真炒菜的。1947年褚连祥去世，西来顺关张，又一顺总号聘杨永和为大组长（厨师长），于是杨永和从西来顺带着杨国桐就去了又一顺。杨国桐在又一顺工作期间也正式拜了杨永和为师。1956年公私合营，国家拿钱在西单商场开了又一顺分店和峨眉酒家（原青年食堂），又一顺分店和峨眉酒家算一个单位两个门市部，属西单商场第三商场（西单商场由六个商场组成。第一商场为食

与鸿宾楼饭庄第八代传承人、鸿宾楼饭庄行政总厨周艳宾先生（右）及鸿宾楼第八代传承人、鸿宾楼饭庄副总经理赵宇先生（左）合影

品商场；第二商场是中国书店和新华书店；第三商场是又一顺分店和峨眉酒家；第四商场是服装商场；第五商场是百货商场；第六商场是药店和曲艺说唱剧场）。杨永和从又一顺总号又去了又一顺分店当大组长（厨师长），杨国桐留在又一顺总店当大组长（厨师长）。这样，杨国桐既算是褚连祥大师的徒弟，又算是杨永和的徒弟。

"马连良鸭子"一味的制法，是杨国桐先生在西来顺工作期间从褚连祥大师那里学到的手艺。

据《饮食文化报》2001年6月30日报道："2001年5月28日，在六七十位梨园界朋友的掌声中，闻名京城的老字号西来顺饭庄，将一道中断了六十多年的清真名菜马连良鸭子，再次端上餐桌。"

醋熘木樨

与京味清真小吃首席专家、北京南来顺饭庄原经理、北京吐鲁番餐厅原经理陈连生先生合影

今天，当你走进西来顺饭庄时，仍然可以看到2001年5月由马连良先生的侄子马崇禧先生为西来顺题写的"振兴京剧艺术，光大饮食文化"的条幅。

马崇禧先生亦精饮馔，对马连良鸭子的制作方法比较了解。

马崇禧（1934年— ）是马连良的胞弟马连贵的儿子。马连贵有一子亦从事京剧事业，叫马崇年，荣春社科班出身（尚小云科班）工三花脸，曾经和马连良先生同台演过戏（马连良和马连贵这两家共育有14个男丁，与马连良先生同台演出过的还有一位是马崇仁即马连良的大儿子）。马崇禧是教师出身，曾担任过北京市教工京剧团的副团长。

马崇禧出生那年，正是陈慧琏女士入嫁马连良先生家之时。生下来白白胖胖的马崇禧甚是讨陈慧琏女士欢心，遂就被马连良先生和陈慧琏女士

仰缶庐谈吃 第三集

中国曲艺家协会第三届、第四届、第五届、第六届副主席，第七届、第八届主席，著名书法家姜昆先生为作者美食著作题词："人是铁，饭是钢。一正存念。壬寅三月，姜昆。"

养在他们身边。

由于马崇禧从小就生活在马连良、陈慧琏身旁，马崇禧的饮食口味就随着陈慧琏的口味了。一直到老年，马崇禧先生在饮食上还是喜爱淮扬风味的菜肴。

据马崇禧先生讲，褚连祥当年在制作香酥鸭时，是按照陈慧琏女士的想法做的，所以做出的"马连良鸭子"深受陈慧琏女士和马连良先生的好评。

陈慧琏女士不光爱吃马连良鸭子，还爱吃淮扬风味的松鼠鳜鱼。陈夫人吃的松鼠鳜鱼，喜欢让厨师将鳜鱼炸酥炸透再浇汁，尤喜食这道菜的鱼鳍和鱼尾。

马崇禧先生说，西来顺做的松鼠鳜鱼是按照当年陈慧琏女士的口味烹饪的。

马崇禧先生还讲，他的姥姥是在前门外臧家桥开"穆家寨炒疙瘩"的，也就是昔日大名鼎鼎风靡于南城的"广福馆炒疙瘩"。

因马崇禧姥姥的母亲是寡妇，马崇禧的姥姥还是寡妇，所以小恭王

醋熘木樨

爷给穆家寨炒疙瘩题写匾额时，就题了"广福馆"，谐音"寡妇馆"（严嵩当年给六必居题匾也是一样，因是六位女人开的酱菜园子，题为"六必居"，谐音"六婢居"）。

尚小云爱吃穆家寨的炒疙瘩，又因马崇禧的姥姥与尚小云的母亲长相相似，尚老板就认马崇禧的姥姥为干妈。

小恭王爷爱听尚小云的戏，受尚老板饮食习惯的影响，恭王爷经常差人自带锅碗瓢勺来穆家寨吃炒疙瘩，并设席广福馆楼上一号雅座。

广福馆地处宣南臧家桥胡同东端，是堂子街、小安澜营三条、五道街、韩家潭、樱桃斜街等（笔者实地考察后认为应是现在的南新华街、堂子街、樱桃斜街、小安澜营三条、小安澜营二条、韩家胡同、铁树斜街、五道街等众多胡同的交叉路口）五条

著名相声表演艺术家、画家、美食家李嘉存先生为作者美食著作出版贺画。款识曰："仁弟一正笑之。嘉存写于二吃堂。"

与著名烹饪大师、南来顺饭庄原厨师长冯德瑞先生合影

胡同的路口,俨然像个"寨子",又因店主姓穆,家无男丁,故人称"穆家寨",而忽略了"广福馆"这个店名。

有许多梨园名伶的住地就在穆家寨炒疙瘩店附近。像尚小云就住在椿树下二条,"伶界大王"谭鑫培住在大外廊营胡同1号,四大徽班之一的三庆班、太平京剧团等都在韩家潭(现为韩家胡同。韩家潭有"人不辞路,虎不辞山,唱戏的不离百顺韩家潭"一说),梨园公会在樱桃斜街,梅兰芳祖居在铁树斜街。

八大胡同也在臧家桥胡同的隔壁,这里是戏园子、饭馆子和窑子的聚集地,官宦权臣、文人墨客、梨园艺人们出没其间。当这些人听完戏就会来到附近的饭馆吃吃喝喝,在酒足饭饱之后又会在"八大胡同"里消遣一番。

醋熘木樨

正如"北京西城老字号谱系丛书"所言,"老北京'八大胡同'是旧京特定历史阶段的产物。当时逛'八大胡同'的人,是一种身份和档次的象征,其意义有时并不仅仅是简单意义上的寻花问柳,而是有一种娱乐圈乃至社交圈的更为宽泛的意思所在,超越情色之上,可以称之为泛娱乐化或泛情色化。"

的确如此,当年在八大胡同里开的妓院是合理合法的,有钱人大多打麻将、下馆子、捧戏子、逛窑子。

袁世凯之子、民国大玩家、昆曲学家、书画家、收藏家袁克文就长期浸淫在八大胡同,"两院一堂"(民国国会参众两院及京师大学堂)的人员是八大胡同最主要的消费对象。

因此,南来北往的客流造就了穆家寨买卖的红火。

马连良先生也经常光顾穆家寨,著名书画家胡佩衡、于非厂(ān)等人还贻赠书画作品给穆主人。有食客在品尝完穆家寨炒疙瘩后写道:"甘载蜉游客燕京,每餐难忘穆桂英。寄语她家女招待,可曾亲手去调羹。"

鸿宾楼饭庄制作的"炸烹虾段"

仰缶庐谈吃
第三集

中国书法家协会第六届副主席胡抗美先生为作者美食著作题词："绮食花筵。胡抗美书。"

上文我曾谈过马增寿先生与恩元居的老板马振国、奶酪魏传人魏广禄及爆肚冯掌柜子冯广聚玩麻将之事。

这恩元居炒疙瘩的第一代创始人是马东峰（1904年生），他1915年从河北河间到北京一家杂货铺学徒，攒了点儿钱后，于1927年在留守卫胡同（朱家胡同）开了个"义和杂粮店"。后来马东峰又到广福馆学习炒疙瘩（用黄酱炒），后因广福馆无人继业，1952年就关张了。1929年马东峰在义和杂粮店原址开办了"恩元居炒疙瘩"，1933年马东峰的弟弟马东海（1910年生）在恩元居原址的东边大李纱帽胡同（现大力胡同）开了一个分店，开始有"东柜"恩元居与"西柜"恩元居一说。1956年公私合营恩元居划归宣武区饮食公司，此后恩元居消失，直到2006年老北京小吃协会负责人找到恩元居后人马振国，才将这个清真小吃老品牌重新挖掘出来。

恩元居的炒疙瘩发展到后来分为虾仁、牛肉、羊肉、木樨、鸡丁等品种。炒制时，还会根据季节的不同配以各种时令青菜，如蒜苗、青豆、黄瓜、豆芽、胡萝卜、青蒜等。

醋熘木樨

中国书法家协会第三届主席、人民美术出版社原社长邵宇先生（1919—1992年）为作者绘赠《迎春图》。款识："删繁就简三秋树，领异标新二月花。一九八八年春，画赠一正同志雅正。邵宇。"

一份炒疙瘩用料为二两肉丝（用牛和尚头、子盖部位）、一两配菜、三两疙瘩（手工揪出黄豆粒大小），一份一炒，由黄酱改为酱油炒，炒时不用铲子，只颠锅翻炒，用勺子装盘。

恩元居也经营炒菜，如焦炒铬馇、滑熘鸡片、糖醋里脊等，因创办人马东峰是河间人，恩元居的河间爆肉也很正宗（河间爆肉与葱爆羊肉的不同之处，在于羊肉需上浆挂糊滑油。北京城清真馆子当时只此一家卖"河间爆肉"的，改革开放后其他清真馆子陆续有了这道菜。汉民馆子的葱爆羊肉实际上是按河间爆肉的做法，羊肉要滑油，做出来的葱爆羊肉汪着一

烤肉宛饭庄制作的"富贵龙虾"

层油；而回民馆子的葱爆羊肉最早是用铛做的，后又改用炒勺，烹饪此菜时几乎不放油），再有就是恩元居的醋熘肉片木樨也很受食客的欢迎。

同马连良先生关系密切的还有一道传统清真菜——炮煳（很多时候都讹写成"爆糊"）。

早些年介绍老北京传统清真菜肴炮煳的文章有说是马连良先生与馅饼周偶然创制的，亦有说是鼓书艺人刘宝全先生与馅饼周创制的。而在近几年，所有有关炮煳的介绍均说是由刘宝全与馅饼周二人发明的。

据艾广富大师跟我讲，炮煳是铛炮羊肉的产物，而葱爆羊肉又是铛炮羊肉的家常版。在铛炮羊肉和炮煳之间还产生一道美味，是"炮焦"。

铛炮羊肉→炮焦→炮煳

老北京清真菜的五大烹饪方法是炮（并非"爆"）、烤、涮、烧、扒。

醋熘木樨

紫光园（餐厅）制作的"醋熘木樨（牛肉）"

炮、烤、涮系土生土长的老北京清真菜烹饪方法，烧、扒两种烹饪方法是从宫中流传出来的，被清真菜所吸收，如烧羊肉（从卤煮锅烧羊肉演变而来）、扒羊肉条。

烤肉宛的创始人是在清康熙年间以卖炮牛头肉起家的。逐渐从"炮"的烹饪方法演变为"烤"的烹饪方法，发明了"烤肉（牛肉）"。

"烤"在古代没有这个字。《说文解字》《康熙字典》均未载"烤"字。《中华大字典》说："以火炙物谓之烤。"古代将烤的食物称之为"炮""炙"，如周朝的"炮豚"、汉代的"牛炙""羊炙"等。

烤肉宛的烤肉是从铛炮肉发展过来的，之后又演变成老百姓家家都可做的"家常爆（炮）"即"葱爆（炮）羊肉"。"家常爆"是"葱爆羊肉"的正名。

葱爆（炮）羊肉是京津两地秋冬季清真馆子炮、烤、涮中的一道传统名菜。

京、津两地葱爆羊肉的做法略有不同。就是在北京，东派和西派的葱爆羊肉用料与投料顺序也不一样。

虽然做葱爆羊肉的主配料都用羊后腿肉、姜、葱白、酱油、醋和香油等，但东派的葱爆羊肉在此基础上加入了蒜末，西派的葱爆羊肉又加入了料酒，鸿宾楼

与著名烹饪大师、便宜坊烤鸭集团行政总厨孙立新先生合影

（津派）的葱爆羊肉则不放蒜末放香菜。

做葱爆羊肉时，不管东派还是西派及鸿宾楼，羊肉片都要加鸡蛋清用手抓匀。在放有香油的热炒勺内下入羊肉片，见羊肉片变灰白时，东派的做法是放葱、姜、蒜，稍煸炒，放酱油，临出锅时放醋，淋香油；西派的做法则是见羊肉片在热香油勺内变白时，放葱、姜，待炒勺内的汤汁见少，烹入米醋、料酒，然后放酱油，炒均后放蒜末淋香油；鸿宾楼的做法是煸羊肉片时放姜末，之后放葱、酱油、醋、料酒和咸面，颠勺后加香菜段再炒几下出勺。

不管做葱爆羊肉是由什么派来烹饪，其共通点就是要旺火速成，操作

> 醋熘木樨

要快。

早年间,卖铛炮羊肉的小贩多在马路边或小市儿叫卖,既不卫生,又有碍于市容,最后政府取缔了铛炮这一烹饪做法,饭店改为用炒勺来烹饪,故又称"勺炮羊肉"。现在饭店中所做的炮煳不是用铛做的,是用炒勺做的,亦称"勺炮"。

艾广富大师还跟我讲,现在清真馆子卖的所谓"炮煳",同那个年代做出的"炮煳"相差甚远。炮煳是没卖出去的铛炮羊肉,由于一直在热铛上用火加热,结果导致把羊肉和葱给烤煳了。现在饭馆做的炮煳第一是"炮煳"不"煳",肉不煳还叫什么"炮煳"?第二,"炮煳"是把肉"炮"煳的,现在馆子的"炮煳"中的肉,是用油煸炸出来的。

馅饼周的正名叫"同聚馆",地点在煤市街里的施家胡同,掌柜子叫周小亭,因其制作的牛肉馅饼得到食客的认可,故人称"馅饼周"。馅饼周除馅饼做得好外,就是炮煳。

据说20世纪30年代唱大鼓的艺人刘宝全(1869—1942年)在大栅栏三

柳泉居饭庄行政总厨董中宁先生制作的"炸烹虾段"

仰缶庐谈吃
第三集

与柳泉居饭庄经理孙中善先生（右）及行政总厨董中宁先生合影

庆戏院演出完，会到同聚馆吃铛炮羊肉。刘宝全先生边吃边聊，并让做铛炮羊肉的伙计把炮好的羊肉拨到铛边，聊的时间一长，这铛边上的羊肉就煳了。刘宝全一尝，这比铛炮羊肉还入味，又带煳香味，刘宝全就爱上了这口儿，并给它起了个名字"炮煳"。一来二去，这道菜就成了同聚馆的名菜了，吸引了梨园界的许多名角前来品尝。久而久之，这道菜就成了老北京的清真名馔了。

另一个版本就是把刘宝全先生换成马连良先生。说马连良先生演出结束后准会定点到同聚馆吃铛炮羊肉去，做铛炮羊肉的伙计估计马连良先生快到之时会将铛炮羊肉做好，马先生进店正好吃。有一次马先生演出完另有其他事要处理，待处理完事到同聚馆时，伙计做好的铛炮羊肉已经凉

醋熘木樨

了,马先生让伙计将炮好的羊肉再放在铛边加加热,加热好的铛炮羊肉微微有些焦了(这是"炮焦"一味),马先生一尝,感觉味道不错,并对伙计说:"再加加热,让它再焦煳一点儿。"这又衍生出了"炮煳"一味。

亦有人说是马连良先生在"南恒顺羊肉馆(壹条龙饭庄)"吃铛炮羊肉时创制的"炮煳"。

就此事,我曾询问过许多久居北京的老回回及北京餐饮界80岁以上的老前辈和梨园界的老人,包括艾广富大师。这些人异口同声地告诉我,是马连良先生发明的炮煳,抑或是别人发明的炮煳,"安"在了马连良先生的身上。

白水羊头(非羊头马家切法)

但有一点,炮煳一味应与刘宝全先生无关。

为什么这么说呢?

清末民国时期,说书的、说相声等的这些艺人生活水平不高,甭说一个人养活一大家子人了,就连养活自己都很困难。不可能每天演出完就去下馆子吃铛炮羊肉。

中华人民共和国成立前侯宝林先生就曾在天桥卖艺,"撂地"先"圆粘儿"(聚集观众)再"戳朵"(用白沙子撒字),待观

仰缶庐谈吃 第三集

又一顺饭庄制作的"炸羊尾"

众围拢后才说相声,说完相声由观众赏两儿小钱。其生活之艰辛可见一斑。

晚年刘宝全先生的生活落魄至极。他既不抽烟,也不喝酒,更不嫖不赌,喜食素食,吃饭也是定时定量,数十年如一日。

像刘宝全先生等这些人,早年人们称之为"艺人",新中国成立后才有"文艺工作者""艺术家"等这样的称谓。

现在我们说起像刘宝全等艺人时,会拿今天演艺界人士的生活水平同他们当年的生活水平画等号,其实是错误的。

有一年,我在相声表演艺术家、画家、美食家李嘉存大哥家品尝其亲手为我制作的炒疙瘩和六味包子时,电视屏幕正在播出一档介绍老北京炸酱面的节目。一位相声大师的儿子作为特邀嘉宾为观众讲述老北京人吃炸酱面的方法。这位嘉宾说,老北京人吃炸酱面时必须要吃"锅挑儿"。

嘉存大哥对我说:"'锅挑儿'出的热面还能拌炸酱吗?那成'坨子'了,粘在一起还能吃吗?"之后,嘉存大哥给我介绍说,这位嘉宾的父亲在1949年前连窝头都吃不上,还甭说炸酱面了。

马连良先生的生活水平与刘宝全先生不一样。马连良先生跑一次码头

醋熘木樨

（外出演出）挣的钱可以买一座四合院，多了可以买两座。他一个人养活一个扶风社，还养活一大家子人，包括亲戚。

现在的网络视频及媒体在介绍炮糊时，基本上都是以京城小吃泰斗陈连生先生制作的此菜为蓝本。

陈连生先生制作炮糊的方法是：

热锅注油下羊肉片（用里脊肉或羊后腿肉）煸炒，放姜末、蒜末煸炒，依次再放葱丝、料酒和酱油、醋继续煸炒，见炒锅中的汤汁已熯干、羊肉片微焦糊时往锅中二次放蒜末和醋、蒜黄段（传统炮糊不放蒜黄）及香菜段，出锅上桌。

与陈连生老爷子同为南来顺的冯德瑞厨师长在制作炮糊时，是在热锅中多下油，随后下羊肉片煸炒一会儿，再下蒜末、姜末和酱油、醋、葱段，在火上熯上一会儿。见羊肉片微焦，滤去锅中多余的油，下蒜片，沿锅边淋点儿米醋，投入香菜段后即可出锅。

冯德瑞厨师长做的炮糊是放两次蒜，第一次是用刀拍过的蒜末；第二次是在炮糊出锅前再放些蒜片。醋也放两次，第一次是煸炒羊肉片时放醋，目的是使菜去腥增香；第二次放醋是在炮糊临出锅前放米醋，使炮糊增加米香味。

冯先生在制作炮糊时，不放盐，咸味用酱油找，更不放料酒、味精等调料。成菜后的炮糊颜色焦黄，焦香味、米香味、香菜味、蒜香味浓郁。

艾广富大师曾对我讲过，炮糊这道老北京清真菜曾经由杨永和大师改良过，即做此菜时不放酱油，改用鱼露。因酱油本身有股苦味，肉在煸炒使其焦糊后苦味就更重了，再加上用酱油做出来的这道菜颜色不好看（那个时候只用北京酱油，没有生抽、老抽一说），故改用鱼露了。但现在的

仰缶庐谈吃
第三集

北京清真馆子依然用酱油烹制此菜，原因在于这些做菜的师傅们根本不知道用鱼露来烹制这一道菜。

应当说，马连良先生是当之无愧的美食家，老北京的清真饭馆没有一家不与马连良先生沾边的，那些昔日的老字号或多或少都得到过马先生的关照。

像两益轩的炸烹虾段，爆肚冯的肚仁，都是马先生的最爱。

2004年9月24日《中国青年报》连载了爱国民主人士、农工民主党创始人章伯钧先生（1895—1969年）之女，著名学者章诒和女士的《一阵风，留下了千古绝唱——父亲与马连良》一文。文中记载了章诒和女士从她的表舅那里了解到的有关马连良先生的故事，及章诒和女士亲身经历的章伯钧先生在家宴请马连良先生的故事。在文章中还谈及了两益轩和爆肚冯。

现节录如下：

为了艺术生命的持久，马连良的生活很有规律，对饮食更是讲究。就像研究梅兰芳必须研究他的八卦情史一样，研究马连良则必须研究他的请客菜单。

马连良最爱吃前门外教门馆两益轩饭庄的烹虾段。每逢渤海对虾上市，他必请好友同往。叫这道菜时，必吩咐要"分盘分炒"。即炒三五对虾，用八寸盘盛上。吃完一盘，再炒一盘。有时连吃三四盘。抗战胜利后，马连良一度还将西来顺的头灶，延为特约厨师，饭庄熄火，厨师便来到马家做宵夜。那时梨园的各路俊杰，无不以一尝马家的鸡肉水饺、炸素羊尾等菜肴为天大的口福。马连良在东安市场的吉祥戏院演出，常去北京有名的爆肚冯清真馆吃饭。不用马连良开口，冯老板必上一盘羊肚仁。他的这盘羊肚仁与众不同。何谓肚仁？用医学名词来说，即为羊的储胃

醋熘木樨

冠状沟,是一条"棱"。一条百十来斤的大羊,这条"棱"不超过四两。把"棱"分成三段,最后一段叫"大梁"。一段"大梁"有多大?也就大拇指大小。把这块拇指大小的东西,再剥皮去膜,剩下的也就几钱肉了。马连良吃的就是这几钱。难怪冯老板无限感叹地说:"马先生的吃就和他唱的戏一样,前者精致到挑剔,后

北京烤鸭

者挑剔到精致。"马连良吃爆(羊)肉,专门叫伙计到"春华斋"买大鸭梨。洗净,切粗丝,备用。爆肉好了,临出锅时放入。在马连良指导下做出的这道"爆肉梨丝",后来成为"爆肚冯"的名菜(笔者注:马连良先生怕吃羊肉上火,伤及嗓子,故而加梨丝以润肺,起到保护嗓子的作用)。

……

马连良来我家做客,不过是清谈。虽为艺人,却谦冲有礼,谈吐不俗。后来,父亲说要请吃饭。他不仅答应了,而且很高兴。父亲知他是回民,遂问:"当是个什么吃法?"他笑着说:"您只管付钱,一切由我去办。"

马连良走后,一家人反复琢磨这个"一切由我去办"的内涵。母亲说:"马先生肯定叫人去清真馆子订办一桌菜,到时候送过来。"父亲同意这看法,事情果然如此。但是当马连良请的人和订的菜,一起送过来的时候,着实把我们全家吓了一跳。

父亲是请吃晚饭。可刚过了午眠,几个身着白色衣裤的人就来了。进了我家的厨房,就用自备的大锅烧开水。开锅后,放碱。然后,碱水洗厨房。案板洗到发白、出了毛茬儿为止。方砖地洗到见了本色,才肯罢手。说句实在话,自从住进这大宅院,我家的厨房从来没有这么干净过。

时任北京市卫生局副局长的母亲欣喜万分,叹道:"这哪儿是来做客吃饭?简直就是来帮咱们搞清洁卫生啦!伯钧,你见了马连良,可要好好谢谢了。"

再过一个时辰,又来了一拨身着白色衣裤的人。他们肩挑手扛,带了许多"家伙"。有两个人抬着一个叫"圆笼"的东西,据说整桌酒席,尽在其内。还有人扛着大捆树枝和木干。

醋熘木樨

小楼饭店制作的"芙蓉鸡片"

我问扛木者:"这些树枝是什么?"

答:"是果木。"

"什么叫果木?"

"就是苹果木。"

"干嘛用的?"

"烤鸭。"

瞧这架势,我惊奇不已,也兴奋不已,便跟着这些白衣人满院子跑来跑去。看久了,便产生了一种错觉:好像是马连良在请我们一家人吃饭。

我问母亲:"这到底是谁请谁呀?"

母亲笑道:"我也分不清了。"

仰缶庐谈吃
第三集

莫斯科餐厅制作的"奶油烤鲈鱼"

站在一边的父亲，也咧着嘴笑。

时近黄昏，天空呈现出琥珀色的光辉。墙头、屋脊、树梢也都涂上一抹残阳。

"马连良来了！"

随着一声喊，我们全家连同秘书、警卫、勤杂、厨师、司机、保姆都来了精神，真可谓翘首以待。这时，我体会到一个名艺人比一个政治首领的吸引力可大多了！马连良身着藏青色西服，身材修长，前额开阔，鼻梁笔直，眼睛明澈。脸上，泛着浅浅的笑容。……

在院子一角，柴火闪耀，悬着的肥鸭在熏烤下，飘散着烟与香。我又入厨房，见所有的桌面、案板、菜墩都铺上了白布。马连良请来的厨师，在白布上面使用着自己带来的案板、菜墩和各色炊具。抹布也是自备，雪

醋熘木樨

白雪白的。我看了看,觉得只有水和火是我家的了。这哪里是父亲在家请客?简直就是共赴圣餐。这让我想起父亲对我说的那句:"有信仰的人跟没有信仰的人大不一样"的话来。心里不由得生起一种神圣感。……

已是酒阑灯炧,马连良告辞,父亲送至二门。悠悠而至,翩然而归,我觉得他简直是个神仙。……

马连良先生不光是去章伯老家自带厨师做饭,凡是到外地演出、参加活动都要把厨师带上。1947年马连良先生到上海参加赈灾义演时,他自聘西来顺厨师负责其在沪期间的饮食及迎来送往的接待用餐。

义演为期10天,南北名伶悉数到场。

义演从1947年9月3日在上海中国大戏院开始。

第一天演出剧目为《法门寺》(杨宝森饰赵廉,张君秋饰宋巧姣,裘盛戎饰刘瑾,刘斌昆饰贾桂,芙蓉草饰刘媒婆)。

第五天的演出剧目为《搜孤救孤》(孟小冬饰程婴,赵培鑫饰公孙杵臼,裘盛戎饰屠岸贾,魏莲芳饰程妻;魏希云司鼓,王瑞芝京胡,闵兆华月琴)。

第十天义演的剧目是《四郎探母》。梅兰芳饰铁镜公主,李少春饰(坐宫)之杨四郎,周信芳饰(交令、过关、巡营)之杨四郎,谭富英饰(见弟、见娘)之杨四郎,马连良饰(见妻、哭堂、回令)之杨四郎,芙蓉草饰萧太后,姜妙香饰杨宗保,马富禄饰佘太君,马盛龙饰杨六郎,高玉倩饰四夫人孟金榜,刘斌昆饰大国舅,韩金奎饰二国舅。

我仅节录了三天的演出节目单,从中可以看出演出团队的阵容。此次义演的票价炒到(民国币)500万1张。赈灾救济款共筹得3个多亿,此款全部用于赈济广西壮族自治区、广东、四川、江苏等省的水灾。

现在看到有许多文章都说西来顺的褚连祥（褚祥）大师也随马连良到上海，负责马先生在沪的日常饮食。我随之又核实了一下有关资料。义演是在1947年9月3日开始的，而褚连祥去世也在1947年，日期是7月29日，也就是说马连良去沪时褚大师已经离世了。

比起南北名伶的这次赈灾义演，马连良先生在1931年6月9日至11日到上海参加某名人的家祠落成典礼和堂会，演出则阵容更为强大。小杨月楼、林树森、赵君玉、王虎辰、高雪樵等上海本地名伶和徐碧云、言菊朋、芙蓉草、姜妙香、荀慧生、马富禄、金钟仁、张春彦、雪艳琴、张藻辰（票友）、尚小云、华慧麟、刘斌昆、李吉瑞、程艳秋、王少楼、梅兰芳、杨小楼、马连良、高庆奎、谭小培、谭富英、龚云甫、金少山、萧长华、曹毛包等全部到场。

演出活动期间，每天还要举办千桌的盛宴，主厨是以做上海本帮菜出名的孙炳先生。据说马连良先生参加这次活动也是自带厨师去的。

不过不管马连良先生来沪跑码头还是出席活动，也常会在位于吕宋路（后称之为"连云路"）的"马家班伙房"吃饭。

马家班伙房是马连良先生的叔父马赐立、姑妈马秀英带领马家京戏班来沪演出时，因上海没有清真饭馆，为解决戏班人员的吃饭问题，由马连良先生的二伯父马春桥于1891年开办的。

上海的冬天阴冷潮湿，马家班伙房遂把北京清真火锅涮羊肉引进到上海，成为沪上第一家火锅店。

1918年，马连良先生的二伯马春桥随来沪演出的马连良先生回京，把马家班伙房转给一回族朋友洪海泉（洪三巴）。洪海泉接手时，就用他儿子的名字洪长兴为饭馆重新起名。洪长兴饭庄现在已是沪上知名的清真老

醋熘木樨

基辅罗斯餐厅制作的"基辅烤鳕鱼"

字号及清真餐饮业的龙头企业。

马先生的家厨杨德寿切涮羊肉片可谓一绝,当马先生去朋友家吃涮羊肉时,都会带上杨大厨让其掌灶。

马龙先生在《听歌想影话梨园》中写道:"当年还没有发明切羊肉片的机器,杨德寿切羊肉片的技术也是一流的。像梅兰芳先生家有时请父亲吃涮羊肉,都要特邀他前去主理。他会推一辆车到梅家,里面装满了工具、木炭、火锅、羊肉、调料等,在院中施展他那带有表演式的刀功,身旁必定会被一大帮人围住观看,这时梅先生家的大师傅就帮他打下手,成了二师傅了。1963年父亲去香港演出,特别带着他一起前往,让杨德寿非常开心。他在香港的宴会上大显身手,当众表演了'北京手拉面',令在

仰缶庐谈吃
第三集

天津起士林大饭店制作的"奶油焗全条大桂"

场的港澳同胞叹为观止,惊为天人。

"父亲对羊肉的吃法基本上就是'爆(炮)、烤、涮',从不敢多吃,怕羊肉上火,影响嗓子。他吃涮羊肉常去东来顺,与那里的东道主丁家相熟。东来顺的谭德海师傅的刀功一绝,切出的羊肉片又薄又嫩,口感一流,非常好吃,父亲总是喜欢请谭师傅帮忙切后腿肉。谭的儿子就是后来北京人艺的著名演员谭宗尧。父亲在吃涮羊肉时不吃我们一般人喜欢吃的芝麻酱调料,他知道这种调料很香,里面还有酱豆腐、韭菜花、卤虾油、酱油、辣椒油等,但是味道有些偏咸、刺激,对嗓子不好。杨德寿师傅给他配制了一种特殊的酱油,平时存在东来顺,他每次吃涮羊肉时就在这种酱油里放一点儿蒜末,用羊肉点一下即可。"

马连良先生晚年住在北京市西城区复兴门大街54号,离烤肉宛比较

醋熘木樨

近,故而去烤肉宛吃饭的机会比较多。

马崇仁先生说:"平时我们自家人去外面用餐,父亲喜欢去烤肉宛。在那里我们全家人可以一起'武吃'烤肉,一只脚踩在凳子上,用大筷子在铁炙子上自己烤肉,吃起来既高兴又随意。当年老宛掌柜的'口念账'是一绝,我们都爱看他这手,算起来又快又准,是餐后的余兴节目。"

老舍先生之子、著名作家、文化学者舒乙先生曾写过《老舍的平民生活》一文。文中谈及老舍先生亲眼目睹马连良先生吃烤肉一事,这与许多人所说的马连良先生奉行"饱吹饿唱"的观念则完全不同。

《老舍的平民生活》中说:"……老舍还很爱到小馆去'看饭'。别的京剧演员笃行'饱吹饿唱'的信条,唱完了戏再吃饭;马连良独反其道而行,实行'饱唱',而且越饱越唱得好。老舍去看他的戏,必早到一两个小时,参观他如何贯彻这个'饱吃饱唱制'。只见马连良高高地蹲在一个大烤肉炉前,自己下手,边烤边吃,悠哉乐哉。老舍一边看一边点头:'嗯,温如先生嗓子好的秘密原来就在这里!'"

马连良先生平日虽不怎么多吃羊肉,但他独爱"羊头肉"一味。

老北京的名食"白水羊头"以前门廊房二条裕兴酒楼门口售卖的白水羊头最为有名,人称"羊头马家",主人叫马玉昆(?—1976年)。马玉昆卖的是白水羊头(羊头肉有三种:白水羊头,加工时不放任何调料;白汤羊头,加工时加盐或加其他调料;酱羊头,加工时既加盐又加有色调味料)。每年立秋后(北京的烧羊肉此时已下市),马玉昆每日把上午在家中煮好的20个羊头放在独轮车上,下午推到裕兴酒楼门口售卖。马玉昆不光是羊头煮得好吃,关键是他切羊头肉的刀功,每片羊头肉切得奇薄如纸,再撒以自制的椒盐佐之,美妙无比。雪印轩主人在《燕京小食品杂

咏》中写道:"十月燕京冷朔风,羊头上市味无穷。盐花撒得如飞雪,薄薄切成如纸同。"梁实秋、尚小云、谭富英、张君秋和马连良都好吃这口儿,隔三岔五必到羊头马家买白水羊头吃。

马崇仁先生曾回忆说:"有关北京的小吃,父亲当年最爱吃一位外号叫'王巴儿'做的羊头肉。王巴儿是个北京回回,他常年推车卖白水羊头,在前门廊房二条的一家酒铺外面,是个常摊,跟酒铺是'鱼傍水,水傍鱼'的关系。每次我去'庆乐'演戏,父亲就让我帮他带些羊头肉回来。母亲陈慧琏是南方人,平时不爱吃羊肉,却也十分喜爱王巴儿的手艺。父亲总是嘱咐我,要把椒盐调料单包起来,不要像别人那样与羊头肉撒在一起,那样肉就太咸了。王巴儿的手艺十分了得,白水羊头片得又薄又香。解放后他落在菜市口的南来顺,就不片肉了。"

曾任南来顺饭庄经理的京城小吃泰斗陈连生老先生也曾跟我说过,1956年公私合营后,把羊头马家、豆汁儿王家、切糕米家、焦圈王家、馅饼周家等后人集聚在一起成立了"菜市口小吃店",后由石昆生先生创办的"清真南来顺"小吃店的加入,改为"南来顺饭庄",使南来顺成为北京最大的小吃店。南来顺的小吃也享有京城第一家之美名。

陈老还对我说,南来顺饭庄生意的红火,也离不开京剧界人士的关爱。由于剧院多在南城,梨园界许许多多的人又都住在南城,从居住在椿树胡同的荀慧生、尚小云、余叔岩到居住在西草厂胡同的萧长华、袁世海,再到居住在北大吉巷胡同刘连荣、李万春、张君秋等,这些京剧界人士共有的特点就是爱吃、会吃、讲究吃,而且有钱。这些人出了家门,过了马路就到南来顺,对南来顺垂爱有加,这也是南来顺生意一天比一天好的原因之一。

醋熘木樨

著名京剧表演艺术家李多奎先生之子、著名书画家、美食家李世麟先生（1944—2009年）为作者美食著作出版绘赠《秋声图》

陈老还对我说："马连良先生那会儿经常光顾南来顺，而且同所有顾客一样，排着队买羊头肉和其他小吃。"又据陈老讲，马连良先生当时住在西城报子街，离南来顺的距离相比其他名伶而言比较远。

马连良除爱吃南来顺的白水羊头肉外，还爱吃南来顺的炸羊尾和一品山药桃。

炸羊尾是南来顺大厨金世光先生的拿手名点。金世光是褚连祥大师的徒弟。他做炸羊尾时，将豆沙馅做个小圆球，拿筷子夹着放在用面粉和鸡蛋清做成的高丽糊中再滚成一小圆珠，在热油锅中炸。炸好的羊尾，圆得像小皮球一样，佐以白糖而食。

仰缶庐谈吃

第三集

中国美术家协会第七届、第八届、第九届副主席杨晓阳先生为作者美食著作题词："饮和食德。辛丑新夏,一正先生嘱书。杨晓阳拙笔。"

炸羊尾是道火候菜,亦称"清究的菜",金世光先生"耍菜"技艺高超,他做的炸羊尾深受马连良先生等食客的喜欢。

一品山药桃亦是一道名点。桃子是用蒸熟的山药泥在模子中刻出来的,内瓤是用豆沙做的馅。做好的山药桃上还要再浇一层用冰糖熬制的薄芡汁,煞是好看,勾人食欲。马连良先生在过生日时多会来南来顺点此味。这道名点如今已失传了。

马连良先生爱吃鸭子,而西来顺褚连祥做的清真烤鸭最地道,以致声名超过便宜坊和全聚德。

唐鲁孙在《再谈吃在北平》一文中写道:"北平人原先吃烤鸭讲究上便宜坊全聚德,后来会吃的主儿要吃烤鸭,都奔西来顺了。吃烤鸭最主要是鸭皮酥而脆,鸭肉嫩而腴,便宜坊全聚德食古不化,墨守成法,遇上下雨下雪天,您去吃烤鸭吧。鸭子烤完片好上桌,照样皮软肉柴,有嚼不动

醋熘木樨

咬不断的感觉。因为宰好的填鸭，必定得先挂起来风干，等水汽散散，拿下用鼓气针扎在鸭子皮里肉外吹气，让皮肉分离，再挂起来过风，等吃的时候再上炉现烤，才能好吃。可是遇上阴天下雨，空气湿度太高，您不管怎么样风干过风，因为脱水不够，烤出来的鸭子总是皮皮啦啦不酥脆。褚祥对于烹调一道非常肯动脑筋，又加上西来顺原先华园澡堂子烧大池的炉灶没拆，于是他拆拆改改，变成了一间小型干燥室。西来顺的烤鸭，除了先通风之外，不论晴雨，都另外加一道干燥过程，所以他家的烤鸭不论晴雨，都皮脆肉嫩，反倒后来居上。真正的鸭子楼反倒赶不上人家了。"

以上是唐鲁孙先生讲述的西来顺烤鸭。

而据艾广富大师告诉我，清真烤鸭应该是在1935年才开始出现的。清真烤鸭是由便宜坊出身的胡宝珍大师到同和轩之后在结合焖锅烤鸭和挂炉烤鸭之特点后创制的，后逐渐形成了焖锅烤鸭、挂炉烤鸭和清真烤鸭三大北京烤鸭技艺。1935年同和轩率先经营北京清真烤鸭，之后北京的清真饭庄（店）才陆续出现了清真烤鸭。

艾老还告诉我，西来顺开始卖北京清真烤鸭是在1986年西来顺于白塔寺（地名）重张开业时才有的，之前，西来顺从未经营过北京清真烤鸭。

艾老说，当年北京城经营清真烤鸭的只有又一顺一家。马连良要吃烤鸭，都会找胡宝珍大师，由胡大师将鸭子烤好后送至马先生家里，要在马先生家里现片现吃。

艾老还回忆起1965年，时年27岁的他任又一顺经理时亲自为马先生制作烤鸭后并送到马先生家中，为马先生片鸭子的故事。

艾老对我继续说道，当时吃的烤鸭饼都是现烙的，不是现在咱们吃的事先做好的鸭饼。马连良先生吃烤鸭时，把一张现烙好的鸭饼放在左手掌

心处,右手用筷子夹一片烤鸭,将烤鸭蘸上点儿面酱,将鸭子上的面酱均匀地涂抹在鸭饼上,再将鸭子放在鸭饼上,用筷子夹上两三根儿切好的细葱段也放在鸭饼上,将饼卷成个小卷儿。把卷好卷儿的一侧露边处打个小回折(以免食时面酱汁溢出),右手大拇指或食指掐住饼的小回折处,将饼竖着拿起食用。吃完一两卷鸭饼后,再吃1~2根小黄瓜条,以此清口,之后再用鸭饼卷烤鸭吃,这样吃出来的烤鸭,味道会更加丰富及腴美。

艾老同我讲述的这些内容,同样在2021年11月央视11频道的"角儿来了·梨园雅韵"纪念马连良先生120周年诞辰的节目中亦曾提到。

吃腻了烤鸭,马连良先生又给褚大师出点子,用鲁菜香酥烹饪方法创制了现在成为西来顺镇店名菜的"马连良鸭子"。

褚连祥做的鸡肉馄饨(回族人称之为"元宝"。现在南来顺饭庄小吃中亦有"虾仁元宝汤")、攒馅蒸饺等后来都成为马连良在家宴请宾客时的"保留节目"。

就这两味点心,唐鲁孙先生在其文章中也有记载。他写道:"西来顺的'鸡肉馄饨'也算一绝,不过知道的主儿不太多。馄饨的好坏,馅子皮儿各占一半。鸡肉一定要选活肉做出来的馅子才能滑润适口,皮儿一定要用擀面杖擀出来的,切面铺的皮太薄,可是也不能太厚。徽州的鸭肉馄饨,虽然味道也不错,可惜皮儿厚了点,未免减色。所以包馄饨的皮儿,一定要用手擀的,厚薄适度,包出来的馄饨才能称为上选。胜利之后,马连良多福巷寓所,是当时达官显要吃夜宵的最高级处所,其实最著名的点心,也就是'鸡肉抄手'跟'攒馅儿烫面饺儿'。早先西单牌楼西长安街拐角有个'会仙居',大家都叫它'小楼',早上卖炒肝攒馅烫面饺,后来一拓宽马路,把个'会仙居'拓没有了,居然在马温如(笔者注:马连

醋熘木樨

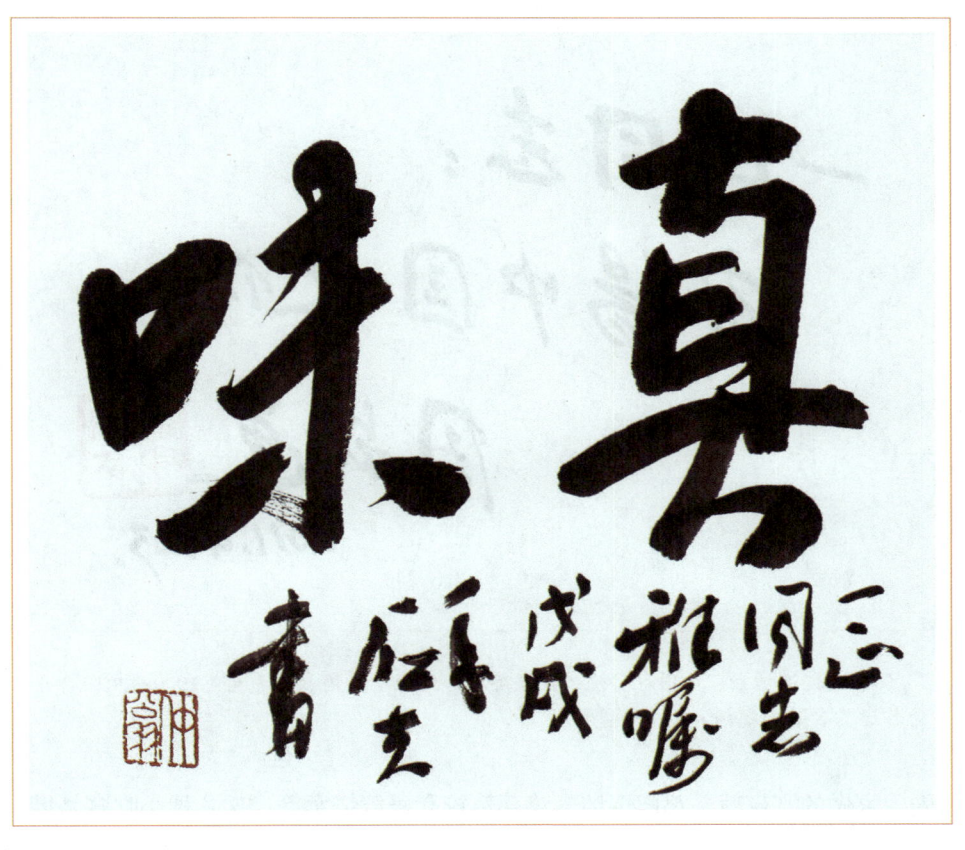

著名书画家郭石夫先生为作者美食著作题词:"真味。一正同志雅嘱。戊戌年,石夫书。"

良先生字温如)家能吃着攒馅蒸饺,大家都有如睹故人的感觉。所谓攒馅,主要的材料是鸡、鸭血(笔者注:穆斯林不吃动物的血液)、胡萝卜丝、老番瓜、干虾末等样,可是蒸出来的汤面饺,愣是别有一番滋味。褚祥每天晚上都到马连良家料理夜宵,虽然挣钱不多,可是认识了不少显贵,听说后来借着这条路线,到了美国洛杉矶开了一个富丽堂皇的教门馆,现在已经腰缠百万在美国做富家翁了(笔者注:唐先生这段文字描写与史实不符,唐先生也说是'听说的'。褚祥于1947年已离世)。"实际上褚大师当年在马连良

著名经济学家、中国社科院工业经济研究所原所长周叔莲先生（1929—2018年）为作者美食著作题词

先生家做的宵夜就是鸡肉馄饨、鸡茸蒸饺和蟹黄烧卖等。这几种小吃多是借鉴淮扬菜的烹饪手法。褚大师考虑到马夫人陈慧琏女士是扬州人，她的饮食口味更偏爱淮扬风味，故而以淮扬风味来烹饪。

还有一味小吃在马家也是这样，成为马先生家的日常小吃，那就是蛋炒饭。蛋炒饭又叫"扬州炒饭"，传说是隋炀帝巡游江都把他喜爱吃的"碎金饭"即鸡蛋炒饭带入扬州的，也有说蛋炒饭诞生在航行于扬州古运河邗沟上的民工船上。马先生的夫人把扬州蛋炒饭带到了马家，马连良先生又把蛋炒饭的烹饪技术传给了又一顺。在那个年代，又一顺的大厨们根本就不知道什么是"蛋炒饭"，北京城里也没有此味。

在西来顺还有一道菜是褚连祥大师根据宫廷菜"桃花泛"即江苏菜

醋熘木樨

"天下第一菜（又叫'平地一声雷'及'虾仁锅巴'）"而改创的。这个菜的主要食材是锅巴，褚连祥把锅巴改为面包（吐司）并切成方骰子块，用香油将其炸透炸脆炸焦，再把鸭胸脯肉捣成茸用高汤煨好，盛入容皿里并盖上盖儿上桌，上菜时把盖儿打开，把炸好的面包丁倒入滚烫的鸭茸高汤中，立刻会发出"刺啦"一声响。相声大师侯宝林称之为"一鸣惊人"。此菜后被马德起带到位于中山公园内的瑞珍厚饭庄。每年正月初十为马连良（马连良出生日期为1901年2月28日，阴历为辛丑牛年正月初十）先生的生日，他必到瑞珍厚办席，而且让厨师必做这道菜。据说，这道菜还是由马先生给起的名，叫"鸭泥面包"。

鸭泥面包算是西来顺的一道带有西式风味的菜品。正因为西来顺以烹制西派清真菜品见长，又有褚连祥、杨永和两位擅长制作西式清真菜品的大厨掌勺，马连良先生常常光顾。马连良先生爱吃西餐，饮食方面比较前卫。

马崇仁先生曾经回忆道："父亲比较喜欢吃西餐。因为常去上海、天津等地演出，是当地交际应酬的需要。另外，他的好朋友冯季远、朱海北等都是洋范儿，吃西餐是家常便饭，与他们在一起，父亲多少也受到些影响。杨德寿也十分聪明，学了几道西菜很地道。家里有时请客，他的罐焖牛肉、鸡茸汤等很拿得出手。

1949年前父亲常去东单的'福生'西餐厅，与东道主安先生是好朋友，安家是回民，菜式以俄式西餐为主。当年天津的洋人较多，西餐水准比北京高。我们在天津演出时，总是散戏后从中国大戏院出来，沿着哈尔滨道一直下去，到'克林'西餐厅吃饭。每次到天津演出，'下马饭'总是江苏督军李纯的长公子李振元先生请客，在小白楼的'大起士林'。1949年后，'克林'的师傅们被请到北京新侨饭店，我们就常去'新侨'

山西新绛著名年画木刻家郭全生先生为作者美食著作出版贺赠古版《灶王》年画

吃西餐。'新侨'是父亲的好友何贤投资的,师傅们对父亲特别照顾。父亲那个时候就提倡健康菜式,总是清淡一些,少盐少油。"

擅吃者必会做。马连良先生也时常下厨,他的拿手菜是"芙蓉鸡片"。但马先生做的是改良版的芙蓉鸡片,将鲁菜的芙蓉鸡片融入了淮扬菜元素,使这道菜更适合马家人的口味。现这道菜已成为鲁菜、淮扬菜和川菜的代表菜品之一。

许多当年清真馆子中马连良先生爱吃的菜肴,有的已成为他们的镇店名菜,有的则已失传。像两益轩的"酥鲫鱼""烤鸭丝炒蜇皮"(这也是黑牡丹宣景琳爱吃的菜),烤肉季的"烤羊肉",西来顺的"炸羊尾""高丽鸡卷""铁碗烧鸡蛋"等。

上文我曾经谈过梨园行的许多名伶多住在北京南城,南城也是京剧事业的发祥地。加上戏院和饭馆多在南城,而梨园行的艺人们有许多回族,像马连良、侯喜瑞、雪艳琴、马连昆、马春樵、马最良、哈宝山、王泉奎、王志宽、蒋少奎、郎德山、沙世鑫、李世章、海盛阔、陈鸿钧、何玉蓉、吴玉璋、穆祥熙等本身要吃清真菜。与此同时,梨园行的汉族艺人,又怕吃猪肉上火毁嗓子,故也爱吃清真菜。而以马连良先生为首的名伶大

醋熘木樨

家又精于饮馔，使得早年北京城中的清真菜得以发展壮大。

当年北京城里就流传着许多同马连良先生有关的话。如"马连良的腔，山东馆的汤"（鲁菜当时统治北京城）"你吃得起全聚德的烤鸭，也不一定吃得起马连良先生最爱的肚仁儿。"

在2000年前后，我曾一度与著名京剧表演艺术家李多奎先生（李多爷）之子、著名书画家李世麟先生交往密切。世麟先生不管一个人是在门头沟住还是后来一个人搬到右安门的玉林小区画室，他都会隔三两天叫我过去一趟，一是陪他听戏，二是陪他吃京城饭馆的清真菜。他曾对我说，清真菜好吃又卫生，梨园行早年的角儿几乎没有不爱吃清真菜的。由于李多爷的缘故，世麟先生小时候可以经常见到马先生。李多爷爱吃清真菜的习惯也传给了世麟先生。我同世麟先生在清真馆子点得最多的菜就是羊肉串、烤肉、油爆肚仁和醋熘木樨。世麟先生才华横溢，只可惜走得太早。

前几年，我曾请马增寿先生帮我一忙，邀请著名京剧表演艺术家黄世骧先生一起吃顿饭，我借此向黄老了解些有关马连良先生的逸事逸闻，特别是有关马连良先生与老北京清真饮食的渊源，同时，也想听听黄老讲讲雪艳琴女士的故事。

马增寿先生与黄世骧都是回族，又都在北京京剧院工作，而且老哥俩的年龄也相仿，关系走得比较近。马老给黄老打电话，好像说黄老当时正在美国，我记不太清楚了，反正是没在北京。黄老告诉马老，待他回京后再约。

黄世骧先生的母亲是著名京剧表演艺术家雪艳琴（原名黄咏霓，1906—1986年），"四大坤伶"之首（另为章遏云、新艳秋、杜丽云），并与侯喜瑞、马连良齐名，人称"梨园回族三杰"。

仰缶庐谈吃
第三集

黄老的父亲是溥伉。溥伉是道光帝的曾孙、醇亲王奕譞的孙子、光绪帝之弟载洵的独生子。溥伉与宣统帝溥仪,民国的四公子之一、京剧名票溥侗,著名画家溥儒及我上文提到的爱新觉罗·毓崌(紫薇)的父亲溥佐都是同辈堂兄弟。

2015年,已逾古稀之年的黄世骧老在新浪微博上发表了十余篇回忆马连良先生的文章,内容多为记述马先生在离世前的情况,其中许多细节就连马连良先生的亲属也不知道。通过拜读黄老的微博文章,使我掌握了更多有关马先生的生活资料,也使我的文章得以内容更丰富、史料更翔实。

北京清真炒菜的历史其实并不悠久,清真炒菜出现在饭馆也不过百十来年。民国时期,清真菜中的许多菜品大都借鉴像鲁菜等菜系的汉民菜。使老北京清真菜光大发展并逐渐被大众认可接受的推动者当数马连良先生。马连良先生是那个时代当之无愧的美食大家,他不光是京剧界的领军人物,也是清真美食的传播者、推广者。

时至今日,我们在清真饭馆中品尝到的许多传统清真菜肴无不打上马连良先生的烙印,就像在汉民饭馆中有许多菜品打上苏东坡的印记一样。

我在本书中引用的许多前辈的文句抑或是口述,由此看得出来各家说法各有不同。有的讲的内容甚至与马连良先生家属叙述的情况也不符。我认为,我觉得有必要把他们这些人所讲所述的内容真实地记录下来,谁对谁错并不重要。重要的是通过醋熘木樨及老北京的清真菜,可以让我们了解到一点点那个时代的马连良,哪怕只是马先生的一个侧影,以此纪念这位大艺术家!

2021年,适逢马连良先生120周年诞辰,谨以此文权当我在马先生墓前敬献的一束鲜花!

三文鱼

先要说明一点的是,三文鱼这个称呼是个业内商品名称的统称,不是一个科学规范的称谓,中文狭义地单指"大西洋鲑",即老百姓所说的"挪威三文鱼"。中国人餐桌上所吃的挪威三文鱼即大西洋鲑鱼是在挪威海域经过人工养殖后出口到中国的。三文鱼(鲑鱼)除挪威人工养殖外,智利、法罗群岛(丹麦)、英国(英格兰)、澳大利亚(塔斯马尼亚)、加拿大及俄罗斯等国都有养殖,且也都被国人认可为"正规的三文鱼",但在中国人的心目中认为最正宗的三文鱼就是"挪威三文鱼"。英文所说的"Salmon"即翻译过来的三文鱼,是广义的,凡鲑科鱼类带有"Salmon"一词的鱼都可称之为三文鱼。

三文鱼是英文Salmon的音译,主要指鲑形目鲑科

西班牙双拼海鲜饭

仰缶庐谈吃
第三集

与西班牙餐厅 Agua 行政主厨 AlbertoBecerril 先生合影

鲑亚科鲑属（鳟属Salmo）和鲑形目鲑科鲑亚科太平洋鲑属（大麻哈属、钩吻鲑属Oncorhynchus）的种类，有时也译成鲑。

2020年6月6日是周六，亦为三个带"六"的日子。早上，我爱人跟我说："咱们去吃西班牙海鲜饭吧？"我怔了一下，想了想，难得今天她有这么高的兴致，那就去吧！

我们家平日吃西班牙海鲜饭多选择位于北京三里屯的"卡门·西班牙餐厅"或位于雍和宫西侧五道营胡同的"藏红花西班牙餐厅"。要上一锅

○ 三 文 鱼 ○

一半是墨鱼汁、一半是鸡肉双拼的海鲜饭,再简单地点上两三个凉热菜,最后来个甜品,这是我家吃海鲜饭的惯例。

因为新冠肺炎疫情的原因,在这个日子口儿,北京有许多餐厅都未营业,特别是由外国大厨掌勺的餐厅,或者未营业,即使是营业,外国大厨也不能亲自掌勺,许多菜品也做简单化的调整了。

比如我给位于朝阳区东大桥路的Opera Bombana意大利餐厅打电话,询问Bombana大师是否可以掌灶?店员的答复是由于疫情的缘故,Bombana大师一直还在香港的餐厅,确定不了来北京的时间。

再比如我给四叶寿司三里屯店打电话,询问是否营业?铃木义久店长是否在店里?答案是店开了,但铃木先生还在日本。

正是基于疫情的原因,我琢磨着该如何办呢?今天这顿海鲜饭是必须要让她吃上的。在这之前,由于我爱人身上起疹子,一直在吃中药调理,遵医嘱,服药期间禁食牛羊肉及海鲜。

最后,我作出了决定,海鲜饭自己在家里做,不去外面吃了,免得惹上麻烦。家里有盘锦郭兴双兄寄来的盘锦特产"酱香型大米",以此替代做西班牙海鲜饭所用之"Bomba米(艮米)";还有甘南州专门做藏药生意的唐建伟兄送我的伊朗藏红花。至于鸡胸肉、干贝、柠檬、洋葱等家里都有,再买点儿海鲜即可。

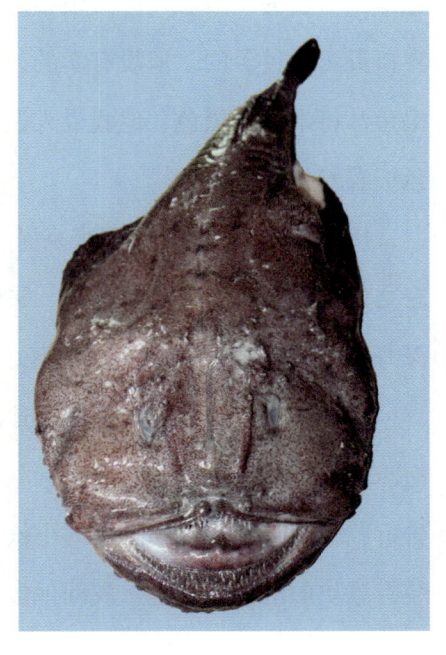

鮟鱇鱼

仰缶庐谈吃 第三集

著名书画家赵广发先生为作者美食著作题词:"美食花宴。一正同志嘱。己亥春月,广发。"

就这样,我开着车,同我爱人来到京深海鲜市场。

在京深海鲜市场,买了做海鲜饭用的鲍鱼(海鲜饭加鲍鱼是我自创的。一般国内的西班牙海鲜饭里没有鲍鱼)、基围虾(用基围虾做海鲜饭也是我自创的。西班牙海鲜饭中的虾大多为大明虾或草虾),本来还要买青口贝(贻贝)的,但没有卖的。我还打算买点儿墨斗鱼,做海鲜饭时用墨鱼汁将米染成黑色,但我爱人说:"还是多用些藏红花汁,做出的黄颜色饭看着就有食欲。"

接下来我开始采购每次来京深海鲜市场必买的海货。一是鲅鱇鱼,二是三文鱼。也许是下午的缘故吧,买鲅鱇鱼变得比较麻烦,踏遍了大半个京深海鲜市场,竟没有一家卖鲅鱇鱼的。

正在决定打算放弃买鲅鱇鱼时,我见一店铺门口有两个小伙子在装卸泡沫箱子,就有意无意地问了一句:"这里有哪家卖鲅鱇鱼的?"小伙子告诉我他家就有。卖鲅鱇鱼的小伙子是山东人。他家售卖的鲅鱇鱼全放在装有冰块的泡沫箱子里。我问他多少钱一斤?他告诉我16元一斤。我不假

三文鱼

三文鱼

思索地说了一声:"咋那么便宜?"

这时,我开始下手挑鱼了。将鱼竖着拎起时,我发现了其中的门道,鲅鳒鱼全部被开膛了。我马上问道:"那鱼肝还有吗?"卖鱼的小伙子说,市场上所有卖的鲅鳒鱼都没有鱼肝。鱼肝被取下出口了。

我爱人在一旁说道:"我们买鲅鳒鱼就冲着这鱼肝来的,鱼肝没了,咱们不要了。走吧!"

我只好与我爱人往卖三文鱼的商户家走。

我边走边对我爱人说:"既然来了,也挑了半天儿,就买一条吧?你不是也爱吃吗?"

我爱人不说话了。我一个人又回到卖鲅鳒鱼的店铺,挑了两条鲅鳒

仰缶庐谈吃
第三集

西班牙海鲜烩饭

鱼，也算是买到鮟鱇鱼了。

在买鱼时，我又问卖鮟鱇鱼的小伙子，啥时能买到带肝不破膛的鮟鱇鱼？他告诉我，冬天可以买到。

他这一说，叫我想起了之前我买的未开膛带肝的鮟鱇鱼多是在冬季。但我又一想，吃鮟鱇鱼最好的季节当数冬季呀，冬季也是鮟鱇鱼的收获季。

鮟鱇鱼肝是日料中的"保留节目"，日本人最爱吃鮟鱇鱼肝，并有"关西河豚，关东鮟鱇"的说法。美国有线电视新闻网（CNN）曾评选出世界50种大美食，鮟鱇鱼肝列在其中。

买完鮟鱇鱼，我俩朝卖三文鱼的店家走去。

我在京深海鲜市场买三文鱼，有专门的店家，基本上只在她家买，其他人家的三文鱼很少涉足。

三 文 鱼

作者自制的"西班牙海鲜饭"

    卖三文鱼的是个中年妇女,叫黄紫金,福建人,专做三文鱼生意。她家卖冰鲜和冷冻两种三文鱼。

    我原先只买冰鲜的三文鱼,因为要生吃,冷冻再解冻的三文鱼不适合生吃。

    黄紫金家售卖的冰鲜三文鱼,多是产自法罗群岛的。三文鱼装在一个泡沫箱子里,在箱子里撒上满满的冰块用以将鱼保鲜。

    客人如果要买冰鲜的,且价格合适时,她就拿出鱼来进行分割售卖。我一般是一次买一整条冰鲜的三文鱼,条件是让她必须将鱼分割好,生吃的要切片,余下的切成杧果大小的块头,用自粘膜包上,鱼头、鱼骨和鱼皮我全要。黄老板每次在我买三文鱼时还会把她剔下的其他三文鱼皮送给我,另外再给我两盒芥末膏和酱油什么的。

仰缶庐谈吃
第三集

河蟹捞饭

每回在京深海鲜市场买冰鲜三文鱼时，我会让黄老板把生吃的三文鱼切成片，装成八盒，两盒送给喜食生鱼片的岳母，两盒让我小儿子拿走，余下的四盒我一人分两顿将其消化掉，其余的鱼块（柳）做菜吃。

我俩来到黄老板的摊位时，发现黄老板不在，她的摊位交给一个朋友在打理。这个朋友告诉我，黄老板因受疫情影响一直没来北京。

我考虑到现在是疫情防控期间，又是夏天，加上家人也老是劝我不让我生吃三文鱼，故而我这次买了许多冷冻的三文鱼。

回家的当晚，我将盘锦的酱香米连淘带洗用了近40分钟，藏红花用85℃热水冲泡后浇在淘好的大米上，放洋葱丁、西红柿丁、切成斜刀的鸡胸肉片（用芡粉抓过）、鲍鱼片（鲍鱼刷好后，用刀沿鲍鱼壳切下鲍鱼，

三文鱼

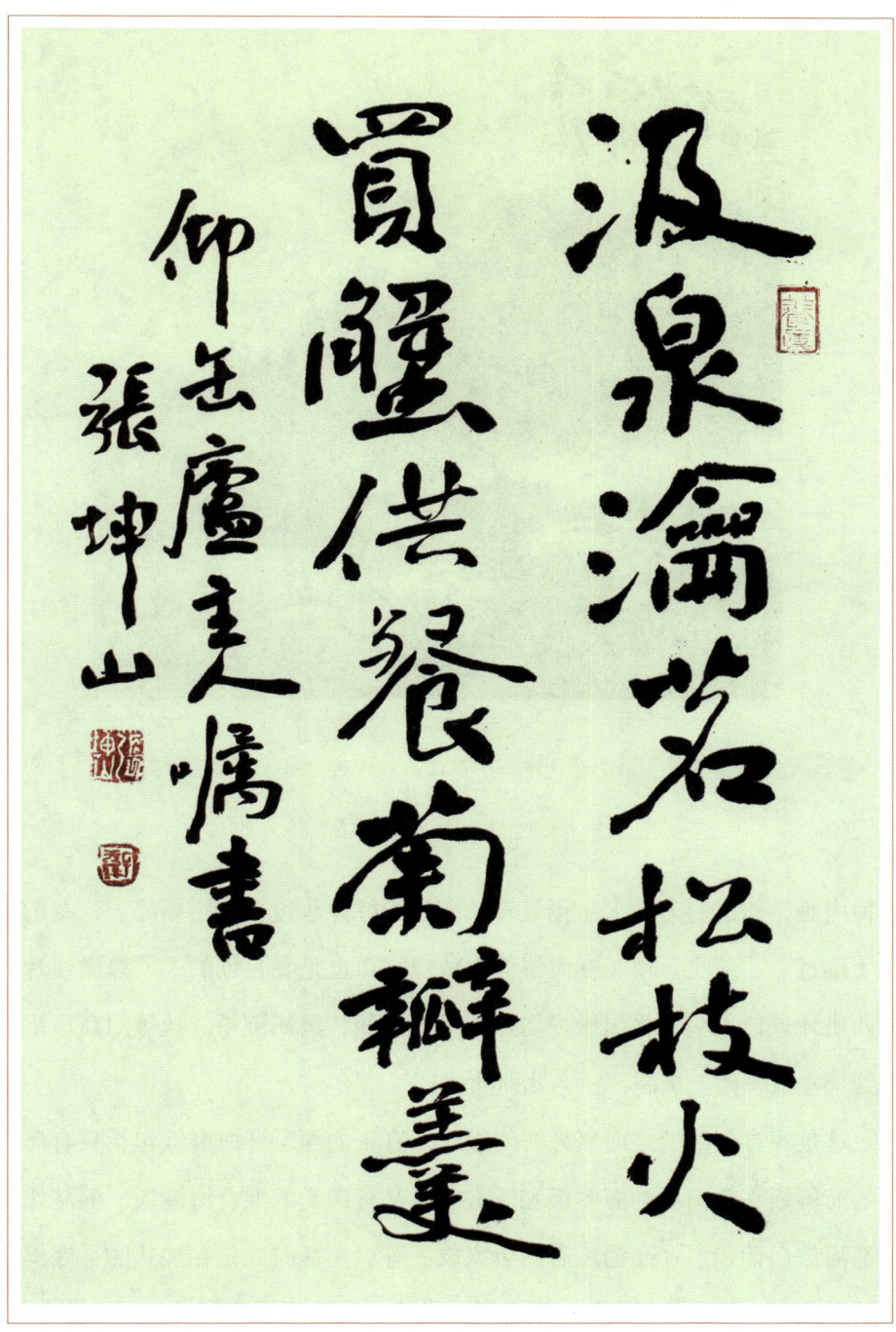

著名书法家张坤山先生为作者美食著作题词:"汲泉瀹茗松枝火,买蟹供餐菊瓣羹。仰岳庐主人嘱书。张坤山。"

著名书画家吴立民（顽石）先生为作者美食著作插图《峰头俯仰碧无穷》

去掉内脏，切成斜刀片）、干贝茸（事先发好并蒸过再用手撕碎）、基围虾（洗过）、三文鱼块（在海鲜饭中放三文鱼也是我自创的）、黑橄榄片（西班牙进口罐头，将黑橄榄切片）及橄榄油、黑胡椒粉、盐等用高压锅调到快煮饭一挡上烹制，一会儿即熟。

这是我自创版的"西班牙海鲜饭"。真正的西班牙海鲜饭包括只有海鲜的海鲜饭、含肉类的海鲜饭和既有海鲜又有肉类的混合海鲜饭。但制作时都需放白葡萄酒、高汤（有的店家放）等。烹饪时先是在加热的平底锅中炒洋葱丁、西红柿等食材，后加藏红花水、西班牙籼米等。

三文鱼

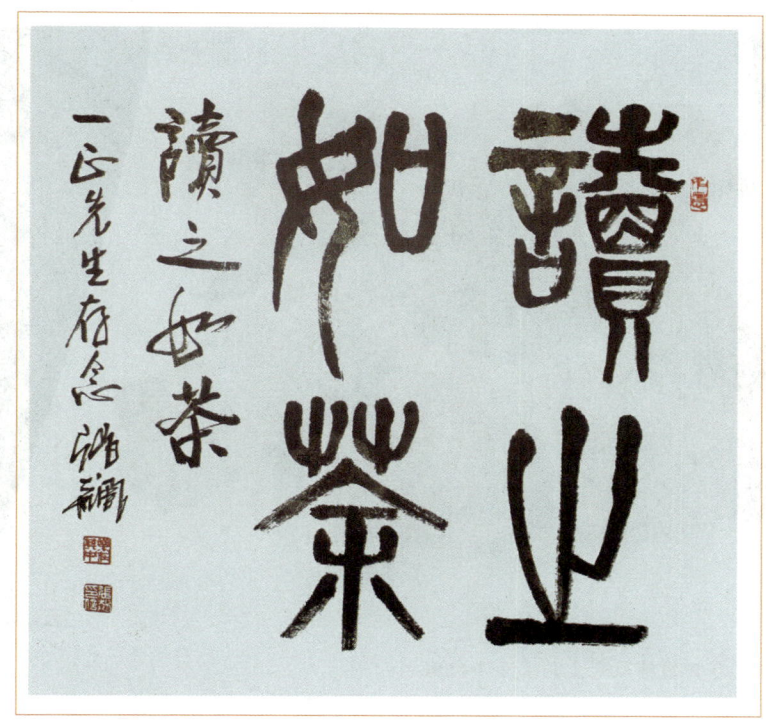

中国书法家协会第四届驻会副主席张飙先生为作者美食著作题词:"读之如茶。"

我做了一锅西班牙海鲜饭后,又煎了几块三文鱼,喝了一点儿清酒,自我感觉还是挺不错的。

我做的海鲜饭,由于用的是盘锦酱香米,淘洗的时间比较长,蒸熟的米粒软糯,有点儿像糯米,黏而糯香。西班牙的海鲜饭,用的是西班牙Valencia(瓦伦西亚)产的Bombo米(另外还有Bahia和Senia),这种米吸水力强,做出的饭米芯依然较硬,呈一粒一粒的,这也是西班牙海鲜饭的一大特色。

盘锦的酱香米全称是"酱香型越光大米"。在2016年以前,"越光米

作者自制的铛煎野生三文鱼（红鲑）

（こしひかり，koshihikari）"一直是日本大米的魁首，以产自新潟县鱼沼市的最负盛名。2017年，日本福井县培育出的"一誉（いちほまれ，ichihomare）"大米坐上了日本大米界的第一把交椅。

辽宁盘锦盛产大米，它与日本出产大米的几个产区在气候、纬度上差不多。盘锦赵钱孙李实业有限公司基于这些有利因素，成功地借鉴"一誉"大米的栽培技术，培养出超越日本越光大米的盘锦"酱香型越光大米"。

清酒也是用大米酿造的。盘锦赵钱孙李实业有限公司出产的清酒大吟酿也是用酱香型越光大米酿造的。

清酒中的"大吟酿"，是用大米米芯酿造的，多选用"山田锦"酒米，在清酒中属高等级的酒了。大吟酿的"精米步合"一般要达到50%。

三文鱼

所谓"精米步合（精米步合，せいまいぶあい，seimaibuai）"，就是在酿制清酒前，需将酿酒用的"酒米"打磨，打磨后的大米，只留米芯部分，即"心白"，心白所占的百分比就是精米步合。如将原米外表磨去四成，留下的米芯占原来的六成，其精米步合就是60%。日本清酒大致分为普通酒：73%~75%；本酿造酒：70%以下；纯米酒：70%以下（2005年起取消）；特别本酿造酒：60%以下；特别纯米酒：60%以下；吟酿酒：60%以下；大吟酿酒：50%以下；纯米大吟酿酒：50%以下。当然，也有精米步合达到39%、23%的；日本的"光明清酒"精米步合达到1%，这纯属玩极致了。

我喝的清酒，都是盘锦郭兴双兄给我寄来的赵钱孙李牌清酒。

郭兴双兄曾让我为赵钱孙李清酒题个酒标，我遵嘱，分别用隶书和行草书题写了几幅寄给郭兴双兄，但最后清酒厂没用，清酒厂为了感谢我，倒是给我寄了不少的清酒、稻米油、酱香型越光米等。

后来有一次我在盘锦郭兴双兄家吃饭时，他专为我开了一瓶獭祭·磨之先及（獺祭·磨き·その先へ），让我一人喝，其他人喝的是白酒和啤酒。

我喝獭祭时，兴双兄告诉我，赵钱孙李清酒厂的老板，想把其酒标题成像"獭祭"或"十四代"风格的书法酒标。

赵钱孙李公司在盘锦建有盘锦特色博物园，内有大米博物馆、蒲笋博物馆、河蟹博物馆等。

我曾在他们家的河蟹博物馆吃过几次"河蟹宴"。河蟹宴有河蟹豆腐、河蟹虾仁、河蟹干丝、河蟹蒸蛋、河蟹白菜、河蟹南瓜、河蟹卤味、河蟹辣炒、河蟹葱姜炒、蒸河蟹等，其中最负盛名的当数"河蟹捞饭"了。

河蟹博物馆内挂有兴双大哥郭兴文先生为其题写的八条屏。我每次秋

冬时节去盘锦，兴双兄都要在河蟹博物馆请吃饭。记得一次吃饭时，盘锦赵钱孙李实业有限公司董事长朱恩东跟我说，全国最好的河蟹既不是阳澄湖的，也不是盘锦的，而是桓仁产的。还有一次是盘锦张维申先生请吃河蟹宴，他对盘锦产的河蟹如数家珍，从蟹宴菜式到食法一一为我们做了介绍，并建议大家吃河蟹宴时就洋葱，而且同桌就餐者最好都吃，这也算是一种吃法吧！

我们再把话题扯回来。

过了5天，6月11日，北京西城区确诊1例新冠肺炎患者。到了6月15日北京共确诊了79例新冠肺炎患者，而这些患者又都与北京新发地农贸批发市场有关。

6月11日确诊的西城区新冠肺炎患者，曾在6月3日前往新发地农贸批发市场地下层采购海鲜和肉类食材。随后，相关部门在新发地农贸批发市场地下层海鲜售卖点的一商户所用分割三文鱼的案板上检测到了新冠病毒。接下来《中国新闻网》报道说："……而就在12日晚，北京新发地（批发市场）董事长张玉玺表示，新发地市场蔬菜、水果大厅6月13日照常营业。同时他指出，相关部门从切割进口三文鱼的案板中检测到了新冠病毒，而该产品的货源来自京深海鲜市场。"这么一来，全市乃至国内部分省市的商超、饭馆、海鲜市场、外卖等凡是涉及三文鱼的食材全部下架。

6月13日下午，我在家接到社区工作人员打来的电话，询问我及我家人自5月30日以来是否到过北京新发地农贸批发市场及北京京深海鲜市场？我如实地告知社区工作人员，我和我爱人于6月6日下午去过北京京深海鲜市场。

6月14日傍晚，社区来了两名工作人员到我家，告知我从现在开始居

三文鱼

与著名烹饪大师、北京饭店原行政总厨郑秀生先生（1955—2022年）合影

家隔离14天。我对他们说："我有基础病，需要到医院开药；还有就是每天的买菜、倒垃圾怎么办？"他们答复道："有事给我们打电话，我们帮你干。"同时，还让我签署了《居家留观个人承诺书》，给了我一份《社区居家留观爱心服务卡》。他们临走时在我家门上张贴了一份《居家隔离告示书》。

他们走后，我和我爱人有点儿不知所措。没想到这么突然我俩就被居家隔离了。其实14天不下楼、不出门对我俩来说并不困难，我俩在家各自干各自的活儿，有的是要做的事。2月份春节期间，我俩也有近两个月没下楼的经历，直到冰箱里的食物"弹尽粮绝"，药也吃没了，我才去医院

三文鱼等海鲜刺身拼盘

连开药带买菜,又继续坚持"宅在家里"近一个月。

  我俩边相互安慰边做饭,我将事先从冰箱里拿出解冻的三文鱼切成桃核大小的块,在不粘锅中煎熟(不用放油),撒点儿用研磨瓶装的意大利蒂安黑胡椒粒和由美国罐装产自巴基斯坦的喜马拉雅粉盐,挤上点儿柠檬汁,对我爱人讲:"你要是现在对这玩意儿有点儿肝颤的话就别吃了!我反正认为这东西没事;又不是吃生的,煎这么长的时间了,要是有病毒也早就烧死了。"

  我俩吃完饭,在看电视时,又有人敲门。我一看,还是社区的工作人员。

  其中一位社区领导在我家门口对我说:"对不起!我们核实过了,您和您爱人确实没去过新发地。现在我们正式通知您,撤销对您两口子的隔离决定。"并给我鞠了一个躬。我也对他说:"你们也不容易,都是为了

三文鱼

烟熏三文鱼

大家好。我们也要感谢你们呀!"他又对我说:"您二位去的是京深,不是新发地。我们一开始是只要去过新发地和京深的人员都要统计上报,后来只要求对去过新发地的人员进行隔离。"

社区工作人员走后,我俩又开始调侃了。我爱人说:"还不如在家隔离呢!隔离可以踏踏实实地休息14天,好好干干家务。"我对她讲:"你真是得了便宜又卖乖!"

自从关闭了北京新发地农贸批发市场后,京深海鲜市场也被关闭了。

有报道说,检测出的新冠病毒只是在"切割进口三文鱼的案板上",而非三文鱼身上。

于是有专家站出来为三文鱼"讨回公道"。

中国疾病预防控制中心专家武桂珍表示,三文鱼等水产品检测出新冠

仰缶庐谈吃
第三集

烟熏三文鱼配小土豆、牛皮菜

病毒，是因被病毒污染而不是感染；目前新冠病毒只会感染哺乳动物，其病理影响主要集中在肺部，没有证据证明鱼类可感染新冠。

说白了，新冠病毒攻击的是用肺呼吸的动物，而非用鳃呼吸的鱼类。

北京市新发地农贸批发市场暴发的新冠肺炎疫情，导致了三文鱼市场的萎缩。

以上算是我写这篇《三文鱼》文章的引子吧！

接着说说我与三文鱼的缘起。

我喜欢吃三文鱼，尤其是吃生鱼片。日语管生鱼片叫"刺身"。我对刺身这东西并不陌生，这源于我学的日语。日语中像"刺身""天婦羅""鰻"等美食单词在人们的日常生活交流中会经常使用。很多人不知

三文鱼

摩托卷

道的是,刺身这味美食也是由中国传入日本的,在日本这个四边邻海的岛国得到了很好的发展。

三文鱼开始进入北京消费市场时,我买回的三文鱼都是加热后再食用,不怎么敢吃刺身,后来慢慢感觉到生吃比熟食好吃,于是开始生吃三文鱼。我开始坚持每周至少吃四顿三文鱼,是我得了冠心病做了心脏支架后的事。

当时有不少人对我说,吃三文鱼可起到抑制冠心病发展的作用。之后,我也看了点儿资料,的确吃三文鱼对心脏有好处。无独有偶,2017年2月25日,北京电视台(BTV)养生堂播放由首都医科大学宣武医院心脏中心主任徐东教授讲解的"警惕血中隐身的'坏蛋'——高血脂"视频被我

仰缶庐谈吃
第三集

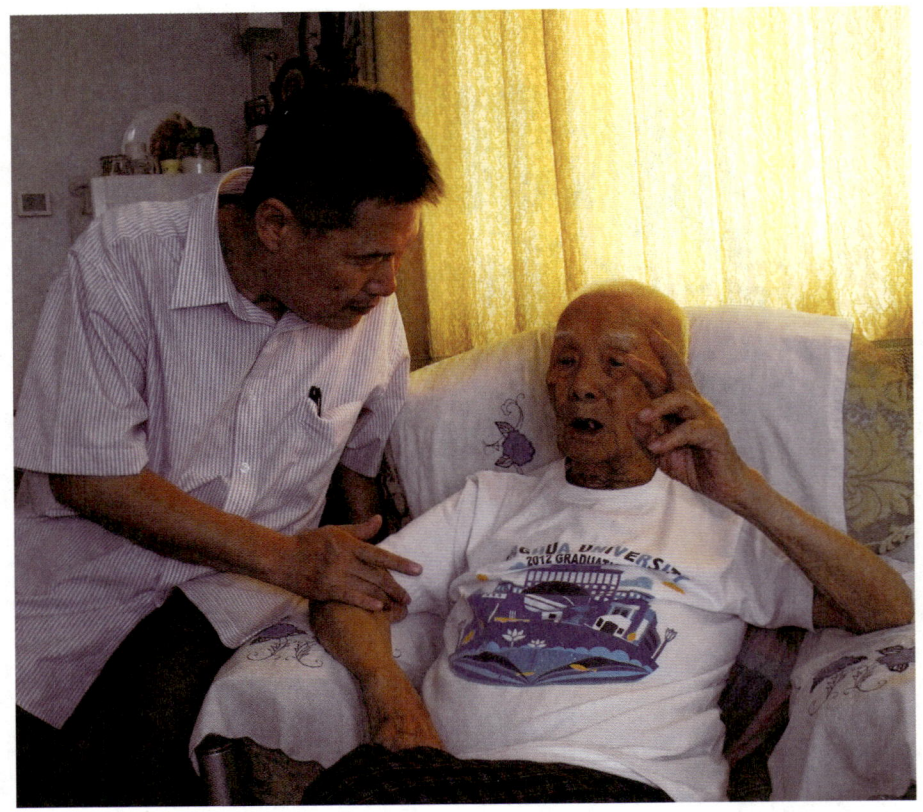

在著名烹饪大师伍钰盛先生（1913—2013）家中

正好看见。徐东教授建议大家（不光是冠心病患者）多吃"土豆、苹果、三文鱼"等对心脏有好处的食品。这些食品具有一定的食疗作用。

三文鱼含有Omega-3脂肪酸（也就是Ω-3、ω-3、n-3、W-3），有改善高甘油三酯患者血脂水平的作用，可降低心脑血管疾病的发生率。Omega-3主要有三种，重要的Omega-3必需脂肪酸包括α-亚麻酸（ALA）、二十碳五烯酸（EPA）、二十二碳六烯酸（DHA），这三者均为多不饱和脂肪酸。

EPA属于ω-3不饱和脂肪酸，主要功效是治疗自身免疫缺陷，促进自身

三文鱼

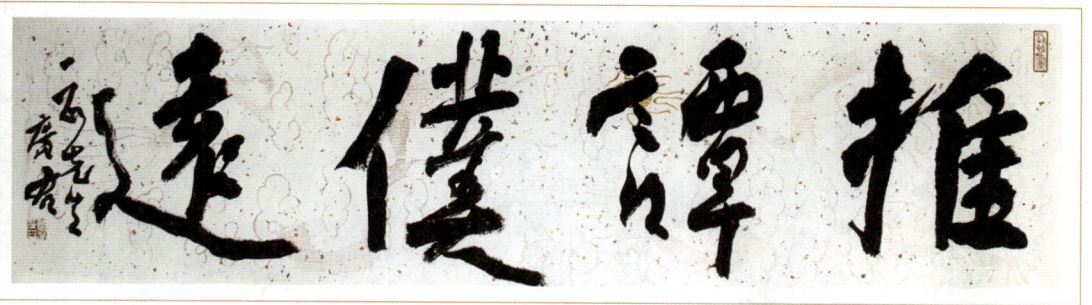

著名书法篆刻家魏广君先生为作者美食著作题词："推谭（潭）仆远。一正先生。广君。"

循环系统健康。EPA可以帮助降低胆固醇和甘油三脂在自身体内的含量。

DHA亦是ω-3脂肪酸的家族成员，亦称"脑黄金"。DHA是神经系统生长维持的主要成分，为大脑和视网膜的重要构成成分，对胎儿和婴儿的智力和视力发展至关重要。

美国国家食品药品监督管理局（FDA）曾发表公告说："Omega脂肪酸是合格的健康食品，可以降低冠心病的发病风险。"

我从此又拿到三文鱼能对心脏有起保护作用的证据了。

打这开始，我就坚持吃三文鱼。这东西也不难吃，也不难做，就是有点儿小贵，权当是吃保健品了。

在北京，买三文鱼我有三个常去的摊位。一是京深海鲜市场，多买整条的，让鱼贩将鱼分割后回家慢慢吃；二是位于宣武门的沃尔玛超市，有一专柜售卖三文鱼。自从家人不让我生吃三文鱼后，有时下午的四五点钟我会到沃尔玛宣武门店买三文鱼。这时沃尔玛店会将头一天没卖出的三文鱼全部按半价处理。鱼是装在包装盒里，为冰鲜的三文鱼柳，切片后即可蘸芥末和酱油食用。沃尔玛店所卖的三文鱼全部是进口的，有时是从智利进的，有时是挪威进口的，不一定，生产商为大连。以2019年为例，500

仰缶庐谈吃
第三集

与著名烹饪大师黄耀伦先生合影

克的三文鱼售价是145元，如果是半价的话就是72.5元500克，同京深海鲜市场所卖的冰鲜顶级三文鱼价格一样。沃尔玛超市三文鱼的价格虽高，但它是卖的纯进口、冰鲜的、可生食的鱼柳。京深海鲜市场所卖的三文鱼"水很深"，一般消费者也看不懂哪条是挪威产的，哪条是智利产的。至于是冰鲜的还是把冰冻解化的三文鱼当冰鲜来卖，也不是一般消费者所能辨识的。

我在沃尔玛宣武门店推着货物车，把所有半价的三文鱼包圆儿回家，够我吃半个月的了。

于我而言，第三个买三文鱼的地方是位于家门口的百姓生活服务中心。服务中心里有一专售海产品和一专售淡水产品的商户。这两家商户同

三 文 鱼

我的关系都比较好。卖海产品的商户所卖的三文鱼均系鱼块,真空包装。他们所卖的三文鱼是从京深海鲜市场进的智利冰鲜三文鱼,回来后老板自己分割、塑封。他们家2020年6月三文鱼柳的售价为58元/500克,是冰冻的。我买回家吃时也很方便,将鱼解冻后用活水冲一下,再分切成鸡蛋大小的块,用不粘锅干煎后即可食用。

自从新发地疫情暴发后,到2020年8月底,京深海鲜市场一直没开,沃尔玛北京宣武店的三文鱼专柜也取消了,我家门口百姓生活服务中心的海产品商户也从未再售过三文鱼。

这一时期,三文鱼也从我的餐桌上消失了。

三文鱼分野生和养殖的两种。中国国内市场的三文鱼大多是养殖的,基本全是进口的。

养殖三文鱼的主要国家是挪威和智利(世界第二大三文鱼出口国),依次还有英国(苏格兰)、加拿大、法罗群岛(丹麦)及澳大利亚(塔斯马尼亚)。这6个国家养殖的三文鱼总量占世界养殖三文鱼产量的90%以

鲑鱼子军舰卷

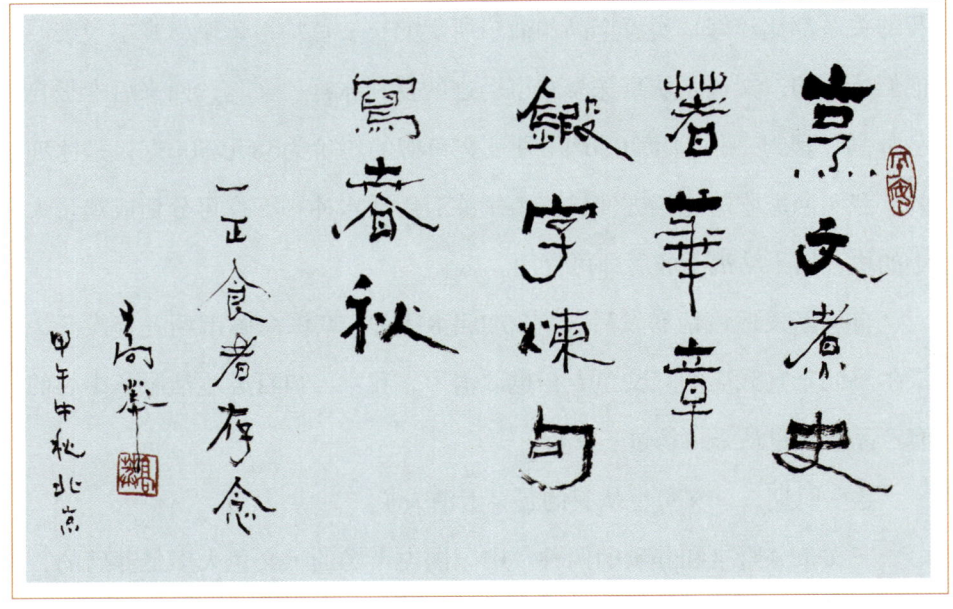

著名翻译家、书法家高莽先生（1926—2017年）为作者美食著作题词："烹文煮史著华章，锻字炼句写春秋。一正食者存念。高莽。甲午中秋，北京。"

上。除这6个国家外，爱尔兰、新西兰、北美等地也分布有养殖三文鱼的地方。上述这些地方养殖的三文鱼均是"大西洋鲑"。

中国每年会从智利、挪威、法罗群岛（丹麦）、澳大利亚和加拿大进口三文鱼。进口的三文鱼分冰鲜和冷冻（处理工艺不同）两种。

2018年中国进口的冰鲜三文鱼在6万吨以上，冷冻三文鱼为2万吨以上，共计进口三文鱼超过8万吨，且进口量在逐年递增。

挪威海产局市场调查显示，仅2019年前三季度，挪威冰鲜三文鱼的对华出口量涨幅高达90%。在这种势头带动下，挪威北鳕鱼、挪威青花鱼等对华的出口量也有大幅度的增加。2019年我国从挪威进口的三文鱼数量达23525吨。

早在2013年以前，挪威三文鱼曾是对华出口的第一大国，进入2014年，

三文鱼

由于挪威在出口的三文鱼中"检测出具有传染性鲑鱼（三文鱼）贫血症（ISA）病毒以及其他变体"等原因，中国禁止了进口挪威产的三文鱼。

据《凤凰网》报道，从中国海关数据来看，2015年中国从法罗群岛进口了14902吨冰鲜三文鱼，位列第一，从挪威进口3537吨（只计算海关渠道），位列第六。三文鱼进口量第二至第五的国家分别是智利、英国（苏格兰）、澳大利亚和加拿大。

2017年始，中挪两国又恢复了三文鱼的贸易往来。

早在2007年和2017年，两位来华访问的挪威首相都曾在中国"推销挪威三文鱼"。

据《新浪新闻》2007年3月28日报道：挪威首相来华访问时，亲自到北京双井家乐福超市为挪威三文鱼中国推广活动"添砖加瓦"。

挪威首相在北京双井家乐福超市品尝了厨师现场烹制的挪威三文鱼后对记者说："非常好吃。这是用挪威三文鱼做的一个菜，是很健康的食品，对身体很有好处，大家一定要多吃。"当有记者说到三文鱼的高价格

加拿大超市售卖的红鲑鱼柳

仰缶庐谈吃
第三集

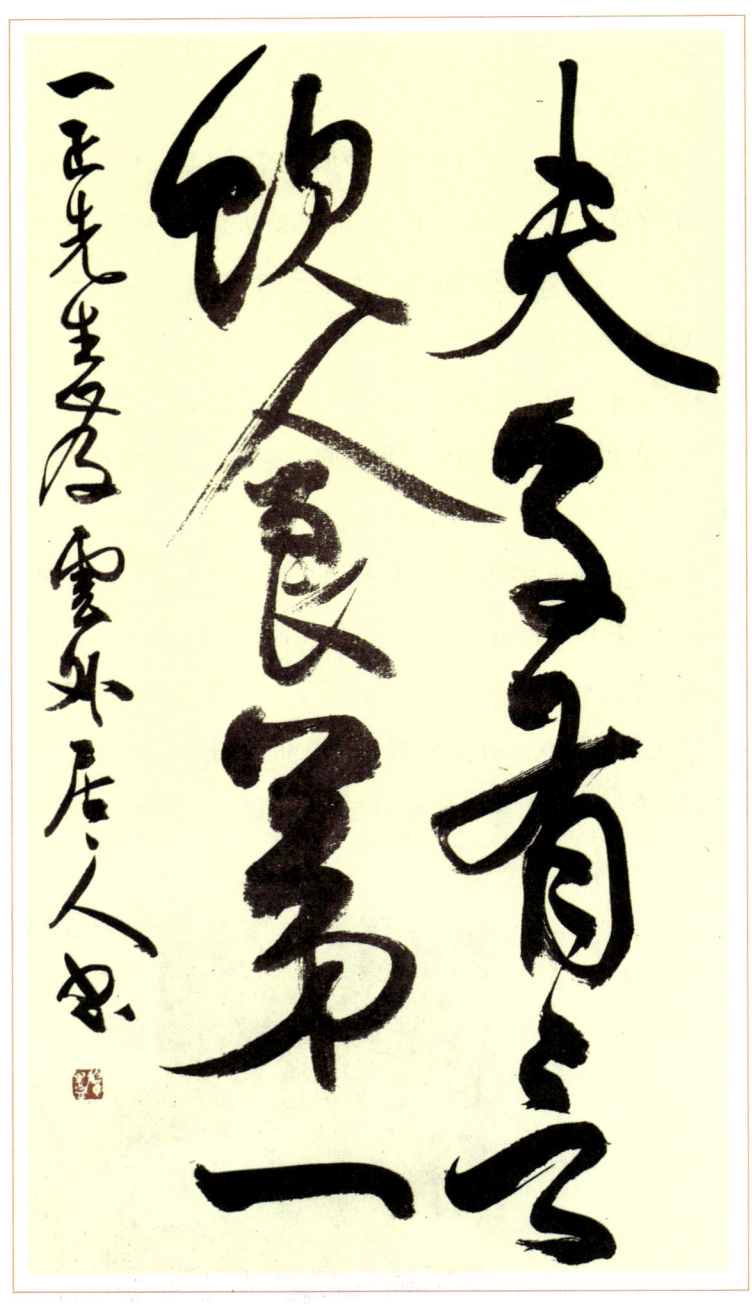

中国书法家协会第七届副主席、甘肃省书法家协会第四届名誉主席翟万益先生为作者美食著作题词:"夫子有言:'饮食第一!'"一正先生存。云外居主人书。

三文鱼

普通老百姓可能还难以承受时,首相说道:"鱼是要贵一些,因为运输的距离特别长,会有运输费的。但是我希望中国人民的物质生活水平越来越好,这样品尝三文鱼的群体会更多。"

另据2017年4月9日《澎湃新闻》记者于潇潇、李怡清报道:4月8日下午,挪威首相艾尔娜·索尔贝格在一场小型试吃活动上,为挪威三文鱼、挪威北极鳕鱼当"推销员"。

"挪威拥有高质量的海产品资源以及科学先进的捕捞方式,而中国拥有巨大的市场,两国之间可以用一种可持续的方式来买卖三文鱼。"

索尔贝格首相此次访华期间,出席了"中国挪威商业峰会"论坛,并在论坛上说:"我们希望卖更多的三文鱼到中国。"

参加此次峰会论坛的挪威代表团人数超过500人(挪威人口总数为500万人)。挪威海产局希望与天猫合作,将挪威海产生鲜快速送达中国消费者的餐桌上。挪威商界希望用"国宝"三文鱼打开中国市场的大门。

挪威三文鱼的出口量几乎占全球三文鱼产量的一半,每年有1300万份挪威三文鱼端上世界人民的餐桌。

2021年挪威三文鱼出口总量约为130万吨,约合82亿欧元;虹鳟鱼出口量为73300吨。

2019年,中国进口了10万吨左右的三文鱼,80%为冰鲜,20%为冷冻,烟熏三文鱼和其他加工种类的三文鱼数量很少。

据《UCN国际海产资讯》报道:2020年,中国进口了40600吨冰鲜三文鱼,同比减少45%,挪威三文鱼对华出口量仅为17000吨,智利对华的出口量约为26000吨。

2021年因受全球新冠肺炎疫情的影响,中国进口的三文鱼数量为53300

在著名烹饪大师康辉先生（1924—2020年）家中

吨，其中挪威占总进口量的46.98%，澳大利亚占总进口量的21.50%，法罗群岛为10.82%，智利为10.81%，英国为8.38%，其他地区为1.5%。

预计到2025年，中国进口的三文鱼数量将超过20万吨，甚至会达到40万吨。

产三文鱼的国家不光是上述6国，高纬度地区都产，比如美国、日本、俄罗斯及北欧的其他国家，我国的黑龙江及南纬度的新西兰、智利等地也产。

挪威产的三文鱼知名度最高，在中国的三文鱼消费人群中也最被认可。品质最好的三文鱼当数产自美国阿拉斯加海域和英国的英格兰海域。三文鱼是生活在海洋寒冷区域的鱼类，越往高纬度（北纬）生活的三文鱼自身活力越高，其脂肪含量也越高，肉质也越鲜美。这也是导致国内三文鱼粉们大多只认挪威产的三文鱼，对南半球智利产的三文鱼兴趣不大的原

三文鱼

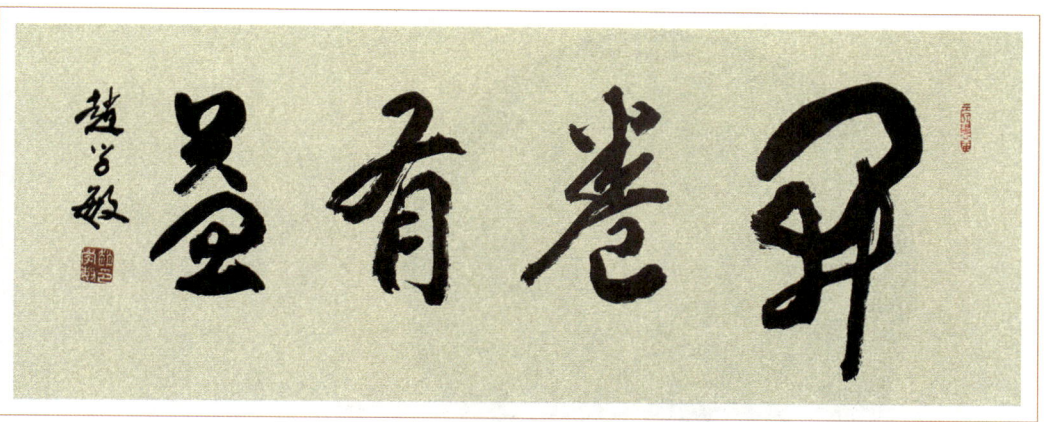

著名书法家、诗人赵学敏先生为作者美食著作题词:"开卷有益。赵学敏。"

因之一。

这里再多说两句智利。

红酒、奎卡舞、三文鱼、聂鲁达、帕拉、涂鸦(墙画)、万徒勒里、南极公牛藻(海带)、摩艾石像、冲浪等,上述这些让人陶醉的名词每个都可以说是这个美丽国家的一枚名片,它就是——风情万种的智利。

智利盛产三文鱼、葡萄酒、蓝莓等。智利籍的国际知名足球运动员阿莱克西斯·桑切斯(Alexis Sanchez)曾为智利三文鱼产品代言,向海外推介智利的海产品和农产品。

然而就40亿美元的智利三文鱼产值业,在2021年12月19日当选的智利新任领导人加夫列尔·博里奇(Gabriel Boric)表示,智利的三文鱼养殖不利于环保,并呼吁进行三文鱼产业改革。这将会给智利的三文鱼产业带来新的变数。

据智利三文鱼协会(CDS)统计,2021年智利全年三文鱼的出口量是72.3万吨,出口总额为51.8亿美元。智利三文鱼的产量约占全球三文鱼总

蛋蛋沙拉

产量的27%。

智利三文鱼主要销往美国、日本、巴西、俄罗斯和墨西哥，销往这些国家的三文鱼覆盖了智利85%的出口量。

20世纪70年代智利开始养殖三文鱼，之后一跃成为三文鱼出口第二大国家，中国人餐桌上所食用的三文鱼多数来自智利。智利养殖的三文鱼也因携带（ISA）传染性鲑鱼（三文鱼）贫血症和网箱养殖密度过高等原因，养殖户们会给三文鱼投入大量化学药物杀灭其体内生存的寄生虫，导致英国卫生部门在其出口到英国的三文鱼体内检测出"紫晶体"致癌物。因此，智利出口的三文鱼也曾一度受挫。

我国也有三文鱼的养殖。

2018年5月，在距山东日照港130海里的黄海开放（外海）海域，中国首座自主研发的大型全潜式深海智能渔业养殖装备——深蓝1号正式启用。

深蓝1号系海上的"巨无霸"，网箱周长180米，高70米，重约1500吨，采用浮箱捕捞、网箱附着生物清除、鱼鳔补气等核心技术，实现自动投饵系统、发电系统和养殖系统管理一体化。

深蓝1号可在夏天低纬度海域（水体温度26℃左右）通过下沉网箱

三文鱼

（可下沉四五十米，当下沉20米左右，水体温度为15℃~18℃），利用黄海冷水团养殖三文鱼。

深蓝1号1年可养殖三文鱼30万尾，每条三文鱼体重4千克左右，年产量1500吨左右，年值1亿多元。三文鱼从打捞到送至餐桌为12个小时（到广西是38小时），实现全程冷链控制。

与此同时，"深蓝2号"设计也已完成。深蓝2号是深蓝1号的3倍，可养殖100万尾的三文鱼，能够更好地满足人们对三文鱼的需求。

我在文章一开头就说过，三文鱼是中国人对鱼类商品的一种泛称。其实中国人心目中的三文鱼专指"大西洋鲑（拉丁语学名：Salmo Salar，英文通用名：Atlantic Salmon，日语为：タイセイヨウサケ、ヨーロッパのサーモン、アトランティックサーモン）一种鱼"。

三文鱼这一称谓是由香港等地区说粤语的人最先叫起的。20世纪70年代从欧洲走海运贩运至港澳等地的大西洋鲑被当地人称为"Salmon"，当地人在粤语音译下就将大西洋鲑叫作"三文鱼"了。

港澳等地民众将大西洋鲑称为"Salmon"的原因，是缘于生活在大西洋中的大西洋鲑从海洋洄游至淡水河流产卵时，要逆流经过无数个瀑布沟坝，因此，大西洋鲑具有一种会跳跃的本能，欧洲人用拉丁语"Salmo"一词称之来自北大西洋

作者自制的"清蒸咸狗鲑鱼块"

著名画家尹毅先生为作者美食著作出版贺赠作品《独步》

的这种鱼为"会奋起跳跃的鱼"（亦有一解认为是"海水的住客"）。之后，港澳人士还将与"大西洋鲑"长相差不多的"太平洋鲑"，且英文后缀都带"Salmon"的鲑科鱼类通称为"三文鱼"了。

著名水产专家樊旭兵先生就"三文鱼"一词解释道："'三文鱼'这个名词，其实就是英文Salmon的音译，是20世纪90年代早期我们开始在中

三文鱼

与 Prego 意大利餐厅厨师长 Diego Bugno（右）及比萨制作大师 Pasqualino Barbasso（中）合影

国大陆为挪威海产外贸局（Norwegian Seafood Export Council）推广宣传大西洋鲑鱼的时候，从当时香港人对大西洋鲑鱼的俗称（三文鱼）中，直接拿过来使用的。当时，我们内部曾经为叫'挪威三文鱼'，还是叫'挪威大西洋鲑鱼'专门开会讨论过，最终还是决定采用通俗的'挪威三文鱼'为商品名称。其实挪威在其他国家，都是使用'挪威鲑鱼Norwegian

仰缶庐谈吃 第三集

中国美术家协会第八届、第九届副主席,中国美术馆馆长吴为山先生为作者美食著作题词:"食为天。一正同志留念。吴为山。"

Salmon'为商品名称的,在中国市场可以算是一个'例外'。在中文的'挪威三文鱼'名称问题上,我觉得自己还是有一些发言权的。"

大西洋鲑是鲑科鲑亚科鲑属(鳟属)的"Salmon",而太平洋鲑是鲑科鲑亚科太平洋鲑属(大麻哈鱼属),这其中包括"虹鳟鱼",有人称之为"淡水三文鱼",虹鳟鱼在英文一词中不带"Salmon"后缀。

三文鱼

鲑科（Salmonidae）有三个亚科，即白鲑亚科（Coregoninae）、茴鱼亚科（Thymallinae）、鲑亚科（Salmoninae），下分11个属（有说10个属的）。大西洋鲑为鲑亚科的鲑属（鳟属Salmo），太平洋鲑鱼是鲑亚科的太平洋鲑属（大马哈鱼属Oncorhynchus）。

据百度来自田间第一人《中科院：没有就"青海三文鱼"接受过采访》一文载："大西洋鲑鱼（Salmo salar），也不是一个鱼种，乃是鲑科（Salmonidae）、鳟属或鲑属（Salmo）下面鲑属类Salmo、鲑鳟属类Salmo trutta、大西洋鲑类Salmo salar中的一类，包括安妮克鳟（Salmo salar ouananiche）、安大略鲑（Salmo salar saler）、塞巴各湖鳟（Salmo salar sebago）三种。这些名称上可以翻译成咸水鲑鱼或海水鲑鱼或海洋鲑鱼，但依然都是洄游性或降海型鱼类或鱼种，同时三种类鲑鱼由于地理历史因素和人类人为因素造成变异都有陆封型淡水品种。挪威三文鱼，准确地说，

与著名烹饪大师袁锦辉先生合影

炭烤三文鱼

当是塞巴各湖鳟（Salmo salar sebago），实际上，也是三种混为一谈的。"

如今鲑属（鳟属Salmo）确切的物种及亚种分类还有争议，它包括41个物种，除大西洋鲑鱼Salmo salar外，其他物种的外文名称前都有"Salmo"，如"土耳其鳟Salmo akairos、巴尔干鳟Salmo montenigrinus、马其顿鳟Salmo zrmanjaensis等。

大西洋鲑不同于太平洋鲑，它仅一个种，多以海水（淡水也有）养殖为主，挪威、智利、苏格兰、加拿大、法罗群岛等均有养殖，以挪威产最多。

太平洋鲑是多种太平洋鲑属（大麻哈属）鱼类的泛称，为洄游性鱼，以野生为主，主产地在俄罗斯的堪察加和美国的阿拉斯加，均系野生。每年的9月初，从加利福尼亚州到北冰洋，整个北美洲的五分之一都有它们的身影。它们会在江河溪流的沙砾区产卵。虹鳟鱼是太平洋鲑属（大麻哈

三文鱼

属）的家庭成员之一，与其他太平洋鲑鱼有亲缘关系。

常见的太平洋鲑鱼有：

1. 红鲑，俗名：红大麻哈鱼、青背大麻哈鱼、蓝背鲑、红鳟（紅鱒，ベニマス，benimasu。日本人早年及现在某些地方的人对其的称谓）等。拉丁学名：Oncorhynchus nerka，英文名：Red/Sockeye Salmon，日文：紅鮭（ベニザケ，benizake）、紅鱒（ベニマス，benimasu）、紅じゃけ（ベニジャケ，benijake，东京等关东地方称谓）。红鲑分布在太平洋的北海道北部，主产地在美国。世界上80%的红鲑产自美国，以阿拉斯加州和华盛顿州为盛产地。红鲑鱼也是太平洋鲑鱼中产量第二大的品种。美国的60%~70%红鲑出口到日本。红鲑系野生的，有少数的红鲑身上带有寄生虫，食时需经冷冻及烹饪加热后才行。

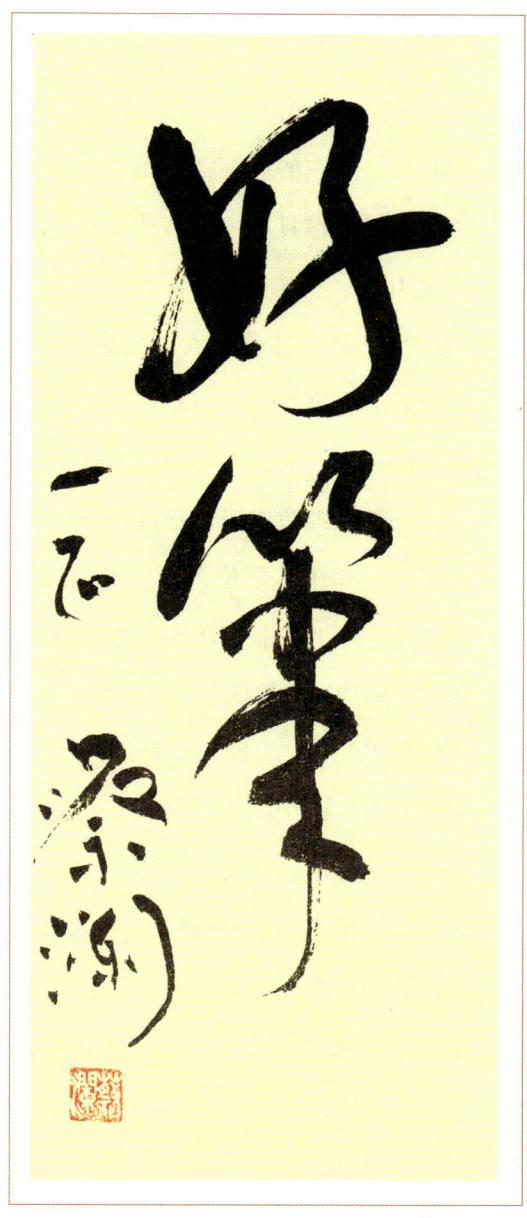

香港著名作家、美食家蔡澜先生为作者美食著作题词："好笔。一正。蔡澜。"

在日本红鲑有一个陆封型的品种，叫"姬鳟，Oncorhynchus nerka nerka(Walbaum)，日文：姬鳟（ヒメマス，himemasu）"。这个名字是于明治41年开始叫的。姬鳟分布于北海道的阿寒湖，后被引入到北海道的其他水域养殖，在日料中属高档食材，因其色泽鲜艳，油脂丰厚，可直接做刺身食用。

2. 王鲑，亦称：大鳞大麻哈鱼、切（寄）努克鲑鱼、帝王鲑、黑嘴鲑鱼、春季鲑鱼、六月猪等。拉丁学名：Oncorhynchus tshawytscha，英文名：Chinook/king Salmon。

王鲑是鲑鱼中级别最高的一种鱼，所含鱼油高于其他鲑鱼。王鲑也是太平洋鲑鱼中体形最大的。有记录捕到的最大王鲑体长为147厘米，重量是57千克。王鲑主要分布在美国阿拉斯加、加拿大、俄罗斯等。在日本北海道和三陆地区也能偶尔捕到野生王鲑，以春夏季节的王鲑最为肥美，那里的人们称王鲑为"大助""大介"，日文读音均为"だいすけ，daisuke"，其中"大助"亦可读作"おおすけ，oosuke"；日本人称王鲑为"鳟の介（マスノスケ，masunosuke）、キングサーモン（kingsalmon）"等。王鲑在北美地区、澳大利亚、智利和挪威均有养殖。

新西兰产的King Salmon，也叫"Chinook Salmon"，就是王鲑，多出产于马尔堡Marlborough地区，是养殖的；新西兰第三大岛斯图尔特岛Stewart lsland or Rakiura的天然渔场也是帝王鲑的养殖盛产地。阿拉斯加等地区出产的王鲑均系野生的，与新西兰出产的养殖王鲑在食用方法上有所不同。新西兰王鲑可以生食，而阿拉斯加等地出产的野生王鲑要经过加热烹饪后方可食用。

3. 狗鲑，又叫白鲑、秋鲑、大麻（马）哈鱼、日本鳟（日本鲑鱼）、

三文鱼

阿拉斯加三文鱼等。拉丁学名：Oncorhynchus Keta，英文名：Chum/Dog Salmon。狗鲑于太平洋，从韩国、日本及西伯利亚东岸到白令海，中国的黑龙江和图们江及绥芬河等水系、加拿大英属哥伦比亚和美国的阿拉斯加及俄勒冈州都有分布。市场上鲑鱼子（籽）多取自狗鲑。

狗鲑的日文：鮭（シャケ，shake，サケ，sake）、秋鮭（アキサケ，akisake，アキジャケ，akijake）、鮭児（ケイジ，keiji）、時不知（トキシラズ，tokishirazu）、目近（メジカ，mejika）等。

狗鲑按捕获的季节不同，日本人会有对应的称谓。除狗鲑是按季节及出生地有其对应的称谓外，日本人一般对其他鱼会按照其不同时间的生长期有对应的叫法。

秋季捕获的狗鲑日本人称之为"秋鮭"和"白鮭（シロザケ，shirozake）""秋味（アキアジ,akiaji）"。秋鲑是狗鲑中捕获量最大的群体，其出生地为北海道的河川，在每年秋季的洄游故乡生殖时被捕获。秋鲑中品相极佳者被日本人称为"銀毛鮭"。

鮭児和时不知在日本又被称为"大目鱒"。日本人还称鮭児为"幻の鮭（まぼろしのさけ）""幻の鮭児（まぼろしのけいじ）"。鮭児是俄罗斯鱼，它是一种生殖器官没有正常发育的狗鲑，概率只有万分之二，捕获季节在每年的十月下旬到十一月中旬，主要产地在北海道的罗臼及网走一带。鮭児的脂肪高出同种鱼的20%~30%，做溶冰刺身（需冷冻后解冻再做刺身）切成薄片，放在嘴里使其慢慢融化咀嚼，美妙无比。其市场价格在20000日元/千克，如果是2千克左右的鮭児，一条可卖到10万日元以上。鮭児、霜降和牛、蓝鳍金枪鱼并称为日料中的三大高级食材。

时不知（トキシラズ）也以春夏季节产自北海道及太平洋沿岸和鄂霍

次克海的狗鲑而得名。所谓"时不知"就是不知道时节的鲑鱼，通常没有按照洄游季节而洄游，它们其实也是俄罗斯鱼，并非日本鱼。这种鱼的发生概率亦是万分之一左右，所以弥足珍贵。现时不知可以人工养殖，但野生时不知的脂肪含量比鲑儿高。一条5千克左右的养殖时不知，价格在4万日元左右（约合人民币2400元）。

目近的出生地系本州的河川，捕获期为秋季，在北海道沿岸。捕获时的目近距产卵时还有1~2个月的时间，其体态浑圆、脂肪饱满，深受食客喜爱。目近一词的叫法源于此鱼两眼间的间距较近。目近在狗鲑中的捕获概率为千分之一。

此外，日本人还把从外海入日本河川作生殖洄游时而发生自身体形、颜色变化的鲑鱼称之为"ブナサケ""ホッチャレサケ"。更为复杂的是，日本人还会根据此时洄游鲑鱼的大小、雌雄等具体情况分别冠以"先づ銀毛""ブナ毛""川ブナ""ホッチャレ"等称谓。

"欅（ブナ）"或"ブナ毛、ブナッ毛"的叫法得于入河川作生殖洄游的白鲑体色此时与正值秋季的山毛榉（ブナノキ）叶的颜色相似而得名。

日本学者相沢悟先生在《ブナ・ホッチャレ語源考》一文讲，现在山毛榉在北海道几乎看不到。"ホッチャレ"这一叫法源于阿伊努语，是"老鱼"的意思。

日本的鲑鱼子来自几种不同的鲑鱼，狗鲑鱼子是流通最多的鱼子。日本人所说的鲑鱼子，日文"イクラ，ikura"当指白鲑鱼子，具体又被称为"鮭子（サケコ，sakeko）"。

日本出产的太平洋鲑鱼主要是白鲑（狗鲑）、樱鳟（马苏大马哈鱼）、桦太鳟（粉鲑）和鳟之介（王鲑）。

三文鱼

挪威三文鱼刺身、烟熏虹鳟鱼及奶酪、橄榄拼盘

日语中称鲑（サケ，sake）的鱼，专指白鲑。白鲑在日本是最受重视的鲑鱼品种。

在日本，还专门有白鲑的纪念日，每年的双十一即是非传统节日"鲑鱼日"。鲑鱼日是1987年新潟县村上市发起创立的，2003年由日本纪念日协会认可。用双十一这一天作为日本的"鲑鱼日"，是源于鲑字右边的"圭"，将"圭"字从上到下拆卸，即是"十一"加"十一"，合为"双十一"，由此，日本将"双十一"这一天定为"鲑鱼日"。

4. 银鲑，也称：银大麻哈鱼，拉丁学名：Oncorhynchus kisutch，英文名：Coho/Silver Salmon，日文：银鲑（ギンザケ，ginzake）、银鳟（ギンマス，ginmasu，日本人早年对银鲑的称谓）。银鲑从俄罗斯远东地区、

著名画家杜希贤先生为作者美食著作出版贺绘《高远图》

北海道至阿拉斯加、加利福尼亚湾都有分布。银鲑引入北美五大湖后叫"Silver salmon"。全世界银鲑产量的70%是养殖的。

　　日本在20世纪60年代开始研究银鲑的养殖技术，70年代养殖成功。养殖银鲑集中的地区在宫城县的三陆海域（鸟取县的境港也养殖银鲑，养殖量为宫城的一半），银鲑的产量也一直处在领先地位。智利是全球最大的银鲑养殖国，年产量为16万吨（截止到2018年），主要出口对象是日本。

三文鱼

美国则是野生银鲑的产销国。银鲑的鱼子较其他鲑鱼子要小，多做成特制的加工品，叫"銀子（ギンコ，ginko）"，并非"イクラ"。

5. 粉鲑，别称：粉红鲑、驼背大马哈鱼、驼背鲑、细鳞麻哈鱼、背张鳟、青鳟、鄂霍次克三文鱼等。拉丁学名：Oncorhynchus gorbuscha，英文名：Pink/Humpy Salmon，日语名：樺太鱒（カラフトマス，Karafutomasu）。分布于太平洋北部及沿岸河流、阿拉斯加东南沿海、加拿大哥伦比亚省、俄罗斯堪察加水域等，我国的黑龙江、图们江及绥芬河等地也产。

粉鲑是上述五种鲑鱼中体量最小的，但却是产量最大的鲑鱼。俄罗斯市场上大多销售的是Pink Salmon。

以上这5种太平洋鲑鱼，即红鲑（sockeye）、王鲑（chinook）、狗鲑（chum）、银鲑（coho）、粉鲑（pink）大多是在阿拉斯加水域产卵，因此阿拉斯加也成为全球最大的野生太平洋鲑鱼产卵地，90%的商业太平洋鲑鱼也来自阿拉斯加。为此，阿拉斯加州的渔业产值已连续20年雄居美国第一。

这5种野生太平洋鲑鱼（三文鱼）俄罗斯也产。据《中国海产频道》报道，2018年5种野生太平洋（承平洋）三文鱼（红鲑、春鲑、狗鲑、银鲑、粉鲑）的年产量是67.79万吨，2019年是48.5万吨，2020年为38.4万吨。其中粉鲑22.28万吨，狗鲑11.35万吨，红鲑3.9万吨，银鲑8400吨，春鲑（王鲑）500吨。

需要多说一句的是，俄罗斯的堪察加半岛是地球上唯一能够发现所有太平洋鲑鱼种类的地方。

堪察加半岛的面积为37万平方公里（比德国的领土面积还要大），拥有14000多条河流和太多太多的大小湖泊。这里是鲑鱼的孵化场，全世界鲑鱼产卵地有1/3是在堪察加半岛，仅在堪察加半岛的千岛湖每年洄游繁殖后代的太平洋鲑鱼就有600万尾之多。

每年的6~9月，堪察加半岛的河流水温在12℃左右，pH值约为7.9，百分之百的溶解氧，很适宜太平洋鲑鱼的生产。这里产的奇努克鲑及鲑鱼王可达1.5米长，60多千克重。除太平洋鲑鱼外，堪察加半岛也是虹鳟鱼、花羔红点鲑（Salvelinus malma）、白斑红点鲑（Salvelinus leucomaenis）等众多鲑科鱼类生殖栖息的场所。

堪察加半岛河流中的虹鳟鱼体形硕大（一般为5千克重左右，0.9米长），以捕食从海洋洄游至此的鲑鱼（鲑鱼卵及小鲑鱼和完成繁殖后死亡的鲑鱼尸体）为主。

居住在堪察加半岛上的伊捷尔缅人（ltelmen，又称"堪察加人"）主要生活来源就是依靠每年洄游到此生产的鲑鱼，鱼可以说是伊捷尔缅人的全部。由于经济利益的驱使，现很多当地的渔人把目光转向了更为有经济效益的鲑鱼子产业了，这也无疑会对当地的鲑鱼产业及生态环境造成破坏。为此，当地政府为了能将鲑鱼产业可持续发展及促进生态环境的保护，建立了像科尔河鲑鱼保护区（面积20万公顷）等场所。

我国境内的黑龙江、乌苏里江、绥芬河、图们江等流域，分布有普通大麻哈鱼（狗鲑，Oncorhynchus keta）、驼背大麻哈鱼（粉鲑，Oncorhynchus gorbuscha）和马苏大麻哈鱼（Oncorhynchus masou）三个品种（如珲春市等）。

6.马苏大麻哈鱼，又名：马苏三文鱼、奇孟鱼（黑龙江东宁人之称谓）、孟苏大马哈鱼、齐目鱼、樱花钩吻鲑、樱鳟（在日本每年樱花盛开的3~5月，该鱼从日本外海洄游至日本海。日本人故名"樱鳟"）、本鳟、台湾鲑鱼、台湾马苏大马哈鱼等，拉丁学名：Oncorhynchus masou，英

三文鱼

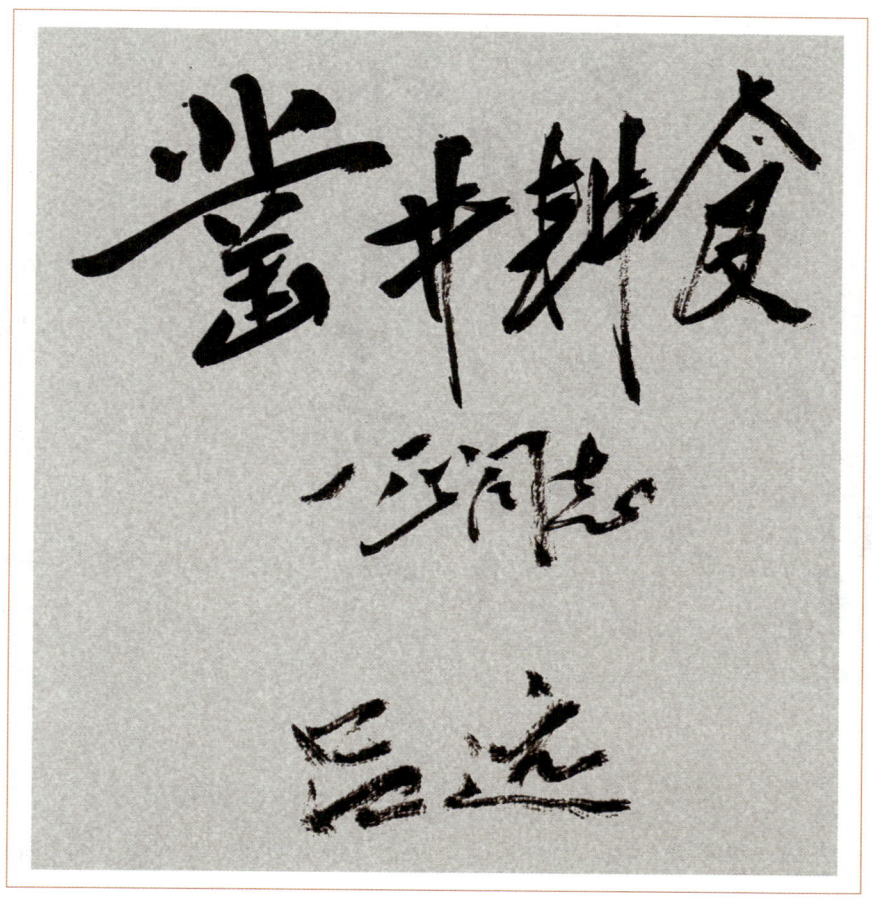

著名音乐家吕远先生为作者美食著作题词："凿井耕食。一正同志。吕远。"

文名：Cherry/Masu Salmon，日文：桜鱒（サクラマス，sakuramasu）。据黄崇智、赵春刚在《马苏大麻哈鱼生物学及其增殖》一文中所述，马苏大麻哈鱼仅分布亚洲一侧水域，即位于北太平洋的南部区域，是大麻哈鱼类中分布地理纬度较低、栖息水温较高的种类。以日本海为中心，南限为日本本州、朝鲜半岛东南部，北限黑龙江、堪察加半岛西部。其中北海道、萨哈林南部、沿海州等区域群体数量最多。在日本，分布于太平洋一侧的

仰缶庐谈吃
第三集

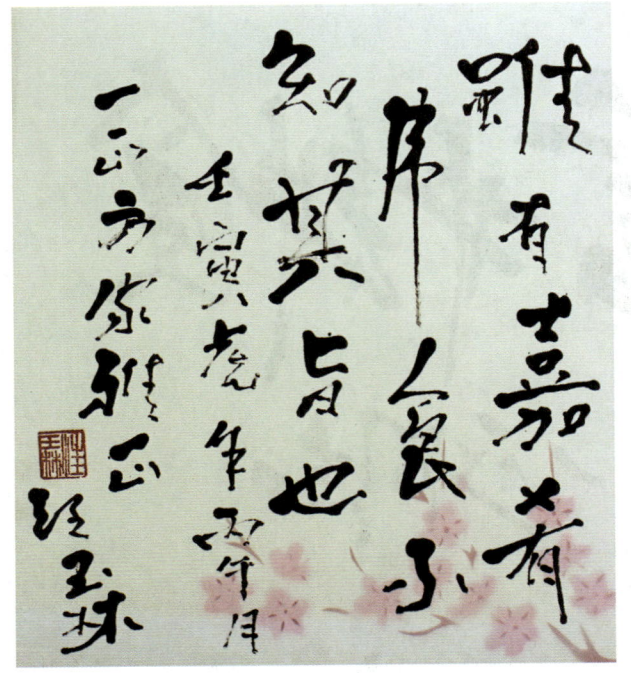

著名翻译家、教育家、石笔书法家汪玉林恩师为作者美食著作题词："虽有嘉肴，弗食不知其旨也。壬寅虎年，丙午月。一正方家雅正。汪玉林。"

千叶县与日本海一侧的岛根县以北的水域，九州虽没有溯河的群体，但却有陆封型群体。日本樱鳟（即马苏大麻哈鱼，日本人称之为"樱鳟"）的主产地是北海道、青森县、新潟县、秋田县、岩手县等北方地区。在俄罗斯，分布南限为图们江，北限为黑龙江，堪察加半岛西岸，以沿海州北部川的群体数量最多。在我国，分布于图们江、绥芬河、台湾山区的大甲溪有陆封型群体。在黄海曾有捕获的马苏大麻哈鱼，但其在河川内未有溯河群体的出现，可能是冬季寒冷期从朝鲜海域向南游入的极少个体。

在日本，还有人称之为"樱鳟（桜鱒，サクラマス，sakuramasu）"即马苏大麻哈鱼的亚种，名为"石川马苏大麻哈鱼（Oncorhynchus masou ishikawae）"，也叫"五月鳟"的，系石川马苏大麻哈鱼的降海型，日文写作"皐月鱒（サツキマス，satsukimasu）"；陆封型的日文叫"甘子、尼子（アマゴ，amago）"，日文汉字同时还写作"雨子""雨魚""天魚""鯇（あめ）""アメノウオ(アメノイオ)"等。石川马苏大麻哈鱼分

三文鱼

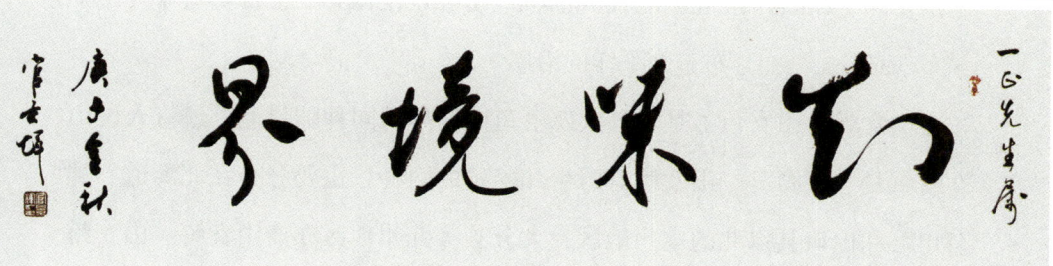

著名书法家官景辉先生为作者美食著作题词:"知味境界。一正先生嘱。庚子金秋,官景辉。"

布于环濑户内海沿岸,是日料中的高档食材,每年的冬春季是最佳品鉴期。

就"アマゴ一词,《日语词汇语源精编》解释为(笔者译):

意思:アマゴ是鲑科淡水鱼。身长约30厘米,与ヤマメ(山女鱼)相像,体测有红点。

アマゴ的语源・由来:アマゴ的"アマ"有两个意思,一是正如汉字书写的"甘子"那样,是"甜"的意思;还有一解是"雨"的意思。用"甜"一词表述アマゴ很难,但"甘い"一词的语源是"好吃的、香的"意思,所以用"非常好吃的鱼"来解释是可以的。

用"雨"一词的说法认为,在下雨时人们才开始钓这种鱼。

因地区不同,アマゴ的称谓有"アメ""アメゴ""アメノウオ(アメノイオ)"等。

另外,アマゴ亦可用汉字"天鱼"来表述,"天"与"雨"相通,用"雨"比较合适。アマゴ的"ゴ"是雨后的意思,不过亦可认为是后缀语"ゴ"的浊音化吧。

亦有些人认为樱鳟就是石川大麻哈鱼,石川大麻哈鱼的亚种山女鳟

（山女鱼）Oncorhynchus masou masou（Brevoort,1856），日文写作"ヤマメ，yamame"，分布于太平洋的沿岸。

山女鳟（山女鱼）是马苏大麻哈鱼即樱鳟的同种陆封型。还有人说山女鳟就是"樱鳟"。山女鳟有野生和养殖的两种，主要分布在北海道、神奈川县和山口县以北的本州地区，大分县等九州地区亦产山女鳟。山女鳟在日本亦属高档日料食材。

山女鳟的主要标志是其终生保有幼鲑斑（parr），这是有别于降海型或其他冷水鱼的主要特征。山女鳟因具有肌间脂肪含量高、肌肉嫩度值高和丰富的鲜味氨基酸等特点，所以口感异常佳美。1996年我国开始引进后，现已成为国内冷水鱼类养殖的优良新品种。

樱鳟还有一个亚种，名为"琵琶鳟（ビワマス，biwamasu），学名：Oncorhynchus masou subsp，纯属淡水型鱼类，为琵琶湖特产。很早以前，琵琶湖与大海相通，大约在一万年前琵琶湖又与大海分隔，这里的琵琶鳟也就成了淡水鱼。现琵琶鳟已在栃木县的中禅寺湖、神奈川县的河口湖等多有养殖。琵琶鳟的产卵期在9～11月。琵琶鳟最好的食用方法就是刺身，据当地人说琵琶鳟刺身要比金枪鱼刺身好吃。

有关樱鳟一词的解释，我曾见过一幅用樱鳟刺身做手握寿司（用樱鳟做刺身需急速冷冻后方可生食）的广告画。上面用日文写道（笔者译）：

江户时代以前，这类鱼（指樱鳟）只有"鳟"这一种称谓，现在的日语因对樱鳟没有一个规范化的具体称谓，人们的普遍叫法为"本鳟（ホンマス，honmasu）"。同时鲑科的有些鱼类在日本海、东北（地方）、北海道的河川出生，它们一生都生活在淡水中，所以称之为陆封型鱼类（山女鱼、甘子鱼），与此同时，鲑科的降海型鱼类也有。这种鱼（樱鳟）在

三文鱼

与 Fratelli Fresh 餐厅行政总厨 Stefano Balduccio 先生

樱花盛开的季节迎来了鱼汛期,正如它的名字一样,是女孩节(雛祭り,三月三日)特有的美食,也是日本食文化中重要的鱼类之一。

下面说一说虹鳟鱼。

虹鳟鱼在分类学上属鲑形目(Salmoniformes)鲑科(Salmonidae)鲑亚科(Salmoninae)太平洋鲑属(钩吻鲑属、大麻哈鱼属 Oncorhynchus),中文学名:麦奇钩吻鲑,拉丁学名:Oncorhynchus mykiss,英文名称:Rainbow trout(陆封型)、Steelhead trout(降海型),日文:ニジマス(nijimasu),俗称:虹鳟、鳟鱼、虹鲑、瀑布鱼、七色鱼、硬头鳟等。

虹鳟鱼是广盐性的鱼类,淡水、半咸水、海水均能适应,既有陆封型(终生生活在淡水里),也有溯河型(平日生活在海洋,繁殖期洄游到淡水河流中),一生可多次产卵。

仰缶庐谈吃 第三集

虹鳟鱼属冷水性鱼类，适合水温为8℃~12℃。

虹鳟鱼原产于北美洲的太平洋沿岸，落基山脉以西、阿拉斯加到墨西哥北部的水域为主要分布区。

1871年，虹鳟鱼在美国东海岸进行饲养试验并成功后，开始被世界许多国家引进。

我国开始养殖虹鳟鱼的历史是在1959年周恩来总理访问朝鲜时，金日成赠送虹鳟鱼给中国。这些鱼先在黑龙江省养殖，1971年在山西晋祠试养成功，后来在广灵壶泉、朔州神头泉、临汾龙子祠泉试养也成功了。1981年全国的虹鳟鱼产量是7.5万千克。

国内养殖虹鳟鱼的地方还有很多，如云南丽江，山东微山湖，甘肃永昌、永登，新疆乌什、尼

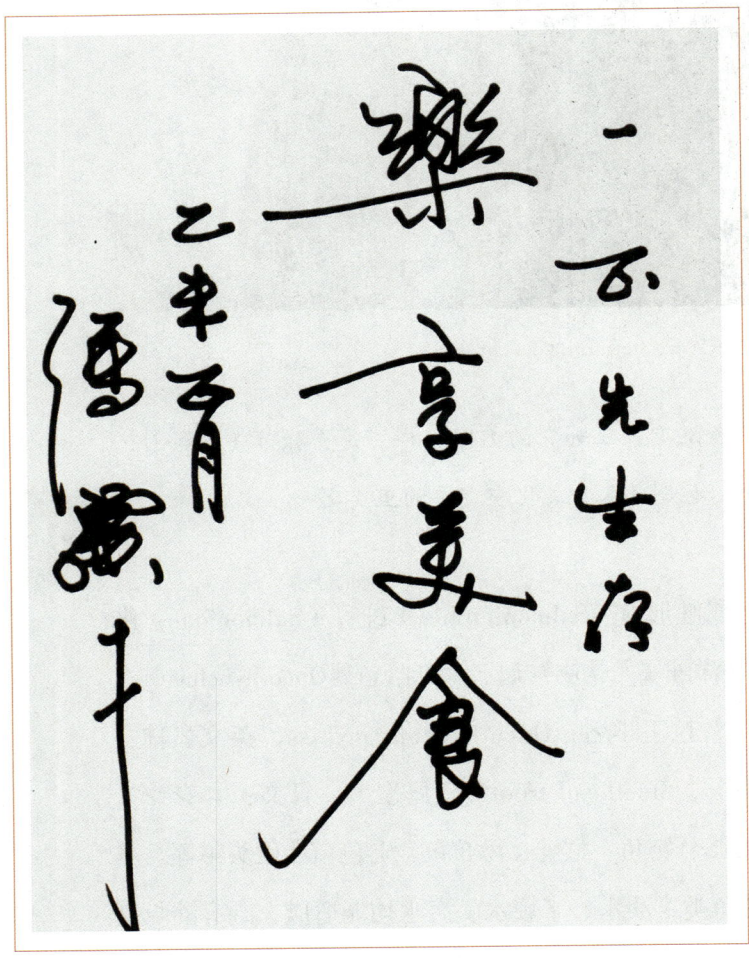

中国文联第六届、第七届、第八届、第九届副主席冯骥才先生为作者美食著作题词："乐享美食。一正先生存。乙未正月，冯骥才。"

三文鱼

与著名美食家董克平先生合影

勒克,北京怀柔等,其中以位于青海省海南藏族自治州共和县内的青海民泽龙羊峡生态水殖有限公司(以下简称"民泽龙羊峡")养殖的虹鳟鱼产量较大。

民泽龙羊峡年产虹鳟(虹鳟称谓为笔者注,民泽龙羊峡只称"三文鱼")为15000吨以上(台湾虹鳟鱼的年产量历史最高峰是2009年的1568吨),占国产虹鳟(三文鱼)的60%以上,品种有冰鲜虹鳟原鱼(三文鱼)、冰鲜虹鳟鱼(三文鱼)块、虹鳟鱼(三文鱼)中段、烟熏虹鳟鱼(三文鱼)、虹鳟鱼(三文鱼)松、特色干板虹鳟鱼(三文鱼)、虹鳟鱼(三文鱼)炒饭、冻品虹鳟鱼(三文鱼)等,是国内唯一获准出口欧洲的虹鳟鱼(三文鱼)企业。

龙羊峡水库养殖的虹鳟鱼(三文鱼)是目前国内海拔最高(2600米)

三文鱼手卷寿司

的养殖区域，库区面积383平方千米，平均水深80米，常年水温在10℃左右，有5米以上的纯净水体。国内虹鳟鱼（三文鱼）市场有三分之一是从民泽龙羊峡公司出产的。

青海民泽龙羊峡生态水殖有限公司于2008年成立，目前年产1.5万吨左右的鲑鳟鱼（设计能力为2万吨）。

早在2015年央视《经济半小时》就拍摄了一部电视片《秋收调查·高原上来了三文鱼》。片中直接将虹鳟鱼称之为"三文鱼"。时任青海省农牧厅厅长的张黄元先生在片中介绍说，青海在"十三五"的发展规划中力求把青海省的冷水鱼打造到年产3万~5万吨；同时把青海建设成为全国冷水鱼最大的生产基地。

三文鱼

青海省的冷水鱼养殖，不光只有民泽龙羊峡生态水殖有限公司一家在龙羊峡水库养殖，流经青海省的黄河水域还有拉西瓦、李家峡、公伯峡、苏只及积石峡等，而且都有冷水鱼的养殖。

据青海民泽龙羊峡生态水殖有限公司董事长应米燕讲，国内的三文鱼（虹鳟鱼）市场每年以15%~20%的幅度在提升。为了市场的扩展，企业在物流建设方面已投入1800万元，并且希望早日实现O2O模式。

龙羊峡水库养殖的虹鳟鱼是三倍体虹鳟。三倍体虹鳟鱼是四倍体虹鳟鱼与普通二倍体虹鳟鱼杂交培养的全雌性鱼。与普通虹鳟相比，其体内有三套染色体，无法进行减数分裂，不产生精子和卵子，不存在性腺发育，具有生长快、个体大、肉质好的特点。18个月就可长到3千克以上（普通二倍体虹鳟鱼的养殖需要3年时间才能完成一个商品鱼的生产周期），为高档商品虹鳟鱼，是淡水鱼类制作刺身的首选鱼种。三倍体虹鳟鱼好的部位其脂肪层明显，口感甚至超过大西洋鲑鱼（大西洋三文鱼）。仅从外观来看三倍体虹鳟的刺身与大西洋鲑鱼的刺身，基本上也分辨不出来。

民泽龙羊峡水库养殖的是三倍体虹鳟鱼，当地人称之为"三文鱼"；日本人也培养出不少的三倍体虹鳟鱼（日本人从1877年引入美国的虹鳟鱼），也叫"三文鱼"。

长野县从1926年就开始养殖虹鳟鱼，一度做到了日本虹鳟鱼年产量第一的位置。1994年长野县水产试验场用四倍体虹鳟鱼与布朗鳟即"褐鳟"（ブラウントラウト）结合的生物技术，于2005年培育出的信州三文鱼，日语"信州サーモン"。

爱知县水产试验场用虹鳟（凤来鳟，在爱知县发现的一个虹鳟变种，与其他虹鳟鱼的区别在于其身上没有细小的斑点，日语写作"ホウライ

マス")母鱼与公的尼子(尼子是樱鳟的亚种，为河川滞留型，我在上文写作"尼子，甘子"。降海型的樱鳟亚种叫"皐月鱒，サツキマス，satsukimasa"，是日本特有之亚种。尼子的身上有红色斑点，它和一般降海型的樱鳟与陆封型的山女鱼不同)，日文写作"アマゴ，amago"(陆封型，サクラマスオス)或岩鱼(イワナオス，iwanaosu)杂交培育的绢姬三文鱼，日文写作"絹姬サーモン"。其中凤来鳟与尼子交配出来鱼的肉色是红的，叫"绢姬鲑红鱼"，日文"絹姬サーモン紅"；而凤来鳟与岩鱼结合产生的鱼其肉色是白的，叫"绢姬鲑白鱼"，日文"絹姬サーモン白"。

此外，日本养殖的虹鳟鱼还有栃木县的八潮鳟(ヤシオマス)、新潟县的鱼沼美雪鳟(魚沼美雪マス)、山梨县的甲斐三文鱼(甲斐サーモン)、青森县的海峡三文鱼(海峡サーモン)等。

群马县培育的虹鳟品种银光(銀光，ギンヒカリ)是由普通虹鳟筛选出的3年熟晚型个体(普通虹鳟为2年成熟)繁育而成的。

日本本国还培养出一种虹鳟变种鱼，日文叫"サーモントラウト(salmontorauto)"，英文:Salmon trout，学名：Oncorhynchus mykiss (Walbaum)"，翻译成中文为"三文鳟"。这种鱼鱼肉颜色为橘红色，脂肪含量适中，口感丰满。

三文鳟由于是纯人工养殖，不存在寄生虫风险，可做刺身直接食用；且因为它是人工饲养，亦常常被作为大西洋鲑廉价的替代品。

2018年8月10日，中国水产流通与加工协会会同13家三文鱼分会成员单位发布了一份《生食三文鱼》团体标准。这13家单位分别为：

青海民泽龙羊峡生态水殖有限公司

三文鱼

与北京香格里拉饭店西村日料餐厅厨师长水谷义典先生合影

上海荷裕冷冻食品有限公司

大连瑞驰企业集团有限公司

爱乐水产（青岛）有限公司

上海费澳德食品有限公司

北京北欧玛生物科技有限公司

上海盒成食品有限公司

甘肃文祥生态渔业股份有限公司

青海凯特威德生态渔业有限公司

十堰格瑞农业科技有限公司

山东东方海洋科技股份有限公司

仰缶庐谈吃 第三集

食话食说 一正存 俞晓松

中国贸促会原会长、书法家俞晓松先生为作者美食著作题词："食话食说。一正存。俞晓松。"

本溪艾格莫林实业有限公司

重庆市城口县任河水产养殖有限公司

《生食三文鱼》团体标准一公布，民众反映强烈。

民众对《生食三文鱼》团体标准的关注点主要有两个。第一个关注点《生食三文鱼》标准讲，基于科学分类和命名方式，明确规定了三文鱼的定义为："三文鱼是鲑科鱼类的统称，包括大西洋鲑、虹鳟、银鳟、王鲑、红鲑、秋鲑、粉鲑等。"第二个关注点是虹鳟鱼能否生吃的问题，也就是虹鳟鱼被划归于三文鱼类，淡水的三文鱼是否就可以生吃了？

对《生食三文鱼》团体标准将虹鳟鱼划归为三文鱼的看法，可谓众说纷纭，莫衷一是。

对此，我个人的看法有三。

第一，三文鱼本身的叫法就缺乏科学性，它是业内人士对大西洋鲑及太平洋鲑属（大麻哈鱼属下带Salmon一词）鱼类的泛称。如果有必要的话，国家有关部门和行业协会应该重新对三文鱼一词作出一个科学的界

三文鱼

与北京西苑饭店行政总厨刘庭生先生合影

定,并出台三文鱼规范标识的管理制度。在国家有关部门未对三文鱼一词重新界定规范前,市场上出售的三文鱼要注明拉丁学名(或英文名)及原产地区,如"三文鱼(Salmo salar),产地:挪威";再如"三文鱼(Oncorhynchus mykiss),产地:青海省共和县龙羊峡"等。

第二,《生食三文鱼》的标准,是团体标准,既不是国家标准,又不是地方标准,更谈不上是国家质量监督管理局发布的,因此它不带有强制性和约束性,仅可作为业内人士的参考而已。

第三,关于三文鱼寄生虫的问题。其实,不管是海水三文鱼(大西洋鲑等)还是淡水三文鱼(虹鳟鱼)都存在有寄生虫问题。推而广之,凡是海水及淡水的鱼类身体上都可能存在寄生虫。如何规避鱼类身体上的寄生

拿破仑酥

虫能够在人体存活才是主旨。也就是说要坚持熟食。非要生吃的话，必须先要将鱼在-35℃急冻15小时，-20℃冷冻一周。就像日本人生吃金枪鱼那样，要先将鱼进行处理（欧盟规定海产品必须在-20℃冷冻24小时后才能上市，FDA建议海产品在-20℃冷冻7天）后享用。

生活在淡水中的鱼类（包括其他淡水产品），其体内因水质等的问题有可能携带阔节裂头绦虫（加拿大的因纽特人、苏联和芬兰少数人群及我国黑龙江有少数人感染）、肺吸虫（我国多有此病发生）、华支睾吸虫（即肝吸虫。中国、日本、朝鲜及越南等多有此病分布。我国广东顺德人有吃"鱼生"的习俗，该地区也是多发肺吸虫病的地区）、颚口线虫（曾在印尼和菲律宾进口的黄鳝体内验出。颚口线虫主要分布于亚洲，中国、日本、泰国、越南、马来西亚、印尼等均有人体感染的报告。我国江苏洪泽湖区淡水鱼受此虫感染较多，当地居民得此病者皆因有食"快炒乌鱼片"的饮食风俗所致）等，如果食客生食带有上述寄生虫的鱼类，会导致人体安全隐患。

上海海洋大学陈舜胜教授曾指出："所有海水鱼和淡水鱼都有寄生虫

三文鱼

与北京西苑饭店紫金云顶旋转餐厅厨师长王福生先生合影

的可能,生吃三文鱼时也要防止寄生虫,但海水鱼的寄生虫种类少,海水的渗透压高,到人类体内往往因环境不合适,不会长成成虫,淡水鱼的寄生虫与人体的生长环境接近。"

不管是生吃三文鱼还是生吃其他鱼类,寄生虫是个问题,同时,细菌也是个问题。最好的解决办法,就是将其加热后再吃。

Salmon一词,对有些国家和地区的人来说,也是没有规范的对有些鱼种的称谓。

在不产野生三文鱼的南半球,澳大利亚(塔斯马尼亚大西洋三文鱼为人工养殖的,新西兰马尔堡亦以人工养殖王鲑著称)的当地人把澳鲑鲈科(Arripidae)澳鲑鲈属(Arripis)的4种鱼俗称为"三文鱼"。

黄泥螺

这4种鱼分别是：东澳大利亚三文鱼：Arripis trutta，英文俗名：Eastern Australian salmon；西澳大利亚三文鱼：Arripis truttaceus，英文俗名：Western Australian salmon；澳大利亚鲱鱼（大眼澳鲈）：Arripis georgianus，英文俗名：Australian herring；静澳鲈：Arripis xylabion paulin，英文俗名：Northern kahawai。

第1、第2种所谓的"澳大利亚三文鱼"中文通用名应为"鳟形澳鲈"或"鳟澳鲈"。

每年的四五月份，正是澳大利亚的秋季，有3000吨所谓的"澳洲野生三文鱼"会到Parry Beach产卵休憩。"澳洲野生三文鱼"肉质呈淡粉色，且粗柴，并带有一股刺鼻的味道。当地人对此鱼不感兴趣，将捕获的"澳

三文鱼

洲三文鱼"当作饵料去喂食澳大利亚龙虾。

三文鱼也有转基因的。

2015年11月19日美国食品和药物管理局（FDA）批准了世界上第一个转基因动物的生产销售许可，即"转基因三文鱼"。

这种转基因三文鱼是植入了太平洋奇努克三文鱼（大鳞大马哈鱼即王鲑）的生长激素基因及大洋鳕鱼（美洲绵鳚）的抗冻蛋白基因培养的，它具有生长快（普通三文鱼的生长周期为3年，转基因三文鱼只需1.5年）、体形硕大及抗寒冷等特征。

这种转基因三文鱼目前只能在加拿大和巴拿马两处封闭的陆地养殖中心进行饲养，美国本土则不允许养殖这种转基因三文鱼。

这种转基因三文鱼年产仅100吨左右，这比美国年进口42.65万吨（据NOAA统计的2019年数据）就显得杯水车薪了。

据说，这种鱼同人工养殖的大西洋鲑（三文鱼）在营养成分及口感上没有什么明显差异，且FDA也没有强制规定转基因三文鱼在市场销售时必须标注是转基因三文鱼。

新冠肺炎疫情防控期间，我在菜市场及超市买不到三文鱼，就到北京的各大饭店寻觅三文鱼的身影。下面说一说疫情之下我去北京各大饭店找寻三文鱼的经历。

2020年的十月双节刚过，我爱人不想在家吃饭，要去贵宾楼吃自助餐。我打电话给贵宾楼自助餐厅订位，贵宾楼还未装修好，餐厅没有营业；我又给北京饭店打电话订谭家菜，结果谭家菜餐厅也在装修，我又问一楼的五人百姓日料餐厅是否营业？接线员告诉我也未营业。转念我又打电话订金融街的威斯汀大酒店一楼自助餐。他们家的餐厅已营业，有三文鱼、金枪鱼等海产品，但未有进口的生蚝。我订了三个座位，开车接上我姐姐就直奔金融街去了。我姐和我爱人上车不久就变卦了，不想吃威斯汀的自助餐了，想去北京香格里拉饭店吃饭。遵她俩的意见，我们三人来到了香格里拉饭店。进香格里拉饭店后我们三人神不知鬼不觉地上了电梯，在二楼一下电梯就是中餐厅"香宫"了，我问她俩："你们又想吃炒菜了？这个香宫是马来西亚的甘兆棠大师在此做厨师长的，我认识他，要不就在这儿吃？如不想在这儿吃，旁边是西村日料，水谷义典大师做厨师长，我也认识，你们想好在哪儿吃了吗？"她俩异口同声地说吃自助。我们又回到了一楼，这才开始进入主题。

香格里拉饭店一楼的自助餐厅叫"咖啡cha"，从左至右依次分布有酒水区、西点区、扒板区（意档）、面条区、中餐区、日料区、海鲜区、东南亚暨印度区（烧腊区）等。

我们刚一落座，女服务员就端上六只用棉绳捆绑的已蒸好的大闸蟹，三公三母，每人一公一母，蟹腿上带有可在网上查询真伪的标识码。我问女服务员，这大闸蟹是阳澄湖产的吗？她说不知道，她得问问主管。不一会儿，她又告诉我说："这蟹不是阳澄湖产的，是南方产的。"我对她的回答不满意，自己用手机一扫蟹腿上的标识码，赫然写着苏州阳澄湖金东湖蟹业有限公司产的"三湖岛牌大闸蟹"。

我想，我们三人，如果一个人吃完这一公一母两只蟹，也就饱了，什么也就再吃不动了。索性，先吃自助餐，最后吃蟹。

海鲜区里有两款三文鱼菜品，分别是烟熏三文鱼和三文鱼沙拉，其中烟熏三文鱼和烟熏鲅鱼共摆一盘。我问海鲜区的厨师，这儿的三文鱼是海产的大西洋三文鱼（大西洋鲑鱼）还是淡水产的虹鳟鱼？厨师告诉我均是

三文鱼

虹鳟三文鱼。

在日料区有三文鱼刺身及用三文鱼做的手卷寿司。我又问日料区的厨师,做生鱼片的三文鱼及做手卷寿司所用的三文鱼是大西洋鲑鱼还是虹鳟鱼?大厨告诉我,做这两款所用的三文

帕尔目丁

鱼为同一款三文鱼,是智利产的大西洋三文鱼。

做手卷寿司所用的食材有香米饭、智利产大西洋三文鱼、蟹肉棒、鳗鱼条、黄萝卜条、黄瓜条、苏子叶、芝麻叶、海苔片、沙拉酱和蛋黄酱等。

做法是用手捏个锥形小饭团,放在苏子叶上,再在上面放一小块生三文鱼片、熟鳗鱼条、黄萝卜条、黄瓜条等,最后用海苔片裹成锥形的冰激凌形状,在露出米饭、三文鱼等的食材上挤点儿蛋黄酱即可。

在东南亚暨印度区(烧腊区),有印度式烤三文鱼,我问厨师,这烤的三文鱼是大西洋三文鱼还是虹鳟鱼?厨师说是大西洋三文鱼;而后,我又询问了自助餐厅的厨师长,他告诉我烤的是虹鳟鱼。

在扒板区(意档区)我见有铁板烤三文鱼,我又问扒板厨师,这里烤的三文鱼是海产的大西洋三文鱼还是淡水产的虹鳟鱼?厨师明确告诉我是淡水虹鳟鱼。

我粗略地算了一下,自助餐里出现有六款三文鱼,但只有日料区的刺

仰缶庐谈吃

第三集

与北京国际饭店宵云厅自助餐厅厨师长张春华先生合影

身和手卷寿司用的是智利产的大西洋鲑鱼,其他的均是虹鳟鱼。如果不是我逐一询问,恐怕也会认为是大西洋鲑鱼了。

这是北京新冠肺炎疫情好转后,我首次在酒店吃到的进口三文鱼。香格里拉饭店的进口食材不光有三文鱼,还有许多进口食材,如在海鲜区有多种奶酪拼盘,如蓝纹、大孔等,有七八种产自不同国家的奶酪。

过了一周后,我们仨人又去金融街威斯汀大酒店一层食集餐厅吃自助餐。食集的自助餐以虾为主题,有"泰式黄咖喱虾""甜菜香辣炒虾""姜汁香茅炒虾""白灼北极虾""避风塘炒皮皮虾""椒盐炸虾""宫保虾球""糖醋虾仁""虾仁烧茄子""芝士炸大虾配番茄莎莎""泰式炸虾饼""海米粉丝豆腐""泰式菠萝鲜虾炒饭""鲜虾海带

三文鱼

与北京 JW 万豪酒店行政总厨殷伟洺先生合影

豆腐汤""虾汤""鲜虾血橙沙拉""鲜虾菠萝生菜沙拉""冰虾""龙虾汤泡饭""鲜虾鸡汤面""鲜虾虾汤面"等。该酒店的餐品还有一个特点,就是进口奶酪品种较多,有"瑞士大孔芝士""车达芝士""马苏里拉芝士""奶油芝士""卡门博特芝士""山羊芝士""希腊芝士"等。自新冠肺炎疫情暴发后,我就不敢在家乐福进口奶酪专柜买此美味。现在终于可以放心大胆地享用了。

他们家用三文鱼做的菜品有三款,一是烟熏三文鱼,二是三文鱼刺身,三是手握三文鱼寿司。

生熏(烟熏)三文鱼与萨拉米、烟熏鸡胸、熏马鲛鱼等同放在一柜台。我问男服务生,你们家的烟熏三文鱼是大西洋三文鱼,还是淡水虹鳟

仰缶庐谈吃 第三集

与北京金茂万丽酒店"燃"自助餐厅厨师长胡光伟先生合影

鱼？服务生告诉我说就是三文鱼，不是虹鳟鱼。

在生鱼片（刺身）和寿司柜台，有用白金枪鱼、章鱼、鲷鱼（加吉鱼）、三文鱼、金枪鱼（红）5种鱼做的刺身。

先说一说白金枪鱼。白金枪鱼是长鳍金枪鱼（长鳍鲔），高档一点儿的寿司店一般用的是长鳍金枪鱼。现在有许多低档的日料店用价格低廉的油鱼充当长鳍金枪鱼。油鱼即异鳞蛇鲭（又叫棘鳞蛇鲭），肉质含有20%的油脂，口感绵软丰腴，价格也便宜。但因油鱼的鱼脂熔点高，人吃多了不易消化。据说在日本，油鱼是禁止进口和销售的，欧美等国家也不建议人们食用油鱼。

我问负责刺身和寿司柜台的男服务生，你们家的三文鱼产地是哪里

三文鱼

作者藏民国版山西平遥木版年画《仓官老爷》

的,挪威?智利?他说不知道,只知道这叫三文鱼。

这时来了一位负责自助餐厅的厨师,他告诉我,这里用于做烟熏和做刺身及寿司的鱼都是三文鱼,不是虹鳟鱼,至于产地他说是销售那边负责采买的,他不知道;他又对我讲,因为疫情还未结束,有很多进口食品都是用国产食品替代的。

但据我观察,他们家的进口食材并不少,在奶酪专柜区,没有一款是国产的奶酪,均是进口的。与食集自助餐厅而邻的OPERA BOMBANA,第二天就将重新开业,主营意大利餐,主厨Eugenio lraci就在两餐厅之间不时穿梭,为第二天的开业做准备工作。

吃到最后,在食集自助餐厅吃到的三款所谓的三文鱼,是大西洋鲑鱼

仰缶庐谈吃
第三集

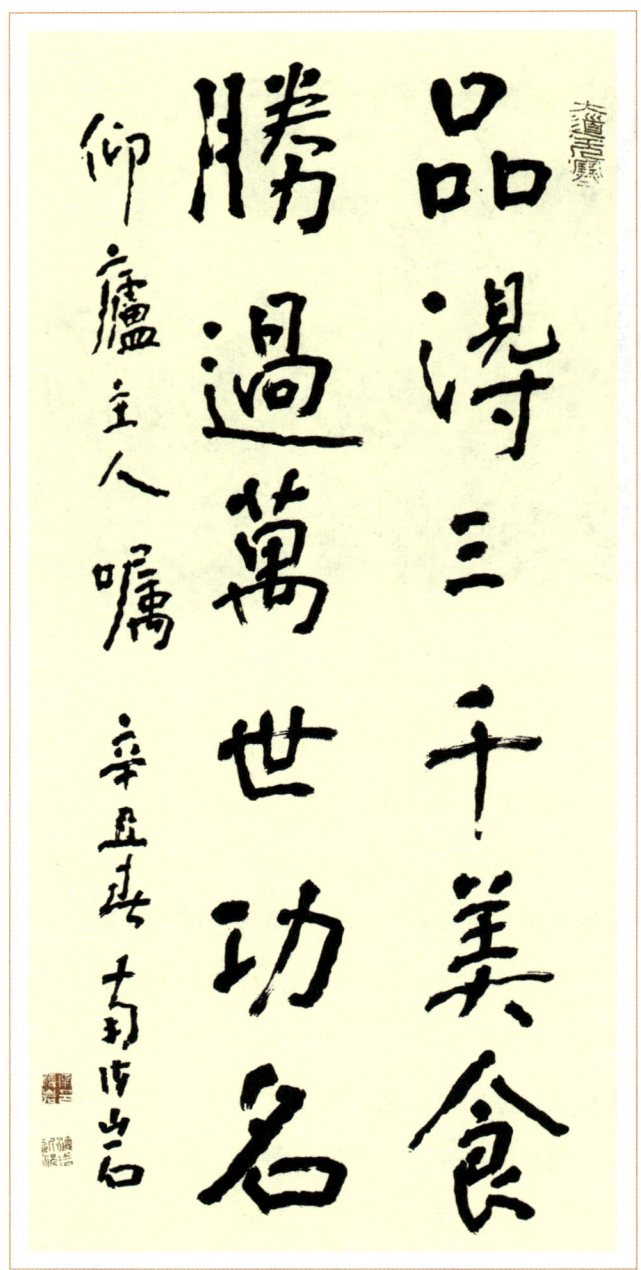

著名书画家南海岩先生为作者美食著作题词:"品得三千美食,胜过万世功名。仰(缶)庐主人嘱。辛丑春,南海岩。"

三文鱼

还是淡水虹鳟鱼我也不清楚。

随后的时间，我又去了西苑饭店、北京国际饭店、北京JW万豪酒店、北京金茂万丽酒店和盘古七星酒店等去寻觅三文鱼的味道。

西苑饭店的紫金云顶旋转餐厅是我去得最多的地方。他们家自从疫情好转重开张后，餐台上就从未上过三文鱼，进口的食材也不多，但是有奶酪。据旋转餐厅厨师长王福生先生告诉我，他们家的卤味菜品不错，是新增的。有卤水牛舌、卤水墨鱼、卤水鹅翼、卤水杏鲍菇、卤水鸡蛋、卤水豆腐、卤水牛腩等，可见其卤味品之丰富。

每次在他们家吃饭时，王福生大师都会给我们端上一盘拿破仑酥品尝，并说，这是他们家的精品糕点。

二十年前，我在他们家吃自助餐时，知道了黄泥螺，并爱上了此味。疫情之前，他们家有进口的大西洋鲑鱼刺身。他们家的热菜以传统菜式居多，如避风塘海白虾、美极虾、油焖虾、蛋黄炒蟹、金沙蟹、冬荫酱炒蟹、香辣翡翠螺、剁椒鱼、红烧牛肉、咖喱牛肉、芋头牛肉、大半斤（新疆菜）、炒时蔬、啫啫鱼头、啫啫鸡块、葱油鱼、泰汁鸭、剁椒茄子、剁椒蒸鱼、炒双花、啫啫小海鲜、米兰鱼排、辣子鸡等，基本上都是他们家的多年不变的菜式。

西苑饭店自建立之初便有新疆风味的美食，主楼一层还专门辟有新疆清真风味的餐厅。受西苑饭店餐饮经营管理模式的影响，旋转餐厅也有不少新疆风味的菜点，如馕丁炒肉、孜然羊肉、帕尔目丁、手抓饭等。

他们家所有的餐牌上，都会分别用红、蓝、白三种颜色标出菜品名称，以此提醒用餐者甄选菜品。如肉类用红色餐牌，海水产品和蔬菜分别用蓝色和白色餐牌提示。

仰缶庐谈吃

第三集

怀柔鱼师傅乡村酒店

北京国际饭店亦有一个旋转餐厅,也是自助餐,以前我也时常光顾,后自助餐厅改在了一楼。他们家的刺身有两种,分别是白金枪鱼和虹鳟三文鱼。我在他们家吃饭时,曾向厨师长张春华先生咨询过,他们家没有进口的大西洋鲑鱼,三文鱼为国产的淡水虹鳟鱼,产地在北京的怀柔。

北京JW万豪酒店亚洲风尚自助餐厅的刺身有白金枪、三文鱼、青花鱼和希鲮鱼(西鲮鱼)。我问北京JW万豪酒店的行政总厨殷伟洺先生后得知,他们家的刺身所用三文鱼是从挪威进口的;他们家的奶酪品种较为丰富,有大孔芝士、车达芝士、帕玛森芝士、红波芝士等。殷伟洺行政总厨是马来西亚人,他们家的星马海鲜叻沙汤面是其特色风味小吃。

2021年11月7日,我去中国美术馆参加《慷慨啸歌——孟祥顺画虎艺

三文鱼

与鱼师傅乡村酒店厨师长梁立君先生合影

术展》的开幕式。开幕式结束后,顺者老师对我说,今儿是立冬就在不远的金茂万丽吃个午饭。

我一听在北京金茂万丽酒店吃饭,就掏出手机给金茂万丽"燃"餐厅的厨师长胡光伟先生拨了一个电话,问他家的餐厅现在有没有三文鱼?光伟兄告诉我,他们家的三文鱼全部是从挪威进口的,很新鲜,让我过去品尝品尝。

金茂万丽的"燃"餐厅是自助餐厅,专门辟有一日料刺身区。刺身除三文鱼外,还有希鲮鱼和加吉鱼。

我在光伟兄处吃了两大盘子的三文鱼刺身,考虑到不能再吃了,再吃消化道就不干了。

盘古七星酒店的聚福园自助餐厅品种比较齐全,他们家自2020年9月

仰缶庐谈吃
第三集

炭烤虹鳟鱼中段

30日重张开业后,搞以龙虾为主题的自助,全部为波士顿龙虾,有蒜蓉粉丝蒸、香辣、蒜蓉黄油扒、伊面、芝士焗、麻辣等做法。他们家的刺身区有三文鱼和金枪鱼等。三文鱼是从挪威进口的,金枪鱼是蓝鳍金枪。他们家还会不定期地搞蓝鳍金枪鱼的开鱼仪式。金枪鱼开鱼仪式会由盘古七星酒店21层的京都怀石花传日料餐厅厨师长宫田克哉来操刀。

他们家的特色菜品除波士顿龙虾外,有玫瑰龙虾、莫桑比克龙虾、帝王蟹腿、蜘蛛蟹腿、佛跳墙、木瓜冰糖炖雪燕、翡翠海螺、新西兰青口贝、鲜活鲍鱼、香虾、大闸蟹、梭子蟹、法国生蚝(金珍珠生蚝、粉钻生蚝)、新西兰生蚝(布拉夫蚝、马尔伯勒蚝和克利夫登蚝)、鹅肝、金标雪花牛肉、烤全羊、羊排、马粪海胆、美式香茅烤整鸡、惠灵顿牛排等。

三文鱼

鱼师傅家传菜员

此外，还有中式烧腊、粤式小炒、广式烧腊、日式烧烤、日式铁板、寿司、汤品、港式大盆菜、中式港点、沙拉、水果、酒水、甜品等。

上述这些饭店的自助餐饭菜当数盘古七星酒店的聚福园丰富。

三文鱼最常见的吃法就是刺身（生鱼片）、烟熏、煎烤及拌沙拉等。

用于做刺身的三文鱼最好是海水养殖的大西洋鲑鱼，虹鳟鱼因为是在淡水中养殖，宜产生寄生虫，不宜生吃。可是现在国内许多淡水养殖虹鳟鱼的地方，都存在生吃虹鳟鱼的习惯。像青海龙羊峡水库养殖的虹鳟鱼等。四五年前，我去四川都江堰，四川籍的著名书法家黄礼雄先生知道我爱吃三文鱼就开车带我到通威（成都）三文鱼有限公司的都江堰市鑫鑫渔业农民专业合作社吃三文鱼。这里的三文鱼就是虹鳟鱼，除刺身吃法外，

还有涮三文鱼、铁板煎三文鱼、凉拌三文鱼、爆炒三文鱼皮、炸三文鱼排、三文鱼头汤等。大约还是在五六年前,我去湖南郴州,当地的企业界朋友朱南仕先生当得知我爱吃三文鱼后,开车带我到东江湖吃三文鱼。东江湖的三文鱼也是虹鳟鱼,当地也以生吃东江三文鱼刺身为主。而且我发现,当地人认为三文鱼就是虹鳟鱼,也不晓得什么是大西洋鲑鱼,更不知道生吃淡水虹鳟鱼会存在健康隐患。当然,如果养殖条件好,管理得当,可以规避一些三文鱼的食品安全问题。

就在2021年的夏天,我去家乐福马连道店买进口的奶酪时,发现有卖冰鲜三文鱼的,商品名称写的是"国产冰鲜三文鱼",是鱼块(鱼柳),售价79元/500克。我问售货员,这国产冰鲜三文鱼是不是就是虹鳟鱼?可以生食吗?答复是肯定的。与此同时,他们家还卖活的虹鳟鱼和金鳟鱼,虹鳟鱼是23元/500克。我买了两盒国产冰鲜三文鱼块,在排队结账时,排在我前面的一个小伙子手里也拎着一盒国产冰鲜三文鱼鱼块,我问他:

金鳟鱼刺身

三文鱼

蘑菇烤虹鳟鱼

"你买回这鱼怎么吃?"他告诉我将鱼切片后蘸芥末、酱油生吃。我又问他:"你知道这是国产的淡水虹鳟鱼吗?"他对我说:"人家不是写着是三文鱼吗!啥虹鳟鱼呀?"

同样是在2021年,11月份的一天我去沃尔玛北京宣武门店购物,见原来卖大西洋鲑鱼(三文鱼)的专柜,变成了卖虹鳟鱼的专柜,只卖虹鳟鱼柳,价格为1千克/198元,是冷藏的保鲜虹鳟鱼柳。原来他们家的大西洋鲑鱼柳为50克/14.5元,现在卖的虹鳟鱼柳是50克/9.9元。如果单纯同以前大西洋鲑鱼柳的价格相比,现在的虹鳟鱼柳的价格也不算太便宜。

虹鳟鱼在喂养时,如果不在饵料中添加虾红素(虾青素),其肉质颜色不是橘红色,而是呈淡粉色。

黑龙江省五常市也养殖冷水鱼,而且五常市政府依托五常大米和五常冷水鱼的打造,让这两个地方名优土特产品在全国叫响。

五常市冷水鱼的养殖主要利用当地拉林河水(活水)养殖虹鳟鱼、金

与北京莫斯科餐厅厨师长张振环先生合影

鳟鱼等。当地人（包括养殖户）就称其为"三文鱼"，五常市的渔业专家称之为"陆封型大西洋鲑"。这种鱼的主要食法和卖点就是做生鱼片。有些养殖户，因饲养的虹鳟鱼做成生鱼片颜色发白而无人问津，后经渔业专家指导，在投喂虹鳟鱼的饲料中添加了虾红素，这样鱼肉的颜色才能是橘红色。

北京有一个以专吃虹鳟鱼著称的地方，它就是怀柔。

在怀柔，大街小巷、民宿农家院到处都是以卖虹鳟鱼菜式为招牌的店家，吸引游客。到怀柔品尝虹鳟鱼美味的游客98%是北京市城里人，2%是

三文鱼

北京市远郊区县及周边省市的人。

怀柔卖的虹鳟鱼,当地人绝不称之为"三文鱼",而前来品尝的游客,也没有管这里的虹鳟鱼叫"三文鱼"的。怀柔人民就打"虹鳟鱼"这块金字招牌,不蹭"三文鱼"的热度。

怀柔的虹鳟鱼是用箭扣长城山脚下流淌的泉水养殖的,常年水温在11℃~13℃之间,很适宜虹鳟鱼的生长,养出的虹鳟鱼肉质鲜腻,深受食客好评。

在怀柔吃虹鳟鱼,大家都会找一家老店,这家老店是在1997年开业的,坐落在慕田峪长城脚下的苇店村,名叫"鱼师傅乡村酒店"。

他们家主打菜品便是用虹鳟鱼、金鳟鱼和鲟鱼烹制的。

用虹鳟鱼制作的菜品有酥鱼头(虹鳟鱼头)、炭烤虹鳟鱼中段、侉炖虹鳟鱼、红烧虹鳟鱼、烤虹鳟鱼头尾骨、虹鳟鱼头尾汤等。

鱼师傅乡村酒店的厨师长梁立君先生利用川菜的做法,还研制了水煮虹鳟鱼、氽鱼(虹鳟鱼)等。

用金鳟鱼可制成金鳟鱼刺身、炸鱼排等。

伊朗波斯波利斯餐厅制作的"烤鸡胸羊排三文鱼"

鲟鱼的菜品有清蒸鲟鱼（中段）、红烧鲟鱼、炸鲟鱼骨、侉炖鲟鱼等。

鱼师傅家售卖的虹鳟鱼，肉质颜色为淡粉色，偏白，不太像大西洋鲑鱼肉质的橘红色。我就此事还专门问过鱼师傅乡村酒店的宋善荀经理，他对我讲，怀柔地区所卖的虹鳟鱼鱼肉颜色大多是淡粉偏白色的，切成鱼片后，光润明亮、晶莹剔透，口感韧度强。他们喂食的虹鳟鱼饲料中不放虾红素，但怀柔有极少数的店家会在投喂虹鳟鱼的饲料里添加虾红素。宋经理还对我讲，虾红素也属于食品添加剂，食药监部门也会对店家所售虹鳟鱼进行检查的。

宋经理告诉我，到怀柔吃虹鳟鱼，最好选择当年生的母鱼。母鱼生长快，当年体重可在750克左右，其肉质细腻，刺还少。如果是750克左右的公鱼，养殖时间是2~3年，其口感远不如当年产的母鱼。

其实，不光是淡水养殖的虹鳟鱼，就是用海水养殖的大西洋鲑鱼（挪威、智利等国养殖的）要想让其肉质呈橘红色，都得喂食虾红素（虾青素）。

野生的大西洋鲑鱼和太平洋鲑鱼肉质都是橘红色的，这来源于它们在野生环境下进食的小鱼、小虾、小蟹等水生动物。这些水生动物身体里富含虾红素，鲑鱼在捕食这些小动物后而获得虾红素，从而其肉质呈橘红色。

天然虾红（青）素是一种抗氧化性极强的

与波斯波利斯餐厅大厨们合影

三 文 鱼

著名书画篆刻家杨曾葳先生为作者美食著作插绘《映日图》

类胡萝卜素,具有抗氧化、抗衰老、抗肿瘤、预防心脑血管疾病的作用。

虾红素(虾青素)现已在保健品、医药、化妆品、食品添加剂以及水产养殖等领域被广泛应用。

天然虾红素与我上文提到的Omega-3（Ω-3）一样，都具有抗氧化功效，有保护心脑血管健康的作用。

三文鱼刺身在国内还真火！

美团大众点评"吃喝玩乐大数据"显示，2016年除夕年夜饭最受国民大众喜爱的菜品居然是"三文鱼刺身"，这的确给号称世界三大料理王国（其他为法国、土耳其）的中华料理寒碜了一下（当然，刺身也是中国先有的，后传至日本）。

三文鱼在西餐中的出镜率较高，它与金枪鱼、鳕鱼、海鲈鱼等都是西餐中常用的食材。

我爱人平日爱吃俄餐，北京有不少俄餐馆，像日坛路、三里屯等都有俄国人开的，很正宗；北京传统俄餐馆有基辅罗斯餐厅、大地餐厅及莫斯科餐厅等。俄罗斯餐厅坐落在北京友谊宾馆的

著名学者、红学专家、美食家李希凡先生（1927—2018年）为作者美食著作题词："中国传统饮食文化博大精神（深），应继续继承和发扬。一正同志留念。李希凡，二〇〇八年一月十四日。"

三文鱼

友谊宫,是于2017年11月23日才开业的。

普京总统在2019年他67岁时,由习近平总书记陪同曾在此用餐。俄罗斯餐厅还特意选用编号为67号的银餐具供普京总统使用。现在在餐厅的展示柜里展放着习近平总书记及普京总统使用过的餐具及两位领导人莅临餐厅时的照片。

俄罗斯餐厅的菜品没有基辅罗斯餐厅及莫斯科餐厅菜品种类多。

他们家的莫斯科烤鱼与天津起士林及哈尔滨中央大街上的许多俄餐馆所做的奶油烤鱼一样,用的是鳜鱼做的。而莫斯科餐厅做的奶油烤鱼用的是海鲈鱼,基辅罗斯餐厅用的是鳕鱼。

在俄罗斯餐厅看菜单点菜时你会觉得他们家的菜品不贵,价格还略比莫斯科餐厅便宜,但当点好的菜一上桌时你会发现,他们一个菜品的菜量仅是莫斯科餐厅的三分之一。我在他们家吃烟熏三文鱼沙拉,三片三文鱼

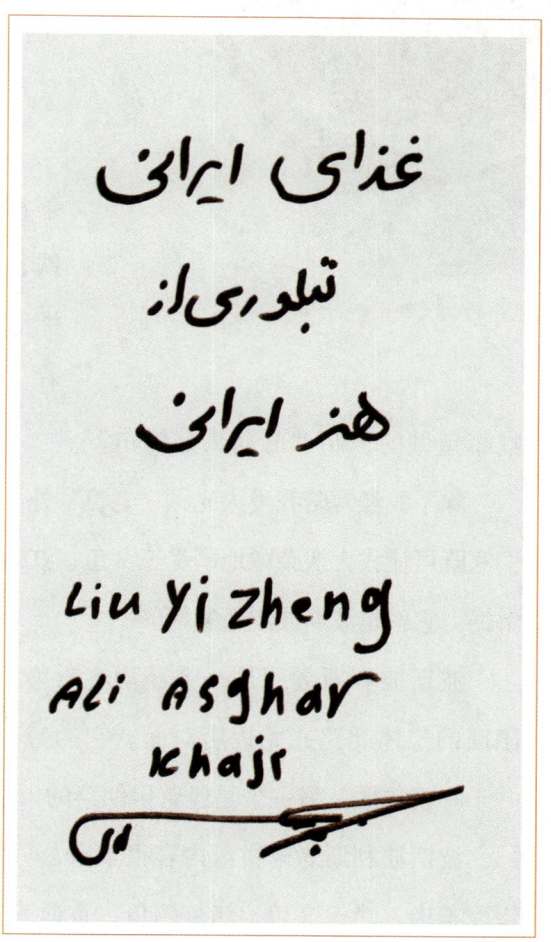

伊朗驻华原大使阿里·阿斯加尔·哈吉先生为作者美食著作题词:"伊朗食物是伊朗文化艺术之结晶!刘一正。阿里·阿斯加尔·哈吉。"

抚远产的"大马哈鱼子酱"

为一盘,量很小,我一口一个。这么算来,俄罗斯餐厅的价位算是高的了,但他们家的菜肴品质还是不错的。

像我这个岁数对某个餐馆有点儿情结的当数北京莫斯科餐厅,北京人称其为"老莫"。

老莫的三文鱼菜品有三文鱼蔬菜沙拉、挪威三文鱼(烟熏)、铁扒三文鱼荷兰少司汁佐芦笋柠檬等,从沙拉到生鱼片再到煎烤都有。他们家还有一款经典菜品是用虹鳟鱼做的,叫"蘑菇烤虹鳟鱼"。

除了我经常陪我爱人光顾"老莫"外,我还对一家餐厅特感兴趣,到他们家既可让我大快朵颐地享受三文鱼、虹鳟鱼的美味,又可放心大胆地吃肉解馋。它就是波斯波利斯餐厅。

波斯波利斯餐厅是一个经营波斯菜(伊朗菜)的餐厅,在北京市朝阳区的工体北路兆龙饭店对面。它的旁边还有两家伊斯兰餐厅,一个是一千一夜餐厅,另一个是经营伊朗菜的入迷餐厅。

波斯波利斯烤肉拼盘内容很丰富,一个拼盘有蔬菜,藏红花和绿豆米饭配羊肉,烤三文鱼,烤虹鳟鱼,香煎三文鱼和烤虾,烤羊排,羊肉里脊配2个羊肉末(羊肉馅做的烤羊肉丸子),烤鸡胸、鸡翅配2个鸡肉末(鸡肉末做的烤鸡肉丸子)。这一份烤肉拼盘足够八九个人吃的。他们家的一

三 文 鱼

份菜品就包括许多品种,如烤三文鱼,香煎虹鳟鱼,香煎三文鱼,烤虾和香煎鱼片2个为一菜品。当然也有单独的烤三文鱼、香煎三文鱼、烤虹鳟鱼、香煎虹鳟鱼等。波斯语管烤肉叫"卡巴巴",一份卡巴巴,量大分足,很是解馋。伊朗出产的藏红花是藏红花中的极品,用藏红花做的藏红花米饭是每位就餐者必选的主食。

我认为三文鱼(大西洋鲑鱼)和虹鳟鱼用烤和煎的方法烹饪最好的当数伊朗人做的。

国内菜市场和超市主要售卖的是大西洋鲑和虹鳟鱼,很少有太平洋鲑鱼的品种(红鲑、王鲑等)。我在加拿大和俄罗斯等国逛超市时到处看到有卖太平洋鲑鱼的,而且以野生的居多。

在加拿大,我住在大儿子家,他三天两头地带我到华人超市或西人超市买野生的太平洋鲑鱼。那里的野生太平洋鲑鱼以红鲑居多,价格也不贵。买回家的三文鱼多是煎着吃,煎熟的三文鱼除撒胡椒粉和盐外,也可以蘸越南或墨西哥产的辣酱吃。大儿媳妇的娘家是做洋酒生意的,她对洋酒很了解,每次去超市都会买回许多不同国家和不同名牌的干红或干白(香槟),每天吃饭时开一瓶就煎三文鱼吃。天天吃,我倒也吃不腻。

国内盛产太平洋鲑鱼

抚远产的"咸大马哈鱼坯子"

俄餐黑鱼子酱的标配吃法

的地方是黑龙江和吉林等省。

有一年秋天,哈尔滨企业界的朋友姜秀峰先生知道我爱吃三文鱼后,他就给抚远的客户打电话让其给我买了许多咸马哈鱼坯子和大马哈鱼子(籽)酱寄给我。

我将抚远大马哈鱼改刀切块,加姜片、大料、花椒、辣椒等作料拌匀后直接上锅蒸40分钟(不再放盐、酱油、水等),就大米饭,很下饭。咸大马哈鱼改刀切块后,还可放在炖肉里,或只用大马哈鱼块与土豆、白萝卜炖煮,味道也不错。将大马哈鱼切成小细条或碎丁炒蒜苗、洋葱、茄子、米饭,亦是美味。如果嫌大马哈鱼块咸,亦可用清水浸泡一会儿,再蒸、炖、炒等,咸味可减半。

三 文 鱼

寄来的马哈鱼子酱是125克一盒,我每天只吃一勺,怕吃太多胆固醇升高。我爱人不吃,嫌它腥。我是将切碎的洋葱(白洋葱)末与鱼子拌在一起吃,可减少鱼子的腥味,这是秀峰兄告诉我的方法。许多人在品尝鱼子时,将从冰箱冷藏室拿出的鱼子酱盛上一小勺放在左手掌的虎口处,等上几秒钟,待放在虎口处的鱼子稍稍回温时,再用嘴吸吮虎口处的鱼子,口感最佳,据说这样吃才正宗。

除了用鱼子酱拌洋葱,在面包上抹点儿黄油,再在上面涂上一勺鱼子酱,上面放个煎蛋,两三口一片面包下肚,喝上一杯牛奶,齐活儿。这也是带洋范儿的早餐。我还将鱼子酱拌上洋葱末,放在刚蒸熟的大米饭上,放一点儿白糖,淋上几滴醋(亦可放一点点儿味精),一拌,味美无比。

秀峰兄给我寄来的是抚远产的大马哈鱼,抚远市是"中国大马哈鱼之乡"。地处抚远市的黑龙江和乌苏里江又是中国最大的大马哈鱼渔场。在国内我们所食用的大马哈鱼,每10尾鱼中有9尾产于抚远市。

抚远东、北两面与俄罗斯隔黑龙江、乌苏里江相望,南邻饶河,西接同江,渔业资源异常丰富。抚远还是中国版图上最早见到太阳升起的地方。

抚远大马哈鱼亦获全国农产品地理标志称号,抚远大马哈鱼子为农产品地理标志产品和地理标志保护产品。

抚远市的海青镇、乌苏镇(原抓吉镇)、通江镇(原通江乡)、抚远镇等还是大马哈鱼的重要孵化生长场所。

每年的四五月份,抚远市的鱼类放流站都会在黑龙江水域增殖放流5~7厘米的大马哈鱼苗。抚远市渔业渔政部门从1989年开始在黑龙江流域增殖放养后,到2021年累计增殖放养大马哈鱼苗2600万尾左右。这些鱼苗都是每年10月在黑龙江、乌苏里江等水域捕获的成鱼通过人工孵化、经过

俄罗斯大馅饼

7个月的精心培育而达到放流标准的鱼苗。

继抚远人工增殖放流站成立后,绥芬河流域的东宁县及图们江流域的珲春市也相继建立起了以大马哈鱼为主的人工增殖放流站。

关于抚远大马哈鱼具体属于哪一种鲑鱼一事,我曾向东极抚远乌苏里江鱼行老板段晓忠先生请教过。他告诉我抚远大马哈鱼就叫大马哈鱼,学名是鲑鱼,鲑科类的一种,又叫"乌苏里江白鲑"。之后,我查了许多抚远大马哈鱼的资料,都没有用拉丁学名及英文的写法,有的个别文章中称其为"秋鳜鱼"。

我认为"抚远大马哈鱼"就是"秋鲑",当地人俗称的"秋鳜"应为"秋鲑"的讹化,也就是段晓忠所说的"白鲑"。只不过是单指产自乌苏里江、黑龙江等江里的"白鲑",也就是我上文所说的"狗鲑"。

据清代及民国时期有关方志介绍,那时的大马哈鱼有许多异称。如大发哈、达法哈、打发哈、达抹哈、答抹哈、达摩缺鳔、达不害、达巴哈、

三文鱼

达布哈、庄鱼等。

大马哈一词是赫哲族语的音译。赫哲族人现在也管定时往来于黑龙江的鲑鱼叫"达依玛哈"，后达依玛哈慢慢叫成了"大马哈"了。

《中国统计年鉴（2021）》数据显示，中国境内的赫哲族人口数为5373人，分布于同江市新津口、八岔，饶河县的四排，抚远市的乌苏（原抓吉），佳木斯市郊区的敖其等5个地方。

在每年的白露时节，即阴历八月十五至九月十五期间，是大马哈鱼洄游黑龙江、乌苏里江的日子，赫哲族人要举办"大马哈鱼洄游节"，居住在黑龙江和乌苏里江两岸的赫哲族人就会欢呼雀跃，高声呐喊"达依玛哈！达依玛哈！"并摆上供桌敬天敬地敬江神（敬河神），希望这些神灵能够赐予他们丰收和平安。随后便开始了下江捕鱼。

赫哲族人尤其喜食大马哈鱼，多用其制作鱼肉丸子；大马哈鱼子则简单腌制后即可食用。早年的赫哲族人有以食用大马哈鱼次数的多少来计算自己的年龄一说。

2020年9月，抚远渔行的段老板在微信里对我说，马上进入10月末了，等鲜大马哈鱼下来后给您寄几条去。您用鲜马哈鱼肉包饺子、氽鱼丸子汤、鱼尾炖萝卜，或用乌苏里江野生的咸马哈鱼坯子切片炒大头菜尝试一下，如您觉得好吃，可写在您的美食书中。

鱼子酱是俄罗斯人的传统美食之一，俄罗斯是鱼子酱的消费大国。

在哈尔滨中央大街的俄式餐厅里品尝鲑鱼子（红鱼子）酱时，餐盘上会配有许多小块的面包片、白洋葱末和酸黄瓜碎丁。食时，先在面包片上放点儿白洋葱末及酸黄瓜碎丁，再在上面放少许的鲑鱼子酱。

鲑鱼子酱佐食面包这道菜一般都会以头菜形式出现，之后再上汤、主

仰缶庐谈吃
第三集

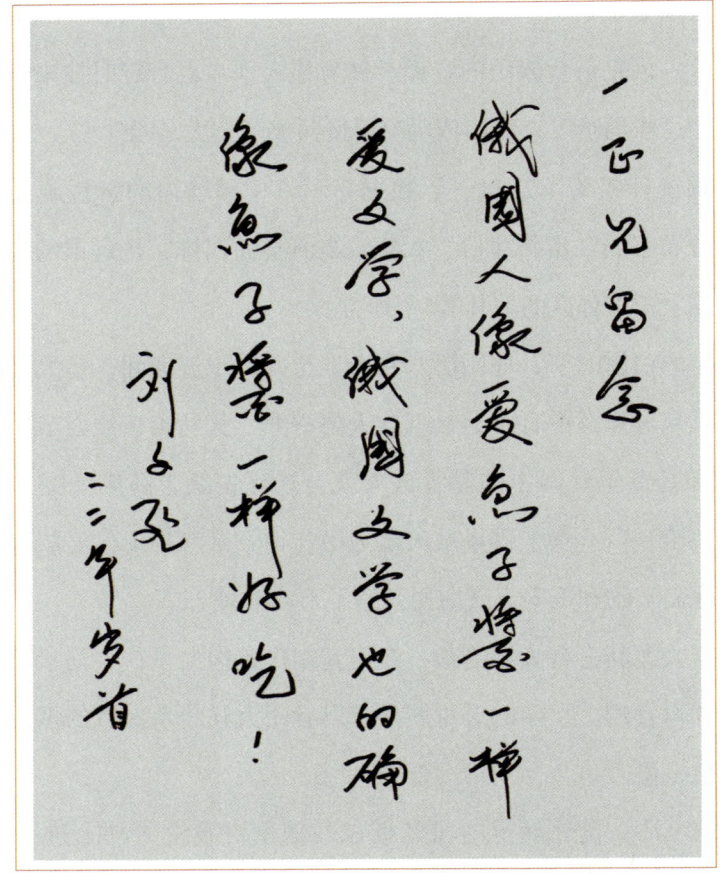

中国俄罗斯文学研究会会长、中国社科院外国文学研究所研究员刘文飞先生为作者美食著作题词:"俄国人像爱鱼子酱一样爱文学,俄国文学也的确像鱼子酱一样好吃!一正兄留念。刘文飞。二〇二二年岁首。"

菜、副菜及甜品等。

仅以2018年俄罗斯鲑鱼丰收之年(太平洋鲑鱼产量为67.7万吨)为例,每千克的鲑鱼子(红鱼子)售价为5000~6000卢布,为520~620元人民币。

三文鱼

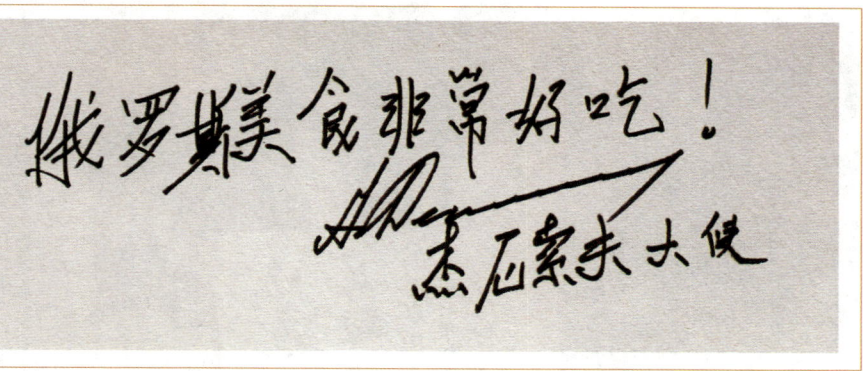

俄罗斯驻华大使安德烈·杰尼索夫先生为作者美食著作题词

俄罗斯不光产马哈鱼子酱（红鱼子酱），还产黑鱼子酱，即鲟鳇鱼子酱。

真正能被称为鱼子酱的也只有黑鱼子酱（笔者在《松露》一文中对其有专门叙述）。

黑鱼子酱的吃法与红鱼子酱的吃法一样。在俄式煎饼（或面包）上抹点儿黄油（亦可放酸奶酪、奶油等），放点儿黑鱼子酱，配上一杯伏特加，这是吃鱼子酱的标配。

据传彼得三世也是鱼子酱粉，他与妻子叶卡捷琳娜在夏宫的晚宴上，在享用着黑鱼子酱时，还会搭配着用钻石过滤的伏特加酒。

黑鱼子酱代表了俄罗斯的贵族饮食文化。

正如俄罗斯作家所言："如果哪个作家描写贵族的饮食而不提及象征身份的黑鱼子酱，那他肯定不是个俄罗斯作家。"

另据2021年11月17日央视网报道：15日，有100万名俄罗斯民众参与的由俄罗斯农业部组织的"俄罗斯口味"地区食品品牌大赛公布了获奖名单，最受欢迎的美食有大马哈鱼、松子巧克力、红菜汤和黑鱼子酱等。

著名书画家王挥春先生为作者美食著作题词："吃遍大街小巷，足踏千山万水。一正同志留念。岁于甲午金秋重阳，八十六叟挥春题。"

可见大马哈鱼及鱼子酱等食品在俄罗斯人心目中的地位。

到有着近70年历史的北京著名俄餐厅即北京莫斯科餐厅（老莫）吃饭，当你翻开菜单点菜时，首先映入眼帘的就是黑鱼子酱和红鱼子酱。

老莫的黑鱼子有三款，分别为：

1. 俄罗斯皇家帝王版15年黑鱼子酱佐煎饼斯蜜鞑那少司，售价为28.6克／2318元；2. 俄罗斯皇家经典版黑鱼子酱佐煎饼斯蜜鞑那少司，售价为28.69克／1869元；3. 俄罗斯皇家标准版黑鱼子酱佐煎饼斯蜜鞑那少司，售价为28.69克／1468元。

菜单上并配有对这三款鱼子酱的介绍：（这三款鱼子酱）取材于俄罗斯珍稀鲟鱼黑鱼子。珍贵源于稀少，只有生活在俄罗斯伏尔加河的Beluga

三文鱼

在北京盘古七星酒店与花传美浓吉日餐厅厨师长宫田克哉先生合影

鲟鱼才能称之为正宗的黑鱼子酱;而最高级的Beluga鲟鱼,一年产量不到一百尾,其鱼子的产量就更是珍贵稀少了。如此珍馐绝非平常一见。莫斯科餐厅的黑鱼子佳肴传承60多年的地道品质,黑鱼子耐人寻味的美食余韵,有如细腻的海洋气息,飘然逸散。它的滋味使得整个欧洲和世界为之堕入味觉的疯狂。

2022年3月,老莫将黑鱼子酱全部换成国产的卡露伽鱼子酱了。调换成的卡露伽鱼子酱有两款。一款是7年的黑鱼子酱,售价为10克/698元;另一款是10年的黑鱼子酱,售价为10克/1218元。

老莫的红鱼子酱有两款,分小份和大份,带洋葱末上桌,售价分别为108元和238元。

与滩万日餐厅厨师长五十岚优先生合影

菜单上的介绍说：（红鱼子）和黑鱼子一样，红鱼子是上帝赐予人间餐盘之中的另一份礼物。红鱼子除了其珍贵之处外，还秉承了俄罗斯鱼子酱制作大师具有悠久的、传统精髓的专业炮制工艺，充分展示了大师们巧夺天工的技艺，如同魔术师般在低温环境中弹指间熟稔完成从取卵到腌制的十几道复杂而又精致的工序，如此方能成就一款人间之无上滋味。

基辅罗斯餐厅的黑鱼子酱有两种。一是一份60克／999元，二是一份20克／398元。红鱼子是一份128元。

到俄餐馆吃饭，检验其正宗与否，就看它有没有鱼子酱（黑、红鱼子酱都应有）一味。可以说这是衡量其俄餐馆正宗不正宗的"试金石"。

2018年9月，国家主席习近平出席在俄罗斯举办的第四届东方经济论

三文鱼

与滩万日餐厅经理竹中健太先生合影

坛期间,参观远东风采街展览时,获邀与俄罗斯总统普京一起制作俄罗斯煎饼,并品尝了用俄罗斯煎饼夹裹的黑鱼子酱与红鱼子酱。

就俄罗斯鱼子酱一事,我还特意向著名翻译家、中国俄罗斯文学研究会会长刘文飞先生请教过。刘会长告诉我,俄罗斯人热爱鱼子酱,也离不开鱼子酱,鱼子酱在俄罗斯已成为一种文化现象,深深影响着俄罗斯人。

俄罗斯人吃鱼子酱时爱搭配伏特加,而其他地方的欧洲人和美洲人等吃鱼子酱时则多饮葡萄酒。

鱼子酱似乎同香槟酒天生就是一对"恋人"。

由贝蒂·希金斯作词作曲并演唱的《卡萨布兰卡》歌曲中,也有歌词"可乐和爆米花在星光的映衬下,变成了香槟和鱼子酱"。

仰缶庐谈吃
第三集

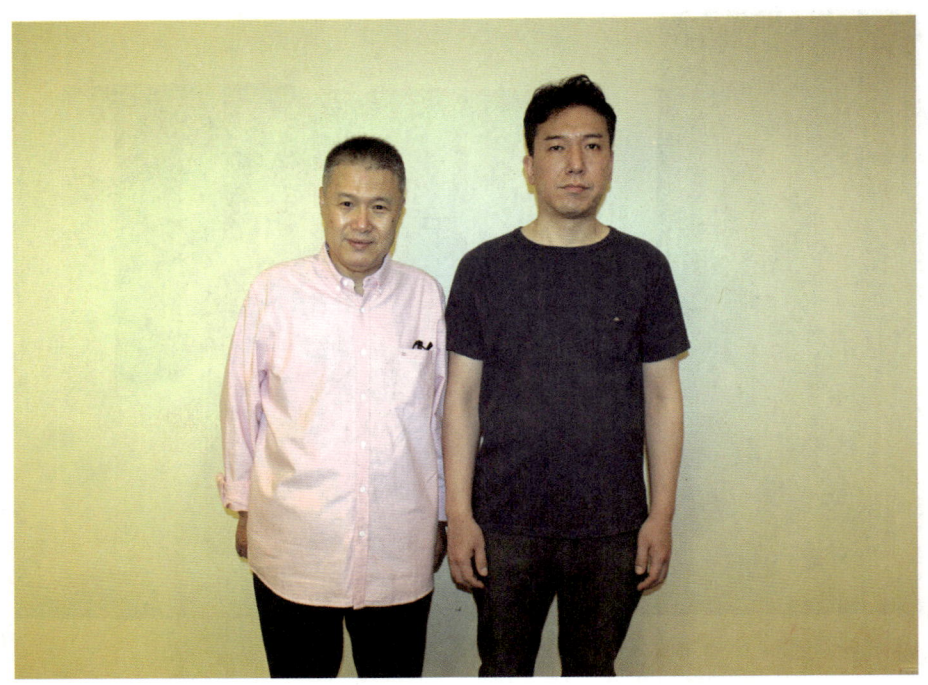

与北京长富宫饭店"樱"及"松风"日餐厅原厨师长前田直孝先生合影

贝蒂·希金斯用那略带沙哑、饱含情感之音很好地诠释了他观看完《卡萨布兰卡》的感受。

而《卡萨布兰卡》影片中也有一个片段，即纳粹少校史查沙来瑞克的咖啡馆时，雷诺队长给他点的就是香槟和鱼子酱，并且点的是法国26年的凯歌香槟（Veuve Clicquot）。

在影片《泰坦尼克号》中，男主人公杰克与女主人公露丝有一段对白。露丝想逃离目前所处的环境，放弃已拥有的一切，向往成为一个不受任何约束的艺术家，住在某个小阁楼中，贫穷但自由。杰克对她说："那你肯定连两天也受不了，洗不上热水澡，更别提吃上鱼子酱了。"

三 文 鱼

杰克在参加卡尔等富豪们的晚宴上,前菜也是上的黑鱼子酱佐香槟酒。

在影片里,鱼子酱俨然成了区分身份、阶层的道具。

美食家蔡澜先生讲:"日本本地正统的日料铺子,绝不会卖三文鱼"。

号称日本寿司之神的小野二郎,在他的东京数寄屋桥次郎店做的手握寿司一餐是20贯,全部为套餐(不设零点)。

这20贯手握寿司所用的水产品食材为:

1.比目鱼;2.墨乌贼;3.竹荚鱼;4.鲔鱼(金枪鱼)赤身;5.鲔鱼中腹;6.鲔鱼大腹;7.斑鰶;8.文蛤;9.白鲋;10.明虾(头及身两个);11.针鱼;12.章鱼;13.鲭鱼;14.海胆;15.迷你贝柱;16.鲑鱼子;17.星鳗;18.干瓢卷(2个);19.玉子烧;20.日本网纹瓜。

烟熏三文鱼比萨

仰缶庐谈吃

第三集

小野二郎先生亲手制定的这款手握寿司套餐除玉子烧（类似于烤煎鸡蛋的日本传统美食）和网纹瓜外，20贯的手握寿司均用水产品制作的，没有用到三文鱼，可是有鲑鱼子。

北京电视台《档案》节目中，曾播出过《小野二郎把父爱握进寿司里》，片中介绍了在2014年4月24日奥巴马总统访日期间和安倍晋三首相光顾小野二郎在东京数寄屋桥次郎店吃寿司的事情。

小野二郎的东京数寄屋桥次郎寿司店，只能坐下10个人用餐，奥巴马在品尝小野二郎与其长子小野祯一共同制作的手握寿司时对其言道："出生在夏威夷的我曾吃过许多美味的寿司，今天我终于吃到了一生中顶级的寿司。"

一套20贯的寿司奥巴马吃掉14贯，而安倍晋三则吃完了20贯。

安倍晋三当天款待奥巴马的清酒是小野二郎寿司店开店以来一直使用的贺茂鹤大吟酿。

在奥巴马访日期间，安倍曾将其家乡山口县出产的獭祭清酒赠送奥巴马。

北京的日料餐厅比较好的有四叶寿司、花传美浓吉、滩万、西村、樱等。

四叶寿司餐厅是日本人铃木义久任店长，他们家的食材全部从日本进口，一直在北京的日料餐饮界排行前列。

花传美浓吉餐厅在盘古七星酒店的21层，以经营日本京都的怀石料理为主。客人从前菜、汤品（碗盛）、海品（刺身拼盘）、八寸（下酒菜）、烤品（烤物）、炸品（扬物）、蒸品、醋物、强肴（菜品）、饭品（食事）、甜品到抹茶的品尝，能够充分了解到京都的餐饮传统文化。花

三文鱼

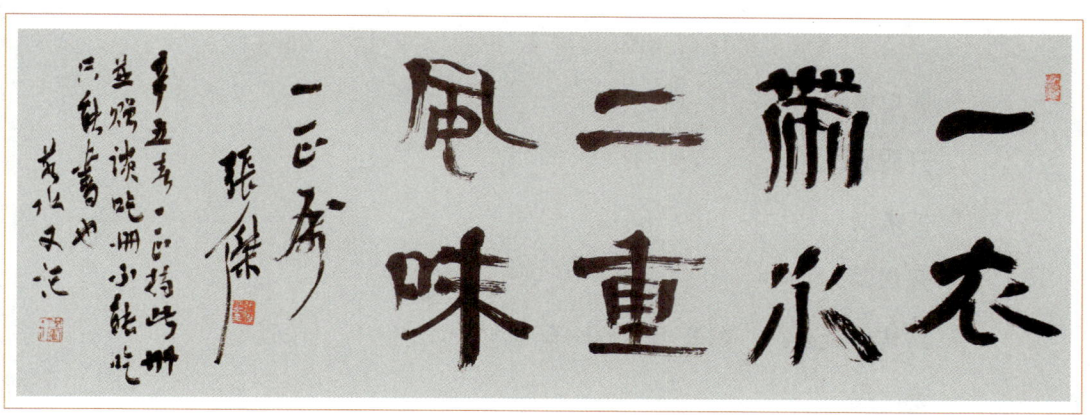

著名书法家张杰先生为作者美食著作题词:"一衣带水,二重风味。一正嘱。张杰。辛丑春,一正持此册并赠谈吃册,不能吃,只能书也。若水又记。"

传的厨师长从早年的神村亮大师到上川航央,再到宫田克哉,一直秉承着日本的匠人精神,将京都的怀石料理演绎得炉火纯青。

花传美浓吉在北京的日料餐厅中,甚至是北京的餐饮界(包括中外餐厅)餐厅中价格也是数一数二的高。2021年后有1800元/位、3000元/位、5000元/位不等的价格,每位用餐者还需加15%的服务费及50元的茶水费。在神村亮大师掌勺时,花传的价位还高,为3000元/位、5000元/位、6000元/位和8000元/位四种套餐。新冠肺炎疫情时,他们家歇业了,重张时有过1000元/位的套餐,而如今这个价位的套餐已没有了。

据花传美浓吉的服务员对我讲,他们家日料不用三文鱼,认为三文鱼是低档鱼类。

仰缶庐谈吃 第三集

2018年8月京都怀石花传5000元/位新京都料理　风月

餐单是：

开胃酒：

芒果酒

开胃菜：

桔橘凉浸菜　　毛蟹　　早松茸（さまつたけ）　　水菜

汤品：

剥皮鱼　　　豆腐　　白菜　　葱　　　酸橘醋

海品：

冰室盛特级蓝鳍金枪鱼大腩　　其他两种　　土佐酱油

辛子酱油　　藻盐

八寸：

梭子鱼小袖寿司　唐炸河虾　　鸭子里脊肉　　西红柿冻

田乐岩牡蛎　　　印笼煮鳗鱼　　油烧绳结沙钻鱼

奶酪枝豆　　　　焯水章鱼秋葵调味醋拌菜

烤品：

海胆烧鲍鱼　　鲍鱼肝酱　　烤海胆

炸品：

两种风味炸沙钻鱼（紫苏大叶　海苔）抹茶盐

温品：

荷兰煮吉庆鱼　　芋头　　　柚子　　炖煮伊势龙虾

茄子　　　　　　秋葵

三文鱼

强　肴：

炭烤特选黑毛和牛　　　特制酱　　　黑松露盐

山葵　　　　　　　　柠檬

饭　品：

鱼子酱咸鲑鱼子陶烧米饭　　　　　红味噌汤

咸菜　　　　或　　　日式鸡汤拉面

水　果：

日本产季节水果

甜　品：

抹茶奶油奶酪挞　　　　醪糟奶糖　　　黑蜜黄豆粉冰激凌

晚上套餐3000元/位的新京都料理　雪

餐单是：

开胃酒：

杧果酒

开胃菜：

海胆豆腐　　　咸鲑鱼子　　海胆　　　　山葵　　　和风冻

汤　品：

葛粉打伊势龙虾　蛋黄豆腐　　玉子豆腐　　千枚大根　　柚子

海　品：

蓝鳍金枪鱼腩　　缟鲹鱼　　　剑锋乌贼　　山葵　　　　土佐酱油

八　寸：

梭子鱼小袖寿司　唐炸河虾　　鸭子里脊肉　西红柿冻

南蛮渍海鳗　　　印笼煮鳗鱼　　　旨煮姬海螺　　　奶酪枝豆

焯水章鱼秋葵调味醋拌菜

烤 品：

酒盗烤黄鲕鱼　　烤松茸　　　　酸橘

炸 品：

三种风味炸鲍鱼　（米饼　海苔　花生）煎汤汁

强 肴：

炭烤黑毛和牛　　特制酱　　　　黑松露盐　　　　山葵　　柠檬

饭 品：

烤香鱼陶烧蒸饭　红味噌汤　　　咸菜　或　日式鸡汤拉面

水 果：

日本产季节水果

甜 品：

葛粉水晶馒头　　黑蜜黄豆粉冰激凌

茶 品：

抹茶

2018年8月的两款套餐中均未有三文鱼，但有鲑鱼子酱。他们家除这两款套餐外，还有一款1000元/位的套餐，既没有三文鱼，也没有鲑鱼子酱。

2019年3月京都怀石花传午间/晚间5000元/位的新京都料理　风月

餐单是：

三文鱼

开胃酒：

自家制甘酒

开胃菜：

海胆拌伊势龙虾　　　黑松露　　　鱼子酱　　　樱桃红萝卜

青紫苏叶　　　　　　米雪饼

汤　品：

方头鲷鱼和鲍鱼汤　　清水风　　　春笋　　　水菜

花椒芽　　　　　　　黑七味粉

海　品：

特级蓝鳍金枪鱼大腩　　　　　其他两种刺身

土佐酱油　　　　藻盐　　　山葵

八　寸：

三色玉子　　　　软煮章鱼　　　　花瓣百合根

芝麻拌菊菜　　　南蛮渍稚香鱼　　炙烤海参籽干

艳煮河虾　　　　手鞠鲷鱼寿司　　米雪饼炸沙钻鱼

咸鳂鱼子干

烤　品：

香煎烤赤鲢鱼（アカムツ）　　鲜烤麸田乐　　甘醋渍小西红柿

钵　品：

鳗鱼和萝卜饼　　配鱼翅勾芡　　山葵　　青菜　　牛蒡

进　肴：

竹笋叶包烤　　味噌渍黑毛和牛菲力和鹅肝

洋葱　　　　　芦笋　　　　　　彩椒

饭　品：

日本近江陶烧米饭　　　花椒煮牛筋和金枪鱼

红味噌汤　　　　　　　自家制咸菜

水　果：

季节水果

甜　品：

季节和果子

茶　品：

抹茶

晚上套餐3000元/位　京怀石　雪

餐单如下：

开胃酒：

葡萄柚酒

开胃菜：

山药糕　　　和风汁　　　蒸海胆　　　秋葵　　　鱼子酱

山葵　　　静冈县产水果西红柿

汤　品：

水无月豆腐汤（芝麻豆腐风）　　　　　　海鳗　　　莼菜

柚子皮　　　冬瓜

海　品：

蓝鳍金枪鱼腩　　季节三种刺身　　　山葵　　　　土佐酱油

三文鱼

八　寸：

旨煮章鱼　　　炸河虾　　　玉米豆腐　　　风干木叶鲽

萝卜泥拌水晶葡萄　　　甘醋莲藕花　　　凉浸鸭肉水菜

蜜煮红薯

煮　品：

嫩煮和牛舌　　茗荷　　双色芦笋　　土豆泥　　小玉米

烤　品：

盐烤香鱼　　　蓼酢

温　品：

田乐茄子煮星鳗

强　肴：

炭烤黑毛和牛　　玫瑰盐　　柚子椒盐　　柠檬　　特制酱

饭　品：

日本陶烧近江越光白米饭　或　鲷鱼新生姜陶烧蒸饭

红味噌汤　　　咸菜

樱花（作者摄）

仰缶庐谈吃
第三集

中国科学院院士、清华大学原校长顾秉林先生为作者美食著作题词:"落樱满袖。一正存。顾秉林。"

西京烤三文鱼

壶烧海螺

甘醋渍鲜姜

水　果:

日本产季节水果

甜　品:

季节和果子

茶　品:

抹茶

我没在他们家吃到过三文鱼,但我见过他们家午间套餐1000元/位　新京都料理月的餐单:

汤品:

三色菱形真蒸汤

清水凤

三文鱼

帆立贝

菠菜

油菜花

柚子皮

鞍马胡萝卜

烤品:

三文鱼

晚间套餐1800元/位新京都料理 花的餐单汤品一栏与1000元/位的新京都料理 月汤品一栏是一模一样的。

这两个价位的套餐中均有三文鱼,是在上川航央任厨师长时制定的。可见花传服务员说得也不太准确。

滩万日本料理餐厅在国贸商城的北区,在北京也是一家老日料店了。现任滩万日料店的经理是竹中健太先生,厨师长是五十岚优先生,都是年轻人。滩万家用三文鱼做的日料菜品比较多。如酱油渍三文鱼子、三文鱼刺身、手握三文鱼寿司、手握三文鱼子寿司、火炙三文鱼寿司卷、炸三文鱼、铁板三文鱼、西京酱烧或照烧或盐烧或沙拉酱烧三文鱼、日式三文鱼茶泡饭,等等。

我与竹中健太先生和五十岚优先生都互有微信,我经常在微信中可以看到他俩发在朋友圈中的日料菜品。他们逢年过节也会推出许多新的日料菜品或各式套餐,其中用三文鱼制馔的菜品也很多。如2021年的"七夕情人节·永恒之爱"套餐。

两杯香槟

前菜:三种小食拼盘

汤物:土瓶汤

刺身:龙虾 金枪鱼 三文鱼 甜虾

炸物:虾&蔬菜天妇罗

烤物:烤和牛里脊牛排

寿司:火炙三文鱼寿司卷 配 味噌汤

甜品:甜品拼盘

礼物:小玫瑰花束

仰缶庐谈吃
第三集

三文鱼（虹鳟鱼）刺身

北京的西村日料餐厅在香格里拉饭店二层，也是在北京开的一家老日料店了。西村的厨师长是水谷义典先生，他们家用三文鱼制作的日料菜品也不少。在西村吃饭，可以坐在寿司吧或铁板烧台前看水谷先生现场制作日料美食，呷一口清酒，品一箸和食，享受人生，留下一段美好的记忆。

"樱"日餐厅在北京长富宫饭店的二层，它的隔壁是"松风"日式铁板烧，两家日料餐厅为同一厨师长。现任厨师长（2022年4月）是黑田忠慎先生，前任为前田直孝先生，副厨师长是柳户大和先生，在冈本博文先生任厨师长时我去的时候比较多。长富宫饭店日餐厅厨师长均由日本新大谷酒店选派（长富宫饭店由日本新大谷集团管理），许多日本人来北京多

三文鱼

爱选择入住长富宫饭店,因此长富宫的"樱"及"松风"两家日餐厅也被日本人称为"日本人的厨房"。

他们家的日料菜品中有不少是用三文鱼做的。如"樱"会席中的前菜有一款为芝麻味噌酱拌三文鱼、酸味蛋黄拌松叶蟹、山椒煮鳗鱼和牛蒡;生鱼片组合有一款为金枪鱼、三文鱼和北极贝,另有一款生鱼片的组合为金枪鱼腹、三文鱼、鲜墨鱼和牡丹虾;日式盖饭有一款是酱油腌三文鱼和红鱼子盖饭;手卷(握)寿司也有三文鱼腹腩一款等。再如樱会席料理的菜单:

先付(爽口前菜)

芝麻秋刀鱼和秋葵　　　　　　酸味海发菜和蜜汁小番茄

山芋和腌渍金枪鱼·青海苔

お凌ぎ(饮酒前的垫腹食物)

星鳗寿司和烤云南野生松茸寿司

お椀(类似开胃汤)

甘鲷和松茸清汤

刺身

日本长崎海钓鲜金枪鱼　　　　大连野生赤贝

挪威冷水帝王鲑　　　　　　　当日入荷鲜鱼

烧物

蒲烧鳗鱼和西京酱银鳕鱼

煮物

日式煮东星斑和季节时蔬

香熏大马哈鱼块

蒸物

蒸鸡蛋羹和鲍鱼·浇干贝汁

食事

稻庭乌冬面·芝麻汁（特选牛肉·番茄·黄瓜·鸡蛋丝·海苔）

水菓子

蜜汁桃子和季节水果配德国冰淇淋

他们家的三文鱼生鱼片用的是王鲑。

以上几家日料餐厅均由日本人掌勺，且在北京开店有很长时间的历史了，也算是名副其实的老店了。这几家是真正的日料店，在北京开日料店的有很多，都不太正宗，姑且称之为日式料理店还行，不能算是正宗的日

三文鱼

料店。我列举的这几家正宗的日料店也都经营三文鱼，可见蔡澜先生讲的意思是日本人惧怕生食三文鱼会存在健康隐患的问题。

三文鱼除传统的生食、熏制、煎烤外，怎么烹饪都行。我以为三文鱼也是一款可以百搭的食材，适合做各式各样的菜肴。

我将煎烤过的三文鱼肉弄碎，与焯熟剁碎的扁豆（或白菜、茴香、韭菜等）拌在一起做馅包饺子、蒸包子及烙馅饼。如果嫌此馅寡淡，可加点儿牛肉馅、虾肉或鲇鱼肉及鲅鱼肉，做出来的饺子或包子、馅饼的味道更加丰腴厚重。

我也曾用三文鱼肉炒芦笋、百合（烹此菜时不放酱油），或用熟三文鱼碎肉蒸鸡蛋羹，或做浇手擀面条的卤子及佘子。家里有烤箱的话，还可做三文鱼比萨，方法简单又好吃。将和好并饧好的面团擀成一个圆饼，上放切成薄片的西红柿、三文鱼片、芝士抑或是虾段、芦笋块、洋葱，在饼上撒点儿盐、胡椒粉、孜然（如放羊肉）等作料，上烤箱，烤熟即可。

我做的三文鱼比萨是受到了北京金融街威斯汀酒店一层

香熏大马哈鱼促销画

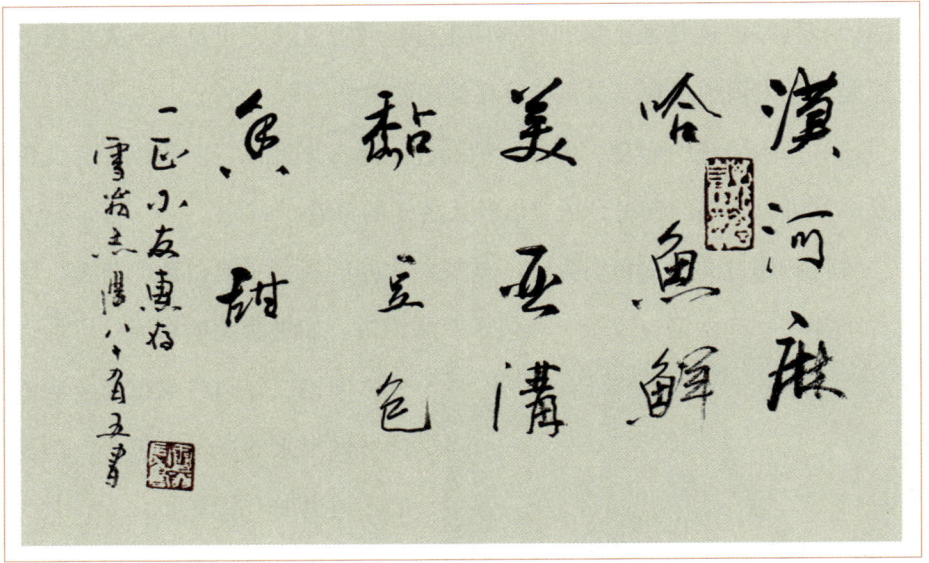

著名书画家于志学先生为作者美食著作题词:"漠河麻哈鱼鲜美,亚沟黏豆包香甜。一正小友惠存。雪翁志学八十有五书。"

信·厨意大利餐厅的烟熏三文鱼比萨的启发。信·厨的三文鱼比萨用的是烟熏三文鱼,同时还用了两款奶酪,即马苏里拉芝士和马斯卡普尼芝士。这两款食材,凡是外国人在中国开的超市都有卖。用三文鱼、芝士、西红柿做出的比萨很受妇女和小朋友们的喜爱。当然,用三文鱼碎炒大米饭亦是人间美味。

日本人食用三文鱼(大西洋鲑及太平洋鲑)的方法多种多样。

日本人开始接受大西洋鲑(三文鱼)是从20世纪七八十年代,当时挪威在60年代末人工养殖大西洋鲑成功后逐渐向日本出口。这期间,挪威政府为了向日本出口大西洋鲑还由挪威渔业部门于1974年发起了《日本项目》一书,让日本人了解这种由海水养殖的且污染少的海洋美味——大西洋鲑鱼。

三文鱼

慢慢地，日本人开始接受了由挪威舶来的大西洋鲑鱼，而 サーモン（salmon）一词也逐渐在日本叫了起来。时至今日，日本人用大西洋鲑鱼做刺身时，都要先经过冷冻杀菌处理再食用（如同食用金枪鱼）。用大西洋鲑鱼做刺身、寿司等日料多为旋转寿司店、超市等大众日料店所为，日本的高级日料店用大西洋鲑鱼做刺身、寿司的比率不高，但用日本人自己养殖的一些太平洋鲑鱼（亚种、陆封型）及虹鳟鱼（亚种）做刺身的店还是比较多的。

日本是个岛国，鱼类产品是日本人日常生活不可或缺的食品之一。而像日本北部特别是北海道地区，人们有食用鲑鱼的传统，而食用太平洋鲑鱼的传统也由来已久。

据称，日本人（北海道的石狩及长野县的千曲）早在绳文时代（公元前12000—公元前300年）就开始食用鲑鱼了。成书于平安时代（927年）的《延喜式》记载了信浓（今长野县）、越后（今新潟县）、越中（今富山县）三国向朝廷进贡鲑鱼的事。

居住在北海道（古称虾夷地）的阿伊努人就有吃鲑鱼刺身的传统，不过阿伊努人吃的"ルイベ（ruibe）"，先要将秋冬季捕捞的鲑鱼深埋在雪中，食前，取出埋在雪里的鲑鱼并分切好，放在火上将鱼身上的冰融化后再撒盐食用。

鲑鱼干亦是阿伊努人的美食。

日本人有吃盐（腌）鲑鱼的年俗（盐渍鲑鱼子出现在明治末期），主要为关东地区；西日本则有吃盐（腌）鰤鱼的习俗，日语叫"年取り魚（としとりさかな，toshitorisakana）"，而其他地区也会吃不同的鱼。关东地方吃的鲑鱼是秋季捕获的，用盐渍的方法储存，可保存到来年的正月。因此，盐

（腌）鲑鱼（或鲥鱼等）就成了日本北部特有的美食了。

日本的盐渍鲑鱼以"塩引き鮭（しおひきさけ，shiohikisake）"和"新巻鮭（あらまきさけ，aramakisake）"比较有名。

塩引き鮭（或叫"盐渍鲑鱼干"）制法是将鲑鱼盐渍后去除鱼身上的盐分，风干；如果风干时间过长（半年~壹年）就被称为"鮭の酒びたし（さけのさけびたし，sakenosakebitashi）"，可译作"酒渍鲑鱼""酒腌鲑鱼干"等。

制作塩引き鮭严格遵循传统古法即用盐巴使鲑鱼发酵，同时辅以温度和湿度的掌控，调节鲑鱼的熟成进度。

塩引き鮭是新潟县村上市（むらかみし，murakamishi）的鲑鱼文化名片。

我曾见过一幅村上市对外推介鲑鱼食品文化的宣传画，画中除用日文介绍鲑鱼风味食物外，还刊有一张在一碗白米上铺满鲑鱼子的照片，十分引人垂涎。我将它翻译成中文为：

村上是一个热爱鲑鱼、保护鲑鱼和繁育鲑鱼的地方。可以说，村上丰富多彩的文化是由鲑鱼孕育出来的。

村上的方言管鲑鱼叫作"イヨボヤ"，"イヨ"是指鱼，"ボヤ"也是指鱼，"イヨボヤ"就是"鱼中之鱼"的意思。

鲑鱼全身都是宝，没有一点儿浪费。村上人用鲑鱼制作的菜肴超过100种。

拉开村上冬天风物诗大幕的是"盐渍鲑鱼"。

村上从不缺少节日，酒渍鲑鱼，铺在雪白大米饭上的、闪烁着耀眼光芒的、如同红宝石一样的鲑鱼子饭，鲑鱼从鱼骨到鱼鳍一点儿也不会丢弃，都会被享用。

三文鱼

与著名烹饪大师卓明华先生合影

欢迎您品尝村上人的最爱——鲑鱼。

除塩引き鮭是村上市秋冬季的特色美食外，亦有鲑鱼子饭（いくら醤油漬け，いくらしょうゆづけ，ikurashouyuzuke，或叫"醤油はらこ，しょうゆはらこ，syouyuharako"）、鲑鱼寿司（鮭の飯寿し，さけのめしすし，sakenomesisushi）等；而到了夏季，新潟出产的日本海特色岩牡蛎（岩牡蠣，イワガキ，iwagaki），又叫"夏牡蛎"则成了不可错过的美味。

新巻鮭（あらまきさけ）为岩手县（いわてけん，iwateken）大槌町（おおつちちょう，otsuchichou）特产，后在北海道等地流行。传统的新巻鮭做法是在盐渍鲑鱼时用粗草席（荒いムシロ，あらいむしろ，araimushiro）将鱼卷起，所以又称之为"荒卷鮭"。

著名画家邢振龄先生（1933—2021年）为作者美食著作出版绘制贺画

新卷鲑在风干发酵过程中，鱼头是朝上挂着的，而盐引き鲑是鱼头朝下挂着风干。新卷鲑盐渍后需冷冻保存，这也是与制作盐引き鲑的不同之处。

每年的12月中旬到下旬，是日本人的"岁暮送礼"时期。日本人送礼的频率高于其他国家，除新年压岁钱，圣诞节、情人节等需要送礼外，至少一年还有两次送礼的习俗。一次是在每年夏季的"中元送礼"，另一次就是"岁暮送礼"。

三文鱼

岁暮送礼（岁暮礼品）源于年末把供奉当值太岁的贡品拿到本家或掌门人家的一种活动，后来逐渐演变成带着礼品去看望关照过自己的人，慢慢地，变成为日本的一种文化现象。而且，在日本国民心目中根深蒂固。

岁暮礼品中以食品类最受日本国民钟爱，如酒水、海鲜、水果、点心等，价格在3000~5000日元。北海道的"岁暮礼品"多为"新卷鲑"。

日本艺人上野茂都在以日本新春传统艺能"万歳，ばんざい，banzai"（万岁源于奈良时代，为宫廷踏歌，祝愿君主长寿，称"万岁"）创作的《元旦风景》里有"年糕弹起，鲑鱼跳起，红烧总是卖得最好的（餅が舞う，鮭が飛ぶ，煮しめがよく売れる）"一词。

这里的餅（年糕）指的是正月里摆放的镜饼（鏡餅，かがみもち，kagamimochi）。镜饼一词源于日本古代的圆形铜镜。镜子在日本被认为是神物，是天照大神所赐；镜饼是由糯米做成的年糕，即年神的依附物，是正月里被赋予幸福意义的食物。

红烧（烧菜）是最具日本代表性的料理手法之一，烹饪方法是煮，将胡萝卜、蘑菇、芋头、蒟蒻（蒟）、昆布、莲藕、油炸豆腐、鱼糕（鱼板）等放在锅中加调味料煮熟即可。它是在日本的正月及盂兰盆节等祭祀活动中经常使用的料理之一。

在北海道，当地人多用本地产的粉鲑（鄂霍次克三文鱼）制作盐烧和石狩锅。

石狩川因"石狩锅（石狩鍋，いしかりなべ，ishikarinabe）"而得名。石狩川盛产鲑鱼，渔民们为了打发等待捕鱼起网的时间而发明了石狩川火锅。1880年在石狩川河口附近的"金大亭（きんだいてい，kindaitei）"食店最早推出了这道料理。

石狩川火锅（石狩锅）最初所用的主要食材是白鲑（狗鲑）和银鲑，现在多改用色彩艳丽的粉鲑了。石狩锅离不开鲑鱼头和鲑鱼子，将鲑鱼块、豆腐、魔芋、蔬菜等食材用鲣鱼粉、海带汁和大酱（味噌）、牛奶、黄油等调味后进行炖煮即可。

石狩锅所用多为高脂肪含量的食材，属复合调味的浓汤锅，日语写作"寄せ鍋（よせなべ，yosenabe）"。另有一款日语写作"ちり鍋（ちりなべ，chirinabe）"的，系只以盐简单调味的清汤锅。不管是浓汤锅还是清汤锅都是炖锅，即将食材放在锅中边炖煮边吃。

在日本的带广地区（北海道带广市），人们也将与石狩锅制作技艺大致相同、只是多加了一味猪肉的火锅，称之为"十胜锅"（带广市所属地区为北海道十胜综合振兴局）。

同是在北海道，还有一个乡土日料，叫"三平汁（さんぺいじる，sanpeijiru）"。

三平汁是用昆布等制作的高汤炖煮盐渍过的鲑鱼、鲱鱼、魡（远东多线鱼）、鳕鱼、粕渍鲱鱼等，并加上白萝卜、胡萝卜、土豆、牛蒡等蔬菜炖煮。

三平汁除有鲑鱼外，还要有产自北海道的太平洋鲱，日语写作"鰊（ニシン，nishin）"。据传北海道人从绳文时代就开始吃鲱鱼了。

三平汁诞生于北海道的松前藩，1783年在有关文献中出现了"三平汁"这个名字。

三平汁的叫法源于松前藩藩主外出狩猎时，渔师斋藤三平为他做了这道菜，后被称为"三平汁"，并逐渐流传。

北海道除上述两款用鲑鱼制作的料理外，亦有一款用秋鲑（狗鲑）或银鲑及其他鲑鱼制作的乡土料理"鮭のチャンチャン焼き（さけのちゃん

三文鱼

ちゃんやき，sakenochanchanyaki）"，中文译作鲑鱼铁板干烧、鲑鱼锵锵烧等。制作チャンチャン焼き的主要食材除鲑鱼外，另有卷心菜、胡萝卜、土豆、豆芽、洋葱等菜蔬为辅料，用白味噌、奶油、酒等调味，在铁板上煎烧（炒）而成。

有人说锵锵烧（チャンチャン焼き）的得名，是有赖于制作烧烤时发出的声音；亦有说，制作锵锵烧烤的多为日本成家男人，即"老爸"，日语对父亲的昵称（撒娇叫法，多为女孩称呼父亲时用）为"お父ちゃん（おとうちゃん，otouchan）"或"父ちゃん（とうちゃん，touchan）"，意为"老爸做的烧烤"。

用鲑鱼骨熬煮鱼汤，加味噌提味，亦是北海道一款乡土美味，名字叫"荒汁"，亦称"粗汁"。渔民经常会喝上一碗再出海。

烤鲑鱼鱼颈（鮭のカマ焼き，さけのかまやき，sakenokamayaki）。这里的所谓"鱼颈"，当指鱼鳃部向下即鱼的下半身，到腹部两个胸鳍的位置。烤鱼的这个部位是为日料中精典的菜品之一，一般多为盐烤。其实不只是鲑鱼鱼颈，在日料烹饪中任何稍大一些鱼的鱼颈都可以制作烤鱼颈，是日料中的传统菜品。

"鲑鱼片和鲑子饭"（"鲑鱼亲子丼""鲑鱼亲子炊饭"）是日本最接地气的一道国民美食，日语写作"鮭の親子丼（さけのおやこどん，sakenooyakodon）"。鮭の親子丼多用的是三文鱼肉（大西洋

挪威三文鱼刺身

仰缶庐谈吃 第三集

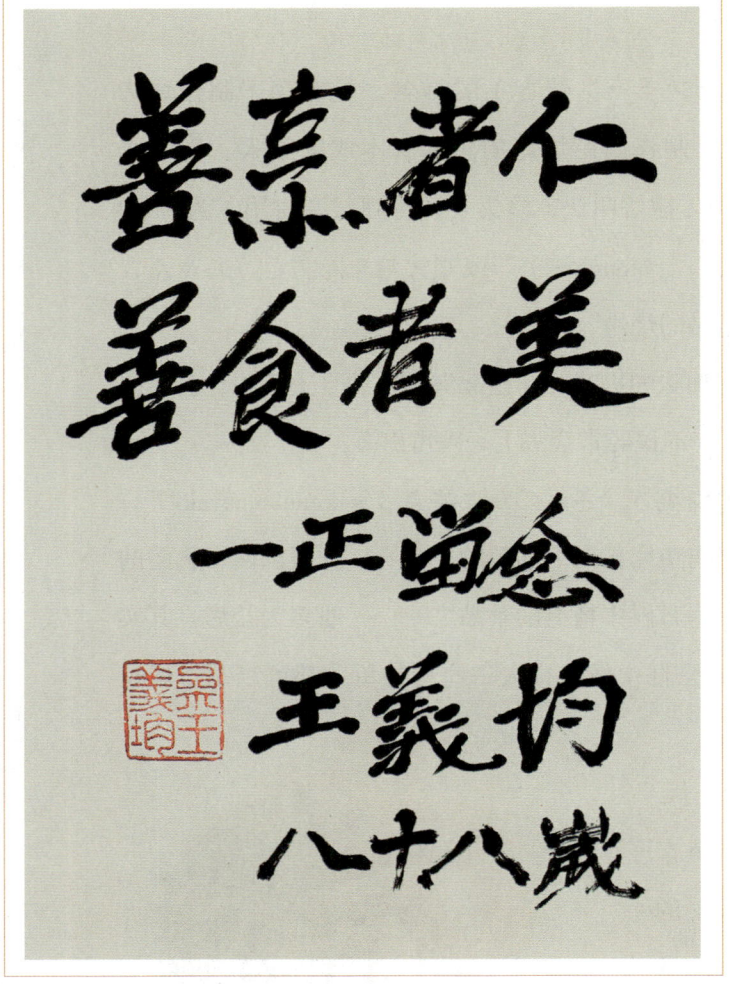

著名烹饪大师王义均先生为作者美食著作题词："善烹者仁，善食者美。一正留念。王义均，八十八岁。"

鲑），而非日语中真正意义上的鲑鱼肉（多指狗鲑即太平洋鲑鱼等）。鲑鱼子多为狗鲑鱼的卵。这种鲑鱼的卵是成熟鲑鱼的卵，日语称之为"イクラ，ikura"。鲑鱼亲子饭实际上是由大西洋鲑鱼肉与太平洋鲑鱼子组合的一道日式美食，并不是真正意义上的"亲子"。

日料中把鲑鱼子（不光只是鲑鱼子，应包含整个鱼类的鱼子）分得很细。如白鲑（秋季捕捞的狗鲑）鱼子叫"サケコ，sakeko"。粉鲑的鱼子日语写作"鱒子（マスコ，

三文鱼

masuko）"或叫"鱒いくや（ますいくら，masuikura）"。俄罗斯产的鲑鱼子多是用粉鲑制作的。粉鲑的鱼子要比白鲑的鱼子粒小。红鲑的鱼子日语叫"紅子（ベニコ，beniko）"。银鲑的鱼子日语为"銀子（ぎんこ，ginko）"。王鲑的鱼子日语是"キング子（キングコ，kinguko）"。虹鳟（养殖的）鱼子日语写之为"トラウト子（トラウトコ，torautoko）"等。而未成熟的鲑鱼卵，即包裹在卵巢中的整块鲑鱼卵，日语作"筋子（すじこ，sujika）"，多为盐渍筋子；未加工的筋子，称之为"生筋子"。

在宫城县等日本东北地区，人们称鮭の親子丼为"はらこ飯（はらこめし，harakomeshi）"。

はらこ飯的做法是将锅架火上点燃，锅中注水、调味料（日语写作"麺つゆ，めんつゆ"，是用高汤、酱油、日本甜料酒、砂糖等做的调味料。一般在制作荞麦面、乌冬面、凉面及挂面时使用）、酒、味醂、砂糖等搅拌加热，见锅微微开时，放入事先切好的三文鱼片（这种三文鱼片必须是做刺身用的，日语写作"生食用サーモン"），见三文鱼在锅中一变淡黄色时马上捞起，不要将三文鱼片完全煮熟；另用高压锅将大米（2/3）、糯米（1/3）混合清洗后，倒入煮三文鱼片的原汁及水后蒸饭；将蒸好的米饭盛在碗里，米饭上摆一圈三文鱼片，在饭碗的中心放两勺鲑鱼子酱，再在鲑鱼子酱上放点儿事先剪成细丝的海苔。

这款はらこ飯中的三文鱼并没有完全煮熟，吃起来鱼肉软糯，比全煮熟的三文鱼肉口感更显丰腴。

以上的做法可以说是家庭版的はらこ飯。

はらこ飯也是岩手县盛冈车站有名的"铁路便当"。

はらこ飯较有名的一款便当为"海之光辉便当"，日语为"海の輝

仰缶庐谈吃
第三集

北京友谊宾馆俄罗斯餐厅制作的"烟熏三文鱼沙拉"

き～紅鮭はらこめし"。

鲑鱼子加海胆拌大米饭就是美味的"イクラウニ丼，ikuraunidon"。这款佳肴的确会让人垂涎欲滴。

青森县有一款"太宰丼（だざいどん，dazaidon）"，是根据在青森县出生的日本小说家太宰治所著的《人间失格》（*HUMAN LOST*）一段文字描写创制的。

太宰治在《人间失格》（*HUMAN LOST*）中写道：

私は、筋子（すじこ）に味の素の雪きらきら降らせ、納豆（なっとう）に、青のり、と、からし、添えて在れば、他には何も不足なかった。

笔者译道："我，只是在盐渍筋子上撒点儿如雪的味精，在纳豆上添

三文鱼

加些青紫菜和芥末,并没有什么不足之处啊!"

太宰丼(太宰盖饭、筋子纳豆盖饭)就是在米饭上铺上一层筋子与纳豆。

雌鲑鱼有卵,雄鲑鱼有鱼白(精巢),也就是日文"白子(しらこ,shirako)"了。鲑鱼和河豚、鳕鱼的鱼白在日料中称之为"三大白子",当然像鲷鱼白子、乌贼白子等也都是白子名品。日本有"西河豚白子,东鳕鱼白子"一说,认为河豚的白子是所有鱼白中最美味的,中国的古人也称河豚白子为"西施乳"。

鲑鱼白子多用秋鲑制作,可做刺身(将白子汆烫一下,蘸橘醋、浅葱、辣萝卜泥调制的调味料)、寿司(多以军舰卷形状出现)、烤白子(盐烤、酱油烤)、天妇罗、唐扬或碗蒸等,亦可加工成白子豆腐、锅物、味噌汤、白子酒、麻婆白子等。

南蛮菜在日料中出现的频率也挺高。用南蛮渍的方法烹制的三文鱼,就是"三文鱼南蛮渍(南蛮渍三文鱼)"。日料中用南蛮烹饪方法制作最多的菜肴当数鸡肉南蛮,或叫"鸡肉南蛮渍",日语"チキン南蛮(チキンなんばん,chikinnanban)"。

鸡肉南蛮是日料中的经典菜式,发源于宫崎县(宫崎是以养殖肉鸡出名),曾获日本农林水产省颁发的"乡土料理奖"。

在日本有"没吃过南蛮鸡不算来过宫崎"一说。鸡肉南蛮的做法是将调好味的鸡胸肉(现多用鸡腿肉)挂粉裹蛋液炸制后,在南蛮醋中腌渍;食时,淋上许多塔塔酱。

腌制南蛮鸡的甜醋是指在南蛮渍物制作过程中加了大葱、洋葱及辣椒等的调味品。南蛮鸡口味偏甜,是一味和洋综合的料理。

在宫崎,由南蛮鸡派生而出的有"南蛮鸡饭团""咖啡南蛮鸡""南

与北京万达索菲特大饭店和瑞法餐厨师长 Fatela Yohan 先生合影

蛮鸡味薯片"等。

南蛮一词，在日本的室町至江户时代专指泰国、菲律宾和爪哇，其中在战国时代时期，只指奄美大岛（鹿儿岛南部）和东南亚诸国，同时还用于称呼在印度及东南亚港口与岛屿建立殖民地和贸易区的，以及在东北亚扩展贸易范围的葡萄牙、西班牙等国。这些国家舶到日本的货物、食品乃至文化均被日本人冠以"南蛮"称谓，明治以后，南蛮一词在日本使用渐少。

日本人所使用的南蛮一词，也是从中国传入的。周代《礼记·王制》载："南方曰'蛮'，雕题交趾（指纹额，脚趾相交），有不火食者矣。"

中国人对南蛮的解释一是指古称南方的民族及其所居住的地方；二是旧时小说中辽、金人对宋及宋人的称呼。

三文鱼

与著名烹饪大师、北京饭店原行政总厨刘刚先生合影

日料中的南蛮料理种类也很多，凡是用南蛮国家（包括南蛮地区）烹饪方法制作的食物都可称之为"南蛮料理"。

日料中比较典型的南蛮料理有"南蛮渍物""南蛮煮物"等。

南蛮渍（南蛮渍け，なんばんづけ，nanbanzuke）是指将炸过的食材浸泡在以醋为主的腌汁中，通过腌渍而成的日式料理。

南蛮煮（南蛮煮，なんばんに，nanbanni）则是将食材先油炒或油炸

仰缶庐谈吃 第三集

后,再与葱、辣椒等调味料一起煮制而成的日式料理。

与南蛮料理有关的著名日料当数天妇罗了。天妇罗与荞麦面、蒲烧鳗鱼和寿司是江户时代的四大名食,亦是日本食文化的名片。

天妇罗是对油炸食品的统称,包括海鲜天妇罗、蔬菜天妇罗和什锦天妇罗。天妇罗的名字本身就来自葡萄牙语 rápido,意为快一点儿。

南蛮料理亦有很多点心。像长崎蛋糕、有平糖、圆松饼等均属南蛮点心。现在日料中提到的南蛮料理,大多是指用了大葱、辣椒等调味料制作的料理。

用照烧方法烹饪三文鱼也是日料店少不了的菜品之一。日料店少不了的"照烧三宝"有"照烧三文鱼(照烧鲑鱼)""照烧牛肉""照烧鸡肉"。

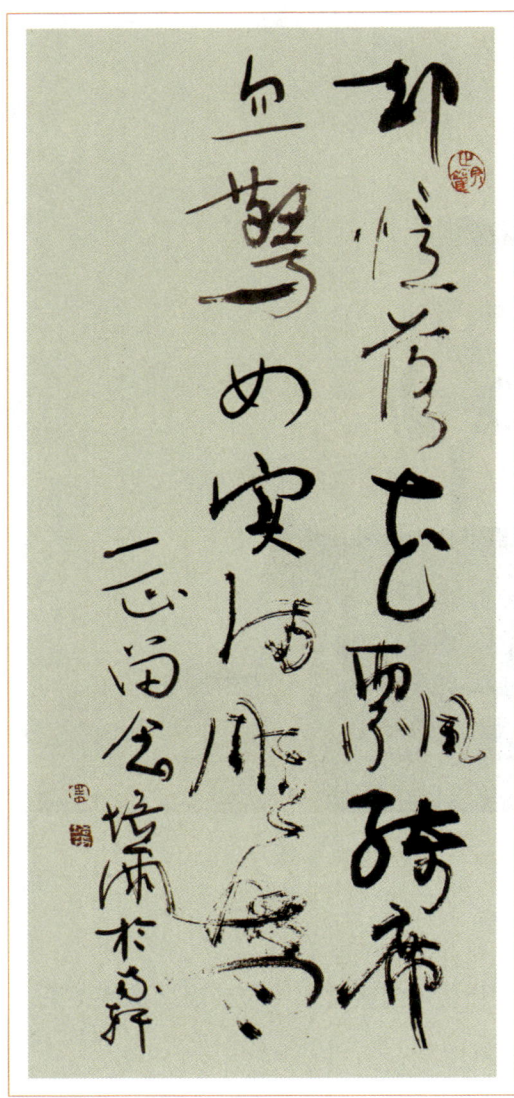

著名书法篆刻家、《中国书法》杂志社社长兼总编辑、《中国书法报》社社长兼总编辑朱培尔先生为作者美食著作题词:"却忆落花飘绮席,忽惊如实满雕盘。一正留念。培尔于南轩。"

三文鱼

作者藏著名书画篆刻家齐白石先生四子、著名书画家齐良迟先生（1921—2003年）所绘《秋声图》

照烧日语为"照り焼き（てりやき，teriyaki）"，Teri为"光泽"的意思，Yaki是"烤和彩霞、红霞"的意思，指做好的照烧菜品像镀了一层薄薄的如红霞般的釉面，亮丽美观。

照烧汁的做法按不同配方有千种之多，基础材料是酱油（薄口酱油或甘露酱油等）、味醂、糖、蚝油、麦芽、姜等，将上述调味料加水、香油、太白粉、黑胡椒粉等熬制浓稠汁即可。

北海道以鲑鱼制馔的菜肴还有很多。

如"潮汁（うしおじる，usiojiru）"，是将鲑鱼肉加日本酒及酱油等煮炖的汤物，吃时撒点儿盐和葱丝即成。该汤品做法简单，营养健康，亦

北京友谊宾馆俄罗斯餐厅制作的"莫斯科烤鱼"

是北海道渔民海上祭祀时的指定祭祀品之一。

其他地方制作的潮汁主要食材多为蛤蜊和白身鱼之类,调味中少不了木芽。

在日本的渔民文化中,潮汁为汤品之首,潮汁也是海获收获季节渔民天天必喝的汤品。

所谓"潮汁"是日料中吸物的一种。吸物就是汤,汤在日本食文化中起着很重要的作用。

日本的宴会构成大多包括突出(小菜)、皿(盘子,指沙拉等拼盘)、吸物(汤)、炸物(天妇罗)、焚合(炖菜)、强肴(主菜)、御饭(主食)、香之物(咸菜)、果物(水果)等。其中潮汁(吸物)是必不可少的。

三文鱼

北海道和日本东北地区还有一种乡土料理叫"腌鲑鱼肉",日文"切り込み(きりこみ,kirikomi)",就是将鲑鱼切成丝之后,用盐、米糠、辣椒等食材腌制而成的食品。

"鮭とば(さけとば,saketoba)"是把鲑鱼肉切成细条,加盐在阳光下晾晒风干,是佐酒的风味食品。

"振り掛け(ふりかけ,furikake)"是在米饭上撒上晒干研磨成的鲑鱼末(亦称"鱼粉""鱼精"等)及海苔碎、盐等食材拌在一起食用;还可再在上面磕个生鸡蛋拌食;亦可将上述食材放在面中及凉拌菜中食用。

富山县有一款用樱鳟制作的传统乡土料理,名为"鳟寿司(ますずし,masuzushi)",即鳟鱼寿司。鳟寿司为押寿司,是日本众多寿司制作方法中的一种,即以一种形状的模具,将所要制作寿司的食材按制作要求码放在模具盒中,压制而成。

鳟寿司的制作模具多为圆形的木盒子。把竹叶垫放在盒底,放入用醋拌过的米饭,再在醋饭上放上鳟鱼片后压制而成。亦可以用此方法叠加制成多重米饭、樱鳟鱼片的鳟鱼寿司。制作好的鳟寿司在清新嫩绿的竹叶与雪白的大米饭和淡红色鳟鱼色彩相互交织映衬下,使人食指大动。另外,竹叶和醋是具有抗菌作用的食材,在没有冰箱保存食物的年代,这种用于保存食物的食用方法,无疑是日本人智慧的体现。

鳟寿司是从香鱼寿司(鮎鱼寿司)脱胎而来的。

1717年富山藩的一庖丁武士吉村新八用神通川出产的香鱼(鮎鱼)和越中米为德川吉宗(八代将军)制作香鱼寿司(鮎鱼寿司)。

吉村新八制作的香鱼寿司是按照熟寿司法(熟寿司是全发酵寿司。制作时将鱼涂抹上食盐风干数月,之后再将大米塞进鱼腹及鱼周身腌制数月或数

年，米饭发酵产生乳酸菌发酵可不致食品腐坏。用这种方法可以很好地保存食物。食时，一般只吃鱼肉，不吃米饭。当时江户时代已经出现了早寿司。早寿司的食法是米饭及鱼可同时食用，米饭无须再发酵，只需浸醋来达到同样的效果，可将鱼肉、蔬菜及干货等搭配食用）制作的。但在食用时，吉村新八将已经酸化的大米改成了新米，再与熟成的香鱼压在一起食用。品尝过了香鱼寿司的德川吉宗对此味大加赞赏。香鱼寿司作为越中名物也就慢慢流传了下来。后来，当地人将娇小的香鱼改用同是神通川出产的、易于捕捞的、身材较大的樱鳟制作成鳟寿司，使这一美味流传至今。

现由于神通川出产的樱鳟数量有限，多改用北海道及其他国家出产的鲑科鱼类来制作。

富山县的鳟寿司是"车站便当"名食。

1908年，富山市通了火车，在富山火车站经营酒店的源金一郎便把当地土特产的鳟寿司做成便当食品向南来北往的行人推售。

时至今日，在富山火车站依旧有"源，みなもと"（源品牌于1912年推出）品牌鳟寿司售卖。这家于20世纪50年代就被日本人冠以"西之横纲"的便当名食已成为富山县的一个文化符号。

被凡·高和莫奈崇拜的，并被鲁迅先生喜爱的日本浮世绘大家歌川广重（歌川広重，うたかわひろしげ，又叫"安藤广重，あんどうひろしげ"）曾经创作过一幅名叫《越中富山松桥》的作品。作品描绘的是在神通川上，以64条渔船侧身相连的方法，架起的一座"船桥"景象。船桥的建立，方便了往来于神通川及松川的人们。

如今，虽然船桥已经不在，但它依然镌刻在富山人民的心中，并以鳟寿司为媒介向过往的旅人讲述着富山、讲述着歌川广重。

三文鱼

奈良盛产柿子，当地有一味用柿叶做成的寿司，名为"柿叶寿司"，日语为"柿の葉寿司（かきのはずし，kakinohazushi）"。

用柿子叶包裹寿司的方法，同用竹叶制作鳟寿司一样，可起到对食物防腐杀菌的作用。

柿叶寿司做法是将盐渍过的鱼片放在一小块饭团

与北京长富宫饭店"樱"及"松风"日餐厅现任厨师长黑田忠慎先生合影

上，用柿子叶包好装入小木箱中压上重石慢慢让其发酵，这是传统的柿叶寿司做法。现在多用醋饭来制作，减少了传统自然发酵的环节。

用来制作柿叶寿司的鱼片，可用鲭鱼（传统方法）、鲑鱼、鲷鱼、鲇鱼、鳗鱼和虾等海获产品，亦可用和牛（A4等级腿肉）、鸭肉（里脊肉）等食材。

在食用鱼肉制作的柿叶寿司时，不用再蘸酱油，因为鱼肉是经过腌渍过的，已有咸味；同时，在食用了用柿子叶包裹制成的鱼肉饭团，鱼肉的腥气已大大减弱。

柿叶寿司以江户时代末期、文久元年（1861年）创业于奈良吉野上市村的平宗家最为有名。

平宗家的柿叶寿司种类繁多，有传统的柿叶寿司、迷你柿叶寿司、冷冻柿叶寿司、多款组装版柿叶寿司、棒形等款式的柿叶寿司等。

仰缶庐谈吃
第三集

俄罗斯锡纸烤鳟鱼

正如平宗家的宣传册介绍说的那样（笔者译）。

大海赐予了他们海获产品，大山赠予了他们葱绿的柿子叶，加上土地恩赏他们的大米，成就了奈良这一驰名中外的美味——柿叶寿司。

鲑鱼还可做成鲑鱼节（鲑节），如同日本人用鲣鱼做的鲣鱼节（鲣节）一样，是烹调中不可缺少的调味料。

日料中以鲑鳟鱼（三文鱼）制成的食物还有很多，其制作方法如果分类的话，不外乎就是刺身类、炖煮类、烧烤类、炸制类、腌渍类和风干类等。

西餐中三文鱼多以香煎、烟熏、芝士焗、意面、比萨、水煮、沙拉、塔塔等形式出现。

2021年中秋节，盘锦美食家郭兴双兄给我在手机上发了一条有关喝什

三文鱼

么酒要配什么下酒菜的抖音,我感觉说得挺有意思,兹录之如下。

喝白酒的下酒菜首选是油炸花生米,其次是猪头肉,第三道菜是皮蛋拌豆腐,第四道菜为酱牛肉(卤牛肉、辣牛肉);

喝黄酒要配的下酒菜是糟毛豆、白斩鸡、醉泥螺(醉虾、醉蟹)、熏鱼;

喝红酒要配红肉,下酒菜依次是煎牛排、火腿(必须是西班牙火腿)、哈尔滨红肠和煎三文鱼;

喝啤酒的下酒菜首选是拍黄瓜,其次是凉拌牛肉,第三道下酒菜是烤串(撸串),第四道菜为炒田螺。

通过这个小段子,可以得知像煎牛排、西班牙火腿、哈尔滨红肠和三文鱼等菜品在国人心中的认可度。

目前中国已成为三文鱼(大西洋鲑鱼及太平洋鲑鱼如帝王鲑等)消费大国,世界上已有10多个国家向中国出口三文鱼。

在中国开的日料店,你甚至可以没有金枪鱼、鰤鱼,但没有三文鱼是万万不行的。在国人的心中,三文鱼(刺身等)已同日料画上了等号,所以才有蔡澜先生的那句话。但不管怎样,大多数的国人,依然还会将三文鱼与日料联系在一起。

三文鱼亦可写作"三纹鱼",因三文鱼一词是音译过来的,所以其中文写法也就没有孰对孰错之分。

松 露

2015年的11月份,大董烤鸭店北京王府井店的前厅领班杨林先生打电话问我能否出席"2015秋冬季大董美食品鉴会",我告诉他,我和我夫人出席。杨林还在电话里嘱咐我说,可多邀几个人来参加。临近12月15日,杨林先生又打电话确认我能否出席晚宴,并又在电话中说叫我多邀几个人来参加。

12月15日晚,我和我夫人如约来到了大董烤鸭店北京王府井店。一进六层楼的大门,我见展板上赫然写着"落花时节又逢君——2015白松露大董中国意境菜品鉴晚宴"的宣传牌,就明白了今晚的主题菜品是松露了。我开始有点儿后悔没叫上孩子们一起来品尝。

品鉴晚宴的规格极为奢华,说是白松露,其实是以黑、白两款松露为主要菜品的品鉴会。大董烤鸭店北京王府井店驻店总经理李可先生介绍说,今天晚宴的档次早已超过米其林三星的标准了,全部是用世界顶级食材

手指餐

松露

来烹制的。

在正式晚宴开始前，有手指餐为：

黑松露酱窝头片　　咸蛋黄绿豆饭　　黑松露酱炒鸡蛋

卡露伽面包鱼子　　蒲公英糖葫芦　　伊比利亚火腿

晚宴正餐前菜为：

黑松露汕头老鹅肝　　没包完的饺子　　麻豆腐双拼

三款前菜配法国巴黎之花特级干型香槟

汤：黑松露墨鱼汁文思羹

招牌主菜：黑松露炭烧西班牙小猪肉

小菜品：糖炒栗子

这两款菜配马爹利鼎盛

主菜：盐焗西班牙大红虾　　搅柿子沙拉（此菜未上）　　白松露鲍鱼

山楂糕和糖葫芦

以上四款菜品配马爹利蓝带

主食：烧雪菜包子和鲜肉月饼

甜品：霜

前菜黑松露汕头老鹅肝，是在汕头卤水老鹅肝中加上黑松露酱，使黑松露特有的香气在鹅肝中释放，给食客带来口感上的特殊变化。这款菜中所用的鹅肝并非西餐所用之鹅肝，而是中国产的汕头老鹅肝。此菜摆盘系在一切成菱形的鹅肝上，搭配黑松露片、口蘑片及泡制好的切片红菜头。

"没包完的饺子"这道前菜造型是选用南极深海鳌虾茸（4只虾）做成一圆形饺子皮，中间的馅心为"欧洲鳇"鱼子酱。在鱼子酱周围，还有用西班牙分子处理制成的绿色芥末鱼子酱和红色酱油鱼子酱，以此

没包完的饺子

相互衬托。

  品尝时,将鱼子酱放在口中,用舌尖微微用力将其顶入上膛,使其爆裂,在小鱼子爆裂的一瞬间,那种鱼子酱的特殊香味会马上弥漫在口腔中。此时,再呷上一口香槟,会更能渲染出鱼子酱的本真味道。南极磷虾与鱼子酱的搭配,是高端美食的味道,更是大董家特有的味道。

  据李总介绍说,他们选用的"欧洲鳇"鱼子酱是用体重50多千克、7~8龄鲟鱼的鱼子,欧洲市场价格为每千克6万元人民币。

  "欧洲鳇"是一种鲟形目鱼类,是世界上最大的淡水鱼类之一,体长达7.2米,体重1000多千克,栖息在里海和亚速海——黑海水域中的一种洄游鱼类。

  欧洲鳇鱼子酱以俄罗斯和伊朗出产的为最好。

  说起鱼子酱,似乎什么样的鱼卵都可做鱼子酱,但要严格来说,也只有鲟鱼卵才可称之为Caviar——鱼子酱,其他鱼类的鱼卵制品只能称之为"鱼子酱代用品",这是联合国粮农组织说的。世界范围内约有26种鲟

松露

黑松露墨鱼汁文思羹

鱼,其中以Beluga、Osetra及Sevruga才可以制作真正的鱼子酱。

Beluga大白鲟(白鲟、欧洲鳇、欧鳇),体长20尺左右,重达1800~2000磅,20岁产卵。制作顶级的Beluga鱼子酱需60岁以上,成熟的Beluga才有资格用来制作Beluga鱼子酱,全球年产量不过100尾。其卵颜色由淡灰到灰黑都有,有"里海珍珠"之称。售卖的包装盒多以蓝色为标记。

Osetra奥斯特拉鲟(奥西特拉鲟),12岁产卵。卵色为灰棕色。制作中级的Osetra鱼子酱,鱼重6千克时取卵。

Sevruga闪光鲟,鱼20龄以上方可取卵。卵色灰黑色。制作低档的Sevaga鱼子酱,鱼重3500克时可取卵。

"没包完的饺子"这款菜品中所用的鱼子酱是卡露伽鱼子酱,产自我

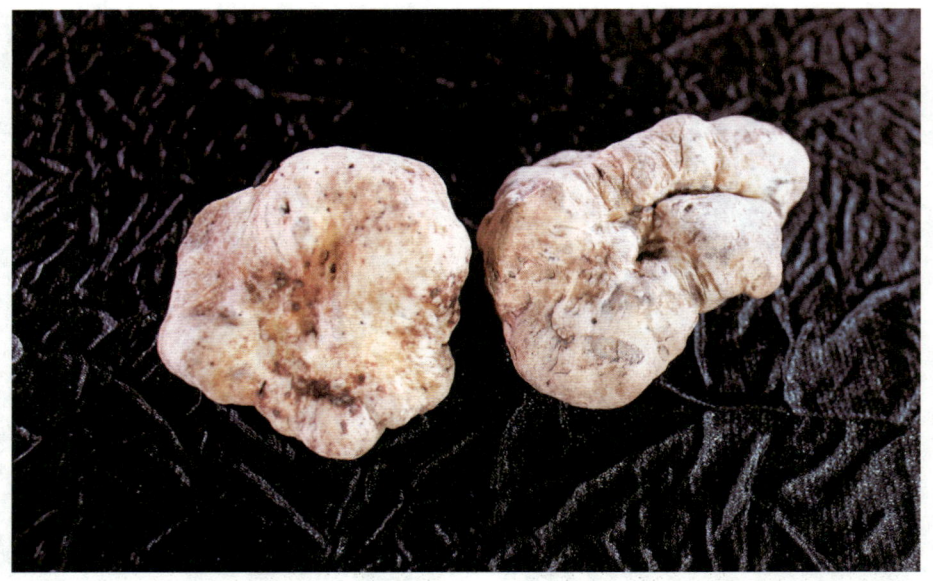

白松露

国千岛湖的鲟鱼鱼子。目前卡露伽鱼子酱占世界鱼子酱销售份额的1/5强,要比伊朗产的"欧洲鳇"鱼子酱售价高出15%。

卡露伽鱼子酱是国产的鱼子酱,种类有很多。比如"卡露伽西伯利亚黑鲟鱼鱼子酱"。这种鱼子酱是用西伯利亚鲟生产的,原产于俄罗斯,后法国、德国、中国等都有繁殖,鱼龄可达20年以上,生长5年以后可产卵。"卡露伽海博瑞大颗粒黑鲟鱼鱼子酱",是达氏鳇和施氏鲟(史氏鲟)的后代,野生资源在我国的黑龙江等地(黑龙江抚远有人工养殖),鱼龄可达60年,体重在50千克以上,需生长到7~8年成熟时产卵。这种鱼子酱是中国独有的经杂交鱼类品种生产的鱼卵。

此外,还有卡露伽鲟鱼鱼子酱罐头分享装,分别是以西伯利亚鲟、俄罗斯鲟、达氏鳇、欧洲鳇、杂交鲟、史氏鲟等各种鲟鱼鱼卵制成的鱼子酱。

松　露

白松露鲍鱼

　　麻豆腐双拼是一款小巧典雅的造型菜，用墨鱼汁浸泡牛肉，使牛肉干的色泽变黑，做成树枝的样式，上有一花朵，花朵的一半是白色；另一半为灰色。半瓣白色的花朵是用小葱拌豆腐做的；灰色的半瓣花朵是用麻豆腐做的。同时，在花朵上点缀点儿鱼子酱，树枝上长些用奶酪制成的花骨朵。

　　麻豆腐原本是老北京平民享用的一道清真小菜，登不上大雅之堂。现如今经过大董团队的研发，把这道小吃加以改良，让它走进了殿堂。

　　黑松露墨鱼汁文思羹（大董先生又称其为"被黑了的文思豆腐羹"）是一款汤菜。文思羹即淮扬名菜文思豆腐，是刀工名馔，本用清汤（鸡清汤）制成。大董团队创意为用黑色的墨鱼汁和黑松露酱制作汤汁，在食客进餐前由厨师左手拿一小刨床，右手拿着产自意大利阿尔巴的黑松露，对准汤盆，用刨床将松露刨成片状的薄片，落在汤羹上，再请食客品尝。

盐焗西班牙大红虾

招牌主菜黑松露炭烧西班牙小猪肉,是选用西班牙名贵的伊比利亚小猪,用墨鱼汁炭烧成黑色,加黑松露烹制的。小猪肉的熟度为三分至五分,片开后的小猪肉肉色为玫瑰红。

大董家的这款菜源于安徽归园主人周墙。周墙曾用古徽州产的明代五胆八宝麝香墨与休宁产的黑猪肉创制了一道"归园墨香肉",并以此获得第一届徽菜大赛特金奖。因古墨资源有限,现多改用墨鱼汁与墨鱼蛋为土猪肉增色增鲜。

糖炒栗子为小品菜,即"小隔味菜"。

主菜盐焗西班牙大红虾(西班牙红虾为地中海最好之红虾),即所谓的"盐焗西班牙零号(最大的)大红虾"。在食客品用前,由厨师将这款

松露

晚宴

菜呈至食客跟前。只见一黑色的砂锅上铺满着盐粒,盐粒中微微露出西班牙大红虾的头须,在盐粒中央摆着一方块由墨鱼汁腌渍的牛肉干,牛肉干的上方是一小片蔬菜叶造型。厨师将盐粒扒开,露出虾身后,用小剪刀在大红虾头处剪一小长口,递给进餐者一小羹勺,请食客舀出大红虾的虾脑品尝。虾脑在口腔中的感受,只有用"鲜美无比"这四个字来形容才最为恰当。这时,再喝上一小口马爹利蓝带,口腔中的味道就是"妙不可言"了。据说,这种做法和食法在中国也只有大董家才有。

我以为整个晚宴的重头大菜应是白松露鲍鱼,或叫"意大利阿尔巴白松露溏心鲍鱼"。摆盘为一溏心鲍鱼,旁边点缀有一枝薰衣草和几片薄荷叶。食客用餐前,大董烤鸭店各门店的行政总厨们分别来到食客跟前,

与著名烹饪大师大董（董振祥）先生合影

用小刨床将产自意大利阿尔巴的白松露刨成小薄片撒落在鲍鱼上，食客再品鉴。在品尝时，食客用小刀将溏心鲍切成小片与白松露片同食，是为两款顶级食材的绝好搭配。

黑松露墨鱼汁文思羹和白松露鲍鱼这两款佳肴的登场亮相是整个晚宴会上的高潮。食客在品鉴黑松露墨鱼汁文思羹时掀起的是一个小高潮，而在品尝白松露鲍鱼时将晚宴的氛围推到了极致。

我一向喜食由干鲍做成的菜肴，它和鲜鲍所烹菜品的味道完全是两回事，干鲍成菜后有一种复杂浑厚的特殊味道。它也是我家孩子们最爱吃的美食之一。我又一次后悔为什么今天的晚宴没把孩子们叫上一同来享用。

我对溏心鲍鱼有一种特殊的美食情结。有人曾对我说，吃鲍鱼犹如啃脚后跟，有什么可好吃的？

我记得2013年镇江企业界的朋友杨秀云先生在北京世纪金源请我吃饭，菜品中有"南非干鲍（8头）"一味，我也不知道是馋了还是饿了，

松 露

就是感觉这道菜特好吃。待吃完饭杨总在门口送客人时,我一个人蹿进车里,从兜里找出刚才在吃饭时餐厅领班给的名片上的电话,让她叫厨师马上再做四份南非干鲍打包。过了半个钟头左右,我一个人又回到了中餐厅,付了钱,拿上四份打包的南非干鲍回家。第二天叫我夫人、女儿每人各吃了一份,余下的两份叫我夫人送给我的岳父母品尝。大家吃后,一再评价好吃。

著名书法篆刻家苏东河先生为作者制"丝路食客"印章

山楂糕和糖葫芦也是小品菜,可起到为之前菜肴解腻的作用。

烧雪菜包子和鲜肉月饼为主食兼小吃,亦是大董家新推出的同"大董鸭"汉堡一样的快餐品牌。李可总经理说,雪菜包子和小鲜肉月饼是为一南一北口味上的组合,一起品尝时,可形成口味上的差距。

"霜"为甜品,是大董家的得意之作。通过霜这道甜品为此次晚宴画上了一个完美的句号。

霜这道甜品的造型有古典主义艺术之美,里面包含有巧克力、玫瑰花、跳跳糖、百香果、辣椒、意大利布丁等多种食材,并最终形成甜、酸、苦、辣、咸等复杂多变的口味变化。

甜品制作一直以来是中餐餐饮文化中的瓶颈,更是中餐厨师的一个痛处。一般来讲,中餐厨师也不大重视甜品的制作。但随着中餐文化与国际餐饮文化的接轨,年轻人尤其是年轻女性对国际美食的时尚化追逐,甜品

著名文化学者、国际书法家协会主席刘正成先生为作者美食著作题词："食不厌精。一正存念。正成。"

在餐饮中的地位及其重要性日趋凸显。

如今一个星级酒店或高级餐厅自家没有一点儿像样的甜品，是一点儿也说不过去的。

整个晚宴，杨林对我照顾得很周到。他知道我不吃猪肉，早已安排晚宴的工作人员将凡有用猪肉及用其吊制的高汤所做的菜肴均调换成我能吃的菜品。

此次晚宴，是大董为2015秋冬季新推出的意境创新菜，主题与中国水墨画的创作理念相结合。当然了，中国画可用浅降（设色）、重彩、纯水墨等形式来表达。大董为这次晚宴设计的主调颜色为"黑、灰、白、红"。

松　露

　　主角松露，为黑、白两色，整个晚宴包括食材、成菜色泽、器皿等都与主题色调"黑、灰、白、红"紧扣。

　　大董家这些年，玩意境菜，力求把中国国粹文化能够很好地融入他们的菜品中。

　　比如，同是2015年的4月16日，大董家推出了2015春歌意境创新菜，主题就是歌颂春天的到来。菜品多以江南的时令食材为主，整个的宴会给人的感觉就是"万紫千红才是春"。

　　这里不妨把菜单赘录，通过这份食单也可让人感觉到春的气息扑面而来。

前菜：香椿豆腐　汕头老鹅肝配黄桃鱼子　花开咯吱

汤：荠菜馄饨（刀鱼荠菜馄饨）

主菜：桃花泛　松花糕　香糟蒸鲥鱼（香糟膏脂鲥鱼、花雕蒸鲥鱼）玫瑰饼　油菜花紫菜苔　刀板香　糊饼

主食：青团子

甜品：自制酸奶桑葚布丁

　　2015年秋冬季意境菜品的调子是"黑、灰、白、红"，与2015春季的"姹紫嫣红"形成了鲜明的对比。当然，以中国美学而论，秋冬季意境菜更难体现出其人文理念。我以为，2015秋冬季的意境菜更像中国的书法艺术，在黑（墨色）、白（纸张的颜色）、红（钤印的颜色）中找变化，表达出作者的思想流露、情感宣泄。中国水墨画和书法的墨色变化不是单纯的黑、灰二色，而是"墨分五色"，五色中又有很多变化，

这些变化中又有干、湿、浓、淡、枯、润等用笔技法。这些只是停留技巧层面上的运用,关键之处是通过这些外在技法的运用,能够更好地阐释出作者的一种人文情怀,抒发出作者真实情感。并最终通过作品(艺术作品,包括菜品)诉说出作者的哲学理念及美学思想,表达出作者的世界观和人生感悟。

中国水墨画的最高程式是大写意,大写意是用写的方式写出"意"来。

马未都先生在和大董先生交流中,认为水墨画强调笔墨在宣纸上"洇"的感觉和效果。我认为马先生所言的"洇",是通过"洇"这种表现手法,使作者的思想和情感"洇"入到作品之中。

大董(董振祥)这个人骨子里应该是位了不起的艺术家,他深谙"继承"与"创新"的道理。我每次到他们家吃饭,无论是菜品到摆盘再到室内的装饰,他都有自己的想法。这种想法能够引领时尚潮流,并吻合于这个社会,特别受一些白领阶层及外国人士的青睐。

给我的总体感觉,大董的经营理念是超前的,他们家的菜品更多地融入欧美元素的创作风格,大董也时时想方设法将这种国际流行时尚的餐饮文化移植过来,并能深深地扎根于中国,和中国博大精深的国学文化有机地融合在一起。他运用国外一些新的烹饪手法,结合本国国情创造性地改良一些传统烹饪方法。如运用分子处理法等。

大董为2015年秋冬季意境菜中使用的白松露,曾专程去了两次意大利。在白松露每年10~11月的收获季期间,11月8日在格林扎内卡武尔他参加"第16届意大利阿尔巴白松露国际拍卖会",并最终以3.3万欧元(约合22.5万元人民币)竞拍到了排名第二的、重为520克的白松露(同时,大董还花100多万元人民币在阿尔巴购买了许多白松露)。排名第一,重为900

松　露

北京厨房制作的"黑松露焗走地鸡"

克的白松露被香港一买家以10万欧元（约合68万元人民币）的高价竞得；重量排在第三的一块白松露被意大利面食名牌"拉纳"所有人乔瓦尼·拉纳收购。

　　松露产自意大利、法国、西班牙、新西兰和中国，种类有30多种，以产自意大利的白松露和法国的黑松露最为著名。

　　产自意大利的白松露，外表呈不规则球状，色泽分为有轻微的金色、浅褐色和淡棕色的，并带有棕褐色或乳白色的斑块或细小的纹理。小块的白松露如同核桃的大小；大块的似梨子一般的大小。

　　白松露生长好的年份，年产量也只有3吨。比起年产量35吨左右的黑松露而言，白松露就显得尤为珍贵了。

与著名烹饪大师古志辉先生合影

白松露的主要产地在意大利的皮埃蒙特（Piemonte）大区和克罗地亚的北部。皮埃蒙特大区中的阿尔巴（也叫艾尔马Alba）小镇是白松露的主产区。从1945年开始，一年一度的"阿尔巴国际松露博览会"就成为这座小镇的一枚闪光耀眼的名片。

法国东南部的普罗旺斯（Provence）和西南部的佩里格（Périgueux）是黑松露的主产区。其中普罗旺斯黑松露的年产量为30吨左右，占法国黑松露总产量的90%。黑松露的收获季为每年12月至来年的3月份。马赛的"普罗旺斯鱼汤"是法国的名馔之一。佩里格还是盛产鹅肝酱、红酒、酸奶、鹌鹑、鸭肉等美食的天堂，法兰西浪漫的美食精华这里几乎都有。

白松露一般多选择生食，因为它外表细腻，无须去皮。欧洲人食用白

松 露

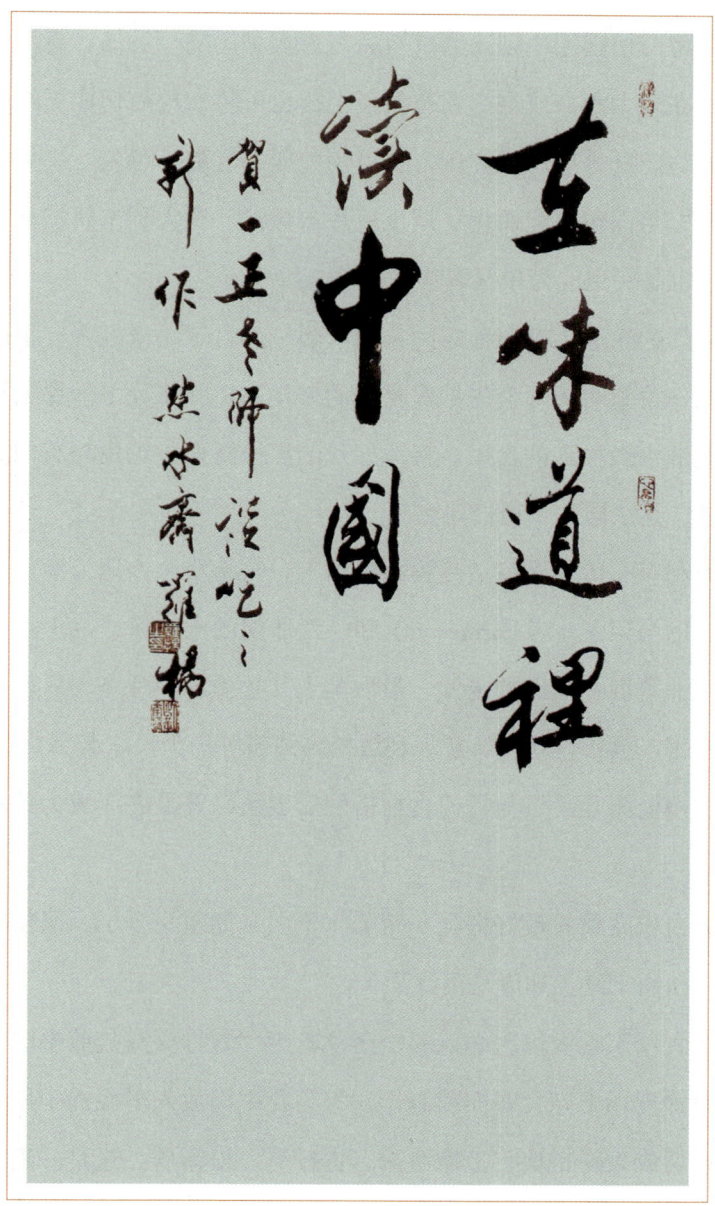

著名古建筑学专家、书法家、诗人罗哲文先生之子,中国文联第八届、第九届主席团委员,中国文联办公厅原主任,著名文化学者、书法家、摄影家罗杨先生为作者美食著作题词:"在味道里读中国。贺一正老师谈吃之新作。点水斋,罗杨。"

松露时,将白松露用小刨床磨成屑后与意大利奶酪、黄油、意大利酱等调料一起撒在意大利面或空心粉及煎蛋上,也可将白松露切成极细的薄片加在肉中或与鹅肝等煎烤后食用,更可用梵提那乳酪、鸡蛋、牛奶加白松露做成干酪,与面包搭配而食。用土豆片与黄油、意大利干奶酪和白松露一起烘烤,也是一道既简单又奢侈的吃法。

黑松露的味道没有白松露的味道浓烈,而且黑松露的表皮很硬,且不可口。制作菜肴时厨师会先把黑松露的表皮去掉,将片下的黑松露表皮浸泡在橄榄油中做松露油食用。将片好片的黑松露塞进鸡皮与鸡肉之间的夹层再烹饪,是法国的一道经典名菜。

意大利有一传统头盘"冷食小牛肉",是将小牛肉用刀凿成薄片,上放沙拉、巴马臣芝士(Parmesan)和一片薄脆的土豆饼,浇上由银鱼柳、大蒜、奶油等混合而成的酱汁,最后削上几片黑松露片点缀后就可上桌。像奶酪松露、黑松露鸡卷、意大利黑松露菌酱等均为松露名馔。

黑、白松露几乎可与任何食材搭配后成菜,并最终能成为餐桌上的亮点菜品。

品尝白松露菜肴最好搭配一瓶陈年干白(如雷司令),黑松露菜肴最好是相伴一瓶干红(如庞马洛红酒)。

我在大董家吃饭每次必点的松露菜肴为"青柠松露盐煎牛肉"。这道菜是由厨师现场来到食客面前制作,将雪花牛肉放入平底锅中用黄油煎烤成熟,再切成大拇指块,上撒海盐、青柠屑、松露屑。这是一道需趁热享用的佳肴。雪花牛肉的丰腴感与黄油和松露的结合,确为一款唇齿留香的佳肴。大董家还有一款"松露提拉米苏",是女士及孩子们爱吃的甜品。

松露一般生长在橡树、松树、栎树、白杨树、柳树、榛树、椴树等树

松　露

下3～40厘米处，它具有很多种味道，如麝香味、干果香气味、天然气味、土腥味、经年未洗的床单味，等等。同时，它还具有一种非常特殊的味道，就是"精液味"。人们把搜寻松露的人叫"猎人"，但猎人如果不借助捕猎工具也是瞎掰。这捕猎的工具就是猪和狗。但还得有个条件，必须是

青柠松露盐煎牛肉

母猪与母狗。这两种雌性畜生可能是爱闻精液的味道吧，一闻到松露的味道就会发情，就可能一口把刨到的松露吞下。

说到白松露，就不能不提到有"亚洲白松露之王"称谓的意大利名厨Umberto Bombana。Bombana分别在香港（2010年1月，开设8½ Otto e Mezzo Bombana餐厅。餐厅于2011年12月，获米其林饮食指南三星荣誉，成为意大利境外第一家获三星荣誉的意大利餐厅；2012年12月，餐厅再度获米其林三星食府殊荣；2013年餐厅登上"世界50间最佳餐厅"榜单，位列第39名；同时餐厅还连续三年名列"亚洲50间最佳餐厅"前10名）、上海（2012年2月，开设8½ Otto e Mezzo Bombana Shanghai。餐厅于2017年获米其林二颗星）、北京（2013年5月16日，开设Opera Bombana）开设餐厅。Bombana是"国际白松露大使"，他也是意大利在其境外唯一获得米其林三星餐厅的主厨。

Bombana早年曾担任中环丽嘉酒店Toscana意大利餐厅的行政总厨，在

仰缶庐谈吃
第三集

云南元阳梯田（作者摄）

松露

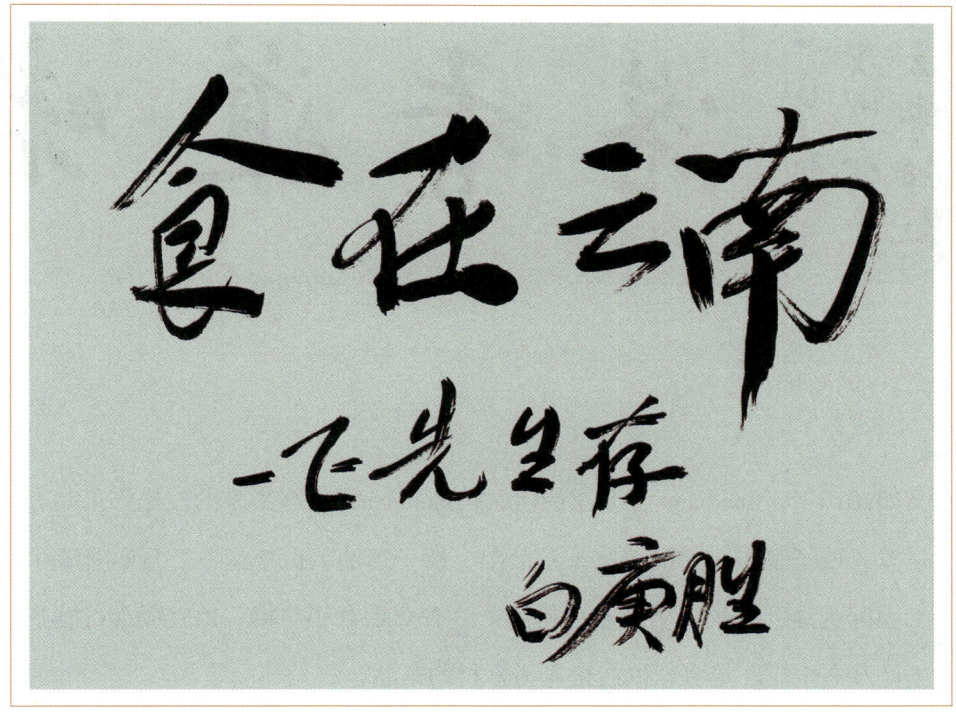

中国作家协会第八届、第九届、第十届副主席白庚胜先生为作者美食著作题词:"食在云南。一正先生存。白庚胜。"

此期间,他就开始主持国际阿尔巴松露拍卖会的晚宴。2005年,香港一买家以6.4万英镑竞得一块重约1.18千克的白松露后交由Bombana,Bombana最终将这块白松露设计料理出四道菜品呈献给食客。香港合和实业主席胡应湘夫妇在2006年以125万港元成功竞得一块重约1.51千克的白松露后,也是交由Bombana制作成五道菜肴飨宴给嘉宾的。

Bombana认为白松露的味道浓郁而复杂,适合搭配味道清淡的食物,比如鸡蛋、意大利面及意大利烩饭。再比如用白松露搭配虾肉、小牛肉(不超过12个月的小牛肉)等清淡的肉类,菜品的整体味道会更为丰富。

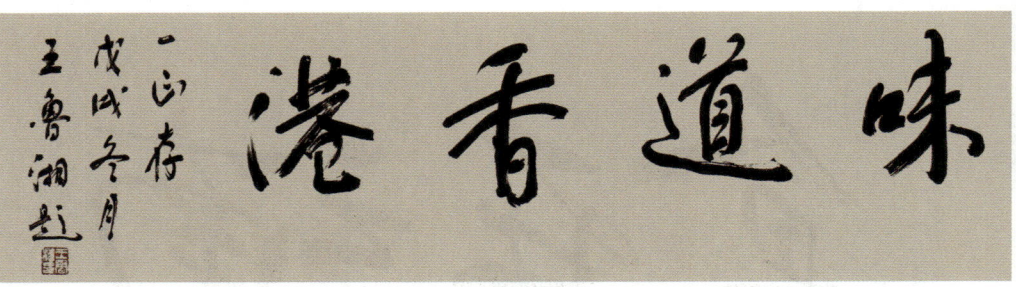

著名文化学者、书画名家王鲁湘先生为作者美食著作题词:"味道香港。一正存。戊戌冬月,王鲁湘题。"

又如2016年,Bombana在北京的Opera Bombana为食客带来的白松露菜品有"意式饺子裹蛋,奶油清芝士及菠菜,榛子黄油,白松露""自制意式手工面配黄油,帕玛森干酪及白松露""香炸勋章小牛柳,PIEDMONT暖芝士汁及白松露"等多款以白松露为食材的菜品。

Bombana用黑松露制馔也享誉盛名。他认为没有什么食材不能同黑松露搭配制菜的了,黑松露是个可以百搭的食材。

Bombana喜欢用黑松露搭配蔬菜制馔。如黑松露与西芹和土豆一起制菜;用橄榄油、帕玛森芝士、黄油、黑松露片、面条做的意大利面;温泉鸡蛋配黑松露等。

在Bombana开设的餐厅中,夏日中吃到的新鲜黑松露多是产自澳大利亚(此时澳为冬季)的。

Bombana对产自中国云南的食用菌偏爱有加。他说:"我在中国云南见到过非常令人赞叹的菌菇,它们强烈浓郁的气息不输给白松露。"

Bombana在用白松露料理菜品时,常常会使用产自云南的食用菌。如将去壳略煎过的波士顿龙虾摆在盘中,浇上用蘑菇熬成的浓汁,配以腌制

松露

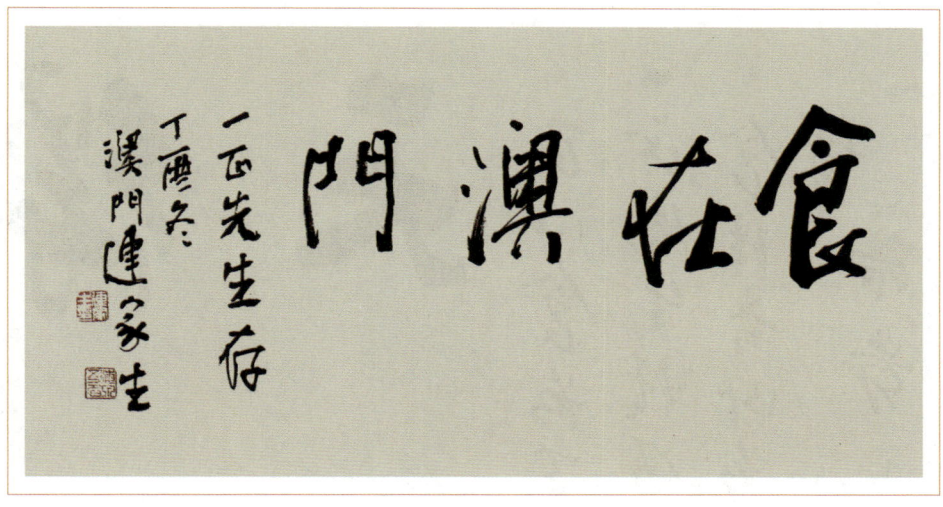

著名书法家、澳门书法家协会主席、美食家连家生先生为作者美食著作题词："食在澳门。一正先生存。丁酉冬，澳门连家生。"

过的洋蓟心和产自云南的松茸，再切上几片伊比利亚火腿点缀在盘上，最后刨上阿尔巴白松露片即可。

Bombana曾说，每种食材在每一道菜肴中都有其自身的位置，关键是如何用它们的自身味道去构筑整个菜品多元化的层次，并最终要在这些层次之间形成平衡。

据说松露含有阿尔法男性荷尔蒙，这是一种类似男性类固醇荷尔蒙的复合物。正是这种气味可诱导雌性动物对它进行搜寻，使雌性动物误以为自己在追踪异性伴侣。

地下有松露的地方，常常在其上面也会有一堆苍蝇围踪着这块地方，难道苍蝇也对松露的这一味道有好感吗？

我国云南、四川、西藏、台湾等地也有松露出产，并与法国产的黑松露十分相似。国产的松露带有复杂的味道。

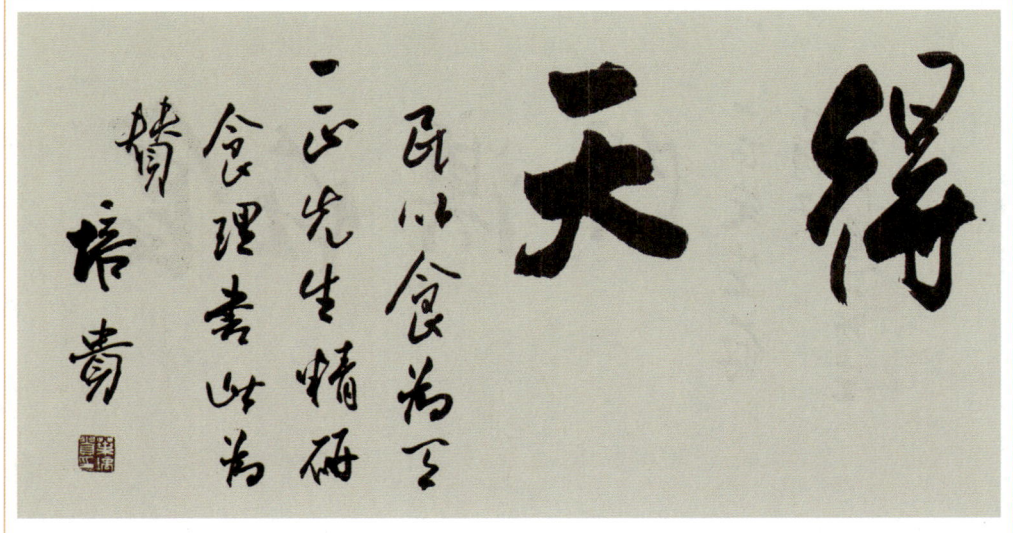

著名文化学者、中国书法家协会第八届副主席、北京市书法家协会第六届主席叶培贵先生为作者美食著作题词："得天。民以食为天。一正先生精研食理，书此为赞。培贵。"

我国西南地区的藏族，四川攀枝花、云南永仁等彝族少数民族地区，把松露叫"无娘果"。金沙江一带还发现黑、白松露等多个品种。攀枝花方圆200公里范围是我国松露的主产区。2008年攀枝花被命名为"中国块菌之乡"，2010年12月还举办了"首届中国攀枝花国际松露节"。

松露名称的得来，是源于松露生在松树的须根处，故而我国称之为"松露"。

位于昆明市官渡区福发路的昆明木水花野生菌交易市场是昆明市的一个大型野生菌交易中心。在这里，云南产的野生菌都有出售，像鸡㙡菌、羊肚菌、干巴菌、松茸、松露等名贵菌类都有销售。

这里出售的松露，均为黑松露，主要是产自云南的楚雄（南华县）、曲靖（会泽县）、迪庆（香格里拉）、丽江（永胜县）、大理和怒江（贡

松露

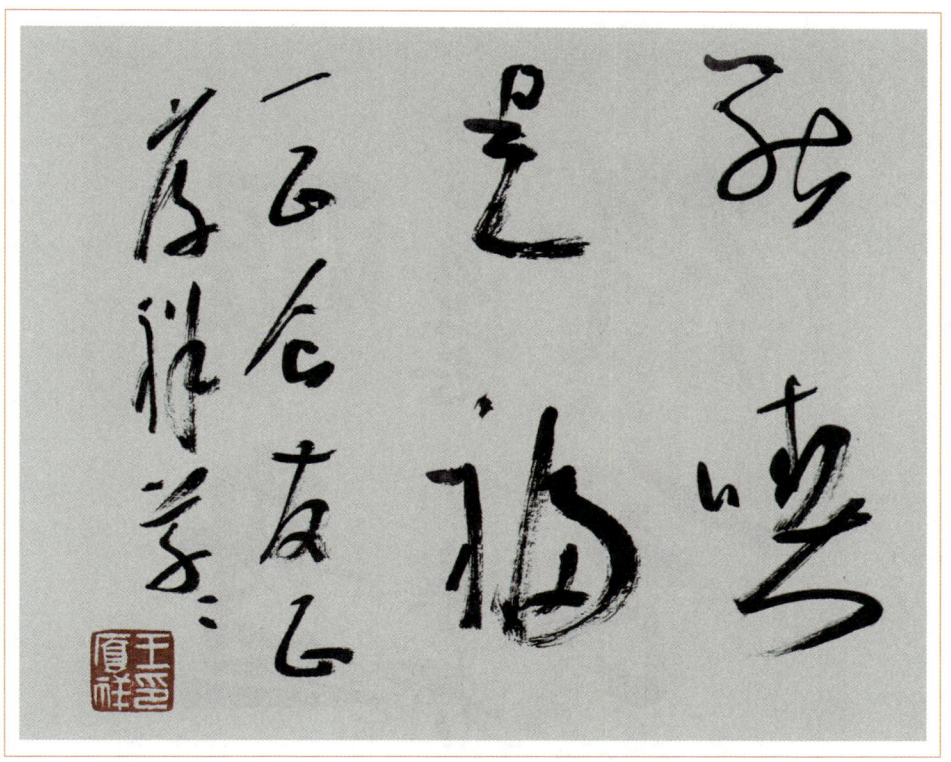

著名书法家、美食家王厚祥先生为作者美食著作题词:"能吃是福。一正食友正。厚祥草草。"

山)一带。松露的价格根据大小、品相、产地等因素而定。

以2015年秋冬季昆明黑松露的销售价格为例,6~7厘米的黑松露价格800元/千克,5~6厘米的售价为700元/千克,3~5厘米的为300元/千克,3厘米左右的为220元/千克,小于3厘米的则为150元/千克。3厘米左右的黑松露当地人大多用以泡水、泡酒、蒸蛋、蒸肉饼等食法。

2017年11月7日,由云南省野生菌保护发展协会会长、中国科学院昆明植物研究所刘培贵研究员,在11月7~9日贡山县丙中洛召开的"第五届中国(云南怒江)国际块菌(松露)节大会"上,提出将每年的农历立冬

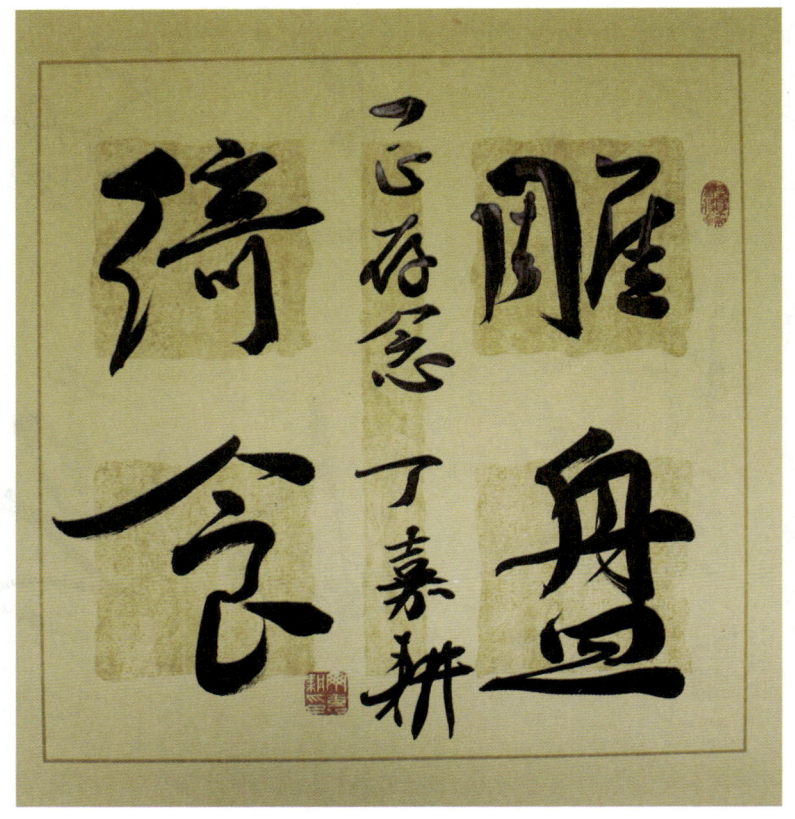

著名书法家丁嘉耕先生为作者美食著作题词:"雕盘绮食。一正存念。丁嘉耕。"

日确定为"中国块菌(松露)日(节)"。

此次大会,是由云南省怒江傈僳族自治州人民政府、中国科学院昆明植物研究所、云南省科学技术协会和云南省野生菌保护发展协会联合主办的,来自法国、澳大利亚、西班牙、墨西哥等国家的专家、学者共计260余人出席了大会。

大会最终形成了"中国块菌(松露)保护与发展(贡山)宣言",以此推动我国块菌保护和产业的健康发展。

松露

北京泰富酒店制作的"松露牛骨髓煲仔饭"

有一年冬天,我夫人去昆明出差,她回京的时间是晚上从昆明长水机场起飞的,我打电话叫她下午去趟木水花市场买点儿松露带回来。她共买回了500克的松露,我用她带回的松露做的第一道菜就是改良版的"开水白菜",也可称之为"清汤白菜"。做法说简单也简单,说复杂也复杂。清汤白菜、开水白菜的灵魂是清汤,这清汤是鸡清汤,也可叫"高汤",是高汤中的上品。谭家菜有一味名馔叫"清汤燕菜",是用官燕做的,现在在北京饭店的官府谭家菜还能点到。这道菜同开水白菜一样,都属于追求"大味必淡"的一种哲学烹饪思想。

我做的开水白菜也只选用白菜的菜心部位,将菜心用水稍洗一下,从中部纵向切一刀,将其放入汤盆中,浇上清汤,放火上蒸15分钟左右。

与著名烹饪大师万钧先生合影

出锅时,在菜心上部码放切成比一元硬币稍厚的黑松露片,我发现家中还有藏红花,就在松露上又撒了很少一点儿的藏红花。如没有藏红花,放点干贝茸或海米等都行。我认为最好是放点儿干虾子或蟹子。但不知道现在哪里还有卖的。我小时候,稍大一点儿的副食店在卖酱油、醋、麻酱、鸡蛋的柜台上,都见放有一圆形的玻璃缸,就像现在自家用于泡药酒的玻璃缸,缸中装的像朱砂一样红色的虾子或蟹子,按两出售。买回来吃热汤面或馄饨时撒在汤中,那叫一个"香"!

我做的改良版的"开水白菜"端上桌子,我家人品尝时,问我这菜叫什么名字,我脱口而答"菘上加松"。

余下的松露,我在家做菜时都会放上一点儿。比如我用街上买的烧饼,回家加热后,将烧饼中间用刀划个小口或用手撕一小口,加点儿切碎的酱牛肉,撒上一点儿黑胡椒粉,再在里面加上几片黑松露,这也是一款不错的小吃呀!亦可用黑松露碎摊鸡蛋,好吃又有营养。

松露在国际市场上一般多以拍卖的形式销售,且会将拍卖所得的一部分资金用于慈善公益行动。

松 露

关于松露的八卦有很多。

据香港中通社2010年11月29日报道,"赌王"何鸿燊以33万美元(约合257万港元)在澳门新葡京酒店举办的意大利白松露菌国际慈善拍卖晚宴中竞买下一颗来自意大利托斯卡纳的、重量为900克的白松露,另一颗来自意大利莫利塞、重为400克的白松露,两颗总重为1.3千克。随后,这两颗白松露由名厨料理,款待友人。

与著名烹饪大师屈浩先生合影

代何鸿燊出席竞拍活动的是何鸿燊的四姨太、澳博董事梁安琪,澳博控股行政总裁苏树辉和澳博董事兼营运总裁吴志诚代表澳博参加竞拍。

何鸿燊在2009年于新葡京曾以25万美元的价格竞买下一颗800克的产自意大利的白松露。同样,在2008年也是在新葡京何鸿燊曾以156万港元竞投得一颗1.08千克的意大利莫利塞白松露。随后,何鸿燊对到场参加竞投晚宴的嘉宾们说,今晚不吃大闸蟹,只吃白松露。2007年何鸿燊也是在新葡京酒店举办的"国际Tuscan白松露菌慈善拍卖晚宴"上竞拍下一颗产自意大利的白松露菌王。为一睹此次竞拍活动的风采,胡应湘、霍震霆、霍震寰、刘銮雄等香港商界人士及周迅,刘青山、郭蔼明夫妇等演艺界人士悉数到场。

仰缶庐谈吃
第三集

与著名烹饪大师周毅先生合影

2013年12月29日英国路透社报道，2013年11月10日在意大利北部的皮埃蒙特区的格林扎内卡武尔城堡举办的白松露拍卖会，拍出两颗重量为2.09磅（约合948克）的白松露，香港买家以9万欧元（约合12万美元）竞得。

2014年11月12日中新网转据日本共同社报道，当月在意大利艾米利亚——罗马涅大区发现一块重约1483克的巨型白松露。

1999年在克罗地亚伊斯特拉岛，一名叫Giancarlo Zigante的发现一块重为1310克的白松露，并被入选吉尼斯世界纪录。这块白松露被一位纽约餐厅老板以4.1万美元买入。

2014年12月7日中新网转中新社报道，纽约6日电，纽约苏富比拍卖行6日举办的世界最大白松露菌拍卖会，一块重为1.89千克的白松露最终以6.125万美元的低价拍出。这块白松露是在全球最大白松露供应商之一巴莱斯特拉家族的萨巴提诺松露园（Sabatino Truffles）挖出，重为4.16磅，为

松露

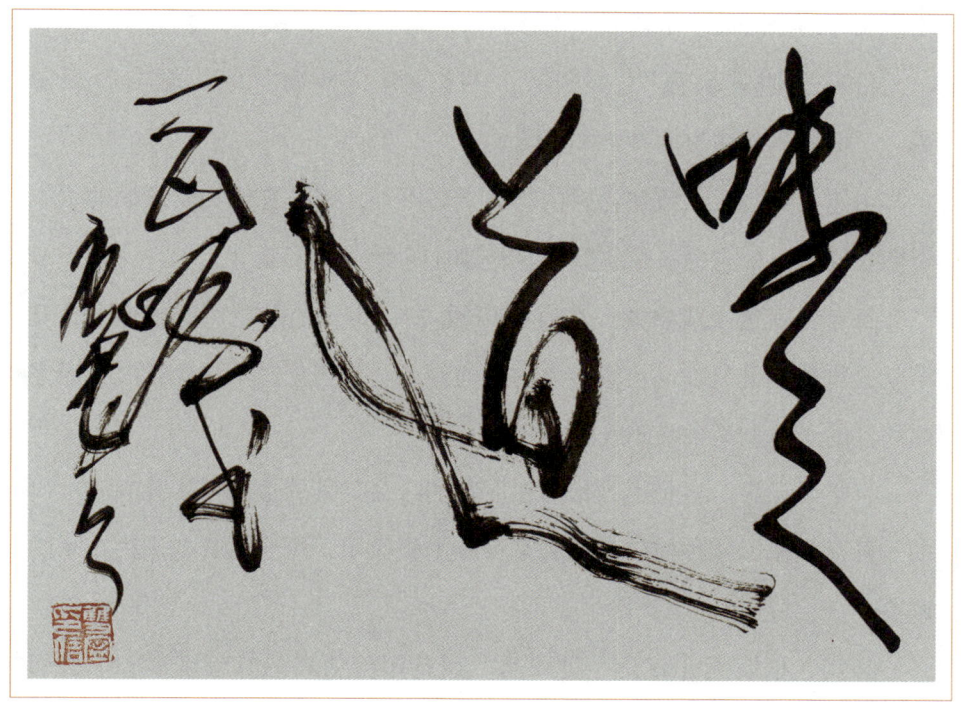

著名书画艺术家、文化学者、诗人、金融家唐双宁（霜凝）先生为作者美食著作题词："味之道。一正嘱书。唐双宁。"

吉尼斯纪录保持者的一倍。萨巴提诺松露由巴莱斯特拉（Balestra）家族于1911年在意大利中部创建。提供萨巴提诺松露的供应商说，来自中国和迪拜的买家曾给出世界最贵的价格即100万美元私下收购这块白松露，但供应商还是拒绝了这笔交易，他们更希望以拍卖的形式出售该松露，以获得最大利益。此次的拍卖收益将捐赠给纽约、波士顿等一些慈善团体。

萨巴提诺松露现已进入中国市场，在云南、上海等地已有"萨巴提诺黑松露速冻水饺"上市。萨巴提诺黑松露水饺是用鲜猪肉、松露酱、松露油等食材制作而成的。除有用松露制作的水饺外，市场上还有用萨巴提诺松露制作的松露油、松露酱、松露盐、松露蜂蜜等一系列松露制品。

松露又叫"块菰""块菌""地菌""地菇"等,它与"鱼子酱""鹅肝"并称为世界三大珍馐。

由于人为因素,致使松露的价格奇高不下,因此它成为富豪们的餐中奇葩。同时,松露也深受欧美、港澳等时尚女性的青睐。

每年松露进入成熟期,在直径1米左右,生长松露周边的土地上,花草就会自然枯萎死亡,土壤显焦灼过的颜色。但当松露不再生长时,原来焦灼样的土地上又会荣茂欣欣。

有学者认为,这是因为松露在成熟期时会与其周边的树木共生时产出的一种荷尔蒙,这种荷尔蒙含有某种抗生素作用,可导致其他周边草木的凋萎。

其实,松露无非就是一种蕈类,其药用价值和稀有程度没有那么邪乎,只是人为因素导致如今价格高得那么离谱。

著名书画篆刻家刘少白先生为作者制"结网渔者"印章

松 露

附件1：

中国块菌（松露）保护与发展（贡山）宣言

　　块菌在贸易中被称为"松露"。块菌是珍稀菌根性食用真菌（EMMs），即与特定活体树木具有共生关系的大型地下真菌，属于稀缺类生物资源。全球范围内，块菌（松露）不仅仅是天然的顶级食材，还是重要林业农业经济和生态系统的重要组成部分，是最具有产业化种植前景的类群。至今，发现产于我国块菌物种极其丰富，记载68种之多，特有性高，古老而现代物种分化强烈，适应性广，岛屿状而广泛分布。近三十年来，中国块菌（松露）为全球生物学界、美食及大健康产业界、药物学界、生态建设与环保领域所瞩目和应用，其国际地位日益提高。随着国际市场的强劲需求，由于缺乏相应的生物学知识、明确的收益权和科学的采集技能，导致掠夺式采集，对生态环境造成严重干扰和破坏，甚至部分商业化采集区濒临灭绝临界点。面对这一局面，云南省怒江州林业局在应用我国块菌（松露）菌根技术和推广种植方面做出表率作用；贡山县政府在保护中国块菌（松露）种源方面做出了模范带动作用。在2017年11月6~9日在云南贡山召开第五届中国（云南怒江）国际块菌（松露）节大会上，与会代表一致强烈呼吁通过立法保护块菌（松露）等野生菌资源，经过前期调研和本次会议充分讨论，形成了"中国块菌（松露）保护与发展（贡山）宣言"。

块菌（松露）及野生菌为全人类、国家与民族的珍贵自然资源，倡导杜绝违反《生物多样性保护公约》等相关法律法规，杜绝不当行为，禁止非成熟期采集和销售幼嫩块菌（松露）等野生菌子实体的行为，禁止乱采乱挖，禁止阻断种群繁衍和遗传物质交流传递一切破坏行为。在块菌（松露）主产地核心区建立块菌（松露）种源保护区。

建议国家及相关部门尽快制定块菌等野生菌保护法，各地政府及相关行业学会（协会）尽快制定块菌及野生菌采集、收售及市场管理规范和技术规程，促进科学合理采集、收售和高质量消费，达到块菌及野生菌自然保育和可持续发展之目的。

明确并制定块菌等重要野生菌采集标准、采集时间和采集方法；通过禁采期、避免破坏微环境、保留一定比例的可育子实体等，确保其后代正常繁衍。规定块菌（松露）采集期从农历11月立冬日至次年3月，推广应用成熟母猪或经过训练的松露犬帮助采集。明确把我国农历立冬日确定为中国块菌（松露）节。

积极开展研究和推广块菌等野生菌就地保育，菌根合成和种植技术，结合绿色荒山荒坡扩大种植面积。如块菌等野生菌产地的山地森林植被采取精细管理，间伐修剪，疏通林相，通风透光，清理杂草地被，应用菌根技术植树造林，提升和改造中低产林，缓解对自然资源的过度依赖，推动形成块菌等野生菌森林农业特色产业。

全面提升公共块菌等野生菌生物科学知识，大力普及块菌等野生菌常识，以及防治毒菌中毒等预防措施；分类指导，引导民众高质量消费块菌等野生菌；挖掘民间烹调技艺，弘扬块菌等野生菌独特风味和食性；建立块菌（松露）蘑菇文化及其产业园区，推进块菌（松露）等野生菌特色文化形成和发展。

　　我们强烈呼吁珍爱自己的家园和大自然馈赠的山珍美味，块菌等野生菌主产区应尽快通过地方立法，颁布块菌等野生菌保护发展办法，落实林权制度，推进造林育菌，推广精细化管理技术。我们相信通过此次大会和《中国块菌（松露）保护（贡山）宣言》的发布，能够引起相关部门和全社会重视，切实精准扶贫，提高我国人民生活品质。树立和践行"绿水青山就是金山银山"的理念，坚持节约资源和保护环境的基本国策，像对待生命一样对待生态环境，统筹治理，实行最严格的生态环境保护制度，形成绿色发展方式和生活方式，坚定走生产发展、生活富裕、生态良好的文明发展道路，建设美丽中国。为人民创造良好生产生活环境，为全球生态安全做出一个大国应有的贡献。

中国（云南怒江）第五届块菌（松露）节

大会全体代表

云南省野生菌保护发展协会

中国块菌（松露）协会（筹）

2017年11月7日

附件2：

中国块菌（松露）保护与发展（怒江）宣言

块菌在市场贸易中称为"松露"。块菌是与森林树木具有共生关系的珍稀菌根性食用真菌，属于稀缺类生物资源。全球范围内，块菌不仅仅是天然的顶级食材，还是重要混林农经济和生态系统的重要组成部分，是最具有产业化种植前景的类群。产于我国的块菌种类丰富，特有性高，物种分化强烈，适应性广，岛屿状分布广、品质高。近三十年来，中国块菌为全球生物学界、绿色大健康产业、药物学、生态环保等领域所瞩目，其国际地位日益提高。随着国际市场的强劲需求，由于缺乏相应的生物学常识和明确的管护收益权，导致无序掠夺式采集，给生态环境造成严重干扰和破坏，甚至部分商业化采集区濒临灭绝。面对这一局面，中共云南怒江州州委、州政府极为重视，2017年在贡山成功召开中国国际第五届块菌（松露）大会，取得举世瞩目的成果，首次提出的中国块菌（松露）节得到广泛响应，应用原产地保护措施，建立了一支队伍，设置万亩贡山黑块菌原产地种源保护区，采用块菌（松露）菌根技术种植320亩12300株菌根苗。在州委、州政府、市委、市政府领导下，于2018年12月30日又成功举办中国块菌(松露)保护与持续利用学术论坛，会上组委会提出"中国块菌（松露）保护与发展（怒江）宣言"的建议。引起与会代表共鸣，经过充分酝酿，一致呼吁通过大力科学普及块菌（松露）科学知识和

松 露

地方立法等措施保护我国块菌（松露）珍稀野生菌资源。建议如下：

一、块菌及野生菌为全人类、国家与民族的珍贵自然资源，坚决杜绝违反《生物多样性保护公约》等相关法律法规等不当行为，禁止非成熟期采集和销售幼嫩块菌等野生菌子实体的行为，禁止乱采乱挖，禁止阻断种群繁衍和遗传物质交流传递等一切破坏行为。在我国块菌主产地核心区建立块菌种源保护区。

二、建议国家及相关部门尽快制定块菌等珍稀野生菌保护条例规范人们的采集行为，地方政府及相关行业学会（协会）尽快制定块菌及野生菌采集、收售及市场管理规范和技术规程，促进科学合理采集、收售和高质量消费，达到块菌及野生菌自然保育和可持续发展之目的。

三、相关部门明确并制定块菌等重要野生菌采集标准、采集时间和采集方法；通过禁采期、避免破坏微环境、保留一定比例的可育子实体等，确保其后代正常繁衍。规定块菌采集期从农历 11 月立冬日至次年3月春分止，大力推广并逐步必须应用成熟母猪或经过训练的松露犬帮助定位采集。

四、积极开展研究和推广块菌等野生菌就地保育，菌根合成和种植技术，结合绿化荒山荒坡扩大种植面积。块菌等野生菌产地的森林植被采取精细管理，疏通林相，通风透光，清理杂草地被；应用菌根技术植树造林，提升和改造中低产林，采用成熟技术修复与保育促繁，缓解对自然资源的过度依赖，推动形成块菌等野生菌森林农业特色产业。

五、挖掘民间块菌（松露）等野生菌文化及烹调技艺，弘扬野生菌独特风味和食性，建立块菌（松露）蘑菇文化及其产业园区，推进块菌等野生菌特色文化形成和发展。

我们强烈呼吁珍爱自己的家园和大自然馈赠的山珍美味，全面落实林权制度改革，相信通过此次大会引起相关部门和全社会重视，切实因地制宜精准扶贫，提高人民生活品质，树立和践行"绿水青山就是金山银山"的理念，像对待生命一样对待生态环境，实行科学严格的生态环境保护制度，形成绿色发展方式和生活方式，坚定走生产绿色发展、生活富裕、生态良好的文明发展道路，建设美丽家园，创造良好生产生活环境，为生态安全做出应有的贡献。

2018年怒江块菌（松露）学术论坛与会全体代表

云南省野生菌保护发展协会怒江分会

中国科学院昆明植物研究所

2018年12月30日

阿卡包子

"阿卡包子",简单地说是指安多藏区藏传佛教寺院僧人所做(吃)的包子;或者说,就是青海等地(安多地区)的人对藏传佛教僧人所做包子之称谓。

"阿卡"(也译成"阿拉")一词是藏文"ཨ་ཁ།"的音译。该词并没有什么实际的意思,是表达恭敬的语气词,后来逐渐演变成了对"活佛"一词的别称,并代替活佛的另外两种藏语称谓,即"朱古"和"喇嘛"。"阿卡"一词现已蕴含一种引导信众从黑暗走向光明的殊胜含义。

著名文化学者、藏学专家降边嘉措先生为作者美食著作题词:"古突糌粑风干肉系雪域佳肴;曲拉卡赛酥酪糕为藏地美食。一正存念。降边嘉措。"

用发面制作的"阿卡包子"

阿卡（ཨ་ཁ）一词使用范围多在安多藏区，现在的实际意义多为安多地区的人们称呼藏传佛教僧人所用，即为"和尚"之意。而在前藏（拉萨）和后藏（日喀则）地区的人们多尊称藏传佛教年长及有学问的僧人为"གུ་ར་"，音译为"古秀拉"；把藏传佛教的普通僧人叫"གྲྭ་བ་"，发音为"查哇"。

"朱古"（朱毕古、朱依古）是藏文"སྤྲུལ་སྐུ"的音译，意为"化身"。

藏传佛教的活佛（包括蒙古族信仰的藏传佛教）将修行有成就、能够根据自己的意愿而转世的人称为"朱古"（藏语）或"呼毕勒罕"（蒙语），意思就是"转世者"或叫"化身"。"活佛"一词只是汉族地区的人们对藏传佛教转世习俗制度的称谓。

朱古即为化身的意思，是藏语中包括"喇嘛""阿卡""仁波切"等对活佛称谓词语中最能够全面、准确概括藏传佛教深奥义理和精神境界的一词。

著名学者、中国社会科学院民族文学研究所降边嘉措研究员告诉我，

阿卡包子

汉字朱古的写法应为"朱古",现多写为"珠古"。现在几乎"སྤྲུལ་སྐུ"的汉译全写成"珠古",这是不同汉字的写法。

喇嘛"བླ་མ"是上师、上人、长老、上座、高僧及有引导信徒走向成佛之道的至尊导师意思,也是至高无上的"转回与涅槃"的怙主。随着活佛制度的形成,喇嘛的称谓逐渐成为活佛的另一尊称。

也有人说"阿卡"一词是安多藏区的民众对喇嘛的昵称。

"阿卡"一词现已成为人们对藏传佛教僧人的一种很常用的称谓了。2010年12月7日《人民网》刊载的《宗康活佛喜度69华诞》一文:

"……一位身板健朗的老阿卡(喇嘛)丹增龙图,陪我们到客房喝奶茶。……他说,塔尔寺数百阿卡喇嘛,像他和宗康主任这样的老人,也有二三十个,……宗康主任家院经堂一侧,五六位中老年喇嘛阿卡,沐浴着窗棂透射进来的阳光,正在为宗康活佛生日诵经祝福。临近午时,宗康家人给他们端来饭菜,阿卡们也饿了,放下经卷,香喷喷地吃了起

塔尔寺僧人制作的"阿卡包子"

塔尔寺晒大佛（作者摄）

来。……"

鸢尾在《热贡艺术之乡，非遗三日游攻略》中写道："……这些阿卡们下午无事便骑着摩托来河畔玩，结果有辆摩托坏掉了，怎么都发动不了，只得拖车回寺了。很可爱的一群阿卡们。……"

"阿卡"一词的使用范围仅限于安多藏区。

阿卡包子

安多地区通常是指现在的四川省阿坝州、甘肃省的甘南州及天祝藏族自治县、青海省除玉树以外其他5个藏族自治州、西藏藏族自治区的那曲地区（部分），地理范围为念青唐古拉山——横断山以北的藏北、青海、甘南、川西北大草原，即青藏高原的东北部、青海玉树之外的其他藏族自治州。

作者在麦秀林场与藏族同胞一起制作阿卡包子

除安多地区外，还有卫藏地区和康巴藏区，被称为我国藏族三大聚居区。

卫藏地区分三块，拉萨市（当雄县除外）、山南地区和林芝地区（林芝、工布江达、米林、朗县四县）称之为"前藏"。"前藏"又叫"卫"，泛指以拉萨河谷为中心地区，它东起怛达拉山，西到岗巴拉山。藏，又称"后藏"，是指由岗巴拉以西，直到尼泊尔交界，大致相当于现在的日喀则地区（北方小部除外），有时还包括羌塘和阿里地区。第三块为阿里地区，它包括整个藏北高原。

康巴藏区位于横断山区的大山大河夹峙之中，即四川的甘孜藏族自治州、阿坝藏族羌族自治州（部分）、凉山彝族自治州的木里藏族自治县，西藏的昌都地区、那曲地区东部（聂荣、巴青、索县、比如、嘉黎五

中国美术家协会第六届副主席、十世班禅画师尼玛泽仁先生为作者美食著作题词："雪域五味。一正惠存。尼玛泽仁。"

县）、林芝地区东部（察隅、波密、墨脱三县），云南的迪庆藏族自治州和青海玉树藏族自治州（治多县西部除外）。

藏区有法域"卫藏"，马域"安多"，人域"康巴"之说。所谓法域卫藏，是指卫藏这一地区是整个藏区的政治、宗教、经济、文化中心。马域安多，是说安多一带是万里无垠的辽阔草原，以出良马著名。人域康巴，说的是康巴人，"康定的汉子丹巴的女子"，康巴汉子彪悍威猛，崇尚横刀立马；而康巴的女子则妩媚婀娜。

按方言藏区可分为卫藏、康巴、安多三块。

安多藏区有着深厚的藏文化底蕴。如位于甘肃夏河的拉布楞寺、青海

阿卡包子

著名唐卡艺术家希热布先生为作者美食著作插绘作品。释文:"唵嘛呢叭咪吽。希热布。"

湟中的塔尔寺、青海循化十世班禅大师的出生地、青海黄南的隆务寺、青海黄南的热贡艺术、藏北羌塘无人区等都是由安多藏区孕育的。

拉布楞寺和塔尔寺都属于格鲁派(黄教)寺院,也分别是格鲁派六大寺院之一。

拉布楞寺和塔尔寺的阿卡包子非常有名。

阿卡包子的做法很简单,同汉族或回族等民族群众做的包子方法差不多,只是在食材的选用上有两点差别。一是做包子用的面粉;二是肉。

以前寺院僧人包包子用的面粉为"青稞面粉",现在一般都用普通的白面粉了;二是做馅用的肉。藏区不同于内地,牦牛和羊为特产,故肉馅

与著名烹饪大师丁明光先生合影

多为羊和牦牛肉做的。

阿卡包子的外形会因包包子的人的手法不同而有所变化，如包成月牙形（大饺子形）、圆形等。阿卡包子还有一大特点，就是皮薄馅大，同汉族人做的包子总有厚厚的皮子完全不同。阿卡包子的外皮更像用厚一点的馄饨皮做的。阿卡包子的面皮是死面做的，不同于汉族等人用发面包的包子，有的地方做阿卡包子的面皮为烫面的。

现在寺院在做阿卡包子的馅料时，也不光全是用纯牦牛肉和羊肉做的了，一般也会加些胡萝卜或白萝卜放在里面。

甘肃夏河一带做的阿卡包子同其他安多藏区的阿卡包子有所不同，它实际上是灌汤包子，在做包子打肉馅时，会加许多羊油、花椒水、葱花、

阿卡包子

酱油等调味料及水。蒸熟的阿卡包子里兜有许多汁水，吃时需先吸吮包内的汁水后再吃包子，否则，馅中的油水会滋出来。

夏河当地人管这种包子叫"和尚包子"，也称之为"卓华包子"，又因其形如牛眼，又有"牛眼睛包子"的叫法。这种包子多是用烫面做的，包子皮是用手捏的，不是用擀面杖擀的。包子的大小如同核桃，顶部包成旋涡状，一般只需蒸15分钟左右即熟，同陕西西安的贾三灌汤包子的外表并没什么区别。食时蘸点儿辣椒油、蒜泥或醋，非常味美。如果要品尝到至醇的本味包子，最好什么也不蘸。

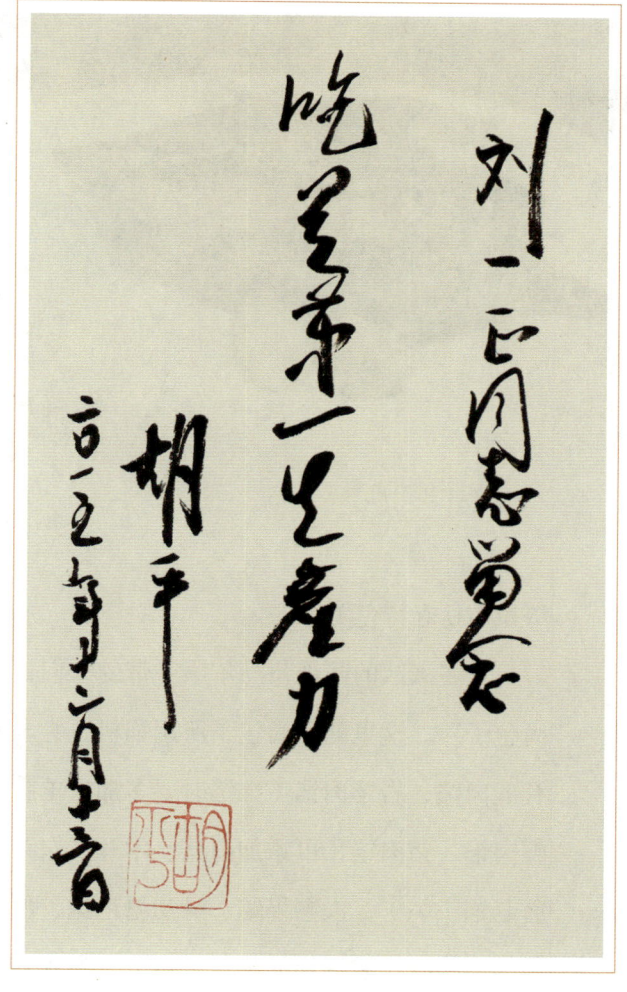

中国商业文化研究会原会长胡平先生（1930—2020年）为作者美食著作题词："吃是第一生产力。刘一正同志留念。胡平，二〇一五年十二月十三日。"

这种包子最初源于每年在夏河藏区举办的踏青节和雪顿节。这两个节都有喇嘛参与，同时参与的人也会带些食品，阿卡包子自然是必带的。

仰缶庐谈吃
第三集

风干牦牛肉

如果你在拉布楞寺用餐，也能品尝到阿卡们（僧人）亲自做的这种"灌汤包子"，也能吃到用大米、蕨麻、白糖和酥油做的"蕨麻饭"，以及"手抓羊肉""藏式酸奶"等拉布楞寺特色美食。

安多藏区的阿坝州马尔康一带的人们，也把当地僧人做的包子叫"和尚包子"。这里的和尚包子所用馅料更为丰富，除羊肉、牦牛肉馅外，还有鹿肉馅、岩羊肉馅（拌馅时要多加岩羊脂油）、獐子肉馅、野兔肉拌熊膘肉馅、猪肉馅（可添加蘑菇、木耳、白菜、胡萝卜、韭菜等，做成猪肉蘑菇馅……）、人参果馅、酥油糌粑馅、蕨苔馅、杂菌馅、元根馅等；包子的形状有樱桃嘴形的（包子口上方是张开的）、三角形的、圆形的、柱形的等；尺寸大的包子可达一个脸盆大小，小的小到一个拇指大小。

我曾问过塔尔寺寺管会格桑龙珠副主任有关阿卡包子的问题。据他讲，以前他们管阿卡包子只叫"夏操"（也有发"夏村""夏馍""夏馍馍"音的），意为藏语"肉包子"，并不叫"阿卡包子"，阿卡包子的叫法得于近些年汉族群众对它的称谓。过去吃阿卡包子也只是他们逢年过节才能享用的美食。就此事，格桑龙珠先生的侄子才加太先生还进一步对我

阿卡包子

解释说，在安多地区，通常民间管肉包子叫"夏村"，但这不是官方语。"夏操"跟"夏村""夏馍"比，"夏村""夏馍"发音更接近对肉包子的叫法。"夏村"的叫法是从食物的材料来进行称谓的。"夏"是肉的意思，"村"是蔬菜，亦隐藏着蒸的一层意思；"夏馍"是从食物外观特征来进行拟名的，"夏"为肉的意思，而"馍"是通过外形来拟名称谓的。

才加太先生又我对讲，夏村的藏文写法为ཤ་ཚོད，这是一种民间的叫法和写法，具体对不对还有待学者们论证。

有一年，我与著名唐卡艺术家希热布先生一同探望来北京出差的珠康活佛和在北京居住的青藏高原生态专家洛桑灵智多杰先生。

在车上，我就阿卡包子一事向希热布先生请教。希热布先生早年在拉布楞寺学习绘制唐卡，后被选为"唐卡国家级非物质文化传承人"之一。他对安多地区的这一美味非常了解。

希热布先生告诉我，阿卡包子的安多藏语发音为"阿卡夏措玛"，藏语写法为"ཤ་ཚོས་མ"，"阿卡"指僧人，"夏"指肉，"措玛"指煮（蒸）熟的食品，这种食物是安多地区的人们日常食物之一。

而塔尔寺夏格日活佛告诉我，阿卡包子就是藏式包子，藏文写作"ཤ་ཚོད་མ"。

2008年冬天的一个下午，我同书法家文塔先生去塔尔寺，塔尔寺寺管会的负责人在他们办公的寺管会搞了一个小笔会，只有我们两个人参加，主要是为寺里进行创作。接待我们的负责人是寺管会的副主任坚赞昂旦，我俩就在寺管会的接待室为寺里创作些书法作品。当我觉得写得差不多了的时候，就一人在寺管会的院里溜达。紧挨着接待室旁有间小屋，外表看屋里很暗，但门是敞开的，我就进了屋里。谁知屋里有八九个喇嘛正在包

包子,此时已是下午四五点钟的样子,屋里并没有开灯,屋内所有的光源借助于从门口射进来的光束。喇嘛们穿着一身红色袈裟,脸膛黑红,他们围坐在一起包着包子,手中的白色的面团和馅盆中红色的牦牛肉馅颜色又是一白一红,光束打在他们的脸膛上,这一画面深深地印在了我的脑海里。这不就是一幅油画吗?叫《雪域祥和图》?我赶紧掏出相机,定格了这一难忘的画面。

我同喇嘛们交流着,并试手包了五六个阿卡包子。

我走出小屋,来到宗康活佛的房间同佛爷交谈了一会儿,一个人又走出了寺管会的大门。这时,天空下起了大雪,塔尔寺也已关门了,偌大的寺里很少见有行人的踪迹。此时,从寺管会走出一个身着紫红色袈裟的喇嘛,他右手拿着一个阿卡包子,左手拿着一个蒸熟的土豆,一边走一边吃着,鹅毛般的大雪打在他的身上,画面异常地庄严而美丽。

我还未走到寺管会的门口,就有一喇嘛出来叫我,说:"包子熟了,快来吃吧!"

还有一年的7月,我从北京到西宁往返两次,一个月去了两次塔尔寺,拜会了宗康仁波切、拉科仁波切。本想再去拜望格加仁波切,寺管会的人员告诉我,格加仁波切正在闭关,为其8月要举办的法会而做修行。

我还想拜望寺管会原主任西纳仁波切,电话打给西纳佛爷管家,才知道您已搬到湟中多巴镇的上寺去了。

宗康仁波切是我每次去塔尔寺必要看望的高僧大德之一。我同宗康佛爷说好,我去西宁必要看望您老人家,并必带些我的书画作品给佛爷,算是我交的作业吧!

塔尔寺和拉布楞寺里住有许多活佛(仁波切),每位活佛都有自己的

阿卡包子

家院,有专门的厨师。他们做的饭菜代表着当地的正宗风味,每家做的饭菜基本上离不开手抓肉、酥油茶、糌粑和阿卡包子。宗康佛爷家和赛赤佛爷家做的阿卡包子最为味美。

炖牦牛尾

现在阿卡包子的这一概念早已不限于是寺院僧侣包的包子了。在塔尔寺及拉布楞寺寺院周围的大街小巷和旅游景点餐厅所售卖的包子,人们都冠以"阿卡包子"的称呼了。

其实,阿卡包子也只是藏式包子(藏包子)中的一种。

藏式包子有许多种类,诸如"奶渣包子"(用奶渣、酥油、白糖做馅)、"土豆包子"、"团结包子"(甘孜州巴塘县)等。

可以这么说吧,凡是安多藏区僧人所做所吃的包子都可以叫"阿卡包子"。阿卡包子的制作没有标准可言(兰州牛肉面、鱼香肉丝等都均有行业标准),它只是安多藏区的一味小吃,具体到某个地区、某个寺院都各有特色,且随意性也很强。

2019年的7月,我去青海,就藏药与藏膳的关系等问题到青海久美藏药药业有限公司与久美彭措本然巴董事长座谈。久美彭措董事长特意

仰缶庐谈吃
第三集

安排我们一行在他的公司吃青海的藏餐,菜品有清炖牦牛尾、手抓羊肉、锟锅馍馍、花卷(用香豆粉做的)等,席间亦上了用牦牛肉做的阿卡包子,但是用发面做的,与传统用死面做的阿卡包子不同。

久美彭措董事长早年曾出家于隆务大寺。他对我讲,阿卡包子的做法和叫法如今早已不拘于是用发面或死面(烫面)来做的了,更不拘泥于是否由寺院的阿卡们包的包子了,它已成为安多地区的人们对包子的一种泛称,而且这一叫法还逐步在其他藏区扩大化。

作者绘《拈华(花)微笑图》。款识曰:"拈华(花)微笑。寄萍堂老人本。乙未荷月,西山八大处归来后,一正焚香敬手画于仰缶庐灯下。"

金枪鱼

金枪鱼

——兼谈松叶蟹

在日本人眼里,如果离开了金枪鱼,也就谈不上真正地享受到了寿司和刺身的真谛。

"金枪鱼就是寿司店的脸面!"这是寿司店厨师挂在嘴边的口头禅。

日本人把金枪鱼写作"鮪(マグロ,maguro)";中国台湾地区因受日本统治五十年,也将金枪鱼写作"鮪",不过汉字"鮪"的读音是wěi。查百度百科"鮪"字解释:"金枪鱼、吞拿鱼"意。但《辞源》等权威词典"鮪"字的字意是"鲟鱼"。

鮪:鱼名。鲟鱼。《诗·周颂·潜》:"有鳣(zhān,指鲟鳇鱼)有鮪,鲦(tiáo,白鲦tiáo)鲿(cháng,黄颊鱼)鰋(yǎn,鲇鱼)鲤。"《礼·月令》:"荐鲔于寝庙。"

金枪鱼隶属鲭科,金枪鱼属有8个品种。

1. 太平洋蓝鳍金枪鱼

其他称谓有:本鮪、东方蓝鳍鲔、太平洋黑鮪、大瓮串、黑瓮串、真金枪鱼、马鲭鱼、**鈘乐**、黑黯鯧、北方蓝鳍吞拿鱼等。

中国台湾地区称:北方黑鮪。

仰缶庐谈吃
第三集

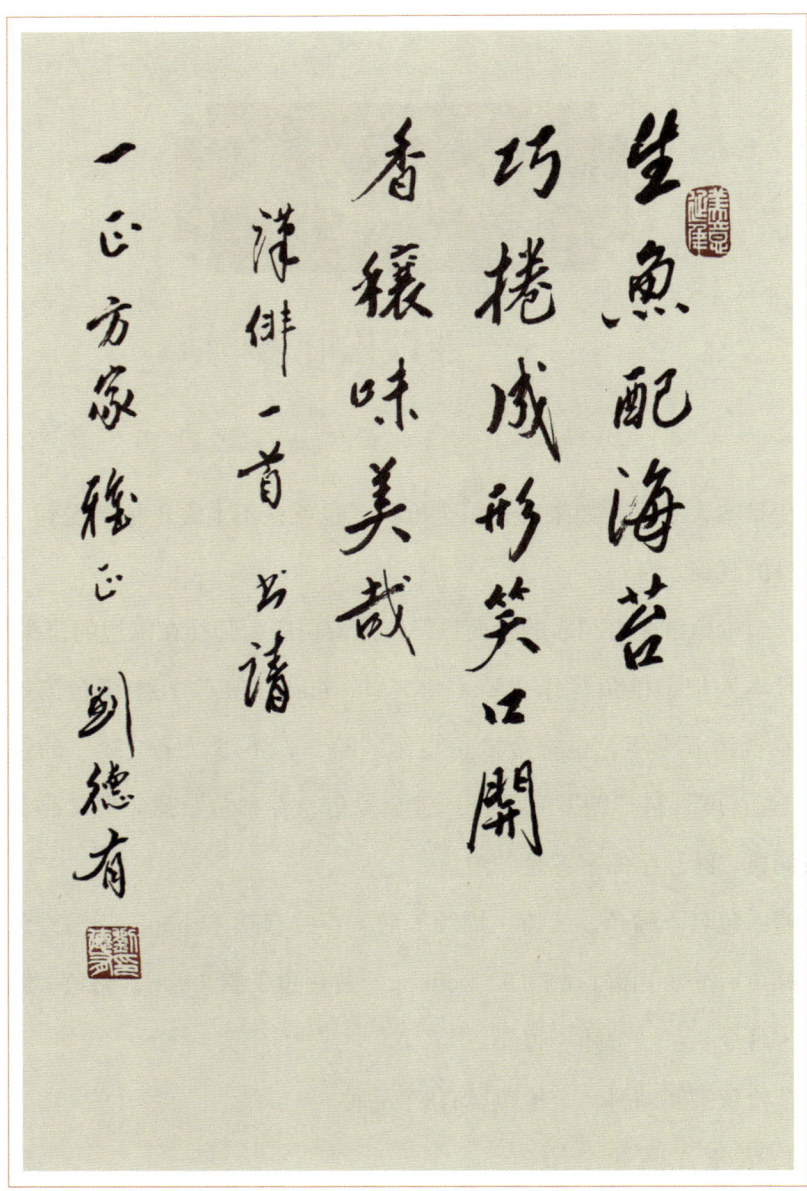

中华日本学会会长、汉俳学会会长、著名俳人、书法家、翻译家刘德有先生为作者美食著作抄录其所作《手卷寿司》汉俳一首："生鱼配海苔，巧卷成形笑口开，香穰味美哉！汉俳一首，书请一正方家雅正。刘德有。"

金枪鱼

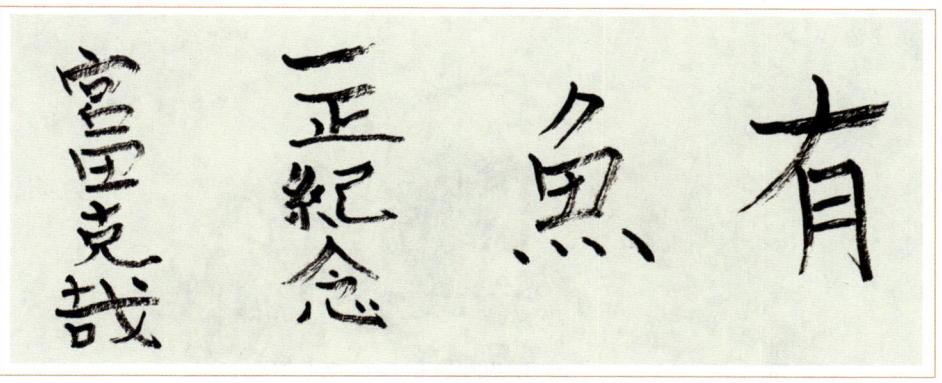

日本著名烹饪大师宫田克哉先生为作者美食著作题词:"有鱼。一正纪念。宫田克哉。"

日文名称:たいへいようクロマグロ(太平洋黒鮪,taiheiyoukuromaguro)、クロマグロ(黒鮪,kuromaguro)、ほんまぐろ(本鮪,honmaguro)。

学名:Thunnus orientalis。

统(泛)称谓:北方蓝鳍金枪鱼、黑鲔(金枪鱼亚属)、黑金枪鱼(金枪鱼亚属)、蓝鳍金枪鱼(金枪鱼亚属)。

特征:体长2~3米,体重450千克左右,大型金枪鱼类。寿命20年以上。

分布及出产地:太平洋东西两侧海域。西太平洋全年可捕;东太平洋在美国、墨西哥的西海岸,可在夏秋季捕获;中国东海、南海和台湾沿海有产。台湾屏东县每年4~6月,在其洄游至巴士海峡产卵期将其捕获,并有"屏东黑鲔鱼文化观光季"。栖息在海平面0~400米的水层。

日本分布:日本近海。青森县、北海道、长崎县、岛根县、静冈县等秋冬季产。

烹调方法:适合制作高档刺身及寿司。高脂肪期太平洋蓝鳍金枪鱼味

金枪鱼沙拉

道最好。

保护级别:易危(VU)。

2. 大西洋蓝鳍金枪鱼

其他称谓:大西洋黑鲔、西鲔、鮀乐、黑黯鲳、本鲔等。

中国台湾地区称谓:北方黑鲔。

日本名称:たいせいようクロマグロ(大西洋黑鲔,taiseiyoukuromaguro)、クロマグロ(黑鲔,kuromaguro),ほんまぐろ(本鲔,honmaguro)。

学名:Thunnus thynnus。

统(泛)称谓:北方蓝鳍金枪鱼、黑鲔(金枪鱼亚属)、黑金枪鱼

金枪鱼

金枪鱼解体秀

（金枪鱼亚属）、蓝鳍金枪鱼（金枪鱼亚属）。

特征：体长2~4.5米不等，体重400~680千克。体量为金枪鱼种类中最大。寿命可达30年。

分布及出产地：大西洋、地中海、墨西哥湾等温、热带海域。地中海和墨西哥湾是其繁殖地。主要渔场为北大西洋的冰岛外海、墨西哥和地中海。栖息在海平面垂直100～400米的水层。

烹调方法：适合做高档刺身及寿司。肉质甘腴。

保护级别：濒危（EN）。

3. 南方蓝鳍金枪鱼

其他称谓：南半球蓝鳍金枪鱼、南鲔、印度鲔、印度金枪鱼、马苏金枪鱼、澳大利亚金枪鱼、油串等。

中国台湾地区称谓：南方黑鲔。

日文名称：ミナミマグロ（南鮪，minamimaguro）、インドマグロ（インド鮪，indomaguro）。

学名：Thunnus maccoyii。

金枪鱼寿司

金枪鱼

与著名烹饪大师袁超英先生合影

统（泛）称谓：黑鲔（金枪鱼亚属）、黑金枪鱼（金枪鱼亚属）、蓝鳍金枪鱼（金枪鱼亚属）。

特征：体长2米左右，体重200千克左右。胸鳍很短，近尾部的小鱼鳍为黄色。为中型金枪鱼。寿命20年以上。

分布及出产地：南半球温带、亚寒带海域，南纬30～50度水域。澳大利亚、新西兰及南非开普敦外海水温较低的海域。

烹调方法：适合制作高档刺身及寿司。肉质甘甜。

保护级别：极危（CR）。

中国书法家协会第六届秘书长、第七届驻会副主席陈洪武（萧风）先生为作者美食著作题词："善食者寿。萧风题。"

4. 大眼金枪鱼

其他称谓：大目鲔、大目金枪鱼、印度洋大眼金枪鱼、短墩、目钵鲔、目拨鲔、短鲔、肥壮金枪鱼、副金枪鱼、大目串、云裳金枪鱼等。

中国台湾地区称谓：大目鲔。

日文名称：メバチマグロ（mebachimaguro）、ダルマ（daruma）。

学名：Thunnus obesus。

统（泛）称谓：黑鲔（金枪鱼亚属）、黑金枪鱼（金枪鱼亚属）、蓝鳍金枪鱼（金枪鱼亚属）。

特征：体长2米左右，体重150千克左右；眼大，胸鳍长，身体短粗。系金枪鱼中的中型鱼类。寿命15年以上。

分布及出产地：大西洋、印度洋及太平洋的热带和亚热带水域（地中海未见分布）均有分布，是捕捞量最多的金枪鱼种类。栖息在海平面垂直200~300米的水层。

日本分布：静冈县、高知县、东京、宫城县、鹿儿岛县等秋冬季节产，亦是关东地区特产。

金枪鱼

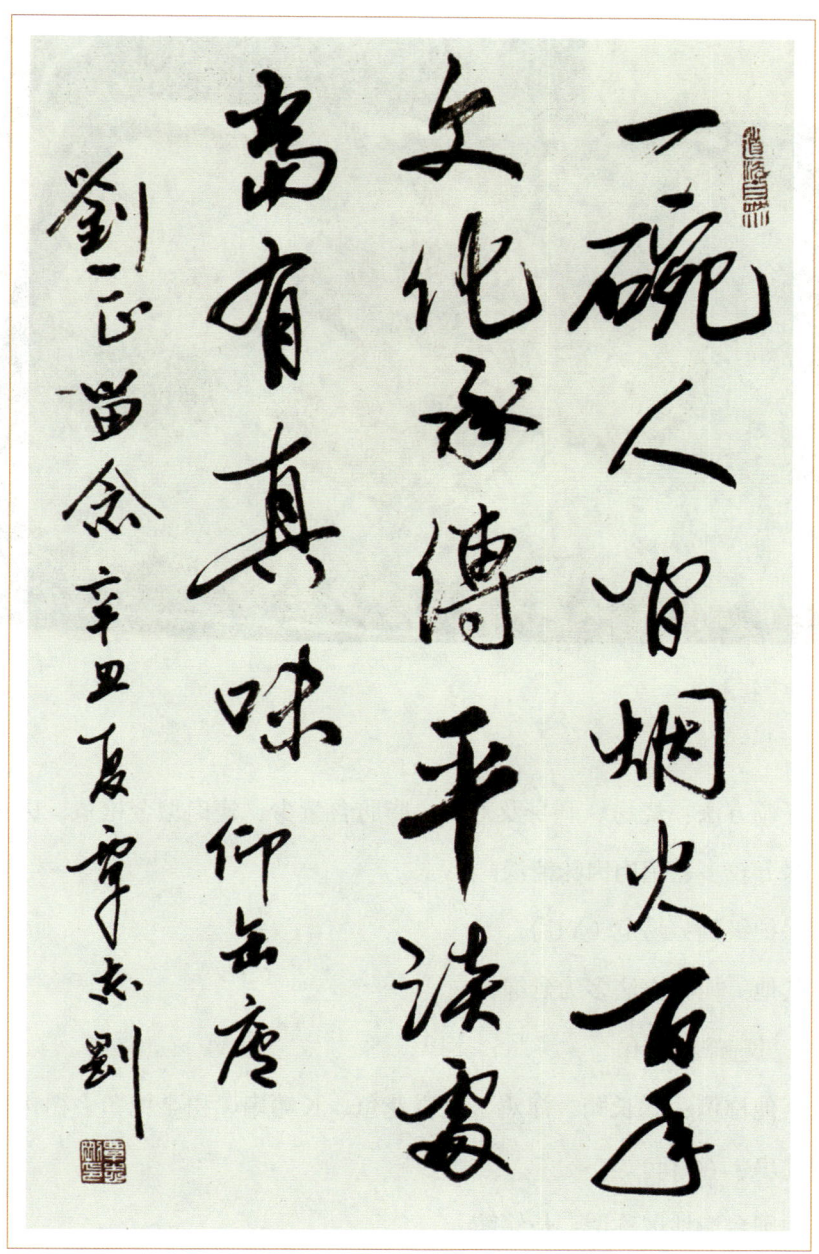

中国文联第七届、第八届、第九届副主席,著名书画家覃志刚先生为作者美食著作题词:"一碗人间烟火,百年文化承传。平淡处当有真味。仰岳庐刘一正留念。辛丑夏,覃志刚。"

烤金枪鱼颈

烹调方法：烧烤、刺身及寿司。脂肪含量少，瘦肉型金枪鱼，肉色粉红，水分较多，鱼肉肉味清淡。

保护级别：易危（VU）。

其他：捕获方法多为延绳钓。

5. 长鳍金枪鱼

其他称谓：鬓长鲔、海鸡、大青花鱼、长鳍串、白金枪鱼、白肉串、长须瓮串、吞拿鱼等。

中国台湾地区称谓：长鳍鲔。

日文名称：びんちょうまぐろ（鬓長鮪，binchoumaguro）、ビンチョウ（binchou）、トンボ（tonbo）。

金枪鱼

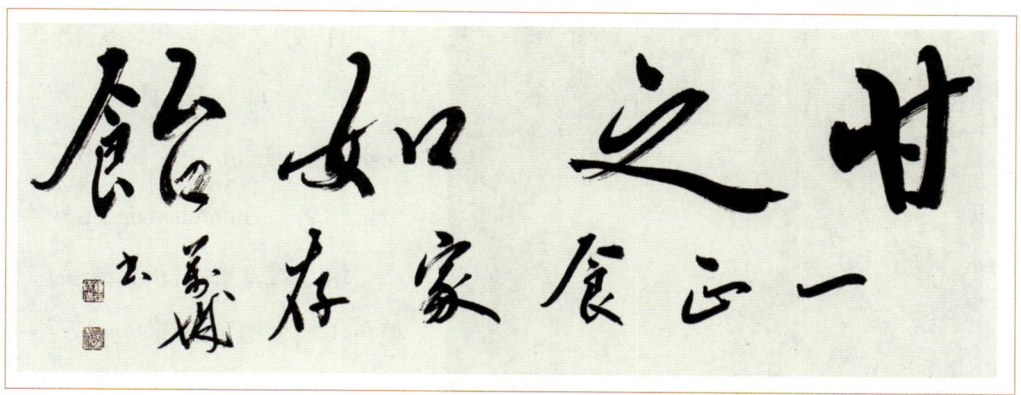

日本著名书法家种谷扇舟之子、著名书法家种谷万城先生为作者美食著作题词:"甘之如饴。一正食家存。万城书。"

学名:Thunnus alaIunga。

统(泛)称谓:黑鲔(金枪鱼亚属)、黑金枪鱼(金枪鱼亚属)、蓝鳍金枪鱼(金枪鱼亚属)。

特征:体长1米左右,体重15千克左右。个头小,胸鳍长度占体长的30%。寿命16年以上。

分布及出产地:全球热、温带海洋出产,且产量较大。栖息在海平面垂直100~200米的水层。

日本产地:宫崎县、高知县、三重县、静冈县及宫城县等。

烹调方法:寿司(回转寿司店多用)、罐头。鱼肉脂肪肥厚,颜色淡白至淡粉色不等。口感似鸡肉。

保护级别:接近受威胁。

其他:主要以延绳钓为主。

6. 长腰金枪鱼

其他称谓:青甘金枪鱼、腰长鲔、黄鳍鲔、青干金枪鱼。

仰缶庐谈吃 第三集

与日本著名烹饪大师神村亮先生合影

日文名称：コシナガマグロ（腰長鮪，koshinagamaguro）。

学名：Thunnus tonggol。

统（泛）称谓：黄鳍金枪鱼（新金枪鱼亚属）。

特征：体长1米左右。第二背鳍和臀鳍后面的身体部分较长。属金枪鱼类中的小型品种。

分布及出产地：长腰金枪鱼产量不大。

日本产地：长崎县、山口县、岛根县等秋季产，也是九州、山阴的地方特产。

烹调方法：鱼肉颜色偏淡，味道清淡，富有弹性。

7. 黄鳍金枪鱼

其他称谓：黄肌鮪、木肌鮪。

中国台湾地区称谓：黄鳍鮪。

日文名称：きはだまぐろ（黄肌鮪，kihadamaguro）。

学名：Thunnus albacares。

统（泛）称谓：黄鳍金枪鱼（新金枪鱼亚属）。

金枪鱼

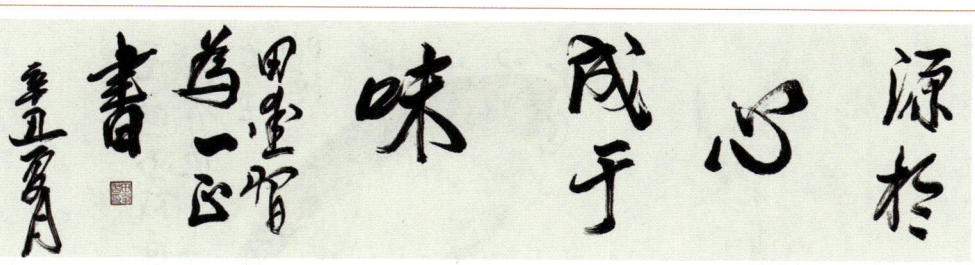

中国文联第七届副主席、著名作家田爱习先生为作者美食著作题词:"源于心,成于味。田爱习为一正书。辛丑夏月。"

特征:体长1.5米左右,体重70千克左右。背鳍和腹鳍及鱼身中部均为黄色。寿命7~10年不等。

分布及出产地:温、热带海域出产。广泛分布于三大洋的赤道海域,是热带海区的代表鱼种。栖息在海平面垂直160米左右的水层。

日本产地:静冈县、宫城县、高知县、宫崎县及鹿儿岛县等夏季产,亦是关西地区的特产。

烹调方法:适合烧烤、刺身及寿司、罐头用。鱼肉颜色偏粉红,肉味清淡。

保护级别:接近受威胁。

其他:捕获方法多为延绳钓。

8. 黑鳍金枪鱼

其他称谓:大西洋金枪鱼、西大西洋金枪鱼、黑鳍鲔。

日文称谓:タイセイヨウマグロ(大西洋鲔,taiseiyoumaguro)。

学名:Thunnus atlanticus。

统(泛)称谓:黄鳍金枪鱼(新金枪鱼亚属)。

著名画家朱明德先生为庆贺作者美食著作出版绘制《有鱼图》。款识为:"无鱼不成席已过去,如今想吃就有鱼。辛丑,明德。一正全正雅存。"

特征:金枪鱼中体形最小的鱼种。

分布及出产地:分布于大西洋西部。美国马萨诸塞州的鳕鱼角(科德角)至巴西西大西洋水域(里约热内卢附近海域)。

其他:黑鳍金枪鱼并不是日本人经常食用的金枪鱼。其生态状况在金枪鱼家族中最好。

注:香港人称金枪鱼为"吞拿鱼";澳门人称其为"亚冬鱼"。

日本人讲究吃日本近海产的金枪鱼,以产自位于本州岛最北端青森县大间金枪鱼为上。

金枪鱼

大间(大間,おおま,ōma)位于津轻海峡南部,它的北面,隔海相望的就是北海道的函馆(距北海道的汐首岬只有20千米)。大间渔业资源丰富,以盛产金枪鱼、乌贼、海胆、海带等海产品著名。

大间出产的金枪鱼,主要为太平洋蓝鳍金枪鱼(T.orientalis),渔民多用传统的"一本钓"手法将其捕获。

所谓"一本钓"(一本釣り,いっぽんづり,ipponzuri),也叫"一根钓",就是渔夫用专业特大号的粗渔线,在鱼钩上挂上花枝(乌贼)、鲱鱼、秋刀鱼、剥皮鱼、河豚等饵鱼,将渔线抛入海中,待鱼咬钩后,全凭渔夫的双手(一定要戴上专用手套)用力拉着渔线,将鱼捕获。

这种钓法,不像我们见到的手持鱼竿的钓法,是渔夫在海上与体形硕大的金枪鱼一比一的较力。如钓上一条一二百千克重的蓝鳍金枪

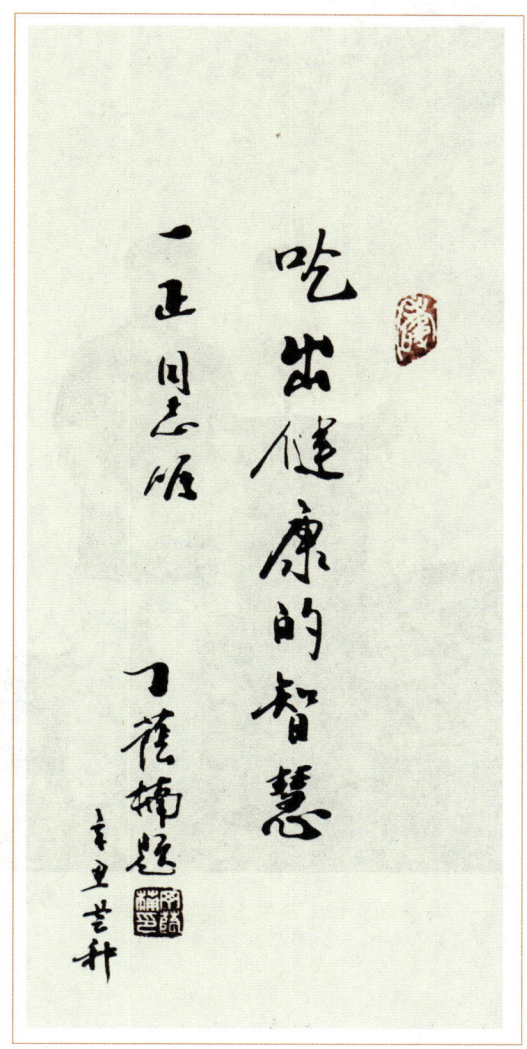

中国文联第七届、第八届副主席,著名导演、书法家丁荫楠先生为作者美食著作题词:"吃出健康的智慧。一正同志嘱。丁荫楠题。辛丑芒种。"

与著名烹饪大师侯玉瑞先生合影

鱼，渔夫要同鱼在海上较量几个小时才能完成。这也是对渔夫意志与能力、体力的综合考验。

大间町有一个叫七岛启一的渔民，1927年出生，在他78岁那年仍然出海作业，且钓到了一条200千克的蓝鳍金枪鱼。

钓上来的金枪鱼，要马上用器物击其头部使其毙命，将鱼放血、去神经及内脏，清洗后用冰冻的方法并以最快的速度运到"筑地"等渔获市场拍卖。

一本钓的好处，不同于其他捕获金枪鱼的方法，可以减少对鱼的损坏程度，最大限度地保持鱼肉的鲜美。

除"一本钓"外，还有几种捕获金枪鱼的常用方法。如"延绳钓"，也称"鲔绳钓"。这种方法是在一根主线上隔出一段距离拴一根支线，系上鱼钩，主线可长达数十千米（有的渔船在开阔海域，主线可撒100千米以上），支线可有三千来根，同样，鱼钩也就多达3000个；主线下有浮球

金枪鱼

与著名烹饪大师郑绍武先生合影

（浮子），主线和浮球之间系有浮绳，浮绳和系有鱼钩的支线长短起着调节水层的作用。延绳钓以作业分布面广、渔获量高而著称。这种方法可钓到大型金枪鱼。它的缺点在于作业时不能及时收线，有可能钓到的鱼已在海中挣扎后死去很长时间了，鱼的鲜美程度受损。

其次是"围网捕"。围网捕就是用大型的渔网来捕获金枪鱼，是现代捕获金枪鱼效率最高且产量最大的一种捕获方式。

围网的网具长度可达2千米以上，高度可达200米以上，是专门用来为捕获金枪鱼设计的。一网多时可达150吨以上，一般则为几十吨的渔获量。

用围网捕获的多为黄鳍金枪鱼、大目金枪鱼和鲣鱼，兼捕的有领航鲸、鲨鱼和海龟等其他濒危鱼类。根据有关国际公约规定，这些鱼类、龟

仰缶庐谈吃 第三集

与天津起士林大饭店厨师长于萧先生合影

类等均为禁捕的,需放生,其区域多在南太平洋水域。

现在围网捕获金枪鱼的手段变得越发先进,大型金枪鱼围网渔船配有直升机、快艇等设备,渔获量的装载能力为2500~3000吨。

船员用雷达搜索定位,发现有海鸟聚集的地方时,就会认定有金枪鱼群出没,金枪鱼群多达几千条以上,渔船快速撒网。在收网时,船员会将颜料球投入在撒网水域的周围,并驾驶快艇在投放染料球的水域搅动海水,以阻止金枪鱼游出围网以外的水域。

围网捕获的金枪鱼占金枪鱼总体产量的60%~70%,2/3是来自太平洋海域的金枪鱼,这是一项年产400万吨、年产值80亿美元的产业。

围网捕的缺点是将鱼一网打尽时,鱼与鱼在网中因相互挤压、碰撞及

金枪鱼

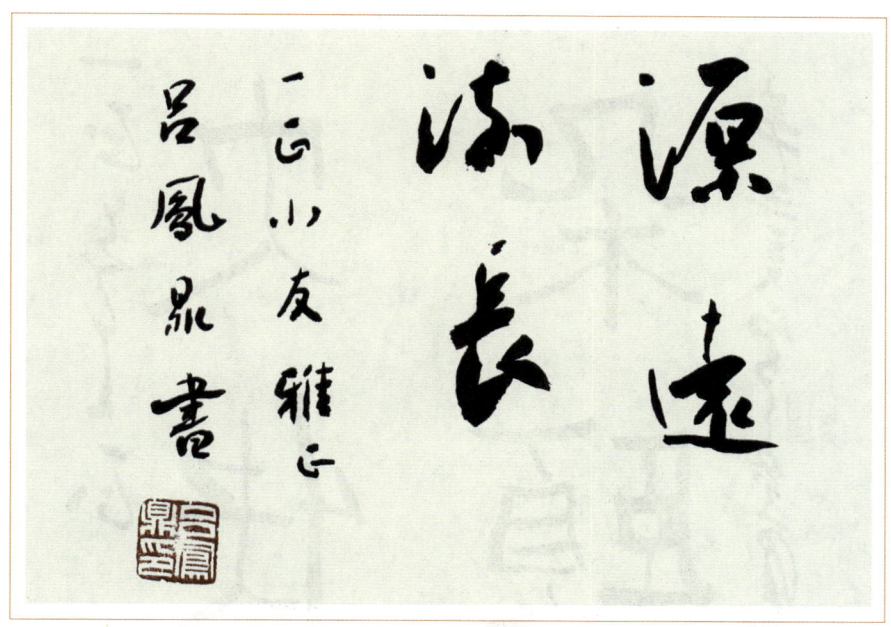

著名书法家、外交家吕凤鼎先生为作者美食著作题词:"源远流长。一正小友雅正。吕凤鼎书。"

挣扎过程中,自身产生的乳酸堆积,导致鱼肉变质。

再次就是在离海岸较近的地方安置的"定置网"。定置网多以木桩为基,深扎海底,横布渔网,以"请君入瓮"的形式进行捕捞,捕获的多为小型金枪鱼。

金枪鱼在捕获时及死亡后会产生两种现象。

第一种现象是"焚身"。日语写作"焼け(やけ,yake)"。因为金枪鱼体形硕大,运动量也大(有"海中猎豹"及"海中保时捷"之称,时速可达160千米/小时),在其受到伤害时,会猛烈挣扎反抗。在这个过程中,金枪鱼的身体中心温度会迅速上升,鱼肉发热,肉会变成片状,乳酸堆积明显,脊骨附近的血管开始破裂,血液进入肌肉组织,并形成血栓及

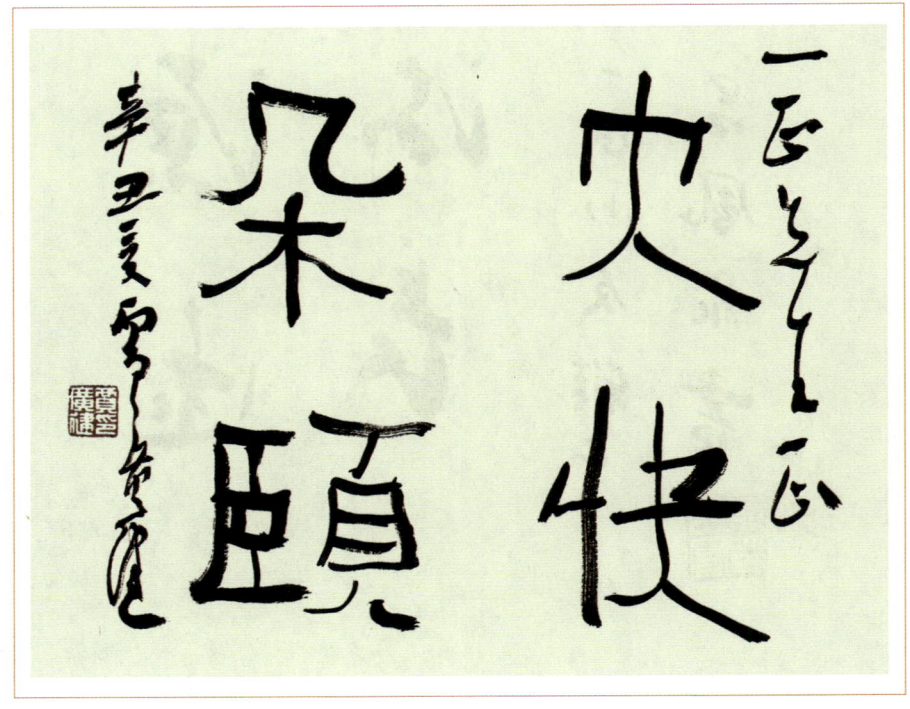

著名书画家、天津美术学院院长贾广健先生为作者美食著作题词:"大快朵颐。一正先生正。辛丑夏,贾广健。"

斑块。如果是这样的鱼肉,就无法食用了。

第二种现象是"自溶"。由于金枪鱼肉中有大量脂肪,在常温下保存就会出现脂肪自溶及氧化现象,所以金枪鱼在捕捞后需要马上宰杀、放血、去神经,存放在-55℃超低温下冷冻保鲜。

自溶现象不光是在金枪鱼身上有,其实,它存在于任何动物的尸体之中。它是动物尸体内的组织细胞在失去生活机能时,受到酶的作用而发生的组织溶解。

也有观点认为金枪鱼的"焚身"与"自溶"均为"焼け(やけ,yake)",

金枪鱼

是同一种现象。

整条金枪鱼未被剖开之前,购买者是无法判断鱼是否有"焚身"现象的,也只有在将整条鱼分割之后才能知道。

在东京,所有的寿司等日料店和贩卖生鲜海产品的商贩所用海获产品,必须要通过在筑地(丰洲)市场的竞拍后才能获得,渔民无权把海获产品直接卖给寿司店等日料店和经营海产品的零售商。

著名书法家柴建方先生为作者美食著作题词:"大味必淡。一正道友雅嘱。癸巳冬月,柴建方题。"

日料店及零售商所用的海产品多从参与竞拍的中介商处购买。

中介商(仲卸業者,なかおろしぎょうしゃ,nakaoroshigyousha)会在每日四五点钟到筑地鱼市竞拍。

筑地市场(築地市場,つきじいちば,tsukiziitiba)是日本最大的批发市场,其中鱼市规模最大。市场面积为23万平方米,有1000家贩卖海鲜品的商户,经营的海鲜品种类有480多种,员工42000余名,年海鲜品交易

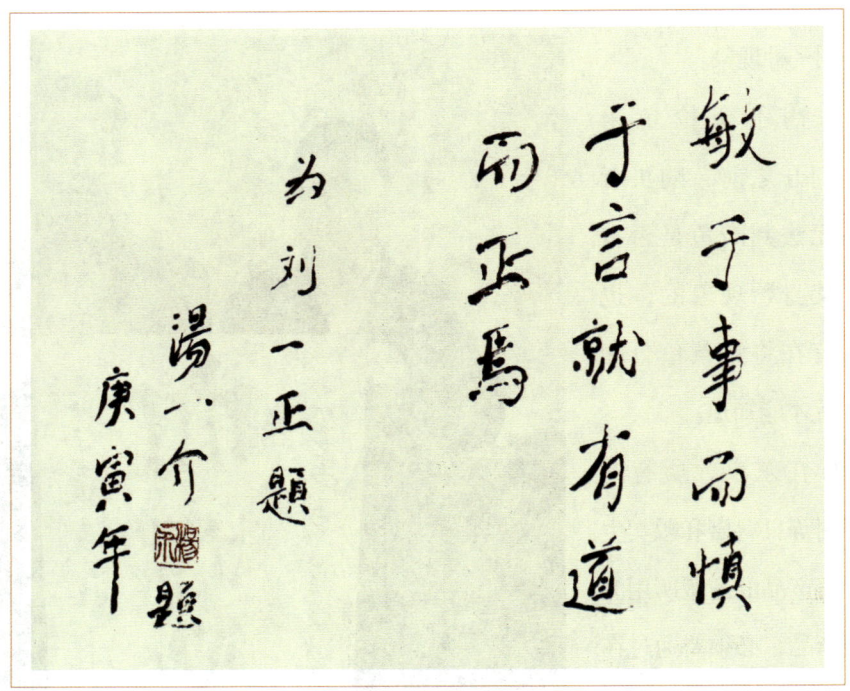

著名国学大师汤用彤先生之子,著名国学大师、哲学家汤一介先生(1927—2014年)为作者题词:"敏于事而慎于言,就有道而正焉。为刘一正题。汤一介(题)。庚寅年。"

金额超过50亿美元。

在筑地市场,金枪鱼是每天最有亮点的海获交易产品之一。

作为每日竞拍金枪鱼买家的中介商(仲卸业者),则必须具备对金枪鱼熟练评估的技能,能够正确评判出每一条上拍金枪鱼的品质,掌握完美分割整条金枪鱼的技术,并还要向下一家金枪鱼的买家保证其所卖食材的安全性,这也是对下一级买家树立和巩固良好信誉度的基本要求;同时,中介商还要对竞拍的金枪鱼的捕获方法、产地等信息有所了解。

中介商既要像外科医生一样会切割金枪鱼,又要像内科医生一样,能拿手电反复察看金枪鱼的外表和内质。

金枪鱼

一般情况下,竞买人(中介商)会从接近鱼尾处的地方,将鱼尾割下,再在割下的鱼尾刀口处取下一小块鱼肉,用手电一边照一边用手反复揉搓鱼肉,观察鱼肉的氧化程度、新鲜状况及油脂含量等,并且还要闻一闻鱼肉的味道。

筑地市场金枪鱼拍卖最火的日子是每年新年开市的第一天,也就是每年的1月5日。

日本人过元旦如同我们过春节一样,会休假。尽管日本固定元旦休假为一天,但一般都会在12月29日至1月3日期间休假,包括政府机关和企业原则上都不办公。每年1月5日的金枪鱼拍卖,是一年伊始的开市拍卖,许多企业和中介商都会参加,都想讨一个好兆头,因此,这一天金枪鱼的最终拍卖价格会略高于平日的拍卖价格。

2001—2009年筑地新年首拍日金枪鱼成交情况一览表

年份	金枪鱼产地	重量(千克)	成交价(日元·万)
2001	青森县大间	202	2020
2002	青森县大间	215	279.5
2003	青森县大间	228	638.4
2004	青森县大间	151	392.6
2005	青森县大间	234	585
2006	长崎县壹岐	293	468.8
2007	青森县大间	207	413.2
2008	青森县大间	276	607.2
2009	青森县大间	128	963

2010—2022年筑地及丰洲（2018年筑地市场搬至丰洲市场，2019年1月5日的金枪鱼拍卖在丰洲市场举行）新年首拍日金枪鱼成交情况如下表所示。

2010—2022年筑地及丰洲新年首拍日金枪鱼成交情况一览表

时间	金枪鱼产地	金枪鱼属	重量（千克）	成交价（日元·万）	成功竞买人
2010.1.5	青森县大间	蓝鳍金枪鱼	232.6	1628	郑威涛：香港"板前寿司""板长寿司""味千拉面"董事总经理；今田洋辅：日本"银座久兵卫寿司"店长，联合竞拍成功
2011.1.5	北海道户井	蓝鳍金枪鱼	342	3249	郑威涛：香港"板前寿司""板长寿司""味千拉面"董事总经理；今田洋辅：日本"银座久兵卫寿司"店长，联合竞拍成功
2012.1.5	青森县大间	蓝鳍金枪鱼	269	5649	木村清："寿司三昧"连锁店及喜代村株式会社社长
2013.1.5	青森县大间	蓝鳍金枪鱼	222	15540	木村清："寿司三昧"连锁店及喜代村株式会社社长
2014.1.5	青森县大间	蓝鳍金枪鱼	230	736	木村清："寿司三昧"连锁店及喜代村株式会社社长
2015.1.5	青森县大间	蓝鳍金枪鱼	180.4	451	木村清："寿司三昧"连锁店及喜代村株式会社社长
2016.1.5	青森县大间	蓝鳍金枪鱼	200	1400	木村清："寿司三昧"连锁店及喜代村株式会社社长
2017.1.5	青森县大间	蓝鳍金枪鱼	212	7420	木村清："寿司三昧"连锁店及喜代村株式会社社长
2018.1.5	青森县大间	蓝鳍金枪鱼	405	3645	小野寺裕司：Ginza Onodera 连锁餐厅母公司 LEOC CO.Ltd
2019.1.5	青森县大间	蓝鳍金枪鱼	278	33360	木村清："寿司三昧"连锁店及喜代村株式会社社长
2020.1.5	青森县大间	蓝鳍金枪鱼	276	19320	木村清："寿司三昧"连锁店及喜代村株式会社社长
2021.1.5	青森县大间	蓝鳍金枪鱼	208.4	2084	山口幸隆：金枪鱼中介商（マグロ仲卸）
2022.1.5	青森县大间	蓝鳍金枪鱼	211	1688	山口幸隆：金枪鱼中介商（マグロ仲卸）

金枪鱼

从表中可以看出，只有2006年及2011年筑地市场新年首拍的蓝鳍金枪鱼（黑鲔、本鲔）为长崎壹岐产的和北海道户井产的，其余产地均在青森县大间。

从2008年起，香港"板前寿司"老板郑威涛在筑地新年金枪鱼首拍日拍卖夺得头彩后，一直到2011年，他和日本的"银座久兵卫寿司"店老板今田洋辅联手成功拿下连续四年的筑地新年金枪鱼拍卖的冠军。

从表中还可以看出，2012~2017年及2019年、2020年，筑地（丰洲）新年金枪鱼首拍日的冠军得主都是木村清。

1952年生于千叶县野田市的木村，是喜代村的代表取缔役（社长）。喜代村成立于1985年，后在日本开的寿司店取名"喜寿司"，另有一家24小时营业的"三昧寿司"，同在木村的麾下。

木村的名气是因引导索马里海盗"弃盗从良"而得来的。

木村发现，索马里海盗是因为贫穷而导致其走上抢劫之路的。而索马里海盗出入的地方，正是南方蓝鳍金枪鱼（T.maccoyii）出没的地方。南方蓝鳍金枪鱼是日本人制作寿司和刺身的顶级食材。日本人食用的顶级金枪鱼多为太平洋蓝鳍金枪鱼和大西洋蓝鳍金枪鱼，相对于南半球出产的南方蓝鳍金枪鱼，日本人觉得它更为稀有。

木村把捕鱼技术、渔船、冷冻设备等提供给海盗们，并将他们捕获的金枪鱼全部收购。

从2012年起，索马里海盗在海上的攻击事件大幅度下降，到2014年已没有一起原有海上抢盗事件的发生。

当然，这个功劳不能全归功于木村，这也是国际联合力量打击索马里海盗的成果。

仰缶庐谈吃
第三集

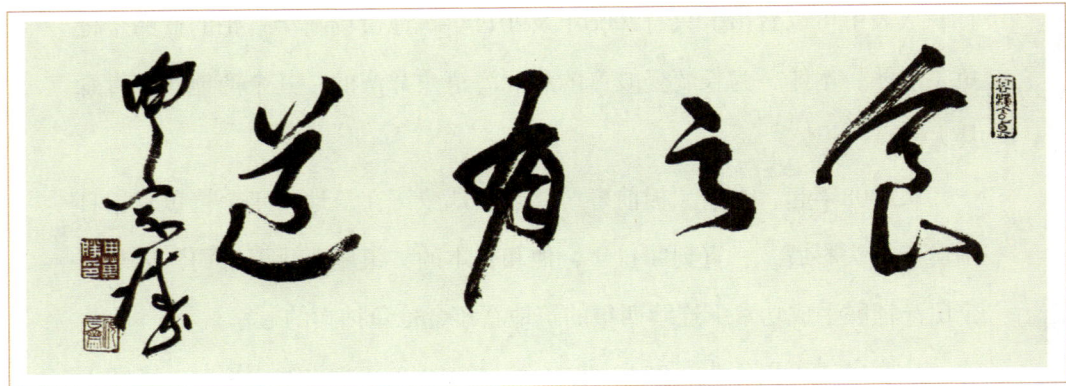

中国书法家协会第六届、第七届副主席申万胜先生为作者美食著作题词："食之有道。申万胜。"

　　木村从2012年起在筑地拍得的蓝鳍金枪鱼都是产自大间的。

　　大间和户井都在津轻海峡上，大间在南，户井在北。户井海港隶属于北海道的函馆市。

　　大间捕获的金枪鱼多为"一本钓"，而户井收获的金枪鱼多为"延绳钓"，两种钓法各有利弊。仅就大间和户井两地渔民的钓法而言，大间"一本钓"出海作业的多为3~4吨的小型渔船，船上多为1~2人，捕获后的金枪鱼需1小时左右才能完成对鱼的加工处理工作。特别是在夏季，金枪鱼的赤身部分会因时间长延误了对鱼的处理而导致鱼肉起变化。户井渔民捕获金枪鱼时多开7~9吨的大型船，用延绳钓上来的金枪鱼能够及时给鱼放血去神经，保证了鱼的品质。

　　日本人多喜食大间的黑鲔，尤其认为秋冬季产的黑鲔最为肥美。

　　津轻海峡的海水在来自日本海一侧的对马海流作用下向东流动，带来了枪乌贼、五条鰤、真鲹和青花鱼等鱼类，而来自白令海一侧的寒潮（亲

金枪鱼

潮）向西南流动，带来了大头鳕鱼、多线鱼等鱼类。这两股洋流汇聚在津轻海峡，使得这里鱼类资源丰富。秋季，黑鲔北上洄游觅食，会停在这里进食，而此时也正是枪乌贼和秋刀鱼来津轻海峡觅食的旺季。11~12月，黑鲔体内有了一定量的营养积累，体内的脂肪丰厚，达到了捕获最佳食用期。在大间海域一侧，青背鱼（泛指多种冰冻水域的鱼类）资源丰

与著名烹饪大师王志强先生合影

富，食用了青背鱼的黑鲔肉质会脂滑香腻；而户井海域一侧鱿鱼分布较多，食用鱿鱼后的黑鲔肉质的味道会清淡一些。

日料店老板及老饕们多会选择用夏季户井产的黑鲔食用。户井是延绳钓，鱼在捕获后人们用10~20分钟就可以将其收拾好，这在夏季，可以保证鱼肉的品质。进入秋冬季后人们就会选择大间产的黑鲔食用。过了每年的一月后，黑鲔的肥美度就会下降了。

除大间用"一本钓"外，在北海道西南角方向，即津轻海峡西侧的松

与著名烹饪大师张火民先生合影

前及喷火湾一带,当地渔民也用"一本钓"。夏季时,喷火湾渔民也会用定置网捕获金枪鱼,这里出产的黑鲔,也很受日本人的喜爱。

另外,在日本九州岛的西北角,对马岛隔海的南部,有个叫壹岐岛的地方,隶属长崎县,这里的渔夫也采用"一本钓"的方法来捕金枪鱼,并有一本钓"北大间,西壹岐"之说。壹岐捕获金枪鱼最佳时期为每年的11月至来年的2月份,且多小型金枪鱼。

壹岐市有四个町,分别为胜本町、芦边町、乡之浦町和石田町,出产金枪鱼多为胜本港(勝本港,かつもとみなと,katsumotominato)。

有关大间产的黑鲔,在2007年1月4日开年之际,日本首播了一部日

金枪鱼

剧,名字就叫《鮪》,讲述的就是主人公坂崎龙男(渡哲也饰演)在大间一本钓黑鲔的故事。通过观看这部上下集的日剧,可以了解到渔夫出没津轻海峡钓捕黑鲔的艰辛及危险程度。而且,像钓到百公斤以上的黑鲔也并不是常有的事。剧中还特别记录了坂崎龙男在昭和四十年(1965年)十一月六日钓到一条215千克的黑鲔,昭和四十六年(1971年)十二月七日钓到一条230千克的黑鲔,昭和五十二年(1977年)十月二十日钓到一条170千克的黑鲔。记录钓到这几条黑鲔的季节均是秋冬季。剧中的女主人坂崎操是由松坂庆子饰演的。在剧中她有一句台词,就是:"在大间这个地方,早上的太阳是从太平洋上升起的,傍晚落到了日本海。这就是人生,其实很简单。"

据说拍摄这部日剧用了上亿日元的豪华制作费。为了真实地再现津轻海峡渔民的"一本钓",剧组在海上守候了好几天,最后终于钓了一条

北京泰富酒店制作的"豉汁芙蓉蒸帝王蟹"

大董烤鸭店制作的"花雕芙蓉蒸帝王蟹"

180多千克的黑鲔,但剧情里说的是250千克。

另外,在1983年10月日本还上演了一部由绪形拳、夏目雅子、佐藤浩市、十朱幸代等饰演的《鱼群之影》(《魚影の群れ,ぎょえいのむれ,gyoeinomure》)。该片由相米慎二执导,讲述的也是青森县大间一本钓的故事。

影片最后,主人公渔夫小滨房次郎为营救其女婿俊一破例再次出海,与海上为捕一条大黑鲔奋战了两天两夜的俊一一同作战,终于将这条大鱼捕获,但俊一却死在了他岳父的怀里。主人公在船上用海上对讲机对焦急等待在岸上指挥中心的女儿鹭子说了一句话:"如果你有孩子,千万别让

金枪鱼

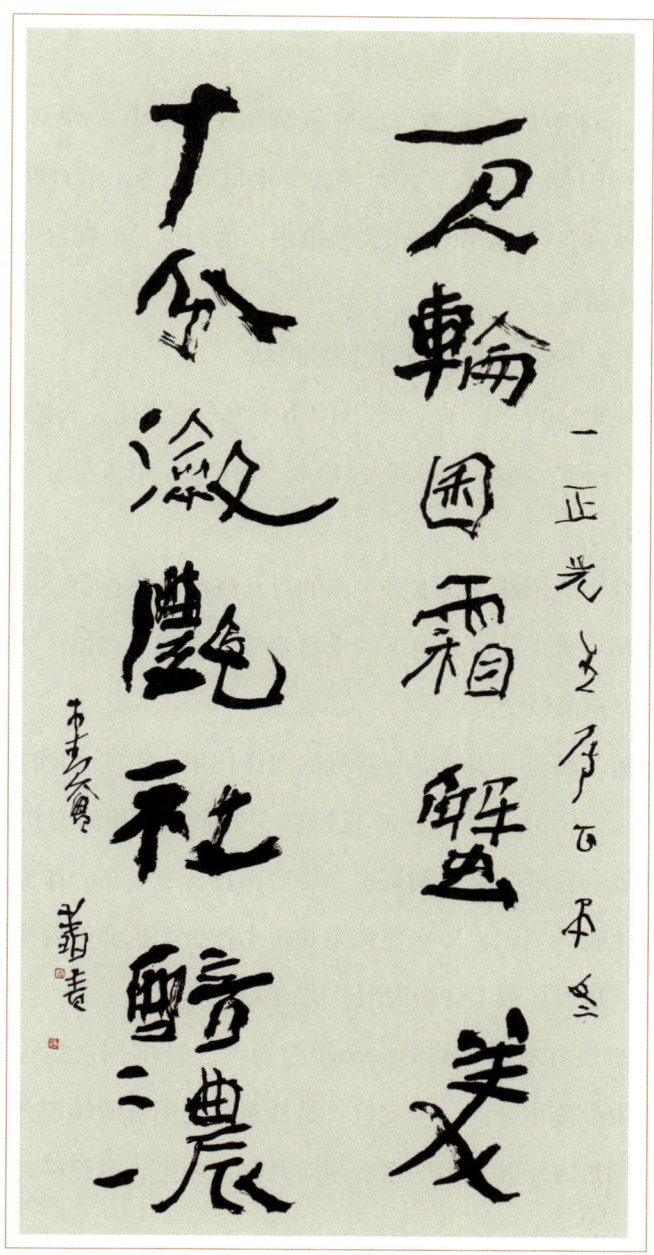

著名书法篆刻家、美食家曾翔先生为作者美食著作题写联句:"一尺轮囷霜蟹美,十分潋滟社醅浓。一正先生嘱正。壬午冬,木木堂曾翔书。"

他再做渔夫了！"

在大间，每年都会举办"金枪鱼祭"（鮪祭り，マグロまつり，maguromatsuri）节，还有"大间特大金枪鱼节"等。节日期间，要表演"金枪鱼解体秀"。大间町的渔夫很抢手，他们也是电视台节目"一本钓真人秀"的特邀嘉宾。

说大间的一本钓，就得先说说津轻海峡。

津轻海峡（140°30′E，41°31′N）为东西走向，长约115千米，南北18~55千米不等，海峡东部深为449米，西部为130米左右，中央水道最深处为521米。

在津轻海峡的西部，日本海一侧的对马海流和来自白令海西部、从堪察加半岛东部沿着千岛群岛南下的千岛寒流（亲潮）在位于津轻海峡东南部的尻屋崎以东海域交汇。

对马海流为暖流，因暖流与寒流的海洋作用，密度大的冷水下沉，密度小的暖水上升，使海水发生垂直搅动，把海底沉积的有机物质带到海面。海洋深处的营养盐类带到海水上层后，且含氧量高，洋流流经水域，有利于浮游生物的繁殖，冷水性鱼类和暖水性鱼类也会借着洋流的流动使得鱼群密集，从而导致了许多大型鱼类前来觅食。

对马海流是日本海一侧的一个较为强大的暖流，它是从北太平洋洋流——黑潮中分离出来的一个支流，是从东海经朝鲜海峡流入日本海。这支暖流沿韩国近海岸北上后向东，与对马海流相汇，最终经津轻海峡流入太平洋。

津轻海峡也是日本海的海水与太平洋的海水交换及汇集处。从津轻海峡向东流出的洋流在日本岛东侧的外海处与来自白令海的千岛寒流相遇。

金枪鱼

与北京烹饪协会会长云程先生合影

与此同时,还有一支主力,即影响日本岛东岸的日本暖流(黑潮主力)在北纬40°的日本外海也与千岛寒流相汇,最终形成了著名的北海道渔场。

连接津轻海峡南北两岸青森至北海道的"青函隧道"(青函トンネル,せいかんトンネル,seikantonneru)于1988年正式通车,从青森县东津轻郡今别町的滨名到北海道上矶郡知内町的汤里,只需30分钟左右,这为南北两岸出行的人们提供了极大的便利。

最能让人记住津轻海峡这个名字的是在1977年1月由曲作家三木刚为石川小百合创作,并在当时唱遍东南亚的《津轻海峡·冬景色》这首歌。

20世纪80年代,邓丽君也唱过这首歌,而且曲作家三木刚和词作家荒木丰久联手为邓丽君创作了不少的歌曲,使得邓丽君在日本走红。由此,

仰缶庐谈吃
第三集

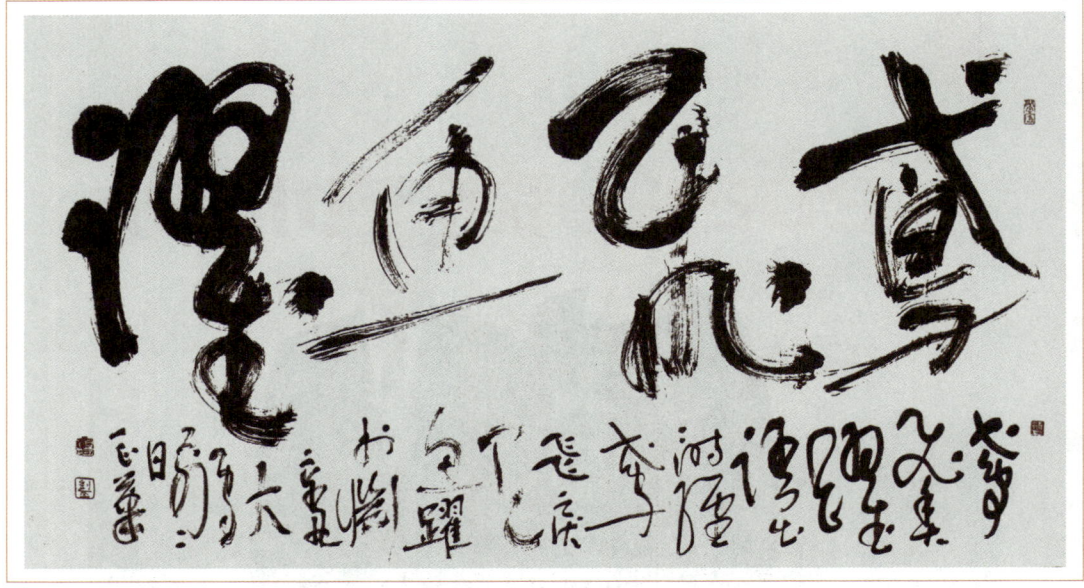

作者书法作品。释文为:"鸢飞鱼跃。鸢飞鱼跃语出《诗经》:'鸢飞戾天,鱼跃于渊。' 辛丑大雪前二日,一正笔。"

邓丽君与三木刚和荒木丰久被称为流行歌曲的"铁三角"。

邓丽君唱的这首歌分别是用中文和日文唱的,尽管有许多日本女优和歌手都唱过,但我似乎只是爱听五木宏唱的。五木和邓丽君也曾共同合唱过这首歌。邓丽君用日文唱这首歌时,我觉得她比日本人的发音吐字还清楚,邓丽君要是教日语也一定是个很出色的老师。

在青森县的东津轻郡外滨町(歌词中提到了"龙飞岬",即 竜飛岬,たっぴみさき,tappimisaki)及青函渡轮纪念船(歌中提到的"连络船",即 連絡船,れんらくせん,renrakusen)八甲田丸处各矗立一块《津轻海峡·冬景色》的歌词纪念碑。

从北海道到冲绳,因洋流及季节和金枪鱼的活动路线等因素,日本沿

金枪鱼

海都有金枪鱼的足迹。

每年的春夏季，日本近海的蓝鳍金枪鱼会南下到冲绳及台湾东侧的海域产卵，6~8月有些金枪鱼也会在日本海东部、日本西部鸟取及岛根等一带产卵。幼鱼成长期间会沿日本列岛东西两侧向北行进到青森、北海道一带。

总体来说，从春夏到秋冬季节，捕捞金枪鱼的时间是由南向北挺进的。

大间产的金枪鱼也并不是日本最大的，每年新年首拍日的金枪鱼，也并不是日本捕获的最大金枪鱼。

仅以和歌山胜浦渔港为例，2015~2018年捕获的大型金枪鱼记录如下。

据《中新网》报道，2015年2月26日，和歌山县那智胜浦町胜浦渔港，渔夫船长一政健一驾驶其延绳渔船"第18金比罗丸"（19吨）号，在潮岬西南方向约450千米处捕获一条体长2.40米、重307千克的蓝鳍金枪鱼，后以302万日元（15.69万元人民币）的价格售出。

2015年3月下旬，渔民在和歌山海域捕获一条386千克的蓝鳍金枪鱼。

2015年4月9日，在和歌山县那智胜浦町胜浦渔港，来自冲绳县的"第一弘奈"号渔船捕获了一条体长2.67米、重411千克的蓝鳍金枪鱼，这条黑鲔以270万日元（13.98万元人民币）的价格售出。

2016年1月24日早晨，和歌山县那智胜浦町胜浦渔港渔市，来自宫崎县川南町延绳钓的"第一海伸丸"（19吨，船员7人）号，在纪伊半岛海域南约180千米处的冲合处，捕获一条体长2.65米、重达417千克的蓝鳍金枪鱼。这条大鱼最后以209.42万日元（11.66万元人民币）的价格拍出，买家系那智胜浦町的一家水产公司（ヤマサ脇口水産）。钓到这条大鱼的船长是49岁的儿玉博。

2017年3月2日午后，和歌山县胜浦渔港渔市，来自宫崎县延绳钓渔船

仰缶庐谈吃
第三集

中国书法家协会第四届秘书长郭雅君女士为作者美食著作题词:"食之味。一正嚼。雅君题。"

"第22胜德丸"(19吨,船员7名)号,在纪伊半岛的冲合约320千米处,捕获了一条体长2.82米、重446千克的巨型蓝鳍金枪鱼。这是自1949年以来胜浦渔港捕获的最大的一条蓝鳍金枪鱼。船长是现年50岁的儿玉祯久。这条大鱼最后以274万日元(18万元人民币)的拍卖价格落槌。

而在2018年3月12日,胜浦渔港收获了一条长达2.74米、重量450千克的蓝鳍金枪鱼。这条金枪鱼也打破了2017年3月胜浦渔港创下的446千克的

金枪鱼

最高纪录，成为胜浦港有史以来捕获的重量最大的蓝鳍金枪鱼。

捕获这条金枪鱼的船长叫大桥勇次（47岁），是宫崎县的渔民。他用延绳渔船"渔安号"（19吨）在3月9日傍晚于小笠原诸岛近海捕获的这条金枪鱼。这条金枪鱼最终以770万日元（约合人民币46万元）的价格卖出。

胜浦港捕获的金枪鱼保鲜方法多为冰鲜，因此，胜浦港也成为日本最大级别的新鲜金枪鱼渔港。胜浦的金枪鱼产量居日本第一。

胜浦港在纪伊半岛上，半岛面对着太平洋，受黑潮影响，这里的鱼类资源丰富，并成为西太平洋上的天然渔场。每年春夏之交，金枪鱼都会逐食而来，胜浦及静冈的烧津和四国岛的高知等地的渔民就开始了大规模的捕鱼活动。捕获的金枪鱼多为大眼、黄鳍和长鳍，蓝鳍只占金枪鱼捕获量的很少部分。

胜浦渔民也捕鲸鱼，在日本超市上售卖的小盒包装用于刺身食用的生鲸鱼肉，多都注明是胜浦港直送。这种肉很像"血合"部分（血合肉即带血的鱼肉，一般为脊柱骨两侧的深色肉。血合肉腥味重，不宜生吃。也有的人将其加工为宠物食品，人不吃），紫黑色。但据说这种出售的生鲸鱼肉是用产自胜浦南面一点儿的太地町的海豚肉做的。那智胜浦町和太地町都隶属于和歌山县的纪南地区，两町紧挨着，一北一南，且都面向熊野滩地区，地形为口小肚子大的海湾。太地町是日本的捕鲸基地。他们的捕鲸方法是用多艘渔船将鲸鱼轰进渔网内，再用鱼叉将鱼叉死。捕获海豚的方法是渔民在船上用一根金属杆插入海中，再不停地敲打金属杆，使金属杆发出声音以此干扰海豚的声呐系统，使之迷失方向，同时，渔民乘船将海豚驱赶至口小肚子大的海湾，再对海豚进行杀戮。如果泛泛地说，海豚属

于鲸目，是鲸类的一种，以海豚肉充当鲸鱼肉也对。但，不管如何，这两类哺乳纲的海洋动物是人类应该保护的，它们的肉是不能被人类拿来食用的。更何况，有科学证据表明，鲸鱼和海豚的肉含有大量的汞、镉、滴滴涕等致癌物质。

如果说和歌山的那智胜浦町的胜浦渔港在中国的日料粉丝中有些名气的话，那么异常美丽的"太地町"（太地町，たいじちょう，taijichou）则更有名。太地町因捕杀鲸鱼、屠戮海豚而出名。在每年的9月至次年的3月，会有成千上万头海豚随洋流逐浪觅食，在途经太地町时，当地的渔民会捕杀2000~3000头海豚。其中，由海豚训练师挑出一些可再创造价值的海豚卖给日本本国的水族馆，以及中国、韩国、俄罗斯、乌克兰、伊朗、阿联酋等国的水族馆。这些被关在水族馆里的海豚，在为其经营者带来可观利润的同时，等待这些可爱生灵命运的将是疾病和死亡。没被水族馆挑走剩下的这些大部分海豚统统会被杀死后将其肉做成刺身等和食料理，供人们食用。

2010年3月7日，美国第82届奥斯卡金像奖最佳纪录长片奖颁给了《海豚湾》（*THE COVE*）这部真实记录太地町杀戮海豚的片子。

太地町捕杀海豚的行为遭到了全世界许多国家和动物保护人士的指责，当然也包括许多日本人在内。如先锋音乐家小野洋子等就致信安倍政府呼吁停止太地町猎杀海豚的行为。

与胜浦港金枪鱼捕获量并驾齐驱的是静冈县的烧津（燒津，やいづ，yaidzu），烧津渔港2010年的渔获产量是21万吨，排名日本渔港渔获量第一。2020年卸鱼金额为410亿日元，连续4年排名日本第一。

烧津临骏河湾，它是个水产城市，水产品除金枪鱼外，还有鲣鱼、鳗鱼等，水产加工业是烧津市的支柱产业。烧津还设有掘进式人工渔港。

金枪鱼

金枪鱼刺、大竹荚刺、鰤鱼刺等拼盘

烧津的渔民除了在日本近海捕获黑鲔和大眼金枪鱼外，还涉足远洋渔业，在印度洋、澳大利亚等水域，都可见到烧津渔民的身影。在夏季金枪鱼淡季的日本水产市场，从印度洋和澳大利亚等海域捕获的南方蓝鳍金枪鱼，可为日本的海产品市场提供货源。烧津的渔民采用的是延绳钓，钓后的金枪鱼用急冻的方法保鲜。

除和歌山县的胜浦及静冈县的烧津两大渔港的金枪鱼产量居日本老大外，还有岩手县的宫古（みやこ，miyako）和釜石（かまいし，kamaishi）。岩手县位于日本本州岛的东北部，受千岛寒流和日本暖流在此交汇的影响，海获产品丰富，其中包括捕获的渔业产品和水产养殖业产品。宫古和釜石是岩手县的两大渔港，盛产金枪鱼、鲣鱼、秋刀鱼、鲭

仰缶庐谈吃
第三集

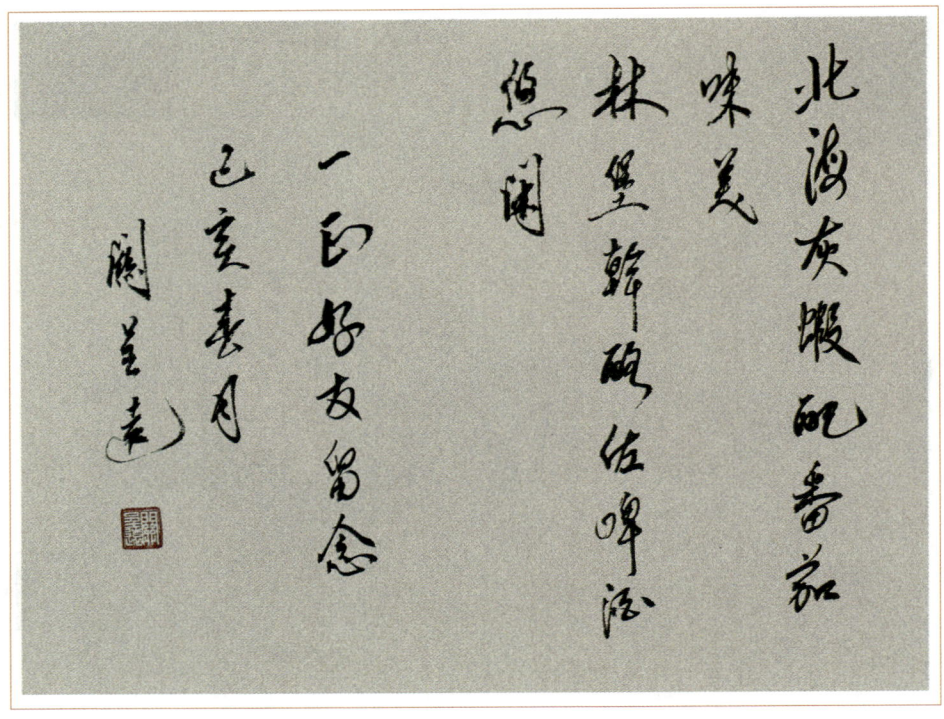

著名书法家、外交家、李铎书法艺术研究会顾问关呈远先生为作者美食著作题词："北海灰虾配番茄味美,林堡干酪佐啤酒悠闲。一正好友留念。己亥春月,关呈远。"

鱼、沙丁鱼等,鲍鱼和裙带菜等产品居日本第一。在这里的里阿斯式海岸(指由于土地沉降和海水上升,形成如同锯齿般复杂的海岸)同时盛产各种贝类和海藻。

除岩手县的宫古市外,在位于日本冲绳县、即球球群岛上,亦有一个"宫古列岛"。

每年的4至7月,在北纬25度至16度之间,即日本琉球群岛的宫古岛和石垣岛海域、台湾岛的彭佳(彭加)屿及台湾岛东部沿海海域、菲律宾吕宋岛的东部沿海海域,会有来自美国西部沿海和加拿大西部海域的蓝鳍金

金枪鱼

枪鱼洄游到此海域产卵。与此同时,在兰屿、绿岛等台湾岛东部沿海海域和宫古岛、石垣岛等琉球群岛海域也正是飞鱼的产卵交配期。飞鱼也是金枪鱼的美味之一。在这个纬度范围、这一时间段出产的蓝鳍金枪鱼因脂肥肉美,人们称为"黑金",是黑鲔中的极品珍馐。亦是我国台湾地区、日本等地的老饕们趋之若鹜来此享受这一美味的地方。

这一蓝鳍金枪鱼即是太平洋蓝鳍金枪鱼,它有两个产卵场,除位于菲律宾吕宋岛和台湾岛以东近海海域及日本冲绳岛(琉球群岛)附近海域一带,即北纬16度至25度之间(日本西部以南至菲律宾以北近海一带),产卵期为每年的4至7月;另一个产卵场位于日本海西南部海域,产卵期为每年的7至8月。

金枪鱼在菲律宾吕宋岛至日本琉球群岛海域产下鱼卵,孵化成幼鱼后会随黑潮北游到日本近海觅食,大约1岁或再大一点儿会横越太平洋到美国西部沿海及加拿大海域生活。这些金枪鱼会在这里停留一段时间,到3~5龄发育成熟后又会洄游到其出生地进行繁殖。

随黑潮北上游到津轻海峡青森县大间及北海道积丹半岛海域及"北渔场"附近的金枪鱼肉质不是特别肥厚,略带酸味,要等到秋冬季时黑鲔大量进食到膘肥体壮才够腴美。

关于太平洋蓝鳍金枪鱼的洄游问题,2013年3月7日中国海洋食品网登载了一篇《太平洋蓝鳍金枪鱼》的文章。文章介绍了日本因福岛核灾难产生的辐射出现在了游弋于日本列岛沿海的太平洋蓝鳍金枪鱼身上。科学家通过对这些被辐射的太平洋蓝鳍金枪鱼的观察,发现了这些太平洋蓝鳍金枪鱼的洄游习性。这些带有铯-134的金枪鱼从日本沿海横越太平洋,游到了美国西海岸的加利福尼亚州。这些金枪鱼的鱼龄从1岁至4岁不等。游到

美国西海岸的这些金枪鱼，在美国西海岸成长，然后再回到日本附近的海域产卵。

科学家最终证实，太平洋蓝鳍金枪鱼主要分布在北纬20～40度的北太平洋温带海域，它主要在日本列岛的东岸到美国的西海岸之间海域进行东西向的洄游。

日本还有一些以盛产金枪鱼较有名气的渔港，如宫城县的盐釜（塩釜，しおがま，shiogama），它位于宫城县的中部，临松岛湾，出产金枪鱼、鲭鱼、秋刀鱼和鲣鱼等，紫菜和牡蛎养殖业也很发达。

再有就是鸟取县的境港（境港，さかいみなと，sakaiminato）及新潟县的佐渡（さど，sado），这两个地方都在日本列岛的西部，西临日本海。境港是日本海一侧最大的水产城市，黑鲔和螃蟹是其特产，尤其是其出产的螃蟹（2014年产量达8550吨），名声大过金枪鱼。这里多赘述几句鸟取的螃蟹。

鸟取县出产的螃蟹名叫"松叶蟹"，日语写作：松葉ガニ（マツバガニ，matsubagani），即"楚蟹"，日语：ズワイガニ，zuwaigani，学名：Chionoecetes opilio，英文Snow crab、Queen crab或Atlantic snow crab。

日本鸟取县、岛根县、兵库县、京都府等整个"山阴地方"出产的楚蟹（甚至红楚蟹）都可称之为"松叶蟹"。

严格地说，只有在鸟取县、岛根县和兵库县等地出产的公楚蟹才有资格被称作松叶蟹。

楚蟹为日本三大名蟹之一（另为鳕场蟹和毛蟹）。楚蟹包括楚蟹（灰眼雪蟹）、红楚蟹（红眼雪蟹）、大楚蟹、棘楚蟹及沟楚蟹等。

在日本的渔业市场，人们会把楚蟹、红楚蟹和大楚蟹统称为"楚

金枪鱼

与著名烹饪大师们在一起合影（从左至右依次为黄民，余伟森，黄伟坤、黄慧芬夫妇及作者）

蟹"。三种楚蟹均以雄蟹为贵。

日本的楚蟹市场分为两大类。一是进口的楚蟹，产地为俄罗斯、阿拉斯加、加拿大、鄂霍次克海、白令海和北太平洋等地；二是国产的楚蟹，有越前蟹、加能蟹、北海松叶蟹及松叶蟹等。而能称松叶蟹的有鸟取松叶蟹（鸟取县）、隐岐松叶蟹（岛根县隐岐诸岛）、浜坂蟹（兵库县浜坂港）、间人蟹（京都府丹后町间人港）、柴山蟹（兵库县柴山港）、香住松叶蟹（兵库县香住港）、津居山蟹（兵库县津居山港）等。

日文"楚蟹"亦写作"頭矮蟹"，日本人还会因其产地和雌雄不同而

与著名烹饪大师陈庆先生合影

有许多的叫法。

雄性楚蟹一旦离开了山阴地区就不能被称为松叶蟹了,各地又有各地的叫法。日本北陆、关东地区把楚蟹叫"越前蟹",日文:越前ガニ(えちぜんガニ,echizengani)。如福井县的敦贺市,也是吃楚蟹的好地方。福井县的敦贺市一带旧属"越前国(越前国,えちぜんくに,echizenkuni),故称其地产的楚蟹为"越前蟹"。石川县近海一带,特别是从加贺至能登半岛,人们称其为"加能蟹",日文:加能蟹(かのうがに，kanougani）。山形县的人们称其为"芳蟹"，日文：ヨシガニ，yoshigani。北海道则管楚蟹就叫"楚蟹"，日文：ズワイガニ，zuwaigani。

日本人对雌性楚蟹的称谓同对雄性楚蟹称谓一样，也有很多的叫法。如背子蟹（福井县一带对雌楚蟹的称谓，对应公楚蟹即越前蟹的叫法）、香箱蟹（福井县及石川县一带的叫法，对应公楚蟹即加能蟹的叫法。石川县对雌楚蟹除称之为香箱蟹外，亦称之为甲箱蟹，这两种蟹名的日语读音均为"こうばこがに，koubakogani）、势子蟹（福井县）、子箱蟹（石川县）、メガニ（山形县对雌楚蟹的叫法，对应公楚蟹即芳蟹的称谓）、亲蟹和子持ち蟹（山阴地方对雌楚蟹的称谓，系对应山阴地方出产的雄楚蟹即松叶蟹的叫法。此种对雌雄楚蟹的称谓间人港一带除外）、コッペ蟹（对应山形县芳蟹的称谓）、若松叶蟹（除指雌楚蟹及带卵的楚蟹外，亦指刚脱完壳的雄楚蟹）等。

早在20世纪60年代，日本海一侧出产的楚蟹被称为"鳕场蟹"，中文叫"堪察加拟石蟹"，即俗称的"帝王蟹"。

楚蟹还被称作灰眼雪蟹、绿眼雪蟹、牧人魁蟹、皇后蟹、少女蟹（雌蟹）、板蟹（朝鲜叫法）等。

在日本，由于松叶蟹有许多地方称谓，再加上雌雄又有各自不同的叫法，极易造成人们分辨上的错误。

而在日本还有一个分布在东京湾以南海域至台湾东北及南中国海、新喀里多尼亚、斐济及澳大利亚东部海域出产的真正的"松叶蟹"（武装深海蟹），日文：マツバガニ, matsubagani，学名：Hypothalassia armata，英文：Champagne crab。这种蟹的蟹钳和蟹腿布满棘刺，故名松叶蟹。这里

仰缶庐谈吃 第三集

姑且不谈Hypothalassia armata。

楚蟹（ズワイガニ）的产季，日本海一侧的兵库县、鸟取县、石川县、福井县等为冬季，北海道、鄂霍次克海在每年的4~5月份。捕捞期：新潟以北海域是每年的10月1日至次年的5月31日，富山县以西的海域雌性楚蟹为11月6日至次年1月10日，雄性楚蟹为11月6日至次年的3月20日。

松叶蟹即楚蟹在日本的吃法可谓五花八门，包罗万象。有刺身（さしみ）、鮨（すし）即寿司、炭火焼（すみびやき）、茹で蟹（ゆでかに）即煮蟹、蟹シャブ（かにしゃぶ）即涮蟹、蟹すき（かにすき）即炖蟹、蟹雑炊（かにぞうすい）即蟹粥、釜飯（かまめし）即蟹肉什锦饭、蟹コロッケ（カニコロッケ）即蟹肉可乐饼、茶碗蒸し（ちゃわんむし）即蟹肉茶碗蒸、蟹玉（かにたま）即芡汁蟹肉滑蛋、天津飯（てんしんはん）即芡汁蟹肉盖饭、面詰（めんつめ）即雌蟹肉蟹壳拼、天婦羅（てんぷら）等。

在日本雌性的楚蟹一般人们不吃，但其卵子则被视为珍馐。抱卵期的雌蟹也最受日本人青睐。日本人称在蟹尾部的受精卵为"外子"，在体内卵巢内的未受精卵，也就是蟹黄，为"内子"。

根据日本《共同通讯社》报道，2016年11月7日在鸟取市的港口举办的楚蟹拍卖会上，一只重1.28千克，蟹壳宽14.5厘米的公楚蟹（松葉ガニ）被48岁的鸟取市中村商店的老板中村俊介以130万日元（约合8.4万元人民币）价格拍得。

2021年11月7日日本广播协会（NHK）报道，11月6日晚，金泽港对石川县各地捕捞的松叶蟹进行拍卖。在捕捞的58吨松叶蟹中，能满足1.5千克重以上、背甲宽在14.5厘米以上且蟹脚完整等6项基准要求的，也只有一

金枪鱼

与著名烹饪大师冯耀伦先生合影

只。这只公松叶蟹最终以500万日元的价格拍出。

松叶蟹即楚蟹的亲戚有红头矮蟹即红楚蟹（ベニズワイガニ，benizuwaigani）和大头矮蟹即大楚蟹（オオズワイガニ，oozuwaigani）。在鸟取等日本海一侧的地方也盛产红头矮蟹（ベニズワイガニ，benizuwaigani），人们称之为"红楚蟹"，价格远比松叶蟹低得多。鸟取的红楚蟹产量居日本第一，且全年可捕。日本鸟取等地的日料店在没有好松叶蟹的时候便会选择用红楚蟹代替，但价格也会比松叶蟹低得多。

日本富山县射水市的新凑（しんみなと，shinminato）渔港也以盛产红楚蟹（ベニズワイガニ，benizuwaigani）和大头矮蟹（即拜氏雪蟹，オオズワイガニ，oozuwaigani）有名。

我们再回过头来说金枪鱼。

日本这个岛国，渔港众多，像神奈川县三浦市的三崎渔港（みさき，misaki）也是深海渔港，盛产金枪鱼，而且渔港周围的日料店以金枪鱼做的日食也很有特色，如"鲔鱼肉酱咖喱""鲔鱼肚天妇罗炸串""烧鲔鱼头""鲔鱼肚刺身"等。

每年春夏季节金枪鱼到冲绳县那霸市泊港（とまりこう，tomarikou）一带产卵时为其捕获期。但是冲绳产的海鲜品很少在顶级日料店中现身，原因就是冲绳的海鲜品食材本身的味道清淡，油脂含量偏少，这也是热带水产品的通病。日本的顶级日料水产品多用在冷暖交汇的海域出产的。

根据日本农林水产省发布的主要渔港调查报告，日本197个主要渔港捕获量最多的是鲭鱼类（渔港的鲭鱼类收获量依次排名为铫子、石卷、八户），第二是秋刀鱼（渔港的秋刀鱼收获量排名为根室、女川、气仙沼），第三为鲣鱼（渔港的鲣鱼收获量排名为烧津、枕崎），厚岸、钏路等渔港的捕获量是在其他单项鱼类品种中有所增加。

顺便说一下，位于南太平洋西部的巴布亚新几内亚，亦是金枪鱼的重要产地。这里金枪鱼的储量占到世界金枪鱼总储量的五分之一，每年金枪鱼的捕捞量超过50万吨，是亚洲和欧洲金枪鱼消费的主要供应商。因此，巴新政府想把位于巴新东北部的重要港口——马当，建设成为世界金枪鱼市场的交易中心。

巴布亚新几内亚拥有600多座大小不同的岛屿，海岸线8300公里，海域面积240万平方公里（1978年宣布200海里专属经济区后），渔业资源丰富，盛产金枪鱼、对虾、龙虾，金枪鱼是全球重要的主产区之一。

巴新区域为中西太平洋赤道线附近金枪鱼聚集地。

金枪鱼

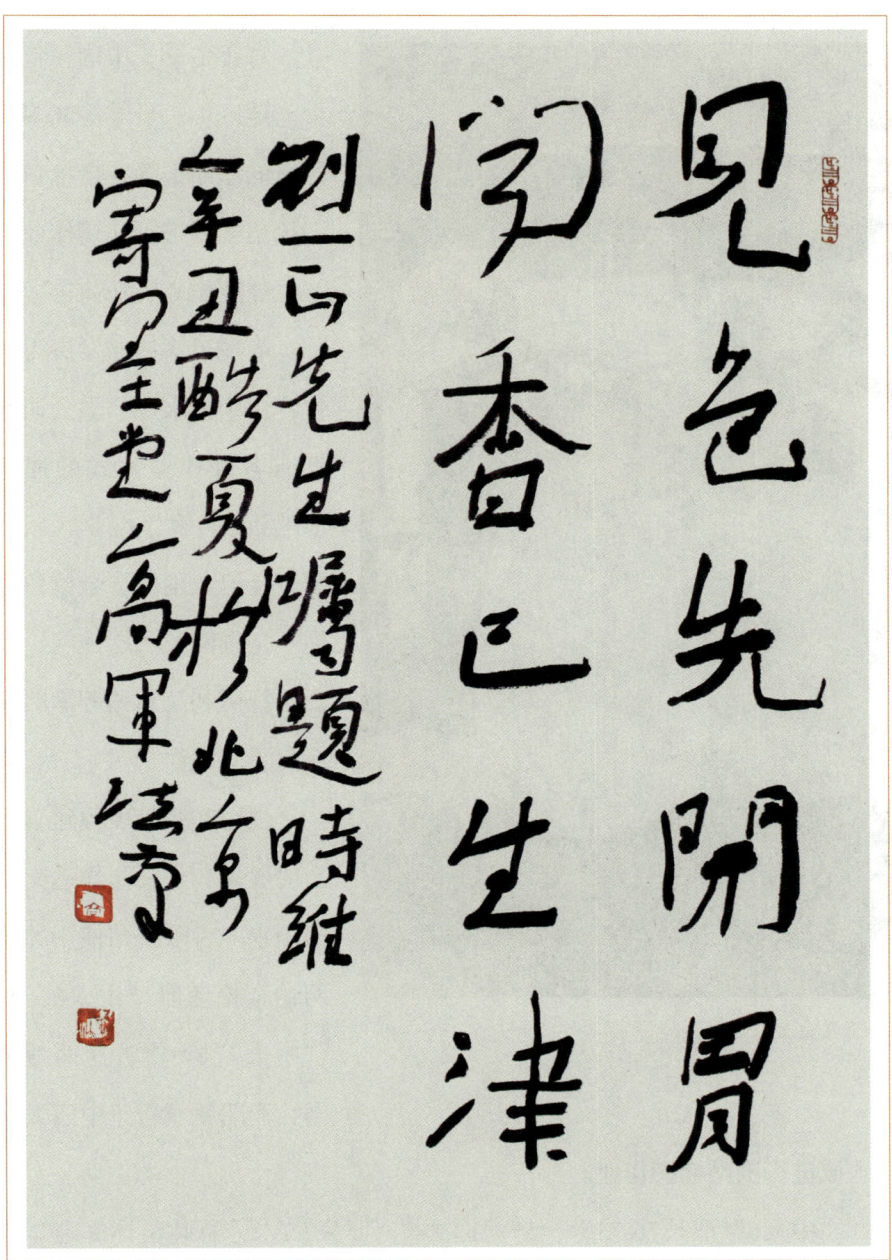

著名书法家、美食家高军法先生为作者美食著作题词:"见色先开胃,闻香已生津。刘一正先生嘱题。时维辛丑酷夏于北京寄墨堂,高军法笔。"

仰缶庐谈吃
第三集

与著名烹饪大师戴斌先生合影

每年冬季,中国(包括台湾地区)、日本等30多个国家的渔船都会在金枪鱼这一聚集区域进行捕捞作业。

捕捞方式为围网捕捞。

中国远洋捕捞发展得很快,仅中国水产有限公司就拥有各种作业方式的捕捞渔船近300艘,作业区域广袤。金枪鱼围网、金枪鱼延绳、定置网及底层拖网、中上层拖网和鱿鱼钓等渔船遍布世界三大洋。

仅以2020年由福建马尾造船股份有限公司建造交付中国水产有限公司使用的围网钓金枪鱼船"中太6"及"中太7"为例,这两艘围网钓渔船就航行于中西太平洋水域进行围网捕捞作业。

"中太6"船长76.73米,型宽13.5米,型深7.7米,总吨位1806吨。船上配备有卫星遥感、高空探测、瞭望台、海鸟雷达、低空搜索、彩色声呐、快速识别鱼群等设备,并拥有6台大功率制冷压缩机,设有12个盐水

金枪鱼

冻结鱼舱（盐水冻舱）及8个保冷渔获干舱（保冷干舱），可冷冻渔获产品1000吨。盐水冻舱可将渔获在24小时内冷却至-18℃（船上备有250吨以上的盐巴用于制作冷却金枪鱼的盐水。-21℃左右浓度的盐水可以循环、不结冰，给鱼体起到冷冻的作用；而金枪鱼从甲板传送带运送到盐水冻舱有一定的高度，因为舱底是盐水，从甲板传送下来的鱼直接落入盐水中，并迅速浮起，可使鱼体不被损坏。当渔获产品全部传送到盐水冻舱内时，便把盐水打满，让鱼冷冻，温度到-12℃～-13℃时鱼体表面已经发硬，便可将鱼放至保冷干舱），保冷干舱可将渔获冻结并保冷至-35℃，可有效保障渔获产品的新鲜度。船上还配有1艘围网大艇，2艘铝质工作艇和1艘快艇。船上包括船长、项目负责人、大副、轮机长、报务员、航海长、二管轮、大厨及船员共38名。

船上配备用于捕捞金枪鱼的渔网。渔网为美式围网，长1850米，垂直深度为310米，重量85吨。

每年的冬季，当中西太平洋的赤道线附近聚集大量的大目金枪鱼、黄鳍金枪鱼及鲣鱼等时，是捕捞的最佳时节，有200多艘各国的渔船会集结在赤道附近的巴布亚新几内亚、密克罗尼西亚、瑙鲁、马绍尔群岛及基里巴斯等区域围捕金枪鱼。

捕捞金枪鱼的方法多为流木鱼群捕捞和浮水鱼捕捞。流木鱼群捕捞可将人工集鱼器放置在海上（定点捕捞）。人工集鱼器就是人造漂浮物，用棕榈树（叶）、椰子木等木块或竹子、废弃网片及死亡的生物尸体等组合而成的海上漂浮物，一般均是可以自动降解的绿色环保材料。这种人工集鱼器的做法是将棕榈树（竹子）等植物材料横竖捆绑成一个正方形的筏子，在筏子下方再系有悬挂物（吸引鱼群用），筏子边缘系有一个卫星浮标（集成小型垂直声呐渔探传输器），可将鱼群位置及探测到的鱼群信息回传至捕捞船；同时，在筏子上系上涂有鱼油的彩带。当人工集鱼器投进大海里，小鱼小虾就会被吸引在漂浮物周围，逐渐，大鱼也会被小鱼吸引，渐渐就会形成一个"人造鱼群"。

再有就是浮水鱼群捕捞即"追鸟捕捞"。追鸟捕捞需借助船上瞭望台的望远镜观察海上飞鸟（两种鸟，颜色为一黑一白，它们捕食海洋中的鱼类）、海上因鱼群相互追逐跳跃产生的水花，或因抢食饵料生物所产生的泡沫，判断鱼群具体情况，从而决定是否进行捕捞。浮水鱼群捕捞及流木捕捞均可借助探鱼直升飞机在空中观察海面有没有鱼群活动及海上漂浮物。空中追鱼是寻找"浮水鱼"的利器。

以上的捕捞方法均需借助瞭望观察、海鸟雷达扫描及渔用浮标等探鱼手段。

捕捞时（多为拂晓），母船将小艇放入海中并靠近集鱼器，把水灯打开（绿色荧光灯），吸引鱼群。经过半个多小时的等待，待鱼群数量、鱼群密度和水流速度已符合捕捞要求时，船长下令下网，另一艘大马力的小艇拖着围网在目标外围包抄，撒下一圈长带形的网具将鱼包围。为了不让鱼群逃出围网外，一般在围网外投下染色棒，阻止鱼群游出包围圈，随后把网具的底网（网底口）收紧，使围网形成一个大口袋，鱼群则全在大口袋中。此时，小艇接近母船将网头固定在母船上，使围网不至于被大海吞噬。起网时，牵引围网的缆绳被连接在母船上，母船上的十几台拉网机同时运转，将金枪鱼打捞上船。

通常情况下，一网可打几十吨海获，像一网100～150吨的渔获则数大网头了，而且这样的大网头在捕捞时也不在少数，而一网200吨以上的渔

金枪鱼

与著名烹饪大师李文先生合影

获量也是有的。

黄鳍金枪鱼和大眼（目）金枪鱼在中国沿海也产。

据《钱江晚报》2018年2月18日报道，有东海渔民在温台海域用围网捕到5000~6000千克的金枪鱼，均为黄鳍和大目金枪鱼，单尾重量都在5~15千克。同样，在此水面作业的渔民均可捕获到同等数量的黄鳍和大目金枪鱼。

渔民将捕获到的金枪鱼迅速在船上将其放血后进行超低温冷冻，待返回渔港卸货卖予贩销大户。放过血的黄鳍和大目金枪鱼每500克可卖15~20元；如果没有放血的金枪鱼，切块后的鱼肉会有明显的血块淤积，鱼腥味

仰缶庐谈吃
第三集

中国文联第九届副主席、中国文艺评论家协会第二届主席、著名书法家夏潮先生为作者美食著作题词:"笔歌墨舞。一正兄雅嘱。夏潮,辛丑夏月于京西。"

也很重,只能卖到每500克4~5元,一般用来加工做鱼肉罐头。

放过血的黄鳍和大目金枪鱼,同东海产的蓝鳍金枪鱼(比较少)、鲥鱼、月亮鱼、旗鱼、石斑鱼、真鲷、红果鲤等海产鱼是做刺身的上好材料。

海上作业的渔民,也会将捕获的金枪鱼留一部分用来自己享用。蓝鳍金枪鱼在温台海域比较少见,它吃起来油多脂多,入口即化。大目金枪鱼的鱼肉糯感较足,口味也不错。黄鳍金枪鱼则口感较滑,相对而言不如蓝鳍和大目金枪鱼的口感好。

2018年冬春之交是东海渔民收获黄鳍和大目金枪鱼较多的日子。往年的这个时候,渔民们通常用灯火敷网、延绳钓等作业方式,可以零星捕到一些金枪鱼,但2018年2500~3000千克这么大的网头是在往年极少有的;而且,2018年冬春之交的这个季节,鲥鱼也喜获丰收。

金枪鱼

为何2018年冬春之交东海海域黄鳍、大目金枪鱼和鲕鱼喜获丰收呢？

浙江海盐水产研究所副所长周永东说，这与东海暖流"黑潮"有密切关系。黑潮的主流沿中国台湾岛东岸、琉球群岛西侧向北流，直达日本群岛东南岸；它有一股支流是从台湾岛北部北上流经浙江海域的；还有就是与浙江近几年对海洋资源的养护关系很大。

2019年广东卫视播放过一档美食纪录片《老广的味道》，在第三季《山海》一集中，介绍有海钓发烧友，从阳江市闸坡码头出发，到油井平台（涠洲岛附近）进行海钓。钓到的大多是大目金枪鱼。钓手们将钓上的金枪鱼马上放血、开膛，以防止鱼的血液产生酸性物质破坏鱼肉的鲜度。收拾好的鱼用盐水冲洗后用自薄膜将其包裹起来，放入冰箱冷冻两天左右，使其排酸；存放五天之内的金枪鱼做出的刺身口感最佳，此时的金枪鱼已"回糖"（即熟成手法），同飞鱼、黄尾鲹、苏眉鱼、犀牛虾、紫鲷等海产品加工成刺身，蘸一点儿火山盐和几滴自制酱油（水加生抽做底料，加鱼头、洋葱、胡萝卜、西芹、香菇、八角、月桂等调味料熬制而成），便成了海上真美食。

大目金枪鱼是南海金枪鱼最好的品种之一，脂肪含量8%，非常适合做刺身食用。

金枪鱼属有8种，日本人通常会将金枪鱼分为7种。太平洋蓝鳍金枪鱼和大西洋蓝鳍金枪鱼归为一种，通称"クロマグロ，kuromaguro"即"黑鲔"或"本鲔（ほんまぐろ，honmaguro）"。

在日本列岛特别是津轻海峡捕获的蓝鳍金枪鱼多为太平洋蓝鳍金枪鱼。这是一类活动于太平洋西海岸的太平洋蓝鳍金枪鱼，还有一类太平洋蓝鳍金枪鱼活动范围在太平洋的东海岸，如美国的西海岸，二者为同一类，只是其生活环境及洄游路线不同而已。

至于大西洋蓝鳍金枪鱼，则多产自大西洋海域。随着1971年日本第一批从美国空运到东京的大西洋蓝鳍金枪鱼进入筑地市场后，大西洋蓝鳍金枪鱼才开始大范围、大规模地进入日本的日料店和其他食品消费市场。

据时任日本航空货运公司总裁的彰冈崎讲，20世纪60年代末至70年代初，世界上很少有国家使用航空运输货物，原因是成本太高。日本货运飞机拉上货物从东京飞到中国香港地区、美国等地，返航时往往是空机。当时航空货运公司的高管们，为了减少货运成本，决定在返航时拉些高档的海获产品，如大西洋蓝鳍金枪鱼、北极贝和海胆等。没想到，通过日本航空货运公司这一举措，竟开启了寿司市场全球化增长的新起点。

金枪鱼最好吃（也是最贵）的部位依次为"大肥"、"中肥"和"赤身"，这三个部位又称为"金枪鱼三兄弟"。

大肥也叫"大腩""大腹"，日语写作"大トロ，ōtoro"。大肥位于金枪鱼腹部（前腹和中腹部）脂肪最多的部位，其脂肪含量40%左右；颜色偏粉白，油香四溢，入口即化。大肥又可细分为"霜降"和"蛇腹"两种。

霜降部分的大肥，是有着类似"霜降"一样的脂肪镶嵌在鱼肉的纹理中，很像寿山石中的"荔枝冻石"，肉质柔软，肥腴味厚，没有明显的筋肉。体形大的金枪鱼会比体形小的金枪鱼霜降部位的脂肪含量要高。

蛇腹，顾名思义，就是长得像蛇的腹部一样的部位。蛇腹部位的肉与脂肪有着明显一层一层排列的顺序。蛇腹部位在金枪鱼腹部的底端，脂肪丰富，但有筋肉，吃前先要将筋肉部分剔除，否则，筋肉嚼时很硬，口感不是很佳。小型的产自日本近海金枪鱼蛇腹部分可经熟化处理后直接食

金枪鱼

著名书画家杨彦先生为祝贺作者美食著作出版绘制《山蔚图》

用,大型的金枪鱼蛇腹部分不好处理。

中腹也称"中腩""中腹",日语写作"中トロ(ちゅうトロ,chuutoro)"。中腹分布在金枪鱼的腹部和背部,脂肪含量不及大肥多,是介于大腹与赤身之间的部分。肉质口感甘甜柔和,微微发酸,脂肪含量在15%~20%。

赤身,日语写作"赤身(あかみ,akami)",是指金枪鱼中的红肉、瘦肉部位,"赤身"亦指所有动物肉质中的红肉和瘦肉部分。金枪鱼中的赤身部位含脂肪比较少,颜色红润,分布于金枪鱼中的许多部位,尤以金枪鱼脊骨部分最多。接近脊骨部分的赤身又叫"天身",日语"天身(てんみ,tenmi)",是赤身中的上品。赤身部位的金枪鱼口感酸甜交叠、味道醇厚。

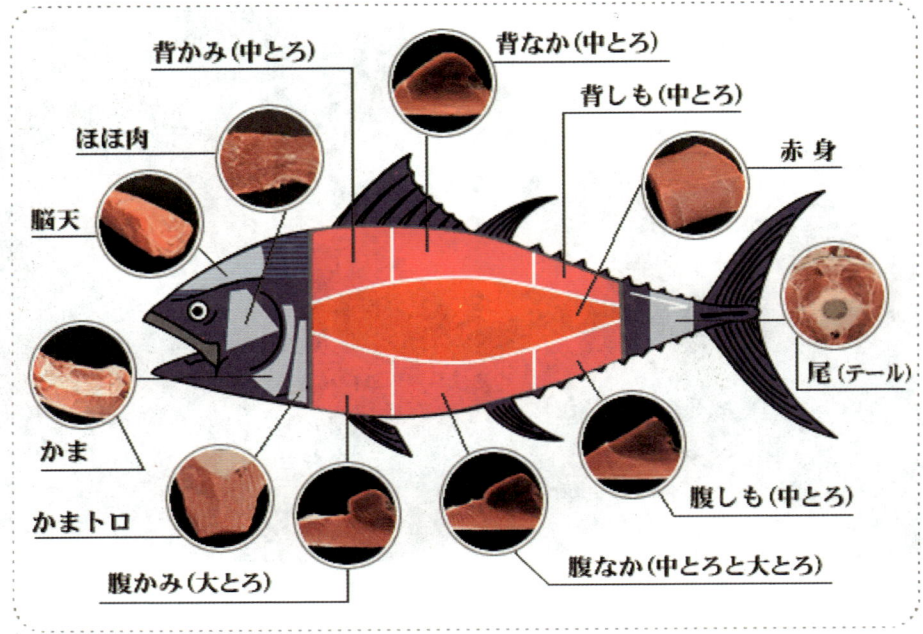

金枪鱼部位图

除"大肥""中肥""赤身"金枪鱼三兄弟外,还有一种说法,认为还有比这三种更好的极品部位,叫"极上大肥""大肥中的大肥""超级大肥"等,日语写作"極上大トロ(ごくじょうおおとろ,gokujouōtoro)"或"カマトロ, kamatoro"、"スーパートロ, supertoro",中文翻译过来为"颈腩大肥""鱼颈肉大肥""鱼颈腩""下巴大肥""超级肥金枪鱼"等。这个部位位于金枪鱼鱼鳃到腹前部侧鳍边的位置,呈三角形,一条鱼有两块,重量占整条金枪鱼的3%左右。此部分的肉因靠近金枪鱼的鱼肚腩边,脂肪丰盈,油花密布。整块肉的脂肪油花细密地渗透在鱼肉中,颜色粉白,如"霜降"一般,业内也有

金枪鱼

人称其为"脖子肉",适合制作寿司、刺身、烧烤及涮锅等。

金枪鱼前腹部会比中腹部的脂肪含量要高些,所以前腹部的大肥要比中腹部的大肥更肥美;依次类推,金枪鱼腹部的中肥要比背部的中肥脂肪腴厚;而赤身部位,食家一般都认为,位于金枪鱼背部中段的赤身最地道,据说这是缘于此部位的运动量大,其肌肉纤维成分要比尾部肌肉纤维少,故其色泽和味道要远胜于腹部的赤身部位。

金枪鱼其他部位的食法

中落,日语写作"中落ち(なかおち,nakaochi)"。中落是指金枪鱼中间骨头的脊背部分,这部位的鱼肉带有脂肪。食时,厨师会用贝壳刮取下碎肉,用葱花和酱油及生鸡蛋黄拌饭吃,即"葱鲔饭"或叫"葱花金枪鱼泥饭""葱花金枪鱼泥盖饭",日语写作"ネギトロ,negitoro"或"ネギトロ丼,negitorodon";亦可将带肉鱼骨切下来直接用勺刮下鱼肉生吃。

鱼颈,日语写作"カマ,kama"。カマ是指金枪鱼的鳃后到胸鳍前端部位的带骨鱼肉。一条金枪鱼只出两块,肉块呈镰刀状,鲜香味美,但筋肉韧性十足,适合盐烧和照烧食法。

脑天,日语写作"脳天(のうてん,nouten)""頭トロ(あたまとろ,atamatoro)""鉢の身(はちのみ,hachinomi)",是位于金枪鱼头顶部位的一块肉,重量占整条金枪鱼的5%左右。肉块呈圆柱形,肉质口感柔软,筋肉也柔软,油脂丰富,可做寿司、刺身、锅物和烧物用。金枪鱼售卖者多爱自己享用。

脸颊肉,日语写作"頬肉(ほほにく,hohoniku)",是金枪鱼头两颊上的肉。每条金枪鱼鱼头左右各有一块。食法可煮、烧,也有日料厨师用此做刺身的,一般价格不高。

鳍肉，日语写作"鳍肉（ひれにく，hireniku）"，位置是靠近鱼鳍根部的肉，做寿司用时，可单独取下背鳍肉用，但每条肉也只有1~2块品质较好的肉。其品质介于中肥和赤身之间，肉质极易变色；带骨尾鳍肉一般多用于盐烧。

除上述金枪鱼的部位外，还有生吃类似果冻样的金枪鱼骨髓。厨师会沿金枪鱼中骨（脊椎骨）骨节处将其切成小段，摆放在盘子内，供食客用手勺挖着吃；再有，把金枪鱼眼加工制成熟食后，在上面撒点儿葱花儿食用。

金枪鱼贩卖商在销售金枪鱼时还有一个特点，就是金枪鱼从捕捞上船去内脏清洗后，到拍卖、再到分割时，始终不再给金枪鱼翻身，让它一直保持着一个姿势。即从一开始身体接触地面的部位到最后给其分割前，这个部位一直未挪动过。金枪鱼因其身体硕大，重量巨大，身体接触物体（地面、运输材料）的一面，体内的肉质会有所变化，如瘀血、受损等；而未受挤压的身体一侧则肉质完好、口感佳美。金枪鱼分割后，厨师也会根据金枪鱼具体情况在制作日料时以不同的价格出售。

当然，同样是一条金枪鱼，身上多部位的大肥、中肥、赤身等，也会因其所在的具体部位不同，肉质脂肪含量也会有变化，口味也就会有所不同。

分割金枪鱼时也一样，分割师（开鱼师）会尽量减少对金枪鱼的移动，以免造成对鱼的挤压、拉动等损伤。一般来讲，分割一条金枪鱼，不会对鱼的身体挪动超过8次。金枪鱼整条分割时，会沿着腹节至中骨及背节至中骨切成四条肉，即两条腹肉和两条背肉。

日本人对金枪鱼的分割是十分讲究的。

以分割大型金枪鱼为例，完成分割至少需要二人同时操作才行。

分割师先要在鱼尾鳍倒数第三或第四根处，砍断鱼中骨（脊椎骨），

金枪鱼

将鱼尾去掉。

　　分割师的助手用两把专业带柄钩子钩住鱼肚腹节上的腹鳍处，将鱼翻至鱼肚朝上。分割师左手持带柄钩子钩住位于腹节上端的腹鳍处，右手用刀子切断金枪鱼头两鳃之间鱼腹鳍上端的鱼脖子处，将两鳃连接处切断后，再将鱼腹朝下，鱼背朝上。助手双手手持带柄的钩子，钩住鱼的背节后背鳍处，用以保持鱼的平衡。分割师左手手持带柄的钩子，站在助手的对面，钩着鱼背节前背鳍处，右手用刀在鱼头脑天部至上背部之间的连接处砍切，这个部位以从鱼头顶沿至鱼两鳃处为准。

与北京泰丰楼饭庄厨师长刘亚雷先生合影

　　鱼头砍下后，金枪鱼又会以未分割前姿势侧躺在地上，分割师用刀切断鱼头连接鱼身的内脏部位，并将鱼头拿到一边等待对其进行再加工分割。

　　助手再次将去头的金枪鱼翻至鱼肚朝上，左右两手各持带柄的钩子，钩住鱼的上腹鳍及下腹鳍，站在分割师的对面，保持金枪鱼身的平衡。分割师用刀在鱼上腹鳍处下刀，一直切至下腹鳍的尾处，给鱼肚开膛，并取出未取完的鱼内脏。分割师又重新换把刀，按金枪鱼上腹鳍至鱼侧身鳍骨

仰缶庐谈吃
第三集

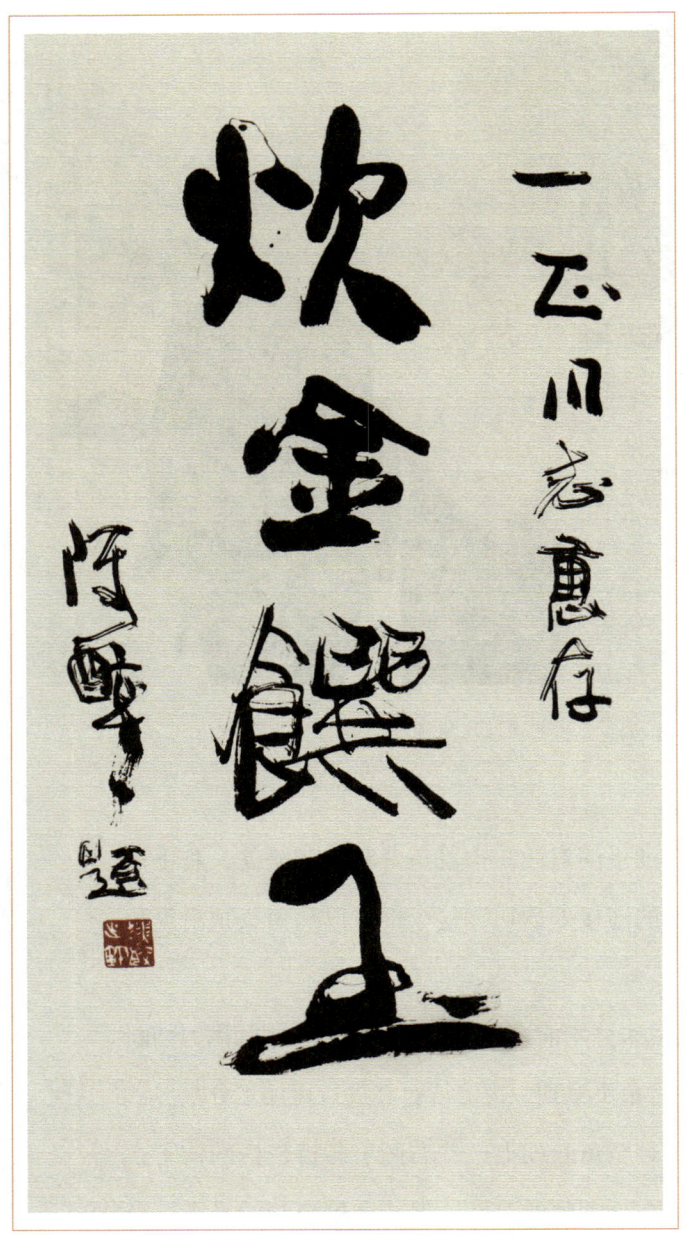

著名书画家陈醉先生为作者美食著作题词："炊金馔玉。一正同志惠存。陈醉题。"

部连接处，同时将两侧的上侧鳍切掉。用刀沿腹节（腹鳍骨）处切至鱼中骨处。需要注意的是，在这个部位下刀，必须是在鱼腹鳍的腹节（腹鳍骨）两侧都下刀，并要露出整个从鱼中骨（脊椎骨）至腹节（复鳍骨）来，以便下一步取肉。

助手又一次将鱼翻至鱼腹朝下鱼背向上，并双手手持带柄钩子钩住鱼背鳍附近处，站在分割师的对面；分割师用刀子在靠近助手处一侧沿背鳍骨下刀，刀至鱼中骨（脊椎骨）处，再在靠近分割师一侧的背鳍骨下刀，刀至鱼中骨（脊椎骨）处，沿两侧的背鳍骨切好后，露出完整的背鳍骨与鱼中骨。

金枪鱼身又被平放在

金枪鱼

地上（如一开始时的姿势），分割师用刀在侧躺在地上的金枪鱼从其体身中部切下，一直横向切到鱼尾处，纵向深度切到鱼中骨（脊椎骨）处。这样第一条从鱼背上部至鱼背下部的金枪鱼肉就切下来了；跟着，再切鱼下腹上部至鱼腹下部的一条肉；再将金枪鱼未分割的一面翻过来，按同样的方法再分割出两条肉。

这时，分割师对金枪鱼头进行分割，依次从鱼头中取出脑天肉、脸颊肉、下巴肉、鱼颈腩、眼睛等。小型金枪鱼的分割相对大型金枪鱼而言容易些，一般分割师可以单独完成。

一般来讲，不管是分割大型还是小型的金枪鱼，都会先把金枪鱼头先去掉，再去掉鱼尾（小型金枪鱼也有不去的），之后，将鱼分割成四大条肉，即沿鱼中骨（脊椎骨）到背节（背鳍骨）分割成左右两条；再从鱼中骨（脊椎骨）到腹节（腹鳍骨）分切成左右两条肉，这样分割便于日料师对金枪鱼作为食材进行再加工。

日本筑地有两个蓝鳍金枪鱼市场，一个是冰鲜货；另一个是金枪鱼的急冻货。

冰鲜货和急冻货又分野生的和养殖的，各有优缺点。一般买家先会选择野生冰鲜货，其次是野生急冻货，再养殖冰鲜货和养殖急冻货的购买方式。这两种货物之间，还有另一种金枪鱼的保鲜方法，即"普通冷冻法"。普通冷冻是将捕获的金枪鱼进行简单加工后，让鱼体始终保存在-20℃～-30℃可循环的海水混合冰中，这个温度能使金枪鱼鱼体中心部位的温度下降。买家也会根据金枪鱼的具体情况而定。

冰鲜金枪鱼的保鲜方法是将捕获上船的金枪鱼立刻进行宰杀，去内脏、放血清洗等处理后，放在0℃左右的冷海水及冰块中进行保鲜；船靠

岸后，马上又对金枪鱼进行再清洗、装箱、加冰冷藏，然后会以最快的速度运往销售地。

冰鲜保鲜的金枪鱼成本比急冻冷藏的金枪鱼要高，因此售价也高。

急冻保鲜法是将金枪鱼超低温冷冻。捕获的金枪鱼在迅速去内脏、放血清洗后，存放在-60℃~-70℃（一般多为-55℃）的冷冻设备内；刚捕获没有清除内脏的金枪鱼，要在其僵死前进行急冻。食用时再对急冻的金枪鱼进行解冻处理及熟成处理。

欧洲人处理金枪鱼多用急冻方式，日本近海用延绳钓捕获的金枪鱼也多用急冻方式来处理。

超低温急冻保存金枪鱼的优点在于能使鱼肉细胞中的水分形成密集而均匀的冰结晶体，鱼在正确解冻后，能够较好地保存鱼肉的鲜嫩度。用急冻保存的金枪鱼，保质期时间可达2年。

急冻金枪鱼在熟成处理前先要对其进行解冻。解冻的方法有自然解冻、流水解冻、温盐水解冻及冷藏库解冻等方法。我国多用温盐水解冻法。

自然解冻法和冷藏库解冻法（又叫"空气解冻法"），都是以空气为介质，把温度传递给解冻物质，以此使解冻物体解冻。自然解冻法是将解冻物体放置在室温内的环境下进行解冻；冷藏库解冻法是将冷藏库的温度调到0℃，将金枪鱼放在冷藏库内使其慢慢解冻，此法多为是日料店应用。温盐水解冻法是将金枪鱼浸泡在36℃~37℃的含有3%浓度的食盐水中，浸泡时间为1~3分钟，将浸泡的金枪鱼从温盐水中取出后，用吸水纸或毛巾吸干鱼肉的表面水分，再将吸水纸包住鱼肉，存放在0℃~4℃冷藏室，大约30分钟后就可对其进行加工了。

金枪鱼的熟成处理是用吸水纸（多层）将金枪鱼包好，放在冰箱的冷

金枪鱼

藏室内,控制好冷藏室的温度与湿度,定期更换金枪鱼的吸水纸。也可视熟成处理中的金枪鱼具体情况,在包有吸水纸的外层再套一个塑料袋,将塑料袋放置在冰块上,用低温方法对金枪鱼进行熟成处理。

金枪鱼的熟成处理要根据具体情况而定。总体来讲,大型金枪鱼的熟成时间为10—20日不等,中型金枪鱼的熟成时间为1—2日。

熟成处理过的金枪鱼肉质口感比未处理前佳美;熟成过的金枪鱼可使鱼肉水分减少,风味凸显,鱼肉会产生出谷氨酸、天门冬氨酸、甘氨酸、丙氨酸等非必需氨基酸。这些鲜味的来源在于金枪鱼肉的蛋白质经过酶的处理,分解成氨基酸所为;同时,由于鱼肉在酶的作用下,鱼肉内的长纤维会发生断裂,可使肉质软化,从而达到鱼肉入口鲜嫩的味觉。

市场上除冰鲜、超低温冷冻及普通冷冻的金枪鱼的方法外,还有一种对金枪鱼的加工方法,叫"一氧化碳金枪鱼"。

美味的金枪鱼由于对存储条件要求极高,稍不在意,其鸽血红般美丽的颜色就会褐变。褐变是由于金枪鱼肉中的血红蛋白与肌红蛋白在与空气中的氧元素结合后,发生的高铁氧化的现象。用一氧化碳对金枪鱼进行熏制,使其肉色变得漂亮鲜红,甚至比冰鲜的金枪鱼鱼肉的颜色还要好看。

日本在20世纪90年代已禁止销售一氧化碳金枪鱼,我国于2006年也禁止销售一氧化碳金枪鱼,但是市场上还是屡禁不止。

鹰嘴豆

我真正认识鹰嘴豆是从吃新疆菜开始的。

位于北京展览馆附近有个新疆驻京办，驻京办坐落于三里河7号院，院内有新疆伊斯兰饭庄、新疆大厦、新疆饭店及西域饭庄等食府，经营的饭菜全部都是新疆风味的。

20世纪八九十年代北京有两个自然形成的"新疆村"，一个位于白石桥的魏公村，有新疆餐馆18家；一个位于现在的增光路上，有维吾尔族人开的餐馆33家之多。增光路上的"新疆村"马路南北两旁全是新疆风味的餐馆，到饭点时，到处可以看到卖烤馕和烤肉（新疆人管羊肉串叫烤肉）的维吾尔族小伙，每家餐馆都播放着维吾尔族歌曲，以此招揽生意。2001年后，北京的两个"新疆村"已不复存在了。

现在的新疆驻京办离当时的增光路"新疆村"只隔一条马路。

我当时一个人住在花园村，很少起火做饭，我住家离增光路上的"新疆村"也就一站地的距离，所以常常光顾这些维吾尔族人开的餐馆。当时我吃的新疆饭菜主要是烤肉、大盘鸡、馕包肉、拉条子和炒片等，至于鹰嘴豆，好像没有什么印象。

有一年我们一大家子去新疆驻京办的新疆伊斯兰饭庄去吃饭，点了一盘"鹰嘴豆炒百合"。淡黄色的鹰嘴豆很像莲子，但比莲子要小，每个鹰

鹰嘴豆

嘴豆都有不规则的凸凹状，豆的头部有点儿尖，有点儿像鹰的嘴。我想鹰嘴豆是不是因为长得有点儿像鹰嘴，才叫"鹰嘴豆"呢？

把鹰嘴豆放在嘴里一嚼，没有什么特别的味道，很像黄豆，但没黄豆的豆腥味重，略有点儿板栗和杏仁的味道。

服务员告知我鹰嘴豆是西域食品。那天我们点的菜基本上都是新疆的特色菜。我要了一份点菜的单子。

冷菜：

新疆泡菜	新疆什锦拌菜	盐水羊肝
喀什凉粉	鲜果色拉	

热菜：

那拉提盆盆菜	白切羊肉	泉水羊羔肉
一掌定乾坤	烤羊腰	醋烹羊肚
功夫羊羔肉	天山五道黑	温拌羊杂
红柳烤肉	西域生烤排	芥蓝巴楚菇
鹰嘴豆炒百合	青芥明虾球	养生素鱼翅

主食：

羊肉抓饭	骨碟面（拉条子）	薄皮包子

甜品：

自制酸奶

水果：

哈密瓜	西瓜	葡萄

酒水：

锦瑞金伊力	昆仑雪菊	无糖蓝莓汁

仰缶庐谈吃
第三集

南疆馕

那天有三道菜给我的印象特别深,一是"一掌定乾坤",它是用牛蹄筋做的,摆盘新颖,蹄筋做得老烂入味,是一道色、形、味俱佳的菜品;二是用"鹰嘴豆"做的菜肴;三是"养生素鱼翅",是在小米粥中加入了辽参、萝卜丝和鹰嘴豆等食材。在提倡绿色环保美食的今天,用萝卜丝制作素鱼翅是一道很好的创新菜品。它可减少人们对鲨鱼的杀戮,对保护海洋的生态平衡起着积极的作用。如今,国内有许多大城市的中高档酒楼,特别是由外籍人士管理的饭店,都拒绝销售像鱼翅等以破坏生态环境为代价的食物。2012年2月我在北京香格里拉饭店"香宫"吃饭时,服务员明确告诉我们,他们这家饭店是属新加坡管理式酒店,不卖以"鱼翅""苏

鹰嘴豆

特色馕

眉鱼"等珍贵野生动植物为食材制作的菜肴。

维吾尔族名食"手抓饭"里,就放有鹰嘴豆,当然,也有不放鹰嘴豆的,但是讲究一点儿的手抓饭还是要放鹰嘴豆的。

北京新疆大厦做的手抓饭都放鹰嘴豆。我在新疆大厦每次吃手抓饭时,都发现手抓饭里有鹰嘴豆。但我在乌鲁木齐及昌吉等地吃手抓饭时,并没有发现有鹰嘴豆。

做新疆手抓饭离不开七种主要原材料,即:胡萝卜、皮芽子(洋葱)、羊肉、油、盐、水、大米。波斯语将这七种原材料的首字母连起来读就是"Palov Osh"的发音,意为"抓饭"。

一掌定乾坤

用这七种主要原材料做手抓饭时，亦可随意添加其他种类的食材，比如鹰嘴豆、杏干、葡萄干、鸡肉、木瓜（榅桲）、南瓜、孜然（新疆本地人做的抓饭不放孜然、酱油等调味品）、大蒜，等等。抓饭中使用的肉类除羊肉外，鸡、鸭、牛、马等肉都可用来做手抓饭，但多以羊肉为主。用羊肉做的腿把子抓饭、碎肉抓饭是新疆的传统抓饭。新疆的维吾尔族、乌孜别克族、柯尔克孜族等民族做的抓饭手法各不相同，但所用原材料大致一样。不仅是新疆，南亚、中亚、西亚等国的手抓饭所用原材料几乎相差不大，只是手法各异。

新疆地区的手抓饭有用鹰嘴豆的习惯，特别是在南疆，手抓饭里几乎都有鹰嘴豆。南疆的手抓饭所用的胡萝卜为黄萝卜，北疆伊犁地区的手抓饭使用的胡萝卜为红萝卜。乌鲁木齐手抓饭是一半用红萝卜，一半为黄萝

> 鹰嘴豆

卜,但各家会各有侧重点。

在南疆,特别是在喀什讲究吃老城的大锅抓饭。老城大锅抓饭能够一直保持着新疆抓饭的传统,原汁原味,与北疆风格多变的抓饭风味略有不同。大锅抓饭一般多选用柴木烹饪,羊肉多为带骨羊肉,有肥有瘦,有筋有骨,抓饭中黄萝卜的用量很大,油重味咸,吃起来很是过瘾。

手抓饭不光是新疆维吾尔族的专利产品,新疆周围的穆斯林群众及中亚许多国家的人们都吃手抓饭。像乌孜别克斯坦、塔吉克斯坦还分别将本国的手抓饭向联合国教科文组织申请为"非物质文化遗产"。仅乌孜别克斯坦抓饭就有塔什干抓饭、布哈拉抓饭、安集延抓饭、希瓦抓饭、浩罕抓饭等二三十种。其中像塔什干抓饭多为小锅抓饭,用不带骨羊肉制作,放孜然和大蒜,胡萝卜多为黄萝卜,而且洋葱和黄萝卜在抓饭中使用的比例为1∶1。烹制抓饭时,洋葱要在油锅中煎烹较长时间,使其颜色变成褐黄色。这样,做出的抓饭颜色才会变深。因此,塔什干抓饭又被称之为"黑

有鹰嘴豆的"抓饭"

抓饭"，意思是男人吃的抓饭。2010年4月28日，塔吉克斯坦共和国外长哈姆罗洪·扎里菲做客强国论坛时，他向参观上海世博会的观众强烈推荐塔吉克斯坦的手抓饭。塔吉克斯坦的手抓饭里除羊肉、红萝卜外，有鹰嘴豆，还放有小辣椒。苦盏等塔吉克斯坦城市制作的手抓饭都可以见到鹰嘴豆的身影。有一年我去义乌，在稠州北路的一家阿富汗人开的阿富汗餐厅吃手抓饭时，没有见到鹰嘴豆的身影，但是有用鹰嘴豆做的"胡姆斯酱"。

鹰嘴豆在我国的产地为新疆、青海和甘肃等地。新疆乌什县、拜城县是最早种植鹰嘴豆的地区，木垒县是鹰嘴豆的主产区。国内市场销售比较多的鹰嘴豆（生豆）以木垒居最，且小包装的居多，如480克一袋，售价为15元（2015年，在包装袋上写有"古老西域，神奇木垒，拥有亘古纯净的土地，终年阳光充足，晴好少雨，是绝佳的鹰嘴豆生长之地，坊间称为鹰嘴豆之乡"）。维吾尔族人把鹰嘴豆叫"诺胡提"。

由于鹰嘴豆很受西北地区人们特别是穆斯林群众的喜爱，所以西北地区用鹰嘴豆制作的菜肴有很多。

在新疆有一道美味，制作它的原材料之一为鹰嘴豆，它就是在新疆街头巷尾人们常见到的"缸子肉"，维吾尔语称之为"恰依乃肖尔巴"。

盛缸子肉的容器为搪瓷缸子。这种搪瓷缸子就是我们北京等地区20世纪六七十年代人人使用过的那种搪瓷缸子。

缸子肉的做法是将几十只搪瓷缸子架在有许多火眼的灶台上，缸子内放水，加入胡萝卜、羊肉、洋葱、盐和鹰嘴豆。食时，把窝窝馕掰成大块泡在缸子肉汤中，待其回软后再吃，异常香美。

新疆昌吉州木垒等地，是盛产鹰嘴豆的地方，人们用爆米花机做成"鹰嘴豆米花"吃，是当地的一道风景。这种用爆米机做的风味零食，同

鹰嘴豆

我们孩提时代在街边巷尾吃到的用大米爆成的爆米花是一样的。

昌吉州木垒等地还有一道用鹰嘴豆做成的大众美味,就是"切刀子"。

做切刀子要把鹰嘴豆磨成鹰嘴豆粉,与白面粉1:2的比例混合和成面团,擀成面皮;切面条时,砧板要靠在煮沸的水锅边旁,切成的面条随之用刀推入沸水锅中。这样煮出来的切刀子才能不粘连。食时,在面条上浇上卤汁或余子及拌菜。切刀子拌面再就上烤肉是昌吉回族人的一顿家常美食。

南疆和田地区有一味美食名叫"吾麻什",是维吾尔族人日常当作早餐食用的汤饭。

制作吾麻什多用玉米面粉。将玉米面粉和成很硬的面团,用刀将面团切碎,并把切碎的面团放在筛子上用手挤压成小麦粒大小的面疙瘩。

随后,锅上火注水,放入切碎的羊肉丁、西红柿丁、土豆丁、恰玛古丁(学名芜菁,类似萝卜的一种产自南疆的菜蔬)、洋葱丁、盐、黄萝卜丁、南瓜丁、鹰嘴豆等,并将用手挤成麦粒大小的玉米面粒放入汤中煮上一会儿即成。

吾麻什的做法会因人而异,比如有不用羊肉改用鸽子肉的;不用玉米面粒而

作者自制的"皮芽子炒鹰嘴豆"

直接用玉米粒的,等等。做法很多。但这味小吃离不开恰玛古和鹰嘴豆,因此它又被叫作"恰玛古吾麻什"。

维吾尔族人在过"乃孜尔"(宗教习俗,是"祭事"的意思。指对故去的亡人做悼念仪式)时,多用此味招待客人。

鹰嘴豆还可做成鹰嘴豆炒蒿子秆、鹰嘴豆羊肉、鹰嘴豆炒芦笋、鹰嘴豆烩蘑菇、鹰嘴豆炒鸡丁、五香鹰嘴豆、盐水鹰嘴豆、鹰嘴豆蔬菜汤、鹰嘴豆银耳汤、鹰嘴豆粥、鹰嘴豆炒桃核仁、鹰嘴豆炒玉米笋、鹰嘴豆炒草菇、鹰嘴豆炒百合茭白、三丁鹰嘴豆(胡萝卜丁、西芹丁)、香酥鹰嘴豆等。

鹰嘴豆最适合拌沙拉,除可选择像胡萝卜、洋葱、芝麻菜等外,亦可搭配水果、干坚果品等。如鹰嘴豆番茄沙拉、鹰嘴豆金枪鱼沙拉、鹰嘴豆三文鱼沙拉、奶酪豆芽鹰嘴豆沙拉、鹰嘴豆四季豆沙拉等。

鹰嘴豆还可做成椰浆烤西葫芦鹰嘴豆泥、鹰嘴豆羊肉汤、茄汁焗鹰嘴豆、馒头鹰嘴豆巨无霸、卤水鹰嘴豆、鹰嘴豆菠菜包、鹰嘴豆牛肉咖喱、土耳其鹰嘴豆汤、鹰嘴豆鱿鱼丝小炒、鹰嘴豆炖猪蹄、鹰嘴豆米饭等。

因此可说,鹰嘴豆是一种可以百搭的食材,做任何菜肴,不管是凉拌或是热炒,以及汤煲,都可加入鹰嘴豆。

鹰嘴豆的起源和遗传多样性中心位于西亚和地中海沿岸。种植鹰嘴豆面积最大的10个国家依次是印度、土耳其、巴基斯坦、缅甸、墨西哥、埃塞俄比亚、西班牙、伊朗、摩洛哥和孟加拉国。

印度和巴基斯坦两国鹰嘴豆的种植面积占全世界鹰嘴豆种植面积的80%以上,鹰嘴豆也是这两个国家的主要食品(蔬菜)之一。

印度以鹰嘴豆制成的菜品有著名的"玛莎拉鹰嘴豆"。

玛莎拉(masala)是泛指印度(南亚)香料的统称,即一大堆印

鹰嘴豆

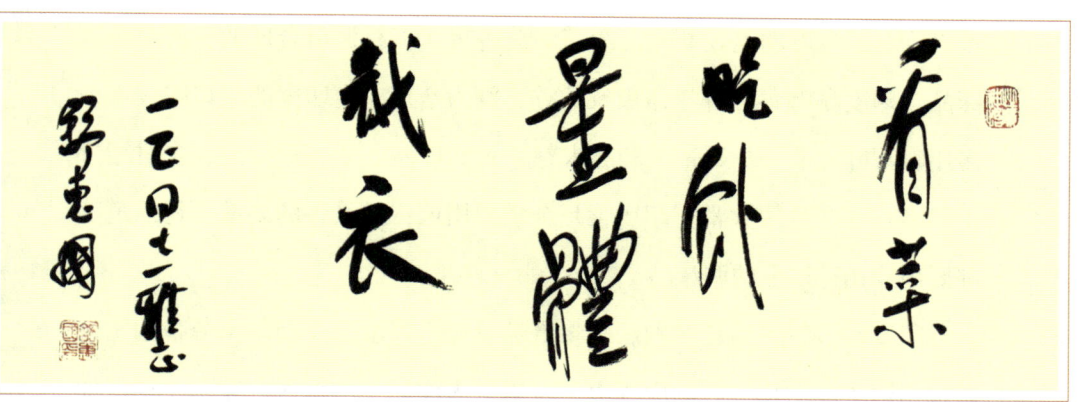

中国农学会副会长、著名书法家舒惠国先生为作者美食著作题词:"看菜吃饭,量体裁衣。一正同志雅正。舒惠国。"

度香料混合在一起就是"玛莎拉"。亦有许多人认为玛莎拉就是咖喱(curry),并将玛莎拉归于重味咖喱(另有黄咖喱和红咖喱为重味咖喱。黄咖喱宜配羊腿肉吃,红咖喱宜搭配鸡肉吃),适合搭配海鲜吃。淡味咖喱有绿咖喱(配豆腐)和白咖喱(加羊肉吃)等。

咖喱起源于印度,系坦米尔语"卡利(kulry)"一词。在19世纪的印度殖民期间,英国人看到印度人将各种香料混合打成粉末的调味料叫玛莎拉后,马上看到了玛莎拉所蕴藏的商机,于是将玛莎拉重新组合包装,并给它起了一个名字,叫"咖喱"。随后,英国人将咖喱带回英国,并在欧洲、东南亚、东亚等地传播,咖喱遂成为风靡世界的调味品。

可以这么说,咖喱就是玛莎拉,而玛莎拉不一定是咖喱。玛莎拉是印度香料的一个大类,而咖喱只是印度香料中的一个小类而已。

在印度,印度人在日常烹饪使用香料时,只用"玛莎拉"一词,很少使用"咖喱"一语。印度菜可以说是咖喱文化的代表,咖喱是辛香味"领军人物",咖喱粉是用胡椒、姜黄和茴香等20多种调料合成的一种香辣调味品。印度咖喱菜的香味是极致的香,辣为辛辣;南印度的菜口味较重,多用咖喱叶(curry leaves)和芥末籽,菜式以酸、咸、辣为主,食材用椰子较多,且多食用大米。印度菜是全世界用调味品最多的菜系,每一道菜都要用到10种以上的调味品。

印度玛莎拉鹰嘴豆的做法是将鹰嘴豆用水浸泡一夜沥干水分备用(也可选用罐头装的加工好的鹰嘴豆),锅上火注油,加蒜泥、姜末(也可加点儿洋葱末和碎西红柿丁)煸炒,再在锅中加入事先做好的玛莎拉(咖喱)酱、少许盐,注入鹰嘴豆,再加点儿水和半茶匙的小苏打,焖煮大约40分钟后再在锅内加点儿椰奶后即成。

巴基斯坦人做的"玛莎拉鹰嘴豆(Chana Masala)"也很有名。做好后的玛莎拉鹰嘴豆比较像肉酱,鹰嘴豆做得很软烂,菜味有点儿甜,辣味明显,但不是很辣。

印度用鹰嘴豆制作的食品有很多。如用鹰嘴豆咖喱配松饼面包,名为"炸脆松饼"又叫"鹰嘴豆松饼(Chole Bhature, Chana Bhatura)",是地道的印度早餐(旁遮普菜)之一;再有印度西部古吉拉特邦(Gujarat)的"鹰嘴豆发糕"是用鹰嘴豆粉做的一种

土耳其胡姆斯酱(Hummus)

鹰嘴豆

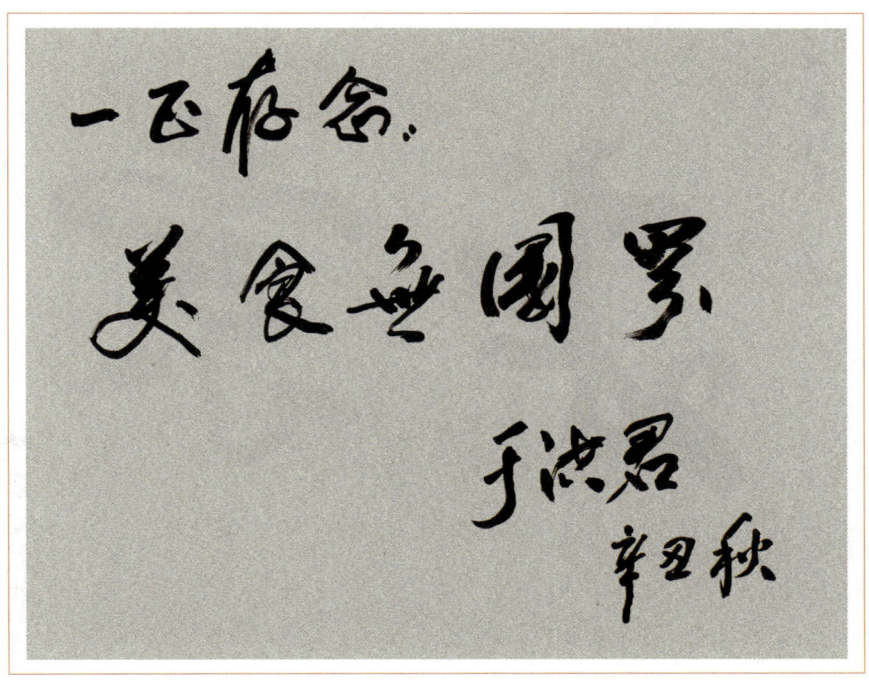

著名国际问题专家、外交家于洪君先生为作者美食著作题词:"美食无国界。一正存念。于洪君,辛丑秋。"

小点心,是喝下午茶或吃早餐时的点心之一。

巴基斯坦国内每年对鹰嘴豆的消费量为60万吨左右。著名的鹰嘴豆菜肴除"玛莎拉鹰嘴豆"外,还有许多用鹰嘴豆制作的菜肴,这些鹰嘴豆菜肴同印度的做法差不多。

巴基斯坦的鹰嘴豆咖喱(咖喱鹰嘴豆)做法也是先将干鹰嘴豆用水浸泡(也可选用已泡好的罐头装的鹰嘴豆)好后,将平底锅注油,加入切好的洋葱末煸炒至出味,加入姜泥、蒜泥和红辣椒粉、香菜籽粉、姜黄粉及盐和水。将番茄片投入锅中,视锅内汤汁变浓稠时把鹰嘴豆投入,焖煮20分钟左右往锅中加入咖喱粉、青辣椒段拌匀后煮一会儿,关火前在锅中放

仰缶庐谈吃
第三集

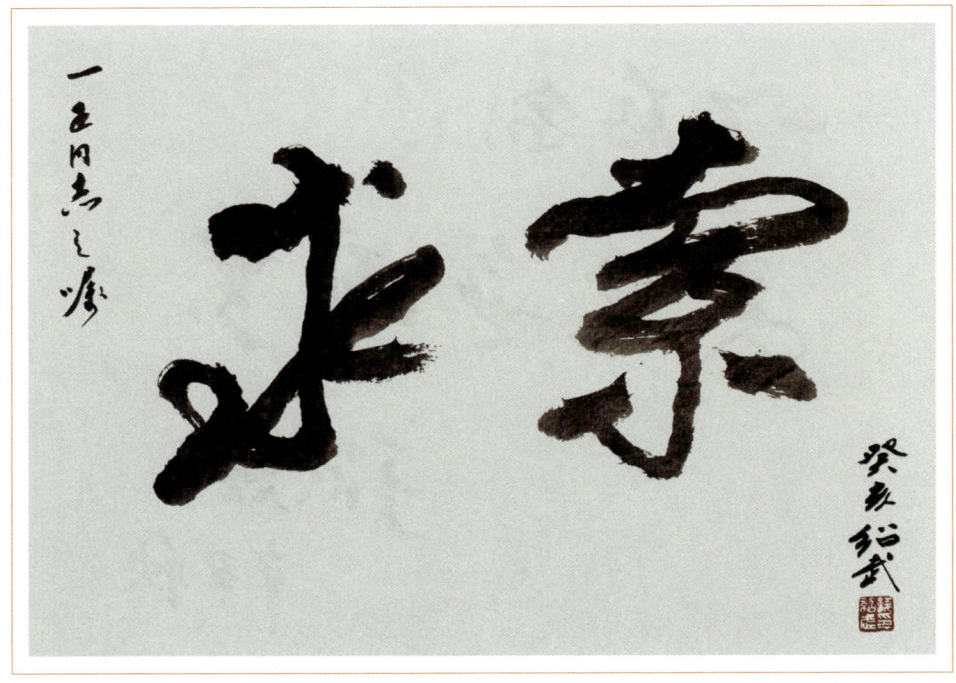

著名雕塑家、书画家钱绍武先生（1928—2021年）为作者美食著作题词："求索。一正同志之嘱。癸亥，绍武。"

点香菜叶即可。也有许多巴基斯坦厨师在烹饪鹰嘴豆菜肴时加入酸奶、黄油、奶酪、黑胡椒粉等食材。

巴基斯坦产的咖喱也非常有名。巴基斯坦的菜肴也基本上都是辣的，菜肴的做法几乎全是炖、烩、煮、熬等，很少有炒的。巴基斯坦人们在日常做菜时也只用平底锅，或用一种中间凹下去一点儿的煎铛来烹饪，不怎么用炒锅来炒菜。

印度和巴基斯坦两国还有一道共同的美食，即"恰巴蒂和玛莎拉"，它实际是一道组合食品。

恰巴蒂又翻译成"恰巴提"。恰巴蒂（Chapati）是一种薄面饼，用

鹰嘴豆

全麦面做的,分发面和死面两种,吃死面饼的人较多。这种饼做得可大可小,很多巴基斯坦人都用馕坑烤制,因为饼很薄,烤的时间也就有一两分钟的样子,做成的恰巴蒂很像中国的大号春饼。

我在巴基斯坦餐厅吃饭点恰巴蒂时,菜单写作"Chapati Bread",翻译成中文就是"薄煎饼面包";而有的巴基斯坦餐厅则直接将"恰巴蒂"译成中文的"印度式面包"。

也有人将"Chapati"写作"Chapatti","Chapatti"要比"Chapati"还要薄一些。

印度人做的恰巴提有南北之分,印度南方人多吃死面的恰巴提,北方人多吃发面的饼,也叫"馕"。

印度人在制作恰巴提和面时,要在面中加少许盐,并在饧面时,往面团中加点儿食用油,用手反复揉搓面团,增加面团的柔韧度。

在烙制恰巴提时,先将擀好的圆饼放在铛中烙上一会儿,再将饼放在一个网眼很大的金属箅子上,用旺火迅速烘烤,饼心马上就会膨胀起来。接着再将饼翻过另一面用火烘烤数秒,一张完整的恰

土耳其法拉贲(Falafel)

巴提就做好了。

恰巴提是印巴两国人民日常饮食中不可缺少的主食之一，家家户户都会做，是外出旅行时必备的食品。

"恰巴蒂和玛莎拉"中的"玛莎拉"指的是这一组合菜肴中玛莎拉菜式的简约叫法。前面说过，玛莎拉（masala）是混合香料（酱）的意思，garam是刺鼻的、辛辣的意思，Garam Masala（葛拉姆玛莎拉）是一种在印度使用率极高的调味料，意为辛辣的混合香料。印度人在烹饪菜肴时，很少存放现成的咖喱粉，大多是在烹饪菜肴时临时用各种香料来自行调制。

Garam Masala是一种预先调好的现成香料，最普遍的配方是黑白胡椒、丁香粉、月桂叶粉、长胡椒、孜然、肉桂粉、小豆蔻、八角茴香、芫荽籽等。因地域不同，每个人制作Garam Masala时，还会加入本地或其他产地的调味料。

所以印度菜会因每位厨师使用香料的不同而味道不同，菜肴的口味也会根据厨师个人口味、习惯等因素而导致其在使用调味品的品种、用量多少时而变化万千。这也正是印度菜的迷人之处。

"恰巴提和玛莎拉"中的玛莎拉是指无论用什么食材来烹饪，都得用玛莎拉来调味。玛莎拉可以是"玛莎拉鹰嘴豆""玛莎拉鸡

巴基斯坦餐厅制作的"鹰嘴豆咖喱"

鹰嘴豆

中国驻巴基斯坦原大使、书法家陆树林先生为作者美食著作题词:"朋友的美好形象,就在心的明镜之中,稍一低头,就能看见。乌尔都文赞美友谊的古诗。习近平主席访问巴基斯坦时曾引用。一正留念。陆树林。"

肉""玛莎拉羊肉"等。这些菜都是以炖的方法做成的,菜中汤汁很少,但香料放得很多。如是用肉类烹制的"玛莎拉",肉会炖得很软烂。食用时,用恰巴提蘸着玛莎拉吃。

在印度用恰巴提配上三款玛莎拉菜肴就是一顿很不错的饭了。这三款玛莎拉可以是玛莎拉烩鹰嘴豆(黄咖喱)、玛莎拉烤鸡块(红咖喱)和玛莎拉菠菜泥烩土豆块(绿咖喱)。

在巴基斯坦,随便进入一家餐厅,都可吃到像"玛莎拉烤鸡块(Chicken

仰缶庐谈吃 第三集

摩洛哥炖鸡

Tikka Masala）""玛莎拉牛（黄）油鸡（Chicken Butter Masala）""玛莎拉烩鱼（Fish Masala）""玛莎拉鹰嘴豆（又叫'香娜玛莎拉'，Chana Masala）"等玛莎拉菜肴。

我在吃用玛莎拉做的菜肴时总体感觉味道差不多，油大、浆糊、软烂、微甜、辛辣是其特点。"玛莎拉烩鱼"中放的孜然很多，所以其菜孜然味很重。

在巴基斯坦，"恰巴蒂"与"卡拉伊（Karahi）"一起吃也是当地的特色美食之一。

卡拉伊也译作"克拉西""卡拉希"。卡拉伊可做成"鸡肉卡拉伊""羊肉（多为山羊肉）卡拉伊""牛肉卡拉伊"等。卡拉伊多使用洋葱和西红柿做成汤汁，加入山羊肉及各种香料烹煮到汤汁呈糊状后，撒上香菜和姜丝即可。最好吃的卡拉伊在白沙瓦，白沙瓦当地人烹饪卡拉伊菜肴时用羊油烹制。

卡拉伊的字面意思是"炒锅"，泛指菜肴。

一次，我在巴基斯坦餐厅吃饭时，各点了一份"恰巴蒂"和"卡拉伊"。巴基斯坦的服务员端上来的就是"印式薄饼"和"咖喱鸡肉"，菜

鹰嘴豆

单上的"卡拉伊"直接写作"Curry Chicken",乌尔都语的意思是"卡拉伊"。

在吃恰巴蒂佐食"玛莎拉"或"卡拉伊"时,印度和巴基斯坦传统的吃法都是食客在用餐前先净手,将玛莎拉或卡拉伊用勺子舀在餐盘中(浅口盘子),撕一小块恰巴蒂,用右手拇指、食指、中指拿着的恰巴蒂蘸食或舀食玛莎拉或卡拉伊吃。

摩洛哥三明治

巴基斯坦原是英属印度的一部分,两国之间饮食相近也是顺理成章的事。

有一年夏天我去看望中国驻巴基斯坦原大使陆树林老,在同陆老聊起巴基斯坦的美食时,陆老也说,巴基斯坦人嗜食辣味;巴基斯坦人民对中国人民的友情是很真诚的。陆老在1999年至2001年任我国驻巴基斯坦大使期间,巴基斯坦总统穆罕默德·拉菲克·塔拉尔先生(1929—2022年)至少有三次在会见陆大使的时候用乌尔都文朗诵了巴基斯坦的一首赞美友谊的古诗。

朋友的美好形象,

就在我心的明镜之中,

稍一低头,

就能看见。

仰缶庐谈吃

第三集

中国美术家协会第八届秘书长、第九届驻会副主席兼秘书长徐里先生为作者美食著作题词:"绮肴雕俎。一正存念。壬寅春,徐里。"

2015年4月19日,国家主席习近平在访问巴基斯坦前夕,在巴基斯坦主流媒体《战斗报》和《每日新闻报》同时发表题为《中巴人民友谊万岁》的署名文章。文章开头写道:"在巴基斯坦,有这样一句乌尔都语诗歌:'朋友的美好形象,就在我心的明镜之中,稍一低头,就能看见。'在我心目中,巴基斯坦就是这样一位好朋友。……"

世界上盛产鹰嘴豆前10位国家之一的北非的摩洛哥有一道传统美食"库斯库斯(Couscous)",也有的称之为"古斯古斯""可斯可斯"。它不光是摩洛哥人的传统主食,也是突尼斯、阿尔及利亚、埃及等北非一带及黎巴嫩、法国、西班牙、意大利南部撒丁岛、西西里岛等地中海沿岸国家或地区的美食。

库斯库斯是用粗粒小麦粉(Semolina)加水和好并用手揉搓成一种类似小米粒的食物。微微晾干再将其蒸熟后,在上面浇上由卷心菜、西葫芦、土豆、南瓜、鹰嘴豆、青椒、白萝卜、香芹等菜蔬及用各种香料做成的炖菜,可以配上一碗西红柿汤或炖菜的菜汁就着库斯库斯吃,也可用浇

> 鹰嘴豆

在库斯库斯上的炖菜拌库斯库斯里的粗麦粉吃。

制作库斯库斯时,有的家庭会用粗麦粉和面粉混合和面,比如菲斯(Fes)地区家庭主妇在做库斯库斯时都会使用这两种麦粉,还有厨师要在库斯库斯的炖菜中加上番红花(藏红花)等食材,也有厨师是用牛羊肉等肉禽类来做库斯库斯的炖菜。

一般制作库斯库斯的锅是双层锅,锅的上层蒸的是揉搓好的粗麦粉;锅的下层用来炖浇在粗麦粉上的菜。炖菜一般都是将南瓜、西葫芦、白萝卜切成大长条块形来炖。锅上层的粗麦粉在加热蒸时,可以很好地吸收下层炖菜的味道。

制作库斯库斯的粗麦粉即是杜兰小麦。杜兰小麦(Durum)有近100万年的历史了,它是一种野生小麦和一种野生山羊草相互杂交生长出来的硬粒小麦。杜兰小麦面粉有一个专称"Semolina",有人翻译成"粗粒小麦粉"。杜兰小麦主要是用来制作意大利面。

西班牙烤羊排配中东小米(Couscous)沙拉

仰缶庐谈吃
第三集

制作库斯库斯的杜兰小麦长相有点儿像小米，有人称之为"北非米""北非小米""北非粗麦粉""北非小丸子""北非细面团""阿拉伯小米"等。

库斯库斯的叫法据说源于古代阿拉伯文"Kous Kous"，是磨碎的意思，由拟声词即用杵臼捣杜兰小麦时发出的声音而来。杜兰小麦的壳很硬，前人将其在制成可食用的粮食时，需用杵臼来舂捣，所以就会发出Kous Kous的声音。

库斯库斯现在已是一种可以在摩洛哥等北非国家的商店、超市都能买到的传统食品，而且是已经加工好的熟制品。只要你回家自行制作一锅丰俭由人的炖菜浇在加热好的库斯库斯（加热目的使其吸取水分）上，就可以享受一顿北非的传统美食，不管你做的炖菜是荤是素，鹰嘴豆是必不可

伊朗法拉费（Falafel）

鹰嘴豆

少的内容之一。

摩洛哥菲斯等地的人在制作库斯库斯菜肴时，会用鸡汁将北非小米蒸熟后铺上一层奶油继续蒸制，反复如此三次蒸制后，再将用肉类制作的汤汁浇在北非小米上才算制作完成。

摩洛哥的素食品主要就是鹰嘴豆和鹰嘴豆沙拉。

在摩洛哥街头常会看见摊贩售卖一种叫"Harira"的食品，Harira即浓汤Harira Soup（哈利拉、哈利娜蔬菜汤、海利拉浓汤），或写作"Moroccan Harira（摩洛哥哈里拉浓汤）"，是将鹰嘴豆、扁豆、番茄、鸡蛋、大米、面粉、牛肉、羊肉、鸡肉及橄榄油、洋葱、香芹、生姜、辣椒、藏红花等调味料和多种香料炖成的浓汤。

据说像摩洛哥的传统食品扁豆汤（Harira）、塔津（Tajine）、库斯库斯（Couscous）等菜肴的源头是从柏柏尔人那里继承下来的。

摩洛哥的羊肉丸子搭配库斯库斯吃亦比较有名，羊肉丸子这道菜里会放有藏红花和许多香料。

阿尔及利亚的库斯库斯吃法是半碗粗麦粉饭配上点儿炖菜（炖菜里西红柿是不能缺少的），再加一根带骨羊肉，就着炖菜的菜汁食用。

西非科特迪瓦的库斯库斯，是将牛肉、羊肉、西红柿、西葫芦、茄子等食材煮炖好后浇在粗麦粉上。

科特迪瓦北部的马林凯人、迪乌拉人和洛比人特别喜食"库斯库斯"。科特迪瓦有Attieke这道菜，是用木薯做的，将木薯、高粱等粮食捣碎，亦可做成科特迪瓦的Couscous。

以色列人做出来的库斯库斯颗粒会比北非一些国家的人做的库斯库斯颗粒大许多，基本上同鹰嘴豆的大小差不多。

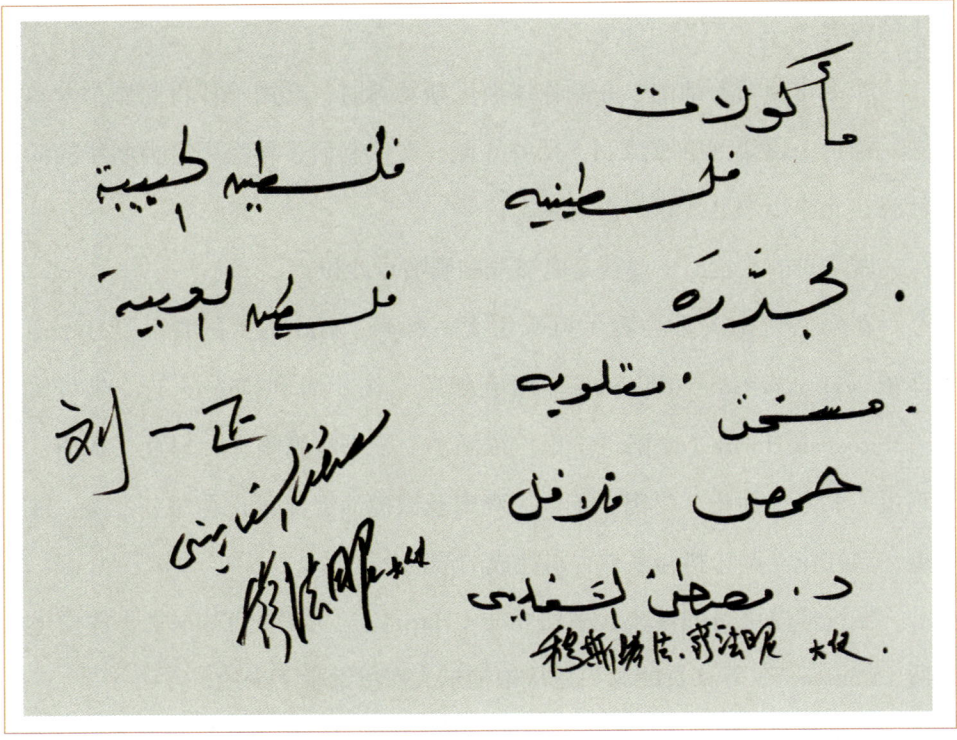

巴勒斯坦驻华原大使、阿拉伯信息交流中心主任穆斯塔法·萨法日尼先生为作者美食著作题词。译文为:"巴勒斯坦传统美食: 穆扎德拉 mujadara,穆萨汉 musakhan,马库路巴 maqlubah,胡姆斯 humus,法拉费 falafil。刘一正。穆斯塔法·萨法日尼大使。"

2016年11月19日,我看到了由白宫外国记者团副团长、东方卫视驻白宫记者张经义拍摄的《白宫义见》特别版的《看看新闻》。

片中张经义以媒体人身份拍摄奥巴马总统从华盛顿乘直升飞机到安德鲁斯空军基地,转乘"美国总统空军一号"专机到佛罗里达州的奥兰多机场后,参加为希拉里·克林顿造势的美国总统倒计时的两天大选活动。

奥巴马总统及随行人员在空军一号所用的晚餐为:

鹰嘴豆

与穆斯塔法·萨法日尼先生合影

前菜： 凯萨沙拉

主菜： 意大利布鲁士切塔烤鸡配北非香料库斯库斯小米

甜品： 意大利卡布奇诺芝士蛋糕

晚餐全部为白宫大厨主理。

由此可见，库斯库斯在美国也很受欢迎。

法国的库斯库斯在法国南部很流行。法国之所以风靡这一美食，缘于法国殖民北非期间接受了这一当地美食，并将它传播至法国本土。

制作法国的Couscous一般选用的是法国产Couscous面粉。将法国产的Couscous粗麦粉用盐水搅拌好后放一盘（盆）中上锅蒸1~2小时，每30分钟

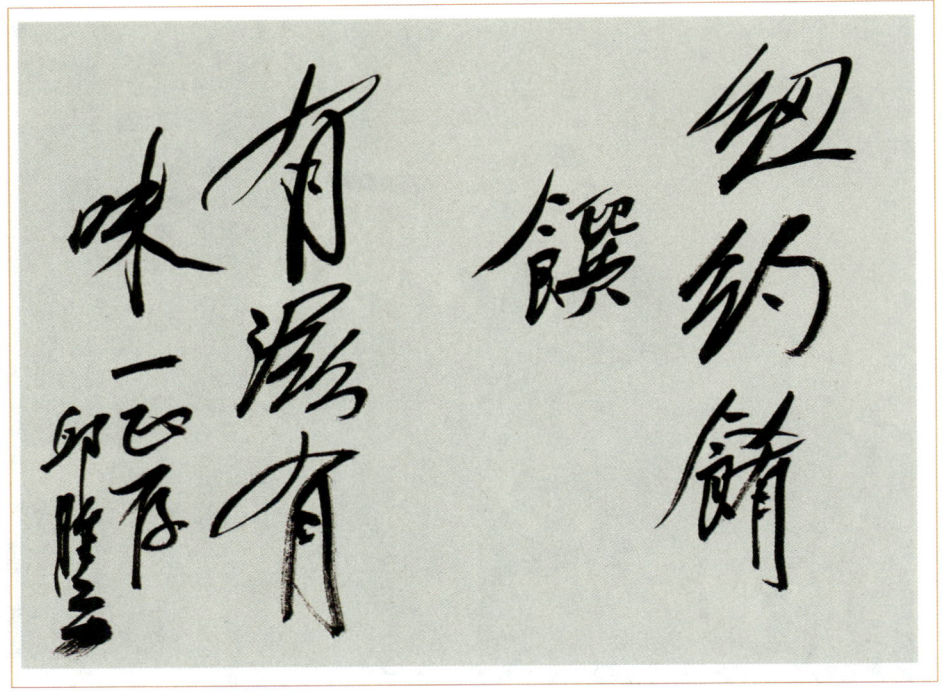

中国驻纽约原总领事、驻约旦原大使邱胜云先生为作者美食著作题词："纽约餚馔，有滋有味。一正存。邱胜云。"

再在粗麦粉上洒一次清水，目的是让粗麦粉吸湿水分后变得更加松软。

法国Couscous的浇头做法是将锅中放入牛油，加入切碎的洋葱末煸炒出味后，把切好块并事先用木瓜汁、红酒、迷迭香、黑胡椒和盐腌好的牛腩倒入锅中，加入切好块的胡萝卜、土豆、番茄及鹰嘴豆等菜蔬拌炒。再在锅中加入红酒、盐、糖拌炒，锅中注水没过菜，焖煮30~40分钟后再加入奶油、橄榄略煮即可。

Couscous也是突尼斯的国菜。突尼斯的Couscous是用姜黄、大蒜和洋葱、羊肉（突尼斯的羊多为散养的，味道鲜美）、牛肉、海鲜等制作，菜

鹰嘴豆

品颜色是黄棕色。将一只炸过的青辣椒放在Couscous上（柏柏人擅长制做炸青椒），或再放一根用牛肉作的突尼斯香肠。突尼斯的Couscous可用海鲜来制作（像吞拿鱼、大虾、鱿鱼等均可入菜），据说这一传统源自迦太基王朝遗留下来的习俗（迦太基为航海大国）。

摩洛哥还有一款菜肴也非常有名，即"Tajine"，也可叫"Moroccan Tajine"。Tajine翻译成中文为"塔金""塔吉""塔津""摩洛哥塔金"等，它号称是摩洛哥的国菜。Tajine这道菜的名称实际上指的是制作这道菜所用的烹饪工具。

山东杨家埠著名年画木刻家杨洛书先生为作者美食著作出版贺赠清光绪版《合家欢乐三灶》年画

制作Tajine的锅是用陶器制作的，类似我们烹饪菜肴时用的砂锅。但它的容器部分要比砂锅小许多，将上部塔形的盖子去掉，下部即容器部分就是一个圆形的托盘。这种烹饪炊具起源于北非，它的特别之处就在于它的尖帽形的盖子。这种烹饪工具在烹饪菜肴时很节水，即使不用水也可烹制菜肴。用它烹饪出的食物营养成分不易流失，且有制作简单、快捷的特点。因摩洛哥的水资源极为珍贵，所以用这种陶制的工具烹饪菜肴在摩洛哥很普遍。

仰缶庐谈吃
第三集

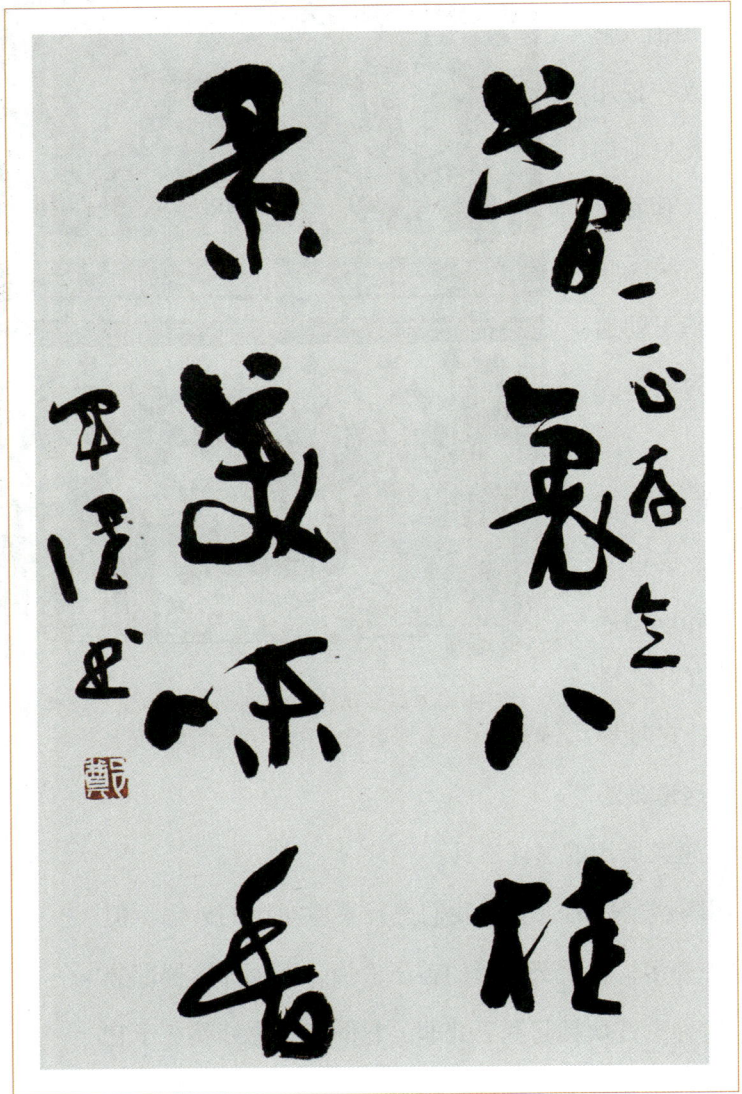

著名书法家、广西壮族自治区书法家协会第七届主席郑军健先生为作者美食著作题词:"梦里八桂,景美味香。一正存念。军健书。"

Tajine多用油、羊肉(鸡肉)、橄榄、鹰嘴豆、洋葱、腌柠檬、乌梅干等一起炖煮,再加上生姜粉、花椒粉、肉桂、蜂蜜、盐、胡椒粉等调味料制成。

制作Tajine离不开腌柠檬和乌梅干。炖煮的Tajine里加上腌柠檬能够使其菜味丰富;而乌梅干的加入可使这道佳肴的颜色变深,同时还能将Tajine中的汤汁变得黏稠,风味更多元化。

做成的Tajine可佐食面包。

腌柠檬的做法

鹰嘴豆

是将一个柠檬从柠檬带蒂的中心对半刀切后再将两瓣对半切,这样就成为四个四分之一瓣了。取一小瓶子,把四瓣柠檬放入小瓶内,加月桂叶、花椒粒、盐、柠檬汁(用另外的柠檬挤汁),最后加些热水,封好小瓶的口,腌制3个星期后即可用于做Tajine了。

在摩洛哥当地的人家(或有些餐厅)吃Tajine一般都会直接将这种炊具端上桌,而在城市等地方用餐,服务员会将Tajine装在碟子里再端上餐桌的。

我吃的柠檬和橄榄鸡塔吉锅(Lemon Chicken Tajine)就是把菜肴装在盘子里后,由服务员端上桌的。这道Tajine是摩洛哥卡萨布兰卡(达尔贝达)风格炖鸡,是用鸡肉、柠檬、橄榄、土豆等蔬菜加上香料经过5个小时慢炖的一款佳肴。

顺便一提的是,还有一款小吃在摩洛哥也很风靡,它就是蜗牛。这种小吃制作很简单,用十几种香料加水将蜗牛煮熟后用牙签挑着吃;食时,再喝上一点儿煮蜗牛的汤汁。摩洛哥盛产蜗牛,西班牙及法国等菜中所使用的蜗牛均产自摩洛哥。

以鹰嘴豆作为主要食材来烹制的食品有两款是风靡世界的,尽管这两款食品源自中东的穆斯林国家,但在欧美等国家随处也可以品尝到,它们分别是Falafel(Falafil)和Hummus(Humus)。

Falafel即"法拉费",Hummus即"胡姆斯酱"。

法拉费的做法是将鹰嘴豆捣碎成泥,加面粉、洋葱、大蒜、香芹、香菜及各种香料等做成馅后,捏成圆形丸子或扁圆形状的丸子入油锅炸熟后即成。

在中东及非洲和地中海的各国法拉费馅料的做法,根据自身饮食习惯

伊朗胡姆斯酱（Hummus）

而有所不同，有的国家所做法拉费馅料是用鹰嘴豆和蚕豆制成的。同时各个国家在馅中添加的蔬菜和香料也不相同。

炸好的法拉费可单独食用，可蘸诸如酸奶酱等酱汁（以色列人爱蘸芝麻酱）食用，亦可卷在披塔（Pita）等类似中国煎饼的饼中，加些新鲜（或腌渍）的黄瓜片（酸黄瓜片）、洋葱段、生菜叶、番茄片、甜菜叶、玉米粒、生辣椒段、橄榄（腌渍）等蔬菜及各种酱料食用。它的吃法，很像现在国内用空心烧饼夹烤鸭片。

法拉费更是素食者钟爱的食品。有的地方制作的法拉费中会添加些黄油，如是素食者食用的话，可改为橄榄油来烹制。

鹰嘴豆

摩洛哥胡姆斯酱（Hummus）

法拉费是音译，翻译成中文叫作"香炸豆丸""炸豆丸子""中东蔬菜球""油炸鹰嘴豆饼""炸豆泥"等。它实际上同我们国内大街小巷食品摊上买到的炸素丸子一样。国内的炸素丸子用料多为胡萝卜、粉条、豆腐泥、香菜、胡椒粉等食材，而法拉费主要是以鹰嘴豆为食材，它的个头比国内的炸素丸子要大些，颜色也偏深褐色。

法拉费要做得松脆可口，关键要掌握好制作馅料时鹰嘴豆泥与面粉添加时的比例。

以色列人做的法拉费有点儿微微发辣。

有人说法拉费是与可丽饼（Crepes）、烤肉三明治（Sandwich）三分

天下的小吃。

国外曾拍过一部美食纪录片,叫《全球通吃》,分别说的是汉堡包、比萨饼、寿司和法拉费,这四种食品被称为是已经国际化了的美食。

在《全球通吃·香炸豆丸》中就曾提到:小小的法拉费,只不过就是用鹰嘴豆做的炸丸子,但关于它的起源和归属却争议不断。

有人说法拉费是由埃及人发明并最终由阿拉伯人将其带到以色列国土的;也有人说它就是纯粹的以色列食品。

虽然法拉费的起源并不明确,但已有证据表明:两河流域肥沃的新月地带,是最早开始种植鹰嘴豆的地方,而且鹰嘴豆种植的历史也已有8000多年了。

法拉费登上餐桌最早的证据,是在公元纪年之初,在科普特文化中,中东早期的基督教会会员,在斋戒时,因禁食肉类,但食富含植物蛋白质的鹰嘴豆能够替代肉类食品,补充人体所需的营养成分。

此后,法拉费便迅速在中东地区传播,在数百年前已传遍了整个中东地区。

中东地区流传一种说法,叫作"鹰嘴豆有100种的做法"。世界各地所产法拉费的外观看上去虽然并没有什么差别,但各个国家及地区所做的法拉费的配方却不尽相同。有的国家做的法拉费使用的主料并非鹰嘴豆,比如埃及的法拉费所用食材是白色的扁豆。正是基于这一点,质疑法拉费是由埃及人发明并最终传入以色列之声也在于此。中东地区有1001种香料,这就使各国各地所产的法拉费各具特色,如今世界上制作法拉费的方法也真的不下百种之多。

法拉费归属权之争的核心在巴勒斯坦和以色列之间。

鹰嘴豆

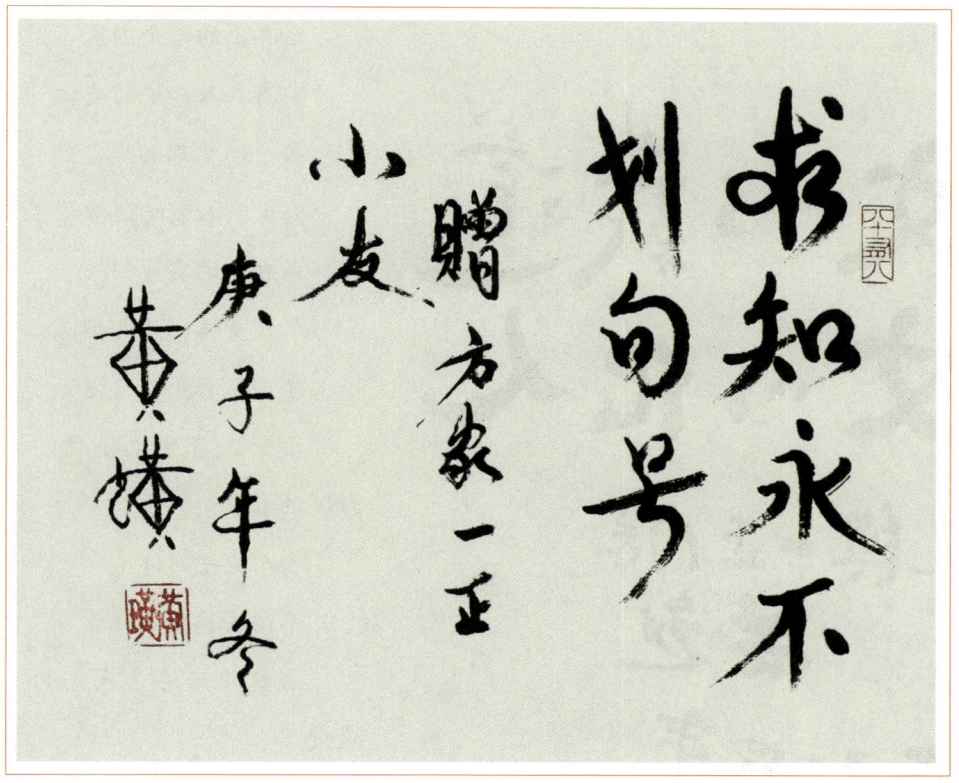

中联国兴书画院院长、著名书画家黄璜先生为作者美食著作题词："求知永不划句号。赠方家一正小友。庚子年冬，黄璜。"

1948年，以色列重新建国，并驱逐了当地的巴勒斯坦人。法拉费之争随之而来。

以色列重新建国之初，要搞一些属于自己的东西，并以此向世人证明他们存在的历史，其中将巴勒斯坦人和以色列人都爱吃的法拉费定为了以色列的特色美食。

在1958年，作曲家达恩·阿尔马戈还特意为这种特色美食还创作了一首赞歌。

仰缶庐谈吃
第三集

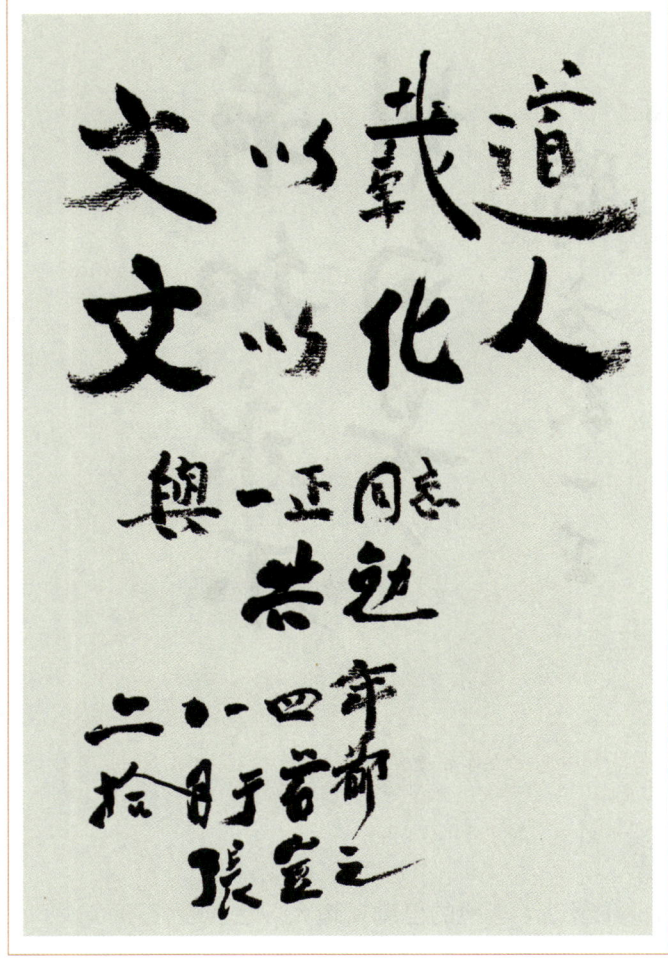

著名国学大师、西北大学原校长张岂之先生为作者美食著作题词："文以载道，文以化人。与一正同志共勉。二〇一四年拾（十）月于首都，张岂之。"

世界上的每个国家
都有人人知晓的美食
每个幼童都熟知它
意大利人爱吃通心粉
维也纳的奥地利人
喜欢美味的炸肉排
法国人喜欢吃蛙腿
中国人喜欢吃松软、细腻的米饭
食人族吃同伴
不过法拉费法拉费
法拉费始终是我们的最爱

60多年来，由于这首歌谣的传播，让以色列国民深信不疑地认为法拉费就是以色列的大众美食。

然而，据专家考证，法拉费进入犹太教的食谱时间并不长，而且与犹太教的传统食物也毫无关联。正因为如此，它成了巴以争夺法拉费的导火索。

鹰嘴豆

在《全球通吃·香炸豆丸》美食纪录片里，犹太籍营养学家雅亿·拉维夫女士也是研究法拉费的专家，她说："有一次，我的一位以色列朋友参加一个聚会，会上既有以色列人，也有巴勒斯坦人，谈话中，以色列人和巴勒斯坦人发生了争执，有一位妇女从中调和。她说：'你们不要再争吵了。世界上有许多东西是可以共有的，比如法拉费。'巴基斯坦人一听法拉费就嚷叫道：'法拉费也是被以色列人夺走的我们的美食。'"

《全球通吃·香炸豆丸》，以美国纽约为背景，讲述了美国这个移民国家，特别是在纽约，来自世界各地的移民很多，这些来自世界各地的移民也带来了他们家乡的美食。比如：日本的寿司（Sushi）、意大利的比萨饼（Pizza）、中国的烤鸭、俄罗斯的鱼子酱，等等。其中阿拉伯人和犹太人来此定居时，都带来了他们家乡的美食——法拉费。尽管阿拉伯文化和以色列文化有所差别，但他们却拥有同一种美食。法拉费是一条可以从心灵深处系住这些游子们与家乡的纽带，是慰藉思乡之情的一种精神上和物

西北小吃
"酥合丸"

质上的"良药",是最具宗教般虔诚信仰的食物。现在,在纽约这个拥挤而现代化的城市街区里,他们再度一同生活,在这两个都声称法拉费属于自己本民族食品的同时,隔阂已不复存在。纽约最大的法拉费加工厂,每天都要生产成千上万份的法拉费为人们提供可以缓解思乡之痛的美食。

有一年,我在江苏镇江参加"首届世界华语诗歌大会",正巧邱胜云大使莅临了此次大会。邱胜云大使曾担任过中国驻纽约的总领事,后又任中国驻约旦的大使。我们在一起吃饭时,我同邱大使还谈及法拉费这一美食。邱大使在任上的两个地方即纽约和约旦都可以吃到法拉费。当然了,正宗的法拉费应当在约旦吃。邱大使也说,很多约旦人的一天就是从用披塔夹上几个法拉费丸子开始的;纽约则是当之无愧的世界美食之都,几乎可以品尝到全世界各式各样的美食。

还有一次,我在北京大学跟巴勒斯坦驻华原大使穆斯塔法·萨法日尼博士交谈,我特意谈到了巴勒斯坦的美食法拉费,穆斯塔法大使一听到法拉费三个字,立刻激动得说话的声音大了起来,连连说:"法拉费是巴勒斯坦的美食,好吃!"

2015年6月13日的下午,我去北京国粹苑艺术品交易中心参加杨彦·爱达的"第三届(北京)度一国际文化艺术节"开幕式。

该文化节的活动以"文化碰撞"为主题,汇聚众多不同国度、不同民族文化主题性质的文艺舞蹈、歌曲演艺、魔术秀、美食展销、时装秀等活动。

我在美食展台区的埃及展台上,除看到有以埃及金字塔及艳后像做的小工艺品外,还摆着一种打着卷的饼。这种饼类似我们国内吃的春饼。有三种不同馅料的饼分别装在三个长盘中,第一种是牛肉馅,第二种是羊肉馅,第三种是素馅。

鹰嘴豆

青海的"酸菜粉条"

我问卖"馅饼"的埃及籍小贩第三种饼具体是用什么馅做的?他说只知道叫"FALAFEL",并不知晓法拉费具体是用什么食材做成的。

我花20元人民币买了一个"FALAFEL",将卷着的饼打开一看,饼中包裹几个炸过的黄褐色的小圆饼,很像回民小吃"咸卷果",同时,饼中还卷有几片碎菜叶。我重新把饼卷好后尝了一口,卷在饼中炸过的圆饼馅心的颜色是浅绿色,有一种淡淡的豆香味。谈不上好吃,但也不难吃。

这是我头一次在北京吃到埃及产的法拉费。

埃及有一美食,名为塔米亚,也叫"塔阿米耶",翻译成中文叫"油炸(蚕)豆饼"。

仰缶庐谈吃 第三集

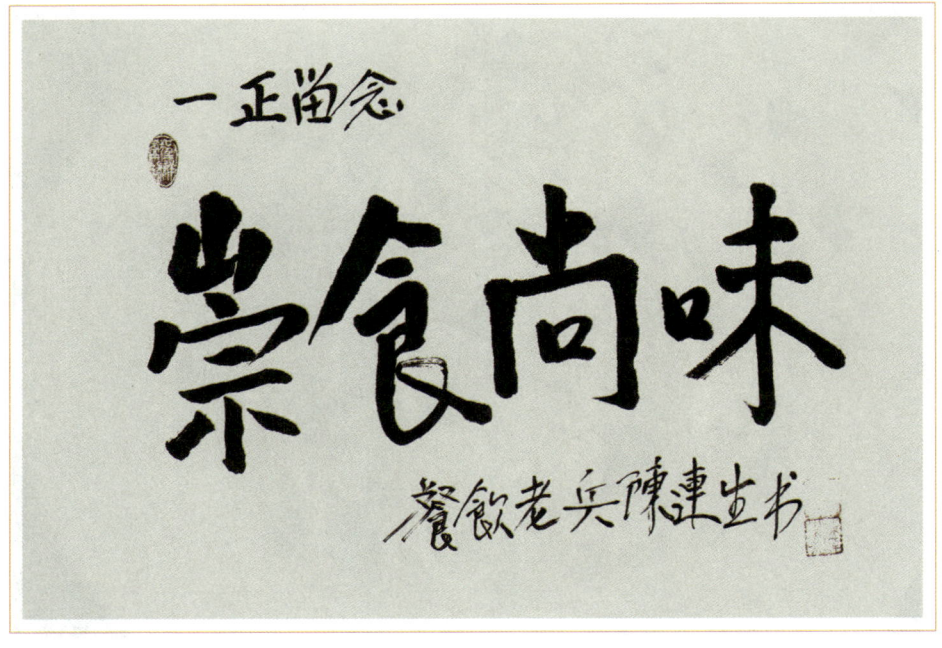

著名京味小吃专家陈连生先生为作者美食著作题词："崇食尚味。一正留念。餐饮老兵，陈连生书。"

塔米亚（Ta'amiyya）一般和富尔（Fuul）组合成两道配菜，写作"富尔和塔米亚"，它是用披塔夹成三明治的美食小吃。

富尔是由埃及的国菜——蚕豆加食用油、柠檬、肉、蛋、洋葱等蔬菜和香料做成的。

塔米亚是用鹰嘴豆泥及鸡蛋液和香料等调味品做成馅泥后捏成团，炸熟而成。把富尔和塔米亚放在一起，加一点番茄片，用披塔夹食而吃。

塔米亚其实就是法拉费。

埃及人做塔米亚的馅料，用蚕豆泥的比用鹰嘴豆泥的要多，所以一般都称之为"油炸蚕豆饼"。用蚕豆泥加上碎欧芹、蒜泥、洋葱末、薄荷干

鹰嘴豆

等,也有加韭菜末的,将上述食材搅拌成糊后炸熟而食。

如果在馅中添加肉末,在奶油中炸熟后吃则是另一风味。

埃及还有一道离不开用鹰嘴豆做的美食,它就是库莎丽(Kushari)。

人说埃及有三宝,水烟、Kushari和香水。Kushari是埃及的特色美食,在大街小巷都能品尝到。做Kushari时,首先将米饭、通心粉、豌豆、鹰嘴豆等食材烹制熟后,拌上番茄酱、洋葱、辣椒酱、醋等调味料一起食用即可。

胡姆斯酱(Hummus)是将熟鹰嘴豆打成豆泥淋上芝麻酱、橄榄油,配上香料、盐、柠檬汁等调味品制成的像奶酪一样的豆蓉,味道酸中带咸、醇和甘美。

胡姆斯酱也叫"鹰嘴豆泥""鹰嘴豆酱"。阿拉伯语的"鹰嘴豆"发音为"胡姆斯"。

胡姆斯酱纯粹是中东及沿地中海西北岸等国家的一种特产,而且是一种纯手工制作的豆酱。

胡姆斯酱也是以色列传统食品中的精华。据说在以色列人人都会做胡姆斯酱,而且在他们日常生活中也是不可或缺的重要食品之一。

阿拉伯人是制作胡姆斯酱的高手,而且他们现在依然沿袭着上千年手工制作的流程。

胡姆斯酱可抹在披塔饼中再夹上些法拉费或蔬菜吃,亦可用阿拉伯大饼直接蘸着胡姆斯酱吃,还可用蔬菜蘸胡姆斯酱吃,配烤肉和单纯只吃胡姆斯酱均可。由此可见,胡姆斯酱就是"万金油"。

胡姆斯酱的做法非常简单,用煮熟的鹰嘴豆加酸奶、芝麻酱、柠檬汁、大蒜、薄荷、胡椒粉及盐等,放入食品搅拌机搅碎成泥(如太稠

可加些水；反之则添加芝麻酱等食材），盛在一盘中，上面撒些甜椒粉（Paprike。没有可不加）、碎欧芹及香菜末，再淋上点儿橄榄油即成。

黎巴嫩人做的胡姆斯酱也很有名。

2009年10月24日，250名来自黎巴嫩各地的厨师齐聚贝鲁特，为他们制作的一个直径5米、重达2055千克的、用世界上最大碟子装的胡姆斯酱载入吉尼斯纪录而庆贺。

没过几个月，2010年1月8日，50名以色列厨师在耶路撒冷附近的村庄阿布告什又制作了一个直径6米、重4087千克的胡姆斯酱，并载入吉尼斯纪录。

为什么黎巴嫩刚刚做的胡姆斯酱申请载入了吉尼斯纪录没几个月，以色列非得再要做一个近乎超过其一倍重量的胡姆斯酱呢？

报道说，以色列的厨师之所以制作这份超大的胡姆斯酱，不仅是为了创世界纪录，也有商业方面的考虑。因为黎巴嫩正寻求欧盟认可黎巴嫩配方的胡姆斯酱为正宗产品。对此，大量向欧盟出口胡姆斯酱的以色列商家表示反对。

又没过几个月，2010年5月11日，300名黎巴嫩厨师又做了一个重达10.45吨的胡姆斯酱，并载入吉尼斯纪录。

这回黎巴嫩厨师不光做"胡姆斯酱"，同时一次性又做了5173千克的"法拉费"，也一并载入吉尼斯纪录。

这些法拉费是由300多名厨师做的，共使用了一吨的鹰嘴豆、一吨的蚕豆，以及大量的洋葱、香菜、胡椒、莳萝等辅助食材。

黎以"胡姆斯之战"开始了。双方都宣称自己制作的胡姆斯酱配方正宗，不过，在这个地区用这种"战争"的方式总要比动枪动炮的战争好多了。

鹰嘴豆

作者书法作品:"春如海。辛丑花开,刘一正笔。"

写到这儿,我突然想起美国制作的电影《西岸故事》,这部曾获2007年奥斯卡最佳短片奖的音乐喜剧,讲述的就是巴勒斯坦人开设的"胡姆斯坊",与以色列人开设的"洁食店"发生冲突,其中有一对巴以店员曾产生了爱情,但爱情也未能阻挡双方冲突的升级。后来,巴勒斯坦人开的法拉费店和以色列人开的洁食店,都陷入了火海。最终,巴勒斯坦人和以色列人和好,双方通过生意上的成功合作,成就并滋养了双方主人公动人的爱情。

这部电影无疑是美国人干的一件有利于巴以和平的好事。人们应该多拍些这类有利于中东地区和平稳定的好片子。

用鹰嘴豆可做的美味佳肴有许多,且世界各国各地的做法多种多样。

在南欧,鹰嘴豆是制作汤类、沙拉和炖菜类的主要食材之一。

在法国南部,穆斯林用鹰嘴豆做成面饼后切成丝,用橄榄油炸了,作为斋月期间的食品。

西班牙以鹰嘴豆制作的Cocido,是西班牙名菜。Cocido是乱炖(煮的、熟的)的意思。

仰缶庐谈吃 第三集

新疆椒麻鸡

cocido madrileño,马德里乱炖(马德里烩菜、马德里肉汤),是一道具有马德里传统风味的菜肴。

锅中注水,依次把猪血肠、熏肉、牛腱肉、火腿(前端肉)、火腿骨放入,用大火烹煮,加盐、碎香芹,放入事先用盐水浸泡好的鹰嘴豆炖2~3小时。

另取一锅,舀些炖猪血肠、鹰嘴豆等食材的汤;汤中加入切碎的圆白菜,再从刚才取汤的锅中把猪血肠、香肠(熏肉)捞出一同与圆白菜炖20分钟后投入切好块的胡萝卜、土豆及鸡肉块,炖熟后关火。

再取一炒锅,放油把蒜蓉煸炒出香味后倒入炖圆白菜的锅中。

把炖煮牛腱肉、火腿、鹰嘴豆汤锅中的食材捞出,用剩余的汤汁煮米

鹰嘴豆

饭或面条。

食客可根据自身的口味将汤与肉、蔬菜分开食用，亦可混在一起享用。

Arroz al horno，砂锅烤饭，又叫"砂锅焗饭"，是西班牙瓦伦西亚（Valencia）的特色菜肴，亦是典型的妈妈菜、外婆菜。系以鹰嘴豆、香肠、血肠、牛肉、猪肉（猪排骨）、萝卜、菜豆等食材烹制而成的汤饭，最适合冬日享用。

Cocido Andaluz，安达卢斯乱炖。

锅中加足够量的水，放入牛腱肉、培根、火腿、火腿骨、母鸡肉、鹰嘴豆，炖2个小时以上，再加入香肠、四季豆、土豆、西红柿、南瓜、绿青椒炖半小时左右，取一碗捞出西红柿、绿青椒及一勺鹰嘴豆的量，在碗内加小茴香、醋，少许肉汤搅拌均匀后重新倒回炖锅内，再搅拌一会儿关火。

Cocido Andaluz分三步食用。第一步，吃鹰嘴豆和蔬菜；第二步，吃锅中的各种肉食；第三步，喝肉汤。

马德里Cocido还有类似的做法和食法，如马德里地区的"乱炖鹰嘴豆汤"。

厨师先是用各种各样的食材来煮汤，把煮熟的食材捞出来后用此汤煮意大利面，这是第一道菜；第二道菜是吃汤里炖煮好的各种肉类；最后再吃汤里带肉香味的鹰嘴豆。

在北美洲中部，墨西哥的玉米饼（Tortia）可搭配鹰嘴豆、辣椒酱、柠檬汁、番茄片、生菜丝等蔬菜夹食（当地人爱加入炭烤的鸡肉条和牛肉酱），这是一道别有风味的中美洲特色美味。在墨西哥第二大城市瓜达拉哈拉（Guadalajara），当地的人们习惯喝着龙舌兰酒，享用着炭烤肉和玉米饼。

夹在玉米饼里的馅料可谓丰富多彩，但他们比较钟情于用鸡肉丝做的

馅料。

鸡肉丝馅料的做法很简单。

取一平底锅（或炒菜锅）加热，将三五枚辣椒直接放入锅内干烤，当辣椒变得微煳状辣味被烤出来时，锅中加入洋葱末并注入少许食用油煸炒；用擦子把西红柿磨碎后放入锅内（可直接在锅上用擦子磨碎西红柿），并加入孜然、胡椒粉、鹰嘴豆（熟的）、盐等，再把鸡肉丝（用清水加鸡胸肉、月桂叶、洋葱末、胡椒粉、辣椒、盐等，将鸡肉炖煮熟捞出，双手用吃饭的叉子将鸡肉扯成丝）、鸡汤（炖煮鸡胸肉的原汤），一同放入锅内煸炒即可。

用加热过的墨西哥玉米饼（不是现烙的），夹上鸡肉丝馅料、放上点儿奶酪（用手掰碎的）、辣椒酱、鳄梨酱（用鲜牛油果做成的酱汁），也可再加少许香菜末、洋葱末，再淋上点儿柠檬汁就可以享用了。如墨西哥玉米饼不是热的，可将夹好馅料的玉米饼放在平底锅或铛上微微加热两三分钟就行。

馅料中如果加点蘑菇会更好吃。

家庭制作玉米饼馅料中的奶酪也很容易。

平底锅中倒入牛奶后加热，见牛奶要沸未沸时，往锅中加少许盐，用手将切块的鲜柠檬汁挤入锅中（可用醋），见锅中奶块与奶清分离时关火；取一大块豆包布或棉布平铺在一个双层蒸锅上层带网眼的屉箅上，将煮好的奶倒入，棉布会留下奶块，奶清会漏走；将棉布中的水分用手挤出，奶块会自然成团，这就是奶酪。在奶酪上撒上点盐，将其放入冰箱，食时再拿出掰碎即可。

缅甸的"掸族豆腐面"是缅甸北部掸族的小吃。所谓的"豆腐"，并

鹰嘴豆

新疆油糕

不是我们认为黄豆做成的豆腐,而是用鹰嘴豆做成豆粉后制成的浓粥。Hto-hpunwe意为"温豆腐",黄色的粥加些米粉和腌制鸡肉或其他肉类,再在粥上浇上一点辣椒油,配食腌菜和肉汤。

缅甸还有Nangyi Thoke,意为缅式干拌面。这是一道用面做成的沙拉,沙拉中有鸡肉、鱼饼片、豆芽菜、卤蛋、米线等,而面是用鹰嘴豆粉做的,沙拉中再浇些姜黄粉和辣椒油等香料,配食腌菜、肉汤即成为一款特色小吃。

在非洲的埃塞俄比亚有一种叫Shiro Wot的菜肴,是用鹰嘴豆粉和蚕豆粉加上些大蒜、洋葱等调味料做成黏稠的豆泥糊,可就英杰拉(Injera)吃,

仰缶庐谈吃 第三集

是素食者理想的佳肴。非素食者食用，烹做此菜时，一般会加入黄油。

世界上食用鹰嘴豆的国家有许多，做法也千变万化。我说过，鹰嘴豆是个"百搭"的食材，怎么做怎么吃搭配任何菜都行，做主食副食都可以。

我爱用鹰嘴豆做菜，如用鹰嘴豆与蚕豆做的"炒双豆"；用海参、鹰嘴豆、鸡汤（高汤）做的"海参烩鹰嘴豆"；用白果、百合、鹰嘴豆等做的"两仁烩百合"；用茭白与鹰嘴豆做的"茭白炒鸡豆"等。如做主食或小吃时，我用宜兴人送的乌米饭加蕨麻（人参果）和鹰嘴豆一起蒸熟，淋点儿蜂蜜或椰糖粉、椰奶，味道都不错。

做"蕨麻鹰嘴豆乌米饭"时，蕨麻和鹰嘴豆（非罐头装）都要事先用清水浸泡一下，再用热水煮一下，用清水冲洗后放入乌米中一起蒸熟即可。乌米也可改为其他米例如紫稻米等。

鹰嘴豆还有其他的食法。如用鹰嘴豆粉加奶粉可制成豆乳粉，是最宜老年人和婴幼儿的健康食品之一；鹰嘴豆可和小麦一起磨成混合粉做成主食；鹰嘴豆也可以做成蜜饯等风味小吃。可用鹰嘴豆制成豆浆，做鹰嘴豆蝴蝶意大利面，鹰嘴豆粉面包以及鹰嘴豆膨化食品：即鹰嘴豆酥、鹰嘴豆饼、鹰嘴豆保健饮料、鹰嘴豆口服液、鹰嘴纳豆（牛奶新伴侣）、鹰嘴豆胶囊、鹰嘴豆食用油等。

有一年穆斯林开斋节我是在西宁过的，接待我的是青海三江雪集团董事长穆华峰先生。开斋节当天上午我到的西宁，一下车就被穆董接到他家中吃午饭。我心想在家里吃饭多不方便呀！在住的宾馆或随便找一家餐厅吃一口就行了，吃家宴太费事了。穆董告诉我，西宁的穆斯林群众开的餐馆在开斋节期间都会关门休息的，街上没有地方能吃到清真饭菜，只有在家里才行。

进了穆董家，我坐在沙发上同穆董闲聊并吃些零食和水果。我发现有

鹰嘴豆

一个攒盒里装着各种各样的干坚果,其中有鹰嘴豆,是炒熟的,很好吃。

我问穆董,这东西是在西宁当地买的吗?他回答说是从中东带回来的。

接下来的几天,我在遛西宁的莫家街及水井巷等小吃商业街时,到处打听有卖炒熟的鹰嘴豆否?结果没有一家有卖的。

我就想,新疆、甘肃、青海等省、自治区这么多的穆斯林群众喜食鹰嘴豆,而且这几个地方也出产鹰嘴豆,为什么市场上就没有卖这种炒熟的鹰嘴豆干货呢?这种炒熟的干货鹰嘴豆做法也是出奇地简单。我估计,如果在北京、上海、广州等大城市推销这种小食品,一定也会受到非穆斯林人士的喜爱。

鹰嘴豆让人食后会产生饱腹感,具有扛饿的效果。因此科学家声称,这个食物可以帮助人类解决世界未来的粮食短缺问题。

在地球上稠密的赤道国家,鹰嘴豆是人们的主食。在印度,人们称鹰嘴豆是"穷人的肉食"。全球有数亿人,是通过食用鹰嘴豆来获取营养的。

在全球干燥炎热的地区,鹰嘴豆是人们摄取蛋白质的重要来源。

鹰嘴豆富含植物激素,也就是所谓的异黄酮,是黄酮类化合物中的一种,它与人体雌激素有相似结构。异黄酮对人体更有好处,特别是对年轻人更有益处。异黄酮对已经发育完全或正在发育中的乳房极有好处,从而可以预防癌症的发生。

异黄酮有防止癌细胞增殖,促使癌细胞死亡的作用,可平衡人体中的荷尔蒙,减少荷尔蒙相关问题疾病在人体的发生与不适,如乳腺癌、前列腺癌、卵巢癌等。

异黄酮的抗癌因子可以使癌细胞转化为正常细胞,可以抑制不良肿块在人体中的产生,具有防止肿块增生和癌细胞的扩散作用。因此,它对肺癌、结肠癌、胃癌等病症的预防和治疗有一定的作用。

同时，异黄酮对更年期综合征、骨质疏松、心血管疾病、老年性痴呆、性功能减退、糖尿病、高血压、高胆固醇等病的预防和治疗都有一定的益处。

据说在日本，青春期前常吃大豆的女性，有一段为期10年左右的乳腺防癌保护期。

日本人吃的是大豆，不是鹰嘴豆。日本人爱吃用大豆发酵制成的"纳豆"。科学家认为，豆科植物都含有大量的植物激素。

老年人的活力主要来源是摄入大量的豆类制品。

激素的作用是：激素是一种信息递质，由腺细胞分泌扩散在血液中，激素由血管来到作用器官，并传递信息，根据人的反应使目标器官进行或停止某项功能。激素对人体的代谢、生长、发育、繁殖、性欲和性活动等起重要的调节作用。希腊语原意是"奋起活动"。

植物激素可以让女性变得有活力，从外表到内心都变得更加年轻。

据纪录片《全球通吃·香炸豆丸》介绍，意大利南部有个海拔647米的小山村，叫凯姆波蒂迈勒，这里很少有人在85岁前去世，人均寿命90岁，超过100岁的老人也不在少数。它是全世界五大"长寿之乡"之一。

生活在凯姆波蒂迈勒的人很少食肉，他们吃自己用木炭火烘焙的富含植物纤维的面包，吃水果、玉米、橄榄油，还有蜗牛，但很少食用大豆食品。可是，他们常食鹰嘴豆，用鹰嘴豆烹饪的著名美食是"凯姆波蒂迈勒鹰嘴豆酱拌意大利面"，不管是高档饭店还是农村民众，都食用这种特色菜。

专家们通过10年的研究发现，凯姆波蒂迈勒人的长寿与他们日常低盐抗氧化的饮食有关。

鹰嘴豆

意大利藏红花米饭配牛肝菌

鹰嘴豆无疑是健康而又美味的食品之一,它在中国的食品行业将会有很大的发展空间。

我每吃鹰嘴豆总是感觉有一点淡淡的奶香味,但有人说鹰嘴豆具有板栗香。究竟是什么味道,还得食者自己品尝后说了算。

鹰嘴豆还有其他的称谓,如"鸡心豆""鸡头豆""桃尔豆""回鹘豆""桃豆""鸡豆",等等。

长江刀鱼

长江刀鱼专指每年的清明节前后由黄海、东海等近海口进入长江流域溯流而上做生殖洄游的刀鱼。

长江刀鱼的溯江洄游繁殖路线是东起上海崇明岛,进入江苏省的海门、太仓、常熟、南通、张家港、如皋、靖江、江阴、泰兴、泰州、常州、扬中、镇江、扬州、仪征、句容、南京,安徽省的马鞍山、当涂、和县、芜湖、繁昌、无为、铜陵、枞阳、安庆、池州、望江、东至,江西省的彭泽、湖口、九江、瑞昌,湖北省的黄梅、武穴、蕲春、黄冈、团风、阳新、黄石、鄂州、新洲、黄陂、武汉、嘉鱼、赤壁、洪湖,西到湖南的城陵矶。

长江刀鱼在沿长江上溯生殖洄游过程中,其性腺在洄游途中逐渐发育成熟。长江刀鱼生殖洄游最远的就到洞庭湖,岳阳市城陵矶以西干流很少见有其踪影。从20世纪90年代初,湖北、湖南江段基本上看不到洄游长江刀鱼的身影了,到1996年左右,安徽、江西江段也很难形成"江刀鱼汛"了。进入1997至1998年前后,南京没有了鱼汛,随后镇江、扬州江刀产量也在锐减。到2011年,刀鱼洄游路线大大缩短,能形成鱼汛的最上游,仅为江苏省的常熟、江阴一带。

长江刀鱼

据新华社南昌2020年6月16日报道：江西省九江市水产科学研究所对鄱阳湖洄游性刀鱼种群分布情况的调查近日取得新进展，调查人员在庐山市火焰山水域内一次性发现上百条刀鱼群体，这是近10年来首次在鄱阳湖发现大量刀鱼群体。

生殖洄游的刀鱼群多为3~4龄，每年2~3月份成熟的个体，成群浩荡由海入江，并能形成沿江鱼汛，4~6月份在长江中产卵，5月上、中旬为产卵旺盛期。产卵及洄游时的成鱼，很少觅食。成鱼鱼群进入沿江湖泊、支流或在长江干流浅水弯道及流速较缓的地区产卵。受精卵漂浮于水的上层进化孵化。当年孵化的幼鱼顺流而下聚集在海口咸淡水的交汇处生活，第二年才开始入海育肥，第三年其增长速度最快，个头比其他鲚属种都大，

清蒸长江刀鱼

仰缶庐谈吃 第三集

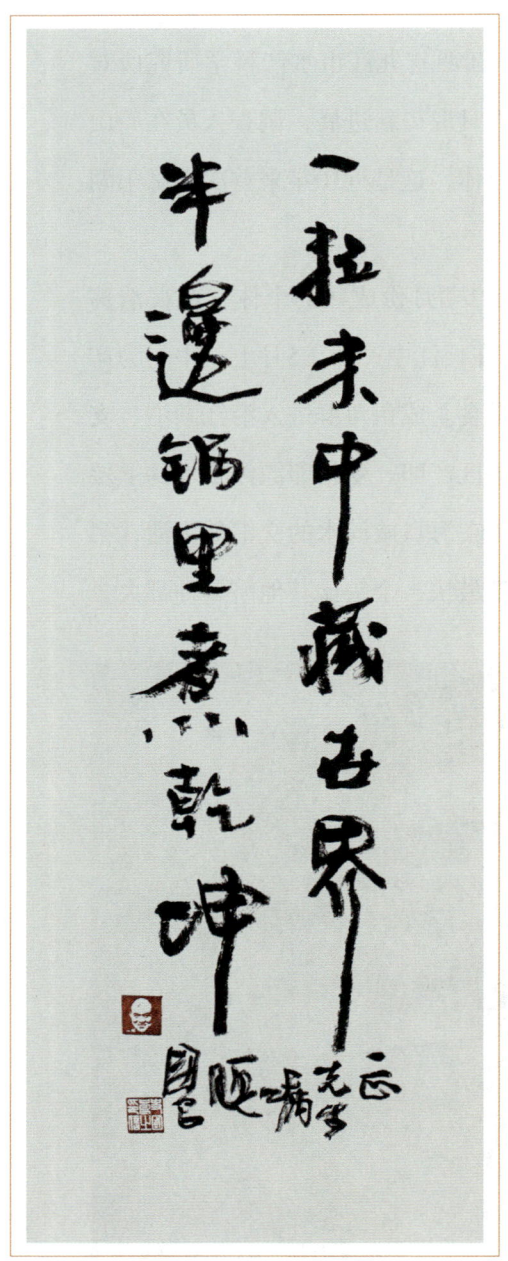

著名书画家史国良先生为作者美食著作题词："一粒米中藏世界，半边锅里煮乾坤。一正先生嘱题。国良。"

3~4龄鱼每尾重90~140克，体长为23.2~34.2厘米。刀鱼最长寿不过6岁，一般只有4~5龄，幼鱼最大个体可达20厘米左右，成年鱼体增长速度逐渐减慢，最大个体有41厘米左右。冬季，刀鱼不做远距离洄游，只聚集在近海深处越冬。

长江刀鱼学名叫"鲚"，即"长颌鲚"（Coilia Ectenes）。鲚属鲱形目，鳀科，鲚属。俗名：刀鱼、刀鲚、毛花鱼、野毛鱼、梅鲚、毛鲚、苦初鱼等。

我国鲚的分布很广，在钱塘江、长江、黄河、辽河以及其他各省与东海、黄海、渤海相通的江河中均产，但以前以长江的产量最高，并成为长江下游的一种主要经济鱼类。

带"刀鱼"这一称谓的鱼有许多种，如长江刀鱼、黄河刀鱼、七星刀鱼、斑纹刀鱼、非洲刀鱼、帝王刀鱼、金刀鱼、日本秋刀鱼（秋刀鱼又可分北大西洋秋刀鱼、太平

长江刀鱼

洋秋刀鱼、大西洋秋刀鱼等)等。东北有些地方管带鱼叫刀鱼。

长江刀鱼只是众多刀鱼品种之一,是单指每年在长江做生殖洄游的鲚。

长江刀鱼很像产于我国东北乌苏里江等地的大马哈鱼。大马哈鱼也是洄游鱼,于每年秋季渡过鄂霍次克海,绕过库页岛,溯游到原出生地产卵,平时大马哈鱼生活在海洋中。

大马哈鱼在亚洲和北美洲沿岸都有。这种鱼是在哪出生长到成鱼后就会回到原出生地去繁殖下一代。在乌苏里江出生的就会洄游到乌苏里江生产下一代。

长江刀鱼也是一

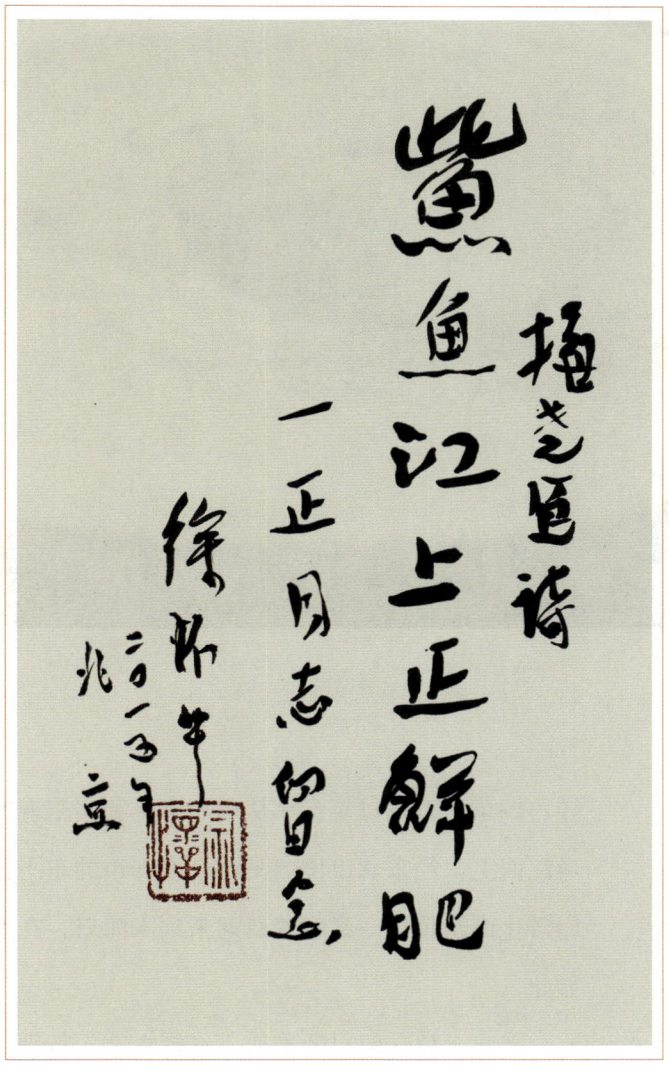

中国作家协会第五届副主席、著名作家徐怀中先生为作者美食著作题词:"鲨鱼江上正鲜肥。梅尧臣诗(句)。一正同志留念。徐怀中,二○一五年,北京。"

白汁河豚

样。像黄河刀鱼每年春季从山东省垦利县东端的黄河入海口处游入黄河,逆流而上,经东营市境内又游到泰安市的东平县东平湖去产卵、孵化。等卵孵化成幼鱼后,又顺着黄河来到入海口,在渤海生长和越冬,年年往复如此。

因此,长江两岸的渔商、江鲜食客,特别是江苏省沿长江的食家把出产在长江的刀鱼叫"江刀",以示区分其他产区的刀鱼。更有甚者,嗜食江鲜的食客们还细分如将产自崇明岛的刀鱼叫"崇明刀",把产自江阴的刀鱼叫"江阴刀",靖江的刀鱼叫"靖江刀"等。

还有一种称之为"本江刀"的长江刀鱼。

长江刀鱼

著名书画家白雪石先生（1915—2011年）为作者美食著作出版绘赠《漓江春》。款识："漓江春。一正同志正之。乙丑初冬，雪石。"

"本江刀"有两种解释。一是指有一部分刀鱼，在长江繁殖后，没有再回到长江入海口育肥，只停留在长江生活，也就是说，这些刀鱼没有游回到大海，只滞留在长江。二是指从近海上溯洄游到长江的刀鱼，在某一江段被当地人捕捞后，当地人称为"本江刀"。如在长江江阴段捕获的长江刀鱼，江阴人称为"本江刀"；在长江靖江段捕获的长江刀鱼，在靖江水产市场销售，也称为"本江刀"。

除"江刀"之外，把产自福建、浙江、上海等未曾洄游长江，只在海中生活并被捕获的刀鱼称为"海刀"（也将产自福建的刀鱼称之为"闽

仰缶庐谈吃
第三集

著名书画家张道兴先生为作者美食著作题词:"足衣足食。一正留念。甲午,道兴题。"

刀",浙江宁波产的刀鱼叫"浙刀"),江苏太湖、长荡湖,安徽巢湖,江西鄱阳湖等湖产的刀鱼叫"湖刀"(南京石臼湖、固城湖也产刀鱼,但产量不高),安徽、江西等省市的水库出产的刀鱼叫"库刀",把河流出产的刀鱼叫"河刀"。另有诸如越南湄公河出产的刀鱼叫"湄公刀"等等。沿江海民、鱼贩把重量在125克以上的刀鱼叫"大刀"(有的地方管190~200克以上的刀鱼叫"炮子"),75~100克的刀鱼叫"中刀"(100克以上的也叫"大中刀"),50~75克的刀鱼叫"小刀",50克左右的刀鱼叫"毛刀"(50克以下的叫"小毛刀"),把清明节后产的刀鱼叫"老刀""野毛鱼"(崇明岛人叫法)等。

"长江刀鱼"与同是洄游鱼类的"鲥鱼""河豚"被人们称为"长江三鲜"。也有一种说法,认为河豚有毒,将其换之为"鮰鱼",并亦称为

长江刀鱼

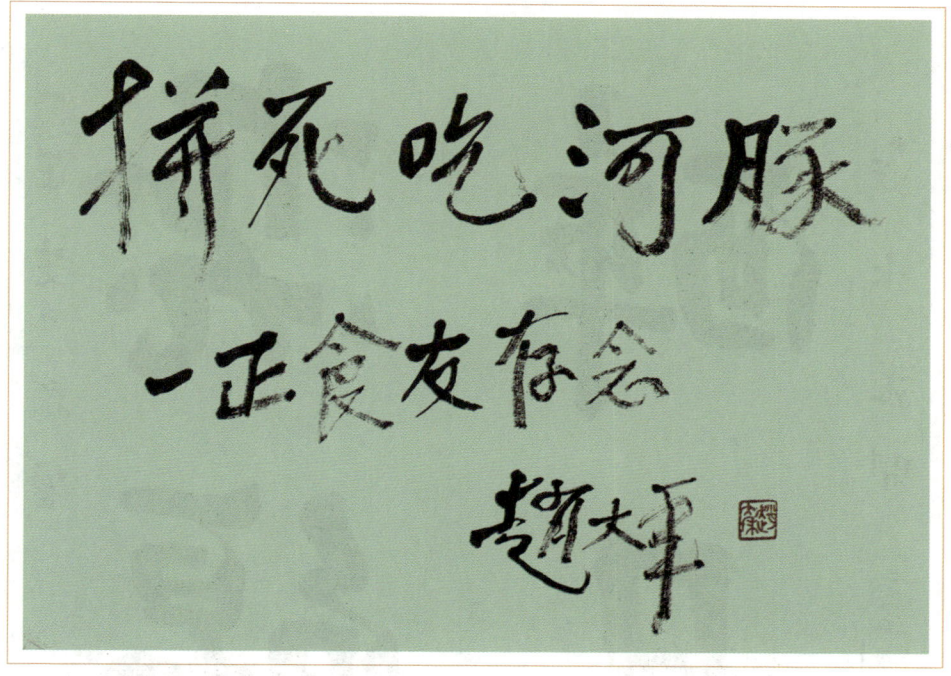

著名作家赵大年先生（1931—2019年）为作者美食著作题词

"长江三鲜"的。

"长江四鲜"即"长江刀鱼"、"鲥鱼"、"河豚"和"鮰鱼"。也有把"银鱼"、"长江刀鱼"、"鲥鱼"和"鮰鱼"称之为"长江四鲜"的。

2012年4月2日在江苏省张家港市永联村举办的"长江'刀鱼王'公益拍卖会"上，一条身长45.3厘米，重量为325克的刀鱼王以5.9万元的高价被一女士拍走。

这条被称为2012年捕获的刀鱼王，是由张家港市永联渔业队在长江七干河河口捕到的。

主办方永联村党委副书记吴惠芳说，他们想通过此次拍卖，让人们认清长江刀鱼资源正在日益萎缩的现实，旨在教育人们保护好长江生态，反

仰缶庐谈吃
第三集

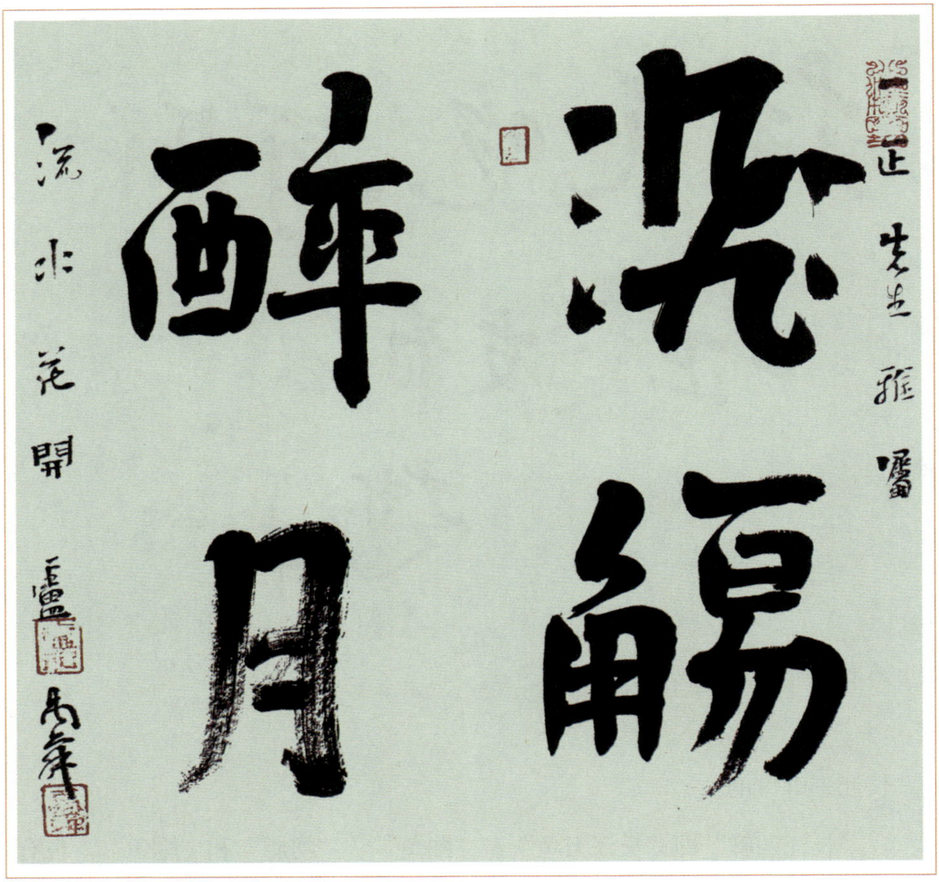

中国国家画院院长卢禹舜先生为作者美食著作题词:"飞鲚醉月,流水花开。一正先生雅嘱。卢禹舜。"

对非法捕捞。

2015年4月3日《中国江苏网》和4月4日的《南通网》均报道:江苏南通端平桥市场一家水产门市的负责人邹某雇人在通常汽渡(南通至常熟汽渡)长江海门至太仓段雇了三条渔船捕捞长江刀鱼。2日晚,共捕到50多千克刀鱼,大多是100~150克的。他们在收网时,一眼就看到了一条大

长江刀鱼

鱼，一开始以为是鲥鱼，仔细一看是刀鱼。

这条刀鱼王腹鼓体长，身披银白鱼鳞，品相很好，重为465克，身长为45厘米左右。

捕获这条大鱼的邹先生从事江鲜经营已二十多年，但还是第一次看到这么大的刀鱼。

另一名邱训兵的老板，做水产生意也已有二十多年的时间，他也未见过这么大的"江刀"。

著名书画家、美术教育家、中央工艺美术学院原院长张仃先生之子，著名画家、诗人、作家张郎郎先生为作者美食著作题词："不疯魔，不成活。崇滋尚味，具食与乐。一正留念。张郎郎，二〇二二年七月十八日。"

4月3日，这条刀鱼王已被通州一买家以15000元的价格买走。

干江鲜这行的人都知道，老话有刀鱼"最重不过16两（旧时1斤）"之说，这条重量达9两多的刀鱼，称之为"刀鱼王"是一点儿也不为过的。

刀鱼的价格会因许多因素而产生很大的差别。

比如"江刀"会比"海刀""湖刀""河刀"贵许多。

清明节前和清明节后的刀鱼价格会有天壤之差。

喜食江鲜的人都知道，吃"刀鱼不过清明"，刀鱼清明节前的质量最佳。此时刀鱼鱼刺柔软，清明节后鱼刺则逐渐变硬，吃口次之。故有"清明前鱼骨软如棉，清明后鱼骨硬如铁"之说。

仰缶庐谈吃
第三集

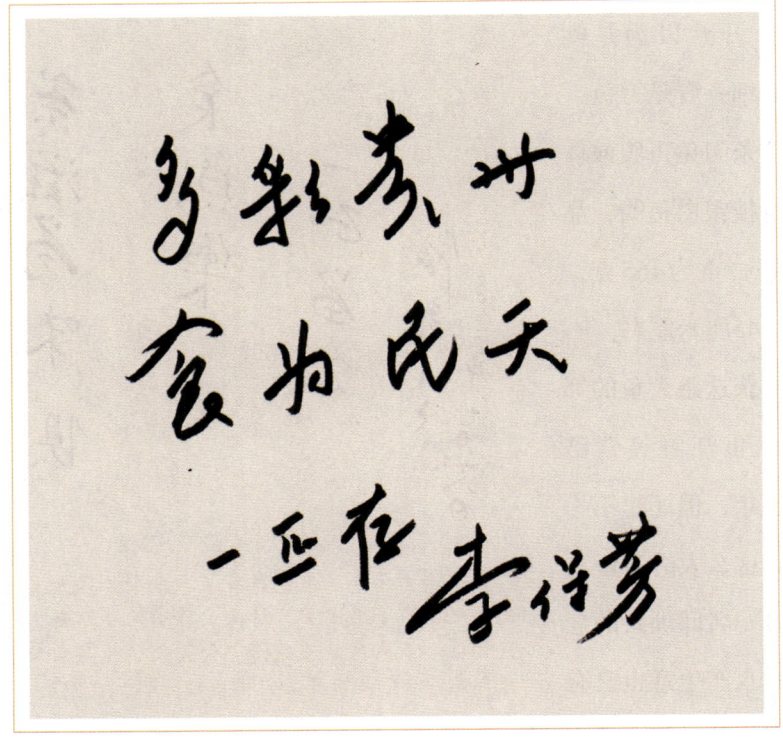

贵州茅台酒股份有限公司原董事长李保芳先生为作者美食著作题词："多彩贵州，食为民天。一正存。李保芳。"

  老饕们真正认可的长江刀鱼应该在江阴、靖江、常州这一带，尤其是江阴，早有"江尾海头"之说，意指海潮涌入长江的最远点就在这里。因为刀鱼的洄游习性，从大海洄游至此，身体所含海水中的盐分已淡化。洄游的过程，实际上就是脱盐的过程，性腺也开始成熟发达，肌肉紧实，从而达到膘肥味美。

  再有，嗜食长江三鲜、四鲜的食家们一吃就能分辨出来到底是不是产自南通至镇江流域的四鲜。长江四鲜在下游过南通天生港，上游在镇江流域开始，所产的四鲜烹饪后其口味会发生变化，与其他区域的长江四鲜味

长江刀鱼

道不太一样,鲜美无比,其价格也自然会比其他水域的四鲜要高出许多。事实上这里的鱼类虽然"共饮一江水",但烹饪出的味道还是有差别的。

在南京、常州等水产市场购买的所谓"江刀"大都出自上海崇明岛。

上海崇明岛陈家镇团结沙港口一般是每年开春刀鱼交易的第一站。那里有许多刀鱼收购人(中介商),他们掌握着不少渔民。渔民打捞后的刀鱼交收购人收购。刀鱼一上岸就被收购中介商装入车中,驶向开往苏南最大的刀鱼批发市场——江阴小湖水产市场。小湖水产市场是中转站,这里的刀鱼最终流向常州、南京、靖江、江阴一带吃刀鱼的"重地"。

江南水产品市场的刀鱼90%来自崇明岛,很多刀鱼刚从大海里游到上海长江口,就被渔民在崇明岛的长江入海口一网打尽了。能进入南通、张家港、靖江、常州的刀鱼都可谓算是"九死一生"的了。

河豚鱼炖豆

仰缶庐谈吃
第三集

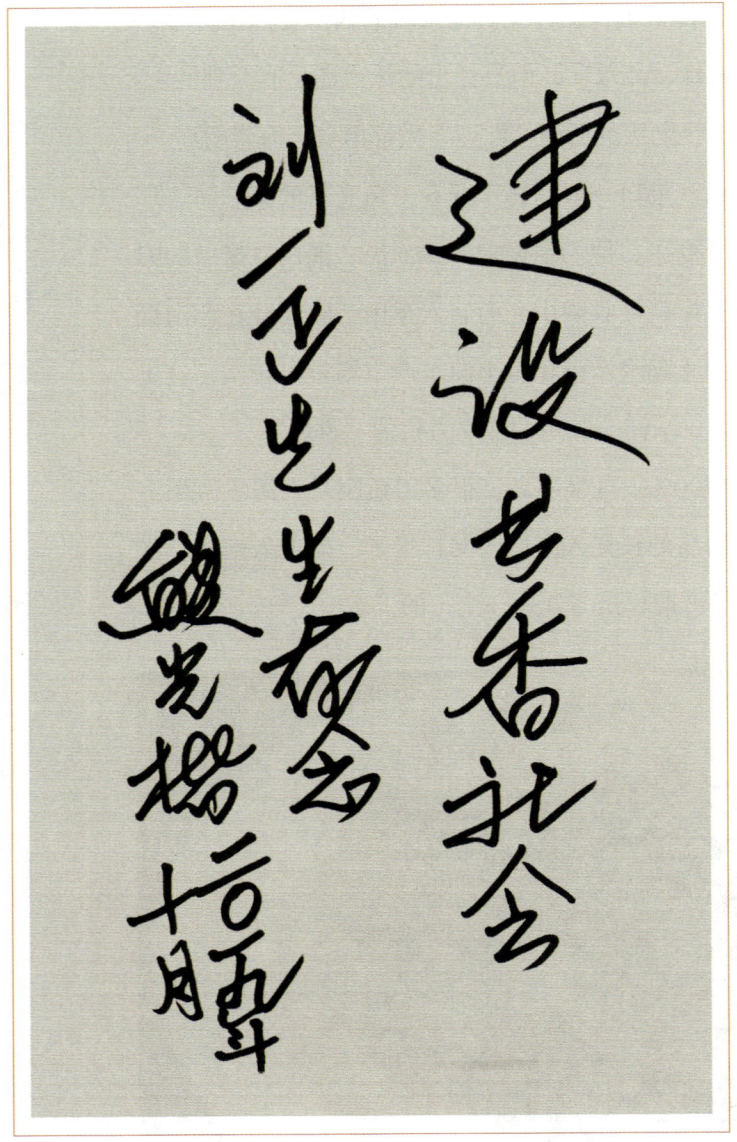

著名藏书家、翻译家、作家、中国国际战略学会会长熊光楷先生为作者美食著作题词："建设书香社会。刘一正先生存念。熊光楷，二〇一九年十月。"

最美味的江刀在江阴、靖江段，从上海、太仓、常熟等长江段提前捕捞到的刀鱼，也属于"江刀"，但级别和售价相对较低。

可见，如果想享用一顿是产自清明前的正宗"江刀"，又是"炮子"或"大刀"，还是"江阴刀"或是"靖江刀"的话，其价格就不是一般食客所能承受得起的了。

2012年是刀鱼售价最贵的年份之一，达到一天一个价。这里有一份南通一家水产批发商2012年2月中旬至3月上旬刀鱼价格表。

长江刀鱼

2012年2月中旬至3月上旬刀鱼价格　　（单位：元/500克）

2月14日	3280	2月15日	3580	2月16日	3980
2月17日	4580	2月18日	4680	2月19日	4800
2月20日	4280	2月21日	4580	2月22日	4880
2月23日	5280	2月24日	5580	2月25日	5880
2月26日	5680	2月27日	5380	2月28日	5680
2月29日	6280	3月1日	6680	3月2日	6880
3月3日	7580	3月4日	6580	3月5日	5380
3月6日	3980	3月7日	4860	3月8日	5980
3月9日	6980	3月10日	8380	3月11日	8280

刀鱼这几年的市场价格：

2008年：

大刀售价6000元/500克（江阴市城中菜市场）

2009年：

大刀售价4000元/500克

中刀售价3000元/500克

小刀售价2500元/500克（均为江阴市城中菜市场）

2010年：

大刀售价6000元/500克

中刀售价3500元/500克（均为江阴市城中菜市场）

2011年：

150克刀鱼售价3000元/500克

小于150克的刀鱼1000元/500克（均为靖江渔婆市场）

梅鱼

2012年：

150克江刀售价5500元／500克（靖江市渔婆农贸市场）

150克江刀售价6500元／500克（南京惠民桥水产市场）

175克江刀售价8000元／500克（南京惠民桥水产市场）

2013年：

100克刀鱼售价400元／500克（南京江宁众彩农副产品市场水产品区）

125克刀鱼售价600元／500克（南京江宁众彩农副产品市场水产品区）

150克刀鱼售价2300元／500克（靖江渔婆市场）

150克刀鱼售价4000元／500克（常州圩塘菜市场）

长江刀鱼

与国家级非遗福州聚春园大酒店佛跳墙制作技艺第八代传承人杨伟华先生合影

2014年：

150克崇明刀售价1000元／500克（南通端平桥市场）

100克崇明刀售价700元／500克（南通端平桥市场）

100克江刀售价3000元／500克（扬州萃园桥农贸市场）

50克左右本江刀售价500元／500克（扬州萃园桥农贸市场）

2015年：

100克崇明刀售价220元／500克

175克崇明刀售价650元／500克

100克长江刀鱼售价1000元／500克

150克长江刀鱼售价1500元／500克（均为南通端平桥水产市场）

福州大饭店行政总厨卓明华先生制作的"木笔蒸龙虾"

从以上数字大致可看出，2015年的刀鱼价格比往年回落不少。与此同时，也可以看出崇明岛所产刀鱼的价格会比其他长江段上产的刀鱼要便宜得多。

这主要是因为崇明岛每年春季是刀鱼集中上溯长江作生殖洄游的必经之地，大都会在此集中"返乡"生产繁殖下一代。如果这期间，长江水温偏冷（达不到15℃~18℃），温度低，刀鱼们还会在此滞留一段时间，等天气、水温达到适度时，它们会沿长江逆流西上去繁育下一代。这就为渔民捕捞刀鱼创造了条件，仅在清明节前，非刀鱼集中生殖洄游期，整个崇明岛每天（2015年）刀鱼的捕捞量达到1500千克。

长江刀鱼

还有一些在崇明岛外捕捞刀鱼的渔船,在此时也在抓紧捕捞。这些渔船在海上捕获的刀鱼也会集中在崇明岛码头出货。这些捕获的刀鱼连一滴长江水也没沾过,但在崇明岛一过手就被披上了"崇明刀"的外衣,冒充"江刀"发往靖江、江阴、南京等地。

2015年的春天,对于喜食长江第一鲜——刀鱼的江阴、靖江人来说,每500克2500元的价格他们是完全可以接受的。

2015年3月9日《江阴信息港》发布一条信息说"江阴:长江刀鱼迎来丰年,150克一条的每500克2500元":

一位叫陆道平的江阴长江鱼鲜中介商,3月8日在长江江阴段江边收购了9千克单条150克以上的"本江刀"后,转手以2500元每500克的价格就被等候的多名江阴市民抢购一空。

3月起,长江江阴段进入了51天的刀鱼捕捞期,江阴段共发特许捕捞证21张,与靖江、张家港等周边地区相比数量是算少的。江阴段刀鱼捕捞船开始试水捕捞的时候,在离长江最近的长山菜场上,等候购买一尝"本江刀"的人们早已是人头攒动了。一摊主一次性收购了在3月1日夜间渔船捕获的6尾"本江刀",其中最大的近4两,其他5尾大小基本平均,通体显青白色,鱼鳞齐整,新鲜干净。摊主表示,有多少收多少。

在江阴的利港、夏港、申港等周边城镇的居民也对"本江刀"兴趣极浓。每500克2500元价格并没有吓着这里的居民。陆道平说,一居民从他手中一下买走了1500克的刀鱼,回家清蒸后马上上桌享用。"小毛刀"的价格2015年在每500克300元,也挺受江阴人的青睐,用其制作馄饨也是江阴人的习惯。

当然,如果在大饭店、酒店点上一盘刀鱼,价钱又是另外一回事了。

西塘古镇（作者摄）

2012年以烹饪清蒸刀鱼著名的上海白公馆为例，150克左右的"江刀"售价2500元一条，且要提前一两天预订才能吃到。名轩报价为1800元，同时还有80元一碗的刀鱼馄饨。扬州饭店的"全刀鱼宴"每位1000元。

2015年初春，江阴的一家酒店，三条江刀凑足500克，清蒸入盘，价格是1万元。

左右刀鱼价格的因素有许多。一条刀鱼从长江被捕捞之时起，到最终由消费者买单上桌，往往要经过四五道销售环节，不管从事哪个环节的人都要从"刀鱼"身上分得一杯羹，他们层层加价。以长江最大的刀鱼市场崇明岛为例，从渔民在长江口捕捞刀鱼到消费者享用刀鱼算起，至少要经过四五个销售

长江刀鱼

环节。

第一,是直接出海打鱼的渔民。他们大多来自浙江,一次出海要2周以上。捕获刀鱼后,根据捕捞量会自行商定价格后直接转手卖给第一级的"经销商"。

第二,是第一级的经销商。这些经销商大多是崇明岛本地人,他们与出海捕鱼船的船老大关系密切。经销商的经营方式分两种:一种是雇用快艇每日往返于码头收购刀鱼;另一种方式是等出海渔船回港或补给时直接从他们手中收购。

第三,是"小贩"。小贩是经销商的下家,小贩从经销商手里购得刀鱼后,再驾车赶往各地的水产批发市场,将刀鱼卖给水产批发市场的商户、摊主。每天都可以在码头上看见等候停靠的各地区牌照的各种型号的车辆。以挂南通、泰州(靖江)两地的牌照车居多。

第四,水产批发市场的商户、摊主。他们从"小贩"手中购得刀鱼

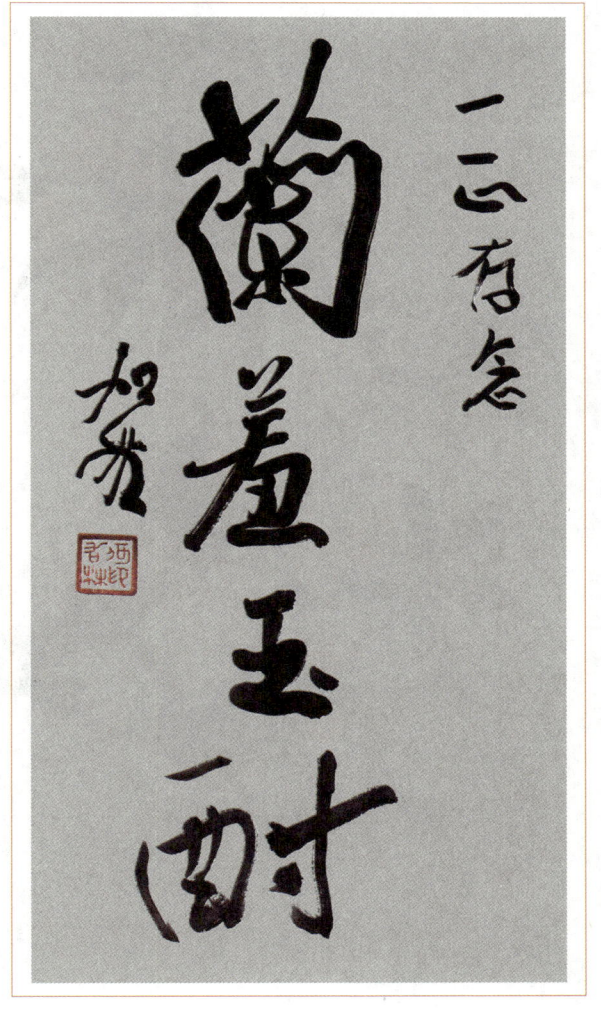

著名书画家何加林先生为作者美食著作题词:"兰羞玉酎。一正存念。加林。"

著名画家董伟荣先生为作者美食著作出版贺画。款识："一正先生惠存。毗陵伟荣画。"

后,再加价倒手卖给各大饭店、餐厅、会所及最终的消费者(食客)。

第五,酒店、餐馆。各大酒店、宾馆会所、酒楼等会从水产批发市场的商户、摊主处购进刀鱼后,制成菜肴,最终流向消费刀鱼的食客。当然,也有一些酒楼、饭店会直接从小贩手里进货的。

另外,还有一些船员,他们驾驶着快艇,每日往返5个小时去长江口外,从打鱼的船上将打回的刀鱼取回到码头。

此外,还有很多因素影响着刀鱼的价格波动。比如产量(刀鱼产量有大年、小年之说)、时期(清明前后期)、品种(长江刀、海刀、湖刀、河刀)、重量(大刀、中刀、小刀)、产区(南通刀、靖江刀、江阴刀等)、品相(新鲜程度),等等。

总体来看,"江阴""靖江"的刀鱼市场是整个长江刀鱼市场价格制

长江刀鱼

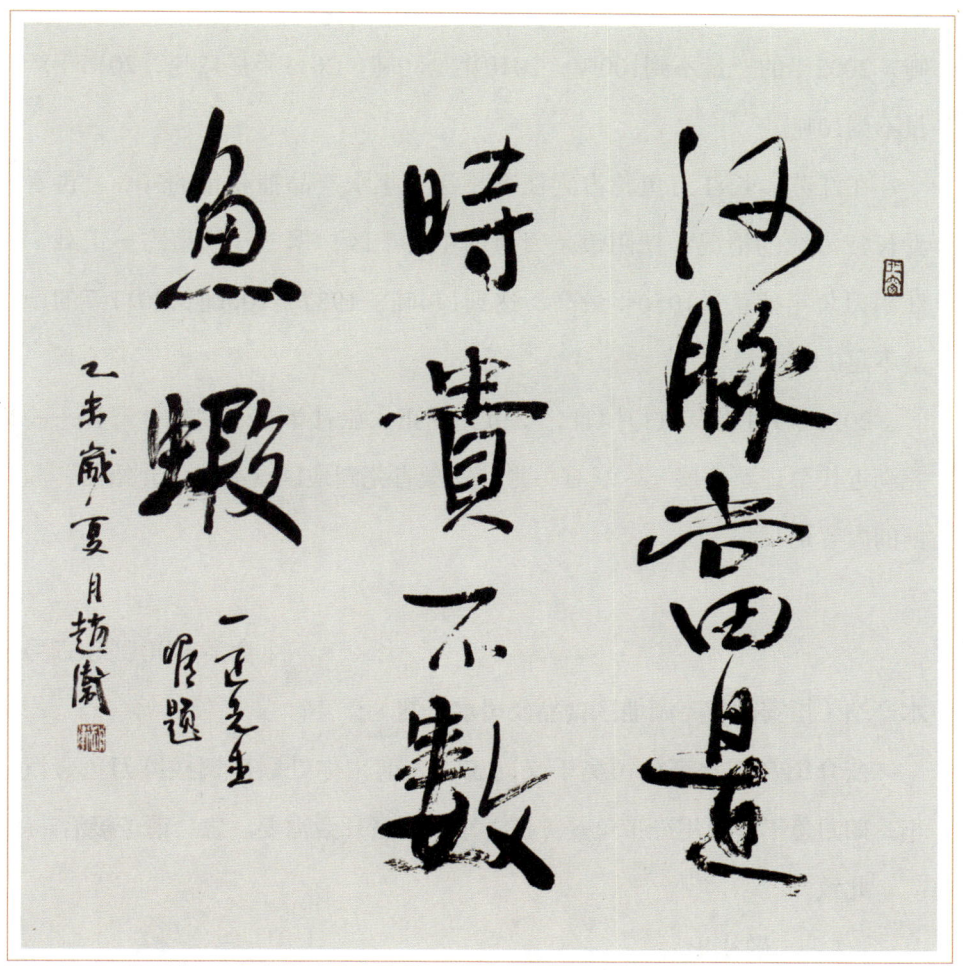

著名画家赵卫先生为作者美食著作题词:"河豚当是时,贵不数鱼虾。一正先生嘱题。乙未岁,夏月,赵卫。"

定的"晴雨表",江阴、靖江的刀鱼销售情况会最终左右整个长江两岸刀鱼市场的总体价格。

长江刀鱼在20世纪70年代以前一度占到长江全年水产品捕获量的35%~50%,是名副其实的"长江第一鱼",淡水捕捞业的最主流品种。1973年的产量是3500吨,1983年的产量为370吨,2001年的产量是217.6

吨，2002年的产量不到100吨，2010年是80吨，2011年是12吨，2015年产量不到10吨。

在江苏，长江刀鱼曾占到江苏长江全年水产品捕获量的70%。再看看长江沿线的情况：江阴市是刀鱼的主要产区，据《江阴市志》记载，江阴刀鱼年捕获量1956年最高，达到174吨，1987年106吨，2011年的产量不足0.5吨。

2021年9月4日至11月4日，安徽芜湖正大旅社举办了"方寸寄怀——芜湖近代票证票据展"。展有一张"安徽省芜湖地区食品公司介绍信"。信的内容是：

【食字】0000967号

水产站（指安徽省芜湖地区食品公司水产站）：

兹介绍合肥水产公司吴千义同志二人前来你处联系调拨鲜刀鱼壹汽车，如刀鱼不够可用冻带鱼并（拼）车。因省开会需要。急！请予接洽。

此致

　　敬礼！

安徽省芜湖地区食品公司革命领导小组

1972年4月5日

介绍信上讲的汽车，应是1972年产的江淮汽车。这一汽车的鲜刀鱼，保守估计也有2000千克，足以说明那个年代清明节前后长江芜湖段的刀鱼产量之丰了。

长江刀鱼

盘锦河刀鱼

每年2月底至3月初，刀鱼从东海等进入长江逆流而上，清明节前后至长江芜湖段，产量最大，口味最美。

构成徽菜格局的三种地方菜之一沿江菜是指以芜湖、安庆地区为代表的地方风味菜，其中尤以芜湖风味为主。芜湖盛产鱼类，品种有三十余种，刀鱼、鲥鱼和螃蟹为芜湖"三鲜"，亦是芜湖土特产品之一。

在早先也只有上海人和江苏人吃刀鱼，进入21世纪后，特别是近些年，刀鱼成了"奢侈品"了，全国各地的人一下子都吃起刀鱼了。

"一种超出人们生存与发展需要范围的，具有独特、稀缺、珍奇等特点的消费品。"这是奢侈品的定义，长江刀鱼几乎占全了这些特点。刀鱼不是人们生活的必需品，它只是人们生活中的点缀品。

北京的酒楼、饭庄自然少不了刀鱼的影子。

2010年3月底我去位于京西的北京世纪金源大饭店吃饭，请客的人是

仰缶庐谈吃 第三集

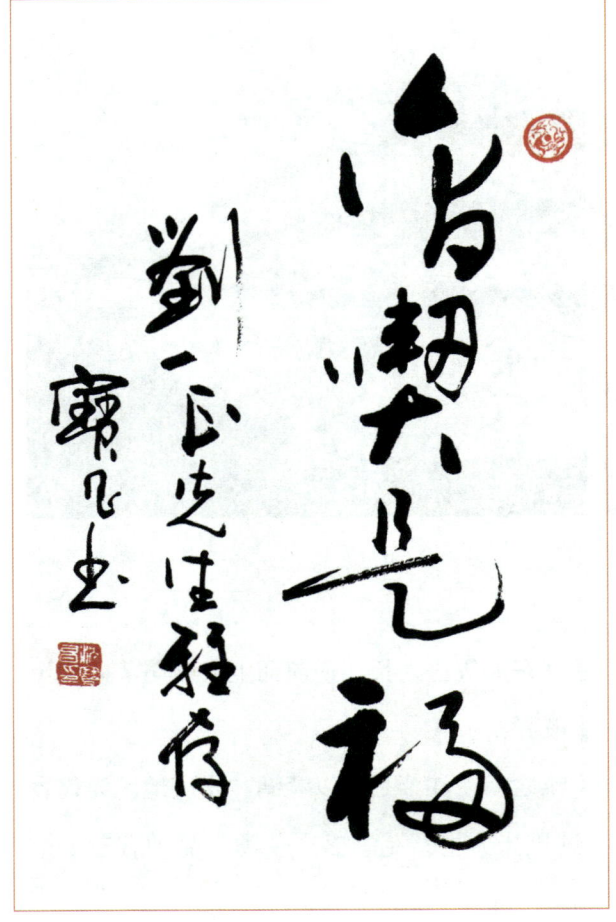

著名书法家沈宝昌先生为作者美食著作题词:"会吃是福。刘一正先生雅存。宝昌书。"

辽宁盘锦的企业家郭兴双。正巧赶上在该饭店二层的中餐厅举办"江南美食节",时间是3月15日至4月15日,刀鱼、鲥鱼和河豚长江三鲜都有。

该餐厅还特意在介绍如何吃长江三鲜刀鱼一栏处写道:"农历二三月刀鱼出水时期。刀鱼肉嫩味鲜,因为鱼刺多,常熟人在取食时,常以草头(即苜蓿,又叫金花菜)同食,可免鱼刺鲠喉。刀鱼鱼刺清明前细软,清明后变硬,故以清明前之鱼食之为佳。"

郭兴双是美食家,他在吃的方面不吝啬,很讲究。那天他点了"清蒸刀鱼"、"浓汤泡泡鱼"(即河豚)和"红蒸鲥鱼"等。

离我住家处不远的地方有个"东兴楼饭庄",它是老北京的八大楼之一,主营山东菜,来朋友时我喜欢在此请客。原因就是离家近,吃山东菜

长江刀鱼

一般人人都能接受。

2012年春季我在东兴楼饭庄吃饭点菜时,发现在整本菜单中另夹一单独的折页菜单,介绍"江南三鲜"。菜单把长江三鲜写成江南三鲜,上面介绍河豚、鲥鱼、刀鱼。刀鱼按条售价,268元一条,只有一种做法:清蒸。鲥鱼有两种方法烹饪,一是"古法蒸鲥鱼",按例卖,一例258元;另一做法是"清蒸鲥鱼",按条卖,258元一条。河豚有"红烧河豚",268元一条,"白汁河豚",268元一条。我问服务员,刀鱼是长江刀鱼还是海刀?湖刀?他说他也不知道需去问问厨师,不一会儿,他回来告诉我,厨师也不太清楚,他们的刀鱼是统一进的货。我琢磨了琢磨这刀鱼的售价,觉得不像长江刀鱼,又怕不太新鲜,就没点。

2015年4月上旬我去位于北京王府井大街的南京大饭店吃饭。南京大饭店是经营江苏风味菜肴的酒店,在北京生活的江苏籍人士及从江苏来京的人都爱在此就餐。那天,我特意同请客的人说点盘长江刀鱼吃,服务员明确告知我们没有长江刀鱼(其他品种的刀鱼也没有),只有河豚、鲥鱼等。

2010年5月我去了趟辽宁,亦是郭兴双陪同并介绍我认识不少辽宁的企业家。我先后去了锦州、盘锦、鞍山、沈阳、大连等地。在鞍山住汤岗子胜利宾馆时,有朋友请我们去鞍山金域海湾酒楼吃水产品时,吃到了"刀鱼",而且这一路尽点些皇帝蟹、鲥鱼、烧鹅等南味菜肴。在吃饭时,我问服务员:"你家的刀鱼是长江刀鱼还是辽河刀鱼?"服务员告诉我,他家是以经营粤菜为主的餐厅,所售刀鱼均为长江刀鱼。

郭兴双兄家住盘锦,每年到季节时他必送盘锦大米、盘锦大闸蟹、文蛤,还有"刀鱼",郭说刀鱼是辽河产的。辽河产的刀鱼要比"长江刀"大些,也很好吃。但最好吃的是盘锦大闸蟹,我觉得其膏(公)其黄

仰缶庐谈吃 第三集

（母）之丰腴只在阳澄湖大闸蟹之上，更觉得汤国梨先生的"不是阳澄湖蟹好，此生何必住苏州"说得真是有道理的。

刀鱼的烹饪方法有许多，但要是新鲜的长江刀鱼还是以清蒸的方法为最佳。

2009年12月中旬，我有一次镇江、宁波之行。

每次我去镇江邀请方都会在江鲜一条街毕士荣长江渔港请吃饭，而且他们是连续好几年在清明前打电话给我叫去吃"刀鱼"。那天留有印象的菜是红烧了一条2.4千克重的鮰鱼，还有刀鱼，是清蒸的。当时不是吃刀鱼的季节，厨师居然用清蒸方法做的，很奇怪的是，刀鱼的刺也不硬。吃饭时，厨师过来敬酒，他对我说，这地方洄游过来的江刀，大多都要去安庆产卵。

2015年清明前，我去常州与当地著名画家董伟荣约好一同去江西婺源看油菜花。到常州当日晚就被董伟荣的朋友、常州市一公司经理顾建国先生安排在佳侬酒庄品法国红酒，吃长江三鲜。那天晚宴吃了鮰鱼、河豚和刀鱼。刀鱼的做法也是清蒸，每人一条，刀鱼从鱼身中部一斩为二，放在一个盘子里。当时就餐的朋友们还给佳侬酒庄老总提意见，建议他用一大长盘装一条刀鱼，不要将鱼一斩为二。佳侬老板说，本想是做"文武吃"的，后来感觉还是想让客人多尝些其他的菜，就只上清蒸的了。所谓刀鱼文武吃，即一盘（当地说一盆）中一条为红烧，一条为清蒸，是刀鱼的两种吃法。一般是用两条鱼来做，也有用一条鱼来做的，但很少。多是一桌需上多份，做好后再拼成一文一武。

无独有偶，我们从婺源回到常州，董伟荣的另一企业界朋友马炜先生在常州新北区魏村老德胜港长江之家宴请。宴会是在水上用石头做的船上

长江刀鱼

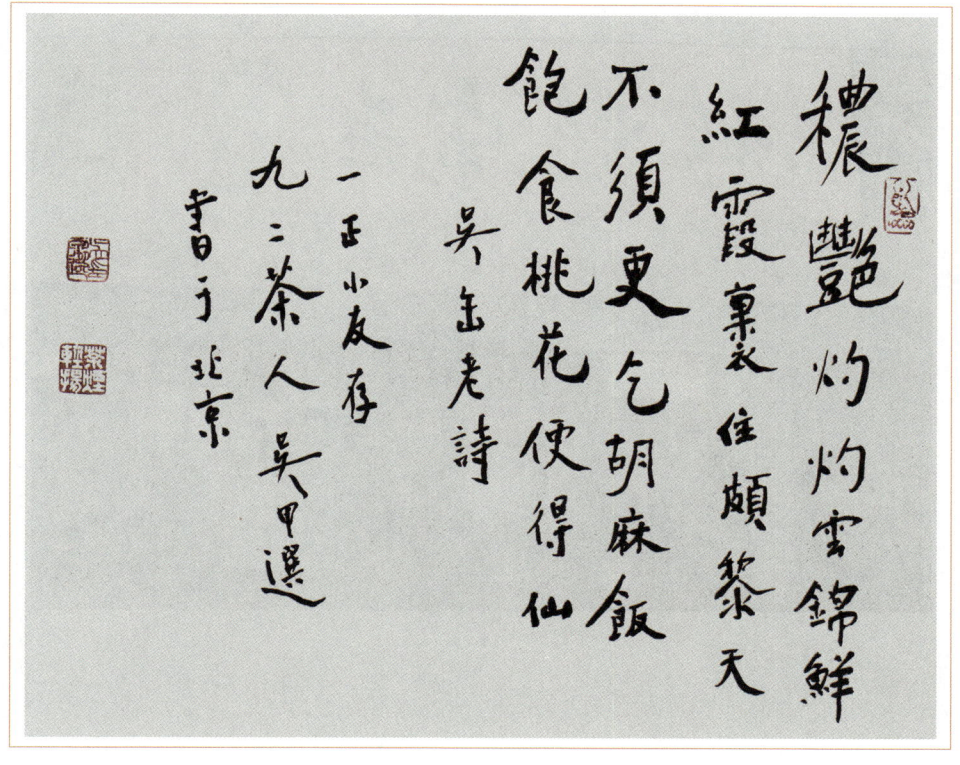

中国现代茶叶事业复兴和发展奠基人吴觉农先生之子、著名茶人、书法家、外交家吴甲选先生为作者美食著作题词："秾艳灼灼云锦鲜，红霞裹住颇黎天。不须更乞胡麻饭，饱食桃花便得仙。吴缶老诗。一正小友存。九二茶人，吴甲选书于北京。"

举行，也上了刀鱼，亦是清蒸。同样也是一鱼斩二。但那天是因为当天店家没有拿到几条刀鱼，数量有限而吃饭的人多，故将一鱼斩二，每人半条。由此可见，吃刀鱼在当地确实是有着深厚的风俗习惯，同时也表明宴席上刀鱼是主人用心待客的。

2015年5月中旬的一个周六晚上，我同家人去大董烤鸭店北京王府井店用餐。点菜时，见菜单上写有"特别推荐"菜两道，分别是"清蒸刀鱼"和"香糟蒸鲥鱼"。

仰缶庐谈吃
第三集

作者题写的匾额

  清蒸刀鱼只写"条/时"价字样，并在刀鱼菜品图片下印有"扬子江头雪作涛，纤鳞泼泼形如刀"的诗句；香糟蒸鲥鱼标注半条起出售，半条售价1480元，鲥鱼菜品的图片下亦印有"将家就鱼麦，归老江湖边"的诗句。

  我问服务员，刀鱼怎么卖？她说，现在刀鱼这道菜没有了，只有鲥鱼。我问她什么时候有，她说清明节前后才有这道菜。

  我又问她，有这道菜时卖多少钱？她告诉我，刀鱼按条卖，价格根据具体情况会有变化，贵时卖4000元左右一条。我又问她，你们店里卖的刀鱼是产自哪里？她说是长江产的。

  我们吃饭时，又有两位女服务员分别进我们房间服务。我就刀鱼之事又分别向她们询问，答案则完全不同。一人回答是卖600元一条，另一人

长江刀鱼

的回答是一条清蒸刀鱼卖2000元。

在我们将近吃完饭时,一位叫杨林的前厅领班经理进来,他同时带来两位厨师是为我们现场表演制作"液氮巧克力"一馔的,并让我们免费品尝。我又向他问及刀鱼菜品之事。他明确告诉我,今年一条清蒸刀鱼这道菜卖1200元,是三两左右的产自江阴的刀鱼,这是清明前的价格;清明后卖600元一条,而且价格是按"时价"卖的。

这一下我就明白了为什么问四个人,有四个不同的答案。

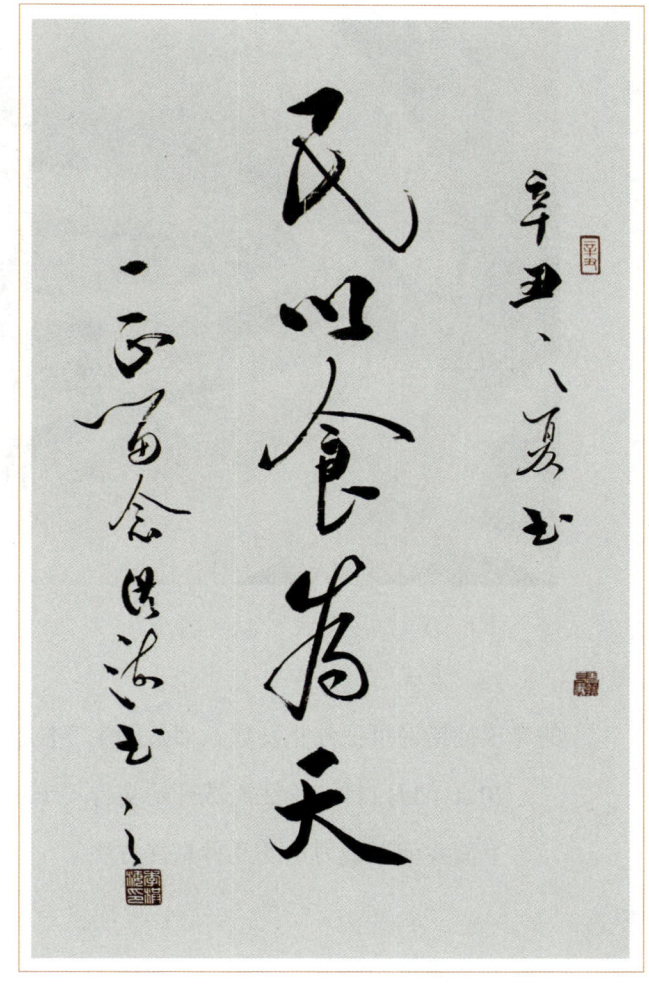

著名军旅书法家李洪海先生为作者美食著作题词:"民以食为天。辛丑之夏(书),一正留念。洪海书之。"

2016年1月6日,习近平总书记在重庆召开了推动长江经济带发展座谈会,明确提出"当前和今后相当长的一个时期,要把修复长江生态环境摆在压倒性位置,共抓大保护,不搞大开发。"

从2019年开始,对长江刀鲚(刀鱼)、凤鲚、中华绒螯蟹等三种鱼类

清蒸刀鱼

的专项捕捞许可证停止发放，刀鱼的生产性捕捞宣告结束。

2021年1月1日，长江流域开始实行"十年禁渔"期。

下面我就说说刀鱼的几种烹饪方法。

一、清蒸刀鱼

将新鲜的刀鱼去鳍、鳃；在刀鱼肛门处横划一小口并割断鱼肠；用竹筷子从鱼鳃口处插入鱼腹后绞出内脏；洗去刀鱼身上的血污；用刀去掉刀鱼的尾尖；提着鱼尾，放入沸水锅中略烫一下，以去掉鱼身上的黏液和腥味；猪网油用温水洗净、清水漂清，并用洁布吸去其水分待用；将刀鱼整齐地摆放盘中，把切好的火腿片、笋片、香菇片相间摆排在刀鱼身上；加熟猪油、绍酒、精盐、绵白糖、虾子、鸡清汤；蒙上猪网油，放上切好的

长江刀鱼

葱结、姜片，上笼蒸熟取出，拣去葱结、姜片，揭去网油；将蒸刀鱼的汤汁滗入另一碗中，加入白胡椒粉调和后复浇在鱼身上，撒上香菜末即成。

此菜鱼肉细嫩油润，味道鲜美，是春季时令菜。

如果做清蒸刀鱼选择的是清明节前的江刀则不宜去鳞，清明后的刀鱼，鱼鳞应刮去。清明节前的刀鱼鱼鳞富含脂肪；清明节后，脂肪消失，鳞质变硬，故应去鳞。

在常武地区做清蒸刀鱼时多配豆斋饼。

二、红烧刀鱼

将刀鱼刮鳞、去鳍、鳃，在鱼肛门处用刀横划一小口割断鱼肠，用竹筷子从鱼鳃口处伸入腹内绞出内脏并洗去血污，斩去鱼尾尖，用干净的棉布拭去鱼身上的水分，用酱油将刀鱼身的一面抹匀；炒锅烧热放入熟猪油，将抹好酱油一面的刀鱼朝下放入锅中煎至淡黄色，将鱼翻身，放入笋片、香菇片、猪板油丁、姜片、葱白段，加入绍酒、酱油、绵白糖、精盐、清水等以淹没鱼身为度，移至旺火烧至六成熟时再加熟猪油少许改为中火烧约两三分钟，把火开大，晃动炒锅视炒锅中汤汁收稠后起锅装盘即成。

红烧刀鱼是靖江人的最爱。此菜色泽酱红油亮，鱼肉鲜嫩细腻，口味咸中带甜。

三、出骨刀鱼球

"出骨刀鱼球"也叫"翡翠刀鱼球"。是南通风味。苏州亦有此馔。如常熟超过百年历史的老店山景园以烹饪此菜见长。

据说"出骨刀鱼"一味是由山景园厨师郑小六于1920年前后用常熟福山港出产的刀鱼创制的。

刀鱼去鳞、鳃、腹、内脏后洗净斩头，沿脊骨两侧用刀把刀鱼劈成两片，去掉脊骨，皮朝下平放在砧板上，刀面沾水，轻轻刮下鱼肉并去掉鱼刺；鱼肉与虾仁分别剁成茸，再合在一起，加鸡蛋清、绍酒（料酒）搅拌，顺一方向边搅边加清水、精盐，搅至鱼肉发黏呈糊状；去下来的鱼骨放入碗内，加葱结、姜片、盐、鸡汤、绍酒上笼蒸30分钟取出并滗出汤汁待用；鱼糊挤成球放入刚用鱼骨蒸好的汤中氽熟；将焯过沸水的菠菜芯放入碗中，倒入连汤的鱼球，淋上熟鸡油。

此菜银色鱼球浮于汤面，细腻滑嫩，入口即化，清淡鲜美。

四、双皮刀鱼

"双皮刀鱼"是刀鱼肉和白鱼肉烹饪的一道功夫菜。将刀鱼和白鱼分别取下鱼肉制成鱼茸；在取刀鱼肉的时候，要保持鱼皮的完整，不能刮破，并要在刀鱼皮上留有一部分鱼肉，但刀鱼刺必须全部剔除。

刀鱼茸和白鱼茸加入鸡蛋清、精盐、味精、绍酒（料酒）、清水搅匀分成若干份（留有几张刀鱼皮即分成其一半的份），分别平铺在刀鱼皮的肉面上，再将另一面的刀鱼皮合拢在上面，复合成一条刀鱼的原状，在合口处粘上火腿末、香菜末后整齐地摆放在盘中，加火腿片、春笋片、冬菇片相间铺摆在鱼身上，放入葱结、姜片，加绍酒（料酒）、精盐上笼蒸熟取出，拣去葱、姜，滗去汤汁；炒锅上火加鸡清汤、味精、精盐烧沸，用湿淀粉调稀勾芡，淋入熟猪油，再浇到鱼身上。

此菜复原刀鱼原形，鱼肉无骨无刺，肉质中又有白鱼的味道，鲜香味美。

五、毛花鱼饼

"毛花鱼饼"是由清《调鼎集》中的官府菜改进加工而成的。刀鱼加工后取下鱼肉，去尽细刺，做成鱼茸；将鱼茸和虾茸一起调匀加盐、葱姜汁、水淀粉、肥膘丁等搅和至上劲；炒锅滑净放入冷猪油，挤入打好的鱼

长江刀鱼

虾茸丸,压成鱼饼,用中火煎制使鱼饼两面受热均匀后装盘并带辣椒油、花椒盐上桌。

此菜色泽微黄,质地细腻,鲜美适口。

六、脆鲚

"脆鲚"系长江流域及钱塘江流域的风味便菜。

将刀鱼初加工后用姜块、葱结、料酒、精盐腌制入味,用干淀粉和面粉将腌制入味的刀鱼拌匀、抖散;油锅烧七成热时,鱼分三次入锅炸至焦黄后盛盘,撒上葱花儿、胡椒;土豆切细丝,加少许盐等调料,拌匀后炸酥,围上装盘炸好的刀鱼周围;再上一小碟毛姜醋及辣椒油佐食。

此菜香鲜酥脆,口味适中,佐酒最宜。

用刀鱼可以制成"刀鱼宴",上海等城市的酒楼饭店均有"刀鱼宴"。2010年上海孔家花园酒店还推出各式各样的"刀鱼宴"。孔家花园酒店的所在地是原民国四大家族首富孔祥熙的别墅,2008年被评为"世博美食之旅26家饭店之一"。食单如下:

一、食家之选:《全席无刺刀鱼宴》

《全席无刺刀鱼宴》系以刀鱼肉为主料,选用当令时鲜为配料进行烹制。12道菜肴需用1750~2000克的刀鱼(去刺)肉制成,用餐者每人一份。仅一桌刀鱼宴,需由两位技术熟练、配合默契的老手才能完成,光刀工也需耗时8小时以上。

前菜:

刀鱼鸽蛋　　刀鱼鸭舌　　油爆刀鱼　　古钱刀鱼　　如意刀鱼

热菜：

金狮刀鱼　　锅贴刀鱼　　珍珠刀鱼　　辽参刀鱼　　清蒸刀鱼

美点：

黄金刀鱼　　刀鱼烩面

二、饕餮之选：《经典无刺刀鱼宴》

前菜：

黄金刀鱼　　油爆刀鱼　　巴厘牛肉　　柚子色拉

热菜：

黄油龙虾　　金狮刀鱼（位）　　　清蒸刀鱼（位）

黑椒牛排　　松茸山菌　　鸡汁时蔬

美点：

刀鱼烩面（位）　　　　黄鱼春卷

三、时尚之选：《豪华双人刀鱼宴》

前菜：

黄金刀鱼　　巴厘牛肉　　果蔬大会

热菜：

金狮刀鱼　　清蒸刀鱼　　黑椒牛排　　爱龄明虾

鲍脯山菌　　金汤时蔬

美点：

刀鱼烩面　　开心包仔

四、老克勒之选：清蒸刀鱼配刀鱼烩面

一碟前菜双拼

一条清蒸刀鱼配一碗刀鱼茸烩面

长江刀鱼

到2016年孔家花园制作的无刺刀鱼宴已推出有6个年头了，有些菜品也已重塑改良。

如饕餮之选《经典无刺刀鱼宴》的前菜将巴厘牛肉及柚子色拉改为孔家原味鸡和罗宋色拉；热菜将黄油龙虾、黑椒牛排、松茸山菌和鸡汁时蔬依次调换成黄油焗龙虾、元首牛肋骨、黑松露扒鲜菇和金汤时蔬。改版后的《经典无刺刀鱼宴》包括刀鱼4条，其中二道前菜（黄金刀鱼、油爆刀鱼）、一道热菜（金狮刀鱼）与一道点心（刀鱼烩面）用无刺刀鱼烹制。时尚之选的《豪华双人刀鱼宴》的改良版将前菜的巴厘牛肉和果蔬大会改为孔家原味鸡和罗宋色拉；热菜将黑椒小牛排、爱龄明虾、鲍脯山菌改为芝士焗青龙、黑椒小牛排、黑松露扒鲜菇；美点将开心包仔换为黄鱼春卷。《豪华双人刀鱼宴》包括刀鱼2条，其中一道前菜（黄金刀鱼）、一道热菜（金狮刀鱼）及一道点心（刀鱼烩面）。用刀鱼肉烹制老克勒之选改为前菜三拼：黄金刀鱼、孔家鲁菜、罗宋色拉；热菜依旧是清蒸刀鱼；美点在刀鱼烩面基础上又加上一款黄鱼春卷。

2016年刀鱼、鲥鱼被列入新补充完善修改的《国家重点保护野生动物名录》水生野生动物调整方案公开征求意见稿的单名中。但直到2018年长江刀鱼捕捞和过去几年一样，为专项捕捞，刀鱼仍未被列入《重点保护野生动物名录》中。到了2019年长江刀鱼的专项捕捞宣告停止，孔家花园的"刀鱼宴"就此成为上海滩上的"绝唱"！

制作"刀鱼宴"另一家在上海赫赫有名的是位于浦东崂山路的扬州饭店。扬州饭店有刀鱼宴的时间要比孔家花园酒店早一些，扬州饭店的全刀鱼宴一度失传过，2009年才开始重新恢复的。扬州饭店"全刀鱼宴"菜单：

冷菜（五福临门拼盘）：

鸭舌刀鱼　　腐衣刀鱼　　芥味螺片　　卤味鸭件　　刀鱼凤尾

热菜：

金狮戏刀鱼　五彩锅贴鱼　广肚吞刀鱼　拔丝刀鱼　珍珠扒翡翠

清蒸刀鱼

主食：

刀鱼汁烩面

清蒸刀鱼用125克以上新出水的刀鱼制作，每位一条，吃剩的刀鱼骨可以加工炸酥后再吃。刀鱼汁烩面系用去肉后的刀鱼骨、刺制汤，另加入用刀鱼肉烹制的鱼松一同熬制。汤浓似乳，鲜香味醇。

扬州饭店除全刀鱼宴外，还有刀鱼菜品"红烧刀鱼""干烧刀鱼""滑炒刀鱼片""双皮蒸刀鱼"等10多款。

坐落在上海徐汇区的良轩餐厅于阳春三月也推出了"刀鱼宴"，良轩是继"蟹宴""鸭宴""鳝鱼宴"后推出的又一系列的宴席。

良轩餐饮管理有限公司技术总监、中国烹饪大师李兴福认为：刀鱼宴在味觉上应以咸鲜为主调，继而平衡五味。如何将刀鱼的鲜味推向极致，是离不开咸味的，咸鲜两味相辅相成。有些东西只有咸味，而另一些东西只有鲜味，单纯的鲜味和咸味都不如把它们组合起来好。例如鸡汤加入食盐，汤会更浓。菜肴中咸鲜味结合得好的经典如"鸡火汤"（鲜鸡+火腿），"腌笃鲜"（咸肉+鲜肉+竹笋）。按照这一思路，刀鱼宴推出的菜肴注重了主辅料的搭配。

长江刀鱼

经典刀鱼宴菜单：

冷菜：

琥珀刀鱼	竹网刀鱼	掌上刀鱼	腐衣刀鱼	鸡翼刀鱼
鸭舌刀鱼	古钱刀鱼	鸽蛋刀鱼		

热炒：

彩云刀鱼	锅贴刀鱼	锦绣刀鱼	金狮刀鱼	珍珠刀鱼
煎烹刀鱼	刀鱼吐司	寸金刀鱼	芝麻刀鱼	凤尾刀鱼
水晶刀鱼	高丽刀鱼	刀鱼豆花	杨梅刀鱼	酥皮刀鱼

正菜：

花胶刀鱼	草鸡刀鱼	双皮刀鱼	莲蓬刀鱼	兰花刀鱼
琵琶刀鱼	花浪刀鱼	蟹黄刀鱼	松茸刀鱼	绣球刀鱼

点心：

刀鱼汤包	刀鱼茸烩面	刀鱼云吞	刀鱼春卷	拔丝刀鱼

良轩餐厅在供应刀鱼宴期间，还推出了被列为上海市非物质文化遗产的"何派川菜"穿插在刀鱼宴中，使品味刀鱼宴的人们感觉更富层次感、多样感、新鲜感。

2015年有一部电影纪录片问世，叫《味道中国》，该片按照传统节气拍摄美食，在介绍清明节的食物时，选取了以长江刀鱼为拍摄对象。

制作刀鱼菜品的厨师系淮扬菜大师仰振华。仰大师以烹制河豚、蟹黄包子等淮扬菜点而蜚声勤行。仰大师是江阴人，他制作的长江刀鱼菜肴是用脱骨刀鱼肉做的江阴美食刀鱼丸子。刀鱼去头、尾和鱼鳍后，用刀从鱼肚处到脊骨将鱼切成两半，双手用两把刀背反复对鱼进行敲打，直至鱼肉

九江刀鱼

与骨刺分离后,用刀刮去鱼茸,用手将鱼茸捏成腰果形状(江阴人做刀鱼丸子的形状特点)的鱼丸汆入汤中。出锅前在鱼丸汤中再加点儿时令青菜上桌即成。

以经营高端餐饮品牌著称的上海名轩,亦擅长烹制"刀鱼宴"。其中有些创新刀鱼菜肴深受食家垂爱,如"莲蓬刀鱼竹荪翅",系将刀鱼去骨刺后打成茸做成莲蓬状,浮在一盏竹荪翅汤中,造型别致,赏心悦目,让人不忍下箸;"燕皮刀鱼小馄饨"是用刀鱼茸做馅料,燕皮则是由福州的名小吃"肉燕"移植发展而成的。制作"肉燕"的皮称之为"燕皮"。制作燕皮需人工用木棒通过反复捶打瘦猪肉,直至将猪肉打成泥状后掺上适量的番薯粉,擀成薄如纸片般的皮子。用燕皮包刀鱼馅制作小馄饨,是在诸如"荠菜燕皮馄饨""猪肉燕皮馄饨"的基础上又有所创造发展的。

长江刀鱼

像"刀鱼关东辽参""鲜菇芝士焗刀鱼""三丁刀鱼小笼""清蒸刀鱼"等都是上海名轩的刀鱼名馔。

除上述刀鱼宴外，上海自2020年还推出了用"海刀"制作的"快闪刀鱼宴"。其中以老人和饭店、洁而精川菜馆经营的快闪刀鱼宴最为著名。老人和饭店"刀鱼宴"的冷菜有秘制刀鱼冻、米其刀鱼卷；热菜有桂花糖藕、糟三样、清蒸刀鱼、刀鱼狮子头、刀鱼响铃、田园炒时蔬、糟香花雕鸡、荠菜刀鱼羹；点心有刀鱼馄饨（六只）、刀鱼麻球（五只）。套餐为5人用，价格为699元／套。

洁而精"刀鱼宴"699元／5人套的菜单冷菜有秘制刀鱼冻、米其刀鱼卷、桂花糖藕、川味卤三样；热菜为清蒸刀鱼、刀鱼狮子头、刀鱼响铃、麻辣豆腐、宫保鸡丁、田园炒时蔬、荠菜刀鱼羹；点心为刀鱼馄饨（六只）、刀鱼麻球（五只）。

上海人因具有拥江抱海又有崇明岛这个得天独厚盛产刀鱼及水产品的有利条件，他们大多在春季有吃刀鱼等江鲜的传统。能不能征服上海人的胃，是开在上海每家餐饮店、酒楼所面临的挑战。上海人洋气又小资，他们会吃、会享受，因此自然而然就产生了许多既传统又新派的刀鱼名馔、小吃。

除孔家花园酒店、扬州饭店、良轩、名轩、老人和、洁而精等以擅长烹制"刀鱼宴"享誉上海滩外，制作刀鱼名馔、小吃的餐饮店还有像新九龙塘的"清蒸刀鱼"，新镇江酒家的"刀鱼锅贴""清蒸刀鱼""刀鱼馄饨""刀鱼面""刀鱼吐司"（新镇江酒家创新菜，西派做法，把刀鱼茸嵌在面包片上油炸，新派吐司法），仁和馆的"草头烧刀鱼"，老半斋的"刀鱼汁面"，及上海白公馆、聚银大酒店、龙燕楼、新花城长江第一鲜等。

刀鱼名菜还有很多种。如"芙蓉刀鱼""白炒刀鱼丝""糖醋刀

（并非带鱼）""干炸刀鱼""发菜刀鱼圆汤""烤刀鱼""珍珠刀鱼圆""酱烤刀鱼（将刀鱼去骨卷成卷儿，先烤后炸，再用上海菜熏鱼方法制成）""刀鱼汤包""刀鱼锅贴""刀鱼青团"等。

用刀鱼肉制作的小吃"刀鱼馄饨"和"刀鱼面"是江南人的最爱。

制作刀鱼馄饨最讲究的是要选用早春清明节前新鲜肥硕的雌刀鱼，秧草（苜蓿）要选当日清晨才割下的头茬带露水的嫩头，鸡蛋以三五天之内土鸡新下的为好（只用蛋清）。用这三种食材制成刀鱼馄饨的馅料，也有称之为"三鲜"馅的。

制作刀鱼馄饨皮所用的面粉以张家港塘桥镇出产的小麦磨制的精白粉为佳。用上述食材制成的刀鱼馄饨是张家港的名点。

做刀鱼馄饨最费事的是"刀鱼出刺"。让刀鱼出刺，方法有许多，如有用木棒"敲鱼取刺"的，有先将刀鱼斩碎后再用箩"滤刺"的，也有将刀鱼煮成半熟再用手"捏刺"的，还有将刀鱼摊在肉皮里"粘刺"的。

和面做馄饨皮时要用鸡蛋清和鸡清汤，最好是选用剔下刀鱼肉的鱼骨刺熬成的汤，不要用清水和，这样做出来的馄饨鲜美异常。

制作刀鱼馄饨的馅料时，一般不放味精。如没有秧草（苜蓿），可选用绿叶菜的嫩芽焯水切细与刀鱼茸、葱花、姜末、料酒（绍酒为好）、精盐、蛋清、鸡清汤、猪油等拌匀。包制时，分两次对折，两端合拢，酷似银锭。

出锅的刀鱼馄饨一般也分两种方法上桌。第一种方法是直接将馄饨捞出盛在盘中，码放整齐后上桌。如在酒店、餐厅用餐时，服务员会在上热菜前给每位食客夹上两枚馄饨放在小碟内，算是正餐前的开胃小吃，以便不至于再空腹饮酒。江阴、常州等地都是这种吃法。

长江刀鱼

中国书法家协会第七届、第八届副主席毛国典先生为作者美食著作题词："饭稻羹鱼。一正先生留念。丁酉冬月，毛国典书。"

我去常州吃饭时，发现他们餐前有时上馄饨，有时上饺子，不一定；江阴是只上馄饨（不带汤）。

有一年我与文塔兄去江阴笔会，这一路可谓是美食之旅，我们还去了趟"顾山美食节"，可文塔兄只对江阴的馄饨感兴趣，螃蟹他嫌吃得费事，鲥鱼他嫌刺多。他笑侃道，他比金圣叹又多一恨。金圣叹的人生有三恨由张爱玲用后广为流传，海棠无香、《红楼》未完（一说曾子固不能诗）、鲥鱼刺多。文塔嫌吃蟹费事，又多一恨。在从江阴返京的当日，他还念念不忘江阴的馄饨，并叫餐厅服务员打包几盒带回北京分给家人品尝。

第二种方法是带汤上，将馄饨捞到带汤汁的碗中，撒点儿香菜或香葱末等，连汤带馄饨一起上桌。汤汁最好是用刀鱼骨刺吊制的，当然吊汤时也少不了鸡、猪骨棒等食材。

现在吃刀鱼馄饨已经成了江南地区每年春日的传统习俗了，但是做刀鱼馄饨、刀鱼面、刀鱼锅贴、刀鱼灌汤包等用的刀鱼多为海刀、湖刀，用江刀中的小毛刀、老刀已是很不错的了。更有甚者是用"冰刀"（即隔年放在冰箱里的刀鱼）加肥猪肉丁、鸡蛋、味精等制成的。

仰缶庐谈吃
第三集

著名诗人、书法家欧阳江河先生为作者美食著作题词:"以梦为马。刘一正先生正。戊戌冬,欧阳江河。"

张家港的刀鱼馄饨和江阴的刀鱼馄饨的馅料在所用青菜上有所不同。张家港刀鱼馄饨所用青菜是"秧草",而江阴刀鱼馄饨多用的是春韭黄,更显有"咬春"之意。

刀鱼馄饨是江阴名食,还曾被江阴人徐霞客称之为"天下第一鲜味"。江阴刀鱼馄饨之所以声名在外,还跟慈禧有关。

据说慈禧喜食长江刀鱼、鲥鱼,每年刀鱼鱼汛,江阴县衙会派人将刀鱼、鲥鱼等江鲜进贡到京城。一年春天,慈禧忽然染病,茶饭不思,神志不清地口念:"刀鱼!""刀鱼!"于是,京城的一纸诏书发至江阴,江阴知县高征急忙将刀鱼进呈紫禁城。当做好的刀鱼送到慈禧口边,慈禧却一点儿食欲也没有。这时,随知县高征进京的江阴北门章家场人氏郑兴

长江刀鱼

上海老饭店制作的"锅烧河鳗"

进言说:"老佛爷病重已失去味觉,不如将刀鱼制成茸加春韭菜做馅,做咱们江阴的馄饨给老佛爷变换个口味吃。"当煮熟的香味扑鼻馄饨送到慈禧身前,慈禧竟然拿起了筷子,胃口大开,边吃边连连称赞:"好吃!""好吃!"从此江阴刀鱼馄饨闻名北京,流传全国。

吃刀鱼面的重头戏是喝汤。汤是由去鳞、鳃、肠及头、骨的刀鱼切块放在用熟猪油煸炒的锅中炒干呈鱼松状,再放入布袋后扎口投入汤锅中,加老母鸡、刀鱼头尾、猪骨、猪肉糜、猪手、咸肉、河虾、青鱼等,淋入绍酒,加冷鲜汤,用小文火熬至鱼松融化为乳白色的浓稠汤汁制成的。

另一说法是把刀鱼用大头针之类的东西钉在一口大锅的锅盖内面上,再将锅盖盖在有汤汁的大锅上,大火烧沸后小火焖一整天,用锅中产生的

仰缶庐谈吃 第三集

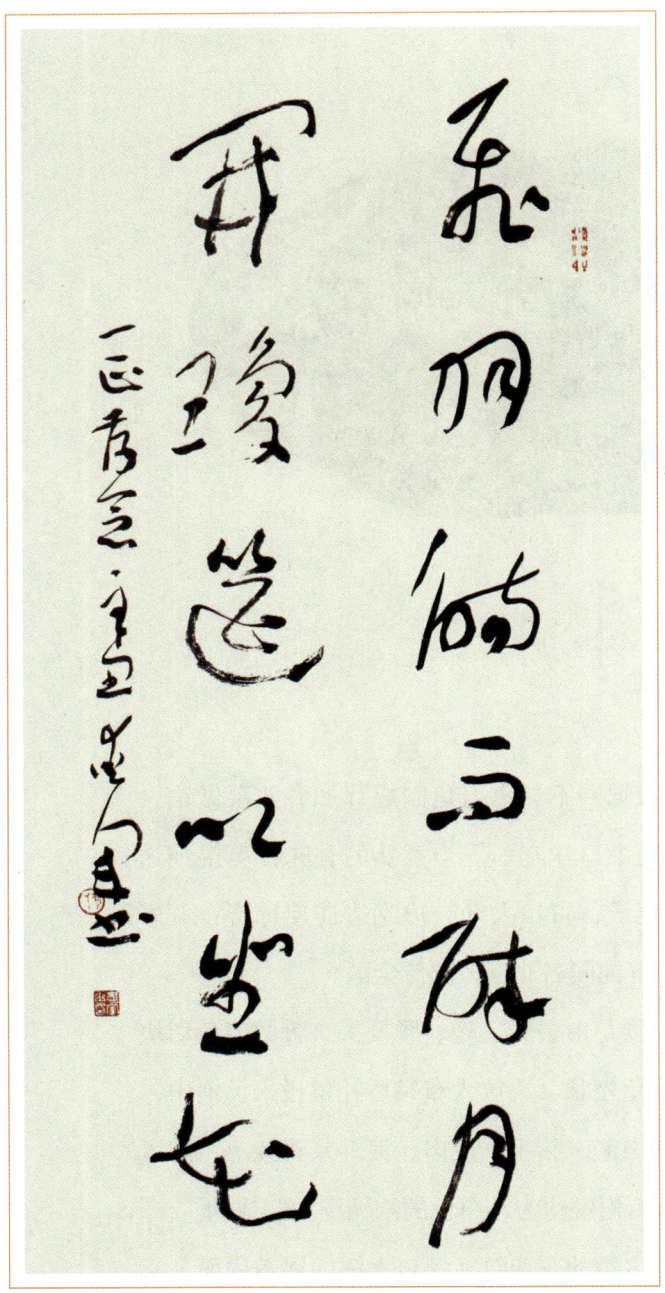

著名书法家尹爱军先生为作者美食著作题词:"飞羽觞而醉月,开琼筵以坐花。一正存念。辛丑,爱军书。"

热气将刀鱼肉与鱼刺分离,肉掉进锅中并最终与锅中的汤汁融化,而刀鱼刺还保留在锅盖上。

如今崇明渔家还沿袭这种吃法。

唐鲁孙先生曾在《春江水涨刀鱼肥》的文章中记述其吃扬州刀鱼面的经历。

"有一年在扬州某次宴会上,座客都是美食专家,又赶上刀鱼季,笔者夸赞刀鱼的肉实在太鲜美了,可惜细刺太密,令人无法享受。同席谦益永盐栈经理许少浦君,即席约定第二天在盐栈早茶吃刀鱼面。届时共有七八位客人应约而来。扬州人吃东西一向是斯斯文文的,可是吃面用的碗可真不小,比北方的小海碗稍微秀气点,每人刀鱼煨面一大碗(煨面仿佛北方的炝锅儿

长江刀鱼

面)。玉润鹅黄,剔好的刀鱼肉,每碗上都是铺得厚厚实实,照我估计每碗差不多要七至八条的刀鱼肉才能铺满。

当时我觉得非常诧异,哪儿来的若许厨子专剔鱼刺?后来有一位盐栈执事透露,刀鱼刺多冗细甭说没法剔,就是剔也没法剔得一根刺不漏。刀鱼剔刺,有一个巧妙方法,困难问题自然迎刃而解。刀鱼面最好以上等口磨吊汤,取其清逸湛香,加入少许京冬菜红烧,选一大铁锅,

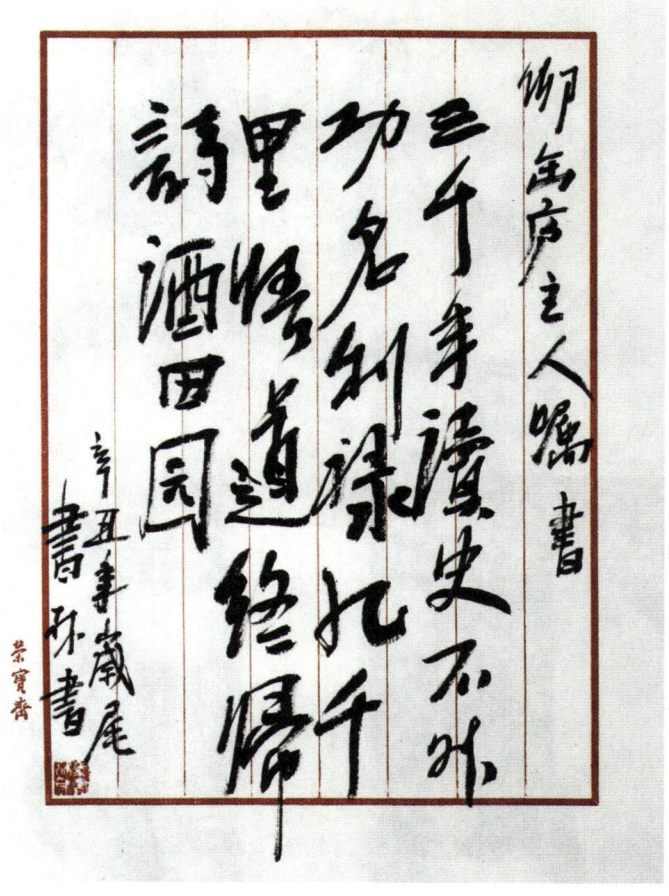

著名画家马书林先生为作者美食著作题词:"三千年读史,不外功名利禄;九千(万)里悟道,终归诗酒田园。仰岳庐主人嘱书。辛丑年(岁)尾,书林书。"

用木质锅盖先拿碱水清水洗净,把生橄榄(又叫檀香青果)榨汁,在锅盖阴面涂抹几遍,然后把烧好的刀鱼,排列锅盖阴面。另用细竹片分头中尾三段,把鱼嵌牢,不让整条滑脱,锅里放下烧鱼原汁,略注鸡汤或高汤,

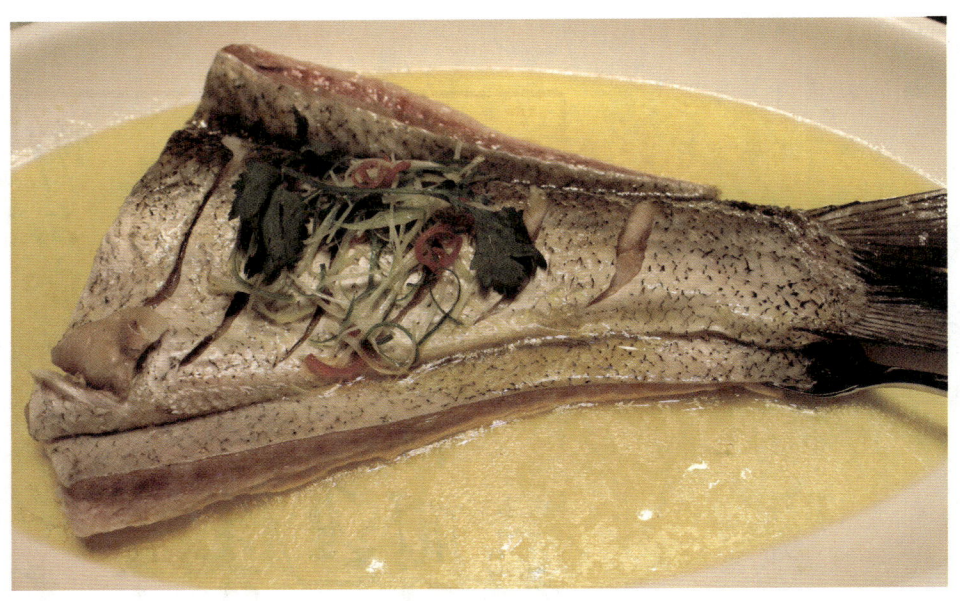

清蒸太湖白鱼

随后把锅盖盖严。大约经过一小时，鱼肉经滚汤热气蒸熏，自然全部掉到汤里，整条鱼骨头，仍旧完完整整粘在锅盖阴面。用这个方法做的刀鱼面，可以放心大啖，就不必担心鱼刺卡喉啦。"

以前在刀鱼不值钱的时代，有捕刀鱼的渔民用过此法。只是锅中是米饭，不是汤汁，待锅中米饭焖熟时，刀鱼肉早已与米饭化在一起。起锅时，放点酱油、盐就大功告成了。据说香美无比。

制作刀鱼面的面条则是用新鲜的刀鱼茸、蛋清、上等精白粉加水搅拌和成的，面条必须用手工擀制刀切而成的。

刀鱼面上桌之前还要加入火腿丝、蛋皮丝等，撒上点儿蒜叶丝、香葱末等。

长江刀鱼

刀鱼面虽说是江阴小吃,江阴还有"面汤甩到眼睛,宁打耳光不放""打耳光,不停嘴"的土话,但有名的是上海的刀鱼面,确切地说应叫"刀鱼汁面"。它是上海老半斋(扬帮菜)的名馔。老半斋是1905年开业的老店,只有每年清明前的半个月应季销售15天,每天只售50碗,有100克及150克一碗的两种,过时不候。每年在春季可以看见在老半斋门口排队的长龙,人们真的是垂涎春季的这一口鲜。

2019年刀鱼禁捕后,老半斋把原来做面用的"江刀"换成了"海刀"。海刀虽比江刀的价格要低许多,但做出来面的味道也与江刀差别不是很大。同时也满足了海上人"从容吃刀鱼"的奢望。

与此同时,老半斋也把用"江刀"制作刀鱼汁面的宣传海报摘了下去。这是上海人对"江刀"的郑重告别,亦是上海人对"修复长江生态环境"的支持。

据传刀鱼面是由孙葆元的家厨发明的。孙葆元(1801—1886年),字莲塘、号复之,直隶盐山(今沧州海兴)人,官至兵部尚书,并诰封光禄大夫,他还是咸丰帝师。孙葆元曾在中年时做过江苏学政,他是北方人,喜吃面食。有一年在他过生日时,家厨利用刚刚应市的刀鱼为其制作了刀鱼面。孙葆元感觉味美无比。后江阴的官吏、乡绅等纷纷效仿,并传至坊间,就逐渐形成了江阴地区乃至江苏的名食。

现在刀鱼面的做法是选用小毛刀,将其下锅炒成肉茸后,倒入用火腿、鸡肉制成的鸡汤中,让刀鱼茸充分融在鸡汤中,用此汤浇在煮好的面条上。

与刀鱼面有异曲同工之妙的是镇江名食"刀鱼卤面"。刀鱼卤面是把煮好的光面放入用刀鱼皮、头、尾制好的卤汁中,再在面条上浇上以刀鱼

茸、香菇碎、笋片等做成的刀鱼羹。

袁枚在《随园食单》中讲："刀鱼用蜜酒酿，清酱放盘中，如鲥鱼法蒸之最佳。"并吐槽南京人说："金陵人畏其多刺，竟油炙极枯，然后煎之。谚曰：'驼背夹直，其人不活。'"显然，袁枚认为刀鱼的做法以清蒸最好。

李渔也曾说过："食鱼者首重在鲜，次则及肥，肥而且鲜，鱼之能事完毕，然二美虽兼，又有所重在一者。"

看来，"江鲜""江鲜"首重在"鲜"。

李渔还是个"刀粉"，他在《闲情偶寄》中说："食鲥鱼及鲟鳇有厌时，鲚则愈嚼愈甘，至果腹而犹不能释手者也。"

拿刀鱼当饭吃，一直到吃饱了为止还不罢手，可见李渔多么迷恋吃刀鱼。他吃那么多的刀鱼居然喉咙不卡刺，真是吃鲚高手！

李渔说刀鱼是"春馔妙物（若江南之鲚，则为春馔中妙物）"。

也有很多人爱吃刀鱼的肠子。

钱泳在《履园丛话》中说："刀鱼本名鮆，开春第一鲜美之肴，而腹中肠尤为美味，不可去之，此为善食刀鱼者。或以肠为秽污之物，辄弃去，余则曰：'是未读《说文》者也。'案，《说文》鱼部：'鮆，饮而不食，刀鱼也。'此鱼既不食，秽从何来耶？故曰：'人莫不饮食也，鲜能知味也。'"

吃刀鱼我认为最好吃和最极致的做法就是清蒸和干炸。用这两种方法来烹饪刀鱼，前提是刀鱼必须新鲜。

浙江海宁县一带的渔民(如周王庙镇等)，每当从东海涌进钱塘江的大潮逐渐要退去之前，他们便会驾船到钱塘江捕鱼。将捕到的大个儿刀鱼，清洗后直接放入盘中加点儿盐和料酒（可不加）上锅蒸3~5分钟后食用；

长江刀鱼

将捕到的小刀鱼（毛刀）清洗后加面粉（淀粉）、鸡蛋、盐（亦可炸后再放）用手抓均后入油锅炸至酥软即食。

据渔民讲，清蒸刀鱼如果放了葱、姜等调料，会把刀鱼的鲜味夺去，鲜也就吃不出来了。

周王庙镇胡斗村村民讲，在2003年左右，钱塘江产的刀鱼不值钱，也没什么人吃，鱼贩子也不收，所以也很少有人去捕。

扬州有句"宁去累死宅，不弃鮆（zī）鱼额"的老话，意思就是宁愿丢掉祖宅，也不愿放弃刀鱼头。扬州人说的鮆鱼即刀鱼。

如今在此话的基础上，又发展有"刀鱼鼻子

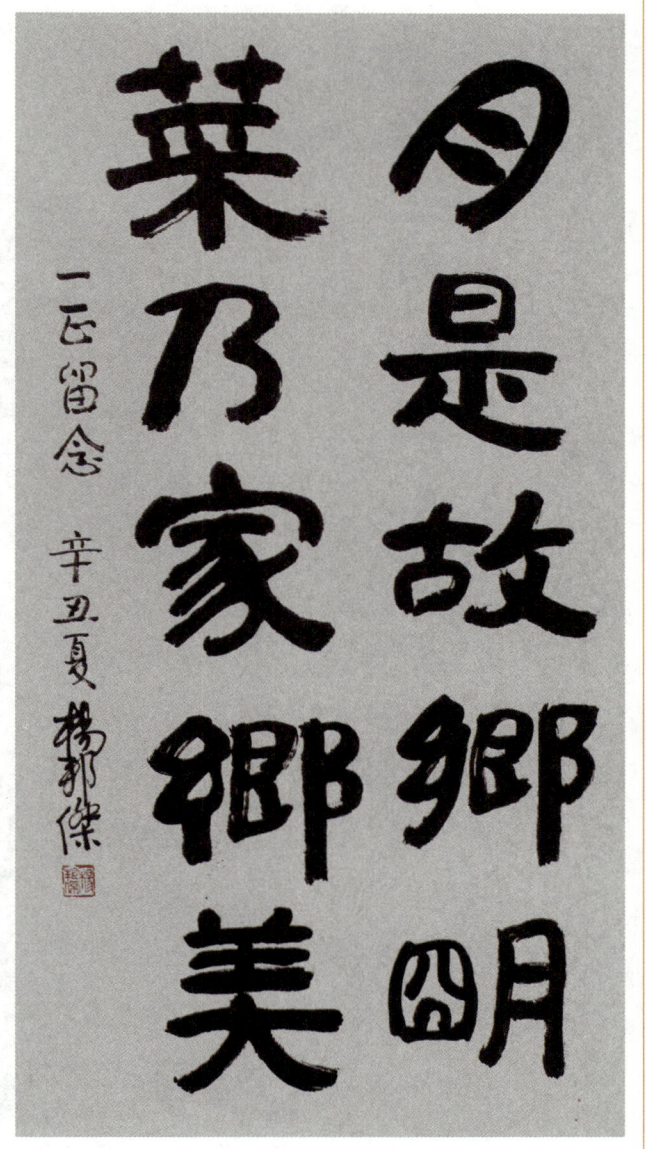

著名书画家杨邦杰先生为作者美食著作题词："月是故乡明，菜乃家乡美。一正留念。辛丑夏，杨邦杰。"

仰缶庐谈吃
第三集

著名书画艺术家、中国大写意文人画巨匠、中国书画艺术品鉴定家、文化学者吴悦石恩师为作者绘《纳福迎祥图》

长江刀鱼

河豚嘴"一说，认为刀鱼头上的一层透明小薄皮是最好吃的。

刀鱼亦称"望鱼"。

曹操在《四时食制》里说："望鱼侧如刀，可以刈草，出豫章明都泽。"李时珍《本草纲目·鳞二·鲚鱼》："鮆鱼、鮤鱼、鱴鱼、魛鱼、鱽鱼、望鱼。鱼形如齐物裂篾之刀，故有诸名。魏武《食制》谓之望鱼。"这里曹操说的"豫章明都泽"，指的是鄱阳湖。

五代毛胜在《水族加恩簿》中说："（鲚）：令惟尔白圭夫子，貌则清癯，材极美俊，宜授骨鲠卿。"

清代厉荃的《事物异名录·水族·鮆》说："《水族加恩簿》：'惟尔白圭夫子，貌则清癯，材极俊美，宜授骨鲠卿。'按，谓鲚也。"

苏东坡也写过："还有江南风物否？桃花流水鮆鱼肥。"

陆游在《花下小酌》中也载："柳色初深燕子回，猩红千点海棠开。鮆鱼莼菜随宜具，也是花前一醉来。"

近日偶翻梅尧臣诗集，无意中发现梅都官在许多诗中都提到了鮆鱼。

如《送毕郎中提点淮南茶场》："汴中春絮乱，淮上鮆鱼时。顺水疾奔马，出都犹脱羁。拜亲将已近，食脍不言迟。到日问茶事，徧山开几旗。"《送胡公疏之金陵》有："杨花正飞鮆鱼多，良脍举酒谢河伯"。《吕大监饷鮆鱼十尾》："日暖杨花四散开，江边鮆鱼无数来。伊鲂洛鲤不堪忆，丙穴漾陂何可咍。贺监休思镜湖去，应知李白跨鲸回。"《邵考功遗鮆鱼及鮆酱》："已见杨花扑扑飞，鮆鱼江上正鲜肥。早知甘美胜羊酪，错把莼羹定是非。"《送王判官之江阴军幙》："往时初渡江，颇爱江南美。谁知坐卧间，思及烟波里。絮逐鮆鱼繁，豉添莼线紫。君行语风物，到日应相似。"

仰缶庐谈吃 第三集

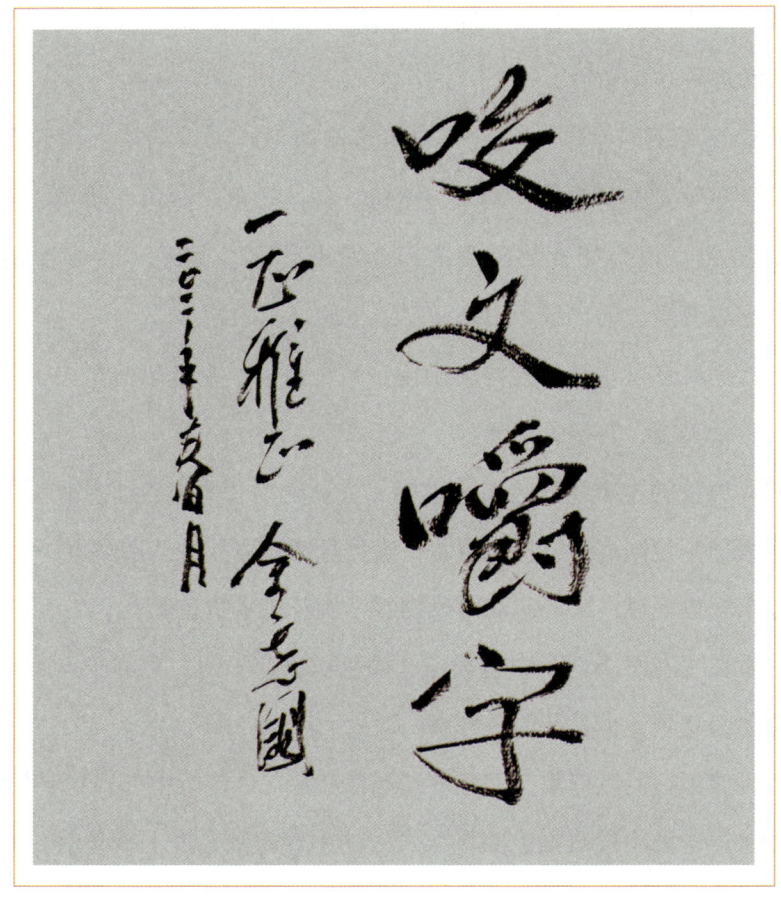

青岛啤酒股份有限公司原董事长金志国先生为作者美食著作题词:"咬文嚼字。一正雅正。金志国,二〇一一年春月。"

《辞源》说(鮆):"鱼名,即鮤鱼。又名鲚鱼、鱽鱼。《山海经·南山经》:'(浮玉之山)苕水出于其阴,北流注于具区,其中多鮆鱼。'《注》:'鮆鱼狭薄而长,头大者尺余,太湖中今饶之,一名刀鱼。'"

《辞源》浮玉山词条有两解:"1.天目山之支阜。在太湖之南。《山海经·南山经》:'又东五百里曰浮玉之山,北望具区。'《注》:'具

长江刀鱼

区,今吴县西南太湖也。'2.金山的别名……"

"苕水"即"苕溪"。《辞源》苕溪:"水名。一名苕水。有二源:出浙江天目山之南者为东苕,出天目山之北者为西溪,两溪合流,由小梅大浅两湖口入太湖。相传此水夹岸多苕花,秋时飘散水上如飞雪,故名。参阅宋邓牧《洞霄图志》二《苕溪》、《读史方舆纪要》八九《浙江》一《苕溪》。"

说来说去,也就是说今天的太湖产鮆鱼,即刀鱼,而且是盛产。那就可以肯定是湖刀而非江刀了。"头大者尺余",这里的"尺"同今天的"尺"肯定也不一样,商代一尺约合现在的16.95厘米,周代约合现在的23.1厘米,秦朝的一尺约合现在的23.1厘米,宋元时代的一尺约等于现在的31.68厘米。《山海经》是先秦时成书的,那时代的刀鱼肯定也比现在的个大,再有《山海经》中记录的一些事件,至今人们仍存有争议。

元代王逢《江边竹枝词》也有:"如刀江鲚白盈尺,不独河豚天下稀"之句。清朱彝尊有"京口刀鱼尺半肥"句。京口即今之镇江。宋刘宰

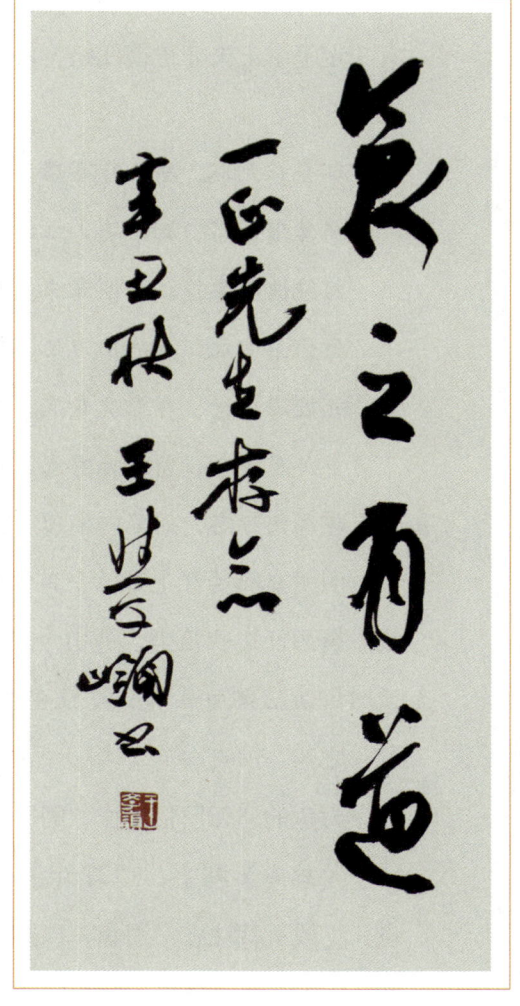

著名书法家王学岭先生为作者美食著作题词:"食之有道。一正先生存念。辛丑秋,王学岭书。"

有《走笔谢王去非遗馈江鲚》诗如下：

环坐正无惊，骈头得嘉馈。鲜明讶银尺，廉纤非茧尾。

肩竦乍惊雷，腮（鳃）红新出水。芼以姜桂椒，未熟香浮鼻。

河鲀愧有毒，江鲈惭寡味。更咨座上客，送归烦玉指。

钉饾杂青红，百巧出刀匕。翩翩鹤来翔，粲粲花呈媚。

颇疑壶中景，髣髴具盘底。又疑三神山，幻化出人世。

更於属餍余，想像无穷意。知君束装冗，不敢折简致。

厚赐何可忘，因笔聊举似。

明尹嘉宾《江上杂咏三首》之一："河豚雪后春还浅，刀鲚风来水已波。携酒江边吹笛坐，那山今日出云多。"清黄景仁《摸鱼儿·雪夜和少云时同寓法源寺》有："江乡风味。渐燕笋登盘，刀鱼上箸，忆著已心醉"之句。

刀鱼的"刀"俗字作"鱽"。

《辞海》鲚字："刀鱼。《说文·鱼部》：'鮆，饮而不食，刀鱼也。'段玉裁注：'刀鱼，以其形象刀也。俗字作鱽。'"

刀鱼还叫"鮤""鱴（mié）""魩（mò）"等。《辞海》鮤字："即'鮆'，亦称'刀鱼'、'鱴刀鱼'。《尔雅·释鱼》：'鮤，鱴刀。'郭璞注：'今之鮆鱼也，亦呼为鱽鱼。'"

1988年，人民美术出版社出版了一本《沈鹏书法选》，内登有一幅沈老用隶书写的作品，就两个字："观鮆"。时至今日我也没明白这两个字真正的含义。沈老是江阴人，鲥鱼、刀鱼等均是他家乡的特产，他写这两个字时，一定是有具体含义的。我的第一部《仰缶庐谈吃》出版后，我去

长江刀鱼

沈老家请沈老师、殷师母赐教,并请沈老为我的第二部《仰缶庐谈吃》题签,当时记着要向沈老请教,但后来一听师母聊天我就把此事忘了。

江南沿江一带喜吃刀鱼的人们还总结了不少有关刀鱼的谚语。如江阴农谚有:"七九见河豚,八九见刀鱼""河豚来看灯,刀鱼来踏青""春江(潮)迷雾出刀鱼"等。

刀鱼以前不值钱。在许多有关介绍水产品的书中,名贵鱼类一栏中并没有刀鱼的身影,只有鲥、长吻鮠(鮰鱼)、河豚、鳜、栉虾虎鱼(庐山石鱼)、松江鲈(松江四鳃鲈)、团头鲂(武昌鱼)、胭脂鱼、赤魟、花鳗鲡等。

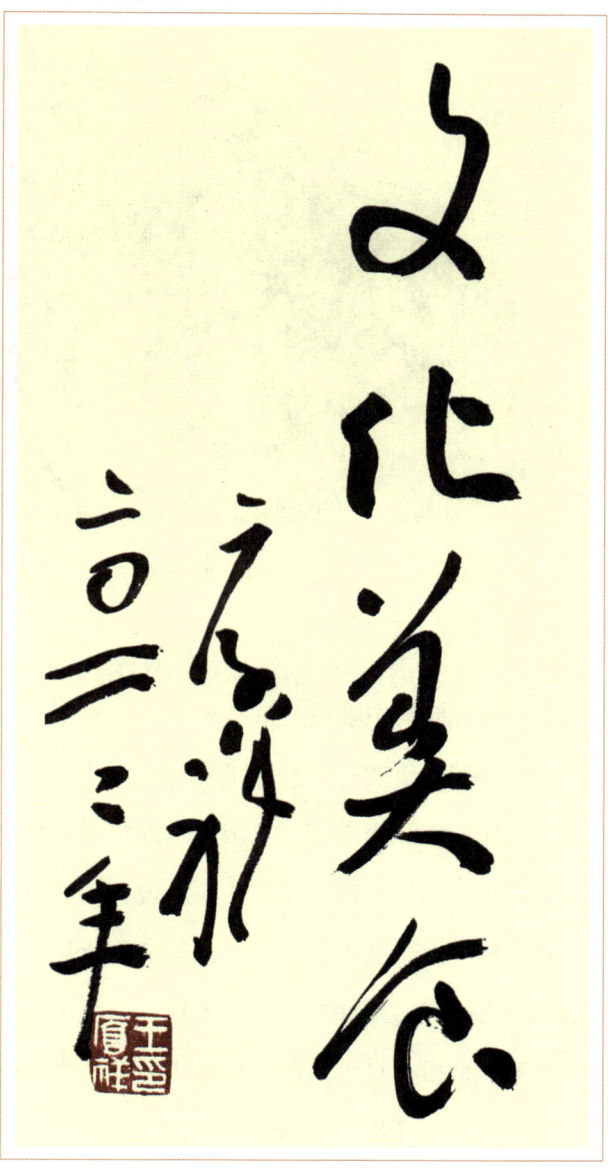

著名书法家、美食家王厚祥先生为作者美食著作题词:"文化美食。厚祥,二〇二二年。"

聚春园大酒店制作的"松枝桂花鱼"

长江四鲜中唯独刀鱼不属于名贵鱼类。

许多省市就连有些长江沿岸出产刀鱼地方的人也不认可刀鱼。

比如在江西九江。黄国平是九江鸿瑞绿色食品有限公司总经理,他从事刀鱼经营批发已有16年。黄总说:"这个刀鱼在九江以前是没人吃的,几毛钱一斤,贱得很。"九江人"不待见"刀鱼。刀鱼在九江不被认可的原因有很多。比如九江人爱吃辣,刀鱼主要是吃鲜,要清蒸才能保持刀鱼的美味,可是做刀鱼时一放辣椒,就什么鲜味也吃不出来了。再有就是价格问题。九江出产的刀鱼,均来自鄱阳湖。鄱阳湖的刀鱼是湖刀,并非江刀。2012年湖刀价格在2500元/千克,而江刀大约在3000元/千克。刀鱼不比长江三鲜的另外两鲜鲥鱼和河豚可以人工养殖,现在吃的刀鱼均为野生的,而且刀鱼脾气急,一进网就死,更不用说出水了。资源紧缺是导致价

长江刀鱼

格上涨的主要因素。

九江刀鱼的生意很冷清,黄国平说,全九江唯一的刀鱼批发生意就他一家,甚至全江西都只有他一家。2012年清明前九江每天出产的湖刀不到100千克,但没一条是在九江消化的,这些湖刀全部运到江阴,以更高的价格卖出,一条100克重的刀鱼,在饭馆的价格可以达到12000元。

清明过后的5月是刀鱼大量上市的季节,黄老板说,量最大时每天会有1.5万千克,少则也有2000~2500千克的刀鱼出产,价格会跌到40~50元。

大量低价位的刀鱼会销往天津和辽宁盘锦。天津15天就消化50吨的刀鱼,但必须是低价位的,清明前的刀鱼在天津销不动。

山东、北京、东北都是刀鱼消费的主要城市。

导致刀鱼资源逐年枯竭的原因有很多。

一是长江污染加剧。像水污染、热发电,特别是无毒的含氮污水排放,直接导致了长江水的富营养化,江水中的苔藓滋生就是富营养化的表现。富营养化给长江带来的结果就是直接可以导致刀鱼的产卵地遭到破坏。

二是滥捕滥捞。每年长江刀鱼从近海上溯长江"回家"繁殖期间,等待它们的是一条"不归路"。这条长江刀鱼"不归路"的路线其实从东海等近海开始,到长江入海口逆流而上进入长江。每一段都拉着密密麻麻的渔网,这些捕捞刀鱼的渔网犹如一个大口袋,越是往"口袋"的深处,网眼越密集,中间部分的渔网网格有些仅在2厘米左右(国家规定捕捞刀鱼使用的渔具网格不得小于3~4厘米),而底部的网眼更小,仅能伸过一根手指,这就导致了大量的刀鱼苗也难以幸免。如果是刀鱼在航道里跟着航船走,才能确保安全,否则,一不小心转弯,就会落入渔网。即使有侥幸通过长江口"千重网""迷魂阵"的刀鱼，在长江干流等候它们的还有手持特许捕捞证的长江沿岸渔民，即便历尽"千难万险"，通过这些"围追堵劫"，再往西上溯洄游，则会还有一道道建在长江上的大坝挡着它们的去路。

近年来，随着江刀价格的不断攀升，捞捕技术也在突飞猛进，设备越来越先进，每年都会出现各种各样的新渔具，"断子绝孙网"也是屡禁不绝；还有些渔民把网都撒到了近海20千米的地方，根本不给刀鱼留活路。

刀鱼的繁殖期是每年的4—10月，结束繁殖的刀鱼当年要返回长江口，因此，长江口每年6—8月可同时捕到上溯繁殖的亲鱼和"回头刀鱼"，而且幼年刀鱼也会回到长江口，长江口7月后也可捕获当年的幼鱼。

20世纪70年代，长江下游刀鱼年产量最高曾达3945吨，有些地方的刀鱼产量仅次于鲤鱼。那时刀鱼每年2月就可形成鱼汛，3月中旬达到高峰，成汛时间为20天左右。但近年来随着刀鱼数量的急剧下降，鱼汛已推迟到4月，成汛时间缩短到3~5天，甚至不再有明显的鱼汛。

扬州邗江区瓜州渔业村渔民文成龙回忆说："20世纪80年代扬州刀鱼价格是0.12元/500克，吃刀鱼就跟吃萝卜青菜一样。那时船还是手摆的，网眼也大，网还比现在的短很多，但捕捞量是现在的上百倍，一拉一网，少则上百千克，多则上千千克。每次出江，都是满仓而归。"

20世纪70年代，刀鱼种群中3~4龄的个体占80%以上，平均体长超过30厘米，平均体重超过110克；近几年刀鱼种群则以1~2龄个体为主，3龄以上者已属少见，平均体长在20厘米以下，均重在20克左右。刀鱼肉品质也有下降，个体趋向小型化，肉质鲜美程度明显下降，有些地方产的刀鱼含汞量达0.43毫克/千克，超过了联合国卫生组织规定的最高标准0.05毫克/

长江刀鱼

千克。

三是由于长江上游水利工程建设,导致下游水量不足,海水上溯致使长江刀鱼繁殖环境受到影响。

四是长江沿岸自然生态特别是滩涂生态的破坏。

五是长江下游人类工业活动频繁,破坏了江底的生物多样性。刀鱼和其他鱼类一样,都喜欢江底底栖的动物,但现在江底底栖动物下降消失速度过快,生物多样性级别由"一般"降为"贫乏"。主要原因是长江下游人类工业活动频繁,如沿江企业、码头在增多,大型船舶带来的水下污染、噪声等。江底已呈现沙质化,不适合底栖动物的生存,破坏了刀鱼等鱼类的一些生物链群。

六是刀鱼的供求关系失衡。长江刀鱼的资源现已接近极限,每年的江刀产量就那么多,可是沿江下游一带的居民历史上就有吃江鲜的传统,特别是沿江下游一带的私人老板及一些所谓成功人士在私人宴请、商务宴请时必须吃刀鱼作为其身份和地位的象征,"无刀不欢"的观念在作祟。

在江浙沪一带,人们将最奢侈的饭局称之为"刀鱼局"。刀鱼局一般

聚春园大酒店制作的"佛跳墙"

每桌10人，就餐时每人上一条清蒸大刀，再加上其他菜肴，人均消费1万元以上。因此，在江浙沪又有看一个人混得好不好，就看他在清明节前能否参加"刀鱼局"一说。这股风一直蔓延到全国的各大城市。这就加剧了刀鱼资源的进一步枯竭。

江刀和湖刀、海刀等有什么区别呢？

据扬州大学生物科学与技术学院李世平副教授解释说：

除产自长江流域的刀鱼称之为江刀外，有一部分刀鱼定居在长江中下游各通江湖泊，受生态环境的影响，分化成一类与江刀在生态和繁殖上有明显差异的群体。也就是说，这些刀鱼是从长江口上溯进入长江支流、湖泊产卵后就地安家的刀鱼称之为"湖刀"。另有一部分刀鱼因受环境或遗传等多种因素影响，在近海性腺就已发育成熟，不洄游，它们也与江刀的生态和繁殖上有明显差异，被称为"海刀"。海刀和湖刀是刀鱼的两种"生态型"，简单点说，它们都是刀鱼，只是与江刀有所区别。

与江刀相比，湖刀性成熟年龄提前，刀鱼亲鱼体长减小，也不如江刀的肉质肥厚。湖刀不存在洄游，脂肪含量比江刀低，故品尝时感觉没有江刀鲜美。

海刀在近海性腺就已发育成熟，江刀是在洄游到长江后性腺才开始发育，性腺的成熟需要消耗大量脂肪。洄游途中，江刀肉质营养成分中粗脂肪含量显著高于海刀，是海刀的2倍，而体内的水分含量、粗蛋白和灰分含量比海刀要低，因此江刀比海刀更具香味。江刀的花生五烯酸和二十二碳六烯酸（两者俗称脑黄金）绝对含量高于海刀。

江刀身体呈"流线型"，鳞片极为有亮度，通体银白闪烁（江刀极为护鳞，有"宁舍一条命，不掉一片鳞"之说），鱼鳃鲜红，下颚处呈尖刺状，所

长江刀鱼

以很像一把明晃晃的刀子，鱼体结实，手拿起来明显有肉质紧实之感。如果江刀的脊背肉质较厚，说明已是洄游入江性腺发育成熟的江刀。江刀的眼睛小，但清澈明亮，鱼肚饱满，成年江刀体侧有鱼鳍，鳍后有游离丝状物（侧须），长度超过身体的一半，并且是根部为黄色、头部为白色。江刀的头部为银白色，不带一丝红色。江刀的小尾巴呈青黑色。

江刀出水后身体开始变硬，半小时左右达到最硬，就像一根小木棒，用手将其拿起来倒竖，挺硬不软。此时烹饪出的刀鱼味道最美，

作者藏"言容堂"复刻清版平遥木版年画《灶王爷》

口感极佳。过了这个时段做出的江刀口感会感觉稍差一些。

出水1天后的江刀还能保持鱼鳃鲜红，肛门无泄漏，鳞片闪银光并无大面积脱落现象。江刀的保鲜期最长为3天。

湖刀的眼睛比江刀要大，尾巴黄，湖刀下颚不呈尖刺状，鳍后丝状物变短，鱼体较单薄，身体微微泛红。

响油鳝糊

海刀的眼睛是红色的,脊背有花纹,身体有一定的弯曲,呈微微的淡青黄色,且以雄性居多,肉质比江刀薄软,有些甚至有鱼肚破裂现象,主要因为近海捕捞,经运输至码头需要时间,故有"破肚"出现。

本江刀(指在长江生活,不返回海洋的江刀)和从海洋洄游长江繁殖的江刀相比,本江刀体形比较宽短,鱼鳞大,颜色不及洄游的江刀鲜艳。从海洋洄游生产的长江刀体形较为瘦长,鳞片小而鲜艳。

本江刀的口感不如洄游的长江刀好。

江刀也可以钓。每年春季,特别是清明前,长江沿岸不少地区会有"趋之若鹜"的沿江垂钓者,甚是壮观。捕鱼船在江中撒网捕鱼,他们在江边野钓。他们当中有许多人索性就在江边安营扎寨,先打"窝子",撒下鱼饵,过一半日再在原撒窝子处开钓。其中就有钓上江刀的,但是概率非常小。

明代庄昶还有《钓鱼图》一诗,说的是钓刀鱼的。诗曰:"溪上春云与浪飞,溪头春水鮆鱼肥。闲人只是闲无事,日出船来月出归。"

庄昶说的是"溪钓",不是"江钓"。

有好消息说,江刀已人工养殖成功,比如上海、江苏、湖北等有些科研

长江刀鱼

单位已成功进行了刀鱼的人工养殖，特别是江苏中洋集团及无锡（东港镇山联村、厚桥街道谢埭荡村等）等地刀鱼的养殖技术已进入成熟阶段。

2022年清明节前后，已开始有部分养殖的江刀投放上市。

素佛跳墙

如镇江江之源渔业科技有限公司特种水产养殖基地已投放人工养殖的江刀上市，全年可向市场投放5万尾（150克以上的养殖江刀，每条起步售价在1000元）；又如江苏中洋集团现代渔业科技产业园（海安市），2022年可向市场投放70万尾（约为7.5万~8万千克）养殖的江刀。

这些投入市场养殖的长江刀鱼主要以冰冻、冰鲜和活体形式出现。

以活体形式出现在市场的江刀是以往从未有过的事。这无论从视觉认知到味觉享受都刷新了人们以往对江刀的概念。

人工养殖的长江刀鱼会比野生的长江刀鱼个头大，其体内的甘氨酸、谷氨酸及营养成分也要比野生的长江刀鱼含量高。这主要取决于喂养江刀时投放的天然饵料。投放的这种天然饵料会比野生环境下江刀食用的饵料更为丰富、更加营养。

因养殖的长江刀鱼（特别是活体江刀）新鲜，所以多选用带鳞清蒸。清蒸上桌的人工养殖长江刀鱼无论从视觉、味觉到口感都会胜过野生的长江刀鱼。

仰缶庐谈吃 第三集

进入2019年以后，特别是长江"实行十年禁渔"期后，市场上售卖的及在餐桌上吃到的刀鱼多为河刀、湖刀和海刀了。

在这其中，海刀就成了江浙沪人的"新宠"了。用江浙沪有些人士的话讲："刀鱼越少，我就越想吃。价格不是问题。"

这种"简直鲜了掉眉毛""一夹一口味精"的刀鱼，在2021年清明节前、没有长江刀鱼可吃的情况下，黄海产的海刀价格一路狂涨。

2021年清明节前黄海刀鱼价格为：

2月18日，2980元／500克　　2月19日，3280元／500克
2月20日，2980元／500克　　2月21日，2880元／500克
2月22日，2980元／500克　　2月23日，2980元／500克
2月24日，3380元／500克　　2月25日，3580元／500克
2月26日，3880元／500克　　2月27日，4580元／500克
2月28日，4980元／500克　　3月1日，4980元／500克
3月2日，5580元／500克　　3月3日，5880元／500克
3月4日，5880元／500克　　3月5日，6380元／500克
3月6日，6580元／500克　　3月7日，6280元／500克
3月8日，6380元／500克　　3月9日，6280元／500克
3月10日，6680元／500克　　3月11日，6980元／500克
3月12日，7980元／500克

这就是江浙沪一带（特别是江阴人）所谓的"明前刀鱼不论钱"一说，亦可说是江浙沪人的"刀鱼情结"或谓"乡愁美食"。

江南人在烹饪刀鱼、河豚、鲥鱼等食材时，多会用猪肉、猪油、猪高汤等食材来增加丰腴的口感。清真菜肴在烹饪刀鱼、河豚、鲥鱼等食材

长江刀鱼

酱焖蛤士蟆

时，会改用鸡清汤来制馔，或直接以食材的本味来烹制。

我去江南吃刀鱼等做的菜肴时，都会提前告知请客方，烹饪菜肴时务必改用清真方法来烹饪。用清真方法烹饪的上述菜肴味道也很不错，更有一种原汁原味的独特口感。

北京的中、高档清真饭店没有刀鱼一味，建议这些高档饭庄在每年的清明节后也经营刀鱼（海刀等）一馔，以满足不同食客的需求。

盘锦河刀鱼

我曾经写过一篇《长江刀鱼》的文章，我对盘锦河刀鱼的感受其实要比长江刀鱼深刻得多。

我家冰箱的冷冻室几乎一年四季都有盘锦河刀鱼的身影，这源于我盘锦的企业家朋友郭兴双。

郭兴双在家排行老三，因此，人称"三哥"。

三哥每年会按季节给我带来或邮寄盘锦的大米、河蟹、文蛤、海蜇、碱地柿子及河刀鱼等。

盘锦人对河刀鱼的做法似乎更钟情于"干煎"。

盘锦干煎河刀鱼的做法很简单，把河刀鱼收拾干净后，用调好的作料腌制一会儿；煎锅注少量的油，将河刀鱼煎至两面泛黄时，锅中撒上红绿辣椒段、葱末、洋葱碎等装盘上桌即可。

用干煎法成菜的河刀鱼口味比较酥嫩，肉质也鲜美爽滑。

盘锦人还喜食干炸河刀鱼和醋焖河刀鱼两味。

用干煎、干炸及先炸后焖方法做的河刀鱼，都是为了最大限度地使河刀鱼的鱼刺变酥、变软，以便食客进食。

盘锦人做河刀鱼的方法要比江南人吃长江刀鱼的方法少许多。

盘锦河刀鱼

在我的印象里,盘锦的河刀鱼拿到北京大饭店来烹饪,厨师也会用干煎的方法。

有一年清明后,三哥及大哥郭兴文先生来北京住在港澳中心瑞士酒店。当晚,三哥叫我到酒店的"美锦酒家"吃火锅,来就餐的朋友中有中国书法家协会秘书长、书法家翟鑫及阎晓东先生等。晓东兄家住酒店的隔壁,他把三哥给他的盘锦河刀鱼就存放在了美锦酒家。席间,晓东兄叫美锦的厨师给每人做一条吃,服务员将做好的河刀鱼端上桌子,我一看还是用干煎法做的。

第二天,兴文大哥要请书法家苏士澍先生在此吃午饭,还定好要上干煎河刀鱼这道菜,并让我作陪。谁知第二天一早,三哥打电话通知我午餐地点改在北京饭店的安华城。

我和大哥如约来到了安华城。午餐改由苏士澍先生宴请,就餐的人有郭

香煎盘锦河刀鱼

仰缶庐谈吃
第三集

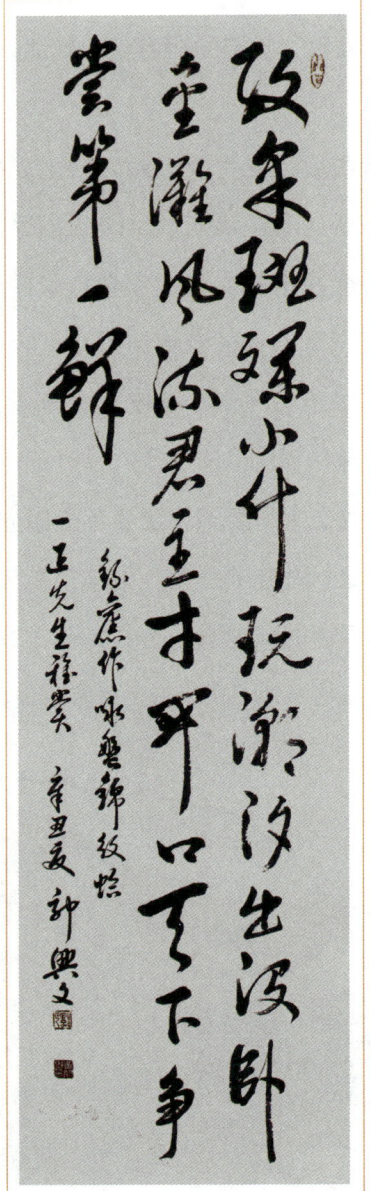

著名书法家,诗人,辽宁省文联第七届主席、第八届名誉主席郭兴文先生为作者美食著作题词(其一,左):"荻笋才青跃鲎鱼,野云低处认村溪。两香可为银刀肥,烂煮春风趁酒旗。《咏盘锦河刀鱼》。一正先生雅赏。辛丑夏,郭兴文。"(其二):"纹采斑斓小什玩,潮汐出没卧金滩。风流君主才开口,天下争尝第一鲜。录旧作《咏盘锦纹蛤》。一正先生雅赏。辛丑夏,郭兴文。"

盘锦河刀鱼

兴文先生、顾玉才先生、赵广发先生、中国书法家协会秘书长、我及苏士澍先生的儿子苏塍博先生。

此时,也正是长江刀鱼的美食季,京城的各大酒店、饭庄也以长江刀鱼吸引食客的味蕾。可安华城近几年已不再推出这一肴馔了。

我记得当天点的有牛气冲天、荷香中排翅、海味一品煲、山珍松茸汤、萝卜牛腩等菜。

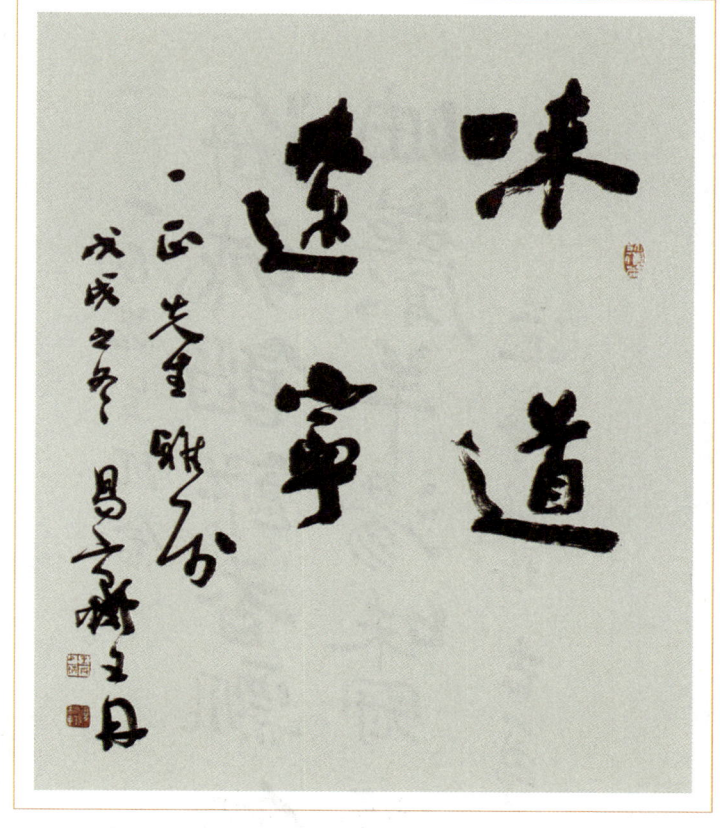

中国书法家协会第七届、第八届副主席王丹先生为作者美食著作题词:"味道辽宁。一正先生雅嘱。戊戌之冬,易斋王丹。"

进餐时,中国书法家协会秘书长夸他们家做的中排翅肉头儿,量也大,苏士澍先生则说,这就是"米饭拌粉条";书画家、美食家赵广发先生对服务员说:"你家做的牛气冲天太咸了,齁死人了!"

其实安华城是北京饭店外租出去的地方,吃饭时要走北京饭店负一层。我早在若干年前在他们家吃过多次,其中一次是长治的企业家王斌来北京请我为其在长治老顶山的别墅题字,他住在北京饭店。记得那时在安

仰缶庐谈吃 第三集

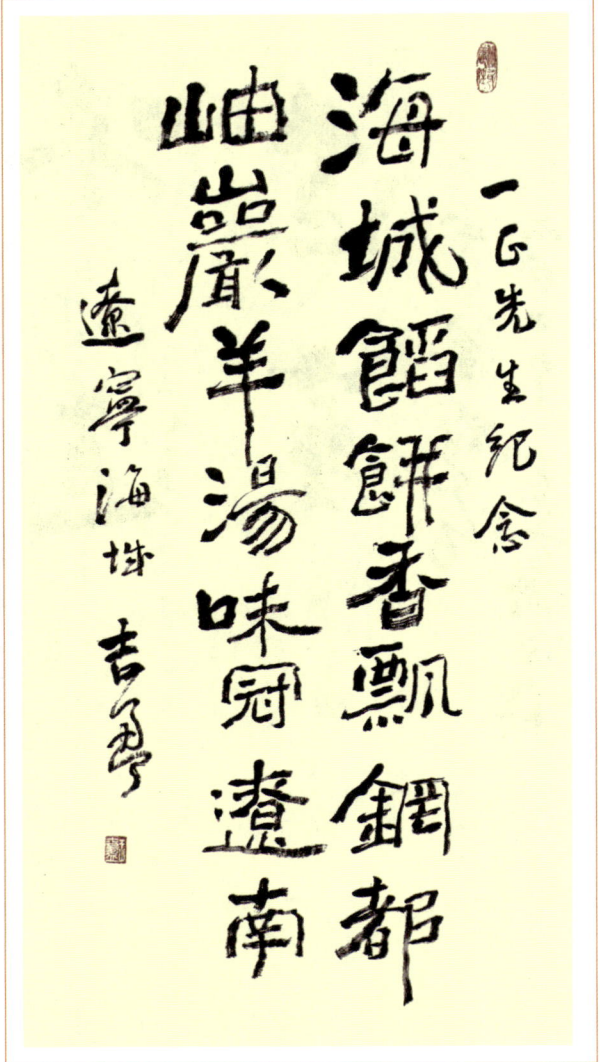

著名书画家王吉盈先生为作者美食著作题词："海城馅饼香飘钢都,岫岩羊汤味冠辽南。一正先生纪念。辽宁海城,吉盈。"

华城吃过长江刀鱼。

这次苏先生请客,安华城没有长江刀鱼,我有点儿小遗憾。要是在此吃了长江刀鱼,再同美锦吃的盘锦河刀作个比较就好了。

盘锦河刀鱼的产区在双台子河口。双台子河口坐落在辽东湾的北端,1987年和1988年分别成为辽宁省级自然保护区和国家级自然保护区,区内还是辽河、浑河、绕阳河、大凌河等多条河流的入海口。双台子河口是淡水与咸水互相浸淹的混合之地,水中浮游生物丰富,是河刀鱼的主产区。

三哥给我的盘锦河刀鱼基本上都是出自孟亮家的,盒装,根据河刀鱼每条的重量,每盒装的条数也不一样。有100克一条的,有125克一条的,150克一条的,每条河刀鱼装在一个抽真空的塑料袋

盘锦河刀鱼

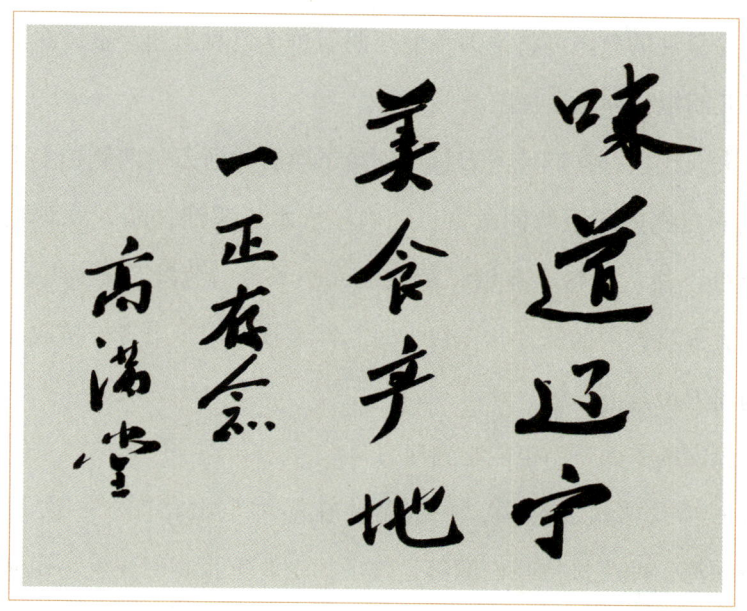

著名作家、编剧高满堂先生为作者美食著作题词:"味道辽宁,美食产地。一正存念。高满堂。"

中,包装盒上也注明了河刀鱼的做法。

将河刀鱼洗净沥干,用盐和料酒把鱼腌上半小时左右后用食用纸巾和棉布擦去河刀鱼身上表面的水分,加适量生粉均匀地涂抹在鱼身上,炒锅放油,油热下鱼炸至表面微黄色时捞起,待鱼稍凉后,再次投入高油温的锅中复炸,至鱼呈黄金色时捞起备用;另起炒锅放适量的油,温油下花椒粒、干辣椒段、生姜片、蒜片等炒香,倒入酱油、醋、白糖、清水,见锅开后放入味精调味,把炸好的河刀鱼推入锅中烧上一会儿,放入葱段再将鱼翻个身起锅。

我烹调河刀鱼的方法大多也是煎着吃,与盘锦干煎河刀鱼的做法略有不同。我是将河刀鱼收拾干净后,用食用纸巾吸去刀鱼表面的水分,直接

放入有少量油的煎铛内将河刀鱼煎至两面黄金色时出铛上桌,在河刀鱼身上撒点儿胡椒粉和海盐食用。

我夫人比较喜食焖炖河刀鱼。收拾干净后的河刀鱼两侧拍上干淀粉投入注油的煎铛内煎至两侧微黄,铛内注入水、酱油、醋、豆腐乳汁、料酒、冰糖、盐、大料、花椒、辣椒段、小米辣、葱段、姜片等炖焖一会儿。开大火将铛内的汤汁收至快干时起铛装盘,用半个青柠挤成汁儿淋在装盘的河刀鱼身上即成。

在盘锦的东面鞍山也能吃到河刀鱼。

有一年我两次去鞍山,一次是住在鞍钢东山宾馆,一次是住在卓阅·清水湾,两次接待我们的都是鞍山的企业家张春明先生。说来也巧,春明兄两次无意间都安排了我们在位于千山跑马场前的金土地农家院吃鞍山特产的农家菜,且都上了香煎河刀鱼。

吃河刀鱼时,我问老板娘:"你家的河刀鱼是哪里产的?"她告诉我是产自"辽阳水库(辽阳有多个水库,如太子河水库、汤河水库、葭窝水库等)的。"

我在鞍山时,春明兄为我们介绍了一位当地美食家,叫左俊杰,他对鞍山特色美食了如指掌。当他得知我是回族时,带我去清真馆子"活羊馆"喝正宗的羊汤,并点了熘牛胸口、扒牛肉条、蒜香鲁子鱼、烧麦、包子等当地回族特色菜品。

之后,左俊杰又带我们去了"老村长"家吃鞍山特产汤河鱼,还有"清蒸鳌花"、"酱焖哈士蟆"及"酸汤子"。

在鞍山的众多美食中,我对酸汤子和香煎河刀鱼两味情有独钟。

纳 仁

纳仁也写成"那仁",是哈萨克族、乌孜(或写成"兹")别克族、柯尔克孜族、塔塔尔族等信仰伊斯兰教民族群众的美食,一般是在节日或重要活动及招待贵客时食用。

纳仁的做法很简单,但的确是一道风靡全疆的少数民族传统佳肴。

所谓"纳仁",就是煮熟的宽面片。它既可以同手抓羊肉一起食用,也可以同烤肉、油焖肉等其他肉食一起食用。

纳仁最传统的食法是与手抓羊肉一同享用。在手抓羊肉中加点儿煮熟的宽面片,即是"手抓羊肉面"。手抓羊肉是新疆维吾尔族、乌孜别克族、柯尔克孜族、塔塔尔族及蒙古族等民族群众喜爱的佳肴,也是这些民族逢年过节及招待客人必备的大菜。尤其是在牧区,它更是一款不可或缺的大菜。

手抓羊肉做法很简单。

将连骨羊肉切成大块下锅煮(肉要凉水下锅),大火煮一会儿,打去水中血沫,文火慢煮一个多小时。视肉快熟时,加盐及切好的洋葱片,盛盘。食时,配上小刀,食客围坐在一起,各自用刀割盛在盘中的带骨大块羊肉,用手抓着吃。

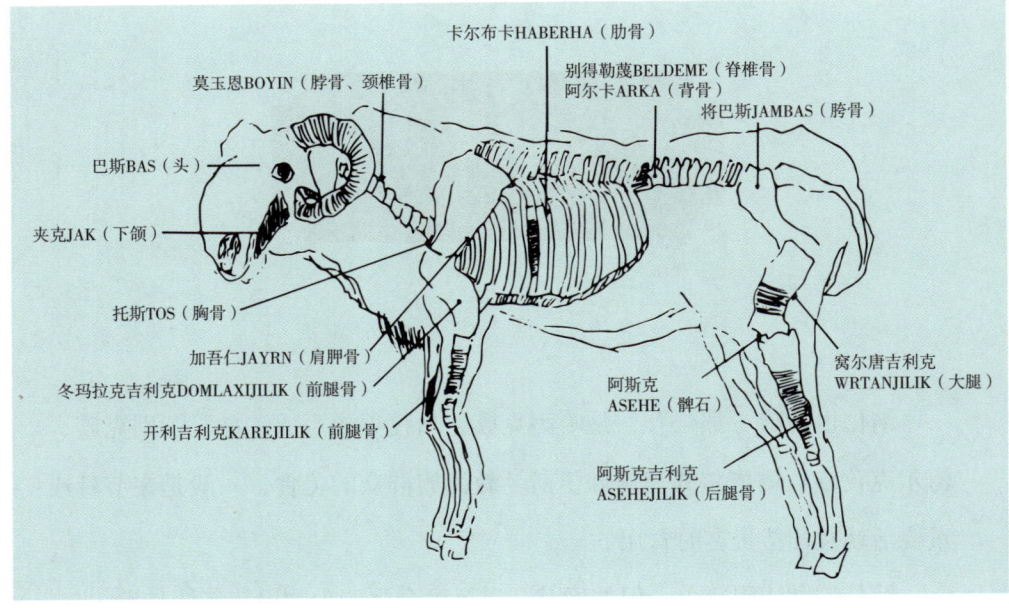

作者绘《哈萨克语全羊部位称谓图》

下面我们来说说"手抓羊肉"及"纳仁"的做法。通常分三个步骤。

第一步，先和面。和面时，要在面粉中加少许食盐（新疆厨师有"盐是骨头碱是筋"的说法。这是他们长期于饮食实践摸索中逐渐形成的经验）。面中放食用盐，能使和出的面弹性大、韧性足、不易断，食时筋道。同时，和面还要讲究"三光"，即"盆光""面光""手光"。将和好的面饧一段时间，搓成粗条，揪成若干个剂子。再在面剂子上刷层油，防止面剂子龟裂。将面剂子再饧上一段时间。

第二步，煮羊肉。哈萨克等民族在制作"纳仁"煮羊肉时很有讲究，要选一只整羊有代表性的各部位。一般来讲，羊头和羊臀部是不能少的，其目的也是表示哈萨克族人真心诚意地待客，全心全意地为客人服务的意思。

纳 仁

羊肉一般都带骨煮。哈萨克族人有将一只整羊按不同部位的骨骼分成六个部分（或十二部分）的习惯。一、巴斯（羊头）、将巴斯（臀部即胯骨）；二、阿斯克吉利克（后腿骨）；三、窝尔唐吉利克（大腿）；四、加吾仁（肩胛骨）；五、开利吉利克（前腿骨）；六、冬玛拉克吉利克（前腿骨）。这六部分（十二部分）除羊头外，其余都是成双的部位，称之为"木谢"（部位）。在招待宾客吃肉时，哈萨克族人会按客人的不同年龄、辈分给其食用不同部位的羊肉，招待亲家及老人享用的为巴斯（羊头）、将巴斯（胯骨即臀部肉））、开利吉利克（前腱骨）、卡尔布卡（肋骨）、别得勒蔑（脊椎骨）及阿尔卡（背骨）等；女婿、儿媳和年轻已婚青年食用的多为阿斯克吉利克（后腿骨即胫骨）、卡尔布卡（肋骨即胸骨）等；侄子、外甥及中年未婚者多食用窝尔唐吉利克（大腿即股骨）等；给不同辈分的人食用多为加吾仁（肩胛骨）等；小孩食用的为羊舌和耳朵等；主人、宰杀生畜的人及做饭者多用冬玛拉克吉利克（前腿骨即肱骨）等。

2012年12月，中央电视台纪录频道曾播放了一部《丝绸之路上的美食》纪录片。片中介绍

北疆风干牛肉

风干牛肉纳仁

了在新疆南山牧场由中国烹饪大师张元松先生制作"纳仁"的表演全过程。

张元松先生擅长制作"纳仁""烤全羊"等新疆少数民族特色风味大菜,其制作的"纳仁"曾获"第一届清真菜大赛"金奖。

张元松先生在制作"纳仁"煮肉环节时,选用了羊的前腿、后腿、肋条、将(屁股上的一块肉)及胸叉子骨肉。本应有羊头,但为录制节目,省略了。

张元松先生讲,哈萨克族人认为羊最好部位的肉是胸叉子骨肉,是给女婿吃的。

张元松先生在煮羊肉时,将上述羊部位的带骨肉下锅,添水。水开,

纳 仁

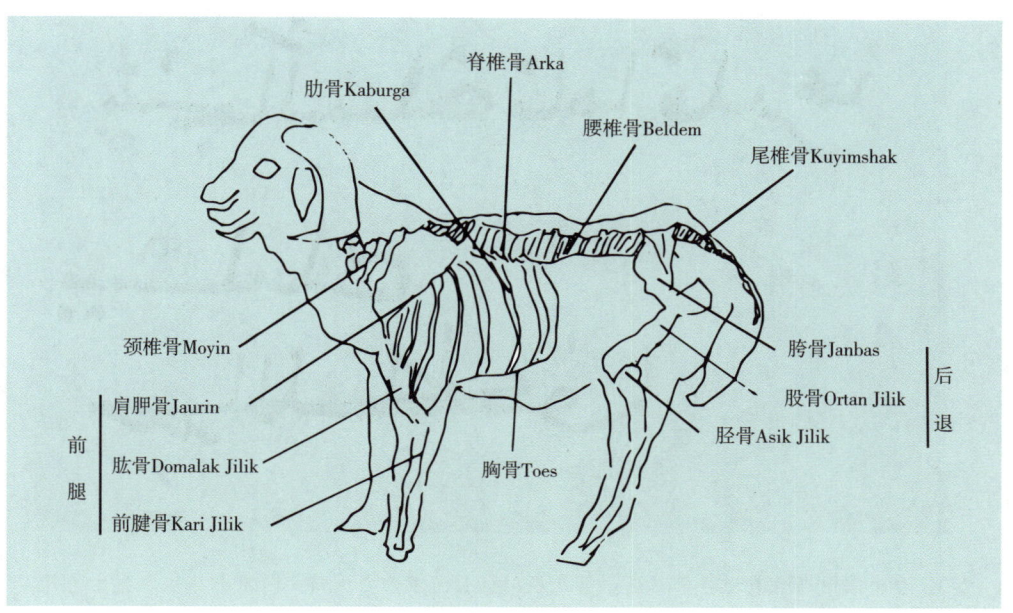

作者绘《哈萨克族人全羊十二部分分割图》

打去水中浮沫,放盐,盖上锅盖,煮一小时左右即熟。

第三步,调配料。将洗净的西红柿切碎块,洋葱切薄片,香菜切段。取一汤盆,将切好的西红柿、洋葱、香菜放入汤盆内,再放点儿胡椒粉、盐,待用。

另取一铁锅,舀入刚煮熟羊肉的肉汤。将饧好的面剂子用手按平,抻拉成宽3厘米、长约30～40厘米、厚约0.2～0.3厘米的长条,下锅煮15分钟。煮面片时,要用手勺不时地搅拌,还要随时添加羊肉汤,以免煳锅。用羊肉汤煮出的面片,口感特别滑嫩、香美。纳仁要做得好吃,一是煮面片的羊肉汤要浓;二是面片要煮得硬一点儿,食时有嚼劲才行。这也是制作纳仁时的基本要领。

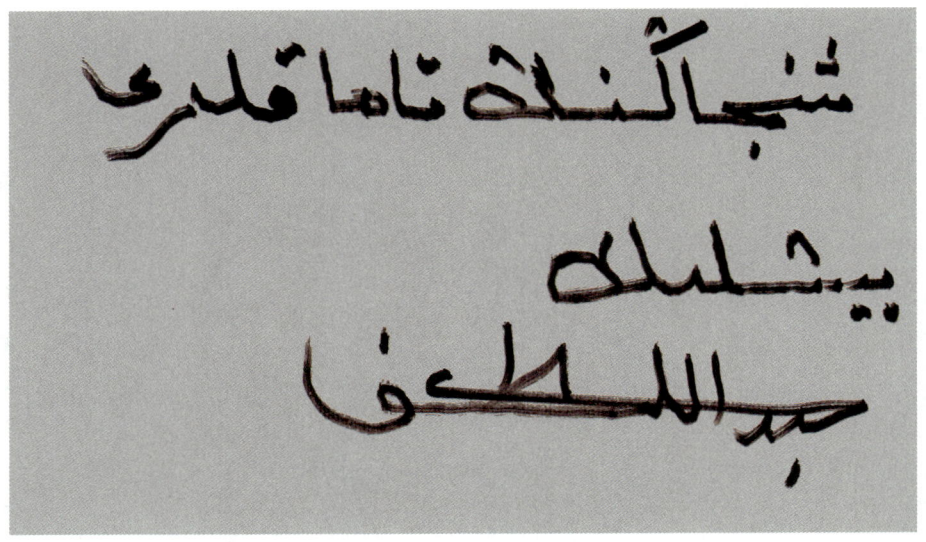

中国伊斯兰教协会第八届、第九届副会长阿不都力提甫·阿不都热依木先生为作者美食著作题词:"新疆食物好吃!阿不都力提甫。"

取一盘(类似家中盛水果用的大盘子),将煮好的宽面片捞入盘中;再将煮熟的带骨羊肉码放在长面片上,最上边要码放"将巴斯";取待用的调配料盆,在盆中浇上煮羊肉的热羊汤,将调配料及汤汁浇在码放好的带骨羊肉及宽面片上。随盘上桌时,在盘边配上小刀供食客边割羊肉吃,边就食面片。

塔城地区裕民县的哈萨克族人在制作手抓肉纳仁时,会选用巴斯拜(阿什拜)大尾羊,将一整只羊分割成12个部分,并要用盐腌渍一下羊肉。再将带骨羊肉晾晒一会儿,将羊肉块冷水下锅炖煮,所用的柴火多选大枣木的,肉煮到七八分成熟时捞出。

这十二部分的带骨羊肉分为:颈椎骨、肋骨、脊椎骨、腰椎骨、尾椎骨、胸骨、肩胛骨、肱骨、前腱骨、胯骨、股骨、胫骨。

纳 仁

与中国伊斯兰教协会第八届、第九届副会长阿不都力提甫·阿不都热依木先生合影

用餐前,把在羊肉汤中煮好的纳仁面盛在一个木质的大盘(盆)子上,撒上些切好段的皮芽子(洋葱),并在上面摆上带骨羊肉上桌。

食前要先做巴塔仪式,然后再用餐。

哈萨克族人认为煮到七八成熟时的羊肉最为好吃。

巴斯拜羊是由塔城地区第一任行署专员巴斯拜·雀拉克·巴平先生(1889—1953年)经过多年培养的杂交瘦肉型优良品种羊。

巴斯拜·雀拉克·巴平先生是哈萨克族人,生于裕民县,卒于杭州。其家族拥有大量的牛羊资产。1951年,他同常香玉的爱国举动一样,用个人资金捐献了一架战斗机支援抗美援朝。

其他地方的哈萨克族牧民在制作手抓羊肉纳仁时,多选用哈萨克大尾

仰缶庐谈吃
第三集

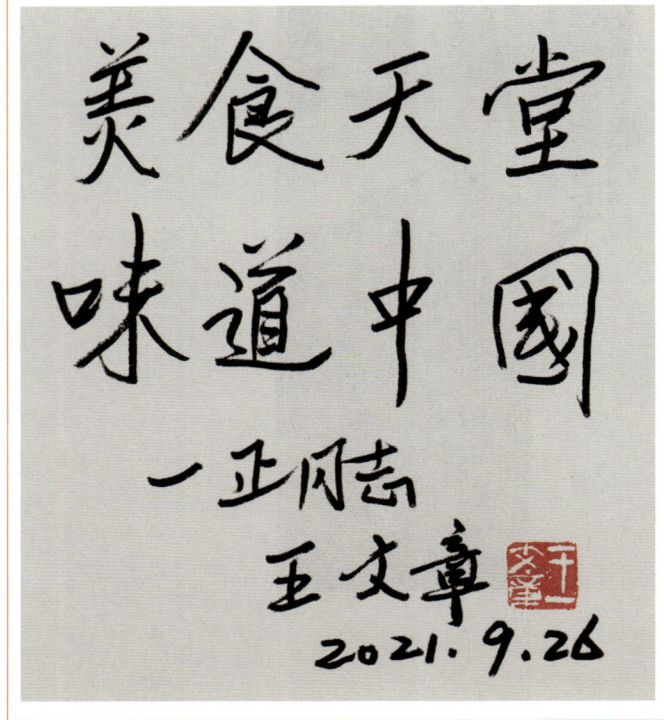

中国艺术研究院原院长王文章先生为作者美食著作题词:"美食天堂,味道中国。一正同志。王文章。2021.9.26。"

羊。哈萨克大尾羊就是我们知道的阿勒泰大尾羊,因其原产地和种羊繁育基地都在福海种羊场进行,故又称"福海大尾羊",属于肉脂兼用型粗毛地方羊品种。

还有一种手抓羊肉纳仁做法,是连骨羊肉整块下锅煮烂,捞出凉凉,去骨后切成如指甲盖大小的肉丁儿,盛入盆中。洋葱切片入肉汤中略焯后倒入羊肉丁儿中,加精盐、胡椒粉拌匀。面粉用淡盐水和好,擀薄,切成10厘米的长面条,入羊肉汤中煮熟,倒入盛羊肉丁儿的盆中,拌匀。另将酸奶疙瘩用开水泡软搅成酸奶糊,浇在肉和面上即可。

此种做法是将肉切成了小丁儿,并加入了酸奶糊。

哈萨克族人做的纳仁除与手抓羊肉一同食用外,还多会与油焖肉和烤肉一同食用。

油焖肉的做法多是选用一只羊的一半肉(另一半用于做烤肉),把鸡蛋、大蒜、孜然、姜黄粉、皮牙子(皮芽子)、盐、味精、水等调和在

纳 仁

一起，抹在分割好的半只羊肉块上（亦可先在羊肉块上抹盐，然后再在羊肉块上涂抹调和好的酱料）。腌制30分钟后，在一大锅（盆）中下切好大块的羊尾油，在羊尾油上放些大块鹅卵石，把腌好的肉放在鹅卵石上，盖上锅盖。再用毛巾或湿布将锅盖封严，关闭火塘门，用小火焖制40分钟。将煮熟的纳仁（最好用羊肉汤煮）放在一大盘子上，切些皮芽子撒在纳仁上，再把油焖肉放在纳仁上即可。

这种油焖肉是用羊尾油来烹制的，别有一番味道。

烤肉的做法是用做油焖肉

中国伊斯兰教协会第六届副会长阿布桂热依木·伊明先生为作者美食著作题词："新疆菜亚克西！一正留念。阿布桂热依木·伊明。"

另一半的羊肉来烹饪。也是先将羊肉切成大块，用腌制油焖肉的相同方法将羊肉腌制30分钟。把腌制好的羊肉放在一长方形的铁盘上。铁盘上除羊肉块外，还有羊头。羊头上要盖上一大块带肥油的羊尾巴，以免烤肉时把羊头烤煳。将铁盘架在铁箅上，放在燃烧的木炭火坑（馕坑）中。把火坑口用木板（或石头）封严，再在封口的缝隙处涂上湿泥巴，把烟道口也关上，密闭烤上40分钟。将烤好的肉放在一个大盘子里的周围，中间放羊头，用小刀在羊头脑门处划上一个十字，以示祝福，再在羊头及羊肉上撒

与中国伊斯兰教协会第六届副会长阿布桂热依木·伊明合影

上切碎的皮芽子即可上桌。

这种用于烤肉和烤馕的馕坑（火坑）与井式的馕坑不一样，它是一个卧地的长方形形状，坑口处位于长方形的宽面处，坑中燃烧木炭。在烤制肉制品和馕时，必须依靠铁质托盘来进行焖烤。它不像井式的馕坑，可将馕直接用盐水打贴在坑壁上。长方形的馕坑烟道多在火坑的表面上。在烤制食品时，需关闭烟道门和火坑（塘）口，用焖烤的方法将食物慢慢烘烤成熟。

柯尔克孜族人的纳仁做法与上述做法大致相同，而且吃纳仁的礼节也基本与哈萨克族人一样。柯尔克孜族人的纳仁做工比较细，面要切成细面条，羊肉煮熟后要切成如大豆粒大小的块，与面条一起拌食。肉的量只占

纳 仁

面条的三分之一（哈萨克族人的纳仁，特别是在牧区吃到的纳仁，面的数量只占肉的十几分之一）。食时，还要放些洋葱、胡萝卜(黄萝卜)、咸肉汤等。

柯尔克孜族人及哈萨克族人等在制作纳仁时，不光选用牛羊肉，还用马肉。

柯尔克孜族人做马肉纳仁面时，一般会有很强的仪式感，主要体现在柯尔克孜族人的重大节日及各种仪式活动上。

纳仁面是手工用面粉、水和盐和好后，切成面条煮熟后，捞入一个大约30~40厘米的不锈钢盘中，盘底撒满切碎成小丁儿(或手撕)的煮好马肉。将面条平铺在碎马肉上，并与碎马肉拌在一起，撒点儿洋葱条，浇上几勺炖马肉的原汤，最后在上面码上一些切成片的红花马肉肠上桌。纳仁上桌后，由年长的尊者说上些祝福的话语后大家即可享用。

柯尔克孜族人做的马肉纳仁离不开马肠。这种马肠叫"红花马肠"。

马肠是新疆柯尔克孜、哈萨克等民族特有的风味食品。

柯尔克孜、哈萨克等民族的群众，特别是在牧区的牧民，一般于每年入冬时都会宰杀一些牛羊及马等牲畜用于冬储过冬。这种用于冬储宰杀的肉类食品，称之为"冬宰"，哈萨克语叫"索呼木"。冬宰选用的马匹，多为两岁左右的马驹。

宰杀后的马肉，将马肋条肉和马腹部的油脂挑出来，用马肠子将腌过的马肋条肉和油脂装进去，前后两边用牙签固定好，挂在屋内搭好的木架上。室内在火盆上熏烧爬地松（西伯利亚刺柏），利用燃烧爬地松时产生的烟雾来熏制马肠子。熏好的马肠子也会保留住这股松柏味和烟熏味，这是熏马肠（熏马肉也用同样手法）。

仰缶庐谈吃 第三集

食用熏马肉、熏马肠子时，先将二者清洗干净，将其放入冷水锅中煮一个半小时左右，捞出放凉，切片后即可食用。既可当冷盘，又可制热菜。

柯尔克孜族人制作马肠子时，用一种产自海拔3000米左右的天山野青茅的花籽，将其研磨成粉后，兑入盐（1∶9的比例），二者混合后腌制马肋条肉和油脂。而哈萨克族人的腌制马肋条肉和油脂时，只用粗盐。

马肠子和马肉也可直接炖煮后与纳仁面一起食用，熏制后的马肉和马肠子易于冬储，以便在过冬时享用，且熏制后的马肉和马肠子别有风味。

在伊犁等北疆地区的饭店，马肉纳仁面多是盛放在一大敞口碗内，碗底为面条，面条上码放切好的几片熏马肉和熏马肠，浇上一大勺肉汤，最后在上面撒上切碎的洋葱片。

在纳仁制作的过程中，有些地方在煮羊肉时还会放些花椒，在调配料里放些青辣椒。

在新疆喜食纳仁的少数民族地区，纳仁的制作会因民族及地区的不同而有些小变化，同时也有一些纳仁制作的诀窍。如煮羊肉时必须是凉水下锅，一般只放花椒和盐（有的做法只放盐），不加其他任何调料。羊选用羔羊或羯羊宰杀。有些地方的纳仁，羊肉是切成大块煮熟的，不是带骨的整块羊肉。有的哈萨克族人是将带骨羊肉与羊内脏同煮一锅。羊肉和面片的比例为2∶1。哈萨克族人在招待客人时，宰杀的羊羔颜色会有选择，即不宰杀黑羊羔待客（最好为黄头白羊。如只有黑羊，宰杀时需在羊头上盖块白布）。调制面团时，盐不能放得太少，一般是500克的面粉要加入8克左右的盐为宜。若用酸奶疙瘩制作纳仁时，酸奶疙瘩必须提前用温水泡开，搅成糊状使用；也可用热肉汤将酸奶疙瘩搅成酸奶糊。

成立于1954年的北京西苑饭店，内有一家专门经营新疆风味的"新疆

纳 仁

餐厅",是20世纪七八十年代北京最好的新疆风味餐厅。他们家有烤全羊、香酥羊腿、炸油旋、霍尔炖、派拉模的烤包子等新疆特色风味菜品,那仁亦是他们家的当家菜。

1984年,中国旅游出版社出版了《北京西苑饭店中餐菜谱》一书,内有关于那仁制作的介绍。现摘录如下。

那仁

一、原料

主料:羊肉五斤。

配料:胡萝卜一斤,白萝卜一斤,土豆一斤,西红柿五两,葱头五两。

调料:胡椒面一钱,面料五两,盐二钱,孜然面三分。

二、制作方法

1. 先将大块羊肉放入凉水锅内,加入葱头和二两西红柿(均洗净,切块)煮熟,捞出晾凉。撇出浮油放碗待用。余汤待用。

2. 将胡萝卜、白萝卜、土豆等洗净,用煮羊肉的汤煮熟,捞出,晾凉。

3. 把羊肉、胡萝卜、白萝卜、土豆、西红柿均切成丁(骰子丁),加入胡椒面、盐、孜然面等,再加上煮羊肉的浮油拌匀备用。

4. 面粉加水和成稍硬的面,再用擀面杖擀成与馄饨皮一样薄厚的片,切成一寸半宽的面条,用开水煮熟捞在盘内。再把拌好的羊肉、胡萝卜、白萝卜等丁浇在面上即成。

三、特点

此菜连菜带面味咸香,有胡椒粉和孜然味。

纳仁是典型的菜面合一性食品,有肉、有菜、有面,是主食和副食

仰缶庐谈吃

第三集

哈萨克族厨师制作的"手抓羊肉"

完美结合的食品。既可当小吃，又可作为热菜享用。羊肉味美，面片食时爽滑筋道，鲜香不腻；食用酸奶拌面片具有开胃、食量大增的功效。青辣椒、洋葱可增加人体的维生素摄入量，亦可降低人体中的血脂、血糖，且吃时微辣，脆嫩入口。白、绿、红等颜色相间，让人赏心悦目，也能勾起人的食欲。

纳仁在新疆的各大宾馆、饭店和清真餐厅都能吃到。20世纪90年代至21世纪初以乌鲁木齐的伊斯兰饭店和二道桥的清真餐厅制作的纳仁风味最好。如今，纳仁早已是遍地开花。若在饭店品尝纳仁，一般为正餐后的辅助性风味食品。在专营店品尝，则是正餐食品，要一份纳仁，一杯清茶足矣。要是在牧区，有机会在哈萨克族等少数民族群众家中享用，会给你留

纳 仁

下非常难忘的印象。

哈萨克族人非常热情好客。若在哈萨克族人家做客，主人都要拿出最好的食品来待客。哈萨克族牧民认为："如果在太阳落山的时候放走了客人，是奇耻大辱。"如有贵客到来，主人会将羊牵到客人面前，并伸出双手对客人说："请允许吧！"取得客人应诺后，才将羊屠宰。如果客人谦谢，主人便会反复说服客人，直到客人默许为止。遇有十分尊贵的客人或许久未见的亲人到来，除宰羊外，还要宰马，以马肉招待客人。这时，客人中的年长者，要代表大家对主人的热情款待表示谢意，并要祝福主人家的人畜兴旺、万事如意。这种仪式，哈萨克族人称之为"巴塔"。

入餐前，主人用壶提水，拿脸盆让客人洗手，然后把盛有羊头、后腿、肋条等肉的盘子放在客人面前，羊头要放在最上面，而且羊头的方向要朝客人中的年长者。主人还要拿出锋利的小刀交给客人，但此时大家并不动手吃羊肉，还要再等两个仪式结束后方可进食。一是客人中的年

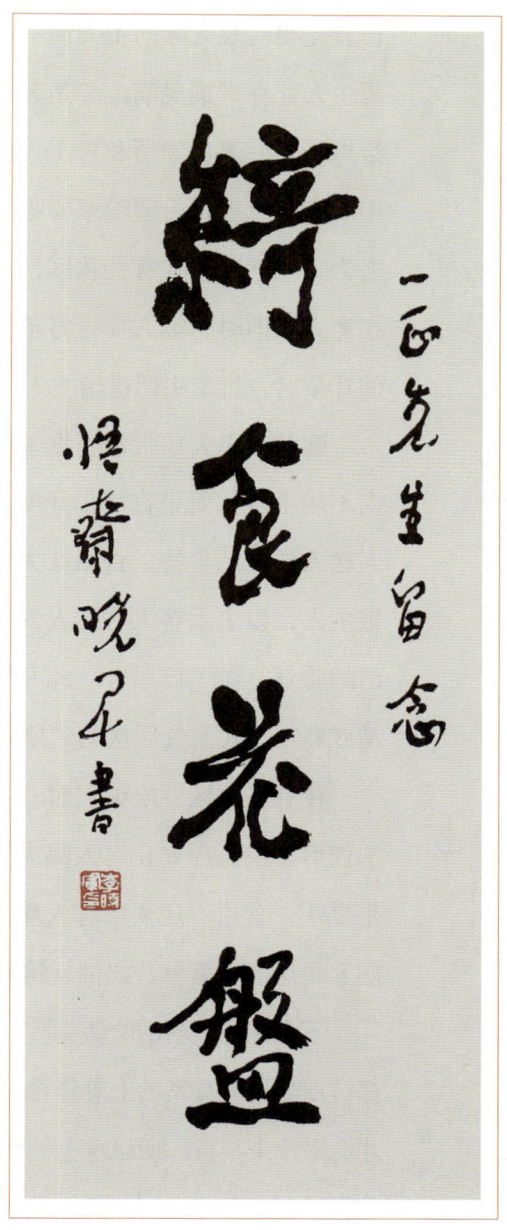

著名书画家李晓军先生为作者美食著作题词："绮食花盘。一正先生留念。悟斋晓军书。"

长者先要代表大家向主人说一段颂词,并对主人的热情待客表示感谢,祝福主人家庭幸福美满。二是客人中的年长者要把羊头脸上的肉割一块下来给男主人,表示领情和对主人的尊敬,随后再削下一只羊耳朵交给小孩或年幼者,意思是希望晚辈要听长辈的话。这两种仪式,哈萨克族牧民也称之为"巴塔"。在有些牧区,当主人将装有羊头、后腿、肋条肉的盘子放在客人面前时,客人要先将羊腮帮子右边的肉割食一块,再割食羊头左边的耳朵后,将羊头回送给主人。"巴塔"仪式结束后,大家共餐。

席间,主人还常常会把羊尾油和瘦肉混合在一起敬送到客人口中,客人不用手接,而是直接张开嘴由主人将食物送入口中,客人也不得拒绝主人送入口中的食物,否则认为是不礼貌。当然,客人也可以用上述方式回敬主人,以表示客人对主人的感谢和尊重。食毕,大家同时举起双手摸自己的脸颊,做"巴塔"。此时的巴塔仪式是祈祷的意思,同回族在宗教活动或婚丧仪式及餐后接的"堵阿"是一样的。

在有些牧区,吃纳仁时,主人会让客人用手抓着吃。吃过有肉有面的纳仁后,主人还要让客人喝肉汤,叫客人吃饱喝足,不再思念家乡。如果是夏季,食后,还要给客人端来酸奶子或马奶子帮助消化。最后,还要再摆上奶疙瘩、糖果、奶油、馕和奶茶等食品,让客人品尝。

不光是在新疆的哈萨克族人眼里,在中亚地区的哈萨克族人眼里,纳仁都被视为招待贵宾的上等佳肴。特别是在牧区,因为来了尊贵的客人,牧民才会宰羊来招待,所以吃上一顿纳仁,往往要花上四五个小时的时间,有时会在深更半夜才散席,这也充分反映了哈萨克族人热情好客的性格。

哈萨克族人除用纳仁款待贵宾外,还会用本民族特有的风味食品招待客人,特别要是赶上哈萨克族人过古尔邦节、肉孜节和那吾热孜节,那场

纳 仁

新疆大盘鸡

面更是热闹。

哈萨克族人的日常食品为面食，肉类食品是牛、羊、马肉制品，奶制品有奶油、酥油、奶疙瘩、奶豆腐、酥奶酪等。平时喜欢把面粉做成包尔沙克（油馃子）、烤饼、油饼、面片、汤面等，纳仁更是少不了的面食，或将肉、酥油、牛奶、大米、面粉调制成各种食品。米食主要用大米、羊肉、油、胡萝卜、洋葱等焖在一起做的手抓饭或用羊奶、牛奶煮成的米饭。库沙是在那吾热孜节家家户户必做的美食，用肉、大米、小麦、大麦、奶疙瘩等混合煮成。哈萨克族人典型的特色食品有：1.冬肉（熏肉、腊肉），即我上文说过的"冬宰"，哈萨克语称之为"索呼木（索古姆）"。冬肉不光用马肉制作，还用牛、羊肉来制作。把入冬后宰杀的马、牛、羊肉切成条块，

仰缶庐谈吃
第三集

著名画家刘振起先生为作者美食著作出版赠绘《吐鲁番的葡萄熟了》。款识:"一正留念。振起于丁酉春。"

用盐卤制,再用松枝等植物熏烤后储藏起来,随吃随取。2.马肠子。3.马奶子。民间也称酸马奶,是哈萨克族人日常饮用的名贵饮料。4.奶疙瘩。是哈萨克族人日常食用的零食。制作时把发酵好的酸奶用布包起来,吊在外面,渗出其水分,用手捏成各种形状,晾干即成。

我对哈萨克族人做的"纳仁"印象特别深刻。

2012年7月,我新疆昌吉的企业家朋友周波先生发愿要在昌吉建一所观音寺院。昌吉是观音菩萨的家乡,即妙善公主的故乡。

据《从容录》第五十四则讲:"观音菩萨昔尝为妙善公主。《编年通

纳仁

论》卷十载，天神答南山道宣律师所问观音大士缘起时，谓往昔过去劫有庄严王，夫人名宝应，生三女，长女名妙颜，次女名妙音，三女即名妙善，现千手千眼圣像。"

周波兄为其兴建的寺院取名为"灵香寺"。他与夫人特意到北京来找我，想请国内佛教界的一位高僧大德为其寺院题写院名。

我恭请85岁高龄的中国佛教协会时任会长传印大和尚为其题写了寺名"灵香寺"，同时还请传老题写了"同体大悲"四个大字，用于悬挂在寺院的牌楼上；另外，我还请著名文化学者舒乙先生为寺院题写了抱柱联。

字题好后，周波夫妇邀请我及我夫人去昌吉参观正在如火如荼建设中的灵香寺。当我站在依山而建、规模宏大的寺院时，仰望着高67米的观音法像，敬意由心而起。

因为我是回族，周波夫妇就特意邀请在新疆的著名回族人士刘志勇夫妇、谭成贵夫妇等一同小叙。

因这几对夫妇和我们夫妇俩都是回族，所以周波夫妇当天特意请了两位哈萨克族厨师及四五位哈萨克族妇女一道帮助厨师准备中午饭。主打的美食是用当天清早刚下刀的羊做的手抓肉"纳仁"。

午饭开始时，哈萨克族妇女端上用不锈钢盆装满的手抓羊肉时，顿时肉香味在毡房里弥漫。随后，哈萨克族妇女又拿上切好的洋葱丝撒在手抓羊肉上，并又给了我们一些蒜瓣让我们佐食。

中午饭接近尾声时，厨师又给我们每人上了一碗用羊肉汤煮的纳仁面，鲜香之味难以言表。

之后，新疆朋友又在阜康天池宴请我们品尝纳仁。

当服务员将做好的纳仁装在一个特大的盘子中上桌时，羊头摆在盘中

心，对着主宾的位置，盘子的左右及羊头的背部摆放着其他部位的羊肉，盘中还放有一把用于切割羊肉的小刀，羊肉上还撒着洋葱丝。刘志勇大哥这时站起身来，边念着"太思米"，边用小刀在羊头左右的脸颊上，各切下一小块腮帮子肉，给坐在他身边的我及我夫人品尝。我知道，这是刘志勇夫妇代表新疆在座的回族朋友给我们夫妇最高的礼仪了。

在昌吉和阜康吃的两顿"纳仁"，给我留下了深刻的印象。

另外，还有使我对这两次聚会不能忘却的原因是2014年6月，谭成贵先生归真了。当我知道这件事后，一时心情难以平静。若干年后，当我见到为谭成贵先生转"费体耶"和站"者那则"的新疆维吾尔自治区伊协副会长马寿新阿訇时，马阿訇还深情地回忆起谭成贵先生来，认为他平日身体很好，怎么就一下子不行了。这使我感叹生命的无常、生命的脆弱！谭成贵先生对我来说，他是个好朋友，好回族兄弟。我只能祈求真主提升他在天堂中的品级，祝他两世吉庆！

从阜康走后，我们开车到了喀纳斯。喀纳斯也是哈萨克族人主要的游牧区，这里风光如画，色彩斑斓，成群的牛羊在绿茵如毯的草地上悠闲地吃着水草，这真是一个得天独厚品尝"纳仁"的绝好场所。

这里做出的纳仁才是纯天然的绿色美食。当你豪放地吃着纳仁时，会与哈萨克族人的友好善良交织在一起，彻底地忘掉一切，陶醉在这山水间、美食中！

乌孜别克族人主要以米面、肉类、奶制品为食。面食以馕居多。馕有油馕、肉馕之分。在面粉内加牛奶、植物油（清油）、羊油或酥油烤成的馕为油馕；在馕中加羊肉丁、孜然粉、胡椒粉、洋葱末拌成馅烤成的馕称为肉馕。除油馕和肉馕外，还有窝窝馕、片馕等数种。大米用于制作抓饭。抓饭

纳 仁

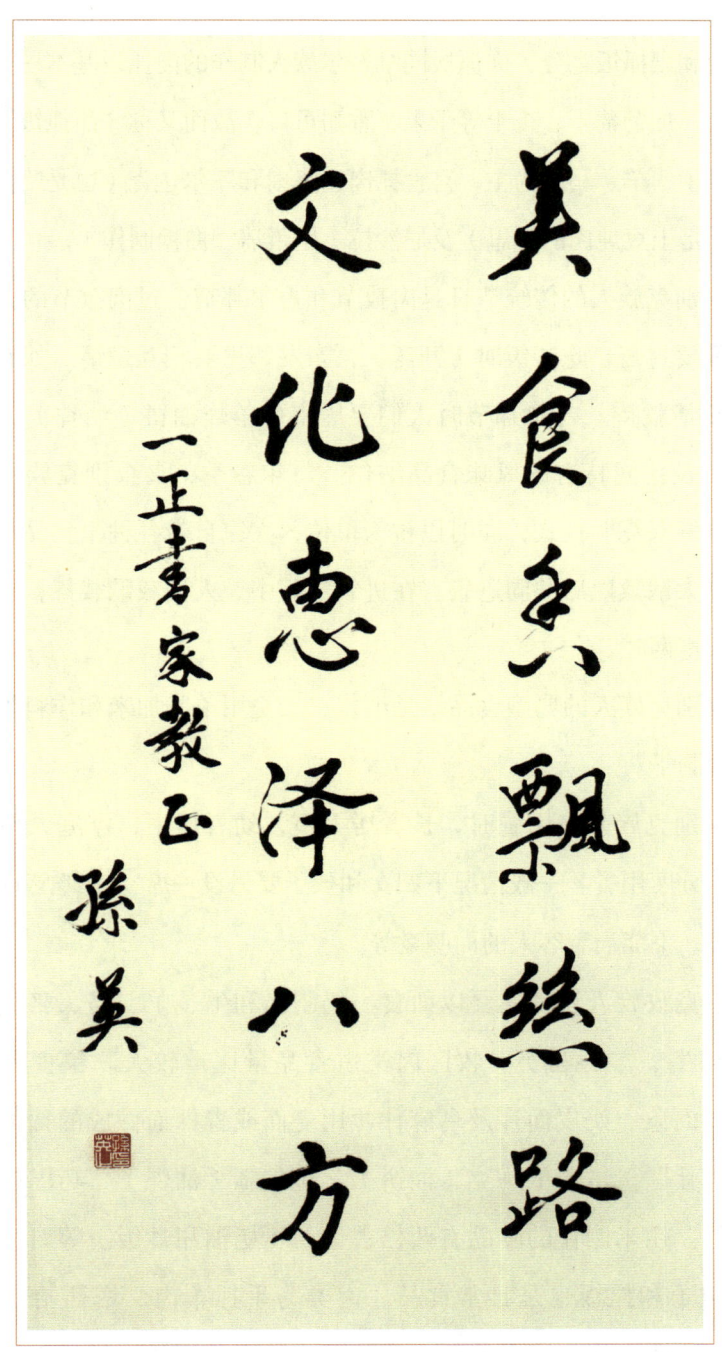

著名书法家孙英先生为作者美食著作题词:"美食香飘丝路,文化惠泽八方。一正书家教正。孙英。"

有肉抓饭和素抓饭之分。肉抓饭同维吾尔族人制作的肉抓饭基本一样；素抓饭不放肉，加葡萄干、杏干等干果，香甜可口，故而又称"甜抓饭"。肉食主要是以牛、羊、马肉为主，喜食抓肉、烤肉和库尔达克（也是哈萨克族人的美食，是土豆炖肉的意思）及尼沙拉（用蛋清、白糖制作）。

乌孜别克族人的传统节日是肉孜节和古尔邦节。过肉孜节的斋月里，成年人都要封斋。吃斋饭时（开斋），亲友邻里要相互邀请。如有客至，主人要热情款待。古尔邦节时人们要屠宰牛羊炸油饼（油香），吃手抓肉、抓饭及民间特有的风味食品纳仁。每年春季，乌孜别克族群众还要举行"苏麦莱克"仪式，届时以村为单位，大家自带各种生食品集中在一起，用一大锅熬熟后共同进餐。在进餐过程中，人们载歌载舞，预祝风调雨顺、人畜两旺。

乌孜别克族人的典型食品一是纳仁；二是用羊肠加米和作料等灌制而成的"米肠子"。

乌孜别克族人在用餐时，长者居上座，幼者居下，家庭人口多的人家，还要分席用餐。一般情况下妇女和孩子要另设一席。在吃饭时，还要严禁脱帽，不能当着客人的面咳嗽等。

柯尔克孜族人饮食主要以面食、奶制品和牛、羊、马、骆驼等肉类为主，饮牛、羊、马奶。牧区肉类占食品量比重较大。粮食大都磨成面做馕、面条、奶皮面片及乌麻什（用麦面或青稞面做成的稀粥。也写成"乌玛什"）、库依马克（油饼）、包尔骚（油馃）、巧巴拉（类似馄饨）等。用米制作的食品有西仁古鲁西（奶油甜炒饭）等。凉面、油塔子、包子和抓饭也是日常食品。肉类为手抓羊肉、塔西哈拉克（烤肉）为主。还有库衣安吾普阔（灌肺）、贝吉（灌肠）、库尔达克（油

纳 仁

炒肉）、骚尔泡（肉汤）等肉类制品。奶制品有马奶、牛奶、奶皮、奶油、酸奶、奶饸等。

作者制作的"纳仁"

柯尔克孜族人一年之中最大的节日是诺若孜节。按柯尔克孜族人的历法，新月每出现一次为一个月，十二个月为一年。每年第一个月出现时即过诺若孜节。类似汉族的春节。届时家家户户都要把好饭好菜摆好，并要用小麦、青稞等七种以上的粮食做成一种名叫"克缺"的食品，预祝在新的一年里饭食丰盛。

柯尔克孜族人好客，凡有来客，无论相识与否，都会热情款待。在请客人吃羊肉时，先要请客人吃羊尾油，然后再吃羊肩胛骨肉和羊头肉，尤以羊头肉待客为尊。客人在吃肉前，要先取出一些分给主人家的妇女和小孩。在吃其他食品时，摆在桌上盘子里的食品要留一部分不要吃光，以表示主人招待的丰盛。

在柯尔克孜族人家吃饭，一般是在吃完羊肉后再上纳仁。

塔塔尔族人的日常饮食离不开面、肉和奶，兼或也食用一些大米，但均制成特殊风味的食品。塔塔尔族妇女素以烹饪技艺高超著称，擅长制作各种糕点。如用面粉、大米加奶酪、鸡蛋、奶油、葡萄干、杏干烤制的"古拜底埃",其外部酥脆、内层松软,风味独特;也有将肉和大米混合烤制而成的"伊特白里西"点心;用鸡蛋、奶油、砂糖、鲜奶、可可粉、苏打和面粉制成的馕。日常食用以肉、卡特力特(用牛肉、土豆、大米、鸡蛋、盐、胡椒粉等制成,类似抓饭)、拌面、帕拉马西(馅饼)、饺子、油煎饼(带土豆)等。饮品有用蜂蜜发酵制作的"克儿西麻";野葡萄、砂糖和淀粉制成的"克赛勒"等。饭毕,要做"巴塔"才算结束。

哈萨克族人做的羊肉纳仁即把宽面片放在盘子底部,上放煮熟的带骨羊肉和洋葱,这道特色少数民族风味美食可能有许多人没有品尝过。但有另一种纳仁,它风靡全国,相信有很多人都吃过,它就是大盘鸡。

新疆的大盘鸡有两种:一是"柴窝堡大盘鸡";二是"沙湾大盘鸡"。

制作柴窝堡大盘鸡的原料只有两种,即鸡和辣椒(辣皮子)。这道美食是将切好的小鸡块在热油锅中煸炒,待煸炒过程中,鸡块中的水分析出时,锅中加大量的辣皮子大火爆炒,使辣皮子与鸡肉的味道充分融合。

这个菜一开始并不叫"大盘鸡",它的正名为"辣子鸡"。之所以后来人们称其为"大盘鸡",因为装这个菜使用的是一个搪瓷大托盘。这道菜量大,是当时专为来往于312国道跑运输的工人食用,带有"豪吃"的感觉。

沙湾大盘鸡,一开始也不叫"大盘鸡",称之为"辣子炒鸡"。沙湾大盘鸡用料多为沙湾县所产。鸡要选择西戈壁镇的土鸡,辣椒要用产自安集海镇的红线辣皮子,土豆用博尔通古乡产的,大葱则为乌兰乌苏镇产的。

制作大盘鸡纳仁并不太难。

先将加热的锅中注油,放入切好清洗过的鸡块(比柴窝堡大盘鸡的鸡块要大许多)在锅中翻炒,放辣皮子(量要比柴窝堡大盘鸡放的辣椒少许

纳 仁

多），再在锅中加入酱油、盐、水等调味料和切成滚刀块的土豆（也可稍晚些再放，但土豆要用鸡汤炖过），同时放入切段的红、绿尖椒，葱段，大蒜，洋葱段翻炒，直至鸡肉熟透为止。

在开了锅的鸡汤（羊肉汤、白水）中，将事先用盐和好的面擀好后扯拉成皮带宽的长条注入汤中煮熟，捞出宽面条盛在大盘中，上面倒入刚炒好的鸡块，再在鸡块上点缀几根香菜即可上桌。

要想让纳仁面做得好吃，关键是面片要带一点硬度，即筋道弹牙才好。

为什么叫"纳仁（那仁）"？《中国烹饪辞典》在介绍"哈萨克族菜点"那仁（纳仁）词条中说："此食品始于叫那仁的地点，后传至各牧区，故名。"在张军仓先生主编的《清真小吃》一书中，介绍那仁（纳仁）时写道："那仁也叫纳仁，乌孜别克语音译。此小吃是乌孜别克族、哈萨克族和柯尔克孜族民间风味食品，是新疆清真风味食品中一个非常有代表性的小吃品种。"

《清真小吃》一书中，还介绍了有关那仁（纳仁）的传说。据传说，古代居住在叶尼塞河流域的柯尔克孜族人以部落群居、集体游牧和狩猎为生。一般平民只能食肉和奶，根本吃不到面食，只有汗王、贵族和有功的大臣才能吃到面食制品。有一年，一个柯尔克孜族汗王统领着一队士兵外出打仗，被敌人围困在一个山谷之中。敌人势众，这支部队整整被围困了40天，还是突围不出来。最使汗王着急的是部队所带的干肉和奶干越来越少了，宰杀战马而食和缩减士兵的饮食，会使部队的战斗力下降，士气低落，人心不稳。于是汗王将自己的面粉拿出来给士兵吃，但汗王的面粉怎能够几千人食用呢？厨师们经过商议之后，决定将面粉调制成面团，擀成很薄的面片，和肉片一起煮在几口大锅之中，送给士兵们去吃。一大锅水中，面片和肉片虽然寥寥无几，但士兵们因未吃过面食，加之腹内饥饿，一个个都吃得津津有味。吃饱了肉片面片汤的士兵，感谢汗王对他们的关怀，一个个精神焕发，斗志倍增，士气高昂，鼓起了勇气，恢复了生机，重新举旗，一鼓作气冲破了敌人的重重包围，挫败了敌人的锐气，转败为胜。为了纪念这一战争的胜利，汗王特别降旨，有条件的地方大种农作物。每当国家打了胜利，全体部落上下都以食肉片面片汤以示庆贺，后逐步演化成现代的那仁饭。即手抓肉片面。

著名篆刻家朱宁先生（1954—2011年）为作者制"敝帚自珍"印章

安徽臭鳜鱼

安徽臭鳜鱼也叫"黄山臭鳜鱼""屯溪臭鳜鱼""桶鲜鱼""腌鲜鱼""桶鱼"等。这道菜最初在徽州即今黄山市等一带流传，是皖南地区有着200多年历史的一道名馔。

我喜欢吃臭鳜鱼的起因是缘于我家附近曾经有个菜市场，卖河鲜水产品的小媳妇是安徽无为人，她的婆婆祖籍是江西彭泽人，后移居在安庆做江鲜生意。

我买河鲜必光顾她家。有一次我问她能否腌些臭鳜鱼来卖，没过个把月，她白送了我两条她自家腌的臭鳜鱼。我吃完后，让她多腌些臭鳜鱼拿来卖。

一开始，我从她那拿的臭鳜鱼都是卖鱼小媳妇婆婆腌的，鱼比较大，每条足有1~1.5千克重，鱼身两侧剖有花刀，在刀痕处埋放了许多麻椒。我烹制时，按鱼身剖刀处将鱼切成几大块，入油锅用菜籽油煎炸一下；油锅下葱、姜煸炒出味，把煎炸好的鱼块码放在锅中，加水；锅内水沸后，打去浮沫，加老酒（黄酒）、蒜瓣、大料、花椒及洗净好的茨菇、藕块、发好的笋尖，投入十几只小米辣椒，再在锅中点上几滴老抽（找色），小文火炖上四十分钟左右后关火，往锅中撒点儿青葱段，原锅上桌即可。

仰缶庐谈吃
第三集

徽州臭鳜鱼

我做这道菜时,把家里厨房窗户全打开,房门的纱窗也打开用来通风。就这样,我爱人还连连说:"臭得不行!臭死了!"

晚上我小儿子在外吃完饭带一同事回家让我为其写两个扇面。一进门,他就皱眉,也不说什么;跟着,我女儿也在外吃完饭回家,一进门,也皱眉,眼睛盯着这两个换了拖鞋的小伙子的脚。不一会儿,我把扇面写好了,小儿子送同事走了。

女儿跟她妈说:"这俩孩子的脚怎么这么臭呀?真真的是小青年,分泌太旺盛了!"

我和我爱人这才恍然大悟。我爱人忙对女儿说:"不是他们的脚臭,是你爸做的臭鳜鱼的味儿。"

打这儿以后,我在家做臭鳜鱼时,必等两个孩子同时出差时再做,而

安徽臭鳜鱼

且,我在烹饪臭鳜鱼之前,先会将鱼在清水中浸泡一会儿,再煎;煎好的鱼入锅中先放清水加蒜瓣、葱段、姜块、黄酒等微炖一下,把鱼盛出,将调料及汤汁倒掉,重新换水加调料复炖,随便往锅中添加些萝卜、粉条或豆腐等食材炖上个把小时。

为什么将头一次做臭鳜鱼的汤倒掉?一是去鳜鱼的臭味;二是减少鱼的咸味。

因为臭鳜鱼是腌过的,烹饪时,可不必放盐了;酱油可放可不放,放的目的是烹饪时找色。

以上是我烹调臭鳜鱼的方法,同正宗"屯溪臭鳜鱼"的烹饪方法有区别。但法无定法,好吃才是硬道理。

我做臭鳜鱼的方法,更接近九江臭鳜鱼的吃法。九江地区的人喜用炖钵烹调臭鳜鱼,而且炖钵里不光是放臭鳜鱼,还有其他食材,与臭鳜鱼一起炖煮,只是鳜鱼的个头不大,均为整条烹制。

卖臭鳜鱼的小媳妇也对我讲,她婆婆老家彭泽与她家乡无为的饮食习惯很接近。她们同处长江边,一个在长江北岸,一个在长江南岸。

卖臭鳜鱼小媳妇的婆婆腌鱼时用麻椒,与徽州传统腌制臭鳜鱼法有所不同。

徽州(皖南)地区腌制臭鳜鱼分水腌法与干腌法。

水腌法多在夏天(气温高时)选每条在500克左右(650克左右的臭鳜鱼,当地人称之为"标鳜")的鲜活鳜鱼去鳃、内脏,在鱼身及开了膛的鱼肚内和鱼鳃处均匀地抹上盐;将抹好盐的鱼放在底部撒了一层盐的木桶内,一层一层地将鱼整齐地码放在木桶内,在每层鱼之间,再撒点儿盐;将含有盐、鳜鱼血的水倒入木桶内(用鳜鱼血水可起到腌制后的鳜鱼有鲜

仰缶庐谈吃

第三集

著名经济学家、银行家、书法家周道炯先生为作者美食著作题抄作者创作的联句:"世道太平猴魁绿,江波致远鳜鱼肥。一正联句。周道炯,二〇二一年元月,八九老人书。"

美的口感,亦可不用鳜鱼血水,只用盐水),盖上木桶盖,并在木桶盖上压上几块大石头;每隔一天左右,将木桶里的鳜鱼翻一次身;木桶放置在通风的环境里,气温在25℃左右,腌制五六天时,看腌鱼的血水由淡红色变成淡褐色,水液发黏发稠,鱼身微微有些抽缩,鱼眼凹下并呈淡红色,鱼身有一股儿微臭味,表明已经腌好了。

不是气温很热的天气时,腌制鳜鱼多用干腌法。干腌法同水腌法一样,只是省略了腌鱼时加血盐水的环节。

如今的人们,为了追求口味上的变化,在腌制臭鳜鱼时,会加入辣椒粉、花椒、酒、姜、葱等众多的调味料。像歙县地道本土菜馆的臭鳜鱼腌制法,是用炒制过的盐、花椒来腌制,而且,鳜鱼在腌制前要去鳞、内脏、鳃,还要在鱼身两边划上口子,用以入味。老徽馆(新苏老徽馆)的臭鳜鱼腌制方法是在腌制器皿底部铺上一层大鹅卵石。他们家在腌制臭鳜鱼时,还会添加一些自制的秘料。

安徽臭鳜鱼

传统的臭鳜鱼腌制方法，只放盐，鱼不去鳞。这同当时产生这一美味的历史有关。鳜鱼从安徽的长江边（池州、铜陵大通等地）由挑夫用木桶沿大洪岭古道（其中一条）等挑至古徽州，沿途多为山路，要走六七天。因怕桶里的鱼坏了，所以走一段路就会在鱼身上撒点儿淡盐水，目的是用来给鱼保鲜，并不是腌制，这才有"桶鱼""桶鲜鱼""腌鲜鱼"的称谓。用安徽省黄山市餐饮烹饪行业协会专家的一句话来讲，臭鳜鱼是挑出来的，并不是腌出来的。

在徽州地区，每家臭鳜鱼的腌制方法、做法各不相同。传统的臭鳜鱼腌制法与"现代版"的臭鳜鱼腌制方法也不一样。

传统臭鳜鱼的腌制讲究用活鱼腌制，也不去鳞；不去鱼鳞的目的是让鳜鱼的鱼鳞参与整个鱼的发酵过程，并使鱼体内的水分少流失。这样，成菜后的臭鳜鱼口感才能饱满，吃起来有如鲜鱼，没有吃腌干鱼的感觉。

饭店及酒店因用量大，大都会进加工好的臭鳜鱼，只在酒店经过烹饪后即可上桌。这类加工好的臭鳜鱼，都是由加工厂从全国各地进冷冻好的鳜鱼，经机械化的给鱼解冻、去鳞、去内脏、清洗等工序后，将鱼放入滚筒内，加盐、辣椒粉等调味料搅拌，鱼在装桶腌制前还要经过二次抹盐、抹辣椒粉等调味料的腌制。即每条活鳜鱼进厂后要进行3道检验、4道清洗、3道工序，10天发酵后才能完成。

传统腌制臭鳜鱼的食材来源均是出自安徽段的长江边及祁门县阊江（桃花鳜）、新安江（黄山市）等地，并非产自外地的鳜鱼。

传统的腌臭鳜鱼方法，是将活鳜鱼宰杀去内脏后直接腌制，并不清洗。因为他们认为清洗过的鳜鱼在腌制过程中容易变质。

用干腌法腌制的臭鳜鱼要比用水腌法腌制出来的臭鳜鱼好吃些，干腌

铜陵人制作的"臭鳜鱼"

法的工艺也要比水腌法稍为复杂些。

现今的人们在腌制臭鳜鱼时一般都要去鱼鳞（亦有人将鳜鱼一剖为二后腌制），认为去鳞后的鳜鱼一是好入味；二是通过腌制时在鱼身上压石的作用，可使鱼体内的水分排除一些，吃时更有腌鲜的感觉（这同传统的腌法观点不一样），鱼肉也变得紧实。

腌臭鳜鱼时最好不使用死鱼，用死鱼腌制后的臭鳜鱼，鱼肉和鱼骨都发红，烹饪后的鱼肉没有饱满质感，也缺少鲜嫩的爽滑口感，效果远不及用活鱼的腌制。用活鳜鱼腌制后成菜的臭鳜鱼，肉质呈白色，骨头也是白色的。

腌制臭鳜鱼时，盐是起决定性作用的调味料。因盐是保鲜剂，又是菜

安徽臭鳜鱼

的底味料，但要少放盐。盐放多了就成腌咸鱼了，烹调出的鱼肉也会发苦。只有盐放得少些，烹饪出来的臭鳜鱼才是"桶鲜鱼""腌鲜鱼"。臭鳜鱼成菜后的好坏，关键在腌制；腌制的好坏，关键在用盐。

我在我家附近菜市场买的臭鳜鱼，实际上应叫"腌咸臭鳜鱼"，它比徽州地区人们腌制的臭鳜鱼要发干、发咸。徽州地区人们腌好的臭鳜鱼不能有腌咸鱼的感觉，腌好的臭鳜鱼还要像刚死去不久的鳜鱼，只是鱼体微微有些脱水。

我后来又在菜市场里买上两三条活鳜鱼，拿回家自己将鱼宰杀后，在鱼身处剞上花刀，用干抹布（湿纸巾）擦干鱼身上的水分，抹上白酒、食盐、辣椒段、姜末、花椒、大料瓣、洋葱等，用自粘膜将腌制的鱼包好，放入冰箱冷藏室内待十二三天左右（中间复腌一次），再用红烧、清蒸等方法烹制，成菜后的效果不比饭店做得差。

说起吃臭鳜鱼，有一年，我和我爱人都馋臭鳜鱼了，我就给位于北四环惠新西街的安徽大厦（北京丰乐金港大酒店）中餐厅（黄山厅）打电话订位子，并与餐厅的厨师沟通，问其能否在烹调臭鳜鱼时不放大肉及高汤等？厨师告诉我，现在可以按照客人的要求来做菜了，但原来都是做一大锅鱼，用高汤来煨炖入味的。

我俩点了招牌黄山臭鳜鱼、舌尖上的毛豆腐、尖椒毛刀鱼、徽州鳝糊等特色菜，一人一碗米饭，齐活儿！

北京还开有一家价格很亲民的连锁餐厅，叫"青年餐厅"，自从1999年首家餐厅在北京开业以来，现已发展成拥有20多家连锁店的餐厅。另在天津、上海、安徽也建有分店。

仰缶庐谈吃
第三集

屯溪老街新苏老徽馆

在我原居住的南菜园，楼下就开有一家青年餐厅，朋友找我用餐及家人小聚爱上他们家。他们家并不是清真餐厅，我们点菜时会跟服务员说清楚，叫他用清油烹饪，炒菜锅要多洗几遍后再烹饪。正基于此，所以每次我点菜时菜单看得非常仔细。

直到过了十几年，我铜陵企业界的朋友陶大春来京小聚，叫我去位于北京六里桥的青年餐厅用餐，就餐的朋友中有青年餐厅的老总易宏进。大春兄给我介绍易老板时说，易老板是巢湖人。上菜时，我发现有臭鳜鱼，大春兄又对我说："这鱼您可以吃，是没有大肉和大油及高汤的，我已同厨师说过了，今天做清真菜。"大春兄还告诉我说，因他常来北京，在北京与朋友聚会，一般都会选择在青年餐厅六里桥店，他喜欢这个包房，更喜欢吃这里的安徽菜。我这才知道青年餐厅的

安徽臭鳜鱼

亳州人制作的"臭鳜鱼"

老板是安徽人,餐厅经营安徽菜。

从那以后,在我想吃臭鳜鱼、毛豆腐等徽菜时,我就下楼到南菜园店的餐厅点此菜。可这家店的服务员告诉我他们家的店并没有臭鳜鱼和毛豆腐等菜,好像只有"银鱼土鸡蒸蛋",银鱼也不能确定是不是巢湖(或是长江口如安庆迎江银鱼、望江县银鱼等)产的,另有几个用笋干做的菜我不能吃,而且他们也不能确定是安徽产的笋干。

后来我才知道,青年餐厅有的店经营臭鳜鱼之类的徽菜,有的店则没有,每家连锁店的菜品不一样。

2017年夏月,我企业界的朋友秦玉兰女士过生日叫我参加,她的生日选择在朝阳北路白家楼桥的单位过。我开车到她单位后,一看时间尚早,

仰缶庐谈吃
第三集

就一个人在附近溜达。我在她单位的隔壁看见写有"皖轩——无为农家菜"的一餐厅，门店上还写有"徽菜老店""徽菜臭鳜鱼"等字样。

我进店要了份儿菜单，一看这家店经营的全是徽菜，以无为菜为主，招牌菜是臭鳜鱼，有麻辣、微辣和原味三种做法。另有徽菜无为马记板鸭、红烧老鹅、毛豆烧小公鸡、老鸭汤、芹芽炒香干、红烧长江鸡腿鱼、红烧河豚、清汤甲鱼、甲鱼烧牛鞭、红烧鳝段、臭豆腐烧牛肉、银鱼炒鸡蛋、清蒸鱼翅（不是用鲨鱼的鱼翅做的，而是用鲜河鱼的鱼鳍做的）等。

我问这家店的厨师长范师傅，你家的臭鳜鱼是用多大的鳜鱼做的？他告诉我用的是750千克左右的鳜鱼做的；我又问他，你家腌鳜鱼时放花椒吗？他说不放，但要腌渍前对鳜鱼进行清洗；他还告我，他家做臭鳜鱼时不放高汤只放肥膘肉，但亦可不放。可见，臭鳜鱼的烹饪方法，各家各有不同。

我在北京吃臭鳜鱼较多的店一是位于万丰路的翠清酒家，到他家吃饭必点香煎臭鳜鱼、翠清秘制甲鱼等。我有一企业界朋友经我推

著名书画家张松先生为作者美食著作题词："方腊鱼讲述歙县智慧，中和汤传承徽州味道。一正惠存。辛丑金秋，张松。"

安徽臭鳜鱼

荐，也爱上了他们家的菜品，但他更喜欢翠清家的粤菜。如象拔蚌二吃（胆煲粥）、火山石烧翅（金钩翅）及深井鹅皇等。说实话翠清家做的菜还是蛮有水平的。翠清家做的香煎臭鳜鱼不大，250克左右一条，两条为一份，是湖南风味的臭鳜鱼做法。其实像湖南、江西等许多省份喜吃臭鳜鱼的人很多，且臭鳜鱼菜品也成为其地方特色名肴了。

许多湖南餐馆都经营臭鳜鱼。湖南馆

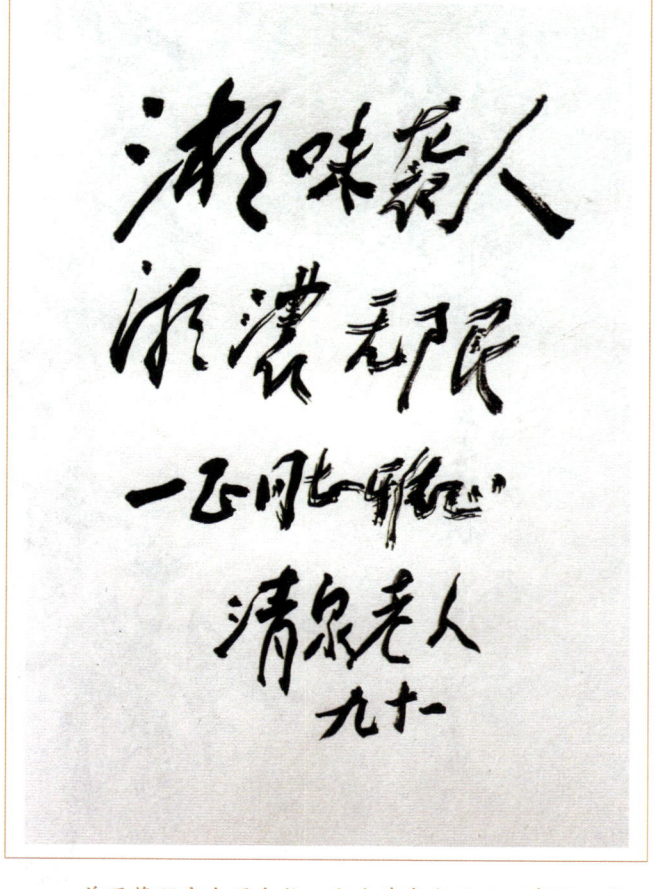

曾国藩研究会原会长、湖南清泉书画院理事长、著名书画家熊清泉先生（1927—2022年）为作者美食著作题词："湘味袭人，湘浓无限。一正同志雅正。清泉老人，九十一。"

子所售的臭鳜鱼一般都不大，250~400克一条，两条装一盘（也有用一条鱼一剖为二的做法），放在小钵锅（盘）内上桌，锅下架有点燃的小火炉，用以保持食客进菜时的温度。

钵锅（盘）内浸泡在红油之中的臭鳜鱼，身上铺满一层切成小碎段的红、绿两色的小尖椒。臭鳜鱼在继续加热的过程中，小辣椒的辣味会与鱼香味相互

仰缶庐谈吃

第三集

著名书画家刘晖先生为作者美食著作出版绘制《俊骨逸韵图》。款识："一正道友雅嘱。辛丑冬日,刘晖写于北京。"

融合,吃上一口,又辣又香,十分过瘾。

有一年,朋友在位于北京北花市大街京顺阁烤鸭店(咸亨越小馆)吃

安徽臭鳜鱼

饭,当我得知他家也经营湖南菜时,就点了"香煎臭鳜鱼"和"红煨甲鱼",并让厨师按清真方法烹制。这两道菜端上转盘桌后,没转完两圈,就见锅底了。

在另一家吃臭鳜鱼较多的店位于马莲道安华景苑内的徽菜餐厅(名字好像叫"徽州居")。我头一次在他们家吃饭时是画家李溪境工作室在此落成之际,溪境兄请来了梅葆玖老爷子(尊称"玖爷")为其捧场。

吃饭时,我一直坐在玖爷身边。玖爷吃饭不动辛辣之物,如韭菜、大蒜等,虽然身边也放有斟满酒的酒杯,但也只是有客人向您敬酒时,您会举起酒杯用嘴唇轻轻沾一下,但不喝。吃饭时,您老人家还时不时地用上海话与我交谈。

在北京,我接长不短地能够见到玖爷,但他的突发病情入院抢救,还是使我非常震惊。我与溪境兄到协和医院看望玖爷时,玖爷住在ICU病房,根本就不让任何人探视。

玖爷是"日本通"。有一次见玖爷,我拿着自己吃日本荞麦面时写的汉俳,请玖爷指正,玖爷则将我写的汉俳誊录在日本卡纸上送我留作纪念。

《荞麦面》

扶桑今雨来,

为尝荞面渡瀛海,

樱花向人开。

玖爷生前,老对我讲,要多吃苹果,苹果对心脏好。我现在一见到苹果,就会想起玖爷的话来,不知不觉地吃上一个。

仰缶庐谈吃
第三集

与著名京剧表演艺术家梅葆玖先生合影

2018年的春节,陶大春的女儿结婚,我和画家杨德才、陈溪岣各自带着家属到铜陵参加大春女儿的回门宴。

在铜陵小住的几日,天天吃臭鳜鱼,"和谐餐饮"家做的要比"东宸酒店"做的臭鳜鱼好吃。

我和德才兄、溪岣兄闲聊时,溪岣兄拿出手机,让我们欣赏他绘制的《梨花颂》作品。他对我讲,他在画这幅画时,一边播放着玖爷带胡文阁等众弟子在维也纳金色大厅演唱的《梨花颂》,一边饱含激情,流着眼泪创作着国画《梨花颂》。

当他创作完这幅作品,自己审视时,也感觉非常满意。他说,如果他

安徽臭鳜鱼

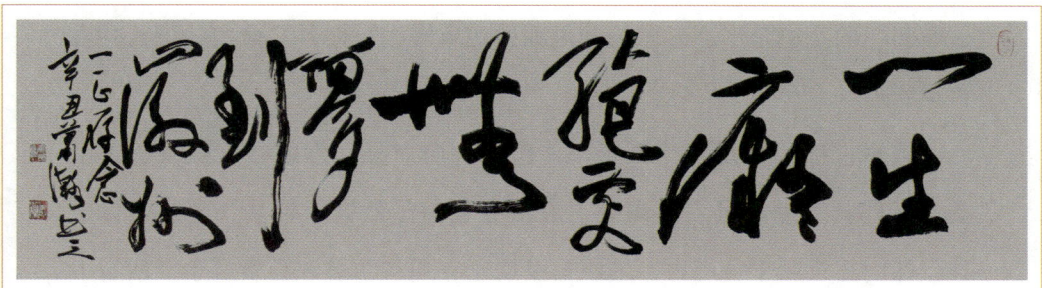

著名书画家萧瀚先生为作者美食著作题词："一生痴绝处，无梦到徽州。一正存念。辛丑，萧瀚书之。"

在创作这幅作品时，没有播放玖爷的《梨花颂》，他的作品可能会达不到自己非常满意的效果。

溪屿兄对我说，玖爷遗体告别式的那天，告别大厅里反复播放着玖爷演唱的《梨花颂》，并没有播放哀乐。八宝山殡仪馆的工作人员也讲，这是有史以来在告别仪式上不播哀乐的头一人。

关于汉俳，我写过一首《屯溪臭鳜鱼》，并请著名经济学家、银行家、书法家周道炯老为我题抄在册页上。

《屯溪臭鳜鱼》

桃花旧雨来，

屯溪美馔出锅台，

何云臭味哉？

周道炯老是安徽歙县人，歙县今属黄山市管辖，屯溪也隶属于黄山市。《屯溪臭鳜鱼》，亦可改为《徽州臭鳜鱼》，"屯溪"两字是平声，

"徽州"两字也是平声,徽州的范围要比屯溪大,而且,徽州一带人均喜食臭鳜鱼。

徽州古称"歙州""新安",包括一府六县,即歙县、黟县、休宁县、祁门县、绩溪县、婺源县,府治在现歙县徽城。歙县、黟县、休宁县、祁门县隶属于黄山市,绩溪县隶属于宣州市,婺源县隶属于江西省上饶市。

有一次我去著名电力专家、书法家柴松岳老家,请柴老为我的美食著作浙江篇题词。柴老一见到我拿的册页内有周道炯老题写的《屯溪臭鳜鱼》汉俳,就连连对我说,你写臭鳜鱼找周道炯题是找对人了。他是徽州人,谈臭鳜鱼,周老最有发言权。柴老同周老是老朋友,所以柴老对周老非常了解。

说徽州,现在的黄山市行政区域包括黄山区、徽州区、屯溪区及歙县、休宁县、黟县、祁门县;黄山风景区在黄山区内。黄山风景区在未成立现在的地级黄山市时也叫黄山市,俗称"小黄山市",它是1983年由太平县改为黄山市的,古时属宁国府管辖。

古徽州府所辖的婺源县是在1949年5月2日解放的。解放婺源的军队为中国人民解放军第四野战军(四野),解放江西的部队同样为四野,为了便于管理,婺源就被划入江西地界了。

1987年经国务院批准,成立地级黄山市(俗称大黄山市),绩溪县划归宣城市。

这样一改,给徽州一府六县热爱徽州文化的人们留下了难以平复的遗憾。

有许多励志弘扬徽州文化的人士为此奔走呼吁,希望有关部门恢复"徽州"建制。

安徽臭鳜鱼

在这些人中，刘晖先生就是其中的一位。我与刘晖先生是挚友，他是位专画以黄山及松、柏等为题材的著名画家。加利、金日成、田中角荣、中曾根康弘、特鲁多、舒尔茨等许多国家的政要都有对他作品的收藏；像人民大会堂正门悬挂的《迎客松》、长城饭店悬挂的《云起龙腾》等题材的作品都出自刘晖先生之手。

刘晖先生不光热爱徽州文化，也钟情于对黄山的研究。他从1987年开始，连续8年游说有关人士，并在《新民晚报》等发表文章，指出成立地级黄山市是既没有历史文献的依据，又没有徽州文化支持的表现。他为徽州的消失惋惜不已。

刘晖先生爱吃徽州臭鳜鱼，对徽州以及徽菜也有很深的研究。

说到古徽州，就想谈一谈婺源。

婺源以徽派建筑和油菜花被世人所知，安徽产的歙砚，有一部分在婺源出产，尤以婺源县和歙县交界处的龙尾山（罗纹山）下溪涧最为有名，此地产的歙砚人称"龙尾砚"。

婺源"朱子艺苑"歙砚大师江亮根先生是安徽歙砚国家级非遗传承人。他送了我一

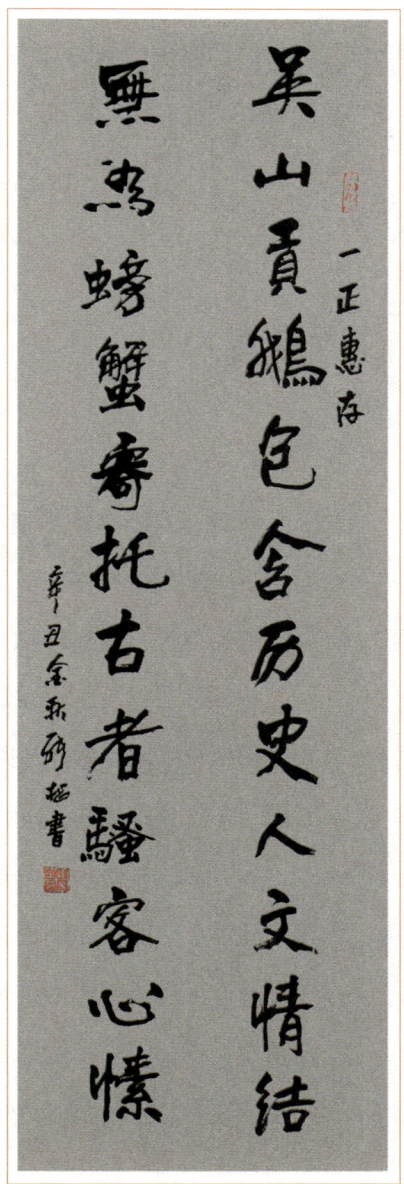

著名书画家张松先生为作者美食著作题词："吴山贡鹅包含历史人文情结，无为螃蟹寄托古者骚客心怀。一正惠存。辛丑金秋，张松书。"

方自制的歙砚,我请他在砚上刊刻"上款",以示纪念,并为他写了一首汉俳书法作品用于回谢。

《江亮根大师寄赠歙砚》

西施饰画裙,

秦人十五城和屯,

换作婺源春。

我曾就臭鳜鱼的事情,问过江大师,他说婺源人也嗜食臭鳜鱼,但没有屯溪等地人做得正宗。要吃真正的徽州臭鳜鱼,还得到屯溪。

有关屯溪臭鳜鱼即徽州臭鳜鱼(安徽臭鳜鱼)的传说也很多。

有说古徽州有一女嫁至安庆。该女从安庆回娘家探亲时带上点儿鳜鱼,因怕从安庆到徽州的路途远,便将鳜鱼用盐腌渍了。该女到娘家后将鱼拿出,不想臭味扑鼻,本打算丢弃,其母却将其烹制后一尝,异香无比。

另有说法是徽州人酷爱长江流域出产的鳜鱼,但从长江边的贵池(今池州贵池区)、安庆、铜陵、大通(今铜陵大通区)到徽州有一定的距离。当年没有冷冻设备用来给鱼保鲜,鱼贩们便用盐将鳜鱼腌渍后装进木桶挑往徽州贩卖,现祁门一带仍称之为"桶鱼"。挑到徽州的鳜鱼会因天气及路途等因素变臭有味,精明的徽州厨师便用煎炸等烹调方法来烹饪,没想到,做出来的臭鳜鱼却另有味道,大受徽州人的喜爱。

屯溪是古徽州时的一个小镇。早年间,屯溪是徽州土特产品的集散地,很多商品由屯溪运至新安江后转到杭州再运往上海。这是1840年以后,上海成为对外贸易港口而形成的。之前,安徽的商品多由江西运出。

安徽臭鳜鱼

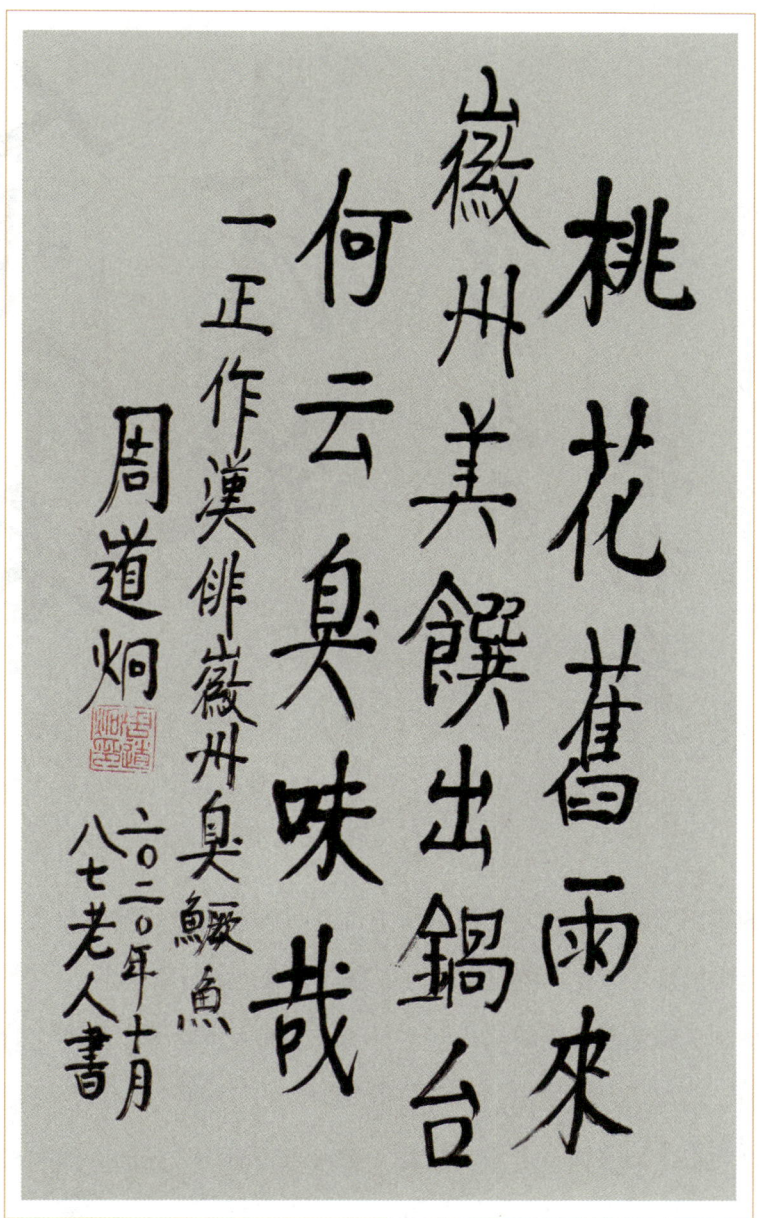

著名经济学家、银行家、书法家周道炯先生抄录作者自作之汉俳《徽州臭鳜鱼》:"桃花旧雨来,徽州美馔出锅台,何云臭味哉?一正作汉俳《徽州臭鳜鱼》。周道炯,二〇二〇年十月,八七老人书。"

仰缶庐谈吃
第三集

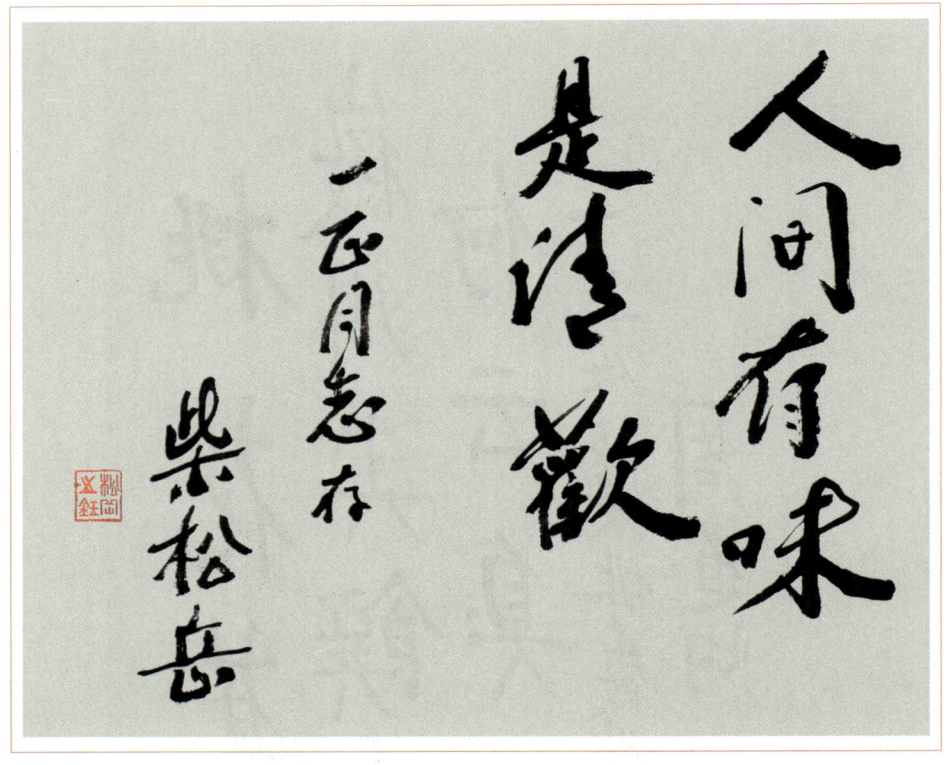

著名电力学家、书法家柴松岳先生为作者美食著作题词:"人间有味是清欢。一正同志存。柴松岳。"

每年的重阳节时期,正是长江鳜鱼上市的时候,大量的鳜鱼都会由商贩挑至屯溪来出售。因此,屯溪人便成了烹饪臭鳜鱼的行家里手了。

烹制臭鳜鱼时,先将锅内下菜籽油,油热复下猪油,猪油化时,将鱼入锅煎,至淡黄色时捞出;炒勺内留油少许,下肉片、鞭笋片煸炒;放入煎好的鳜鱼,加酱油、老酒、白糖、姜末和鸡清汤(高汤);大火烧沸后转小火继续炖煨30分钟左右,见锅内汤汁快干时,撒点儿青蒜末,用水芡粉勾汁,淋少许熟油(大油)即成。

老徽州饭馆的红烧臭鳜鱼做法是将少量的菜籽油注入炒锅内,加猪油

安徽臭鳜鱼

（借味），将腌好的臭鳜鱼下油锅内煎至两面微黄后，锅内加点儿土酿的米酒、黄酱（找色）、糖等，鱼出锅时放入少许碎辣椒提味。

屯溪老街第一楼红烧臭鳜鱼的做法是：炒锅内下菜籽油，油热，下五花肉煸炒，再在锅内下姜末、蒜末等煸炒，同时将笋段、香菇等山珍投入锅中，加辣椒酱、生抽后，把煎好的臭鳜鱼放入锅中，注水焖炖十几分钟即成。

臭鳜鱼除红烧外，亦可用清蒸的方法烹调。

臭鳜鱼除整条成菜外，还可切成块用红烧的方法或其他方法来烹调。

如披云山庄的"石锅臭鳜鱼"。做法是在石锅锅底铺上满满一层的蒜瓣，将事先用蚕豆酱、辣椒酱、黄豆酱、豆瓣酱等酱料复腌的臭鳜鱼鱼块铺在蒜瓣上，倒些啤酒在鱼块上，盖上锅盖焖炖一会儿，临上桌前在锅内撒上红绿颜色的辣椒丁儿，再倒入一杯酱香型的白酒即可；食时，石锅底部继续加热，趁热食用。

又如披云山庄的创新菜"滑炒鱼片"，是将臭鳜鱼去皮切成薄片后用水冲洗，入油锅进行滑炒，滑炒后的鱼片放入用油菜芯围盘的中央即成。

再有创新菜"故里双秀"，是将臭鳜鱼块用红烧的方法烹制后放入钵锅中心，钵锅内侧周围围上一圈臭豆腐；上桌后，钵锅下面点燃固体酒精，继续将菜加热，菜会产生出很浓的臭味。徽州话，"臭"与"秀"的发音相同，臭豆腐也是徽州名食，故名"双秀"。

比用臭豆腐直接成菜稍差一些臭味的做法，是在烹调臭鳜鱼时放些臭豆腐的卤汁。还有一些厨师在腌制臭鳜鱼时，用12种以上的调味料来腌制最少18个小时以上，以此增加臭鳜鱼的复杂味道。

又如中国徽菜博物馆行政总厨汪剑飞先生根据唐代生活在黟县赤山镇（今祁门县祁山镇）诗人张志和的词句"西塞山前白鹭飞，桃花流水鳜鱼

东北之"清蒸鳌花"

肥"的启发，用发制好的桃胶与臭鳜鱼一起红烧烹饪，创制了一款名为"桃汁臭鳜鱼"的菜品。

还有就是近两年倍受食客喜爱的"臭鳜鱼捞饭"。臭鳜鱼捞饭用的是切块的臭鳜鱼，成菜后的臭鳜鱼块更易入味，且汤汁鲜美黏稠，是佐饭的不二选择。

北京有家宝悦六尺巷新徽菜鲜活海鲜馆，主打菜品之一是安徽臭鳜鱼。

他们家的安徽臭鳜鱼有三种做法。一是不太辣的原味臭鳜鱼；二是吃起来比较过瘾的石锅烧臭鳜鱼块；三是轻度腐败、重油重色的香辣臭鳜鱼。

他们家做臭鳜鱼的食材来自黄山太平湖。太平湖出产的鳜鱼形状为窄条形的，不像苏州出产的那种宽肚子、扁鱼腹的鳜鱼。据说用苏州出产的

安徽臭鳜鱼

干烧鳜鱼

鳜鱼做出的安徽臭鳜鱼鱼肉易发散、不入味。

六尺巷家在加工鳜鱼时用木桶干腌法,所用腌制的材料是用盐和本地辣椒混合炒制后的辣椒盐面;在干腌过程中,每两天需要给桶中的鱼翻捣一次。

烹饪臭鳜鱼时所用的高汤,是用土鲫鱼熬出的鱼汤,再加用猪骨、黑猪脚、鸡爪、猪油等食材吊出的高汤勾兑后烹制,这样烹饪后的臭鳜鱼汤汁黏稠,带有浓郁的臭香气味。

清真臭鳜鱼的做法是将大油改用菜籽油,用牛肉片或羊肉片来煸锅提味,高汤用清真用的高汤。

徽州人烹调臭鳜鱼多用菜籽油。江南盛产油菜,用传统工艺压榨出来的菜籽油烹调臭鳜鱼是徽州人的传统烹饪方法。

仰缶庐谈吃 第三集

> 海纳百川有容乃大
> 壁立千仞无欲则刚
>
> 刘一正先生雅嘱
>
> 丁亥夏 凌青

著名政治家、文学家、民族英雄林则徐先生之五世孙,著名翻译家、外交家凌青(林墨卿)先生(1923—2010年)为作者题词:"海纳百川有容乃大,壁立千仞无欲则刚。刘一正先生雅嘱。丁亥夏,凌青。"

烹调出来的臭鳜鱼合格不合格,除成菜的味道外,还要看鱼的肉质是否达到"蒜瓣肉""百页状(百叶片)"标准。所谓"百页状",就是用筷子夹上一块烹饪好的臭鳜鱼放在盘子里,用筷子按住鱼块,鱼肉就会分成一片片的形状(行话叫"起片");"蒜瓣肉"即用筷子夹鱼肉时,鱼肉呈小碎块状,如"蒜瓣"。其实,这些都是属于腌渍工艺是否达标的问题。

臭鳜鱼现已被古徽州一府六县中的许多县列为当地特色名馔。

比如"绩溪臭鳜鱼"。绩溪人做臭鳜鱼多用春季新安江产的鳜鱼来烹制,腌渍时鱼不去鳞,待烹饪时,再去鱼鳞。

绩溪臭鳜鱼不光可单独成菜,现已增加了用绩溪盛产的各种山珍为底料,做成绩溪臭鳜鱼火锅。

绩溪是古徽菜的发源地之一,八大菜系之一的徽菜发端于唐宋,

安徽臭鳜鱼

松鼠鳜鱼

鼎盛在明清，民国至中华人民共和国成立后进一步有所发展。

由于明清时期徽商的崛起，徽菜风味开始进入市肆坊间，仅清至民国间，绩溪人在全国十八省市百余县市开办徽菜馆就有480余家（徽州人在全国开设的徽州馆子达上千家，仅上海就有140多家）。因此，绩溪就有了"徽厨之乡"的美誉。

除臭鳜鱼外，绩溪还有"绩溪一品锅"，又叫"胡适一品锅"。锅中从锅底依次放有炒制的白萝卜、黄酒烧制的五花肉、红烧的土鸡块、豆腐泡、猪肉丸子、香菇、蛋饺、水煮鸡蛋和青菜等，要在火上炖上4个小时后方能上桌。再有"绩溪炒粉丝"（用绩溪山芋粉做的）"绩溪挞馃（绩溪拓馃）""深渡包袱饺"（状如远行时带的包袱，又与"抱负"音相同）等。

仰缶庐谈吃
第三集

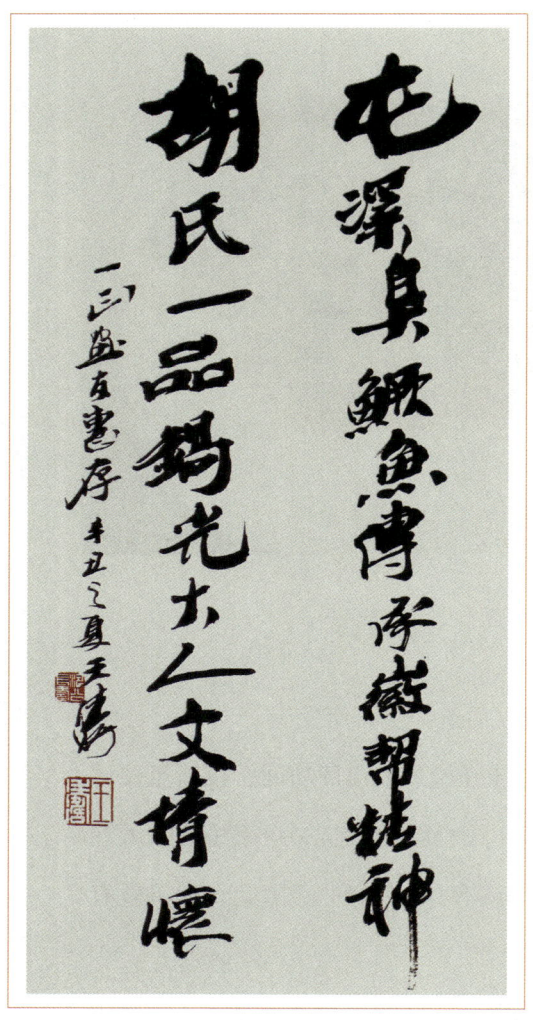

著名书画家王涛先生为作者美食著作题词:"屯溪臭鳜鱼传承徽帮精神,胡氏一品锅光大人文情怀。一正画友惠存。辛丑之夏,王涛。"

"祁门臭鳜鱼"当地人称之为"桶鱼",它和祁门另一道名馔"中和汤"一样,为当地特色佳肴。制作祁门臭鳜鱼多用产自长江边的鳜鱼,由贩夫用木桶挑运至祁门。祁门臭鳜鱼亦称"红烧鳜鱼",讲究烹饪好的鳜鱼必须是骨刺与鱼肉分离,肉成片状(百叶状)。

祁门还有一道用鳜鱼烹制的名菜,叫"鱼咬羊",即"羊方藏鱼"。羊方藏鱼这道名肴在徐州也非常出名,苏菜精典菜品中有羊方藏鱼的记载。祁门鱼咬羊是将煸炒的切块羊腰窝肉从鱼嘴塞进不开膛的鱼腹内再油炸、炖烧后完成。

屯溪有"屯溪臭鳜鱼",又叫"屯溪腌鲜鳜鱼",是来屯溪及黄山旅游的人必尝的地方名菜。

我在屯溪时,看到满大街的食品店和餐馆到处都用"臭鳜鱼""毛豆腐"等地方特色名食招揽客人。特别是在屯溪老街闲逛时,几乎是家家食品店都卖礼盒装

安徽臭鳜鱼

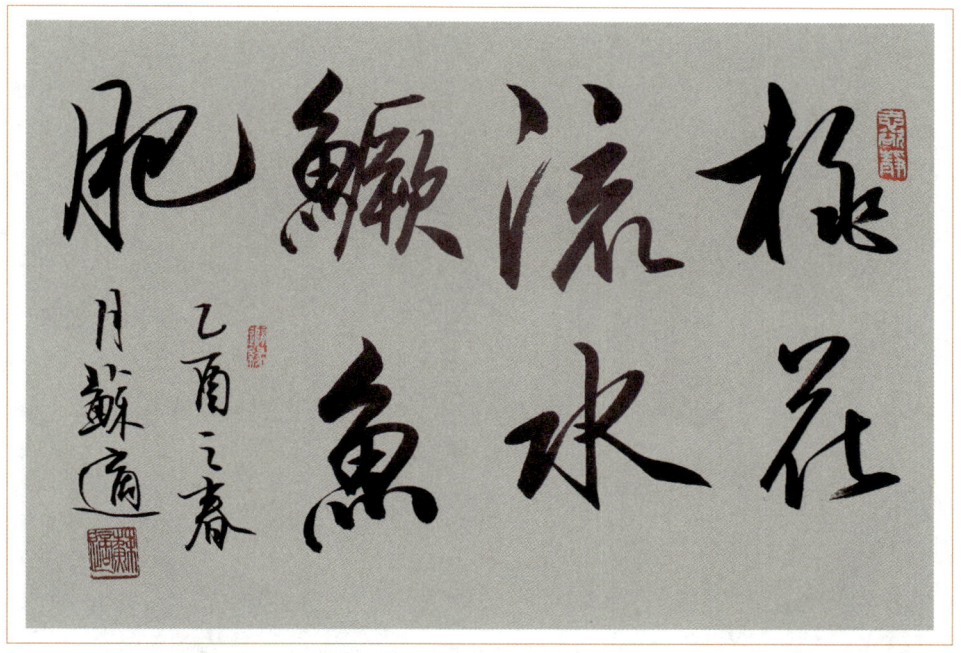

著名书法家苏适先生为作者美食著作题词："桃花流水鳜鱼肥。乙酉之春月，苏适。"

的臭鳜鱼，而且每家的风味和包装各有不同。

如"老街第一楼"的礼盒装臭鳜鱼为其自家秘制，礼盒上写有："清风雨后探池塘，徽州鳜鱼肥如掌。岸边细荇时吞吐，水底行云争来往。三年养得鳞甲壮，香煎红烩登饭堂。东西南北皆叹鲜，单尾吃尽欲唉双。江中珍味有此君，一楼名厨家中享。"还有像"徽张臭鳜鱼"专卖店，更是以专营臭鳜鱼而著称，他们家门口的对联就写着："徽州三百年名菜，黄山第一等好吃"，横批"黄山臭鳜鱼"。百年老店"老徽馆"是屯溪老街唯一指定臭鳜鱼的经销点（非遗），他们家以经营"臭鳜鱼""毛豆腐""臭豆腐""高山野石鸡"等徽州名菜享誉全国。《走遍中国》《远方的家·北纬30度中国行》《消费主张》《美在黄山》等电视节目均有对他们家的介绍。老板路任

仰缶庐谈吃
第三集

清蒸鳜鱼

群系安徽省非物质文化项目（徽菜）的代表性传承人，他是老徽馆的第四代掌门人，第一代是路文彬，第二代为路云临，第三代系路永华。

我与店家交谈时，问过他们家烹饪用的鳜鱼来自何处，他告诉我是用产自新安江上游及鄱阳湖的鲜活野生鳜鱼，而且只用450克和650克重的两种规格的鳜鱼来烹饪，烹饪时不用猪肉（有时用猪油）和高汤，以原汁本味取胜；路家还告诉我，用秋天产的鳜鱼进行腌渍后做的臭鳜鱼最好吃。

老徽馆的礼品盒装写有的红烧臭鳜鱼做法是将少许（约50克）食用油注入炒锅内烧热，投入姜片、蒜片（合为15克），将清洗好的臭鳜鱼在鱼背上划上两刀，放入炒锅中煎至两面微黄后，锅内加酱油（10克）、白糖

安徽臭鳜鱼

（3克）、黄酒（100克）、水（200克），盖上锅盖，小火烧15分钟后，将鱼翻身烧其另一面，再将锅盖盖上，用小火烧5分钟左右。待锅内的汤汁烧至成黏稠卤液时，起锅将鱼装入盘中，在锅中留存的卤液内滴入麻油（5克），少许葱花儿、胡椒粉和卤液一起拌匀后浇在烧好的臭鳜鱼上即成。

在屯溪时，黄山美食家白斌大哥与我吃了几次饭。白大哥知道我爱吃臭鳜鱼，基本上是餐餐必点，后来我建议白大哥多点些长江及新安江的江鲜来吃。

徽州臭鳜鱼

在屯溪天涯酒家吃臭鳜鱼时，白大哥说他们家今天做的臭鳜鱼一般，不如平日做得好。他说，臭鳜鱼做得好坏，关键取决于鱼腌制工艺的好坏，做得好的臭鳜鱼吃起来不咸，鱼肉都呈蒜瓣状；做得不好的臭鳜鱼就是腌咸鱼，至于将鱼肉腌的发紫发红的臭鳜鱼就不能吃了。

据白大哥介绍说，在北京开有三家"徽商故里"连锁店的老板曾对他讲，仅北京开的三家连锁店一年卖出的臭鳜鱼一道菜就有3000万元之

鲜椒鳜鱼

多（截至2021年，徽商故里餐厅在全国各地开设分店有30家，年接待顾客150万人次，年营业额突破2亿元），足以说明臭鳜鱼在北京有多受欢迎。

我在屯溪的"和庄"与白大哥吃饭时，白大哥说这家烧的臭鳜鱼也不错。但那天我们没要臭鳜鱼，点了"新安油淋虾""野生甲鱼""长江鮰鱼烧粉丝""铁板毛豆腐"等特色徽菜。

同样是在屯溪，在"陈家饭店"也没要臭鳜鱼，改要"红烧小鳜鱼"等该店特色菜。据白大哥讲，他们家的臭鳜鱼做得也挺好。陈家饭店的招牌菜就是"徽州臭鳜鱼"，年销售可达10000份以上。

徽州用鳜鱼成菜的名品还有"红烧桃花鳜"，用的是春天桃花盛开时捕到的鳜鱼做的菜。做法也很简单，没有做臭鳜鱼时长时间的腌渍工艺，

安徽臭鳜鱼

丰泽园制作的"糟溜鱼片（鳜鱼）"

只是在烹饪前，将治净的新鲜鳜鱼身上抹点儿酱油稍腌一会儿入油锅炸后，加调味料红烧即可。这道菜属黄山地区的春季时令菜。

臭鳜鱼不光是徽州地区人的最爱，也是安徽沿长江流域地区的风味名食。

安庆地区的人们称臭鳜鱼为"腌鲜鳜鱼""臭级鱼"；池州青阳县的人们管臭鳜鱼叫"腌鲜鱼"。"腌鲜"两字是安徽一带的土话，就是"臭"的意思。

安庆望江县赛口镇产的"赛口鳜鱼"及贵池区长江支流秋浦河（原称"秋浦江"）产的野生长江水系翘嘴鳜鱼即"秋浦花鳜"等均是制作臭鳜鱼的上好食材。

据池州市文化和旅游局网介绍"池州鳜鱼（秋浦花鳜）"："秋浦花鳜"，秋浦花鳜鱼很受南朝梁昭明太子的喜爱，认为此地的水好，才能出这样好吃的鳜鱼，遂封此地为"贵池"，并改当地县名为"贵池县"。

后来我又查了一下《贵池县志》，贵池县是在五代十国时期，吴国睿

湖南人制作的"臭鳜鱼"

帝杨溥于顺义6年（926年）改秋浦县为贵池县的。昭明太子萧统（501—531年）为南北朝时期南朝梁武帝萧衍之子。昭明太子未能继位就落水染疾而亡。贵池县当时叫"石城县"，属南陵郡；武帝大同年间，侨置南太原郡，不久即废，公元531年与926年相差着近400年的时间呢！叫贵池县这个名字之前，在隋开皇九年（589年）曾改石城县为"秋浦县"。叫"秋浦县"是因为县城临秋浦水而来。秋浦河原名为"秋浦江"，又称"云溪河"，发源于秋浦县（今为池州市石台县）珂田乡，流至贵池区杏花村街道杜坞路进长江，全长180千米左右。

最后，再说说亳州。亳州的美食也以臭鳜鱼著称，还有如曹氏鱼头、毛豆腐、勺花鸡、牛筋面、干扣面等。

安徽臭鳜鱼

位于北京市西城区广安门外南滨河路的二环边上，有一家名叫"古井酒文化博物馆"暨"古井贡酒·年份原浆北京品牌体验中心"的地方，是一家不对外开放的酒文化会所。他们家以经营徽菜著称。博物馆负责人叫王垒，是我朋友侯江维的朋友。

侯江维在古井酒文化博物馆内的徽升楼请朋友吃饭，一般都会叫上我，当王垒要是知道我去吃饭时，不管宴请多少人，都会全单清真。

徽升楼也以烹制臭鳜鱼拿手，成菜的臭鳜鱼名为"清香臭鳜鱼"。我每次品尝此馔时，都会向同桌就餐的非安徽籍朋友演示一番，即用筷子夹上一大块鱼肉，将鱼肉放在盘子里，用筷子按住鱼肉，用力一压，鱼肉会分成一小片一小片的，正所谓的"百叶状"。

徽升楼除臭鳜鱼好吃外，我还爱吃他们家的合肥吴山贡鹅（凉菜）、手撕当涂臭干（凉菜）、原生态老母鸡汤配炒米、皖江野笋老鸭煲、铜锅皖北羊肉、干姜黄山石鸡、太平湖有机砂锅鱼头、老任桥牛肉、徽州毛豆腐、野芹香干、回忆文思藕、蒜子烧鳝段等。

古井酒文化博物馆的南门，也就是徽升楼的南门，匾额题写着"徽升楼"三字，门两侧挂有一副按对联形式写的不是对联的"对联"，内容为：涡水鳜鱼黄河鲤，胡芹减酒宴嘉宾。这个句子，传为明万历年间的沈阁老向皇帝献减酒时，在奏折中引用的民谚。沈阁老名沈鲤（1531—1615年），归德府虞城县人（今河南商丘人）。现在有许多资料都说沈鲤为亳州人，如丁一的《涡水泱泱古井辉煌》写道："明万历元年（公元1573年），祖籍减地的阁老沈鲤在万历皇帝的庆典上，把减酒进贡朝廷，万历皇帝饮后连声叫好，遂钦定此酒为贡品，命其年年进贡，'贡酒'之名由此得。一时'减酒'之名震动京师。民间素有'涡水鳜鱼黄河鲤，胡芹减

仰缶庐谈吃

第三集

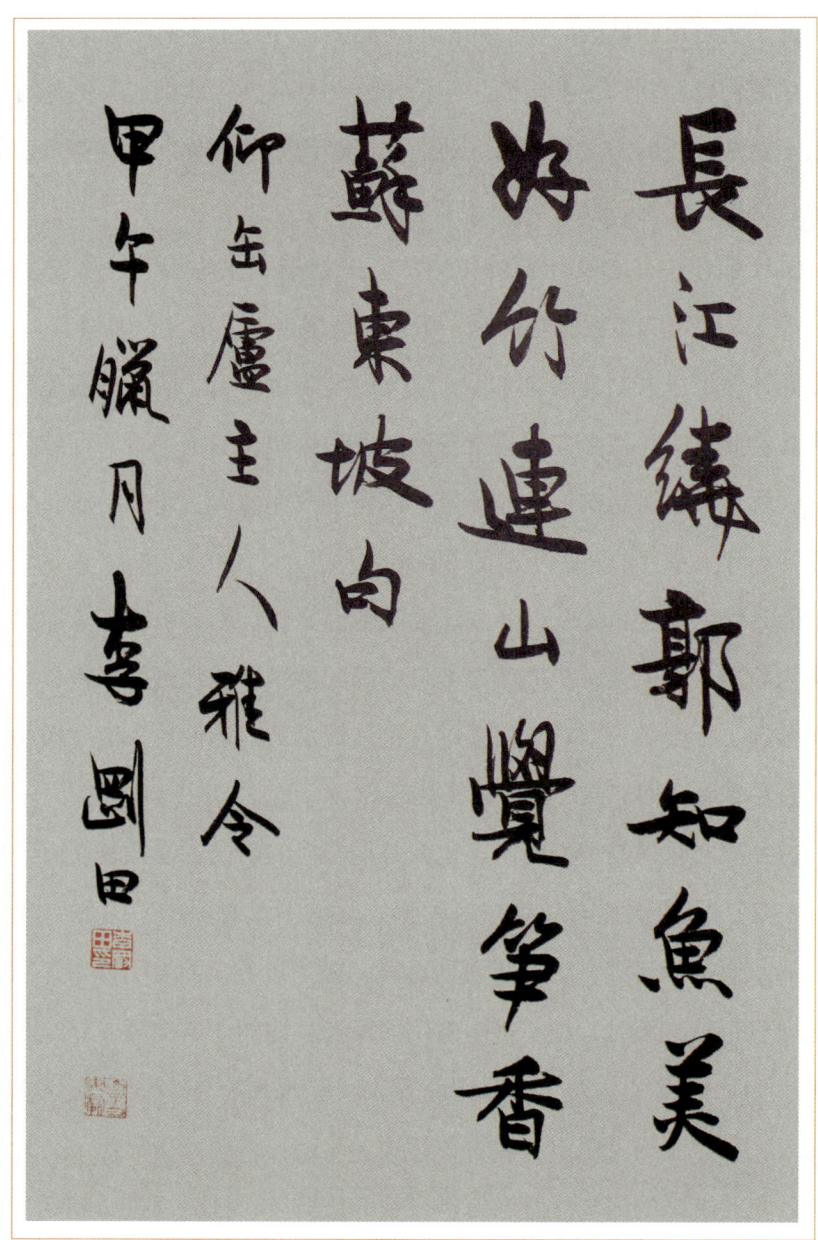

著名书法篆刻家李刚田先生为作者美食著作题词:"长江绕郭知鱼美,好竹连山觉笋香。苏东坡句。仰缶庐主人雅令。甲午腊月,李刚田。"

安徽臭鳜鱼

酒宴嘉宾'的说法。"

但根据厦门大学历史系李永菊先生《从军户移民到乡绅望族——对明代河南归德沈氏家族的考察》一文所述,可以肯定的是沈鲤系归德府人,即今之河南商丘人。沈鲤的先人是从苏州府昆山县随明初军户移民潮中奉诏迁入归德卫的,同安徽亳州减店集(古井镇)没什么关系。如果考虑从亳州古井镇到商丘虞城县的距离,也就90千米左右,沈阁老的家离古井镇的距离的确很近,减酒对沈阁老也肯定会有影响的。

元朝时归德府所辖范围很大,包括现在的河南省商丘市,安徽省的宿州市、淮北市、亳州市,及江苏省的徐州市,共涉及三省五市。

明、清时归德府的所辖范围是商丘县、宁陵县、鹿邑县、夏邑县、虞城县、永城县及睢州(睢州又辖考城县和柘城县),即八县一州。清朝时归德府所辖范围与明朝相同,清时睢州、考城及柘城一起直属府管。

如果单从历史上归德府曾包括亳州的角度讲,说沈阁老祖集亳州(减店集)人也对。但明朝时归德府不辖亳州,亳州归凤阳府管辖,而且沈阁老的先人也是在明朝时由苏州府昆山县来归德府的,所以说沈阁老应是归德府(今商丘)人。

我查《亳州县志·亳州市历史大事记》,记载曰:"万历四十一年(1613年),当地所产减酒作为贡酒进贡朝廷。"1613年,沈阁老已经是82岁了,《亳州县志·亳州历史大事记》上没有记载沈鲤进贡减酒之事。

《亳州县志·亳州市历史大事记》上,倒是记载土生土长的亳州人曹操(沛国谯县)向汉献帝刘协敬献"九酝酒法"的事情。《亳州县志·亳州历史大事记》:"建安元年(196年)九月,曹操迎汉献帝都许(今河南省许昌市东)。献帝以操为大将军,封武平侯,后又封为丞相、魏王。

仰缶庐谈吃
第三集

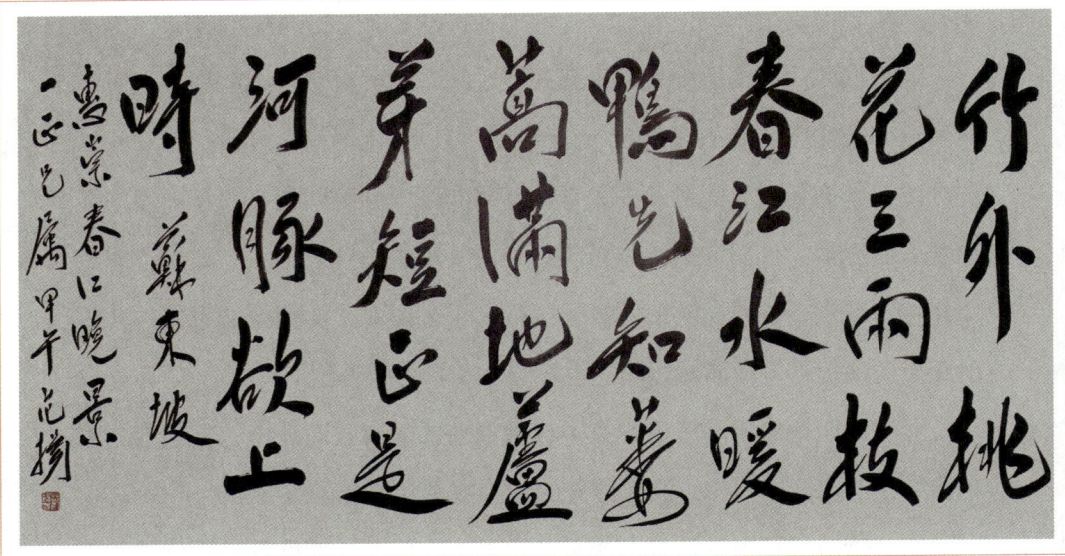

著名书画家范扬先生为作者美食著作题词:"竹外桃花三两枝,春江水暖鸭先知。蒌蒿满地芦芽短,正是河豚欲上时。苏东坡《惠崇春江晚景》。一正兄嘱。甲午,范扬。"

是年,曹操向献帝献家乡谯县'九酝酒法'"。

"九酝酒法"就是酿造九酝春酒的方法,即"减酒"今之"古井贡酒"。

据传,北洋政府的高级将领亳州谯城人姜桂题曾向慈禧太后进献过其家乡的减酒,并得到了慈禧的赞赏。

与"涡水鳜鱼黄河鲤,胡芹减酒宴嘉宾"这句民谚一同相传的还有一句话,叫"喜有东马临门第,胡芹贡酒宴嘉宾。"

文中内容的涡水指的是涡河,涡河发源于河南省的尉氏县,东南流经开封、通许、扶沟、太康、柘城、鹿邑,入安徽省的亳州、涡阳、蒙城,于蚌埠市的怀远县注入淮河。

胡芹又名"归芹",主产在河南省的柘城县胡襄集附近,故名"胡

安徽臭鳜鱼

芹"。胡芹是贡菜，据说曾得到过赵匡胤的青睐。

减酒即古井贡酒。出产古井贡酒的地方叫古井镇，古井镇的前身又叫"减店集""减冢店""减王店"等，位于亳州的西北部，古井贡酒是在以公兴槽坊所产的减酒基础上发展起来的。

徽升楼的二层有个书画室，是专为来此就餐的书画家所提供的即兴挥毫泼墨的场所。我每次去徽升楼吃饭，王垒就会为我铺纸舔笔。

博物馆和书画室主要悬挂的是王涛先生和范扬先生两人的书画作品。

王涛先生是安徽省美术家协会副主席，以画人物画著名，而范扬先生则是人物、山水、花鸟、书法皆精。这两位艺术家也都是美食家。范扬先生出生在香港，江苏南通人，江苏离安徽很近，范扬先生也爱吃徽菜。徽升楼有一道位菜，名"浓汁河豚"，做法有奶汤和红烧两种，亦是徽升楼的名馔。但是要说吃河豚，还得数范扬兄的江苏老家扬中的河豚有名。我也爱吃河豚，特请范扬兄写了一首苏东坡的《惠崇春江晚景》以示留念。

如今，臭鳜鱼和徽州腊味早已成为徽州乃至安徽省的一张名片，臭鳜鱼俨然已成为徽菜之头牌。

一条鱼发展成一个产业。截止到2021年底，黄山市现有臭鳜鱼生产企业50家，年销售额高达40亿元。

根据黄山市政府实施的徽菜产业"双百亿"工程，到2022年底实现餐饮业和徽菜食材销售收入各过一百亿元，徽菜的发展必将近来一个更为灿烂多姿的春天！

祁连黄蘑菇

祁连黄蘑菇即祁连黄菇,也叫高原野菇、钉子蘑菇、黄环菌等,其出产的地理范围大致为海北藏族自治州祁连县的八宝镇、峨堡镇、默勒镇、阿柔乡、扎麻什乡、野牛沟乡等。其中以产自峨堡镇黄草沟村的黄蘑菇名气最大。

祁连黄蘑菇主要产在海拔1700米~3600米左右的祁连山半山坡一带,收获季节是从每年的夏季开始。当雨后,草原上就会生长出许许多多的黄蘑菇,牧民们一边在山地草场上放牧,一边采摘生长在草地上的野生黄蘑菇。采摘后的黄蘑菇经过挑选分类、清洗、晾晒等环节,最后再用细线将黄蘑菇穿成大小相同、质地相当的黄蘑菇串就可以出售了。

祁连黄蘑菇既被称之为"祁连八宝""雪域八宝"之一,又被称之为"青海十宝"之一。

祁连八宝为金、银、铜、铁、麝香、鹿茸、大黄、黄蘑菇。祁连山物产丰富,矿产资源富饶,被称为"中国的呼拉尔"("呼拉尔"此处为"聚集"的意思)。

雪域八宝和青海十宝说法不一,大致为裸鲤(青海湟鱼)、青稞酒、

祁连黄蘑菇

作者制作的"祁连菇炒肉"

藏红花(历史上西藏、青海均不产藏红花)、冬虫夏草、雪莲花、人参果、枸杞(柴达木产)、红景天、锁阳、佛手参、藏茵陈、大黄(西宁产)、鹿茸、黄蘑菇等。

祁连黄蘑菇生长在祁连县境内的1764.11万亩草场内,祁连县年产黄蘑菇为3000千克左右。2015年夏秋季祁连黄蘑菇的售价高达每500克700元,低的价格在每500克200元左右。

2008年,"祁连黄蘑菇"被列入国家地理标志证明商标;2015年祁连县被中国食用菌协会授予"中国黄蘑菇之乡"。

2015年的7月16日至24日,我去了趟青海,主要目的是去西宁的东关清真大寺过开斋节。其间正赶上门源的油菜花盛开,我饱览了油菜花海的

仰缶庐谈吃
第三集

著名唐卡艺术大师夏吾才让先生之子、著名唐卡艺术家更登达吉先生为作者美食著作出版题写"嗡阿吽"

壮丽景观,又去湟中塔尔寺拜望了宗康仁波切,同时又游览了青海湖。

过了一个多月,8月29日至9月4日我和家人又去了趟青海,除陪家人又去青海湖游玩外,在西宁东关清真大寺又看望了马长庆教长,在南关清真寺看望了金镖教长,在湟中塔尔寺又拜望了宗康仁波切和拉科仁波切,并游览了贵德和坎布拉景区。

我第二次去青海的主要目的之一就是去看卓尔山和牛心山。

去祁连是开车从西宁走海晏到祁连县的,回西宁时是从祁连县走门源、大通再到西宁的。一路上可谓风光无限。

我到祁连县城吃饭及散步时,见到街上到处都有卖黄蘑菇的小贩,售

祁连黄蘑菇

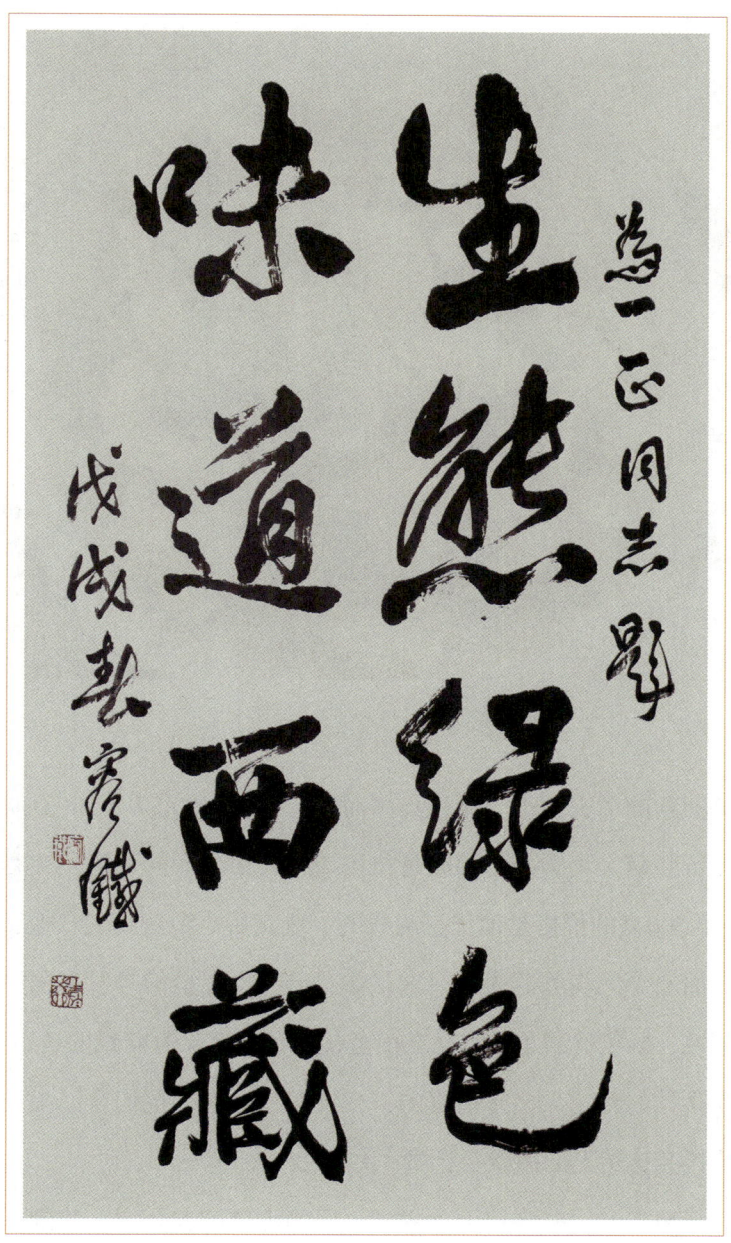

著名书画篆刻家、书画理论家容铁先生为作者美食著作题词:"生态绿色,味道西藏。为一正同志题。戊戌春,容铁。"

仰缶庐谈吃
第三集

炒黄蘑菇

价会因黄蘑菇的个头大小、颜色具体而定。我花500元买了500克质量在中等偏上的黄蘑菇。卖蘑菇的商贩是位穆斯林兄弟,我同他道了"赛俩目"后,500元/500克的价格是他优惠给我的。成交后小贩对我说,他卖赔了。陪同我们的向导问卖蘑菇人说,这是你自己在山上捡的吗?他回答肯定。向导问他说,既然蘑菇是你自己在山上捡的,怎么又有赔钱的道理呢?

祁连县城的餐馆大多是清真的,在饭馆就可买到他们自己采摘的黄蘑菇,但价钱会比街上的商贩要稍贵一些。

祁连当地人吃饭时多以面食为主,经当地的朋友介绍,我到一家名为"撒拉尔"的餐厅吃饭,点了白条(手抓羊肉)、油搅团、羊肉片炒黄蘑菇及尕面片等特色风味美食。

祁连黄蘑菇

我从祁连县返回西宁时先到阿柔乡,去了阿柔大寺拍了很多照片,拜望了夏布拉活佛;我们的车子路过峨堡镇时,见路旁卖黄蘑菇的商摊到处都是,而且好像都是由镇政府或是行业管理部门为卖蘑菇人专门搭建的一个阁子一个阁子的售卖摊。黄蘑菇售卖市场俨然成为路边的一道特色风景线。

在祁连县内的普通餐馆用餐,如位于东索路上的忠良餐厅,像550元标准的团餐除有松仁玉米、清炒芥兰、番茄豆角、爆炒牛肉、糊羊肉、土豆烧牛肉、爆炒土鸡外,也有高原野菇;在门源的西宁小圆

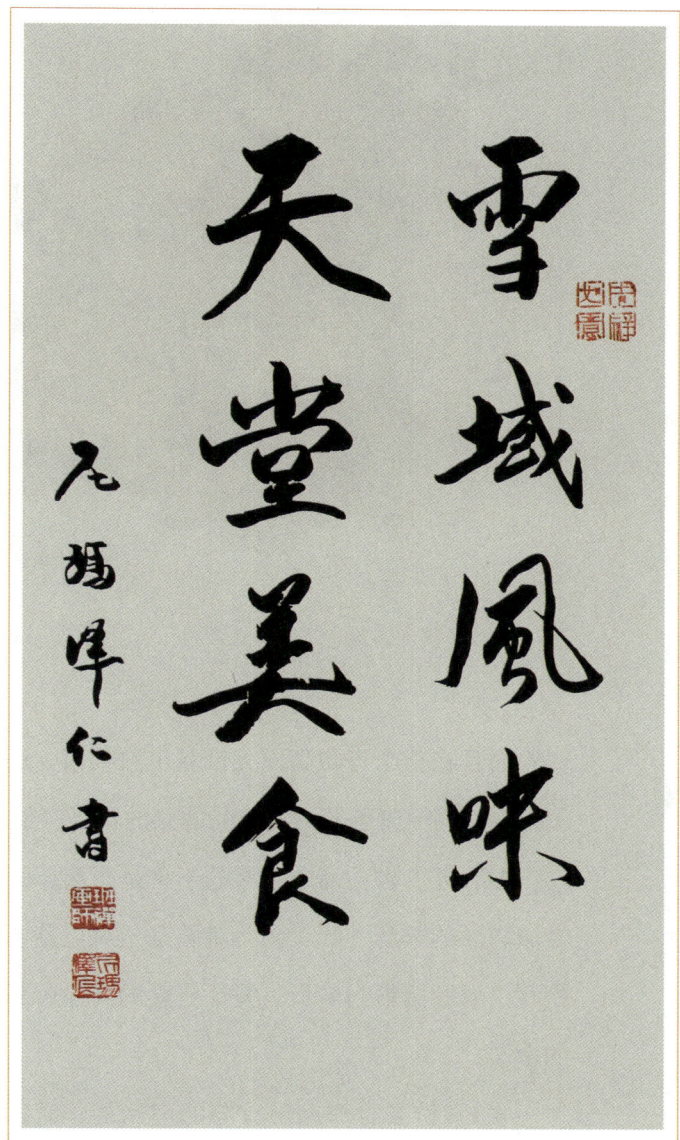

中国美术家协会第六届副主席、十世班禅画师尼玛泽仁先生为作者美食著作题词:"雪域风味,天堂美食。尼玛泽仁。"

沙力海餐厅制作的"祁连菇炒肉"

门餐厅，418元标准餐有祁连山野蘑菇炒肉、爆炒肚片、小圆门羊排、酸辣土豆丝、素炒四合菜及野菌蛋花汤。单点一盘祁连山野蘑菇为118元。

我问过西宁当地餐厅的服务员，所谓"祁连山野蘑菇炒肉"，为啥不叫"祁连山野黄蘑菇炒肉"呢？而且在整个青藏高原无论是川渝菜馆，还是清真饭店亦或是藏餐厅，多以叫卖高原野蘑菇为特色品牌菜的馆子有很多。

据服务员讲，高原野蘑菇不单是指高原野生黄蘑菇，它还包括像产自雪域高原的羊肠（肚）菌、鸡腿菇、鸡冠菇、松茸等，但还是以黄蘑菇和松茸、羊肚菌最为名贵。餐厅售卖的高原野蘑菇多为黄蘑菇，但也有其他的菌类。

我7月份去青海湖时，与海南州的华青加先生一起在151景区入口对面的青海湖哈哈川粤湘菜馆吃饭，上有一品手抓肉、高原牦牛腩、清爽鹿角菜、野葱炒土鸡蛋（沙葱）、野蘑菇炒肉（黄蘑菇）等青海特色美食。这一桌子的菜除没有禁止食用的青海湖湟鱼外，青海特色菜基本上

祁连黄蘑茹

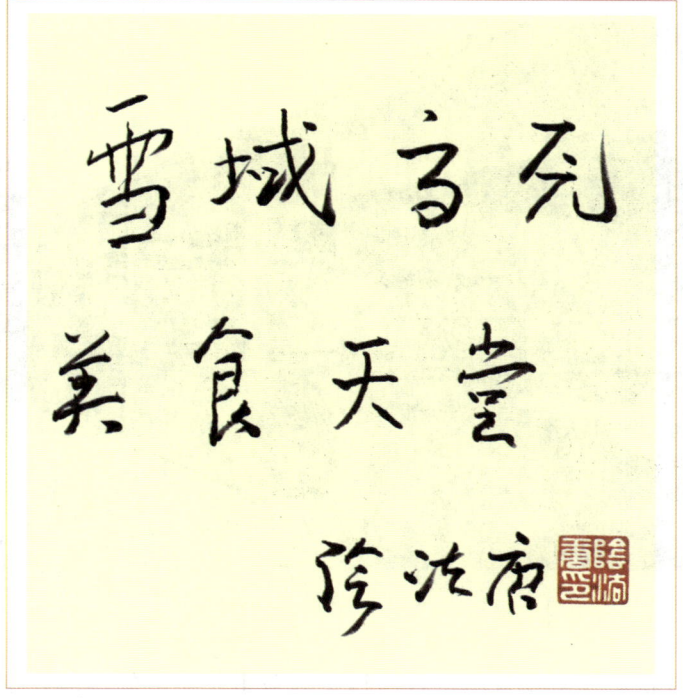

北京建藏援藏工作者协会名誉会长阴法唐先生为作者美食著作题词："雪域高原，美食天堂。阴法唐。"

都上齐了。

席间，身为藏族的华青加先生向我们介绍了出自海南州的宗日文化，并拿出许多的照片和书籍，其中有一幅彩陶照片，绘有藏族先民捕鱼的情景。这使我大为惊讶。我一直以为藏民族的人们不食鱼类，没想到在4000~5800年的藏族先民在已有本教（即"苯教"。本教有鲁神，鱼是鲁神附身或变身的精灵之一，是不应该吃的）但未形成藏传佛教之前还是食鱼的。但随着藏传佛教的形成，教法中有关教徒不许杀生的戒律，藏民才逐渐不食鱼肉了。据华先生讲，印度北部一带及西藏靠近喜马拉雅山一带的藏民还是食鱼肉的。

仰缶庐谈吃
第三集

祁连山售卖黄蘑菇的商亭

7月份我去西宁是青海三江雪穆华峰董事长接待的,他安排我们住在有他股份的城西区西川南路的西宁铂高假日宾馆。在宾馆的马路对面一清早就会有一个早集,卖些土特产食品。住在铂高假日宾馆的几天内,我

祁连山街边卖黄蘑菇的小贩

几乎天天早起去买两碗大通回族人自制的酸奶喝。一开始我以为酸奶上漂的黄色油花是牦牛奶特有的,后来才知道是制作酸奶的人在酸奶制好后点上的几滴食用油,以此增色。大通的酸奶多为普通的牛奶制成的,并非牦牛酸奶。喝牦牛酸奶非得到老藏民家去喝他们自酿的酸

祁连黄蘑茹

山东杨家埠著名年画木刻家张殿英先生为作者美食著作出版赠贺《灶王》年画

奶,那才正宗呢!

8月份我去祁连山时,在从海晏到八宝镇的路上,沿途有许多藏民自搭的简易帐篷用来卖酸奶。我一路上喝了有三四碗。藏民自酿的酸奶呈小疙瘩状,无黄色的油花,很酸,食时可加糖,也很膻,但有一种特殊的牦牛奶香味,是非牦牛奶所不具备的味道。其实凡是食草的动物肉都会有膻味,不膻的牛羊肉,大多是喂饲料,非自然散养吃草长大的。

我与家人在西宁期间,当地人都说:"沙力海"的菜做得不错。一天晚上,我们在沙力海要了青海老酸奶、高原人参果、蒜香枸杞芽、烤羊肉串、过桥羊排、椒盐羊肝、农家青稞饼及祁连菇炒肉(黄蘑菇)等。祁连菇炒肉是我们第一个吃完的菜。

仰缶庐谈吃
第三集

著名画家阿老先生（1920—2015年）为作者美食著作出版绘制《拉萨之舞》

  2008年秋天，"曼唐灵光"创作团队去青藏高原采集素材，是武警水电部队接待的。我们由次旦久美教授陪同拜望了躺在病榻上的国医（藏医）大师强巴赤列教授。在从拉藏去纳木措的路上，途径当雄一藏式餐厅吃午饭，我见其餐厅有特色菜折耳根皮蛋、高原熊掌、红焖羊蹄、圣湖鲜鱼、川式羊排、拉萨鲢鱼、羊杂汤锅、藏香风味鸡和高原黄蘑菇等。

  没过几天，我又和文塔教授、翰苑尊先生等一行乘北京至西宁的头一班航班飞到曹家堡机场。我印象很深的是飞机上提供给乘客的早餐是一个

祁连黄蘑茹

烧饼夹牛肉，外用锡纸包装，并贴有一清真标识。烧饼是加热过的，很香，我吃完一个没解馋，又跟乘务员要了一个。下了飞机，直奔塔尔寺宗康佛爷处和关嘉佛爷处，向他们请教有关藏医药文化方面的问题。

在西宁住的那几天，我们几乎天天跑塔尔寺和藏医药文化博物馆，为"曼唐灵光"藏文化系列创作寻找素材和灵感。

当然在工作之余，享受一下当地的美食也是不可缺少的一堂食品文化补习课，它和我们的创作任务也是相关的。

这堂课上，像黄蘑菇、蕨麻、牦牛肉、手抓、尕面片、青稞酒、狗浇尿、搅团、甜醅、羊肠面、奶皮、酥合丸、糌粑、酿皮子等是必不可少的内容。

2010年夏天，中联部摄影家协会副主席兼秘书长陈明文先生给我送来了一台照相机，并叫我参加7月16日~22日在西宁举办的"2010中国（青海）三江源国际摄影节暨'丹噶尔'杯摄影大赛"。

其间，组委会组织摄影家们参观了塔尔寺、丹噶尔古城、原子城、倒淌河、金银滩及在盛开的油菜花景区。随后，由明文先生的好友、摄影家、青海省林业厅的张胜邦先生及黄南州林业技术推广站的史全顺站长全程陪同，接待我俩去了趟黄南。我这次则是更为细致地了解了黄南州的唐卡艺术。在热贡艺术之乡隆务寺及其属寺吾屯上下寺拍了许多照片。明文兄把上次他来隆务寺及吾屯上下寺为活佛们拍的照片及风景照洗成大片，精心地装在框子里敬献给了寺管会及活佛们。我们本想拜访一下夏日仓仁波切，不巧的是夏日仓佛爷临时有事出门了。胜邦兄和史站长又特意安排我俩在麦秀林场住了两天，我向藏民们学习了有关挖虫草的知识。回西宁时，胜邦兄绕道开车又领我俩参观了夏琼寺。

这一趟青海之行，光照片我拍了近5000张，请回几幅画工精细的唐卡。我共请了四幅唐卡作品，一幅为《坛城》，另一幅为《红度母》，还有一幅是《宗喀巴》，再有一幅是我专门定制的《仓央嘉措》。这些唐卡的画风现已很难分辨出具体属于哪一种派别，有人说热贡唐卡属于噶玛嘎孜（赤）派，也有人说是新勉唐画派，就像夏吾才让大师所开创的夏吾系学院派一样，他的弟子娘本大师在继承夏吾大师的唐卡绘画风格基础上，又有所发展。已很难说清真正的热贡唐卡大师属于哪一流派了。

2014年6月由北京民族文化宫承办了一个"民族自治州成就展"系列活动之一的"圣洁甘孜·走进北京——四川甘孜藏区文化旅游宣传周"活动。我在这个藏族非遗文化展上，我又请了四幅唐卡。这是德格印经院用清雕版手工拓印在藏纸（狼毒纸）上的唐卡，其实就是木版画，一幅画由3块木版拼印而成，弥足珍贵。我用其中的《格萨尔王》和《莲花生大师》两幅唐卡，请画家尼玛泽仁、丁科仓仁波切、那仓仁波切、策墨林仁波切、东宝仲巴仁波切、宗洛仁波切、珠康仁波切、新杂仁波切、赛赤仁波切、德哇仓仁波切、嘉木扬仁波切、祜巴龙庄勐总住持、妙江法师等在唐卡上签名。签名后的这两幅唐卡更为弥足珍贵了。

除了精神食粮，还有物质基础。这趟青海之行我对虫草、发菜、黄蘑菇的知识也有所提高。住在麦秀林场的两天里，和藏民们生活在一起，同他们一起包"阿卡包子"，吃"冰抓"（做好的羊肉从冷冻的地方拿出来直接用手拿着吃），体验了亲近大自然的真实感受。

黄蘑菇是藏民的美食之一。

夏天，草原草甸雨后放晴的第二天，藏区牧民多会骑着摩托车在草原上采撷黄蘑菇。如是昨天下的是小雨，黄蘑菇的产量不会太多；如是暴雨，第

祁连黄蘑菇

二天必定是采摘黄蘑菇的丰收日。稀疏的草甸地带是黄蘑菇的多产区。

采摘后的新鲜黄蘑菇除炒着或炖着吃之外，最简单又最美味的吃法是烤着吃。

将洗净的黄蘑菇菌盖冲下，放在用粗铁丝编成的网箅子上用牛粪（或木柴）焙烤。在蘑菇的菌盖内放块酥油和点儿盐粒，再在上面撒点儿糌粑（熟青稞面粉），味道香美无比。

这种吃法多在夏日，选择有河滩的地方野炊时或藏族节日上（如智阁鲁如，即"六月花会"），并与藏族传统美食手抓牦牛肉、阿卡包子、烤藏羊排、奶茶、酸奶、青稞酒及百威啤酒（藏族人爱喝百威啤酒）等一起食用。席间，人们载歌载舞，构筑了一幅绚丽多彩的幸福画面。

烤蘑菇如在家中制作，选用风干后的牦牛粪放在藏炉中燃至通红夹出，碾成大小均匀的块后围放在藏炉火口周边，将清洗好的黄蘑菇（可将菌柄去除，以尚未打开菌盖的黄蘑菇口感最好）菌盖朝下直接放在牛粪上，在炙烤的黄蘑菇菌盖中放点儿白砂糖（亦可放盐）、酥油，最后在菌盖中撒上一层糌粑即可。这是藏家牧民吃烤黄蘑菇的常用方法。

我从祁连买回的500克黄蘑菇，没过一个月，正赶上我爱人的生日。我用头天晚上从萨拉伯尔吃饭时剩下的所谓"雪花和牛"（国内没有真正的和牛，只是极品5A西冷牛肉）和鳌虾、笋干、干贝、百合、黄蘑菇等食材做的卤，浇手擀面，另又蒸了公母各对的河蟹，又加上闺女给她买的生日蛋糕，为其在家过了一个生日。

做"牛肉黄蘑菇卤"是将雪花牛肉切成指甲盖大小的方块，放热油锅中与事先加有葱姜的食材煸炒，加入去壳去头的鳌虾段、发好后改刀的笋干、蒸过并用手撕好的干贝、黄蘑菇，再加料酒、酱油，泡黄蘑菇的水、

仰缶庐谈吃
第三集

> 雪域味道
> （珠康活佛签名）

中国佛教协会第七届、第八届、第九届、第十届副会长，中国佛教协会西藏分会第八届、第九届、第十届会长，西藏佛学院院长珠康·土登克珠活佛为作者美食著作题词："雪域味道。珠康活佛。"

盐、胡椒粉等，再在锅中甩上一个鸡蛋液（亦可不甩）。关火时把鲜百合瓣投入卤中，在卤中心撒点儿切碎的香葱或青蒜末，浇上热花椒油即成。

我一般多会用买回的黄蘑菇与肉片同炒，或在做其他菜肴时随意放点儿，并用泡黄蘑菇水作为炒菜时用的"高汤"，效果都不错。总之，黄蘑菇也是在做菜肴时可百搭的食材。

农历丙申二月二那天，我和我爱人都发现家中飞有小扑棱蛾子。起初我怀疑是家中的大米生虫了，查来查去发现竟是买来的黄蘑菇生虫了。三下五除二，我将穿黄蘑菇的线剪断，把黄蘑菇全都泡入水中清洗，有不少黄蘑菇因为虫蛀的原因，都"风化"了。我以最快的速度将黄蘑菇洗好，

祁连黄蘑菇

著名书法篆刻家白汝先生为作者制"仰缶庐"一印

并挑出品相相对完整的黄蘑菇与牛肉片炒了一盘肉片炒黄蘑菇,我同我爱人一边干活一边将其消化掉。

第二天我又如法炮制,女儿在我炒的肉片黄蘑菇前一看,对我俩说:"这里面还有不少小虫子呢!你俩还真会享受,又是氨基酸又是高蛋白呀!"我戴上老花镜一看,炒的肉片黄蘑菇里还真有不少的小虫子,敢情昨天我俩吃的是"肉片黄蘑菇炒小扑棱蛾子"!我还真没吃过,昨天是第一次,今天是第二次,全当吃高蛋白了呗!

我盘算了一下,黄蘑菇是去年9月份买的,放到转年3月份就长虫子了,满打满算就半年的时间,而且正是农历龙抬头那天发现黄蘑菇长虫的。

祁连黄蘑菇只是黄蘑菇生长在祁连山区域内的一种,青海其他地区如与祁连县同属海北州的海晏、刚察,海西的天峻,黄南的泽库、河南,海南的共和、贵德、兴海,果洛的玛沁、甘德、久治及玉树等地都产黄蘑菇,但尤以青海境内青海湖畔至祁连一带纯天然无污染的地区所产的质量最好。西藏亚东的帕里、芒康的邦达、堆龙德庆、当雄、藏北及珠峰地区海拔5000米左右的高山草甸,四川的石渠,甘肃的甘南,陕西、云南、贵州、河北等海拔在3000~4300米左右的草甸上都产,集中分布为3200~3800米左右的草甸上。

黄蘑菇的学名叫"黄绿蜜环菌",也叫"金蘑菇""草原口蘑""石渠白菌"等。

黄蘑菇还有一个称谓——皇菇。这个称谓源自年羹尧和赵尔巽。雍正时期,年率兵平叛了西藏乱事和青海的罗卜藏丹津。青海当地土王臣服,向朝廷进贡的贡品中有黄蘑菇一味,因此称之为"黄菇"。

这个黄蘑菇,指的就是祁连黄蘑菇。

另清末四川总督赵尔巽曾将四川甘孜石渠产的黄蘑菇敬献给慈禧,慈禧品尝后甚为满意。故有人称其为"皇菇""宫廷菇""皇室蘑菇"等。这种蘑菇叫"石渠白菌",产雅砻江流域的海拔4080~4200米之间的草原上。

也有记载说石渠白菌得名皇菇的叫法是源于赵尔丰,并非赵尔巽。赵尔丰和赵尔巽都做过四川总督,赵尔丰是赵尔巽的弟弟,赵尔巽在赵家排行老二,老三为赵尔丰,老大为赵尔震,老四为赵尔萃,他们的父亲是赵文颖。

说点与黄蘑菇无关的题外话。

在1996、1997年的北京书画拍卖会市场上经常可以见到赵尔巽的书法,赵尔丰的字相对少一些,年羹尧的字更少。当时赵尔巽的一副对联也就拍2000~3000元左右,超不过5000元。2015年在某拍卖公司的秋拍上我看上了一副赵尔巽的字对儿,我没竞买成功,加佣金这副对联已超过25万元了。我没买成的原因,就是爱用现在的市场价同以前的市场价格相比,致使我屡屡失手。

甲 鱼

1998年我母亲在北京友谊医院被确诊为肺癌。之前有半年左右的光景吧，我们家人曾拿着我母亲的胸片找过时任放射科主任的李铁一教授看过一次。李主任认为我母亲因年轻时得过肺结核，胸片中显示的一个小白点儿应是钙化点儿，没事，并不是肺癌。之后，我母亲咳痰时痰中老带有鲜血，并时常伴随身体发低烧，就又照了一次胸片，才有李主任第二次的看片经过。

不久，我母亲就住进了中国中医科学院广安门医院的肿瘤科，在孙桂芝、朴炳奎等专家的治疗下，病情比较稳定。我母亲住院后，我发现肿瘤科的住院病人家属基本上都会隔三岔五地给患者送甲鱼吃，尤其是在病人做放、化疗期间，送甲鱼菜肴的病人亲属特别多。

我们也是从那时开始让我母亲吃甲鱼的。做甲鱼菜的方法基本上就两种，一是红烧；二是做汤。

红烧出来的甲鱼一般腥味较小，但做汤的甲鱼成菜后腥味重。那个年代买的甲鱼很少有活的，大多是冷冻的，不像现在可以现买现宰。冷冻的甲鱼最大缺点，就是只能做红烧甲鱼，一做清炖（汤）必腥无疑。

我记得我曾经问过朴炳奎副院长等人，吃甲鱼对癌症病人是否有益？

作者制作的"清炖甲鱼"

答案是肯定的。

那一时期,我四九城地买甲鱼、芦笋(是罐装的,大多为进口的白芦笋)、鲨鱼等对抑制肿瘤发展及对治疗肿瘤有一定功效的食材。

我还记得当时卖鲨鱼肉的地方只有崇文门菜市场。买上一小块,回家用花椒水、葱、姜、大料水、料酒、胡椒粉、盐等,把切成小块的鲨鱼肉腌渍二三小时后,挂混合蛋液和淀粉的糊浆,入油锅炸。炸成金黄色捞出,撒点儿椒盐趁热吃。

炸鲨鱼肉块时,满屋子的那叫一个腥。趁热吃炸好的鲨鱼肉块挺香,一凉就变腥了。

据说,鲨鱼肉对肿瘤的发展有特殊的抑制作用。而且,海中的鲨鱼没

甲鱼

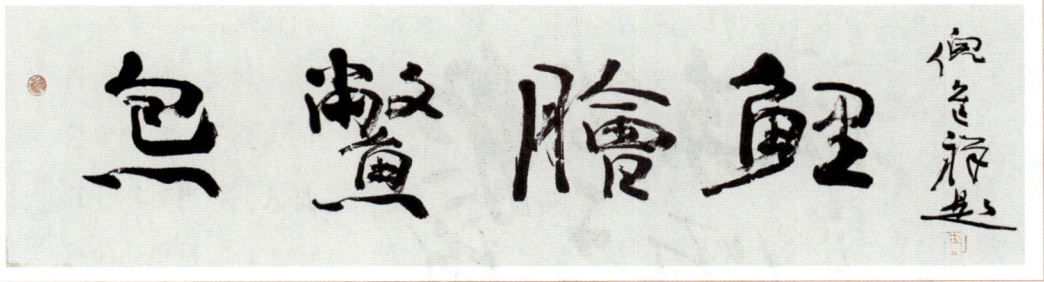

著名书法家倪进祥先生为作者美食著作题词："包鳖脸鲤。"

有得癌症的，鲨鱼有对其身体破损后自行修复的功能。

没多久，我碰见一个特明白的大夫。他告诉我，恶性肿瘤患者什么食品都可以吃，吃什么对患者都有好处；只要患者能吃，就让他随便地吃。

我母亲的胃口一直都很好。就在她临去世的一周前，她想吃两样东西，一是牛尾；二是龙虾。

我先为她老人家做了炖牛尾，在病榻前喂了她三小块吃。我心想，过几天再给她做龙虾吃。不承想，她突发肺部感染，躺在病床上，大口大口地喘着粗气，属于半昏迷状态，根本不能进食。

肿瘤科的陈长怀副主任在"十一"放假期间全盯我母亲的病情，直到我母亲在生命的最后一刻，他还在积极抢救，真是令我感动不已！

事后，我无论以什么方式向陈主任致谢，他都不收。我没办法，找到时任中国文联副主席、中国书协副主席的刘炳森先生，请他给陈主任写幅字算是我对陈主任的答谢。炳森大哥为陈主任写了"悬壶济世"四个大字，并题"长怀大医师存念"字样。当我将为炳森先生准备的润笔费呈给他时，他对我说："这个钱，我一分也不能收。只要是你父母的事，你随

仰缶庐谈吃
第三集

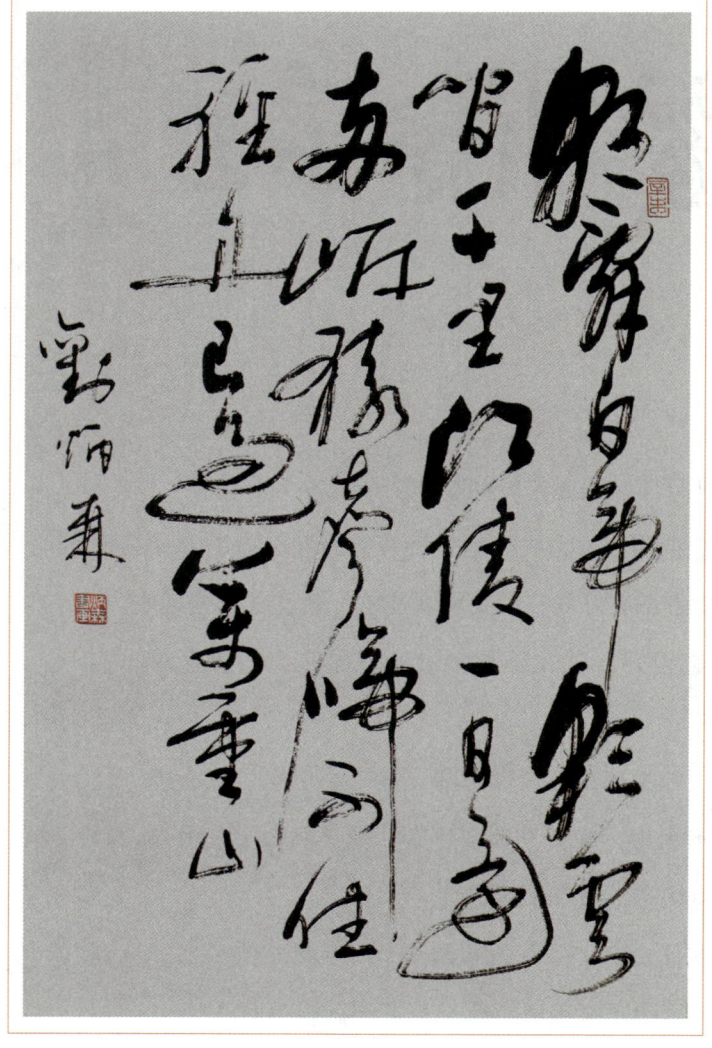

中国文联第七届副主席、中国书法家协会第三届副主席刘炳森先生（1937—2005年）为作者书写的草书李白《早发白帝城》作品

时找我。"

其实，炳森大哥的大公子比我的岁数都大。我当时称呼其"大哥"是想让他感觉自己还很年轻，岁数不大的意思。

我母亲去世的时候是2000年，68岁。过5年后，炳森大哥也因肺癌去世，也是68岁。我母亲和炳森大哥患肺癌之前，都得过糖尿病。糖尿病和肺癌之间是否有什么关联我不得而知。

我在炳森老师的遗体告别仪式上，望着遗像中他那慈祥和蔼的面容，再看看静静地安卧在鲜花翠柏中的炳森老师，面容中依稀还能察觉出他在弥留之际让病魔折磨过的痛楚之情，这个人就是我最敬爱的师长之一。他是位好人，是位有大德行的学人，更是位能食人间烟火的大书法家。

甲 鱼

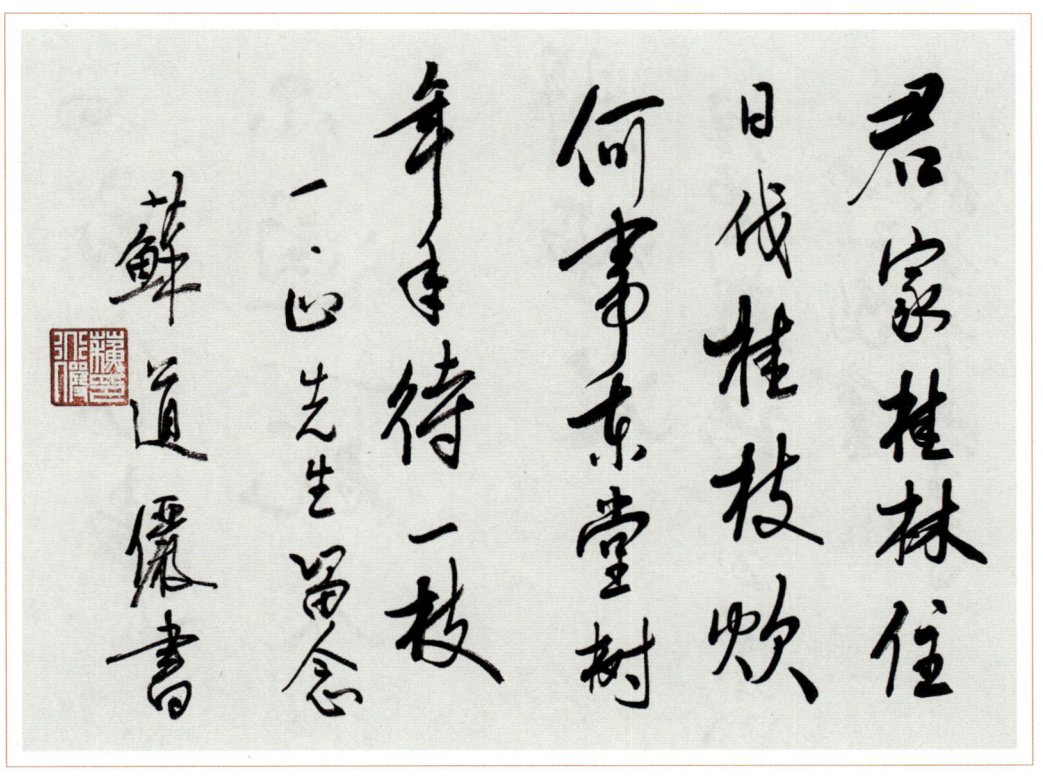

著名书法家苏道俨先生为作者美食著作题词:"君家桂林住,日伐桂枝炊。何事东堂树,年年待一枝。一正先生留念。苏道俨书。"

炳森老师生前对我的帮助,我和我的家人将会永远铭记!

我母亲在患病期间给她吃甲鱼,纯属是以甲鱼作为具有药膳功能的食品来食用,并没有把甲鱼当作一味美食享用。

我母亲去世后,安徽芜湖的企业界朋友俞念思女士一到北京必给我带几只固城湖产的野生甲鱼,同时带来的还有产自固城湖的大闸蟹、黄山市的太平猴魁,后两样是我爱人的最爱。

因俞总每次带给我的甲鱼比较多,我就会拿到菜市场请专卖甲鱼的商

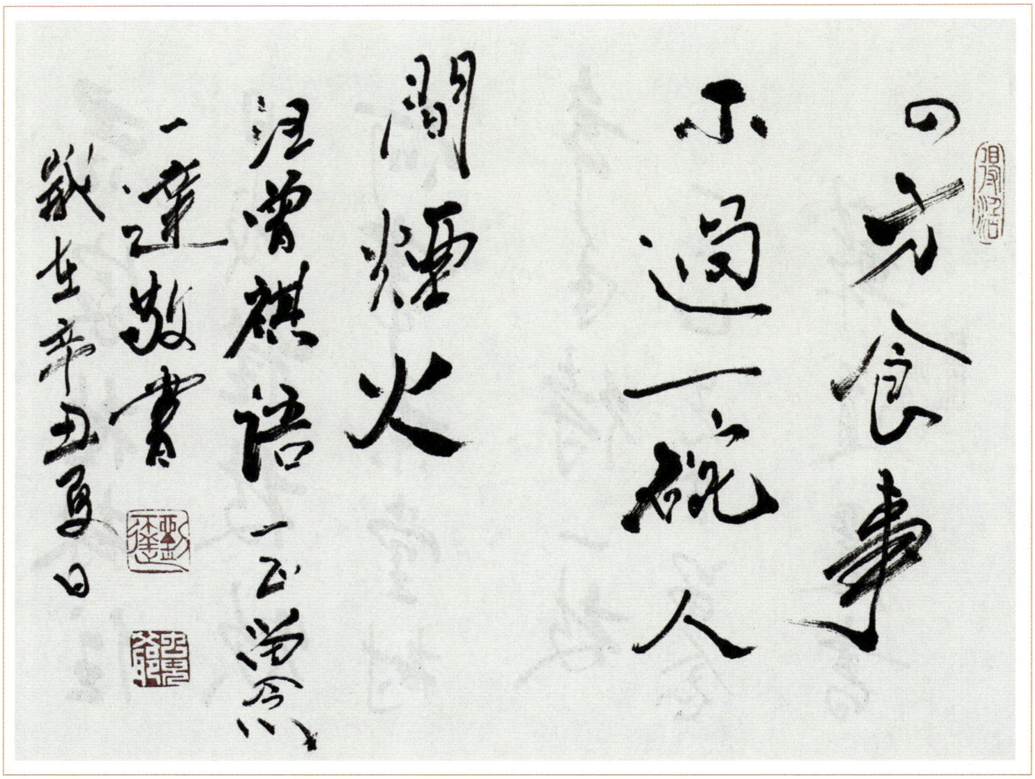

仰缶庐谈吃
第三集

著名作家刘一达先生为作者美食著作题词:"四方食事,不过一碗人间烟火。汪曾祺语。一正留念。一达敬书。岁在辛丑夏日。"

贩宰杀后,放进冰箱冷冻,慢慢地将其消化。

有一次,卖甲鱼的商贩告诉我,你可以将送给你的活甲鱼养一段时间再宰杀,这样你可做清炖或煮汤吃。只是家养一段时间的甲鱼会慢慢瘦下去,不如人家一开始时送来的肥美。

打这儿以后,俞总再送活甲鱼来,我就会用家里最大号的洗衣盆加一点点水,将甲鱼放进去,慢慢地养着。吃完一只后,过一两个礼拜再做一

甲 鱼

只吃。

农历丙申年的元宵节那天，苏州的石群、王春龙夫妇特意从苏州开车到北京来看我和画家杨德才，带来了一只产自太湖的野生大甲鱼和两只风鸭。

我又把家里的大洗衣盆拿出来，反复用清水洗涮，生怕冲洗不干净，盆中的残留液会把甲鱼弄死。把清洗好的洗衣盆注入一点点儿清水，把那只2千克重的大甲鱼放入盆中，又在盆上压上一个大案板。

到了深夜，睡梦中的我迷迷糊糊地听到"呱呱呱"地声音，我定了定神，琢磨这声音出自哪里。我披衣下床来到客厅一看，原来是那只甲鱼在挠盆往上爬。甲鱼一听见动静，就趴在盆中一动不动地待着了。

天一亮，甲鱼也会静静地待在盆中一动不动。

过了几天，我提着装有那只活甲鱼的塑料袋来到菜市场，请卖甲鱼的商贩帮我宰杀。卖甲鱼的商贩从塑料袋中将甲鱼拿出来放在宰杀水鲜品的大砧板上，她对我说，这是只野生的甲鱼，我们是不敢杀这么凶猛的大甲鱼的，不过您拿来了，还是替您宰杀了吧。她用左手按住甲鱼的背部，右手拿一剪刀夹住甲鱼的头，使劲将其脖子拽出后迅速再用剪刀剪破甲鱼的头（不要剪断），右手放下剪刀又拿起一把菜刀，左手继续按着甲鱼的背壳。右手用菜刀对准甲鱼裙边上的壳子边缘，把刀放平，平推刀刃将刀锋叉入甲鱼的体内，沿壳边缘用刀转了几乎是一个圈。右手将刀放下，拿起剪刀将甲鱼内脏及腹部的肉剪断，左手和右手对准刚下刀处的甲鱼背壳尾端，同时微微用力一掀，甲鱼的背壳就掀开了。她又拿起菜刀沿甲鱼排便处，将排泄器官切除；用右手将甲鱼体内的内脏拽掉，并把甲鱼体内大块的黄色油块一并去除。

我将甲鱼拿回家后，进行再度加工。

仰缶庐谈吃
第三集

著名画家，中国道教协会第六届、第七届、第八届、第九届副会长唐诚青先生为作者美食著作出版贺画

第一步，把甲鱼放在清水池中反复清洗浸泡，用小刀、小剪子等尽最大可能地将甲鱼体内的黄色（有白色的）油脂去掉。

再烧一壶热水，水沸后，将沸水倒入一大盆内，当水温达到80℃~90℃时，把甲鱼放入热水中浸泡两三分钟，并要在热水中左右翻腾甲鱼，使其体外的每一处都能受到热水的浸泡。

这时，甲鱼体外会有一层薄薄的黄白色膜衣皱起，用右手撕去这层膜衣，撕得越干净越好，特别是甲鱼的四爪、脖子处要仔细处理。

此时，可将这一盆水倒掉，重新再烧一壶热水，待80℃~85℃时（温

甲鱼

度不可太高，太高会导致将甲鱼的裙边及四爪烫烂）再将甲鱼浸泡三几分钟，继续细致地清理一下甲鱼体外的膜衣。确认甲鱼的膜衣全部清除掉后，用清水再反复冲洗甲鱼，力争把甲鱼体内的油脂清除得越干净越好。

第二步，用大号砂锅放多半锅水，点火，水沸时，将整只甲鱼放入锅中，见锅中水沸时，打去水中的浮沫，将甲鱼捞出。把砂锅中焯过甲鱼的水倒掉，清洗砂锅，再加入多半砂锅的水；水沸时，将甲鱼放入锅中，如水沸时还有浮沫，则要将浮沫打掉；锅中加点拍压过的姜块或姜片，改小文火炖煮一个半小时放盐即熟。食时，用手勺或筷子一夹甲鱼就会自然成为若干小块，喝汤时加点胡椒粉更妙。

如果炖好的甲鱼一顿吃不完，可连锅一同放冰箱冷藏室；假若是冬天可将吃剩的甲鱼放在家中阴面的晾台或窗根儿下即可。冷冻后的甲鱼汤汁会结冻儿，如同肉皮冻儿。如做的甲鱼汤中油脂太多，吃时嫌腻，可在冷冻后的甲鱼汤中将油脂剜去，再将汤加热后喝。

刚宰杀过的甲鱼最好吃的做法就是清炖，而且也很本真健康。做时只放姜和盐，其他的佐料都不用放。甲鱼体外的一层膜衣和体内的油脂是甲鱼腥味的源头，去掉这两样东西，只要是新宰杀的甲鱼，一般做出来都不会腥。

前人有关对甲鱼的赞美及诗文在古典文籍中俯拾即是，用甲鱼成菜的美馔数不胜数。当然这里面有做得好吃的，也有一般化的、过于追求花哨稀奇的做法。

用甲鱼成菜，好吃又健康的食法才是硬道理。

对了，我忘了告诉诸位，我到现在为什么还吃甲鱼，大夫告诉我，吃甲鱼对冠心病和高血脂的患者有一定的辅助治疗作用。

豆角粘卷子

豆角粘卷子是平谷区的一道平民美食，基本上每个家庭主妇都会做。

我真正对豆角粘卷子产生兴趣，始于2016年的4月份去平谷看桃花。当地一职业司机开车带我们一行边走边看，去了镇罗营、熊儿寨、黄松峪和南独乐河等乡镇的桃花景区。

当天，我们住在了离金海湖不远处的北京市教工休养院（北京育新苑宾馆）。教工休养院的侯福君院长特意安排厨师每餐要尽可能地为我们做一些平谷当地的特色菜，而且要全部清真。

有一天吃晚饭时，教工休养院的历任领导如沈玉芳书记、郭明增副院长、刘广副院长、李祥副院长及现任院长侯福君等悉数到场，晚餐上的食品全都是平谷特色菜。此时，服务员端上一平底锅，锅中有多半锅的汤汁，汤汁里漂有许多宽面条似的面食，老书记沈玉芳告诉我，这就是平谷美食"豆角粘卷子"。我问沈老，豆角和卷子在哪儿呢？在座的老领导们说，这个跟宽面条一样的食品就是卷子，豆角则在锅底下呢。我说这跟我以前在平谷吃的豆角粘卷子不一样？侯院长说，平谷人做豆角粘卷子的方法有许多，这只是其中的一种。我尝了几筷子的豆角和卷子，真好吃！也许是因我白天刚上了盘山，又从盘山步行用四五个小时下山，特别饿，桌

豆角粘卷子

豆角粘卷子

上的这锅豆角粘卷子我吃得最多。

在座的这些教工休养院的老领导们,基本上都是平谷人,他们对平谷的特色食品如数家珍。席间上的诸如"炸花椒芽儿""炸蝎子""侉炖鱼""黄松峪滋味菌锅""平谷多层肉饼"等均为平谷特色菜。

在饭桌上,我一边向一同就餐的老领导们请教有关平谷的饮食文化问题,一边用手机录音。这时,有一老领导提议,让我给在座的每一位老领导写一幅字,算是付给他们的"咨询费",我表示赞同。

我一向对教师充满敬意。教工休养院里的大影壁墙上,由我的恩师沈鹏先生2015年题写的:"没有爱就没有教育"这句话,是对教育工作者最好的诠释。

仰缶庐谈吃
第三集

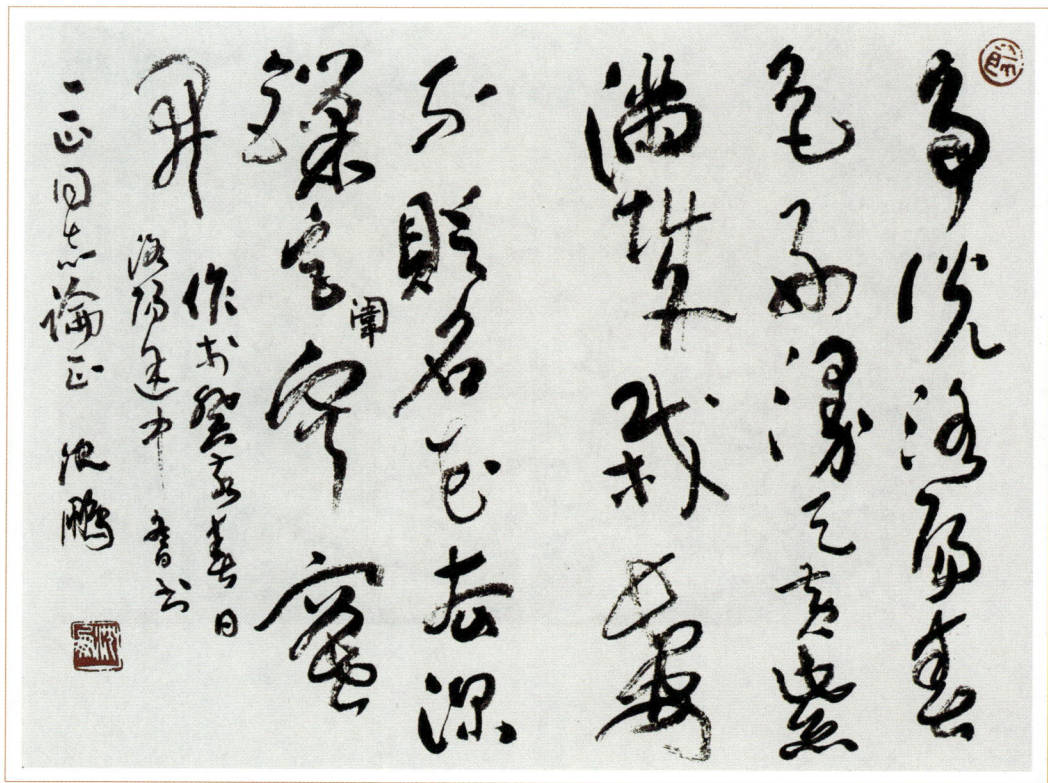

中国书法家协会第三届、第四届主席沈鹏恩师为作者书写的自作诗书法作品。释文为:"争说洛阳春色好,漫天黄紫满城栽。长安不贬名花去,深锁宫闱寂寞开。作于《癸亥春日洛阳途中》。冬日书,一正同志论正。沈鹏。"

在教工休养院的幽篁书院内,配有专业的书画室,我在此为昨晚同桌用餐的教工休养院离退休的几位老领导每人写了一幅字,算是我对他们献身教育工作几十年的致敬吧!

2016年7月,平谷的大桃熟了,我又同诗人闪世昌先生一行来到了刘家店镇。刘家店镇以出产蟠桃著称。我们在岳清涛社长的北京绿谷沃丰(汇德)果品产销专业合作社参观。这时正赶上桃子成熟季节,桃农每天

豆角粘卷子

从早上4点多钟到晚上8多钟陆续排队到合作社送鲜桃,忙得不可开交。已是接近晚上9点了,岳社长还在忙,他叫女婿饶伟开车带我们到一个叫碧霞源民俗餐厅吃饭。我点的菜,以清淡的蔬菜为主,有用刚下来的西葫芦做的清炒西葫芦、尖椒土豆丝、摊土鸡蛋、拌豆腐丝等,我们只要了一个荤菜,就是用当地土鸡做的"豆角粘卷子"。

豆角粘卷子上桌时,是装在一个大腹口盘子里,鸡块和扁豆覆盖在卷子下面,只在盘子的中心部留有一点点的汤汁。闪老特别爱吃此菜,我此时的感觉也是同闪老一样的。吃饭时,不知不觉外面下起了瓢泼大雨,我们几个人就只能留宿在岳社长家了。

第二天五六点钟我们几个人就在镇上吃了碗豆腐脑,外加一个炸油饼后,就去了丫髻山。从丫髻山回来又去桃园,岳社长此时早就备好了笔墨纸砚,让我为桃园留几个字,我就用闪老的"丫髻山下蟠桃醉,平谷境内

豆角粘卷子

仰缶庐谈吃

第三集

著名书法家龙开胜先生为作者书写的书法作品。释文为："村野苔为径，茅檐竹竹（作）篱。神清和月写，香远隔烟知。老树有余韵，别花无此姿。诗人风味似，梦寐也应思。宋张道洽诗一首。书奉刘一正先生雅赏。壬辰之秋，龙开胜奉上。"

绿谷丰"的句子给岳社写了副对联。

中午，教工休养院的老院长高学明设宴在位于平谷城区府前西街的平谷社会服务中心请我们吃饭。席间，又上了"豆角粘卷子"。高院长知道我和闪老都是回族，特意做了一桌子的清真饭。社会服务中心餐厅的饭菜做得讲究，水平入流，豆角粘卷子用的是牛肉，而且选的都是腰窝儿和腱子。肉炖得软烂丰腴，豆角也没有一点儿的筋丝，花卷则筋道可口。再加上室内装饰有王友谊先生用大篆写的丈二尺幅的书法作品，这顿饭吃得很是惬意。

吃饭时，高院长还同我聊起了请我的老师欧阳中石先生及师母张茞京女士等到教工休养院小住，并请欧阳先生为休养院题写了"烛颖阁"及"育新苑"的经过。

2016年是北京市教工休养院建院30周年，院方希望我们为休养院写几个字。闪世昌先生为此专门撰联曰："三十而立成千上万教师在此健体抒怀砺志；四境闻名越拾超佰国事于斯绘图荐贤举英。"我特意用安徽泾县

豆角粘卷子

著名书法家杨明臣先生为作者书写的书法作品。释文为:"阳月南飞雁,传闻至此回。我行殊未已,何日复归来。江静潮初落,林昏瘴不开。明朝望乡处,应见陇头梅。宋之问《题大庾岭北驿》。一正先生雅念。壬辰中秋,明臣书。"

产的红星手抄八尺整纸对裁将闪老的联句写成龙门对儿,以兹庆贺。院领导非常高兴,答应再做"豆角粘卷子"致谢我与闪老。

之后,我每年的秋天几乎都要来北京教工休养院小住几天。小憩的同时,主要的目的是品尝这里的美食。豆角粘卷子仍是教工休养院餐厅的保留"节目",像"柴鸭粉条炖红蘑(粉条用太务产的,红蘑亦为平谷之特产山珍)""铁板巴楚菌""油焖大虾""炭烤虹鳟鱼""金丝凤尾虾""脆皮乳鸽""雀巢明虾粒""蟹肉扣豆花""清蒸中华鲟""教工香肠""云丝羹""炸豆腐丸子""豆腐脑""肉烧饼""京东肉饼""芝麻酱糖饼"等菜品面点,都是教工休养院的招牌美食。

我爱到这里小住的另一个原因,是这里的文化氛围比较浓重。教工休养院除有沈鹏先生、欧阳中石先生等书法界翘楚的题字外,还有像叶培贵先生、杨明臣先生、龙开胜先生、田伯平先生、孟繁禧先生等书家为其挥毫泼墨留下的大量的书画作品,布置于休养院的各个场所。

豆角粘卷子,是一道既有主食又有副食的佳肴;副食中又有荤有素;

仰缶庐谈吃
第三集

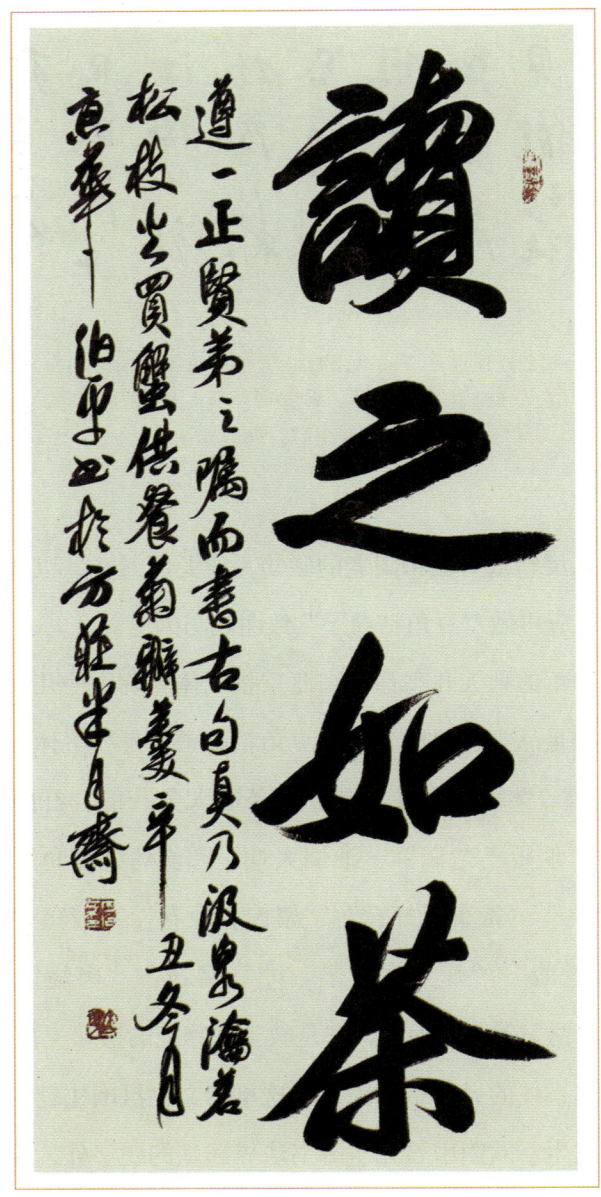

著名书法家、主持人田伯平先生为作者美食著作题词:"读之如茶。遵一正贤弟之嘱而书右句。真乃'汲泉瀹茗松枝火,买蟹供餐菊瓣羹。'辛丑冬月,京华伯平书于方庄半月斋。"

豆角粘卷子

荤类食材中，可选择牛肉、羊肉、鸡肉及鱼肉（多用鲶鱼），平谷当地的汉民则多用猪五花肉或排骨烹制此菜；素菜类的蔬菜如讲究一点儿的做法，则选用当地产的一种叫"白不老"的扁豆来烹制此菜。

豆角粘卷子的制作过程并不复杂。先将肉或鱼洗净斩块沥水，油倒锅中置火上加热后加入葱段、姜块、蒜瓣、干辣椒段（可不放）爆出香味，将肉块或鱼块放入锅中，加桂皮、大料、花椒、料酒、酱油、黄酱（可不加）、豆豉（可不加）、盐等调料，加水，水沸时打去浮沫，炖30~45分钟左右时加入择好寸把长、过了油的扁豆；取适量面粉加温水和面，面饧好后擀成大薄片，上面撒点儿盐、花椒粉（五香粉）等沾匀，卷成2寸宽的卷，用刀切成大拇指宽的条，用双手将面条的两角往各自相反的方向旋转，再略微将面条抻一下，取捏好的三条面条互相粘连在一起；平铺在炖有肉和扁豆的锅上面，每三条面条为一组一直将锅铺满，盖上锅盖焖煮15分钟后揭开锅盖；取一大盘子，先把锅中的卷子挑一边，在盘中摆上肉块、豆角等，再在上面铺上卷子放点儿香菜叶点缀一下即可。

做此菜时，亦可加入土豆块。可将土豆去皮切成滚刀块在油锅中略炸一下再同扁豆一起下锅，味道会更美。

做豆角粘卷子也可只用豆角、土豆等蔬菜，或只用土豆、茄子等蔬菜做成土豆粘卷子、茄子粘卷子、土豆茄子粘卷子等，不加肉，只素不荤；亦可做成只荤不素的肉锅粘卷子、鱼锅粘卷子等。

平谷地区农家做豆角粘卷子一般选用大柴锅做，将卷子贴在柴锅的周围，很像贴饼子熬小鱼（杂鱼）的做法。卷子熟时，贴在锅边旁的一层皮又酥又脆，而熰在锅中部分的卷子皮充分吸取了带有肉香和菜香的汤汁，一口咬下去则是又软又有风味。

平谷区的饭店及城区家庭群众的做法都是将卷子摆放在锅中的汤汁上，让卷子在充分吸收肉味和菜味后再用火慢慢将锅中的汤汁煨干。卷子中吸收的水分挥发光了，但肉和菜的味道却保存在卷子里。

豆角粘卷子同流行于甘肃河西走廊的羊肉垫卷子，新疆地方的大盘鸡（并非柴窝堡国道边的大盘鸡，是新疆改良版的大盘鸡），木垒羊肉焖饼，陕西的牛羊肉泡馍，东北及津、冀沿海一带的贴饼子炖（熬）杂鱼等菜品一样，都是既可当菜吃又可当饭食的风味特色美食。

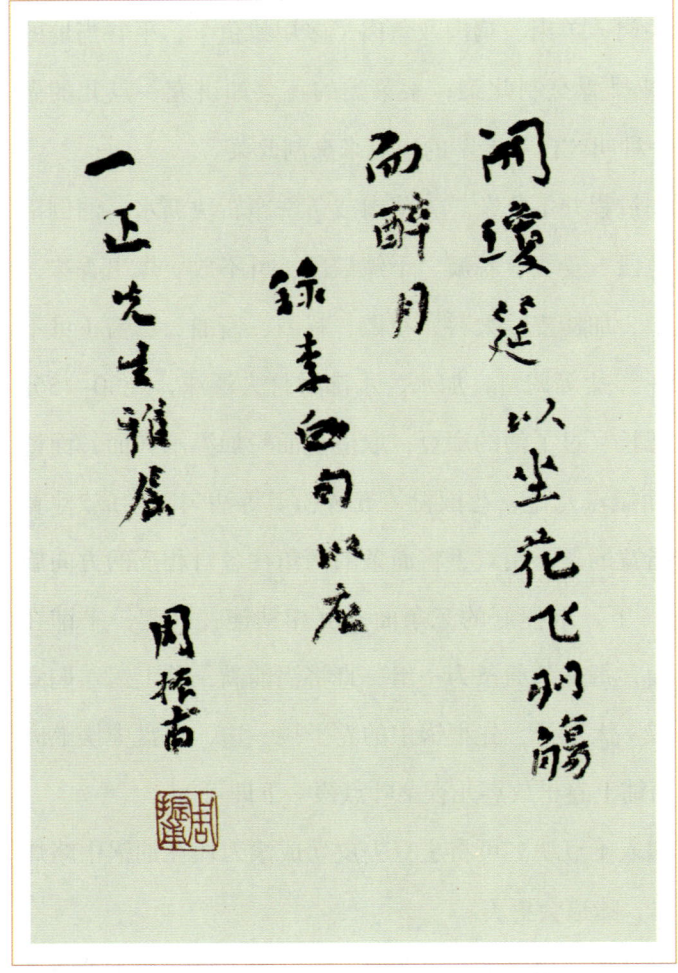

著名国学大师、资深编辑周振甫先生（1911—2000年）为作者美食著作题词："开琼筵以坐花，飞羽觞而醉月。录李白句以应一正先生雅嘱。周振甫。"

豆角粘卷子

豆角粘卷子又叫"农家一锅掀""铁锅粘卷子""肉锅粘卷子""粘卷子"等。平谷地区最有名的"农家一锅掀"当数山东庄镇鱼子山民俗村所做的"农家一锅掀"。

与"农家一锅掀"形成系列美食的还有"豆角焖面""棒子饽饽炖小鱼"等。

平谷的特色美食有很多,除了"鱼子山一锅掀"之外,还包括以下各种。

大华山镇挂甲峪民俗村的"挂甲峪小锅饽饽"、大华山镇泉水峪民俗村的"泉水峪大煎饼"、熊儿寨乡东沟民俗村的"东沟桃木熏鸽"、王辛庄镇太后民俗村的"太后大饼"及"太后黄泥烧鸽"、镇罗营镇玻璃台民俗村的"玻璃叶豆腐"(以玻璃树为原材料,制作"四盆八盘玻璃宴")、南独乐河镇北寨民俗村的"北寨烙肉饼"、金海湖镇将军关民俗村的"将军关栗子宴"及"将军关灌肠"、黄松峪乡雕窝民俗村的"雕窝烤羊"、金海湖镇海子民俗村用金海湖野生活鱼制作的"海子侉炖鱼"、刘家店镇行宫民俗村的"行宫擦咯豆"及刘家店镇东山下民俗村的"东山下石锅五禽系列"、刘家店镇前吉山民俗村的"前吉山萝卜丝干饭"、金海湖镇黑水湾民俗村的"黑水湾年年糕"、大华山镇东辛撞民俗村的"东辛撞杂粮包"、镇罗营镇张家台民俗村的"张家台香芹炒蚌肉"、镇罗营镇东四道岭民俗村的"东四道岭萝卜丝饼"、金海湖镇红石门民俗村的"红石门南瓜八宝饭"、黄松峪乡雕窝民俗村的"雕窝巧手点豆花"、大兴庄镇西柏店民俗村的"平谷菊花宴"等。

羊肉垫卷子

刚刚写完北京平谷的特色美食"豆角粘（zhān）卷子"，我觉得豆角粘卷子与流行于甘肃省河西走廊一带的"羊肉垫卷子"非常相像，无论是做法还是食法二者有异曲同工之妙。

羊肉垫卷子所用食材多为羊肉，当然也有用牛肉、鸡肉等做的。之所以多用羊肉，主要是因为古丝绸之路上居住着许许多多的穆斯林群众，而且当地有大面积的草场，养羊吃羊肉自然就成为顺理成章的事了。

做羊肉垫卷子多用羊羔肉。用羊羔肉做此菜主要源于以前每年牧民们在冬末春初时的"宰羊"。当时由于迫于对保护草场的需要，每年在冬末春初羊群开始大量繁殖时生下来的小羊羔不能让其全部存活，需宰杀一部分。这样宰杀的羊羔肉就用来做"羊肉垫卷子"，羊羔皮用来做皮草服装。

河西走廊地区生存的羊大多吃着含有中药成分的草，如沙葱、珍珠草、羊胡子、驴驴草等百十余种碱草，又有麻黄、秦艽、大黄、柴胡、车前子、锁阳、苁蓉、甘草等五十余种中药，加上羊群们喝着焉支山流淌的富含矿物质的冰雪融水和大气降水，因而羊的膻味小，肉质细嫩，丰腴香美。仅被称为甘凉咽喉、走廊蜂腰的丝路重镇——山丹地区就有600万亩天然原生态草场，早在4000年前就有人类在此牧羊，现有130多万只羊群

羊肉垫卷子

西津苑永昌老馆子制作的"羊肉垫卷子"

的养殖规模。

羊肉垫卷子正是源于永昌县和山丹马场一带这个富有大片草场、羊群多如白云的地方。

甘肃的张掖市山丹县、民乐县,酒泉市嘉峪关市等地的群众都有喜食羊肉垫卷子的习惯,而且这些市县又都把羊肉垫卷子作为本地特色美食向外推介。

2013年的夏天,我受《金昌广播电视报》编辑部主任肖永晖先生的邀请,由金昌市"花之林"餐厅老板喻仲朝、喻仲斌兄弟承办,在金昌市搞了两天的笔会。

仰缶庐谈吃
第三集

在金昌期间，因仲朝、仲斌兄弟是做餐饮业的，我又好吃，他俩就特地带我去了趟永昌"西津苑老馆子"，专门品尝"羊肉垫卷子"。西津苑老馆子的主打特色菜之一就是羊肉垫卷子。此外，也有特色筵席海菜头、永昌八大碗及永昌全家福、大煮羊肉、永昌金鳟鱼、永昌虹鳟鱼等菜品及搓鱼子、面辣子、汤粉、搅团等风味小吃。

西津苑永昌老馆子

永昌西津苑老馆子羊肉垫卷子的做法是：将羊羔肉剁切成小块，用清油加葱段、蒜片、干辣椒段爆锅出味后加羊羔肉块，加酱油、姜粉、花椒粉、盐等调味料及水；当羊羔肉焖炖到八成熟时，将事先和好并饧透的面团擀成长薄饼，在饼上抹上清油，卷成筒形，切成寸段，码放在锅中带汤的羊羔肉上；再焖约20分钟左右，羊羔肉烂、卷子熟时装盘上桌。

有的地方的人们在做此菜时，爱用本地产的胡麻油及菜籽油烹制；也有人在将饧好的面团擀成薄饼时，会在饼上抹上一层羊羔油并撒上一点儿葱花儿，使卷子增味；做卷子的面粉多用河西优质面粉，此面粉含面筋较

羊肉垫卷子

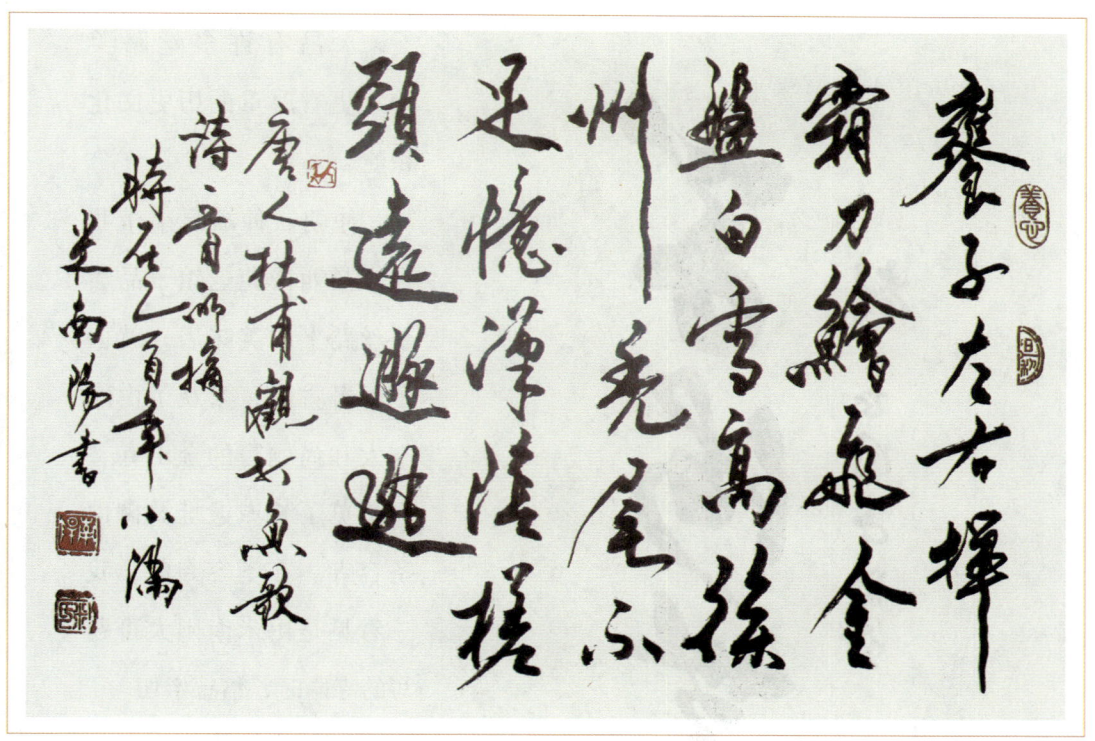

著名书画篆刻家、美食家米南阳先生为作者美食著作题词:"橐子左右挥霜刀,鲙飞金盘白雪高。徐州秃尾不足忆,汉阴槎头远遁逃。唐人杜甫《观打鱼歌》诗一首所摘。时在乙酉年小满,米南阳书。"

多,食之有嚼头。

做羊肉垫卷子也多用带骨的羊羔肉,如无羊羔肉,可用1~2年龄的羯羊肉。往有羊羔肉块的锅里放卷子时,也可加些去皮切成滚刀块的土豆,成就了亦菜亦肉亦主食的食法。

羊肉垫卷子中的羊肉,一般多用绵羊如小尾寒羊、波德代等羔羊肉,其中以焉支山无公害的山丹羔羊肉为最好。此羊肉质鲜嫩,瘦而不柴,胆固醇含量低,又无膻味,是制作羊肉垫卷子的上好食材。

仰缶庐谈吃 第三集

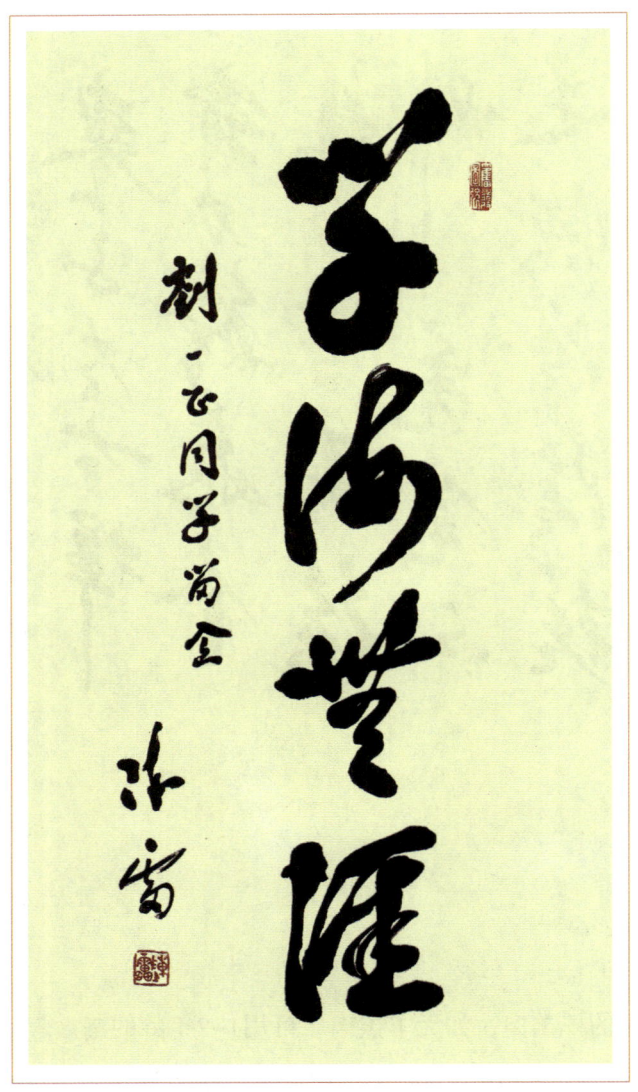

著名书法家陈雷先生（1917—2006年）为作者美食著作题词："学海无涯。刘一正同学留念。陈雷。"

永昌有许多丝路美食，更有厚重的历史文化积淀。

仲朝、仲斌兄弟带我在永昌西津苑老馆子品尝了丝路上的美味后，就去了骊靬古城，参观了由净空大和尚题写的金山寺，又游览了长城遗址及御山圣容寺。在圣容寺前，我一看见是由米南阳大哥题写的寺匾时，倍感亲切。

在永昌，仲朝、仲斌带我参观了一个加工胡萝卜的冷库，叫"瑞达冷库"。这里产的胡萝卜个头不大，也不粗，像是日本出的大号签字笔的粗细，但颜色很红，叫"鞭杆红（老北京有此风味）"。又因为其肉色、中柱、表皮均为红色，亦称"三红胡萝卜"。这个地方种植的胡萝卜有15万亩，是用祁连山雪水浇灌的，所以是无公害食品。这种胡萝卜也有人叫

羊肉垫卷子

鸡肉焖卷子

它为"红萝卜",做羊肉垫卷子时将其洗净切块加入锅中,更能使这道菜添香增味。

永昌县也以养殖金鳟鱼、虹鳟鱼著称。在从永昌返回金昌的路上,仲朝、仲斌兄弟把车子开到一个村庄,这里的村民们专养虹鳟鱼,同时也做农家乐旅游。我们当天的晚饭就是一桌子的虹鳟鱼宴,以烤虹鳟鱼为主。在我们吃饭的房间里,挂着一幅著名书法家薛夫彬大哥在二十年前写的"宁静致远"书法作品。在这偏远的河西走廊小村落里,居然还能看到老大哥的书法作品,真是让我有些"感慨系之矣"!

我在金昌及永昌期间,肖永晖先生和甘肃省美术家协会副主席王晓银先生及金昌市文联副主席华西林先生带我品尝了金昌特色的土坑烧烤、开锅羊肉、灰面、洋芋搅团、米汤油馓子、丢面、清炖金鳟鱼等

嘉峪关的"大盘鸡"

美食。

2016年7月我从兰州到张掖、嘉峪关及酒泉,这一路上吃得最多的丝路美食就是兰州牛肉面、浆水面、手抓肉和羊肉垫卷子。

我到张掖,由民乐诗人寒冰兄及民乐县水务局局长兼民乐县文化旅游产业发展中心主任张文学陪同游览了民乐扁都口油菜花景区,中午在民乐扁都口国际自驾游营地吃的饭,上的就是鸡肉垫卷子、黄焖羊肉、手抓羊肉、临泽蒸饼、青稞搓鱼、炒卜喇(卜拉)、地耳包子等张掖特色菜。

扁都口国际自驾游营地餐厅做的鸡肉垫卷子是将羊肉改为鸡肉,将卷子改为饼子来烹制的,它又叫"鸡肉焖饼子"。鸡选的是民乐县的虫草

羊肉垫卷子

嘉峪关的"牛排垫卷子"

鸡。做法是将鸡肉切成大块洗净后投入用清油爆锅的锅中,加花椒、酱油、盐等调味品,加水焖熟后加葱蒜;将事先和好、饧好的面团擀成小薄圆饼,抹上油盖在锅中带汤的鸡肉上,用文火焖到饼熟、鸡肉烂为止,在出锅前加点儿切块的红、绿彩椒(辣椒)点缀一下即可。

扁都口国际自驾游营地餐厅也做"羊肉(排)垫饼子",只是他们家的招牌菜为"鸡肉垫饼子"。

我们在扁都口油菜花景观餐厅品味鸡肉垫卷子和羊肉垫卷子的经过,被寒冰兄用词作记录了下来。

仰缶庐谈吃
第三集

羊肉（排）垫（焖）卷子
（临江仙）

约客北京刘一正先生于民乐扁都口国际自驾旅游区品当地美食羊肉垫（焖）卷子，以词记之。

面卷葱花香四溢，
羊排火焖微黄。
椒盐少许鲜糖姜。
笼开蒸气漫，
骨肉味悠长。

约客南山晨雨细，
风吹峡谷清凉。
岚烟十里尽芬芳，
登高云灿烂，
峭壁近天光。

羊肉垫卷子

又：

鸡肉垫（焖）卷子（饼子）
（临江仙）

约客北京刘一正先生于民乐扁都口国际自驾旅游区品当地美食鸡肉垫（焖）卷子（饼子）以词记之。

面饼张张开百眼，
葱花巧夹层间。
开锅肉味几回旋？
清香飘十里，
欲食涎三千。

摘取雄冠迎贵客，
嘉宾翅折香尖。
鸡肠九寸草芽甜。
杯中多礼仪，
回汉笑开颜。

我在嘉峪关市里时，特意到镜铁市场小吃城去吃当地特色美食。在一家名为"宁清阁"的餐馆吃饭，他们家以黄焖羊肉、手抓羊肉、清炖羊肉、大盘鸡和羊肉垫花卷、牛排垫花卷、鸡肉焖卷子（饼子）为招牌菜。

我们要了一份大盘鸡和牛排垫花卷。他们家的大盘鸡是在菜中加了许

仰缶庐谈吃 第三集

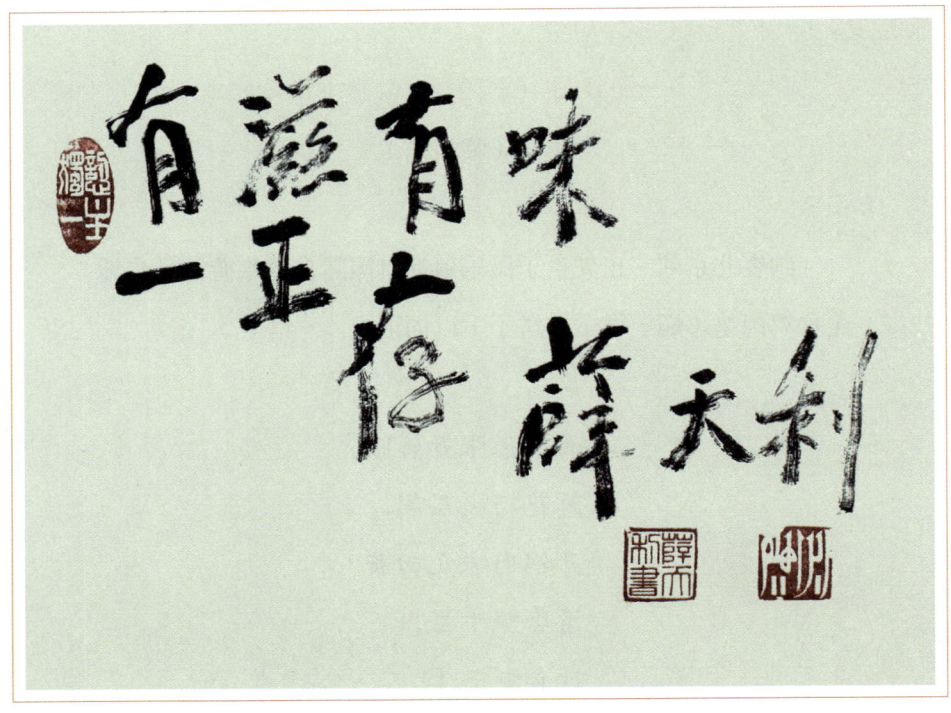

北京市伊斯兰教协会第六届、第七届会长,北京市伊斯兰教经学院院长薛天利先生(1933—2020年)为作者美食著作题词:"有滋有味。一正存。薛天利。"

多细面条,并非像新疆等地在菜底上铺一层宽面片的做法。我问老板娘"牛排垫花卷"中的卷子是你自己亲自蒸的吗?她回答我,是买现成做好的花卷,做垫花卷时将其放在菜里就行了。也就是说,他们家的羊肉(牛排)垫花卷这道菜,用的是外买的熟花卷,并非自己用生面坯花卷在羊肉(牛排)锅中焖熟的。

在嘉峪关市的兰新东路上,有一家当地人开的清真老字号,叫"阿禧艳"餐厅,他们家的主打菜之一"一鸡两吃"。除吃鸡肉外,另用鸡肉、鸡汤焖韭叶粉、手擀粉、花卷、饼子、麻花、面筋等。此菜实际上就是

羊肉垫卷子

乐都发面馍馍

"鸡肉垫（焖）卷子"，但又将其发扬光大为多种垫（焖）吃法。我在他们家另要了招牌菜牛肉焖（垫）卷子、东乡手抓、椒麻鸡等。阿禧艳家的椒麻鸡比有些新疆餐厅做得好。吃牛肉垫（焖）卷子时，我发现他们家的花卷并非像北京、河北、山西、山东等地吃的大花卷，而是袖珍版的小扁花卷。其实就是用面团将其擀成稍宽一点儿的面条，卷成两三圈的圆形卷子。

河西走廊上的金昌、永昌、山丹、张掖、嘉峪关、酒泉等丝路古道上的名食"羊肉垫卷子"的做法大多相差不了多少，只是卷子的大小、形状各异，摆盘（装盘）时的造型也不完全一样。有的地方的卷子是贴在铁锅边沿慢慢焖熟，吃在嘴里有焦酥的口感，装盘上桌时，盘中央为羊肉，周围再围上一圈卷

同心羊羔肉泡饼

著名阿拉伯文书法家李文彩先生（1935—2022年）为作者美食著作题词。译文为："爱国是信仰的一部分。一正贤侄留念。萨里赫·李文彩。"

子；而有的地方的羊肉垫卷子装盘时的造型为一半是羊肉，一半是卷子，更多的装盘方法是将两者混搭上桌。

河西走廊地区的人们吃羊肉垫卷子的要比吃鸡肉垫卷子的人多。这主要是因为当地盛产羊肉。这个地方有"宁吃一顿红烧羊羔肉，不坐三请六聘九家席"之说。可见他们对羊肉的喜爱程度。

据说当年林则徐从京城去新疆路过金昌时品尝过羊肉垫卷子，对其美味赞叹不已，后羊肉垫卷子才在河西走廊上流行起来。

银川有一道特色菜同"羊肉(鸡肉)垫卷子"几乎是做法、食法一样的佳肴，名为"花卷焖仔鸡"。其实，它只是同"羊肉垫卷子"的叫法不同而已。

银川灵武杨华东先生是位诗人，酷爱书画。他在灵武伊德勒色餐馆请我吃饭，点的就是"花卷焖仔鸡""浆水菜拌毛肚"等风味佳肴。

银川自强巷与中寺巷交叉路口处有一家"太思米美食苑"，菜做得很

羊肉垫卷子

与著名烹饪大师杨少林先生合影

有特色风味。

宁夏马赞福先生也是位诗人,有一天晚上他请客,到场的嘉宾有银川友人史照栋先生、马瑛先生、马汉文先生、马广文先生、周宽先生及闪世昌先生和我等人。

晚宴上的菜是让太思米老板安排的,有"土鸡焖花卷""碗蒸羊羔肉""太思米手抓羊脖""酥骨鱼"等。

吃饭时,我在走廊里无意间看见在隔壁用餐的海世伟先生,世伟兄同我们这一屋子吃饭的人关系都很好,他二话没说,把我们这一屋子的菜账结了,又为我们添了"羊羔肉焖花卷""太思米精品手抓"等不少的菜肴。

第三天,周宽又在伊盛手抓餐厅请吃手抓,又点了"小花卷焖土

同心蒸羊羔肉

鸡""回乡特色焖肚子"等佳肴。

在银川待三天，三天都吃了"羊肉（鸡肉）垫（焖）卷子"，这是我少有的美食经历。

同羊肉垫卷子相似做法的还有一道近年来在新疆流行的菜肴，名为"土鸡焖花卷"。它是在新疆大盘鸡基础上的改良版。

新疆有两个地方的大盘鸡非常有名：柴窝堡的辣子鸡（大盘鸡）、沙湾大盘鸡。先说柴窝堡的辣子鸡（大盘鸡），它诞生于上世纪90年代的312国道旁，主要食用人群为来往于312国道上跑运输的卡车司机等。

柴窝堡辣子鸡（大盘鸡）的做法源于四川的干煸辣子鸡，也有说源于湖南辣椒鸡的。做一盘柴窝堡辣子鸡（大盘鸡）最少也得用上250克的干辣椒，做好的辣子鸡（大盘鸡）装在一个尺寸近半米的大搪瓷盘子里，可供四五个大汉豪吃一顿。

柴窝堡辣子鸡（大盘鸡）的做法是火上置锅注油加热，下花椒粒，锅中香味出后，捞出花椒粒（可不捞），也可在此时用干红线辣椒同花椒一同煸炒；锅中放入事先切好的大拇指般大小的鸡块(鸡块也可先用沸水焯一下，去腥味)，煸炒，放老干妈酱（也有放豆瓣酱的）、葱段、蒜片、姜末等，加入干红线辣椒，大火继续翻炒，加入啤酒、糖、酱油（可加点十三香），看锅中的汤汁已全部被鸡块和辣椒吸干、鸡块也熟时，可加点儿味精或鸡精出锅，装盘后点缀点儿香菜上桌。

做这道菜时，干红线辣椒和鸡块的比例是1∶1。炝锅用的油是有小秘密的，每家不一样，一般多用鸡油。一定要把锅中的汤汁用大火煸炒完，盘中只留点儿锅内的油汁才行。

柴窝堡辣子鸡（大盘鸡）的特点就是香，这个香首先是自来辣子的香，其次是蒜香，最后才是鸡肉香。

柴窝堡辣子鸡为什么又叫大盘鸡呢？这就在于装辣子鸡的大盘子。这个装辣子鸡的盘子并不是普通饭店和家庭日常生活用的瓷盘子，而是上世纪八九十年代家庭用于放置大凉杯和在大凉杯周围围一圈水杯子的搪瓷大托盘。当一锅辣子鸡用这个搪瓷大托盘端上餐桌时，用"大盘鸡"称呼这道菜是再贴切不过了。

吃柴窝堡辣子鸡（大盘鸡）一般就花卷或皮带面（用盘子里的辣子鸡的油汁拌），在花卷中夹上一枚辣子鸡中的干线椒，那才叫过瘾呢！

另一个有名的大盘鸡就是塔城地区沙湾县的大盘鸡。

沙湾大盘鸡创始于上世纪八九十年代，是一道有菜有肉有主食的佳肴。沙湾大盘鸡一般都会有土豆、青红辣椒、干辣椒、皮芽子（洋葱）、

鸡块和皮带面等食材。沙湾大盘鸡以"沙湾杏花村大盘鸡"和"血站大盘鸡"（血站为地名，指的是位于乌鲁木齐市的中心血站）最有名。

如今在全国各地新疆饭馆吃的大盘鸡多采用沙湾大盘鸡的做法。只是各地方开的新疆风味餐厅做的大盘鸡，又会根据当地人的饮食习惯稍加改良。

近年来，在新疆，人们又在沙湾大盘鸡的原有基础加以改良，衍生出了"土鸡焖花卷"。其做法同羊肉垫卷子的制法差不多，只是在原材料上稍加改动一下。

土鸡焖卷子的做法是火上置锅倒油加热，再加一点白糖溶化后炒出小泡泡，加土鸡块，放入豆瓣酱翻炒；锅中投入干红辣椒、花椒粒、姜片、大蒜片、八角、草果等，加水淹过鸡块为止，焖至1小时鸡肉熟时，加入大葱段及青椒片，将花卷切丁(或手撕成块)与鸡块再焖炖一会儿即成。也可将小花卷过油炸过，摆放在大盘子周围，盘中心倒入刚做好的带汤汁的焖土鸡块，以汤汁湮没摆在盘周围的花卷为度。吃这道菜时，炸过的花卷要浸泡在焖土鸡的汤汁中，让花卷充分吸收焖土鸡的汤汁味道。

类似羊肉垫卷子的新疆美食有很多，比如"木垒羊肉焖饼子（卷子）"，把其中的卷子改为薄饼。

羊肉焖饼子也好，羊肉垫卷子也好，都以用羊羔肉做的菜肴最为好吃。

新疆木垒的羊肉在全国很有名，据说木垒羊肉好吃的原因是由木垒的地理条件和生产方式决定的。木垒地处严寒，土壤碱性大，羊的天然草料呈弱碱性。这些地缘优势也同河西走廊上出产的羊肉好吃的原因是一样的。

木垒胡杨宾馆做的"羊肉焖饼（卷子）"是木垒羊肉焖饼子的代表。

做木垒羊肉焖饼子在炖羊羔肉时可加入高汤（羊肉汤）；在和饼子面时，用羊肉汤和出的饼子面味道会更鲜美。

羊肉垫卷子

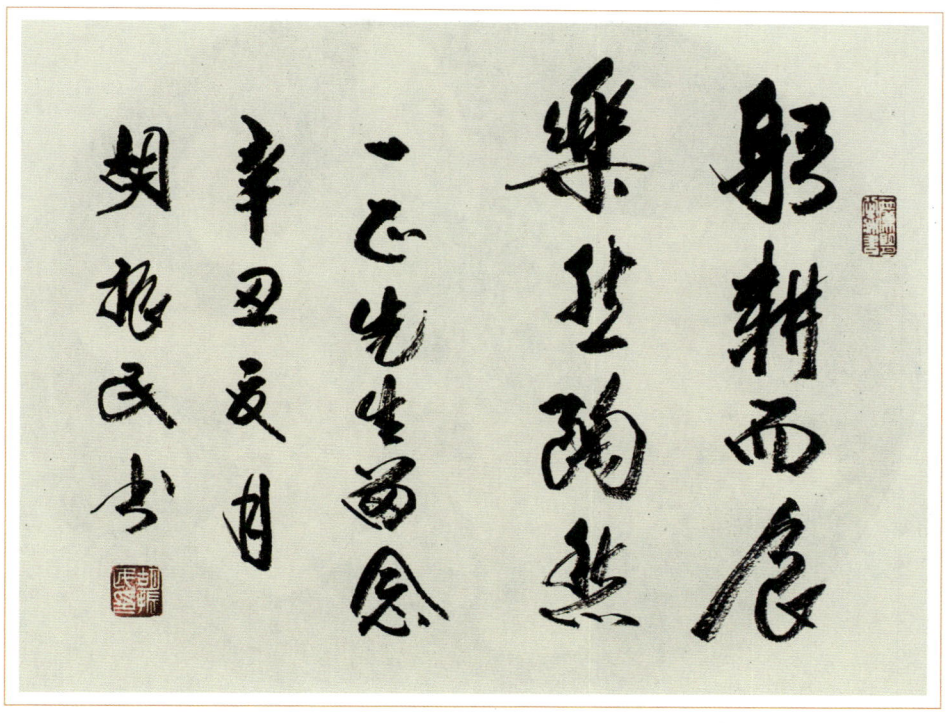

著名书法家、诗人胡振民先生为作者美食著作题词："躬耕而食，乐然陶然。一正先生留念。辛丑夏月，胡振民书。"

擀出来的饼子(可用手按面团边缘再撕扯成饼子)要同锅的大小一般，饼子擀成像纸一样飞薄，一张一张地放入炖羊肉的锅中，把它摞起来，每张饼子上面刷点儿油，防止饼子与饼子之间相互粘合。待焖饼子快做好时，将饼子从锅中拿出来，用手撕成大块后，再重新放入炖羊肉的锅中，使饼子充分吸收肉汤的味道。

木垒羊肉焖饼子是旧时哈密地区汉族人的一味高档小吃，也称之为"烽（封）羊肉"。这道小吃现已成为木垒地区家家都可制作的吃食了。

在同属昌吉回族自治州木垒哈萨克自治县的西隔壁奇台县，有"羊肉

地锅鸡

封饼子"一馔。与羊肉焖饼子仅有一字之差。

羊肉封饼子与羊肉焖饼子的做法和食法几乎一样,但是,二者仍有些区别:一是羊肉封饼子在和饼子的面要用羊汤,使饼子增加肉香味;二是和面时要加入香豆子粉,做出的饼子带香豆味;三是做菜时,饼一定要沿锅的大小把肉盖住,可使成菜后的饼子柔软,肉香味强。

刚才提到的"木垒烽羊肉"的"烽"字,应是"封"字之讹误。

在昌吉州的东面,哈密地区的群众亦喜食羊肉焖饼子,木垒羊肉焖饼子就是由哈密传入的。哈密焖饼子发源于哈密地区的巴里坤哈萨克自治

羊肉垫卷子

县,故又名"巴里坤焖饼子"。哈密地区的群众把羊肉焖饼子还叫"绵羊盖被",据传还与清代文学家纪晓岚有关。

叫羊肉焖饼子的地方小吃有许多。如敦煌胡羊焖饼子、山西羊肉焖饼等,有的地方是用饼子夹羊肉食用,也叫羊肉焖饼。

在巴彦淖尔市磴口县有一道名食,叫"鸡勾鱼",主要食材是鸡和鱼。

当地群众烹饪此菜时多用散养于本地的笨鸡——大红公鸡和产自黄河中(磴口县有湖泊一百多个,黄河流经磴口县52公里)野生鲶鱼、鲤鱼、草鱼等烹制。

制作方法是:柴锅上火下油(多用麻油,也有用猪油的),放葱、姜、蒜爆锅,并下入花椒、大料、干辣椒段、青椒、茴香等香辛调料,加入当地人自制的蕃茄酱(可不加,改放酱油)煸炒。将切成大段的鱼及切成小块的笨鸡投入柴锅中,点些食用醋,加水。汤汁要漫过鱼段及鸡块,小火炖一小时后,沿柴锅边贴一圈饼子(这种饼子是用发面做的,类似花卷,形状是卷成卷的,中间芯子刷有麻油及香豆粉)。饼子贴好后,盖上锅盖,再焖20分钟左右将鸡勾鱼装盘,装盘的鸡勾鱼占盘子的二分之一面积,另一半则装上一面焦黄一面雪白的饼子(蒸饼、花卷)。

磴口县的群众不光用鸡"勾"鱼,而且可以"勾"出许多的不同的做法。如"排骨勾鹅""猪肉勾鸡"等。

鸡勾鱼这道磴口特色名菜,与羊肉垫卷子的做法大同小异。

有一年,我朋友李志远先生要在位于马莲道的兵团食府请客,他让我给他订两个包间,并让我负责点菜。

我也没有推辞,为他订了草原之夜和红柳亭两个包间。

点的冷菜有:皮辣红、戈壁沙葱、新疆凉皮、老醋花生、伊犁熏马

仰缶庐谈吃 第三集

美国史蒂文·洛克菲勒二世收藏作者创作的有关扁都口风光的汉俳书法作品。释文:"峡谷菜花香,一川金色满长廊,美景胜天堂。《观扁都口油菜花海有感》。丁酉春,一正汉俳并书。"

肠、椒麻鸡;热菜有:红柳羊肉串、新疆大盘鸡、钵子巴楚菇扁豆丝、西域豪情手抓肉、粉蒸野菜、风味馕包羊羔肉、醋烹羊肚丝、清蒸五道黑、鹰嘴豆炒蒿子杆、木垒羊肉焖饼;主食为维吾尔族抓饭、薄皮包子、丁丁炒面、新疆芝麻馕和民族白皮馕;饮品为美果酸奶羹配蜂蜜;水果是阿克苏红富士苹果。

凉菜除老醋花生及热菜粉蒸野菜外,均为新疆特色风味。

两个包间的菜点的基本一样,只是其中有一桌点了风味馕包羊羔肉;另一桌则只点了新疆芝麻馕和民族白皮馕。

两桌就餐的人一致表示最好吃的菜分别为红柳羊肉串、新疆凉皮、清蒸五道黑、西域豪情手抓肉及木垒羊肉焖饼。

最后,就餐的人员还表示,将来在座的不管是谁请客吃饭,必请我,并让我负责点菜的工作。

羊肉垫卷子

在鲁西南和苏北、皖北等一带也有一味名食，名叫"地锅鸡"。它的做法和食法也很像"羊肉（鸡肉）垫卷子"。

地锅鸡是在自砌的泥炉上架上地锅，把切好的鸡块在地锅中炒炖，并在地锅内周围贴满饼子（卷子），系主食、副食合一的烹饪方法制作而成的地方美味。

这一带的地锅鸡又可细分为"徐州地锅鸡""宿州灵璧地锅鸡""阜阳地锅鸡""凤阳地锅鸡""滕州地锅鸡"等。

各地做地锅鸡时，地锅中添加的食材有所不同，如有用土豆的，有用茄子的；贴在地锅边沿的饼子做法也略有不同，有用纯死面的，有用白面和玉米面混合做成的，等等。

现当地地锅鸡的改良版也有很多，如地锅羊肉、地锅鱼、地锅牛肉、地锅三鲜、地锅豆腐、地锅龙虾等用地锅烹制的佳肴。

2016年9月初，我去江苏徐州参加"文化浪潮·工匠精神——2016文化交流会暨旗袍文化研究会周年庆典"活动。

有一天，组委会安排在徐州南秀北雄大酒店吃饭，席间上了许多徐州特色美食，有"羊肉粉皮""武大郎炊饼""烙馍馓子""饣它汤""地锅鸡"等。

南秀北雄家做的地锅鸡，是在鸡块上贴八个宽3.5厘米左右、长15厘米左右的长面片，即饼子（卷子），将整个地锅中的鸡块盖满，再在饼子（卷子）上铺缀些香菜。服务员端上桌的成品地锅鸡，是将一小铁制地锅架在一陶制的"小炉"上。小炉内为镂空的，中间点燃一根小蜡烛为地锅加热，不像农家土菜馆那种真正用地锅在土炉灶上做熟的地锅鸡。

武宁棍子鱼

2016年的春节刚过,我陪北京的企业家秦玉兰女士到九江考察。与九江市领导座谈后我们一行到庐山游览,从匡庐下来后来到了武宁县庐山西海景区,并入住在由中信集团开发兴建的位于巾口景区的西海宾馆。

第二天一早,我们乘游轮在庐山西海观光。我问船老大,西海有什么好吃的?他告诉我说:"西海产一种非常有名的小鱼,叫'棍子鱼'。2008年北京举办奥运会期间,棍子鱼曾作为江西省选送的名优特产成为参会运动员的指定食品之一。"

陪同我们考察的九江出口加工区程志方副局长和九江出口加工区投资促进二处邓洁主管随即打电话给西海宾馆,又为我们的中餐加订了一份棍子鱼。

当日中餐的饭菜基本上都是西海特产,有"清蒸白鱼""锅仔棍子鱼""银鱼蒸蛋""鱼头豆参""砂锅野生鳜鱼""酱烧黄丫头""冬笋炝板鸭""麻糍粑""武宁黄桃"等。

庐山西海景区地跨九江市的永修、武宁两县,是由原大型水库柘林湖和佛教禅宗圣地云居山组成,为国家AAAA级景区。

景区面积有680平方千米,水域面积为308平方千米,其中80%的水域

武宁棍子鱼

武宁棍子鱼

面积在武宁。湖中盛产棍子鱼、银鱼、鳜鱼、白鱼、黄丫头、雄鱼、青鱼、中华鲟等。

武宁棍子鱼体长超不过20厘米,一般为10厘米左右,体型很像一根小棍子,故名。棍子鱼生长在武宁湖区的河流港汊的下层,它头大、扁吻、唇厚,长有一双小胡须,背部微黄,鳞少,全身是肉,只背脊上有一根主骨,腹腔小,肠道短,内脏部分较小,故又称"只有一根肠子的鱼"。棍子鱼偏重动物性食物,它是一种名贵的野生天然鱼类产品。

棍子鱼又叫"巴浪""池鱼""马头鱼""马鳃棍"等。

仰缶庐谈吃
第三集

与著名烹饪大师徐远旺先生合影

自1971年柘林湖建坝蓄水后,庐山西海棍子鱼产量逐年增多,年产量为300吨。从2001年起,棍子鱼产量达千吨左右。棍子鱼已成为西海库区渔民经济收入的重要来源之一,其产品多加工成干制品或冷冻品销往全国各地。

武宁县以棍子鱼成菜大多配伍辣椒,棍子鱼肉体紧密,再佐食辣椒,又香又辣,使人食指大动。

据时任西海宾馆行政总厨的徐远旺先生介绍说,棍子鱼的做法多是先将鱼收拾干净后,入油锅炸一下。炸的目的,是使鱼体定型紧实,不会在炖煮烹饪时,鱼体断裂。

武宁棍子鱼的食法多用小陶锅、砂锅、金属锅等小炖钵来烹饪。武宁

武宁棍子鱼

炖钵是江西赣菜的特色体现，武宁有"无菜不炖""无菜不钵"的传统，千滋百味都在炖钵里完成。

正如武宁博物馆介绍中所说的那样：武宁的地理环境、风俗人情和土特产构建成武宁独特浓郁山乡风味的饮食文化。从原材料的生产采撷到制作、从传说到传承无不与淳朴民风相融，形成炉子炖钵特点的山珍腊味，从菜肴到粑馃糖粿，从汤羹到酒酿，从菊花茶、芝麻豆子茶到武宁芎香茶，从点心到清面，从烹炒到蒸炸，从腌制到熏腊，无不透出武宁饮食文化的精妙。

武宁炉子炖钵的烹饪方式是武宁县美食的集大成者。无论酷暑寒冬，饭桌上点炉生火、支起炖钵，钵中盛放各色烹煮的食物，炉钵滚滚，满室生香。亲朋好友围坐一桌，热气腾腾。炉子炖钵做法简单，朴实量足，注重原汁本味。武宁炉子炖钵的代表菜肴有：豆腐炖雄鱼头、锅仔棍子鱼、芋头炖排骨、水竹笋干炖猪尾巴、豆腐子炖猪脚、冬笋炖板鸭、萝卜炖狗肉、橡子粉丝炖牛肉、豆角干炖干鱼等。

武宁锅仔棍子鱼的具体做法是在小锅中倒入炸过的棍子鱼，加姜片、蒜、酱油、盐等调料，加水，再加入切段的辣椒，炖至汤汁留有一半时，撒上青蒜段，及红、绿尖椒段等上桌，锅下点燃炭

武宁豆参炖雄鱼头

仰缶庐谈吃
第三集

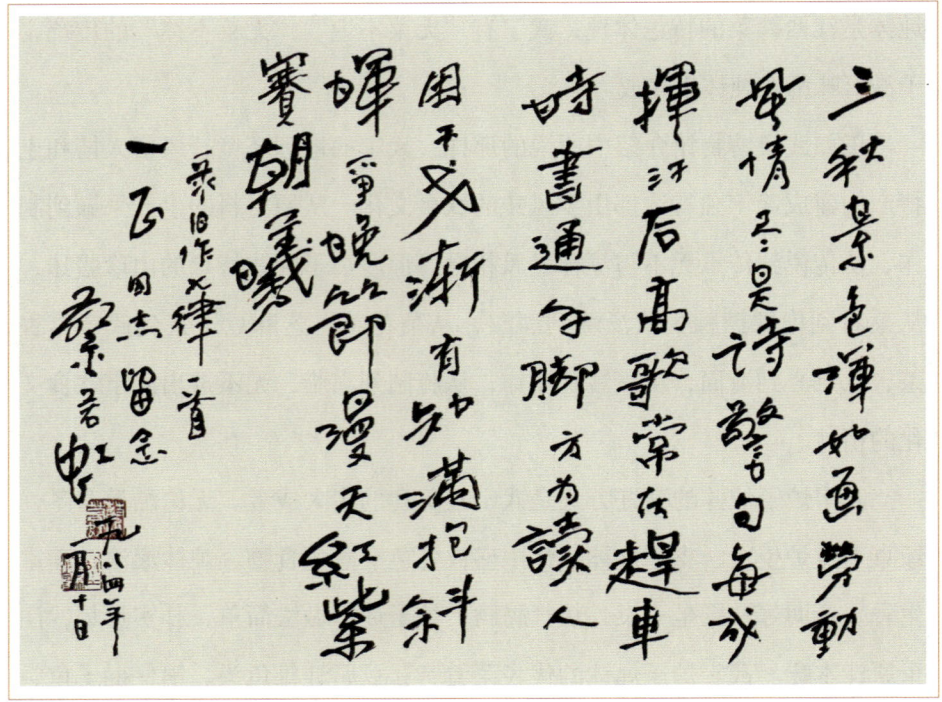

中国美术家协会第一届、第二届、第三届、第四届副主席,美食家蔡若虹先生(1910—2002年)为作者题赠其诗作书法作品。释文:"三秋景色浑如画,劳动风情尽是诗。警句每成挥汗后,高歌常在赶车时。书通手脚方为读,人困干戈渐有知。满抱斜晖争晚节,漫天红紫赛朝曦。录旧作七律一首。一正同志留念。蔡若虹,一九八四年一月十日。"

火炉或酒精炉,边炖边吃,其味愈炖愈香。

棍子鱼的做法还有许多,如红烧棍子鱼、炸棍子鱼、辣烩棍子鱼、茶籽壳熏棍子鱼、棍子鱼炖豆腐、骨头汤炖棍子鱼等。

棍子鱼可以说是武宁县的一张美食名片。武宁也有"不吃棍子鱼,不算到武宁"的说法。

我在武宁县期间,住在武宁宾馆,用餐就在武宁宾馆的八号楼,吃的

武宁棍子鱼

基本上都是武宁特色菜。如：红焖鱼头、葱油白鱼、鱼籽鱼泡、桂鱼炖粉皮、酱烧王丫角、砂钵棍子鱼、豆结等。这当中，也有我吃不了的一些武宁特色菜。像心肝宝贝汤、冬笋炖腊肉、排骨炖干豆角、排骨芋头煲、山背腊肉等。

2007年时任国务院总理的温家宝来武宁视察，就下榻在武宁宾馆的八号楼，并为武宁人民题写了"山水武宁"四个大字。武宁宾馆厨师做的饭菜，基本上能够代表武宁的餐饮水平。

武宁人吃饭，可以说是达到了"无鱼不欢"的程度，这得益于武宁城在水中、水在绿中独特的自然条件，使生活在武宁的人们幸福指数倍感高升。

由于武宁人嗜食河鲜，武宁的全鱼宴早已蜚声赣江南北。全鱼宴对原材料采用蒸、煎、炸、溜、烧、焖等烹饪方法，制作出各具特色的凉菜、热菜、汤菜和点心。

全鱼宴代表性的热菜有：剁椒雄鱼头、五彩鳜鱼、棍子鱼、葱油白鱼、八宝黄丫鱼、酥香红尾鱼、西海银鱼羹等。

武宁的特色美食还有武宁石蛙、鸡汤煮鱼饺、清炖石斑鲑、武宁酸辣粉、什锦汤、红米碱水粑、山背谷酒、宁红茶、山茶油、黑芝麻、武宁猕猴桃等。

棍子鱼不光是江

武宁红焖鱼

仰缶庐谈吃
第三集

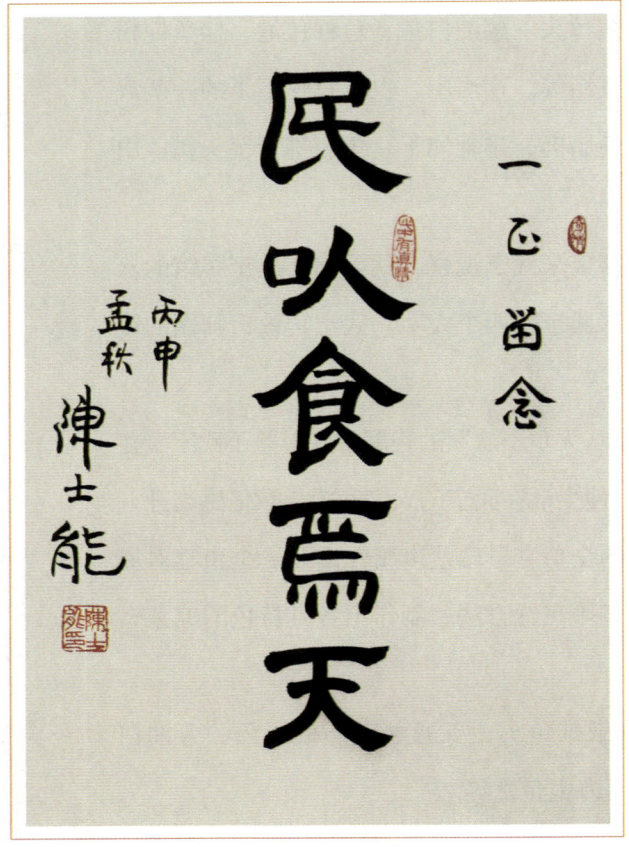

中国文房四宝协会名誉会长、著名书法家陈士能先生为作者美食著作题词:"民以食为天。一正留念。丙申孟秋,陈士能。"

西武宁有,它的西南近邻湖南耒阳也有。

有一年我去耒阳笔会,朋友安排到"蔡伦竹海风景区"游览,中午吃饭时上有当地特色美食"上堡棍子鱼"一味。

上堡街位于耒阳市黄市镇,耒水边上,上堡棍子鱼产自耒水中游、上堡电站附近(耒阳市黄市镇株山村、大义乡滩龙村范围)。

耒水还产一种鱼,叫"黄鸭叫",当地土话叫"王力吉";武宁人叫"黄丫角""王丫角"。其实就是黄颡鱼,也算是耒阳、武宁两地的土特产美食。

蔡伦竹海最有名的特色菜是"竹鼠",耒阳人叫"冬茅老鼠",是一种以专吃竹子、芒草、植物茎杆类的鼠类。

那天,朋友提前打电话给蔡伦竹海景区的餐厅,预定一份"冬茅老鼠",我当即向他们表示我不吃这类的食物,但他们还是太热情了,第二天的午餐果然上了一盘。据说价格不菲,可我根本就不吃这类的东西。

桑坡牛肉丸子

桑坡是个回族村，隶属河南省焦作市下属县级市孟州的南庄镇，全村有8000多人（截至2018年统计），基本上都是回族，有清真寺11座。

桑坡的回族人大多从事皮毛加工业，以加工羊皮羊毛为主，羊皮羊毛来自澳洲，加工后的羊皮羊毛制品除内销外，也出口世界各地。

桑坡村是亚洲最大的羊剪绒加工基地和集散地，因此，有着"中国皮毛之都"的称谓。

每年一进入9月，来自国内外的客商会蜂拥踏至桑坡选购自己心仪的皮草商品，整个桑坡村的大街小巷会被前来购物的客商堵得水泄不通。这样的场面往往会一直持续到春节前。

桑坡村早在1993年就进入了小康，是个名符其实的"富裕村"。

2018年5月的一天，我耒阳的两个朋友有点儿小事找我办，我请白保兄帮忙一办。

白保是回族，桑坡人，其家族一直在桑坡从事皮草加工业。2008年9月，时任中共中央总书记、国家主席的胡锦涛视察桑坡时，还特意接见了白保及其家族成员。

为玉成耒阳两个朋友所托之事，我让耒阳的两个朋友从耒阳乘高铁到

桑坡牛肉丸子

洛阳龙门站,我从北京乘高铁也到洛阳龙门与他俩汇合,白保兄则从桑坡赶来接站。

　　白保兄接上我们后,车子一出洛阳龙门站口没多远,我就见到了"龙门石窟"景点的标志牌。随后,车子在开往桑坡的路上,我又见到了"白马寺"和"小浪底"景区的指示牌。

　　我一看到这三个景区的标志牌,心里就有点儿激动,这三个地方我都没去过。远在1992年我拍摄大型纪录片《瓷国游历》时,在《钧瓷》《汝瓷》两集中,就有拍摄"龙门石窟"和"白马寺"的计划,国家文物局和河南省文物局也都下了拍摄许可的批文。但遗憾的是,这两个景点后来都没有拍摄成。

桑坡牛肉丸子

我们来桑坡的时间,正赶上进入斋月,白保兄和家人都在封斋,他就安排我们在他家门口文化路上一家名叫"伊利莱"的餐厅吃晚饭。

我请白保兄为我们点几样桑坡特色菜,白保兄告诉我们说,桑坡最有名的小吃是"牛肉丸子"和"凉粉"。可这两样小吃伊利莱家没有,白保打电话托人从街上买了1000克"牛肉丸子"送到了餐厅。

我一看,买回来的"牛肉丸子"其形状很像"小酥肉",丸子是用切块的牛肉拌上淀粉、面粉及调味料等炸熟的。可能是丸子已经凉了的原故吧,吃在嘴里,韧劲十足。我看了一下包丸子的包装袋,上写着"沁阳拜记黄焖肉"。我这才明白,我们吃的是来自孟州北部也隶属焦作市的沁阳回族特色小吃"沁阳黄焖肉",并非是桑坡的牛肉丸子。

当晚,白保兄做完礼拜后得知我们吃的是"沁阳黄焖肉"并非桑坡牛肉丸子时,决定第二天中午在家让我们品尝他夫人亲手做的"桑坡白氏牛肉丸子"。

第二天上午,白保兄如约接我们到他家中,我们见他夫人、儿媳在厨房为我们三人忙着做丸子,心里有些不落忍,毕竟他们一大家子人白天还封着斋呢呀!

白保家的隔壁就是桑坡清真上寺,

桑坡浑(混)浆凉粉

仰缶庐谈吃
第三集

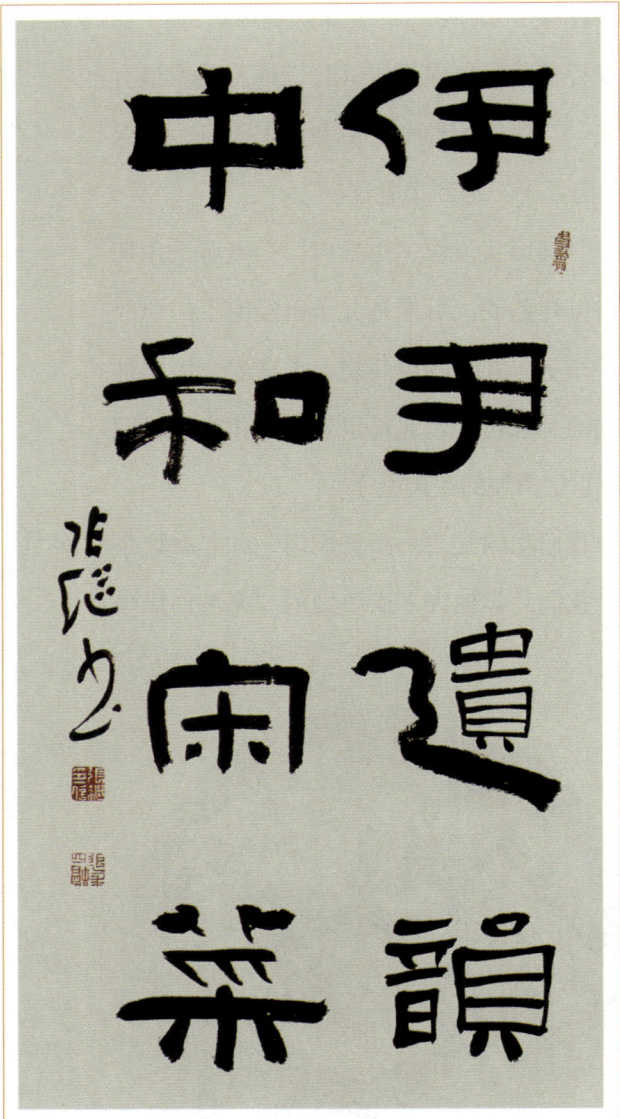

中国书法家协会第八届副主席张继先生为作者美食著作题词:"伊尹遗韵,中和宋菜。张继书。"

我应清真上寺马小平阿訇之邀,为清真寺写了十几张书法作品。内容大多为"清真正教""天方古教""泽被穆民""达天俊路""知感"等有关穆斯林内容的用语。

午饭时分,白保将白夫人炸好的桑坡白氏牛肉丸子盛在两个大汤盘子内,配上刚出炉的热火烧,每人一小碗桑坡浑(混)浆凉粉和一小碗带汤的烩丸子,我们吃得十分过瘾、开心。

刚炸好的桑坡白氏牛肉丸子趁热吃有一点儿嚼劲,比昨晚吃的"沁阳黄焖肉"的韧性要小。热中带韧,韧中带酥,酥中带香,香中带鲜,鲜中带腴,腴中带美;而带汤的烩丸子则比较绵软,丸子的表皮稍有些膨胀,丸子的内部充盈着肉香、红薯粉香和面粉香及各种调味料的复合香味。

桑坡牛肉丸子

白保兄的大哥白明先生因年近七旬，身兼河南明达畜产品发展有限公司的董事长及桑坡村皮革行业协会的会长等多职，白天有许多工作要做，所以他没有封斋，陪着我们用餐。我同白明董事长是第一次见面，但他讲，他对我早有了解，十年以前，国家民委办公厅原副主任、老干局局长刘隆到桑坡考察调研时，就将我的书法作品送给过白明董事长，故而他对我有一见如故的感觉。

桑坡的牛肉丸子是桑坡回族人家日常的饭食，家家都会做。只是每家在做丸子时使用的调味料及所用牛肉的部位不尽相同，做出丸子的味道也会

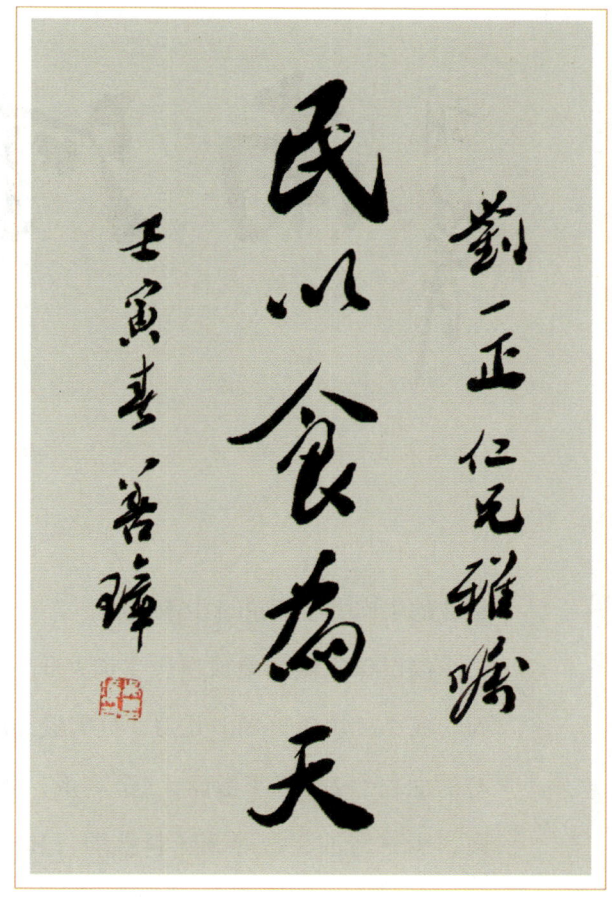

中国书法家协会第四届、第五届副主席吴善璋先生为作者美食著作题词："民以食为天。刘一正仁兄雅嘱。壬寅春，善璋。"

有些许不同。每当桑坡村的集市或春节、主麻日等穆斯林节日及皮草售卖时期，戴着礼拜帽卖牛肉丸子和浑（混）浆凉粉的商摊多得不得了。

另外，穆斯林人家遇有红白喜事时，每家少则炸上百十来斤、多则炸上几百斤的牛肉丸子。据说，春节期间，外地到桑坡来买牛肉丸子的食客有很多，桑坡的牛肉丸子也会在这一时间段在北京等大城市销售。而且，

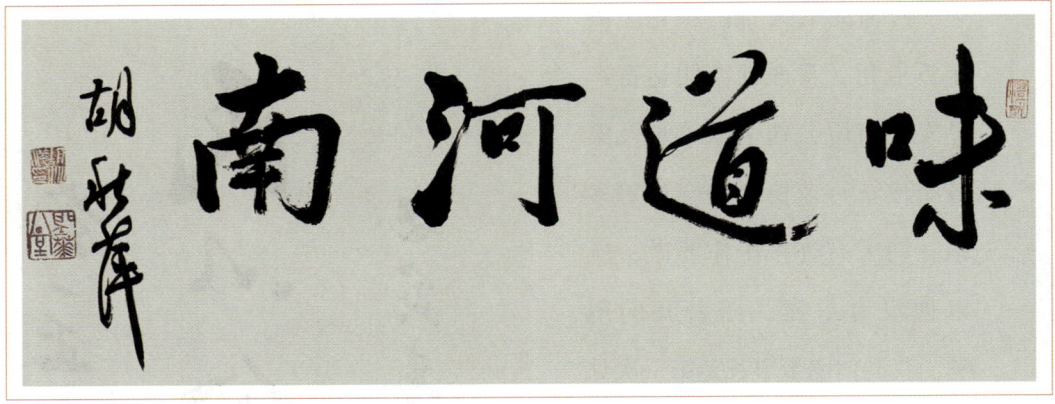

著名书法家胡秋萍女士为作者美食著作题词:"味道河南。胡秋萍。"

桑坡的牛肉丸子还进过中南海呢!

以白保家做的桑坡白氏牛肉丸子为例,做法是选500克牛前腿肉,用刀切成小碎块后再剁上几刀,见肉成细碎粒状加入350克红薯粉、100克左右的面粉、2小勺花椒面、2个鸡蛋,用温水调和,再往馅里加一点儿碱面,少许酱油、盐等调味料拌均,和成粘手时为度,不要把馅调得太稀(过稀不易捏成圆状),将调好的馅腌上20分钟左右;油锅上火注入棉籽油或菜籽油(大豆油亦可),用手将调好的肉馅挤成圆状小丸子下油锅炸,见油锅中的丸子微微膨胀浮起,丸子上颜色后即可捞出上桌。

炸好的牛肉丸子除直接食用外,亦可用肉汤(没肉汤用清水)加花椒、大料、姜片、葱段、酱油、盐、糖等调味料和肉丸子一起炖烩一会儿;出锅时,放点儿香菜末,香葱段,淋几滴香油即可食用。

与桑坡牛肉丸子齐名的另一道小吃就是"浑(混)浆凉粉",它又叫"浑(混)浆绿豆凉粉"。顾名思义,是用绿豆做的。做凉粉时,绿豆不

桑坡牛肉丸子

去皮，要带绿豆皮做，所以做出的凉粉看上去颜色有点儿发褐色。用筷子夹时，凉粉颤颤悠悠但又很经拽，吃到嘴里有弹性又不失绵软。浑浆凉粉讲究"筋、柔、薄、光、香"。"筋"指凉粉入口要筋道，有微微弹牙的感觉；"柔"指做出的凉粉要柔软，入口要爽滑；"薄"指凉粉要切得薄平；"光"指做出的凉粉要光滑顺溜；"香"则指做出的凉粉要香美好吃。

桑坡的浑（混）浆凉粉凉拌有三种吃法：蒜泥、辣椒和芥末。桑坡人多用芥末拌，即芥末、陈醋、芝麻酱、生姜、香油等与凉粉拌均食用。吃完凉粉再把拌凉粉的汤喝下，那才是正宗的吃法。

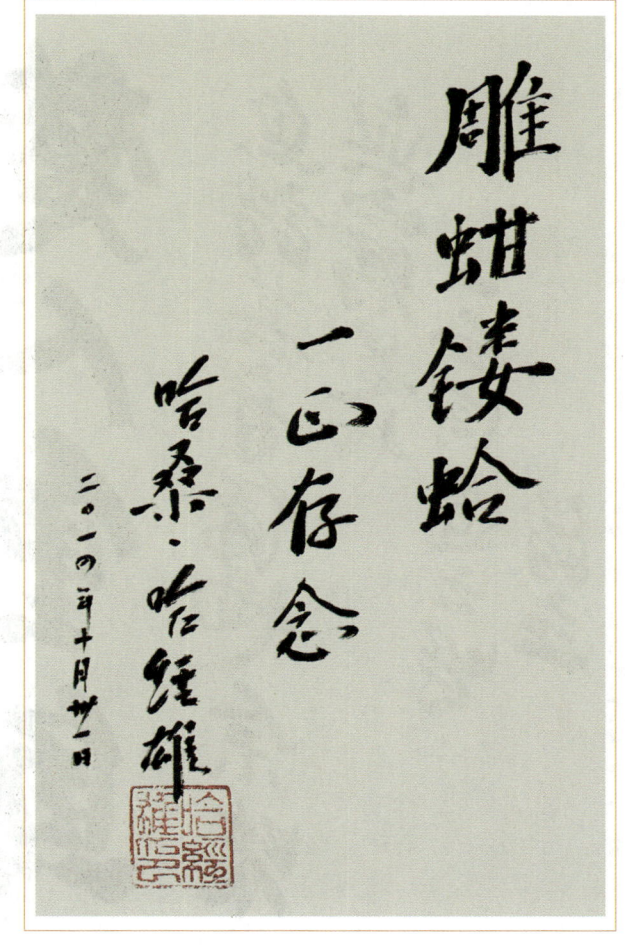

著名学者、中央民族大学原校长、中国回族协会执行主席哈经雄先生（1936—2021年）为作者美食著作题词："雕蚶镂蛤。一正存念。哈桑·哈经雄，二〇一四年十月卅一日。"

桑坡浑（混）浆凉粉是孟州市的非物质文化遗产产品，除桑坡外，南庄也有人做。但奇怪的是，出了孟州，还是用这些食材、还是由这些人来做，做出来的味道就是同桑坡凉粉的味道不一样。原因可能出在用水上面吧？

仰缶庐谈吃 第三集

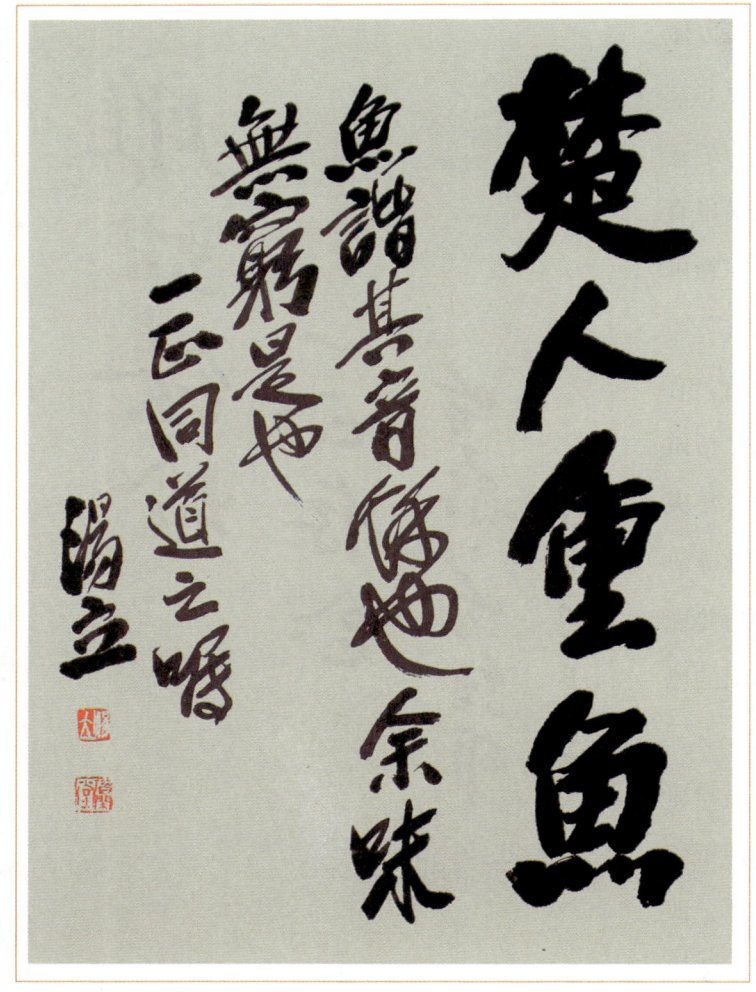

著名书画家汤立先生为作者美食著作题词:"楚人重鱼。鱼谐其音'余'也,余味无穷是也。一正同道之嘱。汤立。"

吃完中午饭,我们就匆匆离开了桑坡,乘高铁各自返回了家。

小浪底、白马寺、龙门石窟这次我还是没有去成,只有再找机会了。

离开白保家之时,白保兄用装酸奶的纸箱子给我装了一整箱子的牛肉丸子。这一箱子丸子是他们一家人一上午的劳动成果。

与白保道别时,白保兄一再叮嘱我,回到家,要把丸子用食品袋分成一小份一小份地装好,放入冰箱的冷冻室。吃时,拿出一份放滚水汤中煮炖一会儿,放些佐料,点几滴辣椒油、香油就成了。

烟台焖子

2016年的夏天我两次出差到烟台，一次是参加7月1日在烟台东山宾馆珍藏馆展出的由中共烟台市委宣传部、烟台市文学艺术界联合会、烟台市文化广电新闻出版局等单位联合主办的"翰墨寄情——庆祝中国共产党成立95周年邹德忠书法展"；另一次是8月底应烟台企业界朋友丁海峰先生之邀去烟台为其公司创作些书法作品，并顺便去昆嵛山"天境昆嵛·中国院子"拍摄些用于创作绘画的资料照片。

去烟台参加"邹德忠书法展"开幕式时，我的烟台友人张晓丹先生安排我们入住在东山宾馆。此时东山宾馆正推出夏季"养生鲁菜宴"，其中"合家欢乐宴"有"三鲜焖子"一款菜。

合家欢乐宴食单为：

冷菜： 精美六冷菜

热菜： 海带靓汤　　　捞汁鲍鱼　　　白灼活虾　　　三鲜焖子
　　　　椒盐双味　　　红烧蹄筋　　　干锅丝瓜　　　苜蓿蚬子
　　　　家常焖鲅鱼　　香菇扒菜心

小吃： 哈饼　　　　　芝麻球　　　　东山卤面

果盘： 什锦水果

仰缶庐谈吃
第三集

烟台市友利砂锅居制作的"三鲜焖子"

我住在东山宾馆的五号楼,早餐在五号楼的负一层吃。我吃早餐时,也发现有"烟台焖子"这味小吃。

入住东山宾馆期间,足不出户,就可以品尝到"烟台焖子"及其改良版的"三鲜焖子"。

一天中午,晓丹先生请我们在芝罘区环山路的"锦绣江南"吃饭。这家饭店以制作海鲜菜肴及烟台小吃著名。像"龙须面""开花片片""海阳摔面""蓬莱鱼卤面""烟台焖子"等小吃还得到了山东省商务厅颁发的"齐鲁名吃"奖牌。

席间,上了一道"烟台焖子"。焖子是用盘子装的,像是用手撕掰成的,块头如核桃般大小,不是像刀切成平整的四四方方的样子。焖子上浇

烟台焖子

有许多芝麻酱汁及蒜泥和少许虾油（鱼露），用勺子将芝麻酱汁、蒜泥及虾油和焖子搅拌均匀后即可食用。

我尝了一口拌好调料汁儿的焖子，焖子是热的，焖子特有的滑腻感再加上芝麻酱香、蒜香及海鲜味充分地在口腔中的融合，的确很好吃，而且吃着也很过瘾。

这种"烟台焖子"是传统的做法。

我8月底去烟台时，有一天晚上，丁海峰先生企业的总经理董文秀女士请我们到烟台的"苍蝇馆子"吃特色烟台菜。她先带我们转完了芝罘区海滨广场的步行街后，就带我们来到南门外东街16号的"友利砂锅居"吃饭。

当我们走近友利砂锅居时，小店里已是座无虚席，等位的食客很多。这家有着

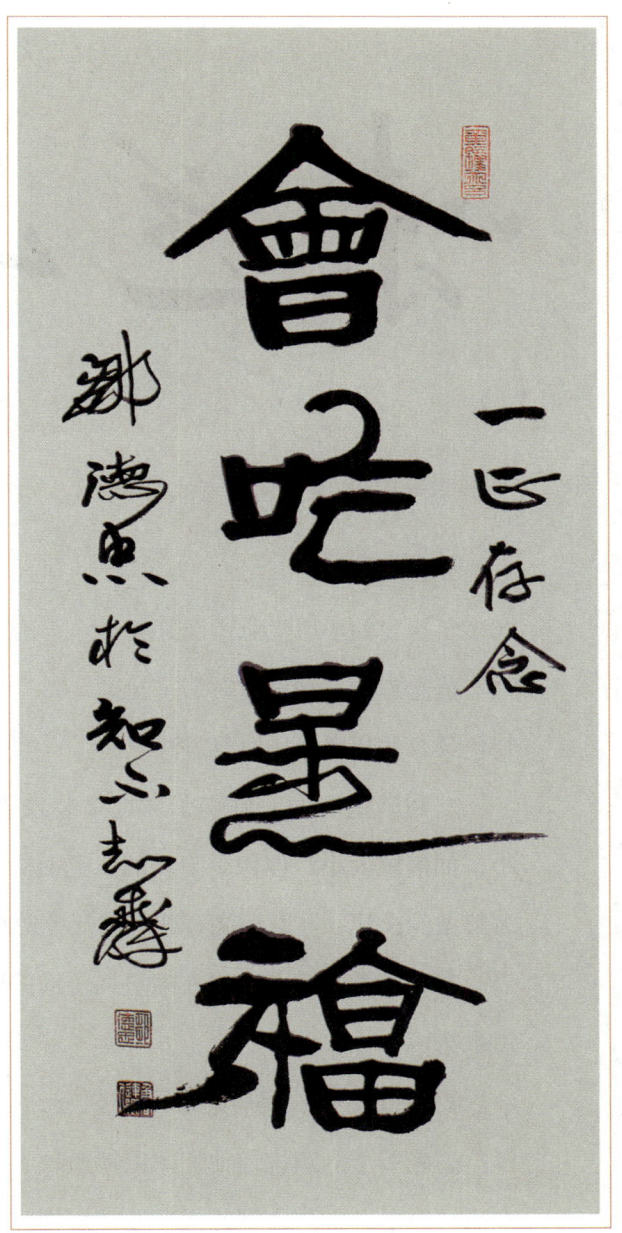

著名书法家邹德忠先生为作者美食著作题词："会吃是福。一正存念。邹德忠于知不知斋。"

仰缶庐谈吃 第三集

中国美术家协会第八届、第九届副主席李翔先生为作者美食著作题词："味道山东。一正同志存。戊戌岁末，一点斋李翔。"

20多年历史的小店生意依旧红火。

董总点了"鱼锅片片""土豆小炒""芝麻糊""三鲜焖子"等小店特色菜，并让厨师按清真方法烹制。

友利砂锅店的三鲜焖子，也是装在盘子里，块比"锦绣江南"家的小，如樱桃大小，但像是刀切的。上面浇有用虾仁、鱿鱼块、蛤蜊肉等小海鲜做的卤汁，同时还浇有芝麻酱汁等调料，没有蒜泥汁。

友利家做的焖子，吃在嘴里焖子周围微微有些焦脆，有一种油煎过的焦香味。

我问过友利砂锅居老掌柜高仁云，烟台的"三鲜焖子"到底指哪三鲜？高老爷子介绍说，他们家以鱿鱼块、虾仁、蛤蜊肉为三鲜，其他家也有用"海参、虾仁、螺片肉"及"海螺片、虾仁、鹌鹑蛋"或"鱿鱼块、虾仁、火腿片"为三鲜的，各家有各自的烹饪方法。

烟台大饭店里做的三鲜焖子的三鲜多用烟台盛产的海肠子、天鹅蛋

烟台焖子

肉（紫石房蛤）、刺参（可换烟台产的虾仁）来烹饪，属"粗粮精配"的做法。

友利家的三鲜焖子食客点击率很高。

就"烟台三鲜"一词，我特意向著名烹饪大师、制作山东菜及烟台菜的领军人物程伟华先生请教。程大师告诉我，所谓三鲜，是个广意词，凡虾、海肠、海螺、天鹅蛋肉、鲜贝丁等都可以为之，但三鲜中一般没有用鱼肉的。

据大众点评网介绍，"来烟台必吃的焖子"友利砂锅居名列第一。推荐理由是：作为老牌砂锅居，生意一直不错。焖子很是入味，分量也很多，好吃不贵。烟台其他家好吃的焖子店依次为：烟台市大悦城的"小滋味"、烟台市烟台山的"福来齐"、烟台市环海路的"正茂强子"、烟台市鲁东大学的"三羊焖子"、蓬莱市登州街道的"洪心斋私房

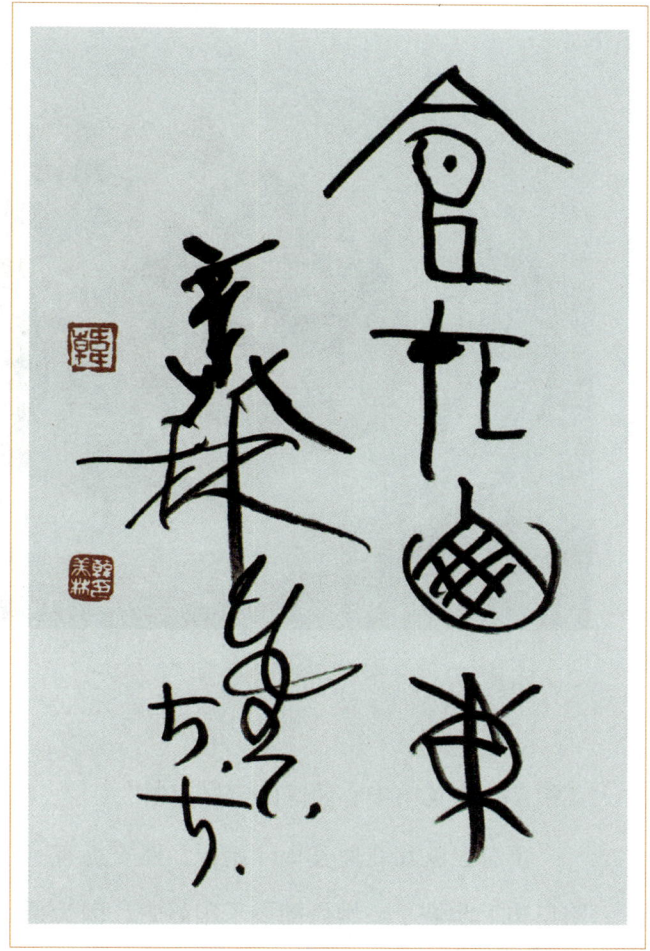

著名书画艺术家韩美林先生为作者美食著作题词："食在山东。"

仰缶庐谈吃
第三集

大连付（傅）家庄小渔村制作的"三鲜焖子"

菜馆"、蓬莱市中心城区的"老菜馆"。

董总家就住在厚安街。她说，厚安街有一位老奶奶每天在厚安街十字路口边上卖焖子。她做的焖子很好吃，因为是路边摊，没有名号，食客则冠以"焖子奶奶"称之。只可惜，我与董总经过此摊时天已很晚了，焖子奶奶收工回家了。我这次无缘尝此美味，期待下次来烟台时能够品尝到"焖子奶奶"做得好吃的焖子。

厚安街"焖子奶奶"的焖子摊，可以真实地再现老烟台地方小吃的原貌。在烟台想吃到真正原汁本味的焖子，还是地摊货。烟台市的街头巷尾，地摊上的焖子摊往往只有一个小炉灶，一口平底铛，几张小矮桌和几把小马扎，矮桌上放着几个装有用于吃焖子的自制调料瓶子。铛旁的盆或

烟台焖子

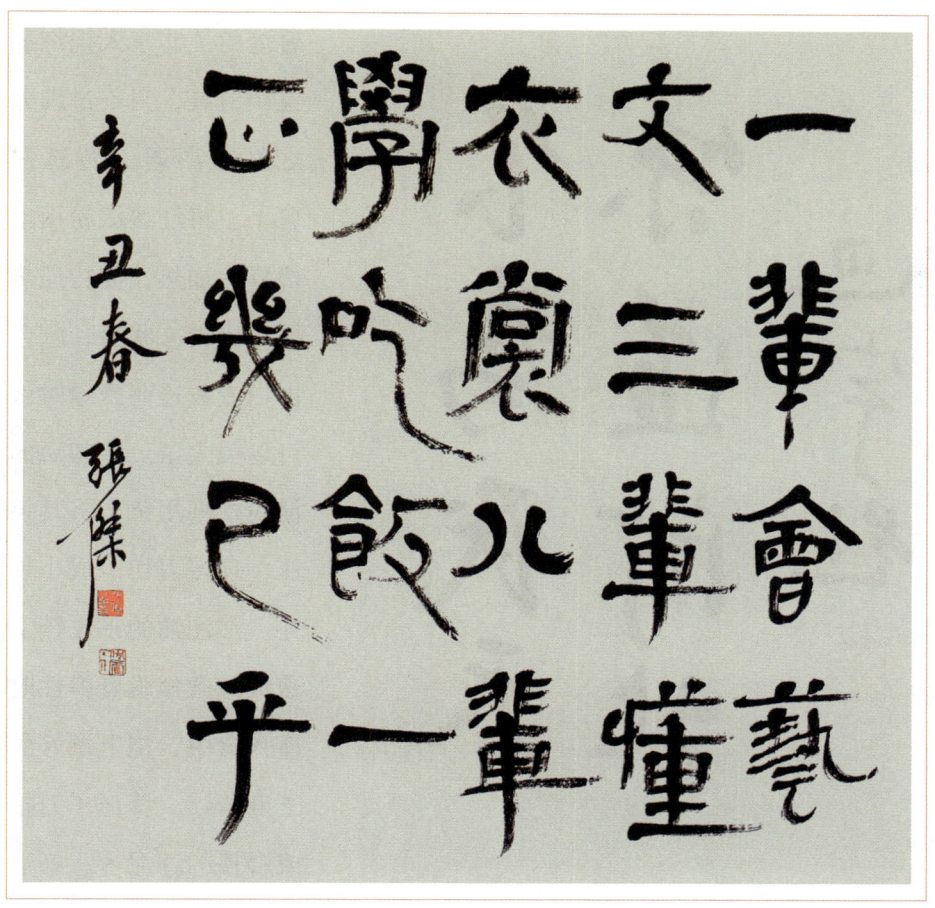

著名书法家张杰先生为作者美食著作题词:"一辈会艺文,三辈懂衣裳,八辈学吃饭。一正几已乎!辛丑春,张杰。"

桶里盛着用地瓜淀粉或绿豆淀粉做的粉块,也就是所谓的"凉粉"。食客拿着用铁丝窝成的小叉子,叉上刚从铛上铲下来的吱吱作响的焦黄发脆的焖子,就着空气中弥漫着的海风的咸味,与情侣有说有笑,幸福的感觉洋溢在他们的脸上,这俨然成为烟台市井生活的一个最接地气的风俗写真。

做烟台焖子的原材料一般为红薯粉,当地人叫"地瓜粉",就是红

仰缶庐谈吃 第三集

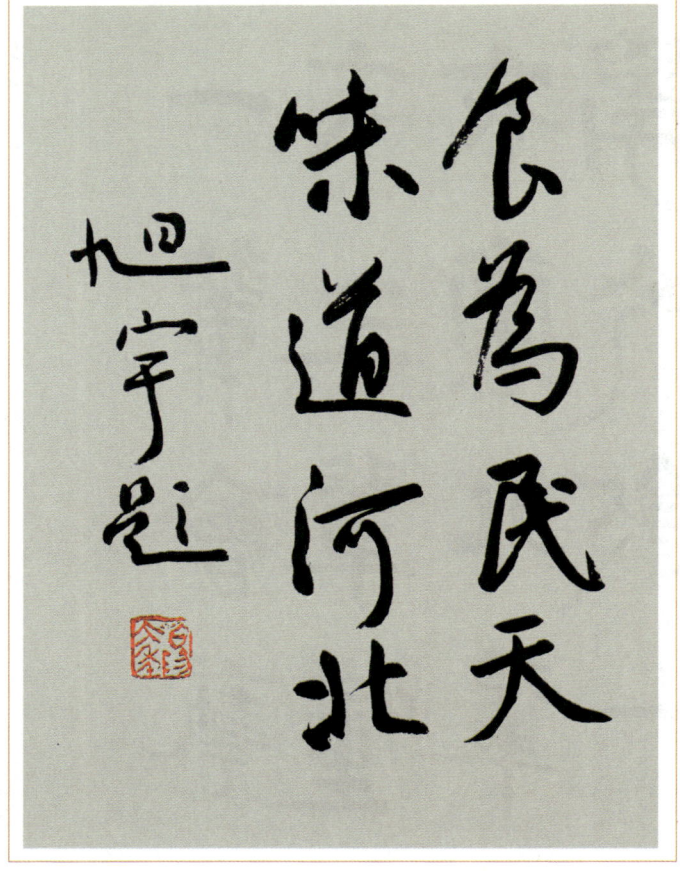

中国书法家协会第四届、第五届副主席旭宇先生为作者美食著作题词："食为民天，味道河北。旭宇题。"

薯淀粉（北京人把红薯也叫白薯，只不过细分之红瓤白薯、黄瓤白薯）。将红薯淀粉用水稀释后加热，淀粉遇热凝结成糊冻状后，颜色由白变成透明微绿时就可以关火了。冷却后的淀粉疙瘩用铲子将其铲压（现多刀切）成小块儿。在注油的平底铛上煎成微微焦脆有弹性时盛入盘中，浇上调好的芝麻酱汁、蒜泥（刀拍或舂捣的蒜泥）、虾油（鱼露）即可。

焖子实际上就是油煎淀粉疙瘩拌麻酱，或叫"油煎凉粉"。

焖子一定要趁热吃，趁热吃的焖子会有焦脆感；如一凉，就不脆了，失去焖子特有的风味了。

吃焖子时，也可加点儿醋，会更有一番滋味。这种吃法，更接近于老北京麻酱面的风味。

烟台焖子

作者题写的匾额

焖子的浇头多种多样，像三鲜焖子，可不拘泥于三鲜，用什么样的水产食材均可；用土豆丁、菌菇丁、茄丁等蔬菜做浇头的焖子也是挺好的食法。

烟台还有一种"肉焖子"，叫"养马岛焖子"，也有叫"养马岛焖子菜""养马岛肉焖子"的。养马岛隶属烟台市的牟平区，岛上的居民用猪肉与石花菜成馅做焖子。石花菜犹如胶冻，口感爽滑，是制作凉粉、淀粉及琼脂的原料。用石花菜做成的焖子，同用地瓜淀粉做出的焖子一样。岛上也有不用石花菜只用地瓜粉与猪肉做焖子的。用石花菜做出的焖子透明度比用地瓜粉做出的焖子要亮。

养马岛肉焖子是典型的渔家菜。制作方法也比较简单。选稍肥的猪肉

仰缶庐谈吃 第三集

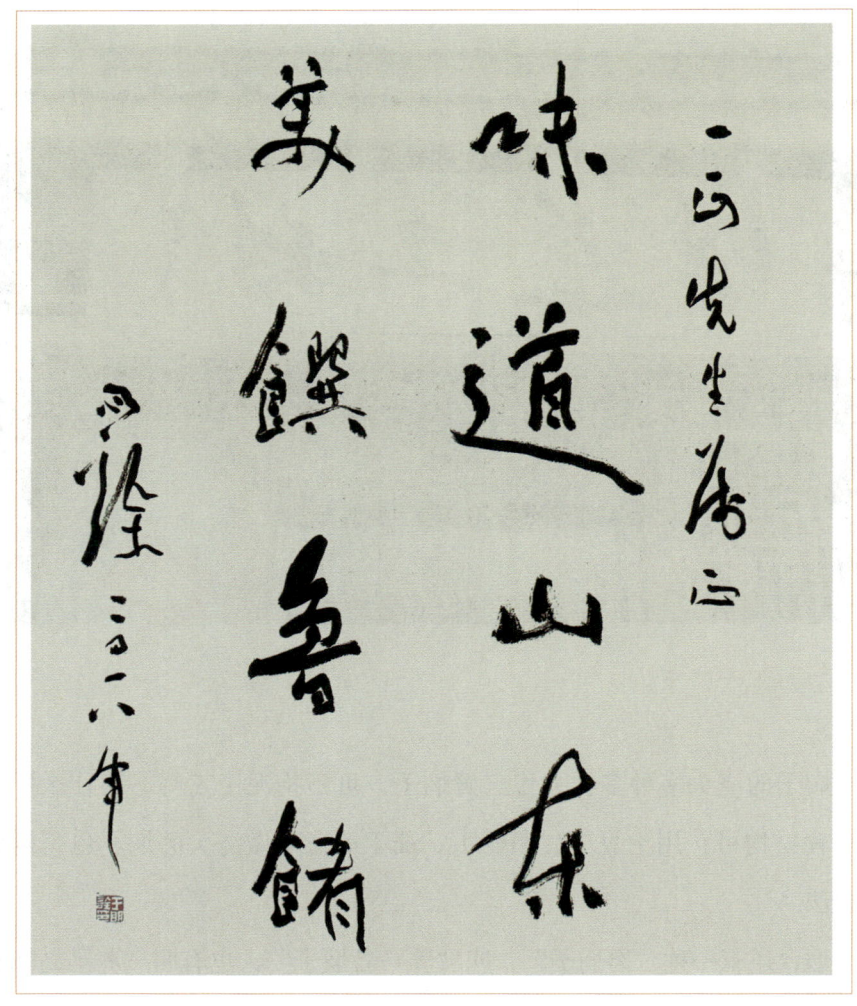

著名书法家于明诠先生为作者美食著作题词:"味道山东,美馔鲁鲭。一正先生嘱正。明诠,二〇一八年。"

与石花菜搅成馅,把搅好的馅摊在一个刷有食用油的盘子上,上笼蒸熟,晾凉后将肉焖子切片或块,与海参、虾仁、鲜鱼、鸡蛋糕、木耳、黄瓜片、胡萝卜块等食材同烹,这就是有名的"养马岛全家福肉焖子"了。

烟台焖子

有传说养马岛肉饼子是由秦始皇东巡养马岛带来的,可信不可信?姑且信之。

我8月份在养马岛游玩时,接待方想请我品尝这道菜,当我告之对方我是回族时他们才恍然大悟。

焖子并不是烟台人独有的吃食,北方喜吃焖子的人有很多,如山东的定陶、聊城,辽宁的大连、丹东,河北的行唐、定州,河南的禹州等等。

河北行唐和定州等地的焖子是用山药粉和瘦肉做成的灌制食品,很像香肠。这种焖子的食法多为切片加葱花儿蒸食,亦可用凉拌、炒、煎、微波等方法食用。汉民做焖子时多用猪肉。我在河北正定时吃过当地回族名食"热切丸子"。热切丸子是用牛肉馅加白薯粉及牛肉汤制成,是清真食品的牛肉肠,食时需蒸一下,切成片,蘸调味料食用,是清真版的正定焖子。热切丸子在正定算冷菜,但要热吃。

山东荷泽定陶焖子是用馒头屑加地瓜粉、盐、大料粉等调味品混合后用肉汤搅拌成泥糊状再蒸制而成。食时将焖子切丝或块加滑肉、丸子、菠菜等做成"焖子滑肉丸子汤",是鲁西南的地方名吃。

制作禹州焖子要用红薯粉。禹州山岗沙地多,出产红薯。制作红薯粉要选用霜降之前的红薯,此时的红薯,淀粉含量高,用刀切过的红薯会有一层白浆溢出,这是所含高淀粉的表现;过了霜降后收获的红薯,淀粉多转化为糖分了,即所谓的"糖化",就不适合用来制作红薯粉了。

禹州红薯焖子多用制作红薯粉的边角料(红薯粉条)烫泡切碎后,加入姜末、葱末、辣椒碎及调味料,用手搅拌均匀,再加1:1比例的干红薯芡粉(用水稀释)调和后,摊放在蒸锅中的屉布上蒸熟(约40分钟);再调一碗用香油、蒜泥、辣椒、热油等调味料调制的味汁;将蒸过的焖子用

仰缶庐谈吃

第三集

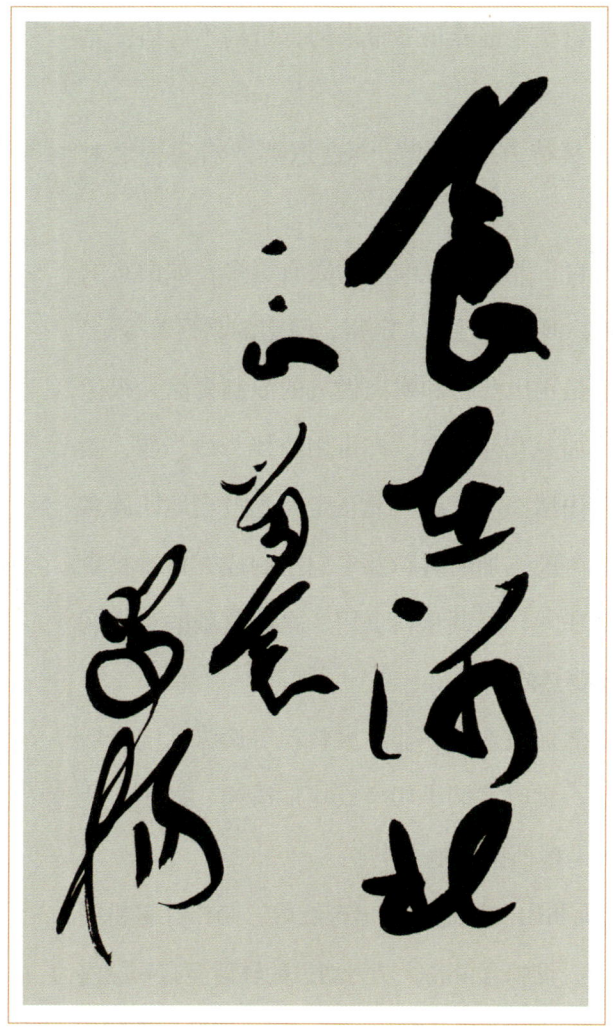

中国文联第六届副主席、中国曲艺家协会第四届主席罗扬先生为作者美食著作题词："食在河北。一正留念。罗扬。"

刀（或手掰）切成小块，蘸食味汁吃。

禹州红薯焖子可切条、块，可用烧、炸、煮、涮、凉拌等方法食用。禹州的"回锅焖子""凉拌焖子"是禹州焖子的精典名吃。

禹州人用红薯粉亦可制成许多小吃，如"羊汤炖粉皮""生煎素鱼翅""粉条豆腐丸子""杂炣""胡辣汤"等。

生活在东北的山东人较多，故而大连焖子和丹东焖子的做法、食法与烟台焖子大致是一样的。

大连人讲究做好的焖子周围要有薄薄一层嘎巴。有嘎巴的焖子吃在嘴里焦脆咸香，越吃越带劲。

在铛上油煎焖子时，一般是将一大块焖子放在热铛上，用小铲将大块的焖子铲压成许多小块，而且越小越好，不要用刀切，以此保持其特有的风味。油煎好的焖子，浇上

烟台焖子

用芝麻酱、酱油、蒜泥等调料调好的汁，用小叉子叉着焖子吃。

丹东焖子多用绿豆粉和地瓜粉混用，也有用玉米粉来制作的，用玉米淀粉做出的焖子比用地瓜粉做的焖子有嚼劲。

天津人也爱吃焖子，以静海中旺镇的信家焖子较为有名。静海焖子多用绿豆淀粉制成。因绿豆出团低，营养价值高，口感好于用其他材质制成的焖子，而倍受食客的喜爱。

关于焖子的起源，至今也没有一个准确的说法。

河北定州人说定州焖子是由北宋文学家、美食家苏东坡发明的。

苏东坡于哲宗元佑八年（1093年）9月任定州知州时，赈济当地灾民，为他们熬粥煮肉，可灾民太多，他就想出煮粥时用肉汤，并在锅里放碎肉，再放些棱子面（荞麦面）等食材，把粥最后熬成糊块状，再分发给灾民。后来，当地的人们把这种用肉汤加碎肉、棱子面和红薯粉做的食品称之为"焖子"。

烟台人说烟台焖子是由一个姓门的做粉条生意的人发明的。

一天，门氏晒粉条，突然阴天要下雨，粉条晾晒不成了，门氏怕粉条坏掉，急忙请众人用铛将粉坯油煎后加蒜泥与麻酱拌着吃，大家一尝很好吃，便有人问门氏这叫什么菜？众人中一智者见门氏是用铛将粉坯油焖而成的，门氏又姓门，就脱口道："焖子"。由此，当地便有焖子这道名食问世了。

焖子不光是汉族人的一味小吃，它也是回族人的一味特色美食。山东临清有不少回族人，当地就有清真名馔"醋溜焖子""烧焖子"等。

有一年我同国家民委老干局原局长刘隆（1932—2011年）夫妇回临清老家，正赶上刘隆老有个亲戚家做白事，我便和同去的阿文书法家李文彩

夫妇陪刘隆夫妇一道座席。席间上的是临清回族的"清真九大碗",其中有一道菜叫"圈巧阁"。圈巧阁是用羊肉馅加煮熟弄碎的红薯粉条、红薯粉、酱油、葱、姜、盐、香油等食材搅拌成馅后,抹在一张摊好的薄鸡蛋饼上,卷成一个鹅形卷后上笼屉蒸熟,晾凉后切成片,放在扣碗内,码成倒塔圆。再在扣碗内加肉汤、葱丝、姜丝、酱油等调料上笼继续蒸两小时后,将扣碗内的食材扣入汤盘内,正好为一塔形。在汤盘内点缀几颗菠菜,用炖肉的原白汤勾芡上桌。

这个用羊肉和碎粉条、淀粉等食材做的馅就是临清焖子的雏形。如果做圈巧阁用不完的馅就可做焖子用。

临清回族人在办喜事的宴席时一般上"清真八大碗"。即:烧肉、清炖羊肉、圈巧阁、松花羊肉、清氽丸子、黄焖鸡、黄焖肉(扣烧羊肉、里脊肉)、肉杂拌。办白事,席多为"清真九大碗",把八大碗中的肉杂拌去掉,换成"羊尾烩海带"和"烩全羊"。

我与刘隆老去过两次临清,都是当地回族企业家宛秋生先生和临清鸿林饭庄的老板洪延秋先生接待的。他们知道我和刘老有一个共同的特点就是好吃,所以他们尽可能地满足我们对美食的欲望。我们在临清品尝了像"托板豆腐""临清熏鸽""临清扒鸡""全羊汤""济美酱菜""临清白仁""临清锅贴""临清烧麦""豆沫"等地方美食;当然也少不了"烧焖子"和"醋溜焖子"了。

临清焖子是当地回族的一味小吃,一般都用泡碎的地瓜粉条加羊肉馅、羊油、红薯粉、调味料等做成的。烧焖子是将搅拌好的馅捏成一个大扁形的丸子,放在刷有油的盘子里上笼屉蒸约15分钟左右,取出焖子晾凉切片,将切好片的焖子逐个放在湿淀粉中过一下,放热油锅中煎,煎好

烟台焖子

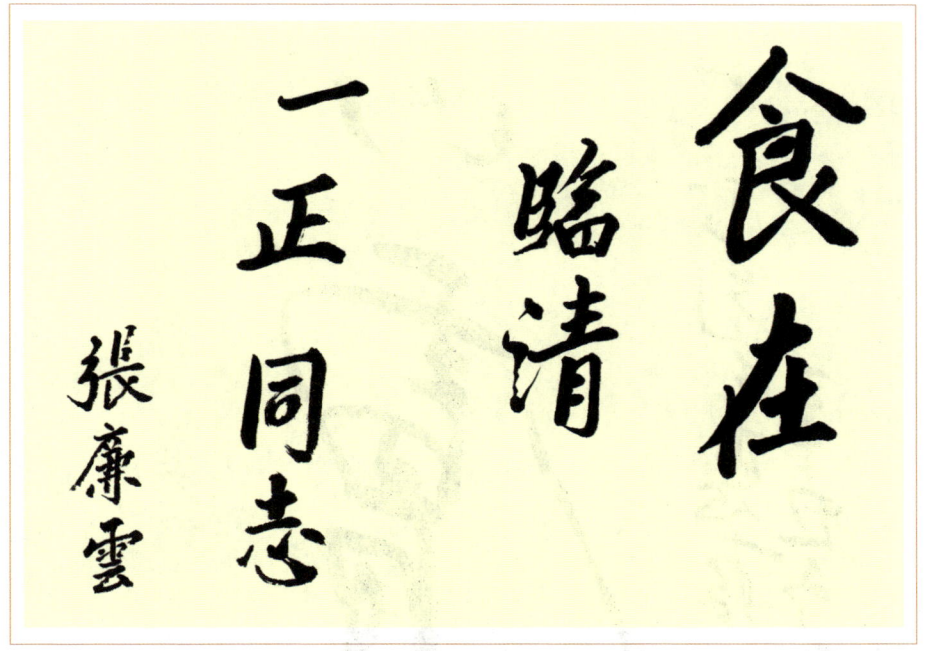

著名爱国将领、民族英雄张自忠先生之女张廉云女士（1923—1922年）为作者美食著作题词

后，在锅中加葱、姜、大料、酱油等调料烧炖一小会儿使其入味，出锅前淋点儿花椒油即成。醋溜焖子的做法更简单，炒勺内注油煸炒葱段、姜片，将切好的焖子片放入锅内，加少许酱油（可不放）、醋、水，稍煸炒一会儿即可装盘上桌。此菜也可加些白菜、豆泡、丸子之类的食材与焖子同炒，也非常美味。

醋溜焖子亦可衍生出"糖醋焖子"。沿海地区的人们用焖子可做成"焖子烧海参""焖子烧海杂鱼""海鲜焖子"等；焖子可做成"香煎焖子""焖子炒白菜""蒜苗炒焖子""辣椒炒焖子""韭菜炒焖子""酸汤焖子""杂烩菜""焖子炒腐竹"等等。

仰缶庐谈吃
第三集

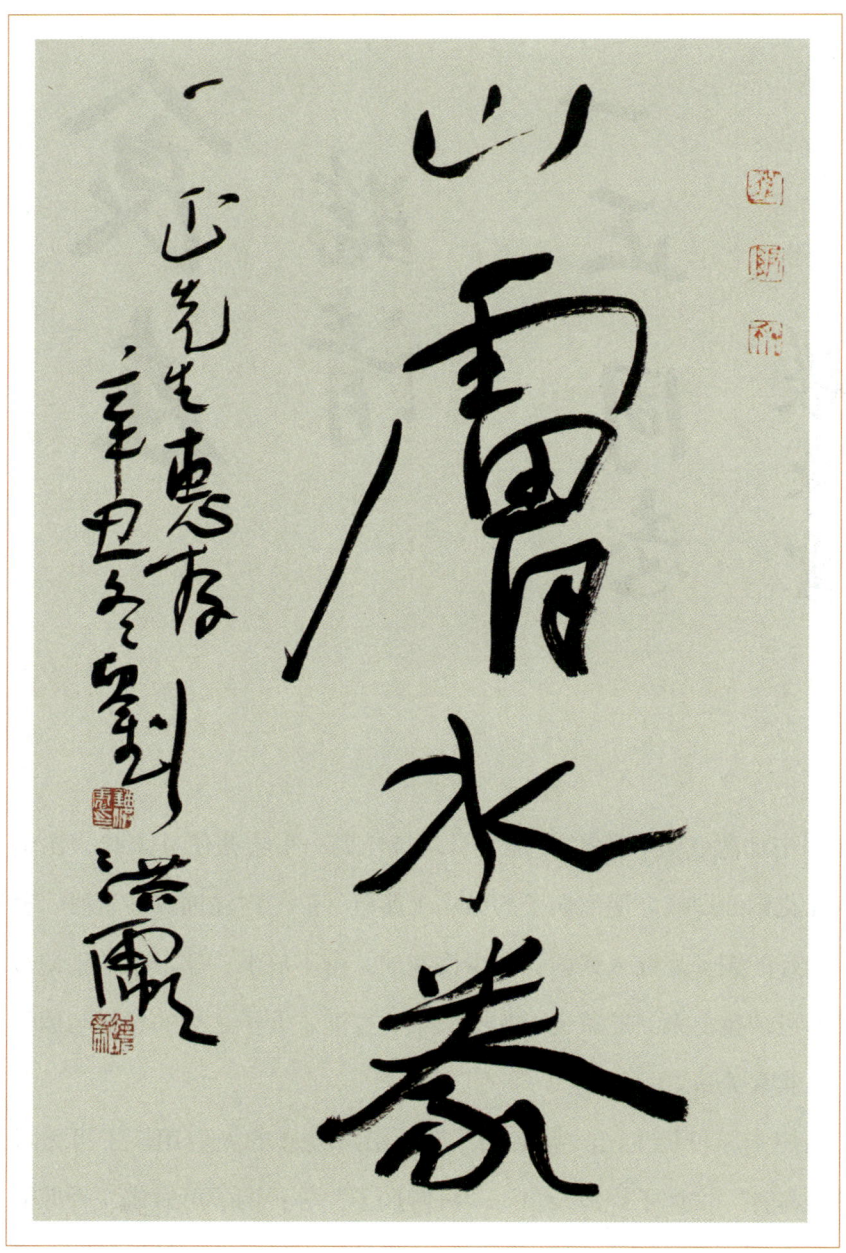

中国书法家协会第七届副主席刘洪彪先生为作者美食著作题词："山肤水豢。一正先生惠存。辛丑冬，刘洪彪。"

烟台焖子

山东临清有回族群众用焖子等食材做的"清真八大碗""清真九大碗";同样,在新疆焉耆、昌吉等地也有回族群众用焖子等食材做的"九碗三行子"。

制作传统的九碗三行子宴席,菜品多为:丸子、焖子、夹沙(袈裟)肉、黄焖肉。上席时,要先上桌子的四个角菜,而且全部要用肉菜,称其为"角肉";之后,再上桌边的即两个桌角中间四个菜,其中桌对面的两碗菜,菜品要对称,称之为"门子";桌中央上"水菜"即汤,多为杂碎汤或肉汤等汤类。

九碗三行子,因要把九碗菜摆成每个桌边放三碗菜的正方形,观者从不同角度来看,横竖均为三行,故名"九碗三行子"。如果把九碗三行子宴席中的"水菜"去掉,正好组成一汉文"回"字。

九碗三行子虽然上桌有九道菜,但实际上只有五道菜。桌子角上的四道肉菜,其实只是两道肉菜,比如桌角一边上羊肉丸子,对角则要上牛肉丸子(鸡肉丸子),另一个桌角上黄焖羊肉,对角则要上黄焖牛肉(鸡肉);西桌边上夹沙(袈裟)羊肉,"门子"即东桌边要上夹沙(袈裟)牛肉(鸡肉),北桌边上"烩焖子",南桌边可上"蒸焖子";对角及对边的各自菜品,亦可在对应菜品中放些鸡蛋、黄花、木耳、豆腐、白菜等食材用来区别。如羊肉丸子里可不放任何的蔬菜,但牛肉丸子里可添加些木耳、海带、白菜等,以示菜品的区分。同时,亦可增加宴席菜品的多元性及悦目性。

九碗三行子上席时所用的碗要大小一致,器皿力求精致典雅。

九碗三行子最具代表性的菜就是焖子。

这里的焖子是用牛后腿肉打成肉馅后,加花椒水、姜末、胡椒粉、盐

仰缶庐谈吃 第三集

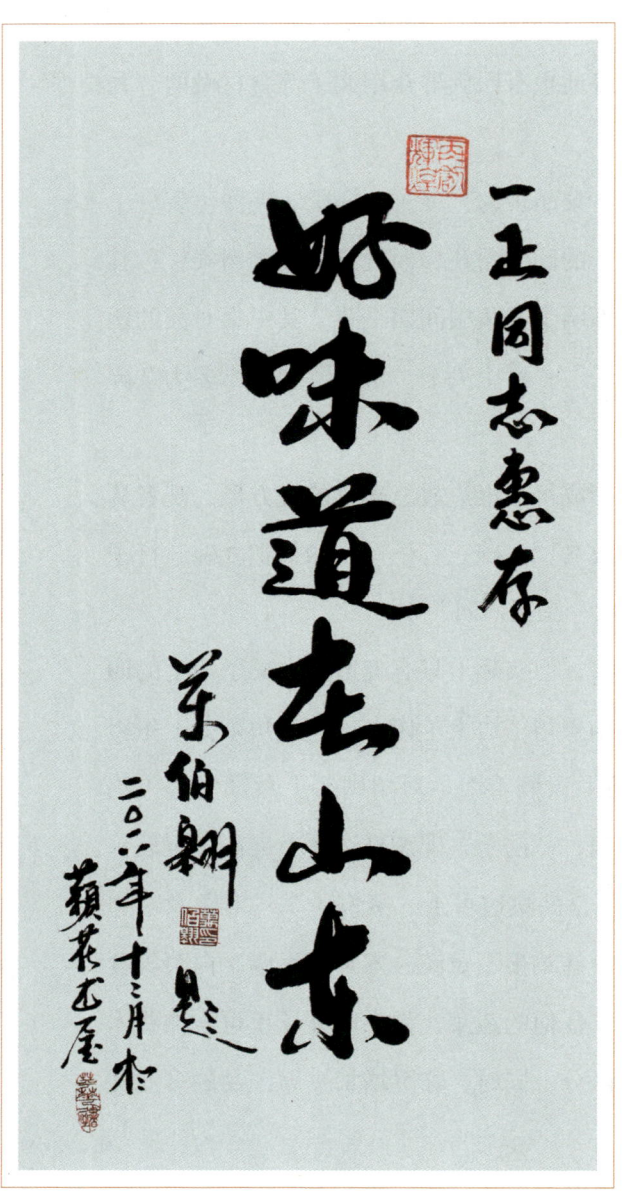

著名传记作家万伯翱先生为作者美食著作题词："好味道在山东。一正同志惠存。万伯翱题。二〇一八年十二月于苹花书屋。"

等调味料拌匀后,加淀粉(可不用)再搅拌,将搅拌好的肉馅放在一个方型的食盘中抹平,将蛋黄与蛋清分两次抹在肉馅上,上锅蒸50分钟左右放凉切片;上桌时,浇上用西红柿丁、红绿辣椒丁等蔬菜做成的芡汁即可。

吃九碗三行子的宴席,主食多为花卷、馍馍、米饭和油香等食品。"吃席"时也有讲究,要先外后里吃,先吃朝着自己方向的三碗菜,最后再吃水菜(现多为"甜盘子")。

九碗三行子最早出现在回族穆斯林群众在节日及婚丧嫁娶的宴席上,有传说九碗三行子同常遇春及林则徐有关。最早的九碗三行子只有五种菜品,分别为丸子两份、焖子两份、黄焖肉两份、夹沙(裌袋)肉两份、水菜一份。现在的九碗三行子则为(沈派九

烟台焖子

碗三行宴）：羊肉焖子、黄焖牛肉、珍珠丸子、缠丝丸子、红烧丸子、鱼块、鸡块、卷帘子、甜盘子。有的九碗三行宴则以清蒸夹沙（袈裟）、雪花丸子、蔬菜肉卷、羊肉焖子、黄焖羊肉、风味蛋卷、芝麻鱼条、红扒鸡翅和甜盘子九个菜品为席。还有的宴席则上蒸南瓜、椒麻鸡、酸辣鱼、烧羊排等新菜品，而且，素食的九碗三行子也开始出现了。

在北京历史上，昔日有一款回民小贩推车沿街叫卖的小吃——"炸焖子"。回族人称之的这味小吃炸焖子就是炸素三角，它是一款炸食，这本是都一处"三味名食"之"烧卖、马莲肉、炸三角"中的一味。

炸素三角的馅是用酱油和淀粉熬成冻，使之变成粉坨，再在里面加上些用刀拍碎的熟芝麻（拍碎的芝麻易出香味）、剁碎的胡萝卜（俗称"红根儿"）、香菜末等食材和调料一起搅成，包在三角皮中，放油锅炸熟即可。素三角的皮是用半烫面做的，烫好的面团擀成一大饺子皮，从中一切两半，将切下来的半片饺子皮两边对折，即成一个锥形漏斗，把馅填入"漏斗"中，再将上边的口用手封上，成为一个中间带一竖线的三角。

刚出锅的三角，外皮是酥的，而馅因是用淀粉团做的，一遇热，淀粉就会与馅中的其他食材融在一起，成为黏黏糊糊的形状了，很好吃。真正是外酥里嫩，口口都带着芝麻香。这款小吃一度断档了几十年。直到2021年的3月，我在由北京市烹饪协会和《北京商报》社主办的"2021春歌京点小吃文化节"上，才看见了护国寺小吃店恢复的这款近乎失传的小吃。护国寺小吃店的厨师告诉我，这款小吃现在叫"素焖三角"。

口 蘑

每年一进腊月小年，我张北的朋友如田晓辉先生等就会雷打不动地带些当地的土特产来京看我。他们带的土特产均为张家口产的，且每年也不一样，如莜面（杂粮）、胡麻油、土鸡蛋、野菜、北宗黄酒、钻石牌香烟、口蘑等，其中口蘑是他们每年必送的。

晓辉先生等这些张北的朋友这一送就是十五六年。刚开始他们送来的口蘑我无论怎么浸泡清洗，成菜后都会或多或少地带点儿泥沙，吃在嘴里咯吱咯吱的；但这几年他们送来的口蘑我无意间发现，烹饪后泥沙的踪影不见了。

我仔细对晓辉先生他们送来的口蘑进行观察后发现，现在送来的口蘑同原来送来的口蘑不一样，现在的口蘑更像是用平菇等蘑菇类加工而成的干制品，而原先的口蘑类似东北小鸡炖蘑菇用的野生的榛蘑、松蘑等。

所谓口蘑，实际上是指早年间（300年前）在张家口集散、加工而成的产自内蒙古草原、河北坝上等地的野生蘑菇，它是对这些加工后的蘑菇一个统称，并非指某一品种的蘑菇。

在张家口市区的北端，万里长城四大关口之一的"大境门"就扼守于此，锁钥着京都的北大门。

口 蘑

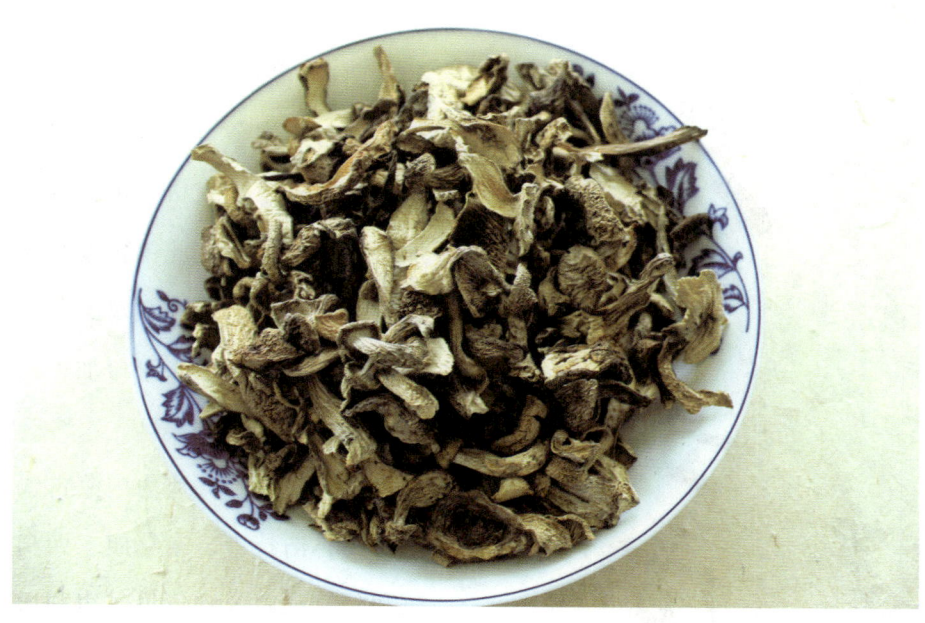

台蘑

察哈尔都统高维岳题写的"大好河山"四个大字就镌刻在大境门的门楣上。大境门下的西南侧（口内）矗立着一块由著名古建筑学专家罗哲文教授题写的"大境门"石碑。

人们常说的"口内""口外"就是以大境门来划分的。站在大境门以里（南）就是"口内"；而在大境门外（北）就是所说的"口外"，也就是"塞外"了。

大境门的东北侧，即大境门景区停车场内立有一块大石头，上面用红色字体镌刻着蒙汉两种文字，上写"张库大道起点"。

口蘑这一称谓其实有赖于张家口茶马互市的开通。由于昔日张库大道（张家口至库伦，并延伸到俄罗斯恰克图的贸易运销线，全长1400多千

仰缶庐谈吃
第三集

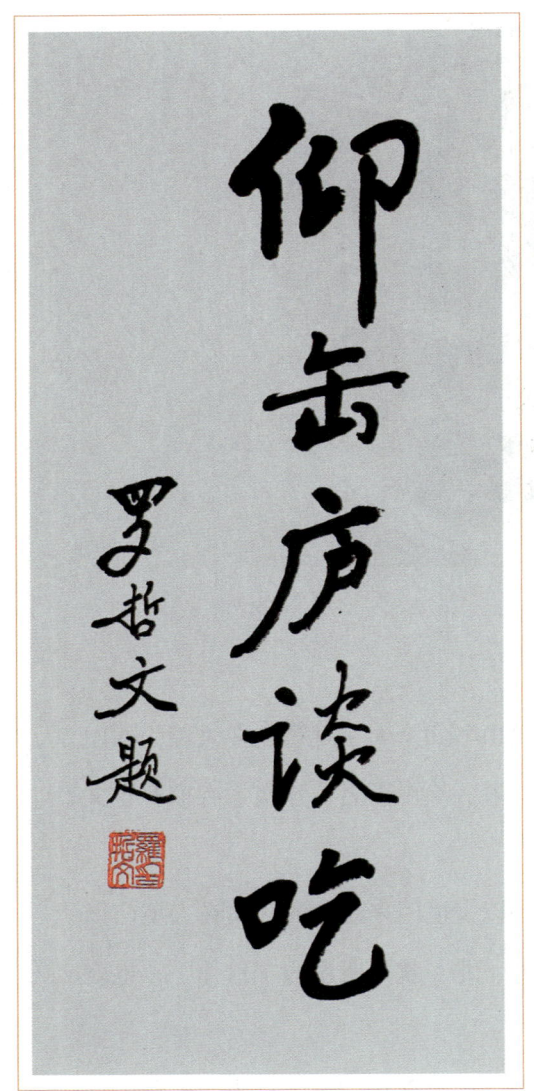

著名古建筑学专家、书法家、诗人罗哲文先生（1924—2012年）为作者美食著作题签

米，有着"北方丝绸之路"之称的古商道）的繁华，蒙商及内地商人把每年内蒙古大草原上盛产的蘑菇带到了张家口，进行深度加工后，并最终在此销售发往全国各地，人们因此称"口蘑"。实际上，它是指在张家口加工出产的蘑菇。

口蘑的上源产地为内蒙古锡盟的锡林浩特市、东乌旗、西乌旗和阿巴嘎旗及呼伦贝尔市和通辽市等地的草原地区和林区，河北的坝上四县即康保、沽源、尚义、张北等，及黑龙江、吉林、辽宁东北三省等地。

内蒙古锡盟主产区在锡林浩特的灰腾锡勒（也叫"辉腾锡勒"即灰腾梁）草原。

灰腾系蒙古语，意为寒冷，锡勒也是蒙古语，意为梁。

锡林浩特所产的蘑菇有黑蘑、白蘑和鸡爪蘑等。《舌尖上的中国》介绍的锡林浩特蘑菇叫

口蘑

豆腐炒台菇

"天花板",属于白蘑的一种。

在草原上,当夏季大雨过后,再经过一天的曝晒后,就会在草地上出现似雾非雾,一圈一圈呈云朵式的"海市蜃楼",这就是草原上的蘑菇圈。当地人管蘑菇圈也叫"仙人圈"。蘑菇圈的形成是蘑菇真菌用"孢子"繁殖后代的结果。在菌褶里成熟的孢子会随风飘散落到草原上的草土中,并长出菌丝。菌丝体会逐渐扩散,向外缘辐射式生长,最终会形成蘑菇圈。蘑菇圈的生长和周围环境有很大关系。即使在同一块草地,坡上和坡下,平地及洼地生长出的蘑菇在品种和口感上也会有所差别。

灰腾梁蘑菇圈生长出的蘑菇品质最好。灰腾梁也有人叫它为"平顶上"。平顶山是锡林郭勒草原自然保护区的一个景区。平顶山景区所产的

仰缶庐谈吃
第三集

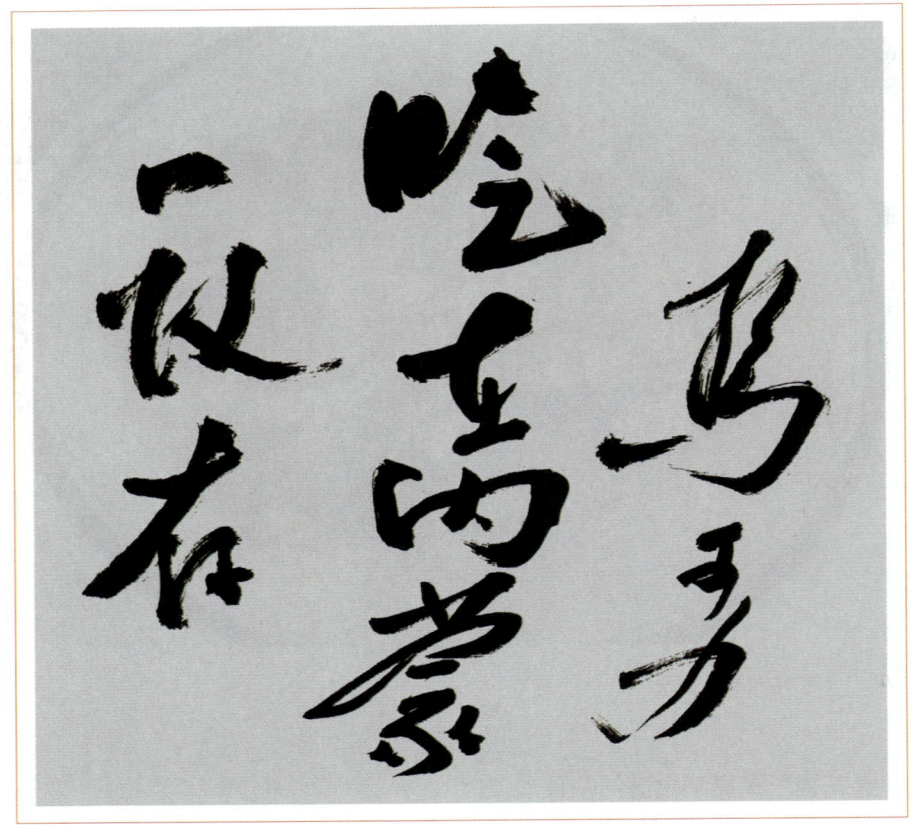

著名科学家乌可力先生为作者美食著作题词："吃在内蒙。一正存。乌可力。"

蘑菇量并不大，但是质量特好。草场属于当地牧民，牧民对草原上长出的蘑菇看得很紧，一般不让外人采摘。牧民把采收到的蘑菇都会卖给同自己有长期收购关系的蘑菇商，以天花板蘑菇和黑蘑为主，蘑菇也没有做过任何包装，只是晒过的干蘑菇而已。

平顶山蘑菇圈出产的蘑菇比周围其他草原上出产的蘑菇香味要浓郁，好吃。泡蘑菇的水呈深褐色，用这个水烹饪出菜肴比用味精等调味料烹饪

口蘑

出的菜肴不知要好吃多少倍。

内蒙古蘑菇的产区还有大兴安岭、呼伦贝尔及通辽等地区。

草原蘑菇的主要品种有白花脸蘑、紫花脸蘑、草原白蘑菇、白林地蘑、榛蘑、黄蘑菇（金顶侧耳、黄油蘑菇）、草蘑等。

内蒙古林区蘑菇的主要品种有：花脸蘑菇、林区蘑菇、鸡腿蘑、黄油蘑、牛肝菌、草蘑、桦树蘑、毛尖蘑、猴头蘑、榛蘑、松蘑等。

大兴安岭产的花脸蘑菇（属白蘑科）是草原蘑菇的一种，是呼伦贝尔天然珍稀野生菌之一，有"素中之荤、菇中之王、蘑菇皇后"的美称。东北名菜"小鸡炖蘑菇"所用的蘑菇系采用干品发泡过的花脸蘑菇来烹饪的，当然也有用榛蘑（蜜环菌）、肉蘑等其他蘑菇来烹饪此菜的。

据说小鸡炖蘑菇这道菜是由山东人闯关东时带入东北的，它与猪肉炖粉条、鲇鱼炖豆腐、排骨炖豆角被称为东北四大炖菜。小鸡炖蘑菇居四大炖菜之首。东北人有句名谚，叫"姑爷进门，小鸡断魂"，可见这道菜是用于款待女婿的"横菜"了。

作者自制的"慈菇炒红蘑"

仰缶庐谈吃
第三集

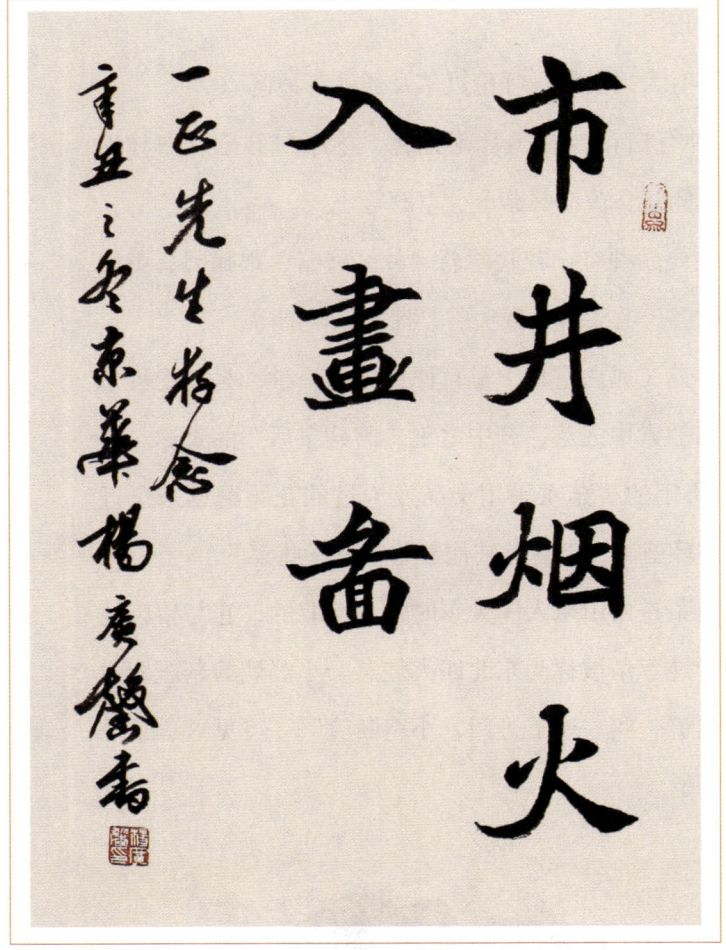

著名书法家杨广馨先生为作者美食著作题词："市井烟火入画图。一正先生存念。辛丑之冬,京华杨广馨书。"

口蘑上源地的内蒙古产区可年产蘑菇50万千克,其中白蘑5万千克。上源产地的蘑菇,集中运输到张家口后,经挑选、分类、烘干、包装等十几道工序,加工成白蘑、青蘑、黑蘑、杂蘑四类,统称口蘑销售往全国。

口蘑是一种野生蘑菇,又称白蘑、蒙古口蘑、云盘蘑、银盘(营盘)等;口蘑中幼小未开伞的称"珍珠蘑",开伞后的称"片蘑"。

清代大学者、书法家傅山曾在《芦芽白银盘》写道:"芦芽秋雨白银盘,香蕈天花腻齿寒。回味自闻当漱口,瑶柱不知美何般!"

诗中的银盘也写作"营盘",是指蘑菇的形状如军队之营盘。

银盘蘑菇按颜色、形状可分白银盘、红银盘、鸡腿银盘、猪嘴银盘、

口 蘑

大把子（秋愣只）银盘、草银盘等20余种。

银盘蘑菇的采摘期通常为每年的立秋至白露，尤以雨后数日为宜。

银盘和香蕈（即天花蕈又名天花菜）等蘑菇品种都是芦芽山的山珍。口蘑品种中也以银盘等为珍馐。

与管涔山同处忻州市的五台山也以其盛产的山珍"台蘑"著称。

五台山的"台蘑"品种中也有"银盘""香蕈（香信）"，其中以"白银盘"和"黑香蕈"为珍。

《本草纲目》中曾有五台山香蕈蘑（天花蕈）的记载："天花菜出山西五台山。形如松花而大，香气如蕈，白色，食之甚美。时珍曰：'五台多蛇蕈，感其气而生，故味美而无益，其价颇珍。'段成式《酉阳杂俎》云：'代北有树鸡如杯棬，俗呼胡孙眼。其此类也欤？'"

用"台蘑"成馔的有"干炸台蘑""葱爆台蘑""什锦台蘑小炒""肉片炝台蘑""清炒台蘑""红烧台蘑""雪山台蘑""山鸡炖台蘑""肉丝台蘑"等等。

五台山的"台蘑"同东北的"三大蘑（元蘑、榛蘑、猴头蘑）"、福建的"大红菇"、戈壁滩上的"阿魏蘑（白灵菇）"及张家口的"口蘑"等都是人间美味。

芦芽山位于山西宁武县境内，是管涔山主峰，海拔

太务粉条与红蘑炖笨鸡

仰缶庐谈吃
第三集

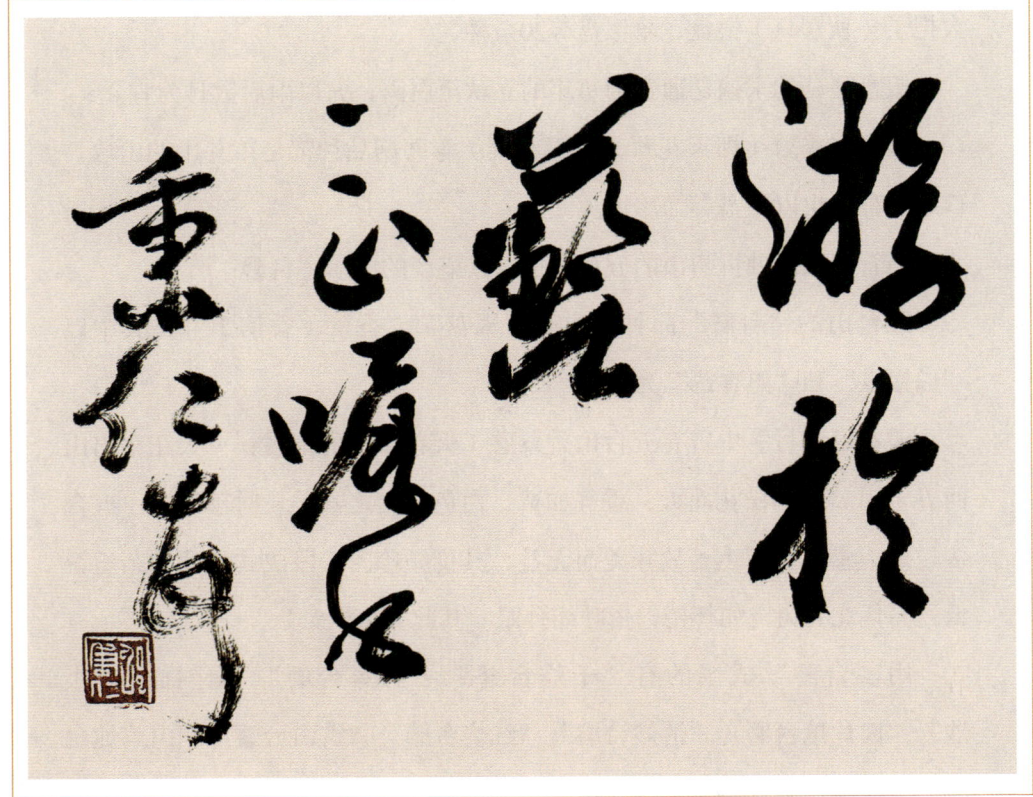

中国书法家协会第五届副主席邵秉仁先生为作者美食著作题词："游于艺。一正嘱书。秉仁顿首。"

2739米，属吕梁山脉。芦芽峰因形似"芦芽"而得名。这里峰峦密布，沟壑纵横，是天然的山珍储藏库。

管涔山还是永定河的发源地，也是汾河的源头（现有专家认为神池县太平庄乡西岭村为汾河的发源地）。

永定河是海河流域的五大水系之一（另有潮白河、大清河、南运河及子牙河），全流域面积达47016平方千米。永定河流经山西、内蒙古、河北、北京、天津。

口蘑

永定河在山西境内叫桑干河，流入河北境内叫洋河，并汇入发自内蒙古兴和县的西洋河、内蒙古乌兰察布市的东洋河及山西阳高县的南洋河，三条支流在河北怀安、万全汇合后称之为"洋河"，洋河在怀来县注入"官厅水库"，从官厅水库在流经北京市、河北的廊坊市后进入天津段。出官厅水库到天津北辰区屈家店与北运河汇流，叫"永定河"。永定河在屈家店枢纽与北运河汇合后，注入永定新河，并最终在北塘入海。

永定河的上游有桑干河和洋河两大支流。桑干河的上源是山西左云县境内的元子河（源子河）和山西宁武县管涔山的恢河，两河于朔州附近汇流称之为"桑干河"。

提起桑干河，对于我这个年龄段的人来说，马上就会想起著名作家丁玲的长篇小说《太阳照在桑干河上》。我不知道现在的年轻人还有没有人在看这本书。书中描述的农民反封建土改斗争中的过程，对现在的年轻人是否还有吸引力？

2017年，我去张北。张北友人闪胜利女士驾车带我们去大同的云岗石窟参观时，我还同小闪说，让她特意开车走一走桑干河边，了却一下我长期以来想看看桑干河的心愿。

从大同回到张家口后，我对另一位接待我们一行的王爱艳女士说，我想看看洋

草原蘑菇炒小白菜

仰缶庐谈吃
第三集

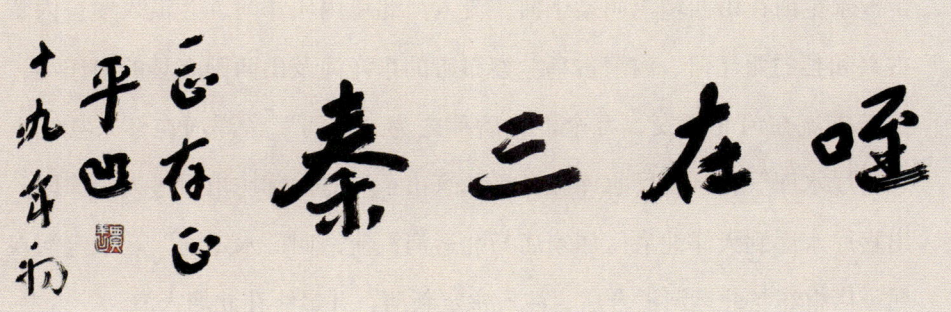

中国作家协会第九届副主席、著名书画家贾平凹先生为作者美食著作题词："哇在三秦。一正存正。平凹，十九年初。"

河。她驾车特意带我们一行从张家口到她的娘家怀安去看看。

洋河的支流西洋河、南洋河及东洋河于怀安县的柴沟堡附近及万全区北沙城乡的岸庄屯村汇流，称之为"洋河"。洋河再向东南流入官厅水库。王爱艳是怀安左卫镇人。左卫是晋煤、蒙煤、地产煤东运的集散地，也是国家六部委确定的全国重点镇。

那天晚上，我们在她家品尝了一顿正宗的张家口菜。有炒口蘑、拌杨树叶、炒豆腐皮、素大烩菜、拌苦菜、炸黄米糕、面心糕、炒土鸡蛋、烤羊腿、小米粥等。

拌杨树叶是选用每年4月底至5月初的杨树叶嫩芽同杨家葱一起凉拌。杨家葱是用本地产的葱在每年夏季将葱埋在地里，待来年春天葱发芽时再吃。这种葱的特点就是奇辣，咬上一口，鼻子立马通气。

炒豆腐皮和拌杨树叶一样，均为怀安特色菜。怀安的豆腐皮较为有名，口感筋道，豆腐为浆水点的。

素大烩菜是用茄子、豆腐、土豆、白菜、粉条等烩炖的。大烩菜也有

口蘑

肉的。一般吃面心糕时就食大烩菜或拌杨树叶,吃时,讲究就蒜吃。

喝小米粥时要就小咸菜丝或泡菜。小米是产自蔚县的桃花小米。

怀安不产口蘑。我们当晚吃的口蘑是产自坝上的。

口蘑品种按传统的叫法有青腿子蘑、香杏、黑蘑、鸡腿子、水晶蕈、水银盘、马莲杆、蒙西白蘑等。

口蘑(*Tricholoma mongolicum*)品种按现在的称谓有白大蘑、普大蘑、杵中蘑、珍珠蘑、镜子面蘑、青腿片蘑、杵片蘑、茸子蘑等十多种。最为名贵者当数白蘑,菌盖洁白,菌褶黄白,褶细、盖大、肉厚、柄短,气味极为芳香。这种蘑菇是口蘑中的上品。夏秋季在草原上群生,常形成蘑菇圈。现在市场上售卖的双孢菇(*Agaricus bisporus*),是白色的,也称之口蘑、圆蘑菇、洋蘑菇、白蘑菇等,原产于欧美等国,17世纪在法国经人工栽培成功后,现世界各地都有栽培。

2017年我去张北,由友人闪胜利驾车带我到她自家开设在"草原天路"西线上的"在路上农家院"一游。

闪女士告诉我,口蘑产自草原天路,一到夏天的雨后,就会有蘑菇生长在草原上。蘑菇可以一直采摘到秋天为止。

用口蘑做得最好吃的食物当数打卤面。我记得小时候,我父亲从张家口出差回来就会带点儿口蘑,那年代肉是凭票供应的,家里舍不得做肉片炒口蘑吃,得一点儿一点儿留着慢慢吃,就用肉片和口蘑打一大锅卤。我放学回来,走在楼梯口就闻着香味了,一进屋,更是满屋子的鲜香味乱窜,真是"一家食其味,十家闻其香"。我也顾不上洗手,来一大碗锅挑儿手擀面,浇上两大勺子的肉片口蘑卤,再放点儿黄瓜丝面码,齐活!别提多舒坦了。吃完饭,屋子里口蘑的鲜香味和黄瓜的清香味还一直弥漫

着。几十年后，我又如法炮制，略加改良。用葱花儿姜末炝油锅，下鸡丝滑炒，加点儿酱油和泡蘑菇的水，放入洗好的口蘑，加点荸荠、蚕豆，锅中加高汤；锅开后，淋入水芡粉，再在卤汁中甩上两个乌鸡蛋打成的蛋液，放盐，关火；切一点儿小葱末撒在卤汁上；另取一手勺，放一点点儿油，加花椒，见花椒快炸煳时关火并在手勺中放几片干辣椒；将花椒辣椒油浇到卤汁上。

卤打完后，下锅煮手擀面，面出锅后过水，浇卤。我左手抱一大海碗吃面，右手拿一根大黄瓜，吃一大口面，就一大口黄瓜，不时地再就上两瓣蒜，真地道！

过两小时，我一测血糖，16！心想：爱怎么着就怎么着吧！有什么话明儿再说，今儿就是今儿了！

用口蘑做菜，万不可再用味精、鸡精等提味了。口蘑中含有的香脂和谷氨酸钠等挥发性物质是最原生态的"味精"。

口蘑和莜麦面可以说是产自塞北地区一对天然绝搭的食材。

用口蘑（最好是黑蘑）和羊肉做成羊肉蘑菇氽（臊子），浇莜麦面条、饸饹吃（荞麦面做的），或是用莜面做成栲栳栳，蘸食羊肉蘑菇臊子均为高寒地区面食名吃。

我在张北吃过一顿由闪胜利父母闪高富、郭德荣夫妇给我做的"莜面窝窝"。

莜面是闪家二老在尚义老家自种自产的。和面时不再添加白面，只用莜面和；窝窝也是老两口手工搓成的。浇面用的卤子（氽子）是用产自坝上的羊肉和坝上的口蘑做的。

蒸熟的莜面窝窝，蘸着卤汁吃，卤汁上面再撒点香菜末；食时，还可就

口蘑

着蒜瓣吃更美；如配有蒸熟去皮切块的产自张北的土豆也是其一大食法。

莜面窝窝是坝上等地区对莜面卷的称谓，而在山西大同、吕梁、忻州、晋中等地区则把这种风味小吃叫"栲栳栳"。

"莜面窝窝"和"锅巴饺子""山药鱼儿""生下鱼儿""莜面傀儡""莜面顿顿""肉饼""锅饼子""烤全羊""烤兔""烤羊排""烤羊腿"等风味特色食品均为口外美食。

总之，用口蘑做什么菜都可以，它也是一种可百搭的食材。

如用口蘑做"小鸡炖蘑菇""肉片炒口蘑""口蘑蹄筋""口蘑鸡丝""口蘑炒蛋""烩南北"（也叫"烧南北"，用塞北的口蘑与江南的竹笋制作的菜肴）"口蘑肉丝汤"等。

口蘑的味道之所以异常鲜美，同它的生长方式多少也有些关系吧？

在内蒙古草原上生长的白色伞菌是一种野生蘑菇，它爱选择在有羊骨头或羊粪的地方生长，用这种蘑菇烹饪，鲜香无比。

口蘑的鲜香味道不光是人类喜爱，就是鱼类也珍爱此味。

据传以前有一口蘑商人，从张家口到天津后改乘船贩运口蘑至南方。乘船后不久，船身摇晃异常，船老大发现是鱼群涌向船底顶船，查其原因，竟是鱼群因口蘑的奇香之味四溢所致。船老大担心鱼群过

大董烤鸭店制作的"意大利肉酱栲栳栳"

多会导致翻船,遂愿出重金找船上能驱逐鱼群的人。口蘑商见此就将自己的口蘑投入大海,鱼群果然争食口蘑去了。事后,口蘑商大讲鱼群围船之事,宣传他的口蘑味道如何如何,引得许多人纷纷订购他的口蘑。口蘑商横财大发。

有关口蘑之味的记载,早在公元前239年成书的《吕氏春秋·本味篇》就有记载:"味之美者,越骆之菌。"越骆即骆越古国。骆越文化的源头和中心在中国,主体部分在中国的武鸣。

"口蘑之名满天下,不知缘何叫口蘑?原来产在张家口,口上蘑菇好且多。"据说这首诗是郭沫若1958年视察张家口时写的。

十多年前,时任北京市宣武区政协副主席兼宣武区文联副主席杨海森先生带我们去张北采风搞笔会,我带回来的土特产中就有口蘑。那时的口蘑全是人工采撷的野生蘑菇,那种香味叫"沁人心脾"一点儿也不为过。

2017年我应张家口新华街清真寺邀请,去张家口为寺里题写匾额。我分别题写了"泽被穆民""天方古教""认主独一"及"正教不二"四块匾。寺上的老阿訇,91岁的河北省伊协会长张珍山(1927—2022年)教长因身体原因回北京常营休养,由河北省伊协副会长、张家口市伊协副会长马玉亮阿訇及张家口市伊协秘书长宋保民和新华街清真寺寺管会主任张同贵陪同,在张家口市内吃了两顿饭。第一顿饭是在"穆林民族饭庄"吃的涮肉。我点的肉和菜等。我看菜单内有口蘑,就要了一盘。口蘑的颜色为黄褐色,蘑菇的颜色由黑褐至淡褐色不等。这同我在张北闪高富、郭德荣夫妇家吃的口蘑卤的颜色一样。第二顿饭是在"张家口穆斯林饭庄"吃的。点的是"羊蝎子火锅"。主涮是羊蝎子和羊尾骨;火锅涮菜则也有口蘑,同在"穆林民族饭庄"吃的是一样的口蘑。张家口穆斯林饭庄家的

口 蘑

"糖酥饼"和"门钉肉饼"给我留有很深的印象。他们家的门钉肉饼一咬一滋油。同桌的几位老食客在吃门钉肉饼时,油滋的哪都是。再有,他们家肉饼的做法是在边包肉饼时,边往馅中加葱,而不是一开始拌馅时就用葱和馅,这是老回回做肉馅的传统方法。

我从张家口回京时,张家口的友人送了我两盒"口蘑"。一盒的产地是承德,经销在尚义,叫"香辣口蘑",为油渍的草原口蘑;另一盒产自赤城,写的是生长在海拔800~2000米的"野生蘑菇"。

这两盒蘑菇我尝后,是用"双孢菇"做的。一盒为开瓶即食的浸泡在辣油中的蘑菇,一盒为双孢菇的干制品。两盒蘑菇同我在张家口清真饭庄及张北闪家吃的口蘑不是一个品种。后者更像是产自坝上草原野生的那种由农家自采自卖的口蘑。

现在用礼品包装盒装的免洗口蘑,我看基本上是用市场上售卖的平菇等一类蘑菇加工而成的,将这类干蘑菇泡发后做成菜一尝就能吃出来,决非以前带着泥沙的野生蘑菇了。

这种礼品盒包装的蘑菇叫口蘑也对,因为它是从张家口加工过的嘛。甭管用什么蘑菇,凡是在张家口加工过的都可说是"口蘑",但"此蘑已是非彼蘑"了。

作者自制的"口蘑炒鹰嘴豆"

延庆火勺

2016年的8月份,北京城里闷热无比,郑振华先生打电话给我,叫我去京郊延庆小住两天,透透气换换环境。接待我们的是延庆区香营乡孟官屯村的聂云龙先生。聂是振华的朋友。到延庆的第一顿午饭是在康庄镇吃的。振华兄早已告知聂云龙我是回族,聂云龙及夫人和儿子聂靖特意选了一家延庆特色小饭店招待我们一行。

这个叫"宝合聚友(鼎胜)"的农家餐馆,并非清真的,它家的特色菜是驴肉。聂以为回族只不吃猪肉,其他的肉均可吃呢,故而早早电话预订了这家小饭店。

吃饭时,我也没向在座的人做过多地解释,只是拿起一个刚出炉的火烧吃,筷子我则不动。

刚出炉的火烧有些烫手,我想用手掰着吃,当双手一触碰它时,火烧皮"啪"地一下子就爆裂开了,很酥,很脆。这时,聂云龙的夫人拿起一个火烧,很熟练的从边沿中缝处掰开,在火烧中心处掏出一个小圆饼,慢慢地用手撕着吃。

我问聂夫人,这火烧中间还夹着一个小芯子吗?她向我介绍说,这种火烧是延庆区的特色美食,不叫"火烧",而叫"火勺",是延庆人日常

延庆火勺

饮食离不开的一味吃食。火勺一般夹肉、鸡蛋、油饼等吃，延庆人吃早点时，用豆腐脑、豆腐条汤、丸子汤、馄饨汤等就着吃；中午则用火勺夹肉就食蛋花汤、杂碎汤等。什么食材都可用火勺夹着吃，如咸菜、新鲜蔬菜、豆皮、腌肉等。

我抬头见这家小店挂着一个横幅，上写"宝合火勺妫岭飘香"。此时，已是下午近两点了，陆陆续续还有进店用餐的客人，小饭店主人告诉客人，火勺已卖完了。

与永宁火勺店主交谈

我这才明白，来的用餐客人都是冲着这家店的火勺来的，用火勺夹驴肉也是延庆的地方风味小吃，这家店卖的火勺远比他们家的酱驴肉要知名得多。

我白嘴吃了一个火勺，越吃越香，我发现这个火勺得趁热吃。趁热吃的火勺外皮才能又酥又脆，火勺里面的瓤子是微咸的，有股浓浓的椒盐味。不知不觉间，我又吃了一个火勺。我感觉到自己不能再吃了，再吃血糖就有麻烦了。

吃完午饭，聂云龙先生带我们简单地逛了一下永宁古镇。永宁古镇的老街上到处都可见到写有"永宁火勺"的店铺，同时，卖"永宁豆腐"的

仰缶庐谈吃
第三集

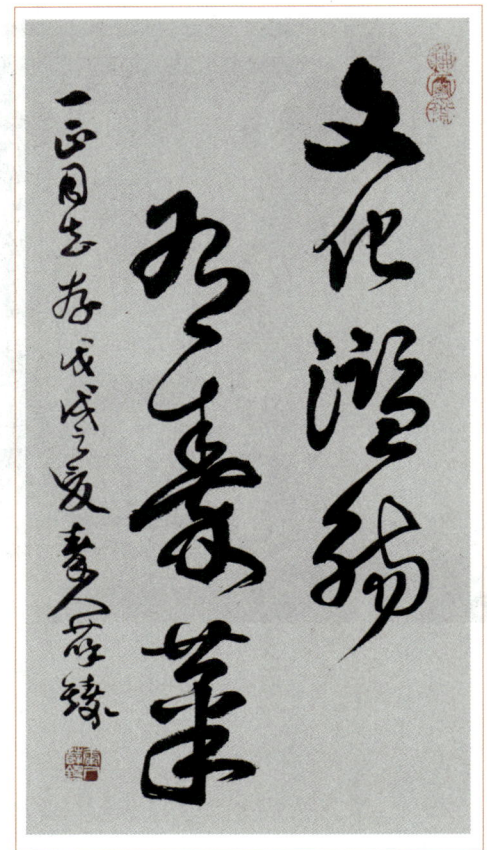

著名书法家薛铸先生为作者美食著作题词："文化滥觞有秦菜。一正同志存。戊戌之夏，秦人薛铸。"

小贩也很多。

时近下午，我们来到了永定镇北沟村的"七彩山庄"，村党支部书记张振宗安排我们一行就住在七彩山庄内。由于七彩山庄四周环山，风光旖旎，有不少慕名而来在此创作的艺术家，因此山庄还备有专业的书画室。

聂云龙先生让我在画室足足写了有二十来张的书法作品，他夫人还特意拿出一份用A4纸打印好的《陋室铭》让我照着写。他们只备有四尺整纸，我用五张四尺整张连接写了一幅《陋室铭》。我心想，人家是有备才让我来的。可是我却没有得到分文的润笔费。仅下午写的这些作品比我真正参加有偿笔会的数量都多。

在七彩山庄住了一宿，第二天一早，我们就又驱车上永宁古镇体验一下古镇的早市风貌。

我在古镇一家一家地串"永宁火勺"店，发现每家"永宁火勺"店的墙上都挂有介绍永宁火勺及其做法的文字介绍。

兹录如下。

延庆火勺

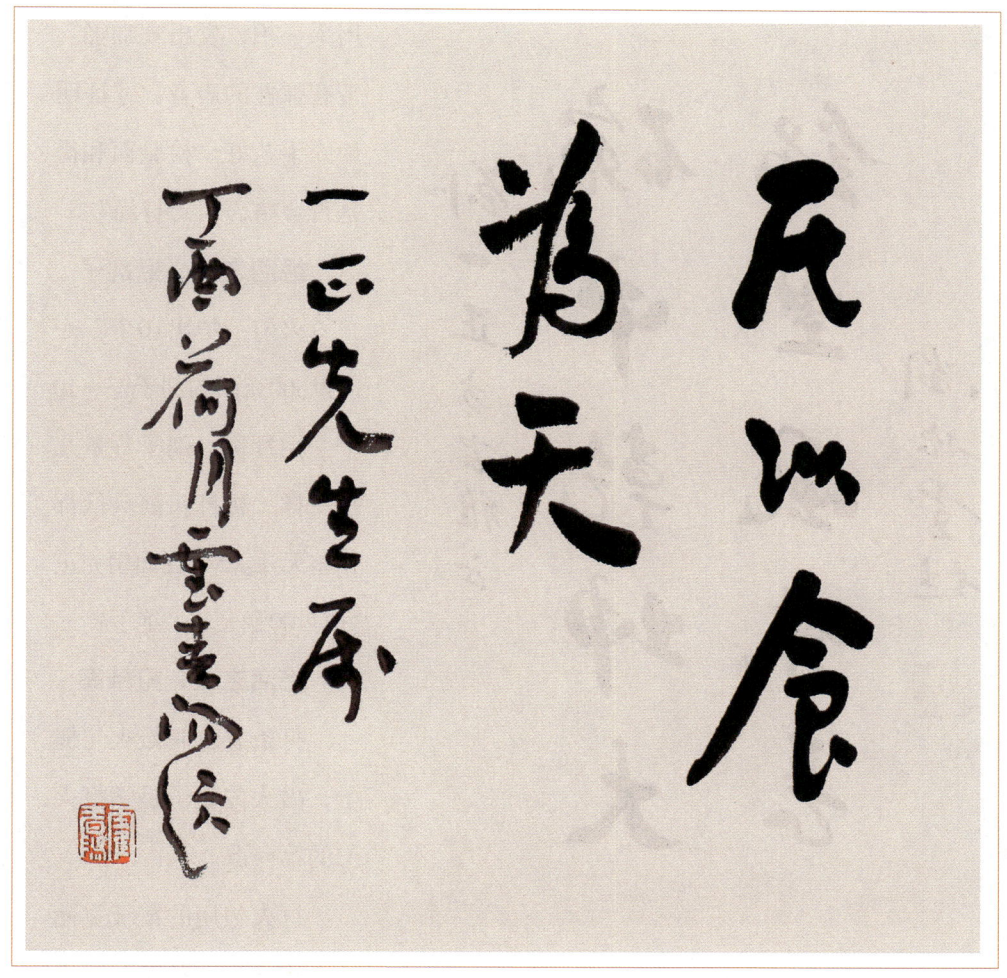

著名书画家霍春阳先生为作者美食著作题词:"民以食为天。一正先生嘱。丁酉荷月,霍春阳题。"

做永宁火勺有"四手绝活"。

绝活之一:和面

一次5千克,边和面边往里掺面肥——1千克,同时加适量的水和碱,面边和边发酵。待面和得不软不硬,劲道滋润不沾手、呈现出淡杏黄色,

仰岳庐谈吃
第三集

中国收藏家协会原会长、著名书法家阎振堂先生为作者美食著作题词:"碗中乾坤大,锅里风味长。刘一正方家雅正。阎振堂题。"

用手一拍,发出"啪啪"带有弹性的声音,才证明炉匠手艺好。检验面和得是否合格,叫"打面"。

绝活之二:揪剂子

火勺一炉出10个。一次揪500克面的剂子——10个。用秤称,剂子分量几乎一样,秤杆头高头低都相差无几。5千克面用完正好打100个火勺。绝了!

绝活之三:打条案

打条案也叫敲火勺槌子,敲火勺槌子是学打火勺的第一课。

打火勺用的案板宽而长,称之为"条案"。火勺槌子尺把长,硬木,中间若一个掐头去尾的心里美萝卜;两端是比大拇指稍粗的把儿。每擀一个火勺,都要用它在条案上敲打几下,槌子的声音深厚而沉实,槌把儿的声音轻逸而脆生,比快板书的开场板还好听,而且二三百米之外都可以听到,让人觉得火勺的香味儿不是烤出来的,而是用槌子敲出来似的,买火勺的人循着响声就来了。

延庆火勺

绝活之四：看火候

火勺要先烙后烤，这一烙一烤才显示出火勺的成色和品味。将蘸足花椒油盐的"火勺瓤"包在剂子里，用火勺槌子擀成中间是窝儿的勺头状，放到火勺铛子上烙。烙到三四成熟，将勺头扣在铛子上烙另一面，拿起火勺要稍稍用力叩击在铛子上，让勺头内的气儿膨出来，发出"叭"的一声脆响。这叫"打铛子"。

烙到一定火候的火勺要放到铛子下的炉内烤，时间长短全凭观察，过火或不及就失去它该有的味道。

打好的火勺正面中间有一个圆圆的圈儿，背面外环一个圈儿，与火勺的外圆形成三环相套，被称为"三环套月"。如果圈儿不明显或变黑，就是火候没有掌握好。

下面是永宁镇有关延庆火勺的介绍。

延庆火勺——500年

明代延庆地区的小麦是仅次于谷子的主要作物，产量达到粮食总产的30%左右。由于在延庆，加工面粉的原料充裕，火勺就应运而生了。

明代的商家之所以把肉夹馍改造成火勺，是因为火勺比肉夹馍便宜四五倍，非常适合经济条件刚刚好转的延庆人消费。

延庆火勺，至少有500年以上的历史。经过500多年的传承与发展，延庆火勺以其独特的味道与口感，已经成为延庆人们生活中不可缺少的特色美食和文化符号。它的传统制作工艺，作为延庆非物质文化遗产，已经引起越来越多人的关注。

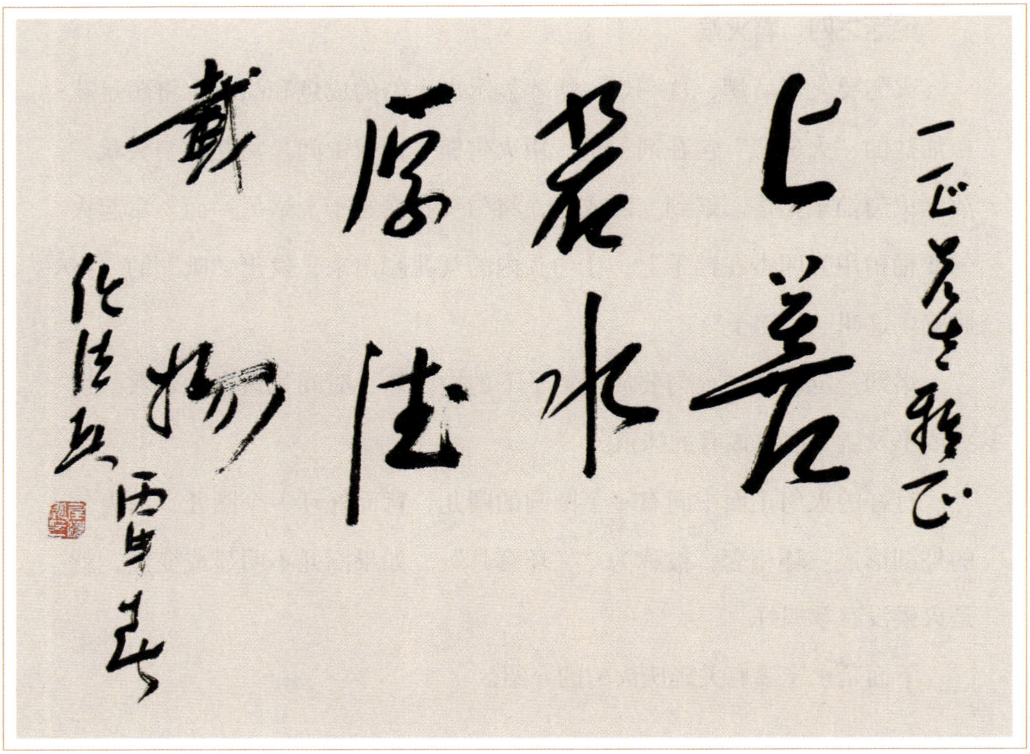

仰缶庐谈吃
第三集

![书法题词]

中国道教协会第七届、第八届会长，著名书法家任法融先生（1936—2021年）为作者美食著作题词："上善若水，厚德载物。一正先生雅正。丙申春，任法融。"

今天，延庆火勺生意更加兴隆，摊点遍布城乡。大饭店、小馆子作为特色食品推出，街头巷尾则作为早点销售。在中国美食节上，延庆火勺不仅入选为中华名小吃，而且荣获中国美食节的最高奖——金鼎奖。

延庆火勺遐迩闻名

延庆，是中原联系东北、西北、内蒙古的主要通道，明清两代，

延庆火勺

这条通道发挥的作用越来越大。南来北往巡视的达官大员,以及走京串卫的商贾游客络绎不绝,凡在延庆落脚的,没有不溜大街、品尝火勺的。延庆火勺,早在明清时期就遐迩闻名了。

延庆火勺产生于何代?

有说秦汉,有说辽金,有说明清……虽诸说纷纭,但在《延庆方志》中,我们看到了它的踪迹。认为它产生于明代,是山西移民将原有的小吃——肉夹馍,改造而创制出来的。

明代前,延庆地区战事频繁,建置纷杂,社会不稳定,人口经常流动。明永乐十一年(1413年),成祖朱棣下诏,迁大批山西人开发延庆,并采取了一系列措施,使延庆得到较长时期的稳定,并促进了农业发展和集市贸易的活跃。据《经略》讲,开发延庆的礼部尚书赵羾,只用二三年间,延庆就由"左顾右盼,经济萧然"的荒凉景象,变成"渐至人烟繁华,百货骈集,野有余粮,民无菜色"的繁荣地区了。

在由爱新觉罗·启德题写匾额的"延庆火勺王"店铺里,挂有一《火勺歌》的横幅书法作品,足足占据了一面墙。内容为:

神州稀奇物,延庆算平常。风味颇独特,

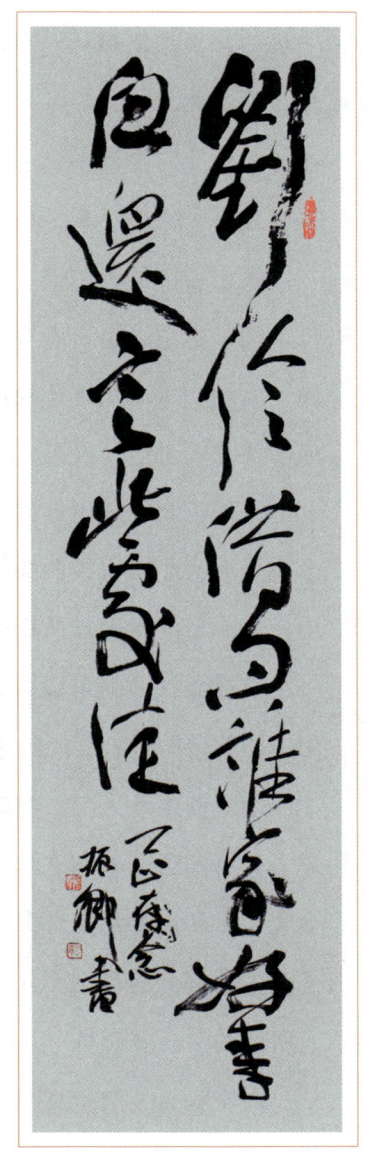

著名书法家颜振卿先生为作者美食著作题词:"刘伶借问谁家好?李白还言此处佳。一正存念。振卿书。"

仰缶庐谈吃
第三集

口感咸麻香。要想口味美，工艺莫走样。前天发好面，拌匀花椒盐。揪下一块面，擀成圆形状。再揪一点面，蘸点花椒盐。放在圆饼上，当作里面瓤。先在锅上炕，后往炉里装，不到半袋烟，香气袭四方。皮焦里边嫩，回味无穷长。人间多佳肴，堪称极品王。要知个中味，请君来品尝。少食不明显，常吃保健康。要吃正宗货，延庆火勺王。

永宁古镇的火勺铺一般都是由夫妻两人合开的，女主人负责揪剂子，打条案；男主人负责看火候，也就是负责火勺的烙与烤。一个面剂子要分成一大块和一小块，小块面剂子要蘸好花椒油盐后，包在用特殊擀面杖擀成凹状的面饼里，再擀成凹形带沿的面饼，上铛先烙后烤。

这种特制的用于做火勺的擀面杖，永宁人管它叫"槌子"。它很像一个桃子般大小的去掉两头尖角部分的枣核。把这个"枣核"中心掏空，再用一最小号的擀面杖从挖空部穿入"枣核"部分的中心，两边对等各露出一小节擀面杖，就可以做成"槌子"了。用槌子擀出的火勺，自然就是火勺中心部分凹进去，周围边沿隆起的形状。

擀好的生坯火勺，烙时先把不凹进去的一面放在铛上，过一会儿，翻过来，将凹形面朝向底部，此时，火勺的边沿已有一环形圆圈儿；再烙一会儿后，凹形的窝子部分就会在饼铛的热力作用下自然膨胀起来，又形成一个中心部分的小圆圈儿，加上凹形边沿又有一个圆圈儿，就形成了当地人所谓的"三环套月"。

永宁的火勺店生意都很火，它们基本上都是现烙现卖，也不会有剩余的火勺。我遛了四五家火勺店，平均在每家店里买了10个火勺，8角钱一个，很便宜。

火勺店旁也尽是卖豆腐的摊贩，我在一家卖永宁西关豆腐的摊前买了

延庆火勺

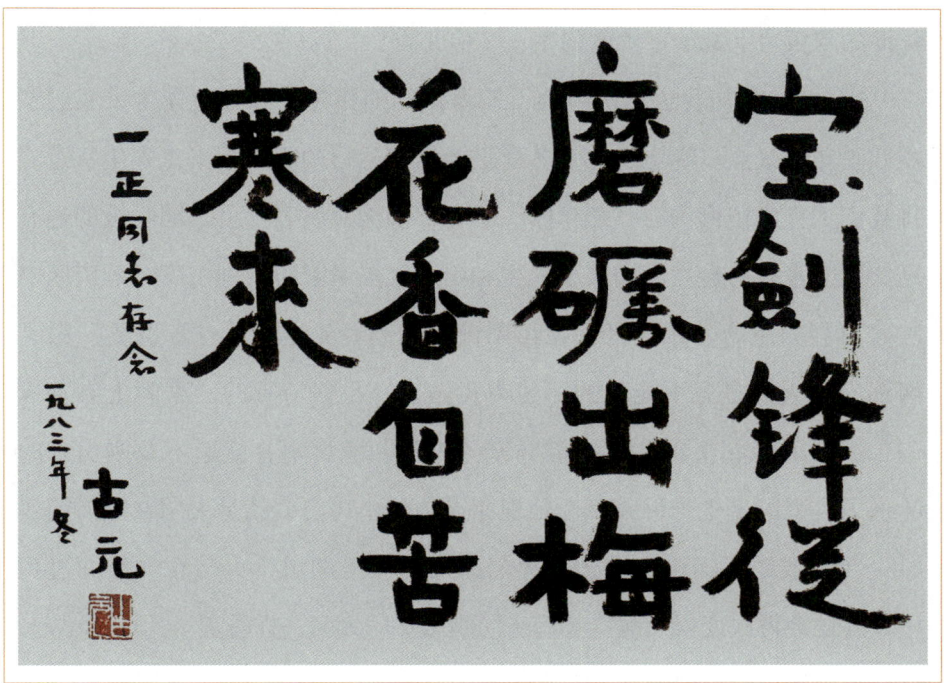

中国美术家协会第四届副主席、中央美术学院原院长古元先生（1919—1996年）为作者美食著作题词："宝剑锋从磨砺出，梅花香自苦寒来。一正同志存念。古元，一九八三年冬。"

120元的豆腐，它家豆腐每500克卖3元，同时还卖五香豆腐条（干），我尝了一口，又买了3包。五香豆腐条，很筋道，嚼劲十足，用振华兄的话讲，很像是吃肉的感觉。我把五香豆腐条夹在刚出炉的火勺里，咬上一口，幸福感十足！

永宁的炸油饼也很有名，用永宁的火勺夹永宁的油饼是绝搭。

回到家，我把买的火勺和豆腐留下一点儿后全分散给亲友了，大家一致说好。

我爱人每天早晨用微火把火勺加热后，用它夹徽山湖的咸鸭蛋或是白

洋淀的双黄蛋。她的评价就两字："倍儿香！"

2016年9月初我去延庆笔会，四海镇的刘伟先生和程飞先生带我们参观四季花海景点。晚上，北京冬奥组委延庆运行中心的郎丰杰先生特意安排我们到井庄镇柳沟村"燕柳园"品尝"柳沟豆腐宴"。一同吃饭的还有延庆区美术家协会主席闫兴国先生和延庆区美术家协会副主席、延庆区书法家协会副主席、延庆区文化馆副馆长刘越岭先生等。"豆腐宴"做了两锅，一大锅是我不能吃的；另为我做了一小锅清真的。席间上有"火勺"，我就谈起上次从延庆带回家的火勺一凉再吃，就远不及刚出炉的味道了。兴国先生告诉我一个处理凉火勺的小窍门，就是火勺在吃前加热时，在锅或铛上潲点儿水，让火勺的外皮微微潮湿，火勺在加热的过程中，外皮会再次变得焦脆，吃起来同刚出炉的火勺一样香美。

与延庆火勺类似的食品在全国各地也有不少。

2016年我去徐州过"古尔邦节"，入住在民主南路的天勤商务酒店。在"天勤"吃早餐时，我发现有烧饼，就拿了一个。这个烧饼的大小同我平时在北京吃的烧饼差不多。但这种烧饼的底比较平实，沿边周围略尖，烤制的痕迹明显。有所谓的"圈"，是空心的，烧饼芯处有瓤，这个小瓤可以从烧饼中心处掏出来单吃，同延庆的火勺有相似之处，只是它有芝麻而已。

2016年徐州的古尔邦节不是像北京等城市定在9月12日，而是在9月13日。徐州市伊斯兰教协会会长、徐州市清真寺教长马照明阿訇邀我去寺里过古尔邦节，吃油香喝羊汤。我在清真寺门口见有一家名叫"伊光清真熟食"店的，卖有"芝麻烤饼"，也同我在"天勤"吃早餐时见到的烧饼一样，只是个头比我在"天勤"家吃得要大许多，有点儿像我们家里吃饭用的中号碗大小，也是空心的，有瓤，正式名字叫"芝麻烤饼"。

慈 菇

2015年的11月中旬,我与诗人闪世昌先生等一行去镇江参加"2015世界华语诗歌大会"。大会闭幕后,闪老想去扬州看看,我找镇江企业界朋友吴仁伟先生出车送我们一行到扬州。到扬州后,由天津诗人罗广才先生介绍,扬州诗人朱燕女士接待了我们,安排我们上午游览了瘦西湖,中午在扬州市琼都宾馆举办了一个小型的诗歌互动活动。

午宴的菜品以江苏菜为主,菜单如下:

菜品: 黑豆芽拌百叶　冷拌乌鸡丝　韭菜炒螺蛳肉　盐水鹅
　　　　清蒸桂鱼　　　大煮干丝　　百果虾仁　　　黑椒牛腩
　　　　酸萝卜麻鸭煲　文思豆腐

主食: 扬州炒饭　　　阳春面

饮料: 豆浆　　　　　海之蓝(洋河)　　　　　　蜂蜜醋

餐毕,在宾馆稍事休息后,又举办了一场小型笔会。闪老即兴为朱燕女士题写了:"邗江朱燕,反哺乡里;扬州绿野,正起新春。"款识曰:"乙未年初冬,访扬州诗友朱燕女士,论现代语体诗有感,顺祝市诗歌学会成立。闪世昌。"另又题写了两幅作品,分别为:"忆往昔谁能不唱扬州慢(浪漫素美);看今朝何家不晓邗江暖(温暖繁华)。"落款曰:

宝应慈菇

"扬州：宋词的品牌；国学的祥地。岁在乙未冬，世昌。"第二幅为："好一个瘦字了得，美了扬州西湖，抬了邗江书生。"题识为："初览瘦西湖有感。闪世昌。"

下午，我们一行又品位了个园，顺路蹓了一趟东关街。因闪老要急于返回镇江，故而没在扬州一住。当晚由顾云林先生驾车送我们返回镇江。我们从镇江到扬州是乘汽渡船来的，从扬州返回镇江时云林兄就特意安排我们走润扬大桥看看。我坐在副驾驶的位子上，在回镇江的路上同云林兄的交谈自然也就比较多一些。交谈的内容大多是有关扬州的名食、古迹与前贤。谈论名食的过程中我们说到了苏南一带盛产的水八鲜（仙）。这水中八鲜（仙）分别为茭白、莲藕、水芹、芡实（鸡头米）、慈菇、荸荠、

慈 菇

莼菜、菱角八种水生植物的可食部分。云林兄是扬州宝应人,他向我介绍了他家种植慈菇的情况,当他得知我爱吃慈菇时,连说待慈菇上市时,让我尝鲜。

2016年2月2日,是农历乙未年腊月的小年,我收到了寄自扬州的一个大纸箱子,很沉。打开一看,是用两个大塑料袋装的带有水中泥草的慈菇,在塑料袋周围是用小纸盒卡住了箱子的边缘,以防慈菇在塑料袋中因来回晃动而破损。我迅速将两大塑料袋子的慈菇分装成四个塑料袋并放入冰箱的冷藏室。

作者自制的"慈菇羊肚菌炒人参果及西兰花"

寄来的这一大箱子的慈菇最少也有十五六千克。我马上带上花镜,拿着小刀收拾慈菇,同时,从冰箱冷冻室拿出一小块牛柳解冻。肉切丝,拾得好的慈菇切片。炒勺上火,放油,下葱末、姜末、辣椒段、牛肉丝煸炒,倒入慈菇,加生抽、料酒、水、盐等稍炒上一会儿,出锅。一大盘子牛肉丝炒慈菇,我独自慢慢享受着这900千米以外寄来的"应时美味"。我吃完一大盘子牛肉丝炒慈菇后,寻思着,这么多的慈菇我得吃到哪天呀?再一个,这东西存放太久也不成啊!这是真正的应季水八鲜之一呀,分给亲朋好友尝一尝。

仰缶庐谈吃 第三集

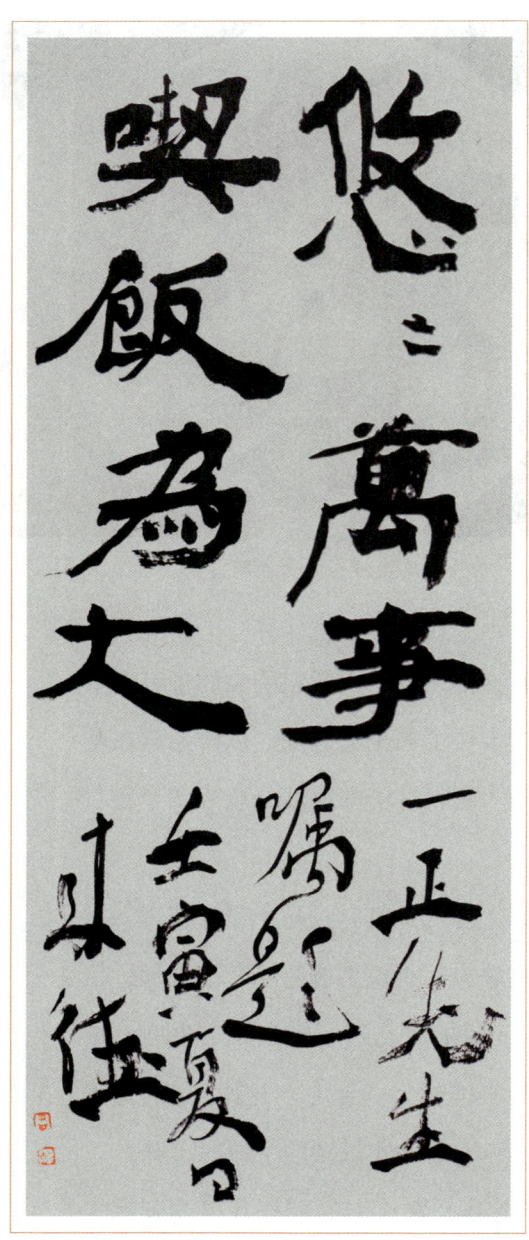

著名书画艺术家、文化学者曾来德先生为作者美食著作题词："悠悠万事，吃饭为大。一正先生嘱题。壬寅夏日，来德。"

我开始打电话，一连打了三个电话，问了三个人，都不知什么是慈菇，更不用说吃过了。第四个电话是打给我姐姐，慈菇她吃过，一听说给她，她说行，但必须是给她收拾好的慈菇，或是做好的慈菇菜肴。

我决定，这些慈菇自行消化，一个人也不送了。当天晚饭，只用鲜红尖椒抢锅，素炒慈菇一盘，也很鲜美。

第二天做的早餐是用清水注入炒菜锅中，加入事先用沸水烫过去皮切碎的西红柿，放入挂面和切片的慈菇，卧一个鸡蛋，下几片菜叶；另取一大碗放入生抽、香油、白胡椒粉、手撕碎片的紫菜、海米、鲜红尖椒末等；用勺从煮面的锅中舀些汤冲入调料碗内，再将锅中的鸡蛋、面条、慈菇片、菜叶、西红柿碎捞入碗中即成。不吃挂面，做疙瘩汤时我也放些慈菇。接下来的十几天，凡是我在家吃饭，

慈 菇

每餐必有用慈菇做的一盘菜肴。如用慈菇与藕同炒的慈菇炒藕,用慈菇与熏干做的熏干炒慈菇,慈菇与草菇同炒的炒双菇,慈菇与菱角米(事先煮发过)同炒的慈菇炒菱角米,慈菇、蚕豆、黄瓜片共炒的慈菇炒蚕豆瓜片等等。

我用这批慈菇做得最得意的两道吃食是慈菇馅的饺子和羊肉炖慈菇。慈菇馅的饺子做法源于我用荸荠做的馄饨馅,慈菇同荸荠的口感差不多,慈菇没有荸荠

作者自制的"冰糖血燕炖盏"与"清汤官燕盅"

的口感脆,更像土豆和白薯的味道。我在家经常用牛肉和荸荠做馄饨馅,慈菇和荸荠同属水中八鲜,长相相像,吃法也基本一致。

做牛肉慈菇馅,最好选牛柳或和尚头(喜吃瘦肉的人士)绞馅,加白胡椒粉、葱花、生抽、盐、料酒(或黄酒),用花椒水打馅,加入剁碎的慈菇末,再加香油、茶油拌馅,可做饺子馅、包子馅、馄饨馅食用。

我做羊肉炖慈菇是源于在顾云林先生寄慈菇前,山东滕州伊斯兰教协

作者自制的"草菇炒慈菇"

会马洪祥副会长特意开车从滕州到北京给我和中国伊斯兰教协会副会长刘书祥先生每人送来一只当天一早儿由阿訇下刀的羊。马副会长送来的羊是山上散养的羊，极为新鲜。我将羊肉分割成若干小份放入冰箱冷冻室。如果不是穆斯林朋友送给我的羊，我一般都会转送其他爱吃牛羊肉的非穆斯林朋友。

我从冰箱冷冻室挑出一份羊腰窝解冻后将其切成小块，火上坐锅，加入足量的农夫山泉水；水沸后，将切好的小块羊肉投入锅中；锅中水沸后打去浮沫，加入料酒（黄酒）、葱段、花椒、大料、白胡椒粉和红辣椒段，待炖两个小时左右后再往锅中加盐，关火。另取一炒勺，舀入一些刚炖好的羊肉和肉汤，点火后，往炒勺中倒入事先切好大块的慈菇（小的不

慈 菇

与（北京）上海老饭店副总经理兼行政总厨金黎明先生合影

用切），再在炒勺中加些海带结，炖上一会儿即可。每次吃时，都可舀些羊肉和汤，再加些蔬菜一起炖煮一会儿即成。

顾云林先生的家在扬州市宝应县，宝应是中国慈菇之乡，当地慈菇种植面积达5万多亩，年产6万吨。宝应慈菇也被认定为国家地理标志性产品。

宝应产慈菇的范围主要在东荡地区的广洋湖、射阳湖、西安丰、曹甸、望直港和鲁垛等6个镇。地理坐标为东径119°07′43″~119°42′51″，北纬33°02′46″~33°24′55″。

宝应所产的慈菇皮的颜色是青兰色，属日本慈菇品种，它具有产量高、皮薄、抗破损性强的优点。这种叫"紫圆"、又称"刮老乌"的慈菇肉质比其他品种的慈菇肉质要紧实，很像菱角肉，苦涩味也较小。

仰缶庐谈吃
第三集

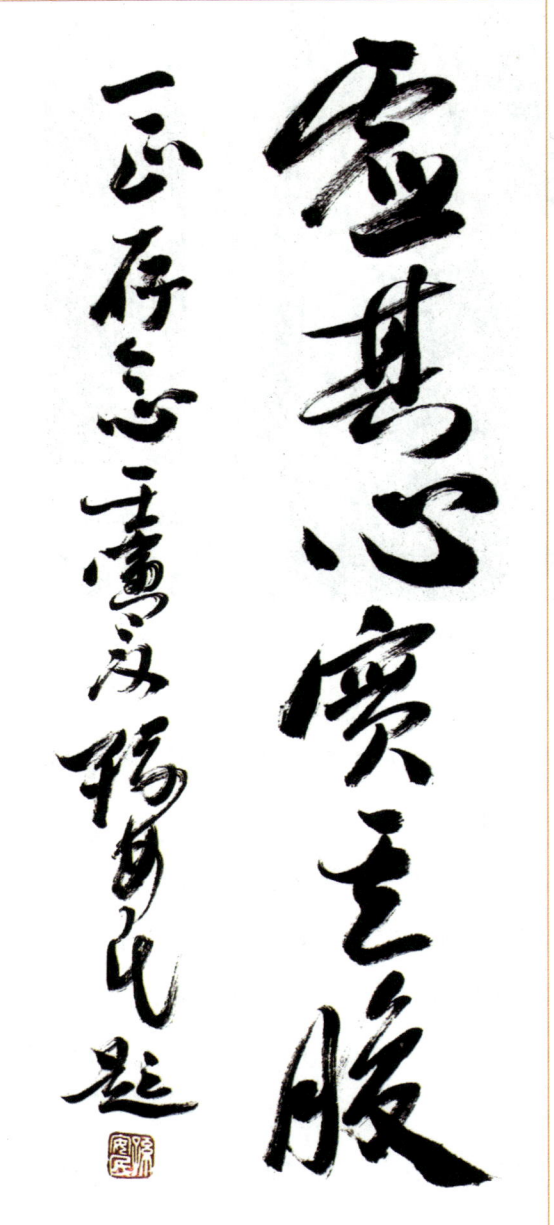

著名书画家孙安民先生为作者美食著作题词："虚其心实其腹。一正存念。壬寅夏，孙安民题。"

宝应的美食不光只是慈菇，像宝应全藕席、宝应藕粉、蜜饯搥藕、宝应甲鱼（五朵金花）、宝应昂刺（黄颡鱼）、泾河西瓜、宝应核桃乌青菜、范水（氾水）素鸡等都是当地名食。

每年慈菇上市的季节，在冬风乍起之时，宝应县家家户户都会用慈菇做慈菇熬咸菜、慈菇烧肉、慈菇蛋花汤等菜肴。

据云林兄介绍说，宝应县的民众爱用咸大青鱼（腌过的）做慈菇烧咸大青鱼（头），很好吃也很有名；再有一道美食，就是选用指甲盖大小的慈菇，将慈菇上的毛须刮洗干净后，加青菜和米饭做成慈菇青菜烧稀饭（汤饭）亦是当地的一道特色小吃。

慈菇的品种除产自宝应的"紫圆"即"刮老乌"外，

慈 菇

还有产自苏州的"苏州黄",广东的"白肉慈菇"(广州)、"沙菇(斗洞慈菇)"(台山市)、"糖菇(斗洞慈菇)"(台山市),浙江海盐的"沈荡慈菇",广西的"梧州慈菇(马蹄菇)"等。

用慈菇可以烹饪的菜肴有很多,如"芹菜蒜苗炒慈菇""慈菇炒素肉""大蒜炒慈菇片""慈菇炒肉片""慈菇焖肉(牛肉)""慈菇焖排骨""焦炒慈菇片""慈菇汤""慈菇老鹅汤"等。慈菇同鹰嘴豆一样,是可以百搭的食材。

"慈菇一根岁产十二子,如慈菇之乳诸子,故以名之。其叶像燕尾分叉,故有此名也。"前人说,慈菇每株的根部会长出十二个果实来,就像一位母亲哺育自己众多的孩子。

慈菇常年一般一株产果12个,闰年就会产13个,故《尔雅翼》说:"慈菇岁有闰,则生十三子。"

出产广东番禺大石慈菇的东乡村、沙溪村、洛溪村有一民俗,新郎在迎娶新嫁娘时赠给新娘慈菇,祝愿新娘"来年生个慈菇丁",即希望多子多孙的寓意。当地人用大石慈菇(洛浦慈菇)做成的"慈菇焖火腩"是地方名馔。

顺便提及的是,慈菇又可写作"慈姑""茨菇"等。因"菇"同"菰",亦可写成"慈菰""茨菰"等。

仰缶庐谈吃
第三集

江阴美食之旅

当我还没从北京出发之前,得知北京江南龙港餐饮管理有限公司苏亚平总经理邀我去江阴美食采风时,我就抑制不住内心的激动。江阴是我深爱并心之向往的江南都市之一,更确切地说,她是我所认识的像巨赞法师、俞伟超馆长、吴文藻先生及冰心先生的女儿吴青教授等人的故乡,更是我的恩师沈鹏夫子的诞生之地。

江阴是名副其实的美食之都,多年来一直名列全国县域经济与县域基本竞争力百强县第一、二名,是真正意义上的"物华天宝、人杰地灵"之都。我是先从北京到宜兴参加完宜兴善卷洞经理张柏松先生女儿的婚礼后,于11月9日早7点从宜兴官林江苏漏湖渡假村酒店出发的,由张柏松先生驾车送我到江阴。来江阴之前,亚平兄及江苏港城集团、江阴港城房地产董事长胡建新先生早已为我预订了江阴国际大酒店的客房。酒店坐落在澄江西路,出酒店往北稍走一点儿就是黄山湖公园,著名的江阴长江大桥就建在这里。到酒店稍事休息后,亚平兄带我们一行前去参观江苏江阴丰硕家具设计制造有限公司。公司在江阴市顾山镇工业园区,我们着重参观了紫檀家具,最具代表性的是它的"光影木雕"。所谓光影木雕是丰硕家具设计制造有限公司旗下丰硕紫檀所独创的一个全新木雕门类,是在光亮如镜的紫檀板面用凝练质朴

江阴美食之旅

的丝状刻痕来表达画面内容。丰硕光影木雕突破了传统木雕的题材限制，可以不受约束地表现出油画、摄影及中国画等艺术作品的风貌。尤其是在人物的表现手法上，如皮肤、毛发、服饰等，相比传统木雕有很大突破，有着"影随光动、移步易景"的奇幻艺术效果。

著名学者吴文藻先生与著名作家谢冰心女士之女、著名翻译家、教育家吴青女士为作者美食著作题词："民以食为天。与世界人民分享中国的美食。一正同学留念。吴青，2014.12.23。"

中午，我们一行在吴丰硕董事长的公司食堂吃了第一顿江阴饭。江阴人有管在公司宴请叫"吃食堂"的习惯。吴董的食堂是在一个设计非常雅致的大套房里，内部置有名人字画、古董文玩等，家具均为红木，极为讲究。其餐桌可容纳二十几位食客就餐。特意到丰硕紫檀来专程与我们一见的还有江阴市顾山镇的张建明先生。席上的冷菜除鸡鸭鱼肉外，我比较爱吃的有两样：香山马兰头拌豆腐干和拌省渡桥水芹。

江南水乡有的是野菜，江阴地区的马兰头、枸杞头、菊花菜、野山药、秧草、红花、豌豆苗、鹅肠菜、清明菜、香草、菠菜、荠菜等，经焯水切碎，加入开洋末、豆腐干末，用炒香的芝麻和调料拌食，清香可口。

顾山的马兰头出自香山,甚是清香。特别是春季的马兰头,不仅营养丰富,还给人带来一股乡土气息,是地道的绿色原生态食品、健康食品。

省渡桥水芹是顾山镇的名优特产之一,早在上世纪的四五十年代,就已是闻名遐尔了。那时省渡桥的芹菜运到上海,只要在菜市场喊一声"省渡桥芹菜来了",小贩们便会蜂拥而至,一售而空。省渡桥的芹菜是20世纪30年代末至40年代初,省渡桥村民从银洋石牌引进了一种名为"铁梗青"的品种种植,经过精心培育,发展成为顾山美食宴席上不可缺少的菜品之一。省渡桥芹菜根白如齐齿,茎绿似翡翠,枝叶挺拔。这"铁梗青"水芹一经煮熟,切匀,拌之以麻油、酱油、盐,色香味俱全,口感脆嫩。

顾山省渡桥地处古胥湖岸边,在桥东的四五十亩地,地势低洼,民国初年,水旱灾频发,夏秋庄稼熟时往往收不抵种,一些人就开始在较低的地田试种芹菜,结果是获利颇丰。好的年份,种半亩水芹可抵种四五亩水稻,因此,村人争相仿效。到民国二十年(1931年),西塘湾的四五十亩地都挖成了水芹地,家家种水芹,小到种半亩,大到种二三亩。收的水芹卖到城里,好的年成卖的钱可以置田购房,差一点的收入也可打发过一个

花雕蒸鲥鱼

江阴美食之旅

年关。

水芹好吃,但是种收水芹是件非常苦的活儿。在顾山有句老话,叫"摇船、打铁、磨豆腐"是三件苦差事。而种水芹是这三件苦活加起来也不能比的活。种水芹要摇船到河塘里收卷水草当水芹的肥料,卖水芹时也要划船到其他城市去卖,一年有半年时间是在船上过的;打铁苦的是热,但比不了拔芹菜的苦;磨豆腐和经营水芹都要起早贪黑,所以说种水芹是最苦的活儿计了。

以前种水芹不用化肥,用的是水草,以水草作肥料可以使土质松烂,收芹菜时也好拔,水芹的根也会生得雪

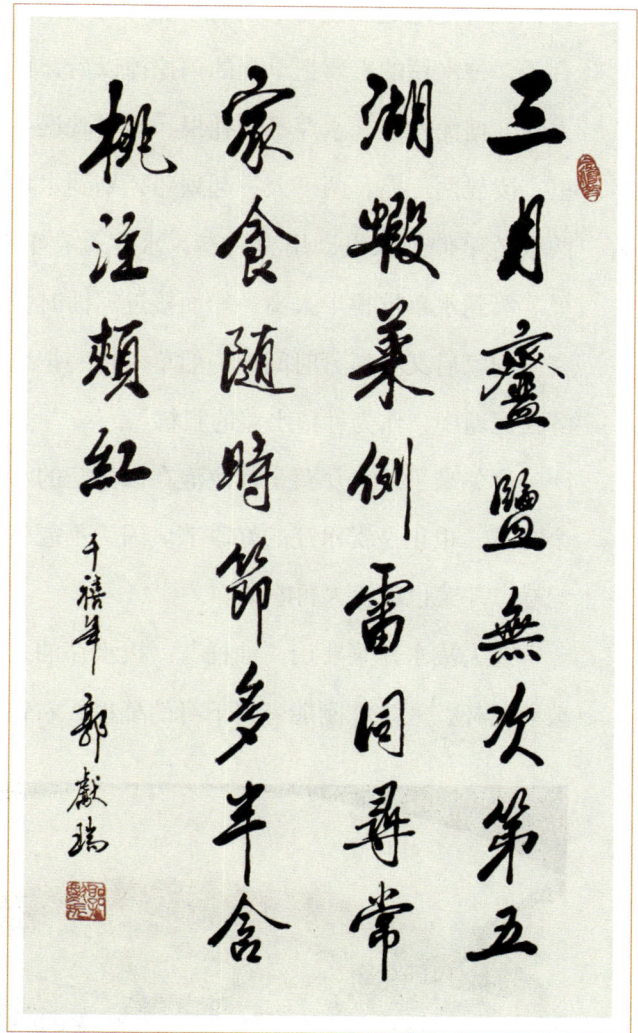

北京烹饪协会首任会长、著名书法家郭献瑞先生(1912—2012年)为作者美食著作题词:"三月斋盐无次第,五湖虾菜例雷同。寻常家食随时节,多半含桃注颊红。千禧年。郭献瑞。"

仰缶庐谈吃
第三集

白,关键是吃起来脆嫩、香甜。捞水草是在8月中旬以后到重阳节前这段日子,种水芹的人要把早春的藕挖掉以后,再抓紧捞水草。因为水草捞得太晚,塘泥发浮,水芹不能扎根,又要耽误一熟。捞水草要到较远的湖荡里,凌晨两三点,两三人一起划船,划到水草丰密的地方时天也亮了。用两根竹竿伸进水里,用力一卷,水草就卷牢在竹竿上,提出水面放在船里。等到水草堆得半人高,船面接近河面时,一船水草还要很费力地运回家。到家后又要抓紧时间把一船草一把一把地铺到河塘里,让水草腐烂发酵在泥塘中,作为种植水芹的肥料。

严冬来了,水芹菜全都淹泡在白茫茫的水里,这样才不至于冻坏。这个时节,也正是卖水芹的好季节。因为不能等到开春回暖,那时水里有了蚂蟥,芹菜也就没人再吃了。

过去拔水芹菜要用"油桶"。拔水芹的人要学会撑芹菜桶,芹菜桶如玻璃茶杯,人站在刚能容得下身的桶里,右臂在水里灵活自如地一把一把

清蒸白鱼

江阴美食之旅

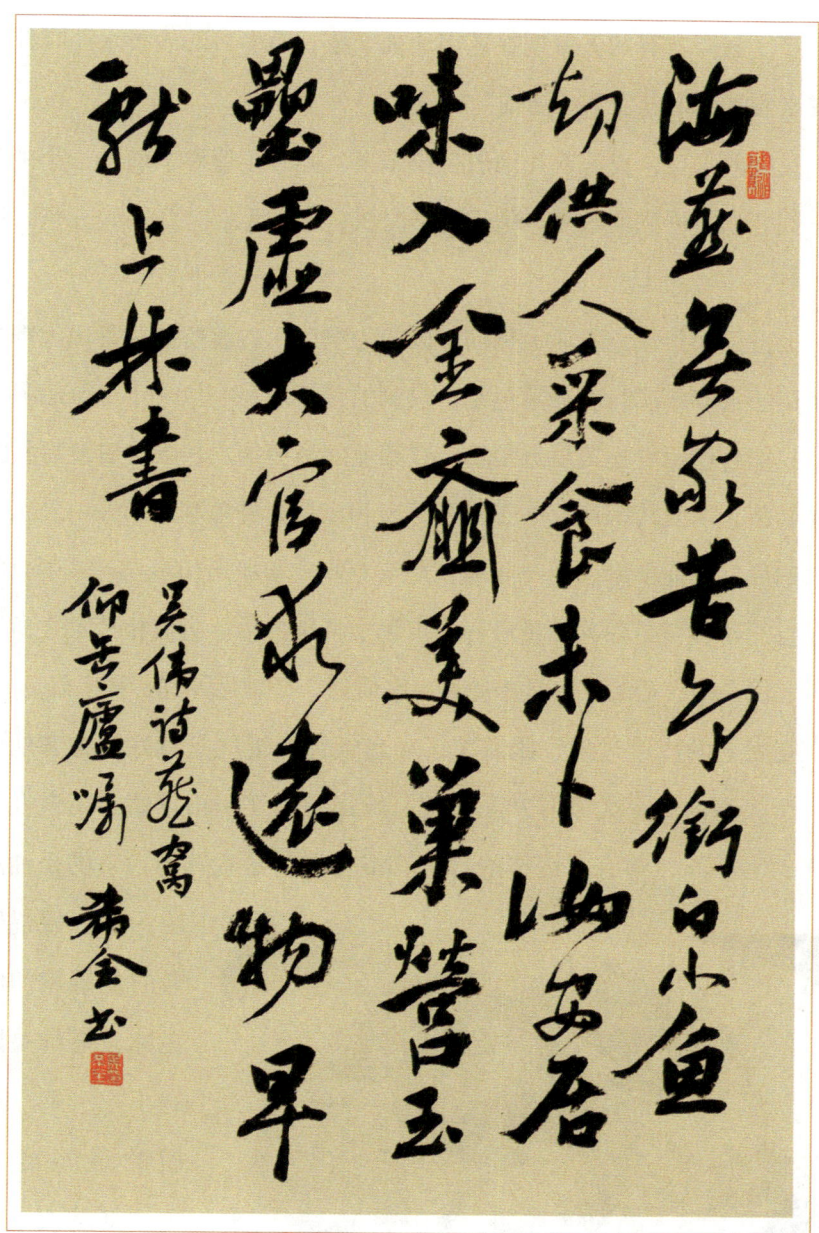

著名书法家孟希全先生为作者美食著作题词:"海燕无家苦,争衔白(小)(白)鱼。却供人采食,未卜汝安居。味入金斋美,巢营玉垒虚。大官求远物,早献上林书。吴伟(业)诗《燕窝》。仰岳庐嘱。希全书。"

拔水芹。赵介宕有的人家现在还用油桶来拔,而多数的人拔水芹时都穿上了皮衣皮裤,早已告别"油桶"时代了。

拔完的水芹,成片成片地放在小镇上。此时正值春节前后,小镇上上下下到处都是堆满的水芹。他们看准时机,卖到无锡、江阴、苏州,远点到上海。

上世纪70年代,农业上贯彻"以粮为纲",省渡桥的芹菜田大都平整为粮田。1983年实行联产承包制,仅剩的芹菜地一小块一小块分给各家各户,只能自己留着吃或就近销售,芹菜业逐渐萎缩。1998年省渡桥村发展烂泥经济,恢复传统产业,于村东辟出40亩芹菜种植基地,并由经纪人统一收购后,销往上海、浙江等地,芹菜专业户增加到10多户。其中以隆焕廷在省渡桥塊三亩芹菜质量最好,市场上特别抢手。省渡桥芹菜之所以成为名、优、特农产品,一是土质好、水质好,二是品种好、种手好。

宴席上的冷菜过后,跟着上了一盘馄饨。馄饨是煮好后整齐地码放在一个大盘内的,大概有20几个吧。顾山镇和江阴市辖镇、街道办事处一样,宴席间,都有上馄饨的习俗,馄饨有的是煮熟的,有的是油煎过的。顾山做馄饨有名的是姚家的绉纱馄饨,堪称是顾山的小吃一绝。姚家做的绉纱馄饨皮子,都是人工擀出来的,姚家铺店专门设有擀面皮用的

作者制作的"干烧河鳗"

江阴美食之旅

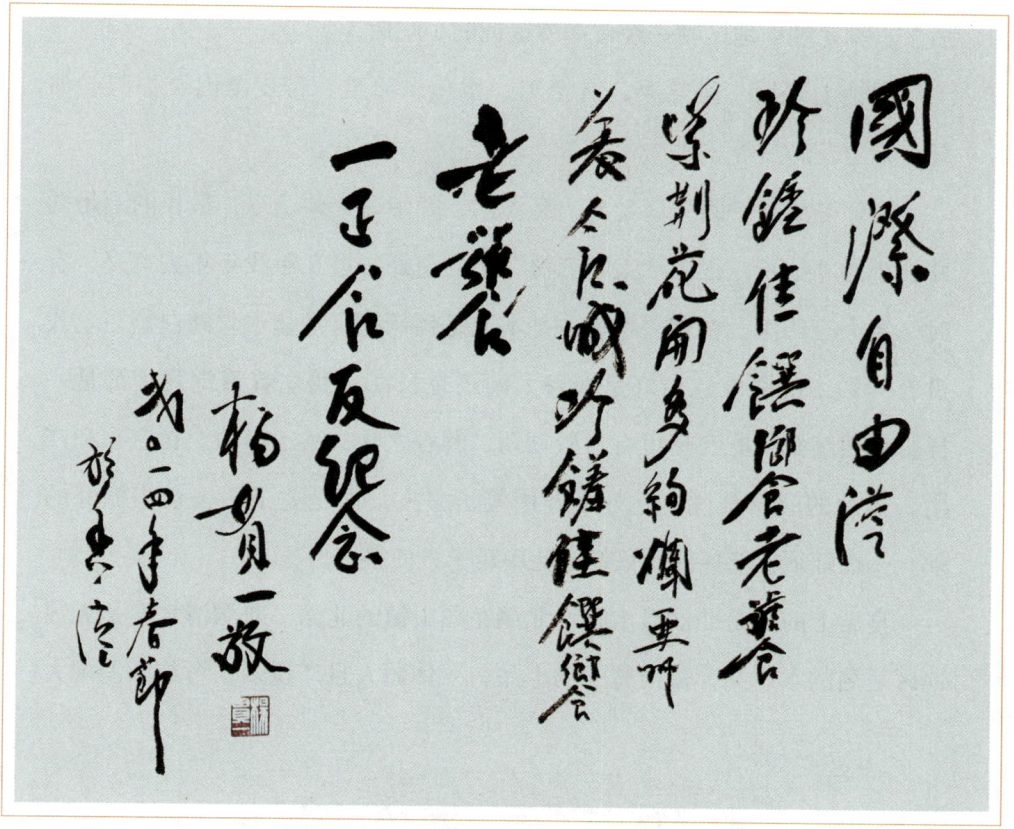

著名烹饪大师、香港富临饭店及"阿一鲍鱼"创始人杨贯一先生为作者美食著作题词:"国际自由港,珍馐佳馔飨老饕;亚洲美食城,紫荆花开多绚烂。一正食友纪念。杨贯一敬,二〇一四年春节于香港。"

擀床、擀杖。人工擀出的馄饨皮,薄如轻纱,包裹着一颗制作精美的馅心,犹如花瓣中的一点儿红心,煞是美观、可爱。做馄饨汤用的调料是北漍季公正酱油铺生产的白酱油,味道极其鲜美。姚家还擅长做水晶汤团,汤团用水磨粉制成,馅有鲜肉、豆沙、葱油、芝麻四种。通常是一碗绉纱馄饨中放两个水晶汤团,算是上等点心之极品了。可惜的是近年来北漍姚家已不再经营这一吃食,由顾山镇张秋师的儿子继承,开了"天一阁馄饨店”，算是顾山地区唯一经营绉纱馄饨的小吃店了。

馄饨上来后，是热菜，有土鸡、甲鱼、河鳗、带皮羊肉、牛肉、河虾、鲥鱼及螃蟹等。

河虾是放在一圆玻璃盘内，有汤水，虾带壳、须、爪，最长的不足两寸，小的寸把长，很像“太湖三白”中的白虾。近几年我年年去宜兴，有时一年去三四次。在宜兴吃饭，基本上是顿顿都有“盐水太湖白虾”。我没有问顾山的朋友这白虾是产自太湖还是长江？我吃着感觉几乎都是一样。虾很新鲜，吃在嘴里有一股韧劲，鲜香之味，溢于口内。在宜兴和江阴，当地的朋友都说，吃虾不要用筷子去夹，而是要下手去盘中抓虾的须，一抓虾须就能抓到几只虾，比用筷子方便多了。

宴席上的蟹是北漍清水蟹。北漍在顾山镇的北面，北漍清水蟹是无锡地区著名的水产品，是河蟹中的上品，个体硕大且产量多，可与阳澄湖大

清蒸江鲹

江阴美食之旅

闸蟹比美。一只宿年的北㵉清水蟹可重达七八两以上,膏腴黄厚。北㵉清水蟹吃的是"九月团脐,十月雄"。"蟹立冬,影无踪",一到立冬就很难再捉到了。顾山有人把活蟹养起来,放在瓮里,多放些稻秆桩,把瓮口封住,到第二年取出来吃。在北㵉的银杏树桥、嬷嬷堂头、金家湾、下圩、万水桥、五节桥常设蟹簖,供捉北㵉清水蟹用。

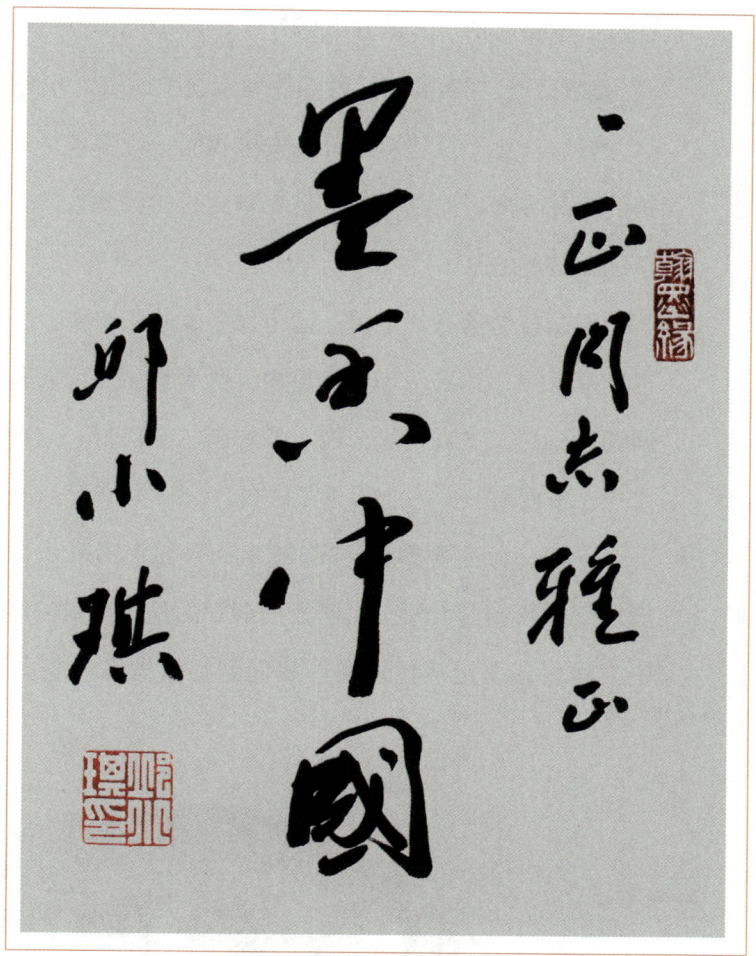

著名书法家、外交家邱小琪先生为作者美食著作题词:"墨香中国。一正同志雅正。邱小琪。"

这些地段,无环境污染,河水常年清澈。近些年顾山、北㵉人工养殖蟹很多,但北㵉清水蟹产量已很少了。

席间,张建明先生向我们介绍了顾山镇的人文历史及美食,我把拙著《仰缶庐谈吃》请张先生哂教。张先生一见我喜爱美食就邀请我参加11日在顾山镇举行的"'吃在北澖'·金顾山美食节——首届中国名宴展示暨私房菜烹饪技能大赛"，我愉快地接受了邀请，并约好11日再在顾山见。

餐后，亚平及建新兄特意安排我们一行参观华西村。华西村位于顾山镇的西北方向，而江阴市也是在华西村的西北方向，正好也是我们回江阴市区的必经之路。

华西村坐落在华士镇，这个繁荣发达的水乡，亦是一个鸟语花乡的村庄，家家户户达到了小康。村内，既有显示江南园林特色的农民公园、龙西湖风景区，又有世界公园、幸福园、金塔群、空中华西村大楼等80多个景点。华西村——一个天下第一村。

我们一行主要参观了高328米、号称中国第八、世界第十五位的华西增地空中新农村大楼。陪同我们参观的是华西村的赵凤娣书记。参观完空中大楼，赵书记热情地邀请我们到她家做客。赵书记的家离空中大楼不

河豚刺身

江阴美食之旅

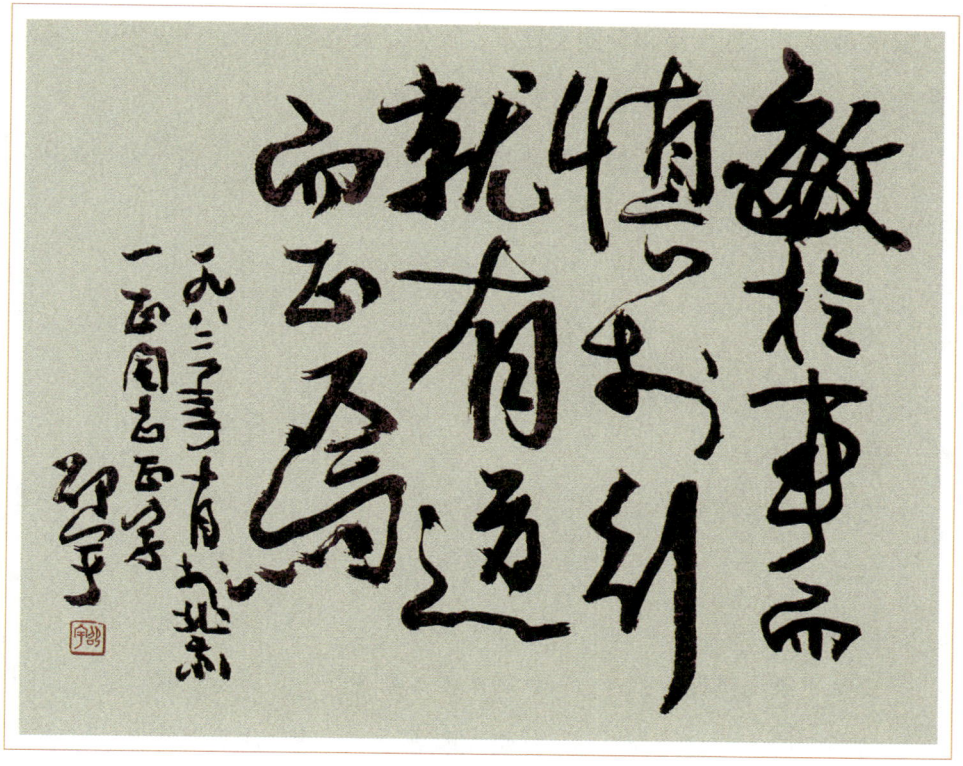

中国书法家协会第三届主席、人民美术出版社原社长邵宇先生（1919—1992年）为作者题写的书法作品："敏于事而慎于行（言），就有道而正焉。一九八三年十月于北京。一正同志正字。邵宇。"

远，也就百十来米，是在一个别墅群，家家户户的房间过道种满了许许多多的橘子树，树上结有许许多多硕大的橘子。华西村老书记吴仁宝的家，就在赵书记家的隔壁，我在树上摘了两个大橘子。边吃边和赵书记聊家常，聆听着华西村在改革开放的春风中所起的翻天覆地的变化。华西村是那个时代社会主义新农村建设的成功案例，亦是那个时代我国亿万农民齐心协力奔小康的领头羊。

虽然现在华西村的经济出现了下滑，但我们有理由相信，在华西村党

仰缶庐谈吃 第三集

支部的带领下、在上级领导的关怀下，他们定会克服困难、放下包袱、重振旗鼓，在不远的将来重新走向更加辉煌的未来。

回到江阴市内，晚饭是由建新兄安排在他的公司食堂（金厅）吃私房菜，我特意要服务员给我抄了一份菜单。

冷菜：

八味冷碟　　羊肉大拼盘

热菜及点心：

肉圆粉丝草鸡蛋点心	生炒长江虾	油炸馄饨
红烧土公鸡	红蒸碎肉本带鱼	清蒸长江鳗鱼
烩鳝	土豆牛腩煲	剁椒鮰鱼
野生甲鱼烧鸽蛋	红汤申港豆腐百叶	药芹干丝
时蔬二道	红烧大鲴鱼	江阴大闸蟹
清蒸鲥鱼	炒饭	水果客位

酒水：

白酒　干白

晚饭时分，张建明先生又特意从顾山镇赶来陪我们。我第一次见到用带鱼和羊肉馅一起烹制的菜肴。是菜选用新鲜本地出产的带鱼切成大象眼块，在带鱼底下铺上同带鱼大小相同的肉馅儿，用清蒸方法来制作。味道不错，没有一点儿海鱼固有的腥味儿。甲鱼是产自长江的，两斤以上，黏稠的汤汁，软烂醇糯的裙边，味厚鲜香。大闸蟹也是产自长江的，胡总说专门派人去买八两以上的公蟹，只有十几只，全都包圆儿了。八两的蟹都

江阴美食之旅

红烧河豚鱼

是宿年产的,否则重量达不到七八两。蟹掰开两半,黄满膏溢,入口绵滑腴美,妙不可言。鮰鱼也是长江产的,采用剁椒制法,鲜中带辣,辣中带香。长江有所谓四朵金花:鲥鱼、刀鱼、河豚和鮰鱼,此桌宴上少了刀鱼、河豚。

10日中午,亚平兄安排我们在江阴市内的黄山森林公园黄山顶上的望江楼最高层餐厅用餐。站在餐厅的阳台上,俯看桥下随着山路蜿蜒伸展的碧绿茵茵的高尔夫球场,北面正对着江阴长江大桥,连接着江阴通往靖江市的交通命脉。在这个金秋送爽,丹桂飘香之日,江泽民同志题写的"江阴大桥"四个金色大字熠熠生辉。望着桥上川流不息的车辆,脑海中马上想起了毛主席的词句:"一桥飞架南北,天堑变通途。"大有"把酒临风""感慨系之矣"的感觉。

仰缶庐谈吃
第三集

面对着满桌丰盛的午餐，我则只对"清炖土公鸡"和"白汤长江大鱼头"发生了兴趣。亚平兄也夸赞只有这两道菜做得好，批评其他菜烧得不好，全是味精的味道。

下午，亚平兄带我们来到了绿钢集团，杨叶龙总裁亲自驾车领我们参观他的紫薇种植园，并观赏了他的部分藏画。杨总的字画收藏以黄胄、范曾先生的作品居多，俱是真品。晚饭也是在他办公大楼食堂吃的。据杨总说，他的办公大楼投资一个多亿。我们在他食堂"北京厅"吃的晚饭。

为隆重接待我们，晚宴的菜改由杨的家人制作，相当不错。我同服务员要了纸和笔，自己记录了一份菜单。

冷菜：

冷拌海蜇　　糖水杨桃　　酱牛腱子　　拌萝卜丝　　白切羊肉

热菜：

盐水白虾　　清蒸鲥鱼　　红烧甲鱼　　红烧羊肉　　清炖土鸡

鱼圆汤　　　清炒油菜　　尖椒炒茭白　蒜蓉茼蒿　　栗子鳗鱼

蒸大闸蟹

主食及点心：

紫糯米白果松子粥　　　清汤面

水果：

水果拼盘

酒水：

白酒　　　干红

江阴美食之旅

我来江阴两天，不算早餐，吃了四顿饭，餐餐有鲥鱼，在杨叶龙处吃的鲥鱼起码有三斤以上。我知道江阴的名优特产有刀鱼、鲥鱼、河豚等。由中国地图出版社出版的新版《中国分省系列地图册·江苏省地图册》中，在介绍江阴市的一小段文字里，也特别提到了江阴盛产刀鱼、鲥鱼、河豚。亚平兄是地道的江阴人，更是个地道的美食家。他尝了杨叶龙食堂做的鲥鱼后，一直向我们推荐要好好品味，要趁热吃。因为烹饪鲥鱼是不能去鱼鳞的，只有鳞和肉一起吃，才能算真正地品味到了鲥鱼的本真。鲥鱼上桌后，最好要在15分钟内吃掉。这个时间内吃，它的鳞是酥

中国作家协会第五届副主席、著名作家徐怀中先生为作者美食著作题词："四月时鱼逴浪花，渔舟出没浪为家。甘肥不入罟师口，一把铜钱趁桨牙。梅尧臣诗《时鱼》。一正同志存念。徐怀中，二〇一五年，北京。"

的、脆的、软嫩的，入口即化；时间一长，它的鳞会变硬、变皮。

我们今天在餐桌上吃到的鲥鱼，包括现在在全国各地酒店、饭店吃到的鲥鱼，都不是野生的。鲥鱼分布于渤海、黄海、东海、南海等沿海及长江、珠江、钱塘江、富春江、西江、鄱阳湖等水域。其中除刚才一直提到的江阴外，江苏镇江（以焦山最好）、南京（以燕子矶最好），浙江钱塘江至富春江（以七里泷一带最好）及安徽的芜湖、安庆和江西鄱阳湖所产最为著名。我们在杨叶龙处吃到的鲥鱼，是江阴申港渔村人工养殖的。长江野生鲥鱼到现在几乎还是没有。可喜的是人工养殖已经成功，又在长江等水域投放了大量的鲥鱼苗，可望在不远的将来能够在长江水域或其他水域有野生鲥鱼的出现。

说到野生水产品，忽然想起2015年我过生日那天，家人在"东兴楼"订了个包间，点菜时服务员极力推销他们店里的几道菜品。其中有黄鱼一味，告知是野生的，卖398元一条，一条500克多一点，冰鲜的，是水产商派送给饭店的，一天只有五条。家人怕腥，叫厨师用红烧手法去做。成菜

上海老饭店制作的"荠菜膏蟹炒年糕"

江阴美食之旅

著名书画家石齐先生为作者美食著作题词:"璚翠绮筵。石齐。"

后是浓油赤汁,鱼身上散有牛肉丁(我要厨师改用牛肉丁)、笋丁、香菇丁等辅料,吃起来不腥,就是有些腻。若按我的本意,是想用类似清蒸的方法烹制,如像(北京)上海老饭店的"雪菜大黄鱼"做法。把雪菜切粒炒熟后,盖在大黄鱼上,加葱、姜等上笼蒸熟,出锅后再撒点儿葱丝,浇上热葱油,味道鲜香,能吃出黄鱼肉固有的真味。用红烧方法烹制生、鲜水产品,多多少少会失去了原料本身具有的本味。

我要说的是,398元一条500克左右来重的黄鱼,肯定不会是野生的。福建宁德市蕉城区做黄鱼生意的尤维德说,野生黄鱼要卖到每500克3000~4000元。他是经营黄鱼生意的,产值过亿,黄鱼主要销往闽、浙、澳、港及韩国等地。他捕黄鱼是在黑天,只有在黑天捕黄鱼,黄鱼身上的金黄的颜色才不会退,如白天捕捞,鱼身上的金黄色会褪色、变白。一旦颜色不是金黄色,港澳等地的人就不买了。尤其是香港人为讨吉利,吃黄鱼必须要鱼身上是通红通红的金黄色。韩国人是在八月十五时必吃大黄鱼,这期间,主要是出口

仰缶庐谈吃
第三集

到韩国。尤维德说,2010年野生黄鱼恢复到五万吨。这五万吨主要是放生鱼苗后长大的,可想而知,哪有那么多的野生的。

尤维德的家在宁德市蕉城区,东濒三都澳,三都澳是深水良港,漳湾港是渔业生产基地。这里水深几十米,海面平静,每天喂食20多次养大黄鱼。当地亦有"大黄鱼宴",非常有名,还有"春吃一口鲜"的习俗。名馔有"酥皮鱼条""油煎对半鲟""蒜拌二都蚶""酒炖剑蛏"等。

大小黄鱼都是我国的经济鱼类,是四大海产品之一,而且为满足市场需求,近年来从泰国等国家或地区进口的数量也不少,野生产量极少,而鲥鱼那就更别提了。有一次在鸿宾楼我与北京聚德华天的夏爱东书记吃饭,上有"干烧大黄鱼"一味。夏书记告诉我,聚德华天旗下的饭店所用食材均由集团公司统一采购进货后再分发给各饭店,像黄鱼、散丹(百叶)等均是进口的,黄鱼是从泰国进的。又有一年,在北京我一周之内接连在三家饭店都吃到了鲥鱼。第一次是在北京的世纪金源大饭店二层金世纪中餐厅吃

日本田村力先生生晒制作的千叶县8头大网鲍

江阴美食之旅

"红蒸鲥鱼"(世纪金源是福建人开的,以经营闽菜为主);第二次在(北京)上海老饭店,客人点了"南腿蒸鲥鱼"(我让厨师去掉南腿改用虾籽。上海老饭店是以经营上海本帮菜为主);第三次是在东兴楼,吃的"古法蒸鲥鱼"(东兴楼主打鲁菜,早年北京的八大楼之一)。可以说,北京像样一点儿的酒店、饭店都有鲥鱼菜品,全国各地又有多少酒店、饭店在经营鲥鱼呢?鲥鱼是上海、江苏、浙江等地人的最爱,那么多人在吃,哪去找这么多的野生鲥鱼去?就是人工养殖的鲥鱼,全国一天要吃掉多少?我不知道。但这个数字肯定是会惊人的。

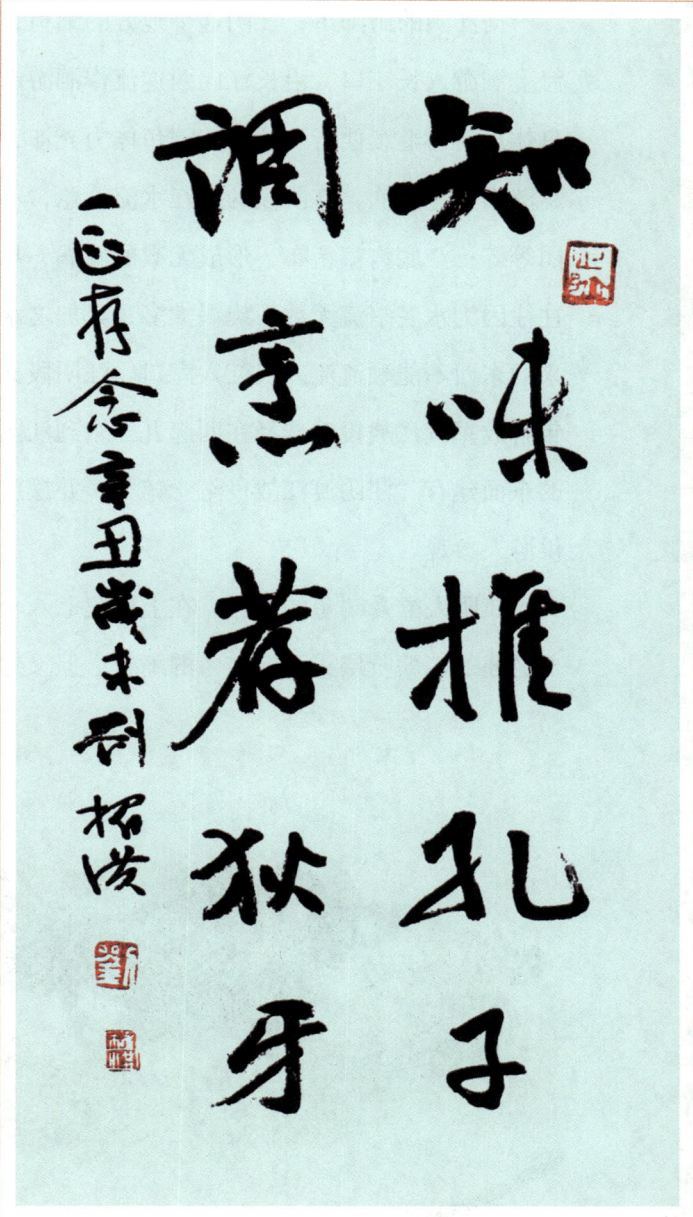

著名书画篆刻家刘楣洪先生为作者美食著作题词:"知味推孔子,调烹荐狄牙。一正存念。辛丑岁末,刘楣洪。"

仰缶庐谈吃
第三集

据江阴的厨师讲,江阴这个地方的鲥鱼,一般是在每年的春夏时节从海上洄游入长江口,沿长江向西逆流作洄游产卵,经过江阴时,要在此稍事休息后再继续西行。这时的鲥鱼体力充沛,脂肥肉厚,是最好吃的。在葛洲坝未建之前,江阴段的长江水流湍急,不光有鲥鱼,还有中华鲟、江团等等;江底沟壑密布,形成无数的旋涡,从长江上游漂流下来的东西,往往因为水底暗流无数,旋涡太多,又加之水流迅猛的原因,这些飘流下来的东西不能顺流流入长江入海口。江阴段又是长江南北最窄的地方,当年解放军渡江战役就选择在西起九江东到江阴地段,现在在江阴长江大桥的东面建有"江阴渡江战役纪念馆",并摆放有"渡江第一船"的实物,供游人参观。

江阴人酷爱鲥鱼的美味,在上世纪七八十年代,因鲥鱼价格太贵,普普通通的工薪阶层买不起整条的鲥鱼。但又想吃,故只买一条鱼一剖为二

上海老饭店制作的"雪菜大黄鱼"

江阴美食之旅

后，只取其中一片的一小段。时至今日，无锡市管辖的市辖区及宜兴市、江阴市许多的酒楼、饭店在做鲥鱼、白鱼等菜肴时都有上一条整鱼的一小段或是只选一条鱼半片的习惯。

亚平兄对我讲过一个故事。有一天，他的父亲早上起床后对亚平说，想吃鲥鱼了。亚平兄就在街上买了一小段儿鲥鱼，烧好后给父亲吃。父亲很高兴，吃得也非常开心。吃完后，没过几个时辰，他的父亲就无疾而终了。亚平兄每每对

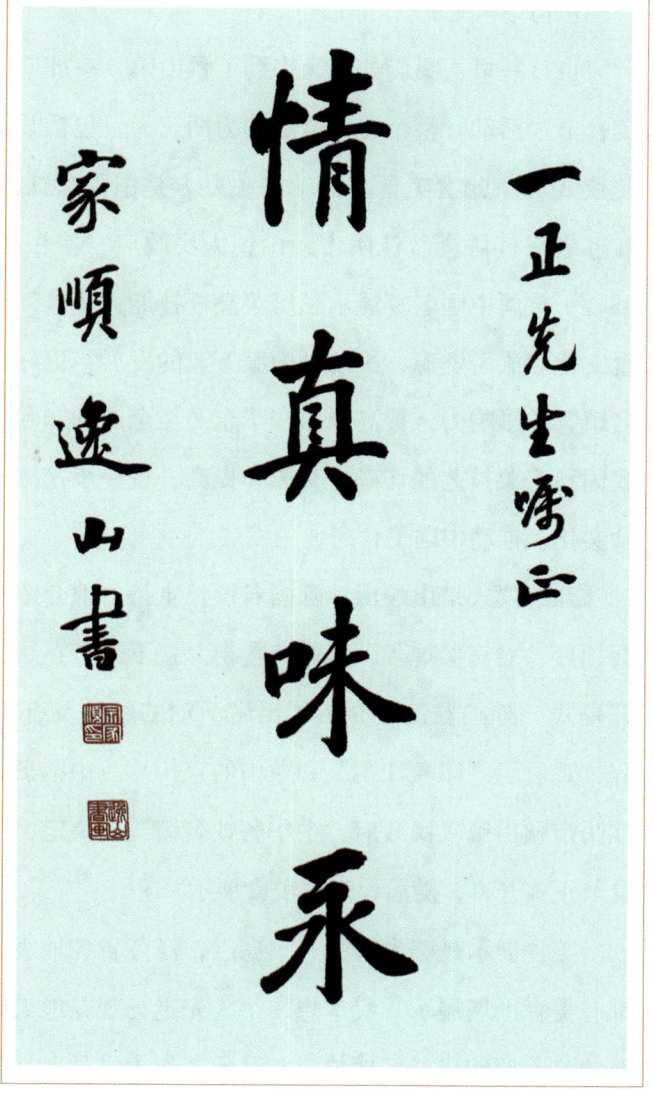

著名书法家宗家顺（逸山）先生为作者美食著作题词："情真味永。一正先生嘱正。家顺逸山书。"

朋友谈及此事,他的心里总有种说不出来的滋味。我想这就是老江阴人的"鲥鱼情结"吧!

11日一早,我们如约又来到了顾山镇,参加"'吃在北㵐'·金顾山美食节"活动。整个美食节活动为期三天,包括开街仪式、开幕仪式和颁奖仪式等。此次美食节活动的主办方是中国烹饪协会名厨专业委员会、江苏省烹饪协会及江阴市顾山镇人民政府,旨在通过2011年"'吃在北㵐'·首届中国名宴展示私房菜烹饪技能大赛",充分挖掘顾山的千年饮食文化和旅游资源,推动顾山服务业的发展,更好地提升顾山"中华餐饮名镇"的影响力,提高顾山在华东乃至全国的知名度与美誉度,切实促进我国私房菜技艺的切磋、交流和提高,进一步挖掘、传承和弘扬私房菜饮食文化,推动中国美食产业的发展。

开街仪式是由顾山镇陈国君镇长主持,他介绍了美食街的情况后,与会领导、嘉宾参观了顾山的美食街。接下来是在顾山镇新东方酒店举行了开幕式,陈国君镇长介绍了出席活动的领导及有关人士,张建明先生致辞,观看了"印象江阴"和顾山的宣传片。中国烹饪协会领导宣读了授予江阴市顾山镇人民政府"中华餐饮名镇"的决定,江阴市领导宣布顾山美食节正式开幕,随后参观"美食展示"。

美食展示是美食节的一大亮点,江苏省各地级市及地级市所辖市、县都有美食助展展示。我本想一个人先走马观花地大致看一看,之后再有选择的拿着照相机好好地拍一拍,但工作人员马上把我叫走,说陈国君镇长要见我,我只好离开了展台。与陈国君镇长见面后,他又特意为我详细介绍了顾山镇的特色美食。随后午宴开始。

部分菜单如下:

江阴美食之旅

冷菜：

何峰肚	酱汁水芹	葱油萝卜丝	咸鹅
虾籽茭白	香干马兰	熏丝	炸麻雀

热菜：（包含点心）

盐水河虾	红汤蒸鲥鱼	扇子骨	荠菜面筋
清蒸双味（菜干底）		馄饨	小鸡炖蘑菇
香菇大青菜	炖鸡碗	芥兰木耳山药	洋菜碗
雪菜炒牛肉丝		青鱼块	五谷丰登
三鲜碗	蟹粉豆腐	清汤（蛋卷、蘑菇方、小菠菜）	

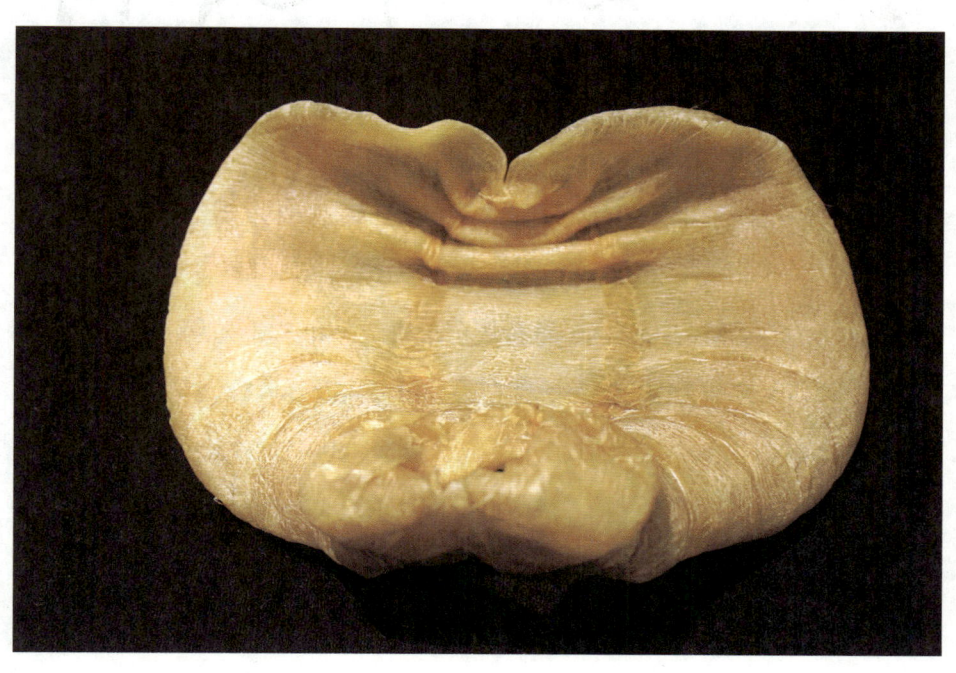

25 年湛江公肚王

仰缶庐谈吃
第三集

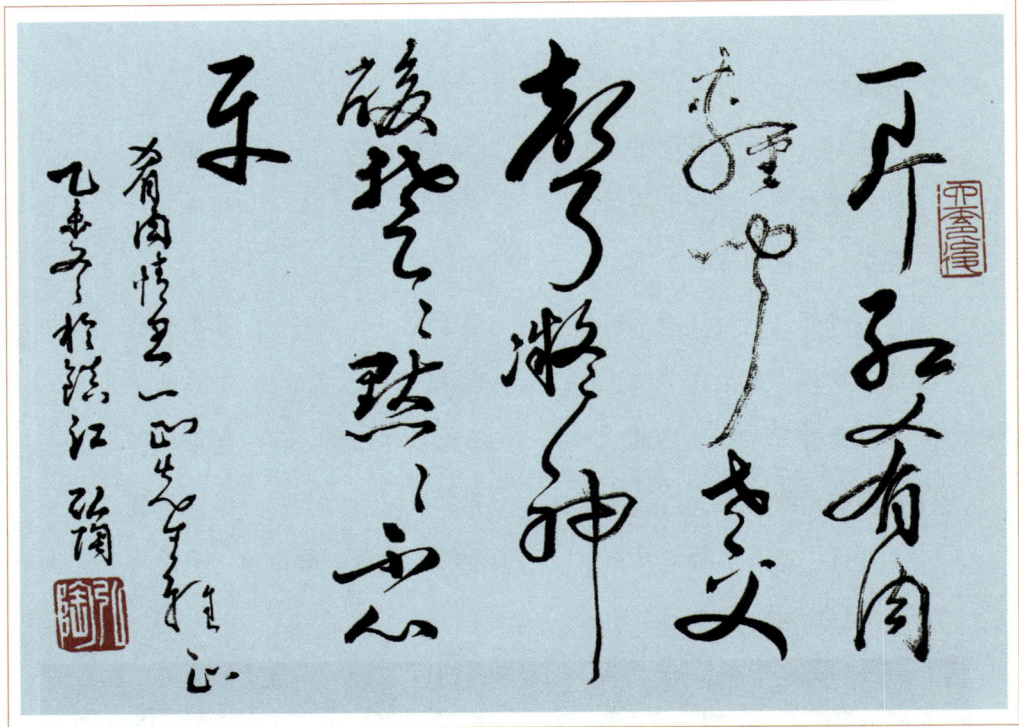

中华诗词学会会长、著名书法家弘陶（周文彰）先生为作者美食著作题赠作品："一片红肴肉，轻闻老父声。凝神酸楚楚，默默不心平。《肴肉情思》。一正先生雅正。乙未冬于镇江，弘陶。"

这里的炖鸡碗、洋菜碗、青鱼块（鱼块碗）和三鲜碗为顾山八大碗之四碗，另四大碗则为四喜蒸碗、蹄苞碗、蘑菇碗及卷鲜碗。

也有将炖鸡碗、洋菜碗、开洋碗、清蒸鱼块、红烧缇包（蜜汁红烧肉）、清蒸蹄筋、清蒸三鲜、蒸肉饼列为顾山八大碗的。

炖鸡碗系用鸡块与香菇清炖，这是简单的做法；复杂一点的做法，是以时令菜蔬垫碗底，用切好片的半爿（pán，当地方言）肉饼和切片的半爿鸡腿肉合拼成一碗，打底菜可选娃娃菜，浇上高汤（吊鲜汤）清蒸。

江阴美食之旅

洋菜碗是用竹笋、猪爪垫碗底，上放猪皮蒸之。也有用产自浙江安吉的扁尖，切成寸长左右的细丝，再加肉丝拌匀后放在大碗中打底，用切成一寸长片的肋条肉码放在碗的两边，将猪皮切条放置在碗的中央，加高汤清蒸。现在有用纯洋菜做的洋菜碗了。洋菜就是琼脂，别名石花菜、大菜等，是一种含丰富胶质的海藻类植物。顾山又有一款冷菜，名"三丝拌洋菜"，是用黄瓜丝、鸡丝、火腿丝加琼脂凉拌而成的。

著名经济学家、中国社科院经济研究所原所长张卓元先生抄录作者所作汉俳《腌面》相赠。释文："梅花靓梅州，侨乡侨胞今抖擞，腌面疗乡愁。一正同志雅正。张卓元，八十三岁。二〇一六.六.一。"

开洋碗有用开洋、竹笋（茭白丝）、草菇共蒸的；有的厨师则用开洋和蘑菇来烹饪此菜，或开洋碗和蘑菇碗成为单一之一碗。制作方法是用肉馅加葱末、姜末、料酒、酱油及菜油等调味料打匀后铺在碗底，将蘑菇用蓑衣刀法切成连刀片排列成扇形状盖在有肉馅的碗上，再在碗中央，即有蘑菇的中心位置将发好的开洋摆上，加高汤清蒸。

青鱼块也叫"鱼块碗"，是由上好的新鲜青鱼块清蒸而成。碗中青鱼块加上几片木耳、高汤清蒸后，上桌前撒点儿葱花儿点缀，诱人食欲。

红烧缇苞也称"蹄苞碗"，用1500克五花肉焖烂后再放油中炸成金黄色，加葱、姜、冰糖收味，放入碗中成型后清蒸20分钟，最后扣入碗中浇汁即可。

清蒸三鲜即三鲜碗，有选用咸肉、鸡块和蛋卷的，也有选用鸭肉、咸肉、扁尖的，还有用火腿、冬笋、鸡肉片而清蒸的。制作方法为碗底放蟹鲜（味）菇呈宝塔形，火

著名书法家朱守道先生为作者美食著作题词："松花酿酒，春水煎茶。一正先生雅正。岁在壬寅，朱守道书。"

江阴美食之旅

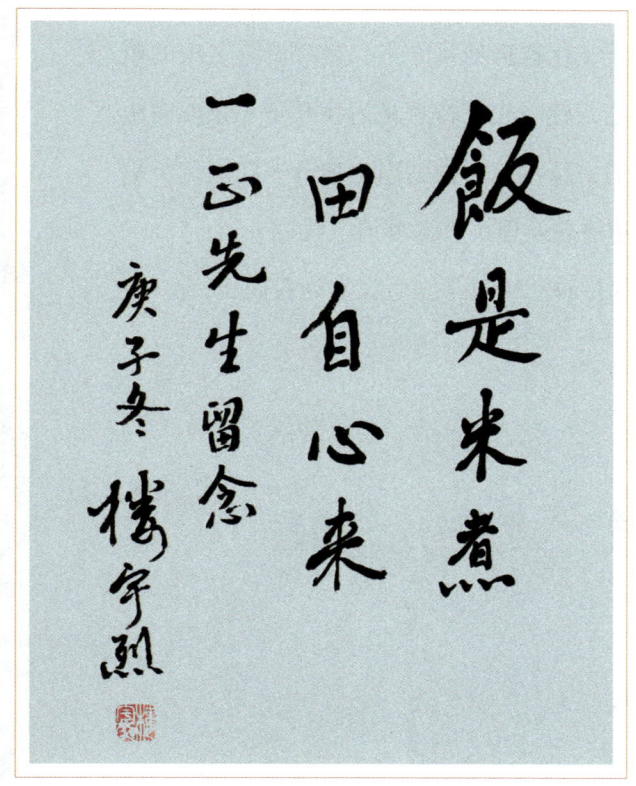

著名国学大师楼宇烈先生为作者美食著作题词："饭是米煮，田自心来。一正先生留念。庚子冬，楼宇烈。"

腿、肉饼（蛋卷）、鸡肉片（鸭肉块、虾糕片）各呈三角形拼于碗面，中心放干贝松，加高汤清蒸而成。

清蒸蹄筋又叫"蹄筋碗"，用浙江产的笋干垫于碗底，上铺走油肉，将蹄筋横卧、排列有序放在走油肉之上，加高汤，亦可用火腿片点缀在碗边，上撒开洋后清蒸。

蒸肉饼即卷鲜碗，制法多样。有的是用水面筋塞上肉馅，加草菇、香菇、银杏制成；有的是将蛋液摊成薄蛋皮衣后放肉末卷成蛋卷后清蒸，切片；碗底垫平菇，切片的蛋卷码放在平菇上，中心位置摆一只大一点的香菇点缀，加高汤，上锅清蒸。

江阴有"西乡一桌菜，勿及东乡一只汤"的说法，东乡汤指的就是顾山一带的地方特色菜。八大碗无疑是东乡菜的根基了。品尝八大碗，会觉得鲜美无比，这鲜香味道可不是来自味精鸡精等的添加剂，而是来自用童子猪骨、猪肉、老母鸡、火腿等食材制作的"吊鲜汤"（即高汤）。八大碗还有一个特色，就是食材基本上来自当地，用时令食材来制作，达到了"不时不食"的最高烹饪标准。

仰缶庐谈吃 第三集

顾山八大碗是无锡市的非物质文化遗产项目之一，是"澄菜"中的姣姣者。因这顿午宴的菜品我不能吃，建明先生特意又为我开了一桌顾山版的清真席。午饭后，亚平兄带我们一行浏览了他的出生地——江阴老街平冠码头。晚上，江阴市企业家张建清总经理设火锅宴请了我们一行。

12日中午，江阴国际大酒店的行政总厨黄亭先生设宴为我们饯行。

菜单如下：

冷菜：

压板猪头肉　　大酱拌时蔬　　腌黄瓜　　野芹菜

马兰头　　清水牛肉

点心：

干馄饨（20只）　金牌草鞋底

热菜：

江阴蟹鲜扎腻头（盅）　　　　浓汤秧草煮白虾

果木烟熏雪花牛肉（客）　　　江阴过桥鳝

砂锅老火豆腐　　　　　　　　葱油长江鳗鱼蒸咸肉

红烧青蒜羊肉　　　　　　　　上等鱼汤煲西洋菜

红蒸鲜鲥鱼

水果：

各种水果拼盘

这一桌子的菜肴基本上以江阴特色菜品为主。

如"扎腻头"，则纯属是江阴的特色菜。据说这道菜与清代书法家刘

江阴美食之旅

埔有关。乾隆年间，江阴县前街有一钱姓书生，家境贫寒，经常要靠街坊邻里接济度日。有一天傍晚，天下着大雨，钱姓书生将白天邻里送来的一碗虾米冬瓜块、一碗丝瓜鸡毛菜烧血汤及昨天剩下的油豆腐、百叶丝、毛豆等加热放在一起煮，并顺手抓了一点儿邻里阿婆给的用豆渣打成的豆饼及调料煮了起来。这时，钱姓书生见门外有一老者在避雨，他看老者又冷又饿，就端了碗"杂烩"给老者驱寒。谁知老者吃后赞不绝口，当老者得知书生要参加乡试时，询问了书生的姓名，并带走了书生写的一篇文章，还问了书生这汤菜的名字。书生见碗里有浮起的豆渣饼和带腻的汤水，随口说了一句叫"扎腻头"。

一个月后，钱姓书生以优异的成绩考取了第三名经魁。当书生在团拜会上谢恩时，发现主试的大人江苏学政竟是那天在他门外避雨的老人时，没想到一碗"扎腻头"结下了他与刘墉的师生情。

扎腻头的主料是用豆渣做成的小饼。现在做的豆渣饼，已不是真正意义上的"豆渣"了，而是用蚕豆、豇豆、黄豆等豆子磨成粉，用水搅拌好后，在平底锅中煎烤而成的小饼子。将豆渣小饼与百叶丝、豆腐、毛豆子、小青菜、丝瓜、菌菇等一起炖煮，加些小海鲜用来提味。

秧草白虾是江南地区的名食。

据说秧草（苜蓿）是张骞从西域大宛带回国的。今天上海人所谓的"草头"即指秧草。上海有"生煸草头""草头圈子"等以秧草制作的菜肴。江南地区用秧草制馔极为普遍，像扬中地区的"秧草菜粥""秧草汤"等。秧草似乎与河鲜海鲜一起烹调是绝搭，如"秧草烧河豚""秧草烧河蚌""秧草烧带鱼""秧草烧鳜鱼"等。

江阴及张家港等地区的著名小吃"刀鱼馄饨"就是用秧草和刀鱼（江

刀）茸及鸡蛋做成的。

过桥鳝亦为江阴名菜。据说为乾隆年间江阴知县蔡澍的家厨所创。

蔡澍的家厨为在主人宴请来宾时给客人助兴，想起了主人和来宾每每祭孔时都要穿过堆有玲珑剔透的假山花园和小巧别致的拱桥，于是受到启发，用油炸（复炸）过的鳝鱼片（段）做小桥的造型来烹制此菜。

如今，过桥鳝更是因观之如同一座座小型的拱桥，寓意着步步高升、飞黄腾达而成为食客必点之菜。

红蒸鲥鱼属江阴特色做法。烹制时加雨润黄酒（当地人叫"可乐黄酒"）、白糖、豉油、土酱油、老抽及熟猪油等。成菜后色泽金黄，鱼肉的油润感强，有黄酒的特殊香味。

草鞋底烧饼为江阴名吃。关于它也有一个传说。

1645年，江阴军民在阎应元的领导下，抵制清廷的"剃发令"，守城抗清。清廷出兵二十四万人围困江阴城。时间一长，城中出现缺食少粮的局面。江阴城东有一个买卖草鞋的集散地，即现在的澄江街道蒲桥村。一天，一个卖草鞋的人来到一个烧饼铺，想用他编的"蒲鞋"换烧饼吃。店家马上联想到，何不将他做的烧饼制成草鞋模样，混入城内，为守军送去。于是，他与买烧饼的鞋匠一同连夜制作了许多草鞋形状的烧饼，并给每个烧饼系上一根稻草细绳，连同草鞋一起，真真假假混进了城中，送给了抗清的军民。最终，清军虽然攻进了江阴城，但草鞋底烧饼却留传了下来。

江阴除了草鞋底烧饼，还有一款产自江阴顾山镇的顾山烧饼也非常有名。它还有一个称呼叫"春饼"。叫春饼源于制作它是在每年春天盛产荠菜之时，用荠菜做馅儿，皮是酥的，馅料用荠菜、豆沙、枣仁、核桃仁、猪板油丁、白糖、桂花等制作的。

江阴美食之旅

顾山烧饼为烘烤制成的,它与顾山的另一种提炉饼(也称拖炉饼)是用提炉煎烘而熟的,二者工艺不同。同样,当黄亭行政总厨得知我是回族后,也重新为我做了桌清真海鲜菜。

这次江阴之行,我并没有深入到江阴的小饭馆,体验到真正的市井美食文化。美食在民间!本真好吃的食味大多也藏于普通街巷弄堂里,即人们所说的"苍蝇馆子"里。

江阴还有许许多多的美食,像马蹄酥、粉盐豆、蟹黄包、江阴河豚、刀鱼面、桂花糖粥、水发团圆及黑杜酒,等等。因我不吃猪肉(包括带有用猪原料调制的高汤等),只是鉴于对美食文化的热爱,忠实地将这些食品记录在我的书中。

每天早晨,我在入住的江阴国际大酒店的25层旋转餐厅吃早点时,可以鸟瞰整个江阴城。每每进餐的时候,会不由自主地放下手中的筷子,坐在位子上随着旋转餐厅而旋转,细细地品味我眼中的江阴。沈鹏老师的《丁卯返里作五古》会在我的心目中默默诵读。

> 昔我弃家去,年少意气豪。壮怀思乐土,恨笔不成刀。
> 白眼对鸡豖,击节看浪淘。今我返故里,卅载此三遭。
> 乡音虽云谙,全非旧城漕。蓬蒿废墟地,层楼接云涛。
> 企业星棋布,汽笛长鸣号。又闻弦歌发,泮滨传风骚。
> 母校容颜改,当年竹飘摇。师友见我来,殷殷劝香醪。
> 畅说沧桑变,笑我早二毛。问我何所感,嘱我命素毫。
> 回报众乡亲,此身何惮劳?入夜万籁寂,蟋蟀鸣嘈嘈。
> 追忆儿时景,我心似爬搔。临别道珍重,驿路起风飚。

我也记不清楚有多少人问过我这样一个问题,当今书坛是哪位书法家

仰缶庐谈吃
第三集

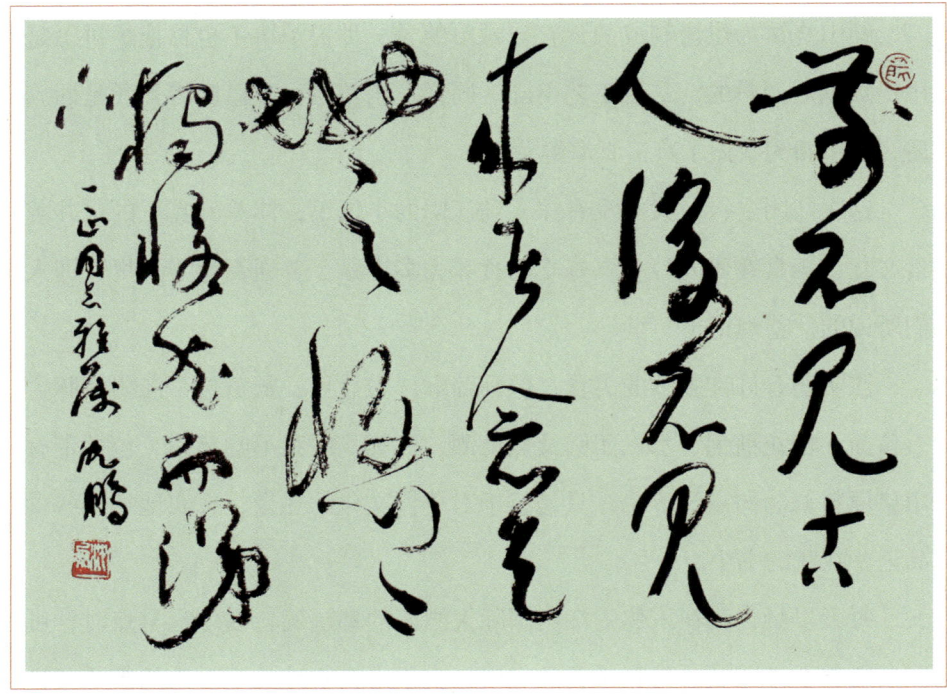

中国书法家协会第四届、第五届主席沈鹏恩师为作者书写的书法作品:"前不见古人,后不见来者。念天地之悠悠,独怆然而涕下!一正同志雅嘱。沈鹏。"

写的字最好?又有哪位书家和画家的作品可以传世?

我在回答这个问题时,从来就是脱口而出,不加任何思索,沈鹏先生和吴悦石先生。

我说过,沈鹏先生是承前启后的一位书法大家。在他的书法作品中饱含着丰富的情感,是最能阐释书法是属于艺术范畴这句看似普通但不易真懂的话语。

我有幸在上世纪八九十年代问学于先生,对先生的治学之严谨、治学之勤奋深有体会。

江阴美食之旅

当年,先生从家中流向社会的每一幅书法作品,均是先生从写就的七八幅作品中甄选而成的。而且都是先生用手研之墨写的。这样,能够最大限度地体现出墨分五色之效果。一盘墨磨下来往往要花上四十分钟,而先生的长锋一挥,也就只能写上七八幅的作品。所以,先生写一次字,至少要研上两盘子的墨,光研墨的时间,一天就花费不少。

先生早年住在北京市东城区红星胡同的一所平房内,写字一般是在离他住家很近的工作单位人民美术出版社完成的。

先生一般是吃完晚饭后就到出版社写字。一直要写到晚上十一二点才回家休息。我那时常常有机会在先生身边学习。

先生学富五车。当年我在与先生参加书法笔会等活动时,有不少的书画爱好者及学子向先生请教问题时,先生总是能够准确地回答出来,而有些老师回答不上来的问题,也均由先生负责解答。

先生著作等身,光由先生主持和手编的书刊就达500种以上,发表的论文、散文也在百万字以上,诗词创作也在800首以上,至于书法作品和出版有关书法作品的书籍就太多太多了。

沈先生之所以取得今天这样大的成就,除自身的勤学努力与聪睿外,也离不开生他养他的——江阴。

江阴是我挚爱的文化美食之都,更因为她是我的恩师沈鹏夫子的故乡,使我对她有更加深深地爱恋!

仰缶庐谈吃

第三集

著名书画艺术家、中国大写意文人画巨匠、中国书画艺术品鉴定家、文化学者吴悦石恩师为作者作《说法图》："说法图。一正弟存念。壬寅正月，悦石。"

后 记

我前前后后出版了三本有关美食的著作。这本书字数是最多的。

能够静下心来读完这本书的读者,我深信,必是有缘之人。我要真心地表示感谢!毕竟在这个年代这样的读者不多了。

在这本 40 多万字的书里用了不少的照片,基本上是书画界人士为我这本书的题词赠画。书画家们为这本书题词的内容大多都是我自己出的,它已成为我的著作中不可分割的一部分。

有许多前辈及同行对我说,正因为你的美食著作中的图文并茂,是我们爱读的原因之一;且著作中的这一特色,是别的美食作家所不具备的。

需要说明一点的是,书中有关日译中的内容,都是我自己翻译的,如果翻译的不够准确,责任在我。

书中出现的日文单词我原本均用日文罗马字注了音。

后我请在北外读书时的同班同学林永新先生,北京长富宫饭店许爱军先生及"樱"与"松风"日餐厅的前厨师长冈本博文先生、前田直孝先生、柳户大和先生,现任厨师长黑田忠慎先生及国贸大厦"滩万"日餐厅的竹中健太经理帮我审阅有关日文单词中的罗马字注音。但他们查核修改后有许多单词的注音也有不同。

最后我请我在北京外国语学院(大学)读书时的班主任、日语系(日语学院)系主任(院长)汪玉林恩师及北京第二外国语学院日语学院王利民教授帮我通校这些日

文单词的罗马字注音。汪玉林教授和王利民教授亦改动了不少日文单词的罗马字注音。

为了稳妥起见,我将专家们标注不同罗马字注音的单词中的罗马字注音部分去掉,只放标注了一致的部分。

再有,书中出现的有关阿拉伯文的内容,我是请北京大学阿拉伯语系主任林丰民教授及阿拉伯信息中心主任助理王健先生帮助翻译并校对的。

书中出现的藏文单词及相关内容是由中国社会科学院民族文学研究所降边嘉措研究员帮我核校的。

书中出现的部分维吾尔文,我是请中国地质大学外国语学院原院长茹克叶·穆罕默德教授帮我核校的。

我向上述帮我审校修改外文及藏文、维吾尔文的专家学者一并鞠躬致谢!

在此,我要特别感谢著名书画艺术家、中国大写意文人画巨匠、中国书画艺术品鉴定家、文化学者吴悦石恩师为本书的题签及为本书赐绘的《纳福迎祥图》《说法图》。同时亦要衷心向为本书题词赠画的所有领导、艺术家及专家表示诚挚的谢忱!

这本书的出版,同我上本《仰缶庐谈吃·兰州牛肉面与兰州浆水面》一样,要感谢中国商业出版社的副总编辑暨我这两本书的责编刘毕林编审、范立新老师、胡莉莉老师。

2022年我正好60岁,朋友们拟给我搞个个人书画展以示庆贺,但因新冠肺炎疫情的缘故而只好作罢。现仅以此书的出版权当是我的生日礼物吧!

2022年9月